杨阳　编著

移动互联网之路

Axure RP 8.0网站与APP原型设计从入门到精通

清华大学出版社
北京

内容简介

Axure RP是一个专业的快速原型设计工具，让负责定义需求、规格、设计功能和界面的用户能够快速创建应用软件或Web网站的线框图、流程图、原型和Word说明文档。作为专业的原型设计工具，它能快速、高效地创建原型，同时支持多人协作设计和版本控制管理。

本书介绍了原型设计制作的方法，全过程以Axure RP 8.0为主要软件绘制原型并输出查看，通过由浅入深的讲解方法，以知识点讲解和实例制作为主，同时介绍了大量的Axure RP基础知识，为原型设计和制作打下基础。全书共分8章，分别为初识Axure RP、Axure RP的工作环境、掌握Axure RP的使用技巧、交互事件、元件库和母版的使用、动态面板的创建、项目输出、团队合作项目以及综合实例。

本书附赠1张DVD光盘，其中不但提供了书中所有实例的源文件和素材，还提供了所有实例的多媒体教学视频，以帮助读者迅速掌握使用Axure RP进行原型设计制作的精髓，让新手能够零起步，进而跨入高手行列。

本书实例丰富、讲解细致，注重激发读者的学习兴趣和培养其动手能力，适合作为从事原型设计制作人员的参考手册，也可作为各大院校相关专业的教材使用。

图书在版编目(CIP)数据

移动互联网之路——Axure RP 8.0网站与APP原型设计从入门到精通 / 杨阳 编著. —北京：清华大学出版社，2016

ISBN 978-7-302-44354-4

Ⅰ. ①移… Ⅱ. ①杨… Ⅲ. ①网页制作工具 Ⅳ. ① TP393.092

中国版本图书馆CIP数据核字(2016)第167549号

责任编辑：李 磊
封面设计：王 晨
责任校对：牛艳敏
责任印制：杨 艳

出版发行：清华大学出版社
网 址：http://www.tup.com.cn，http://www.wqbook.com
地 址：北京清华大学学研大厦A座 邮 编：100084
社 总 机：010-62770175 邮 购：010-62786544
投稿与读者服务：010-62776969，c-service@tup.tsinghua.edu.cn
质 量 反 馈：010-62772015，zhiliang@tup.tsinghua.edu.cn

印 装 者：北京嘉实印刷有限公司
经 销：全国新华书店
开 本：190mm×260mm (附DVD光盘1张) 印 张：21.5 字 数：636千字
版 次：2016年10月第1版 印 次：2016年10月第1次印刷
印 数：1～3500
定 价：79.80元

产品编号：070158-01

PREFACE 前 言

Axure RP 是原型设计软件，其功能非常强大，应用范围也非常广泛，使用 Axure RP 可以创建应用软件或 Web 网站的线框图、流程图、原型和 Word 说明文档。作为专业的原型设计工具，它能快速、高效地创建原型，同时支持多人协作设计和版本控制管理，能够更好地表达交互设计师所想的效果，也能够很好地将这种效果展现给研发人员，使团队合作更加完美、高效。

本书内容

本书内容通俗易懂，简明扼要，从产品原型设计的基础开始，详细讲解了使用 Axure RP 8.0 的方法和技巧。本书中通过使用实例讲解知识点，使得学习过程不再枯燥乏味，其内容章节安排如下。

第 1 章　初识 Axure RP，本章主要介绍 Axure RP 的特殊功能、新增功能、与其他原型工具的比较、原型设计流程的不同模型、原型设计的交互式原理、Axure RP 的实践应用、Axure RP 中专业术语的区分，以及大项目中的 Axure RP 技巧等。

第 2 章　Axure RP 的工作环境，本章主要介绍 Axure RP 8.0 的工作界面，详细讲解各种工具和面板的使用，以及如何保存文件。

第 3 章　掌握 Axure RP 的使用技巧，本章主要介绍 Axure RP 的使用技巧和设计原则。首先介绍一些 Axure RP 操作小技巧，例如流程图表、元件和变量的使用等。另外，还讲解了背景覆盖法、从 Photoshop 到 Axure RP 和在 Axure 中使用 Flash 的方法。

第 4 章　交互事件，本章主要介绍 Axure RP 的交互事件，交互事件不仅可以应用到页面上还可以应用到不同的元件上，不同的元件有着不同的交互事件。

第 5 章　元件库、母版的使用及动态面板的创建，本章主要介绍新增的页面快照的使用方法及 Axure RP 中的第三方元件库，并自定义元件库，熟练掌握母版、动态面板和元件面板的使用，在设计中使用可以提高工作效率。

第 6 章　项目输出，本章主要介绍项目文件输出时及项目完成后的首要任务，讲解了 Axure RP 的 4 种生成器，即 HTML 生成器、Word 生成器、CSV 报告生成器和打印生成器。

第 7 章　团队合作项目，本章主要介绍团队合作项目的制作，首先讲解团队合作项目原型存储的公共位置，其次详细讲解团队项目的制作、获取及发布到 Axure Share 中。团队合作项目需要团队成员的齐心协力，共同完成项目的绘制。

第 8 章　综合实例，本章主要运用 Axure RP 绘制大型的原型设计实例，通过完成实例的绘制可以巩固 Axure RP 的学习和检测，更多地了解 Axure RP 软件。

本书特点

本书内容丰富、条理清晰，通过 8 章的内容，为读者全面、系统地介绍了原型设计的知识以及使用 Axure RP 8.0 进行原型制作的方法和技巧，采用理论知识和实例操作相结合的方法，使知识融会贯通。

- 语言通俗易懂，实例精美，图文同步，涉及大量原型设计和制作的知识讲解，帮助读者深入了解原型设计。
- 实例涉及面广，几乎涵盖了原型设计和制作中大部分的效果，每种效果通过实际操作和实例制作帮助读者掌握原型设计中的知识点。

- 注重原型设计制作软件知识点和操作技巧的归纳总结，在基础知识和实例讲解过程中穿插了软件操作和知识点提示等，使读者更好地对相关知识进行学习和吸收。
- 每一个实例的制作过程都配有相关素材和视频教程，步骤详细，使读者轻松掌握。

本书作者

本书由杨阳编著，另外李晓斌、张晓景、解晓丽、孙慧、程雪翩、刘明秀、陈燕、胡丹丹、适玉婷、刘强、范明、郑竣天、王明、史建华、于海波、孟权国、张国勇、贾勇、邹志连、肖阂、王延楠、林学远、黄尚智、陶玛丽、王大远、尚丹丹、刘明明、张航、张伟等也参与了本书的部分编写工作。本书在编写过程中力求严谨，但难免有疏漏和不足之处，希望广大读者批评指正。

本书配套的 PPT 课件请到 http://www.tupwk.com.cn 下载。

编　者

CONTENTS 目 录

第1章 初识 Axure RP

第2章 Axure RP 的工作环境

第 5 章 元件库、母版的使用及动态面板的创建

第 6 章 项目输出

第 7 章 团队合作项目

第8章 综合实例

第 1 章　初识 Axure RP

本章知识点

- 了解 Axure RP
- 安装和启动 Axure RP
- Axure RP 的特色功能
- Axure RP 的新增功能
- Axure RP 与其他原型工具的比较
- 原型设计流程的不同模型
- 原型设计的交互式原理
- Axure RP 的实践应用

原型设计，又常被称为线框图、原型图和 Demo，其主要用途是在正式进行设计和开发之前，通过一个逼真的效果图来模拟最终的视觉效果和交互效果。

本章将向用户介绍原型设计软件 Axure RP，了解利用这个神奇的软件是如何制作产品原型的，如何将设计师的想法转化成可以向用户展示的逼真原型。

1.1　了解 Axure RP

Axure RP 是一个专业的快速原型设计工具。Axure(Ack-sure) 代表美国 Axure 公司；RP 则是 Rapid Prototyping(快速原型) 的缩写，最新版本为 Axure RP 8.0，其软件启动界面如图 1-1 所示。

图 1-1

Axure RP 的第一个版本在 2003 年诞生。它是第一个专门被用来设计与制作基于浏览器三维网站原型的软件。9 年后，Axure RP 被公认为是网页原型工具中的标准，并且被全世界众多的用户体验专家、商业分析人员和产品经理使用着。

1.2 Axure RP 的安装和启动

在开始安装之前，要执行一些相关的步骤，以减少安装过程中遇到问题的可能性，例如确定运行 Axure RP 8.0 的计算机硬件要求，了解 Axure RP 8.0 版本与运行的操作系统等。具体系统要求如下。

操作系统：Windows 7/ Windows 8。

内存：1GB。

CPU：1GHz。

硬盘空间：60MB。

产品的规格说明需要 Office 版本：Microsoft Office Word 2000/2003/2010。

实例 1 Axure RP 8.0 的安装和启动

教学视频：视频 \ 第 1 章 \Axure RP 8.0 的安装和启动 .mp4　　源文件：无

实例分析：

该实例通过安装和启动软件，了解软件的基本性能，熟悉软件的工作界面。

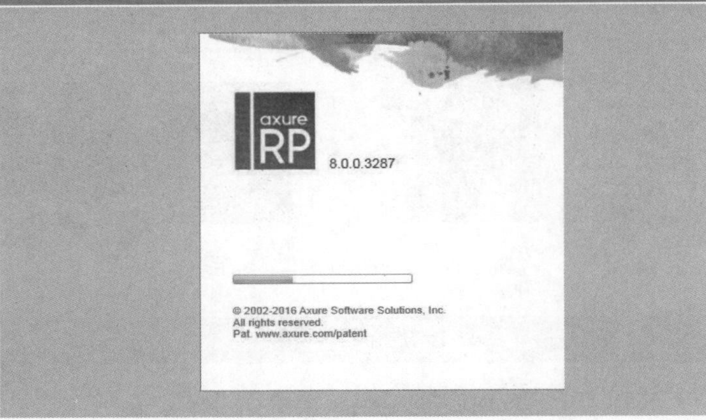

制作步骤：

01 将下载好的 Axure RP 安装包解压，如图 1-2 所示。解压完成后，双击打开 Axure_RP_Pro 文件夹，如图 1-3 所示。

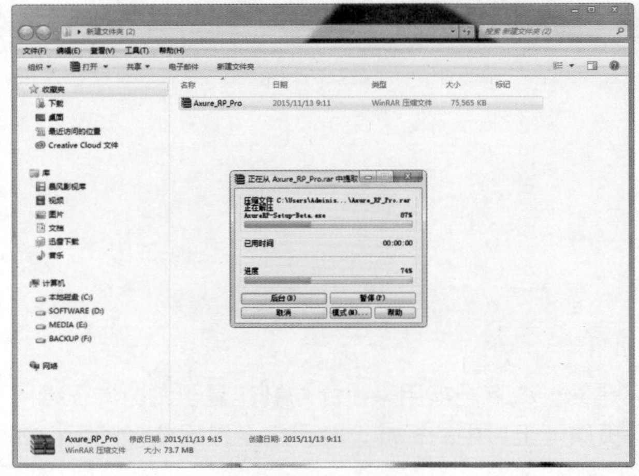

图 1-2

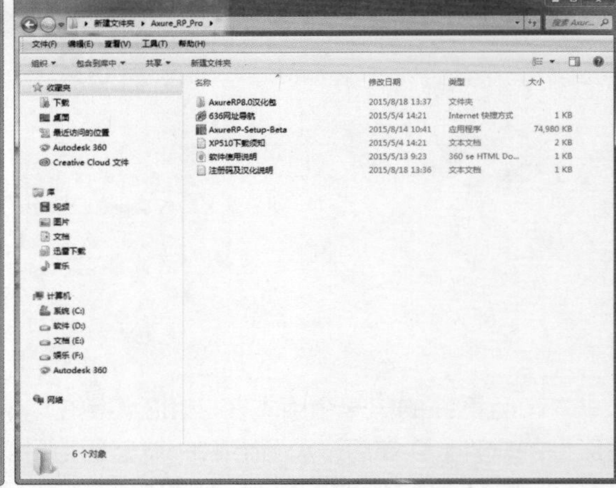

图 1-3

02 在 Axure_RP_Pro 文件夹中双击 AxureRP-Setup-Beta 选项，如图 1-4 所示。弹出安装 Axure RP 软件界面，在界面上单击 Next（下一步）按钮，完成下一步的安装，如图 1-5 所示。

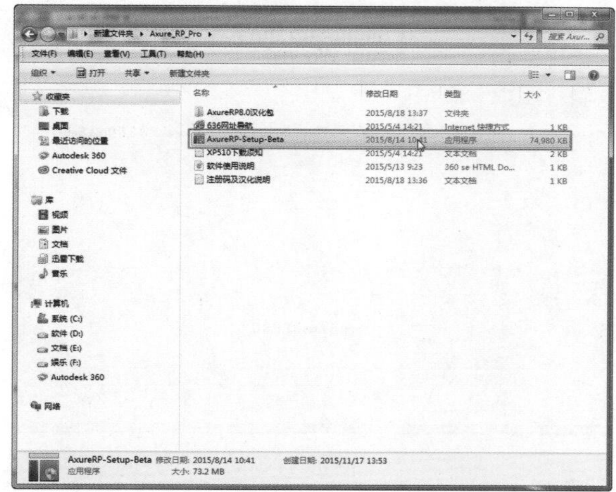

图 1-4

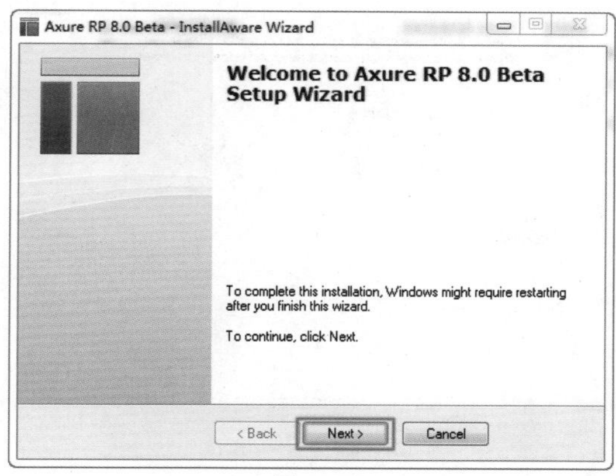

图 1-5

03 在 License Agreement（许可协议）下勾选 I Agree（我同意），单击 Next（下一步）按钮，继续进行安装，如图 1-6 所示。选择软件的安装位置，单击 Next（下一步）按钮进行安装，如图 1-7 所示。

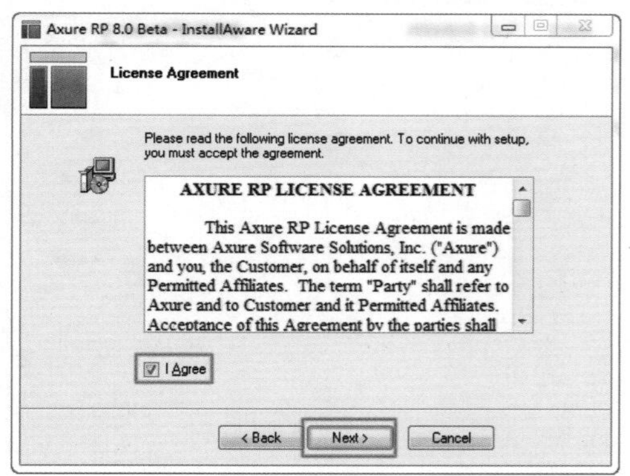

图 1-6

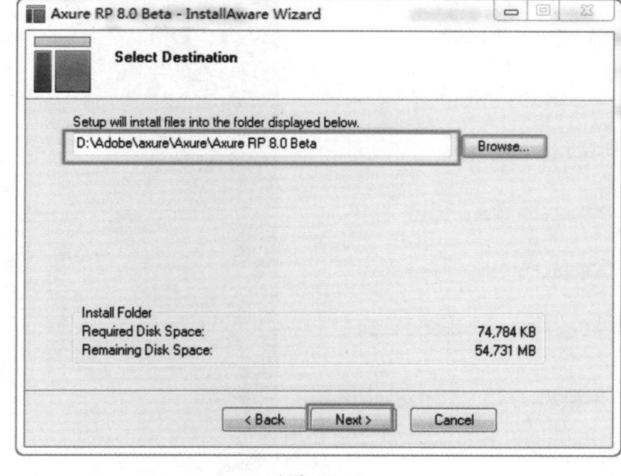

图 1-7

04 继续单击 Next（下一步）按钮进行安装，如图 1-8 所示。继续单击 Next（下一步）按钮进行安装，如图 1-9 所示。

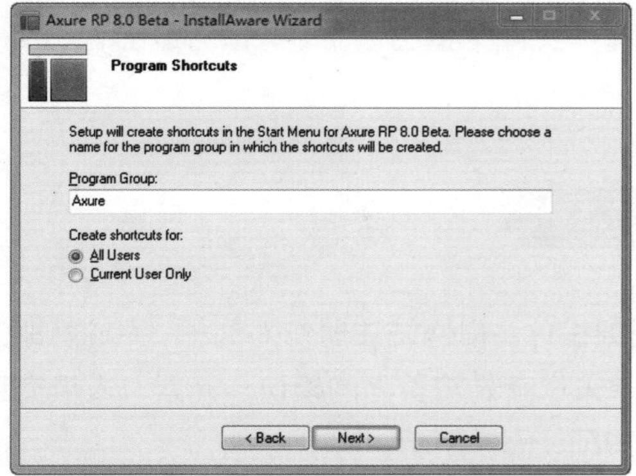

图 1-8

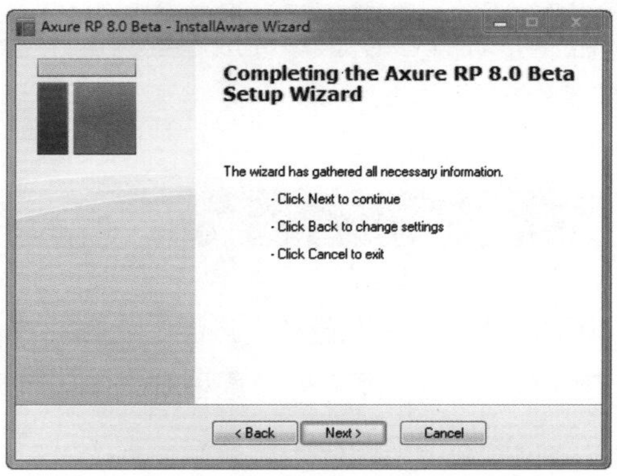

图 1-9

05 进入安装程序开始进行安装，如图 1–10 所示。完成软件的安装，如图 1–11 所示。

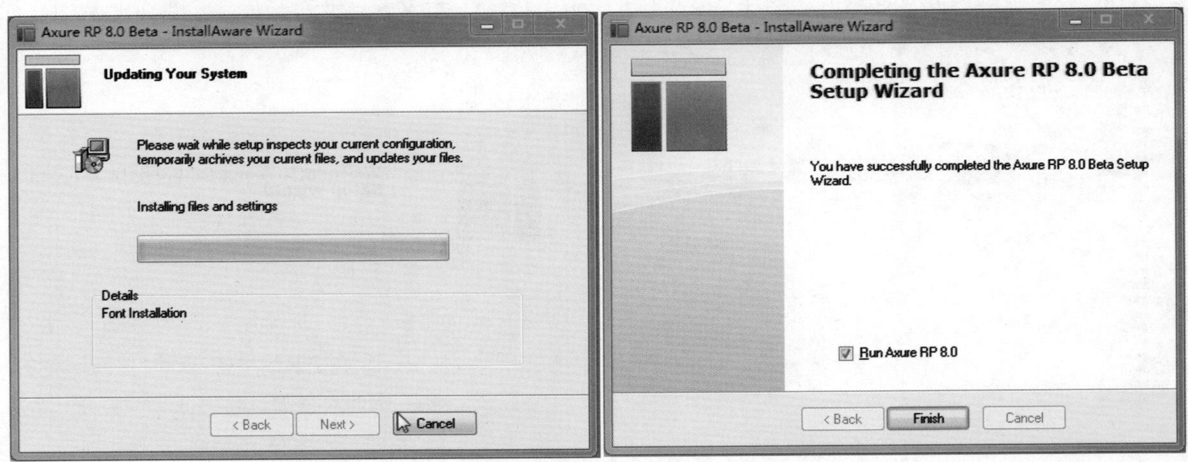

图 1–10　　　　图 1–11

06 在“开始”菜单下可以看到 Axure RP 8.0 的启动图标，如图 1–12 所示。单击该选项即可启动 Axure RP 8.0，启动界面如图 1–13 所示。

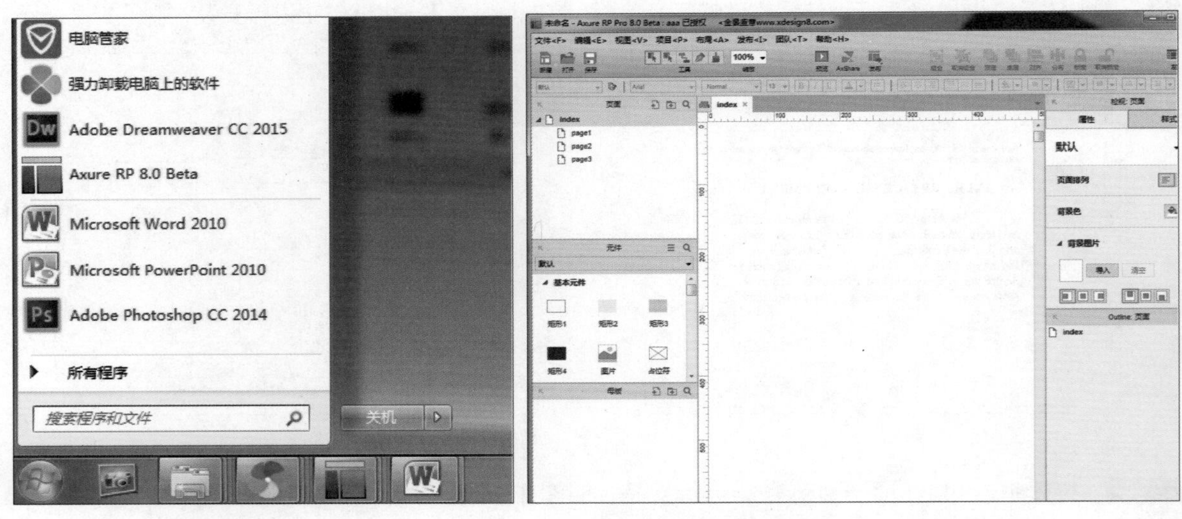

图 1–12　　　　图 1–13

用户可以在软件界面中完成原型的设计与制作。执行“文件 > 退出”命令，即可退出 Axure RP 8.0 的工作界面。

1.3 原型设计

原型设计概括来说是整个产品在上市之前的一个框架设计。以网站注册作为例子，完成前期交互设计流程图的设计之后，就是原型开发的设计阶段，简单来说就是将页面的模块、元素、人机交互的形式，利用线框描述的方法，更具体生动地表达出来，如图 1–14 所示。

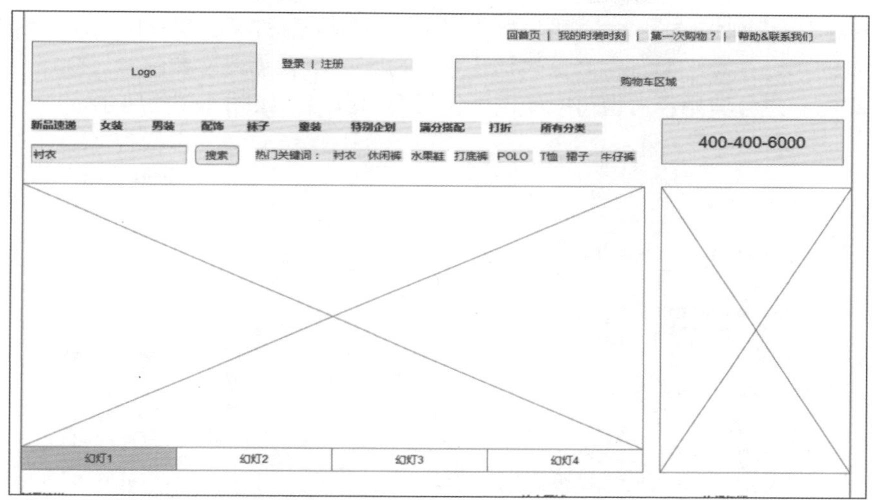

图 1–14

Axure RP 是一个专业的快速原型设计工具，让负责定义需求、规格、设计功能和界面的专家能够快速创建应用软件或 Web 网站的线框图、流程图、原型和 Word 说明文档。作为专业的原型设计工具，它能快速、高效地创建原型，同时支持多人协作设计和版本控制管理，如图 1–15 所示。

图 1–15

1.4　Axure RP 中专业术语的区分

用户在使用 Axure RP 之前要将线框图、原型和视觉稿区分清楚，这对接下来的学习很有帮助。

1.4.1　线框图

线框图是低保真的设计图，通常以黑白线条来表达，并配以说明文字，其内容包括内容大纲（什么东西）、信息结构（在哪儿）、用户的交互行为描述（怎么操作）。

除了使用笔和纸绘制线框图外，使用 Axure RP 也可以绘制线框图，其绘制线框图的最大优点是“快”，绘制时不必在意细节，但必须表达出设计思想，不要漏掉重要部分。视觉上的审美效果应该尽量简化，黑白灰是经典用色，也可以使用蓝色代表超链接，如图 1-16 所示。

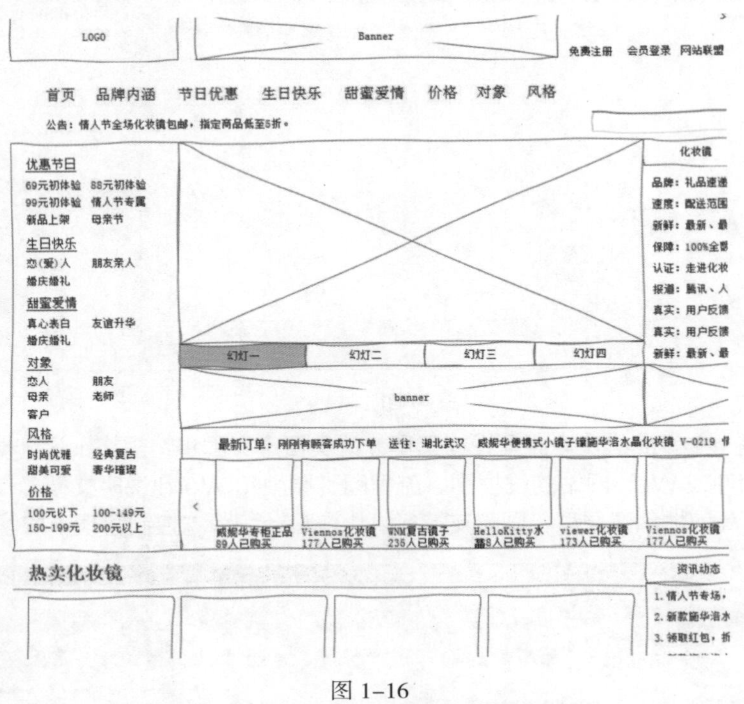

图 1-16

好的线框图应该能够清晰、明确地表达出设计师的设计创意，在团队成员中准确传达设计思想。在复杂项目的初始阶段，线框图是必不可少的，发挥着极其重要的作用。

1.4.2 原型

原型是中（低）保真的产品设计图，代表最终的产品。原型（指互联网产品原型）的作用非常关键，也非常丰富，有以下 4 种。

- 高效、准确地展示产品需求。
- 快速更新和迭代。
- 有效地测试不同的假设和想法。
- 将用户的需求可视化。

原型的设计应该尽可能与最终产品一致，在进入正式产品开发阶段之前，将产品原型发送给股东、用户等进行测试，并根据他们的反馈意见进行调整，在原型中做这些工作要远远强过开发出应用程序之后再做，如图 1-17 所示。

1.4.3 视觉设计稿

视觉设计稿是高保真原型的静态设计图。将视觉设计稿制作成可交互的原型就是高保真原型了。通常来说，视觉设计稿就是视觉设计的草稿或终稿，帮助团队成员以视觉审美的角度审视产品。用优秀的视觉设计稿制作高保真原型可以起到意想不到的作用，无论是拿去见投资人，还是收集用户反馈，都是最佳选择，如图 1-18 所示。

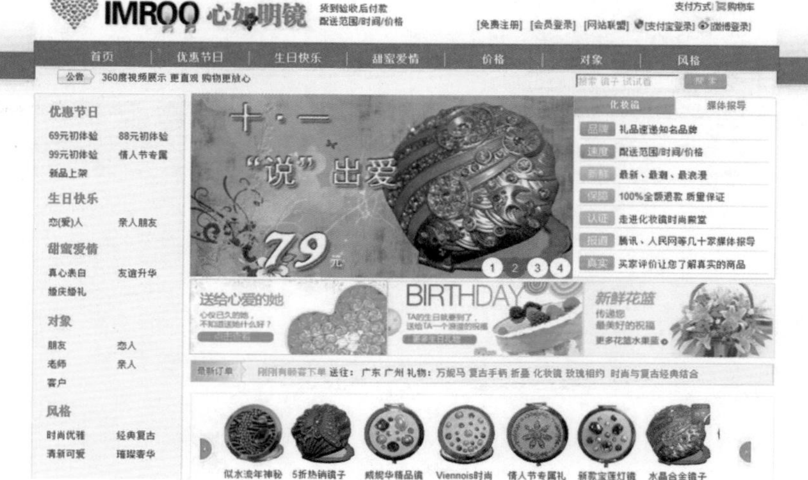

图 1–17

图 1–18

实例 2　新建项目文档

教学视频：视频 \ 第 1 章 \ 新建项目文档 .mp4　　源文件：无

实例分析：

在 Axure RP 中新建项目文件的方法有很多。本实例是通过执行新建命令进行操作的，Axure RP 还有很多新建项目文件的方法，详细内容将在后面的章节中向用户讲解。

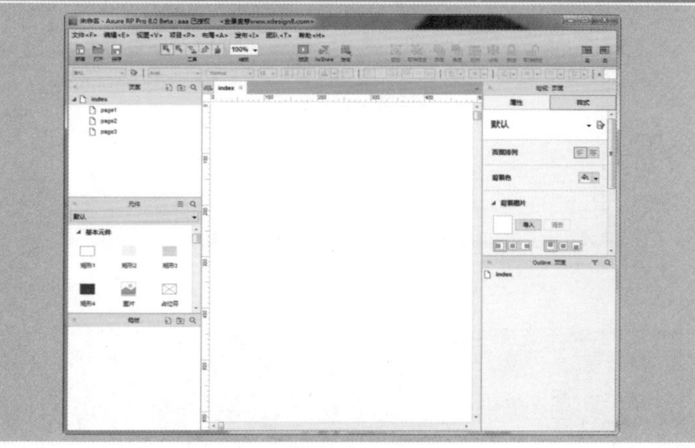

制作步骤:

01 双击 Axure RP 8.0 启动图标，打开软件，如图 1–19 所示。执行“文件 > 新建”命令，新建项目文档，如图 1–20 所示。

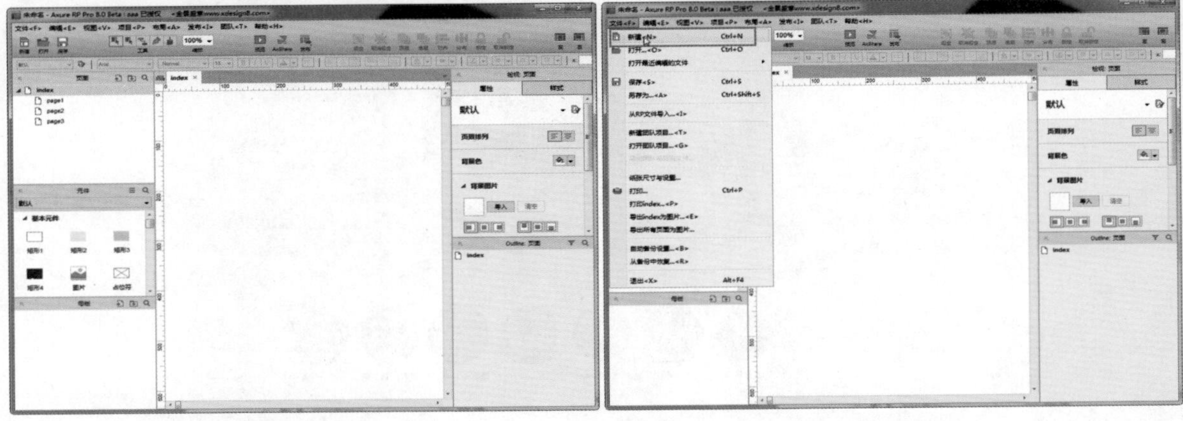

图 1–19　　　　图 1–20

02 完成新建项目文档的操作，如图 1–21 所示。

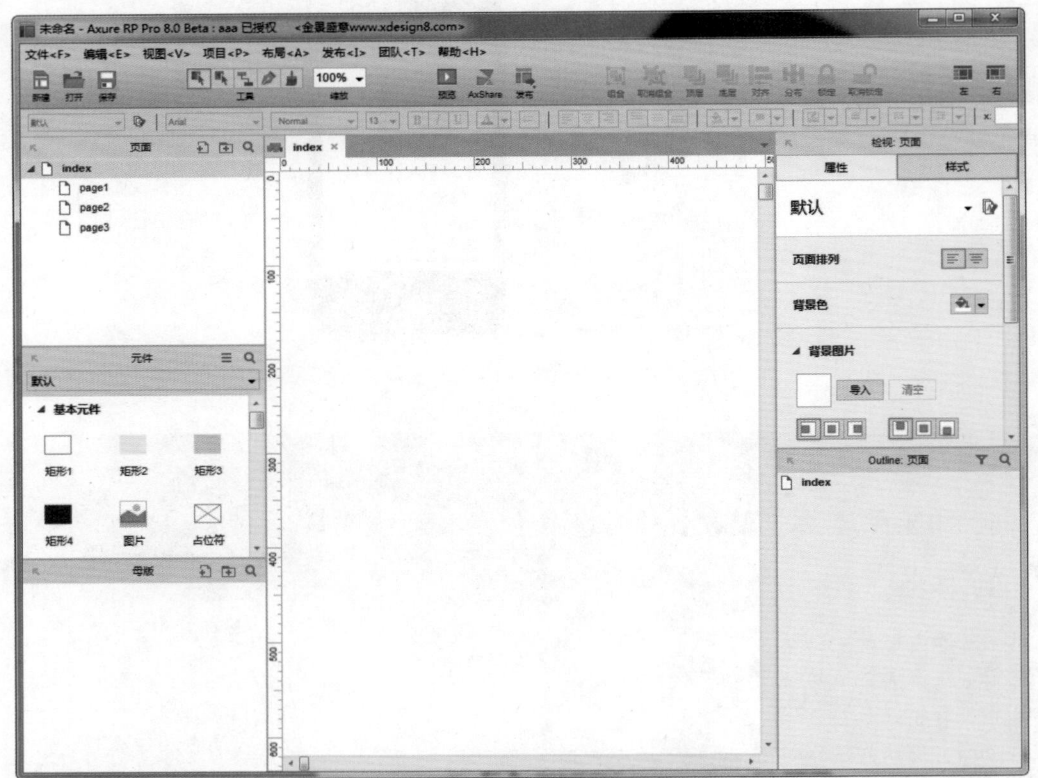

图 1–21

双击启动图标后，打开的 Axure RP 默认界面就是一个新建的项目文档，用户可以直接在上面进行绘制，无须再新建文档。

1.5　Axure RP 8.0 的特色功能

Axure RP 8.0 有四大特色功能——产品概念图及设计、互动、文档和合作。

1.5.1　产品概念图及设计

产品概念图就是设计师使用元件及钢笔工具将项目粗略地绘制在页面编辑区中，展现出原型。

1. 既可粗略设计又可精细设计的工具

在 Axure RP 中，只使用矩形、占位符、形状和文本元件，就可以飞快地制作出漂亮的线框图。将原型中需要的元素都准备好，再进行精细的视觉美化，加上颜色、渐变色、半透明填充、导入图片、使用网格和参考线进行精确定位，或者在其他工具（例如 Photoshop、Illustrator 等）的帮助下使项目达到用户需要的合理的真实程度。

如图 1-22 所示，第一张是比较粗略的线框图，第二张是视觉美化之后的高保真原型图，它们都是原型，只是真实程度不同。

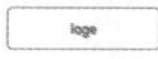

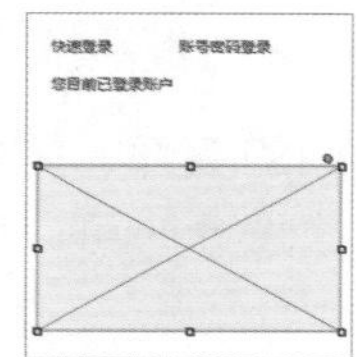

图 1-22

2. 可切换到手绘图的效果

在项目的制作阶段，可以随时通过调整精细程度将原型图修改为灰度的手绘效果。用户可能会因为这种原生态的感觉而喜欢上它。通过这种方式，设计师可以免去用户不必要的期待，让他们专注于功能、内容和互动。

在 Axure RP 中新建一个项目，拖曳一个矩形元件到页面编辑区中（用户可能还不太熟悉这个流程，后面会详细介绍），Axure RP 会自动将矩形的边框变得不规则，从而展现一种手绘的效果，如图 1-23 所示。

图 1-23

3. 简单易操作

从一开始，Axure RP 经典的原型工作环境非常类似用户熟悉的 Windows 界面和 Office 界面，行内文本编辑和超过 50 种的键盘快捷键就能够让用户高效工作，如图 1-24 所示。当用户开始熟悉选择模式、元件面板和检视面板等功能后，其工作效率将与日俱增。

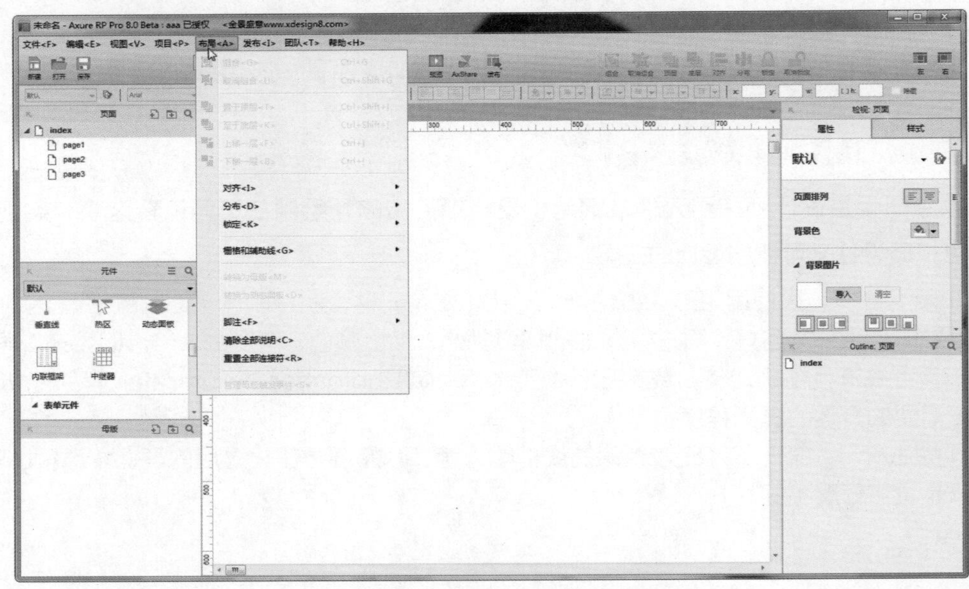

图 1–24

4. 使用母版以做到“一处修改，处处更新”

使用母版制作一些需要重复使用的部分，例如网站的头部、尾部或者其他母版。一旦母版被更新了，所有使用此母版的页面就会自动更新。用户在设计时可以尽自己所需，在页面中多使用母版。

5. 元件可以让用户迅速地掌握 Axure RP

Axure RP 支持载入第三方元件库，用户可以下载其他用户发布的免费元件，也可以加入自己的图标、商标、品牌元素或者设计模式，创建属于自己的独一无二的元件。

Axure RP 提供了大量的元件，如图 1–25 所示。元件就像是 PowerPoint 模板一样，使用方法相似。

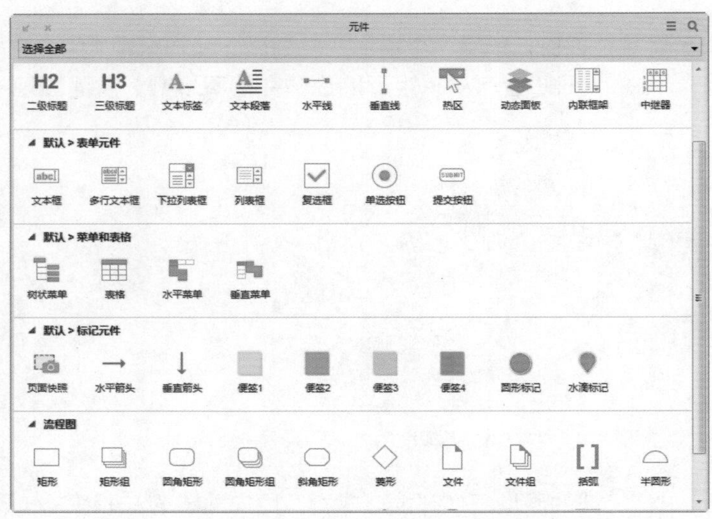

图 1–25

实例 3　使用元件绘制找回密码界面

教学视频：视频 \ 第 1 章 \ 使用元件绘制找回密码界面 .mp4
源文件：源文件 \ 第 1 章 \ 使用元件绘制找回密码界面 .rp

实例分析：

通过该实例可以熟练掌握基本元件的使用方法，从简单的界面开始，学习原型设计。实例中主要使用了文本标签元件、矩形元件和文本元件等多个元件。

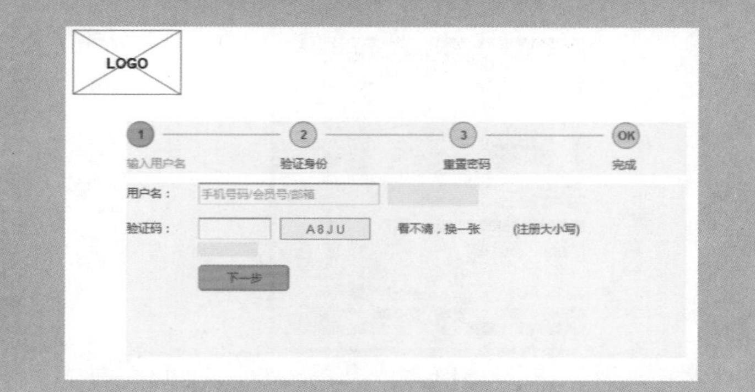

制作步骤：

01 执行“文件 > 新建”命令，新建项目文档，如图 1–26 所示。将“占位符”元件拖曳到编辑区内，调整大小和位置，并输入 Logo 文本，效果如图 1–27 所示。

图 1–26

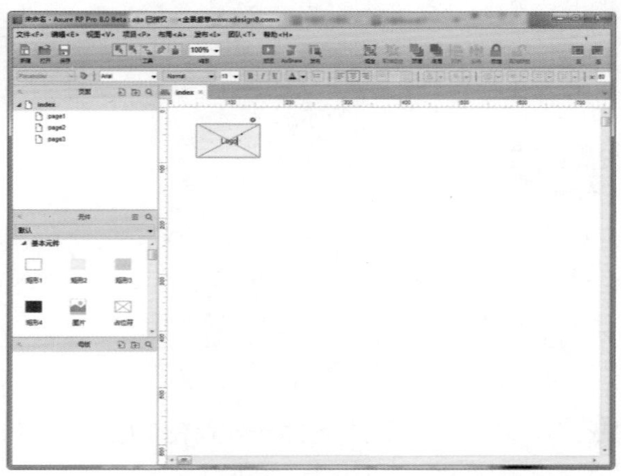

图 1–27

02 继续将“矩形 1”元件拖曳到编辑区中，将矩形转换为椭圆形，如图 1–28 所示。调整椭圆形的位置和大小，并输入文字“1”，如图 1–29 所示。

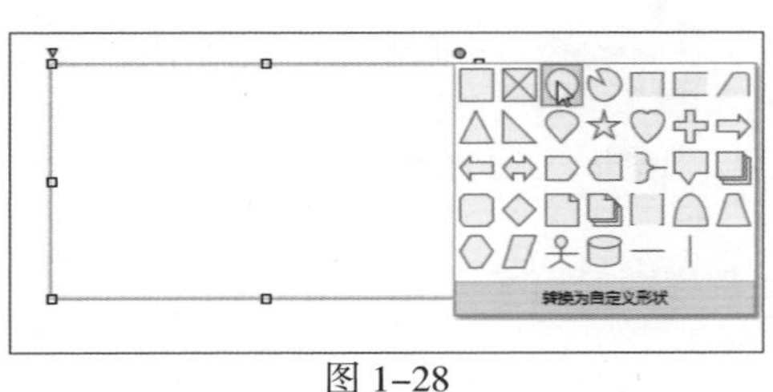

图 1–28

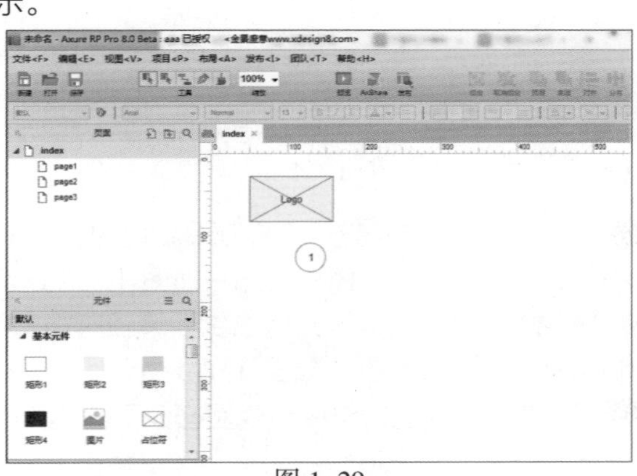

图 1–29

03 选中椭圆形元件，在检视面板中椭圆形面板的“样式”标签下设置“填充颜色”为#FF6633，如图 1-30 所示。“边框颜色”为 #666666，如图 1-31 所示。

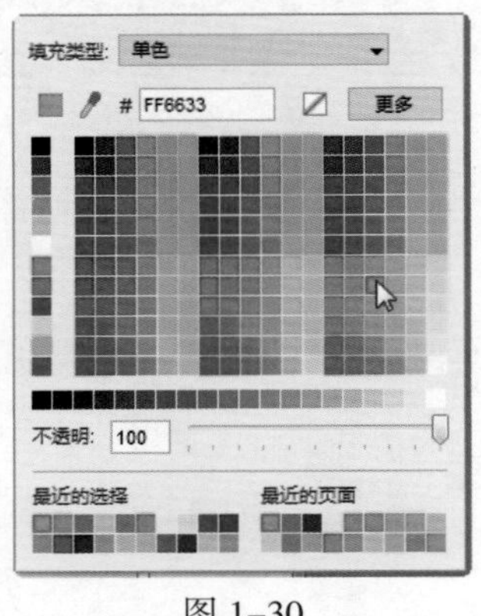

图 1-30

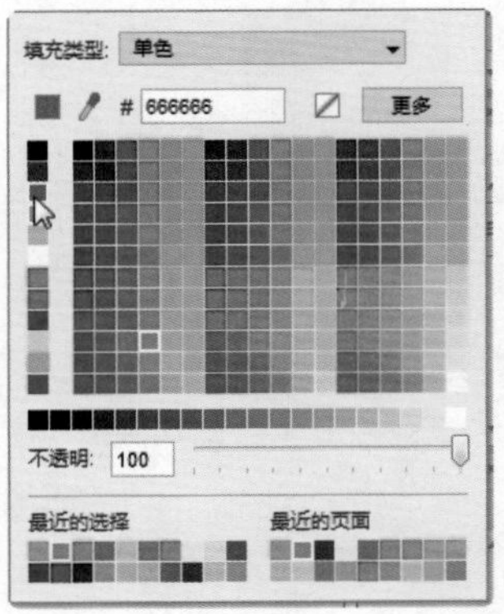

图 1-31

04 效果如图 1-32 所示。使用相同的方法绘制其他形状，如图 1-33 所示。

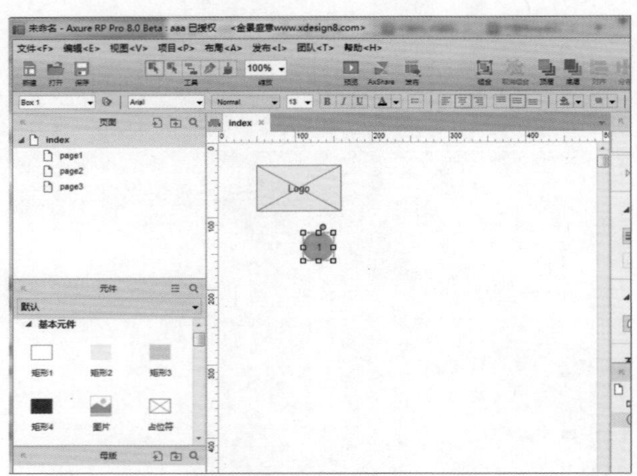

图 1-32

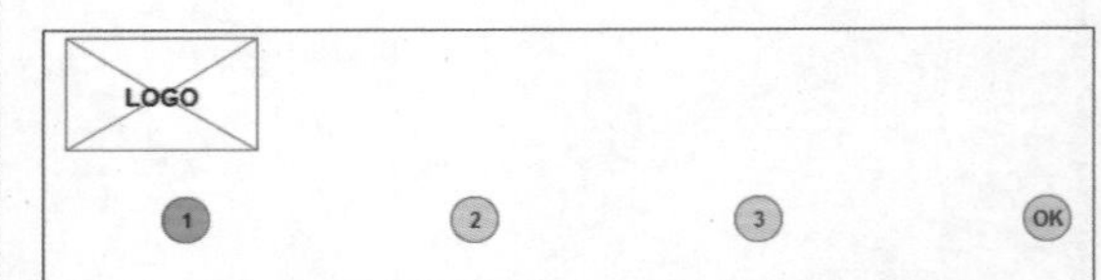

图 1-33

05 将“文本标签”元件拖曳到编辑区内，在圆形下分别编辑文字，如图 1-34 所示。使用“连接器”工具将圆形连接，如图 1-35 所示。

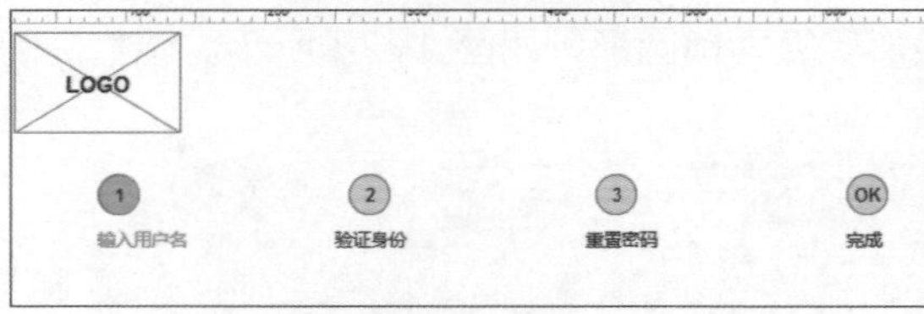

图 1-34

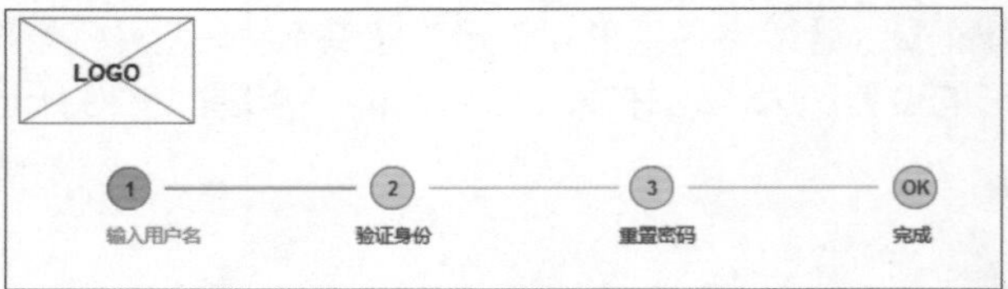

图 1-35

06 将“矩形 1”元件拖曳到编辑区内，调整元件的位置，设置“填充颜色”为 #66CCFF，“不透明”为 5，“边框颜色”为无，如图 1-36 所示，效果如图 1-37 所示。

07 将“文本标签”元件拖曳到编辑区内，编辑文字，如图 1-38 所示。将“文本框”元件拖曳到编辑区内，编辑文字，如图 1-39 所示。

08 使用相同的方法绘制找回密码页面的其他内容，最终效果如图 1-40 所示。

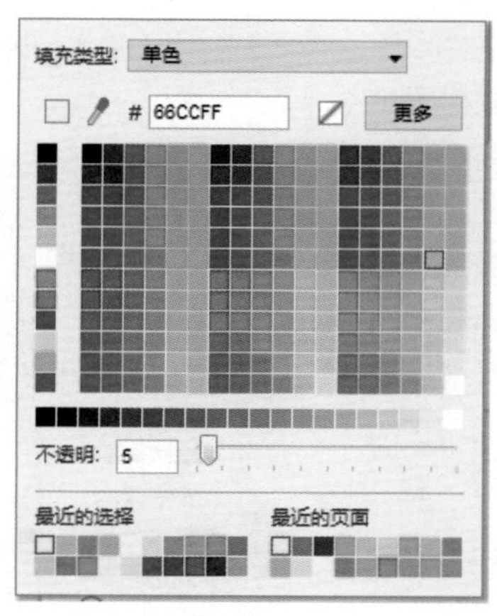

图 1-36

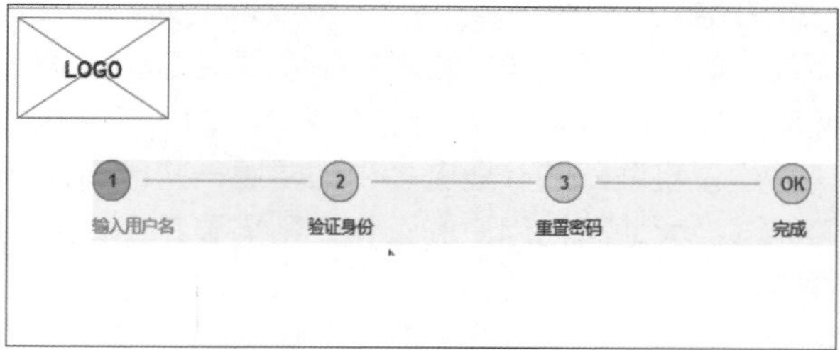

图 1-37

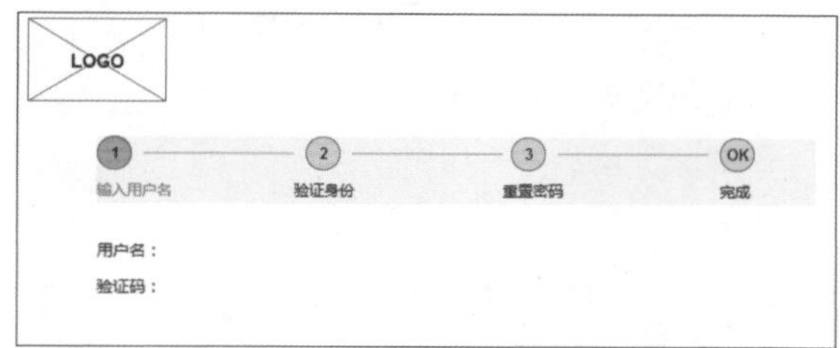

图 1-38

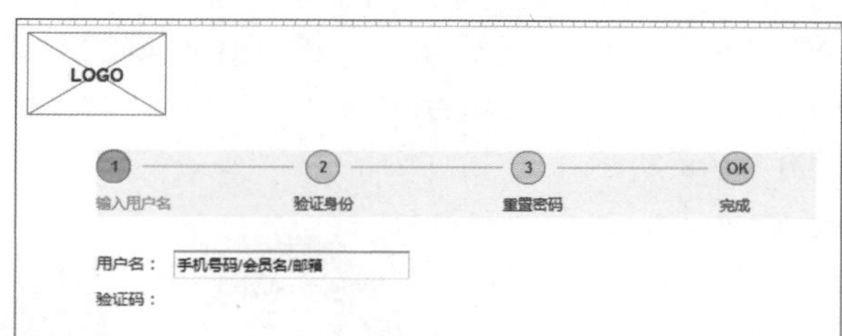

图 1-39

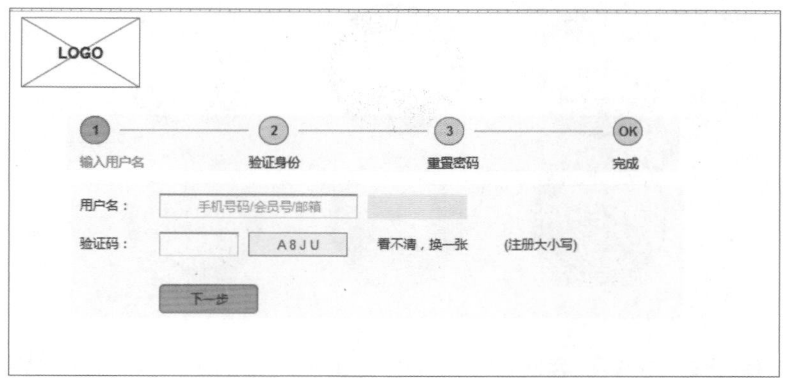

图 1-40

1.5.2　原型的交互动态

Axure RP 创建的元件可以具有网页、JavaScript 和 Ajax 的交互动态功能，用户了解编程知识也很重要，以便可以快速掌握 Axure RP 中的技术应用。

1. 不只是点击这么简单

用户可以非常容易地创建简单的点击网页，也可以使用条件逻辑、动态内容、动画、拖放和计算来创建高级功能和丰富的页面原型，并不一定要创建高保真的原型，但是如果需要，可以很容易地让自己的设计上升到新的高度，能够更加方便评估，及时获得用户反馈以及用户测试。

使用 Axure RP 可以轻松地创建网页上常见的几乎所有基于 CSS、JavaScript 和 Ajax 的交互动态功能。

2. 不需要编程知识，所见即所得

选择一个事件，例如页面载入时、窗口滚动时或页面按键松开时，如图 1-41 所示。选择一个事件并且选择动作，例如打开链接或设置元件值。最后为动作设定选择参数，这样就完成了。

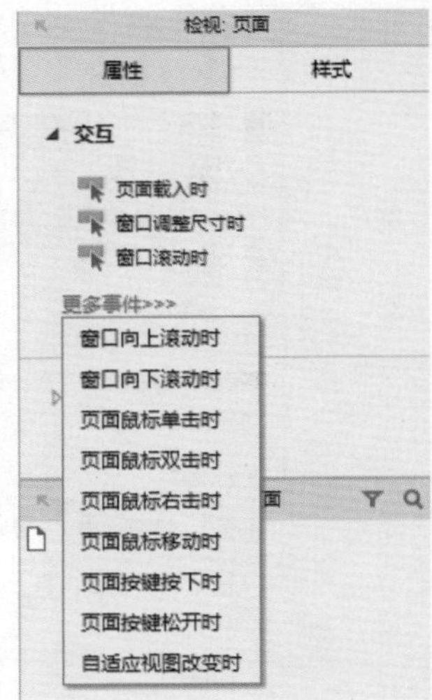

图 1-41

在 Axure RP 中，完全不懂代码的人经过学习也可以完成简单的网页互动功能，而这些功能原本是需要对 CSS、HTML 和 JavaScript 熟练掌握的工程师才可以做到的。

建议互联网的从业者多少都要懂一些代码，但是 Axure RP 的便捷性能够极大地简化用户的工作，不需要花费太多的时间和精力，就可以更加方便地制作网页。

3. 快速 HTML 代码

执行“发布 > 生成 HTML”命令，Axure RP 会立刻将用户的设计生成基于 HTML 代码和 JavaScript 代码的原型，并且该原型可以在 Internet Explorer、Safari、Firefox 或者 Chrome 等多个浏览器中浏览，如图 1-42 所示。

图 1-42

决策者、开发者和测试者无须安装 Axure RP 或者是特定的浏览器。用户可以把自己的文档发布到网络上，或者在 https://share.axure.com 上进行分享。

4. 自己的原型设计就是自己的品牌

自己的网站原型就应该拥有自己的品牌，所以可以添加 Logo 图片和标题到自己的原型中，突出个人网站原型设计的特点。

1.5.3 独立保存文档

提到文档，相信用户并不陌生，使用 Axure RP 文档也是特色功能之一，具体和 Word 等文档有什么不同，下面将向用户详细讲解。

1. 元件说明和页面说明

用户可以为元件和页面添加说明，从而更好地解释原型的背景情况和对原型进行详细的功能描述。说明按照自定义的字段进行组织，以便更好地管理信息和使文档标准化。页面说明还可以针对不同的受众进行不同的分类，如图 1–43 所示。

2. 强大的、可自定义的 Word 文档生成器

Axure RP 可以生成自定义页头、页脚、标题页和标题样式的 Word 文档模板，如图 1–44 所示。选择是一栏显示还是两栏显示，设定选项，点击立刻生成自定义文档说明，即可使用。

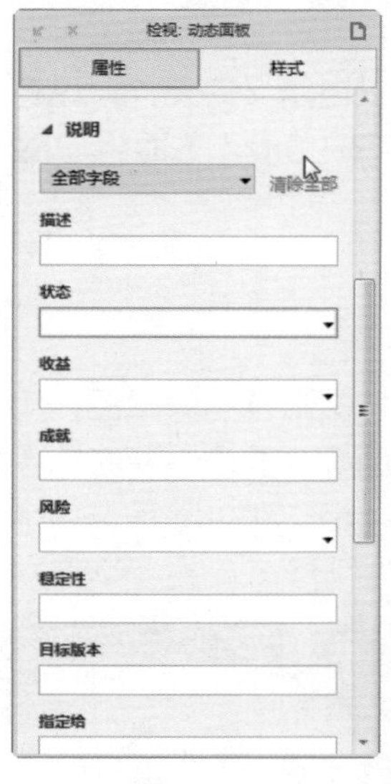

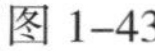
图 1–43

图 1–44

3. 导出文档

Axure RP 不仅可以导出所有的元件说明和页面说明，还可以导出元件的一些值，例如将列表元件或者下拉类别元件中的所有供选择的值导出为 Word 文档。用户可以随时选择是要导出哪些有说明的元件或者所有的元件。

4. 通过过滤器将元件分类，然后导出为不同的文档

用户可以根据元件说明中的不同值，通过设定过滤器的方式，将不同值的说明分别导出。如果用户在跟踪某个特定的版本或者在说明中更改了需求，仅仅导出某个版本或者某个变化后的说明即可（在本书的第 6 章向用户详细讲解该内容）。

1.5.4　团队合作

合作就是个人与个人、群体与群体之间为达到共同目的、彼此相互配合的一种联合行动方式。在 Axure RP 项目中也可以通过合作的方式更出色地完成项目。

1. 在设计团队中共享项目

使用共享项目可以在所有成员间同步工作。Axure RP 会保留所有的工作历史，并且如果需要的话，可以导出之前版本的项目文档。使用一个共享的网络目录可以建立共享项目。最棒的是这些都是免费的。创建团队项目对话框如图 1–45 所示。

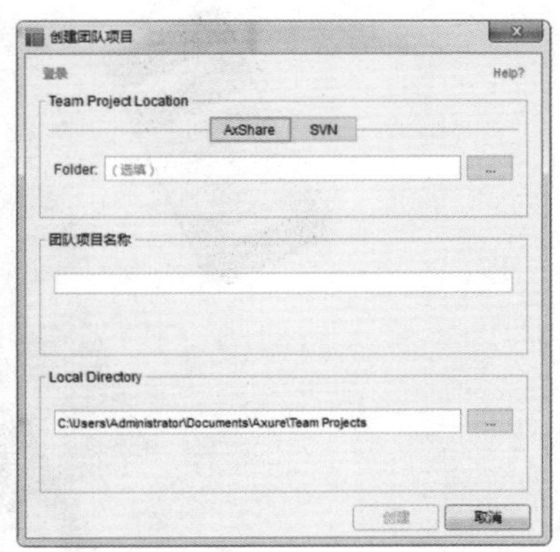

图 1–45

2. 共享用户自己的项目并且获得反馈

用户可以把自己的文件上传到 https://share.axure.com，

原型会在几分钟之内自动生成并且共享。通过设定密码，让只有授权的人才可以访问，还可以在共享的项目中开启讨论功能，大家可以在用户的原型中进行讨论（在本书的第 7 章向用户详细讲解该内容）。

1.6 Axure RP 8.0 的新增功能

Axure RP 对工作流程改进的一个重要方法是可以为团队提供自定义的元件，这有效地节约了大家的时间，并提高了项目的一致性。2015 年 8 月推出了 Axure RP 8.0，下面将向用户介绍 Axure RP 8.0 的三大新增功能。

1.6.1 钢笔工具

全新的钢笔工具可以让用户自己绘制自定义的元件。由于这些图形都是矢量图，用户可以对它们进行自由拉伸，另外还可以改变它们的填充和边框，这对于设计图标、图表、弯曲箭头、图案轮廓和按钮等是非常有用的，如图 1–46 所示。还可以使用合并、去除、相交和排除等选项来选择图像，如图 1–47 所示是使用钢笔工具和去除选项来创建一个自定义的表情符号。

图 1–46

图 1–47

1.6.2 全新的动画与交互

高保真原型对于赢得用户的购买意愿是非常有帮助的。对于高保真的原型，Axure RP 8.0 提供了一些新特性使其更加丰富，如图 1–48 所示。

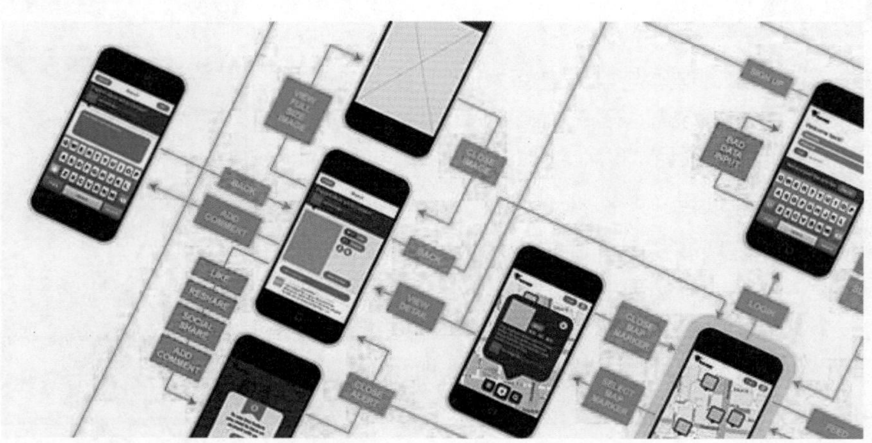

图 1–48

Axure RP 8.0 可以在同一时间使一个对象运行多个动画，例如在移动的同时颜色变淡，如图 1–49 所示。还能够以动态旋转对象设置对象的形状和大小，可以翻转动画，如图 1–50 所示。

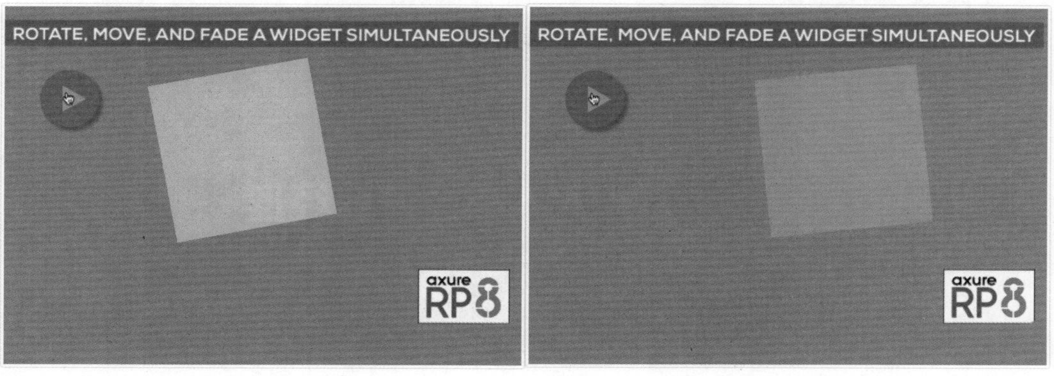

图 1–49

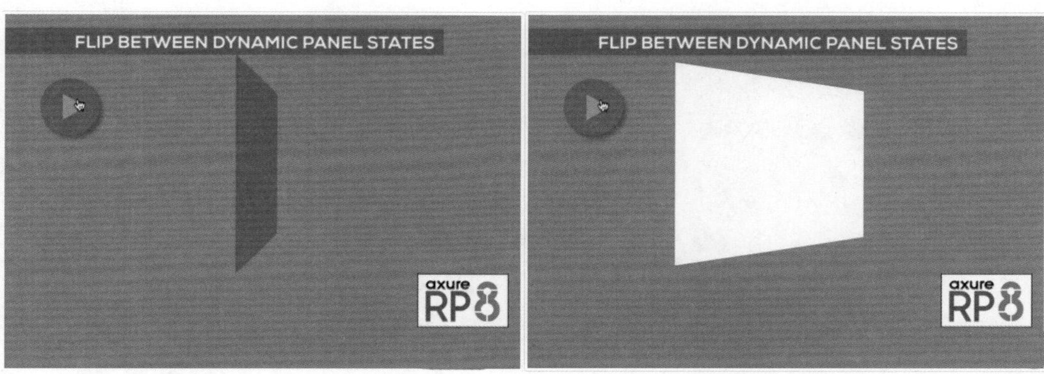

图 1–50

此外，Axure RP 8.0 在交互上还会有一些微妙但有效的改进。例如，添加了两个新的事件——窗口向下滚动时和窗口向上滚动时。中继器元件是 Axure RP 7.0 版本新增加的功能，备受用户好评。在 Axure RP 8.0 中，它被升级到拥有更多的不同尺寸。

1.6.3　快照元件

创建完全清晰的交互设计文档耗时且乏味。其中很大一部分时间被用来创建和更新需要传达给团队的各种状态的屏幕截图。专业版的自动化 Word 文档生成器非常强大，但在原型的丰富上，它有很大的局限性。已经有越来越多的用户开始选择在 Axure RP 上创建自定义文档，如图 1–51 所示。

Axure RP 8.0 的快照元件旨在更快地创建和更新自定义文档。它可以被用于捕捉页面图像并对引用进行管理，用户可以拖动和缩放快照页面的特定部分。当页面出现改变以后，快照也会自动进行相应改变。

可以对引用的页面指定动作以此捕捉它的特定状态。例如，可以在页面的“点击”按钮上使用新的交互事件行为，并得到按钮被点击之后的页面快照。如果改变了按钮的交互行为，快照也会自动更新。这对于流程图是非常有用的，现在可以看到一系列事件的页面缩略图，如图 1–52 所示。

图 1–51

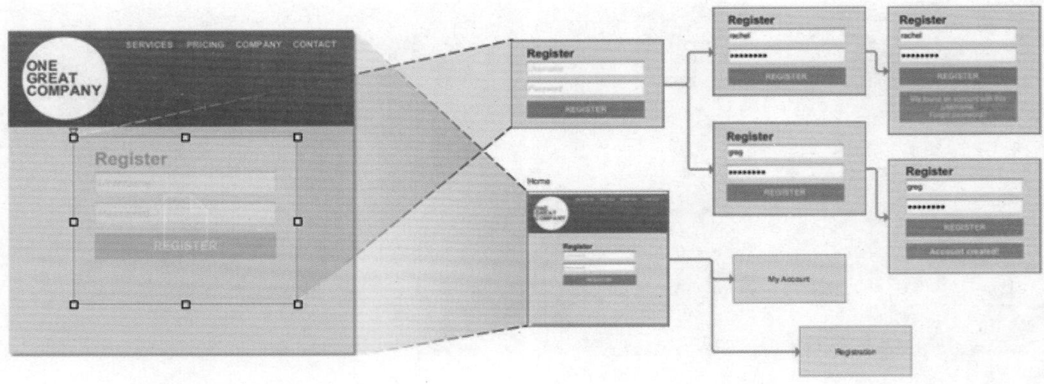

图 1–52

1.6.4 其他新增功能

另外，Axure RP 8.0 还有其他的一些新增功能，具体如下。

- 环境的更新。
- 新增加默认元件和元件样式。
- 增加群组功能。
- 流程图。
- 行为动作。
- 动画。
- 新增事件。
- 团队项目。
- 中继器。

这些新增功能将在后面的各章节中向用户详细讲解，Axure RP 8.0 将会向用户呈现出一个全新的工作环境，提高设计师的工作效率。

1.7 Axure RP 与其他原型工具的比较

还有很多其他软件可以用来做原型设计，例如 Visio、Word 和 Photoshop 等。它们都是非常强大的软件，但是对于网站原型的制作工作来说，没有比 Axure RP 更贴近需求的了。如表 1-1 所示，简单地向用户对比一下这几个软件，从而可以具体了解 Axure RP 的优势。

表 1-1　各软件的对比

	Word	Photoshop	Visio	Axure RP
简述	微软出品的文档编辑工具	Adobe 公司出品的图片编辑软件	微软出品的可视化模型和流程软件	Axure 公司出品的网页原型软件
特长	文字编辑、排版	图片编辑、平面创意	流程图、网络图、工作图、软件图和结构图	网页建模、原型图和线框图
网页模型排版能力	低（对齐很难）	自由	自由	自由
生成格式	doc/docx	psd/jpg/png	vsd/html	html/rp
互动	无互动，静态文档	无互动，静态图片	简单的基于点击的互动	支持各种基于 HTML 的互动效果
适用者	产品经理、项目经理、测试经理	平面设计师、网页开发工程	产品经理、项目经理	产品经理、平面设计师、网页开发工程师、测试经理、营销经理、项目经理
学习难度	容易	容易	容易	容易
安装文件大小	几百 MB	几 GB	几 MB	几十 MB
演示文件	不适合演示	不适合演示	适合	适合
制作线框图	很困难	困难	容易但是无法互动	容易
多人协作	只能通过批注的模式	困难	无	有
版本管理	无	无	无	有
嵌入 Flash	无	无	无	有
原型真实程度	低	高	高	高

1.8 原型设计流程的不同模型

在生活中经常会看到建筑设计图、样板间和一些数码产品的概念设计图、概念车，这些都是原型的不同体现。

如图 1-53 所示，这是两种常见的用户体验原型设计模型。

A 种模式原型：完全依赖于前端开发者来表达交互的想法，并且要承受被拒绝采用或多次修改的风险。在此场景中，用户体验设计师创建静态线框图，前端开发者将其转换为 HTML。

B 种模式原型：设计师自己开发原型，自己学会 HTML、CSS 和 JavaScript，线框图和可交互原型都靠自己一手搞定。

Axure RP 给提供了第三种选择，用户体验设计师不必依赖前端工程师，也不用让自己成为程序员。

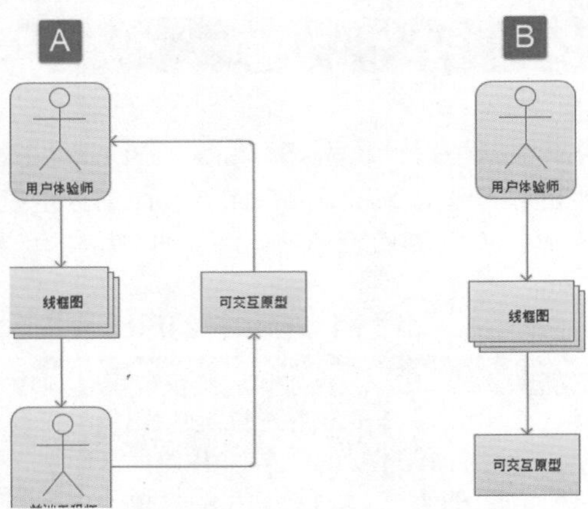

图 1-53

虽然 Axure RP 8.0 的学习曲线比较苛刻，但是一旦掌握 Axure RP，就可以轻松地实现自己设想的非常现代的用户体验效果。使用 Axure RP 可以将一个概念落实为线框图，再进一步制作成高保真原型，甚至可以根据需求制作响应式布局来适配不同尺寸的屏幕。

如果用户熟悉编码，Axure 对 JavaScript 和 CSS 的支持是非常强大的；如果用户不熟悉编码，仍然可以创建令人惊叹的产品原型，而不需要编写一行代码。

1.9 原型设计的交互式原理

事实证明，原型不是今天才发明的。原型的价值贡献、投资回报率和原型技术术语至少已有上千年历史。相比传统原型设计，软件原型设计需要丰富的用户体验，这是 UX 对设计师的巨大挑战 (UX 全称 User Experience，中文名“用户体验”)。

1. 情景化

原型是模拟用户在界面上的操作流程，系统也要对用户的操作做出响应。通常，流程要考虑多方面因素，带有很多条件，要经过多步才能顺利完成。UX 设计师能够使用的交互模式，已经比十年前要丰富得多了，如图 1-54 所示。

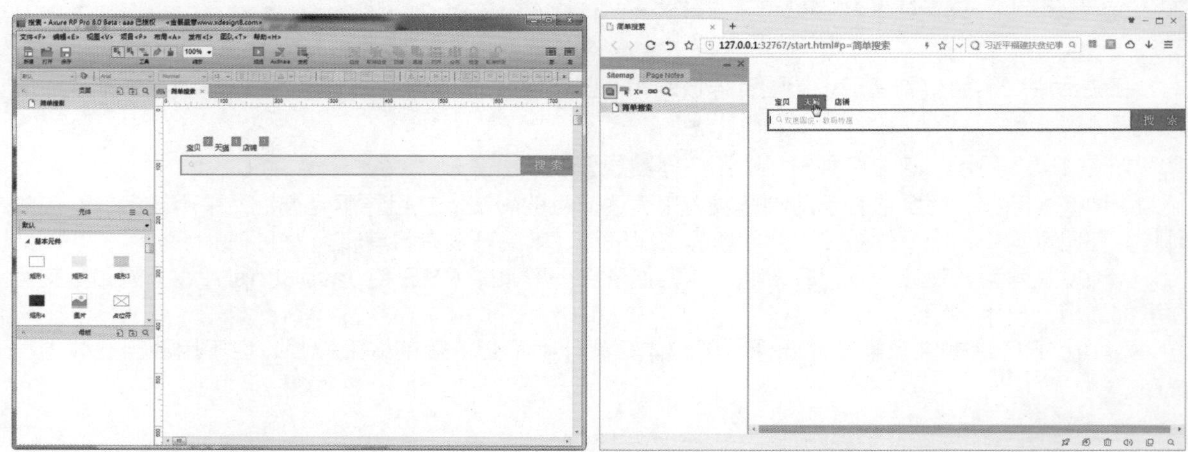

图 1-54

2. 多种屏幕大小

原型设计必须考虑屏幕大小。例如，各种屏幕尺寸的手机、平板电脑、个人电脑以及超大屏幕的设备等。屏幕大小影响着用户体验，而用户完成某一项任务时，又会期望在各个屏幕上有一致的功能和体验，如图 1–55 所示。

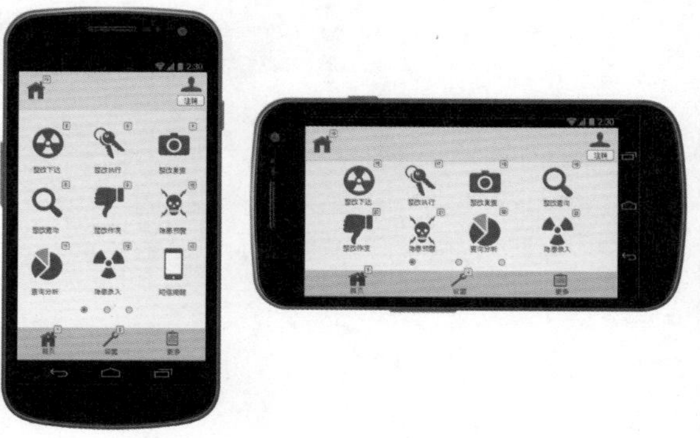

图 1–55

3. 页面内异步更新

在 20 世纪 80 年代，软件以用户端 / 服务器 (C/S) 模式为主，任务的普遍流程是从一个窗口跳转到另一个窗口。在 20 世纪 90 年代的 Web 模式下，常见的 Web 导航是从一个页面超级链接到另一个页面。现在，随着页面中数据的异步更新，多个页面之间切换的情况有所减少。页面内异步更新，使原型设计的复杂度大大增加，如图 1–56 所示。

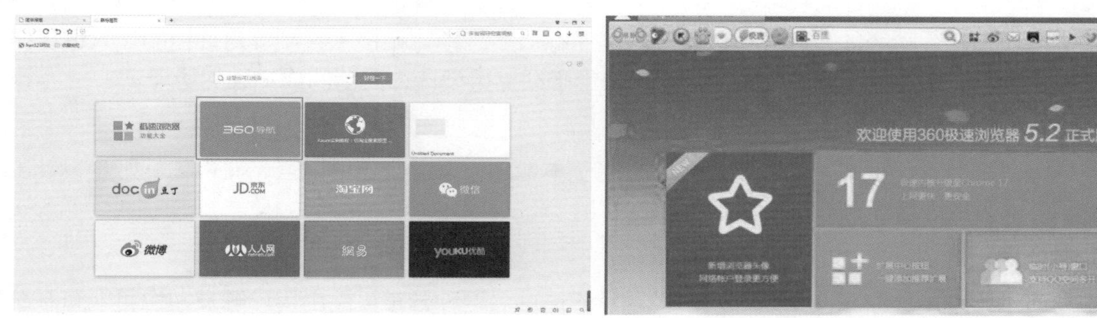

图 1–56

4. 不同权限用户的个性化体验

根据不同的用户权限，原型会有不同的应对措施。对于非注册用户，网站可能会显示特殊的条件吸引用户注册，如图 1–57 所示。

图 1–57

对于已注册登录用户，网站可能会依据以往用户所设置的内容 , 提供给用户相应的信息。对于付费用户，则可以访问更多内容，如图 1–58 所示。

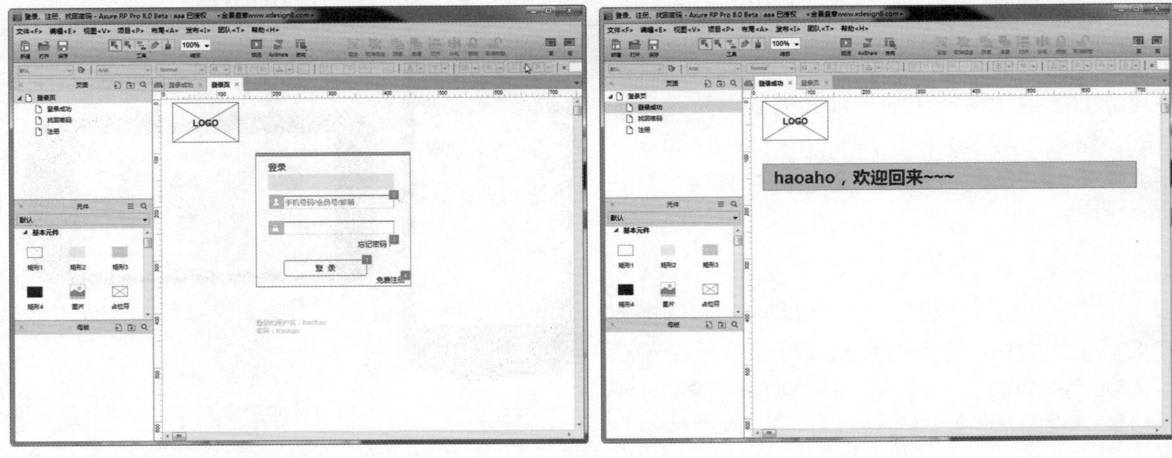

图 1–58

5. 可扩展性

许多应用程序是分阶段的，因此可以基于战略目标、实际预算和技术限制等对项目的投入进行排序。原型往往反映了完整的产品，但一个好的原型也必须支持设计人员精简或扩展的功能。

6. 本地化

在全球经济形势下，所开发的应用程序必须易于本地化，以适应当地语言、文化和偏好。设计出的原型需要支持多种语言。

7. 异常处理

原型要演示出应用程序在交互过程中出现异常的情况。这种异常可能由用户触发，也可能有系统触发。这也是交互原型最难实现的一项功能。

1.10 Axure RP 的实践应用

很多人不清楚应该什么时候使用 Axure RP，在处理什么样的项目或任务时使用 Axure RP 最合适。下面将向用户介绍 Axure RP 在生活中的实践应用。

1.10.1 简单的项目

在生活中常常会遇到这样的情形，作为策划者，在与用户或者与项目提出者洽谈时，常常会听到“想法很简单，就是做个简单的网站 (或 APP)，只需要一些非常基础的功能……”，事实上，用户或者项目提出者想要的绝不是他所描述的那样简单。因此在签订合同之前，用户最好能把所有的详细需求都一一列出来。

用户并不知道自己想要的“简单的”网站 (或 APP) 到底是什么样子。“简单”这个词是用来表达目的，因为通常情况下人们对“简单”这个词的理解都会本能地将注意力集中在最突出 (基本) 的功能和所涉及的页面数量上。然而，这可能会导致非常严重的误导。

1. 少数页面模板的组成

现代的 Web 应用程序的页面模板都相对较少，例如首页、列表页及详情页等，如图 1–59 所示。每个页面的复杂性可能都不相同。

图 1-59

2. 需要制订内容战略

内容的展示需要适应不同的设备，这是必须要考虑的重要条件。对于任何给定的屏幕，至少要考虑 3 种布局（桌面电脑、平板电脑和手机），如图 1-60 所示。对于某些类型的应用程序，为了确保工作流程在多个屏幕中顺利进行，工作的复杂性可能以指数倍增加。

3. 应用程序的用户数量

应用程序的用户数量，也是一个需要注意的问题。是否需要动态改变内容？是否需要注册 / 登录功能？是否需要交易功能？是否有动画效果，是否需要模拟用户操作数据？这些问题直接影响到最终产品的效果，所以要特别注意。

图 1-60

1.10.2　网站应用程序和门户网站

网站：是用来展示内容的，如新闻、博客等，如图 1-61 所示。

图 1-61

网站应用程序：是用来执行任务的，例如百度就是一个网站应用程序，用户使用它执行搜索任务。此外，火车票、机票、酒店的查询预订等，供用户执行任务的都属于网站应用程序，如图 1–62 所示。

图 1–62

网站应用程序和门户网站的原型是最适合使用 Axure RP 的。虽然有很多门户网站可用，但是企业往往需要定制开发来增强某些功能，以便满足业务需求，需要注意以下几点。

- 为了确保项目能够获得企业高层的认可，需要先创建一个简单的 UX 概念原型。在实际项目中，UX 的资源投入可能很小，但对项目的发展会产生重大影响。
- 高保真原型的建立是一个复杂的过程。尽可能记录自己的工作思路、指导原则、各个相关者的反馈意见、优先顺序，以及可能存在分歧的地方。
- 应用程序包含多个模块，代表组织中不同的业务单元。通常情况下，这些业务单元遍布全国甚至世界各地，每个业务单元可能有其自己的规则、要求和技术支持。这些需求在集成到应用程序之前必须考虑到将其简化、统一。
- UX 设计师需要拥有全局观，一个好的 UX 设计师，需要具备务实与创新之间保持良好平衡的能力。

不要擅自做任何假设，询问尽可能多的关于术语、流程和不明白的地方。
在项目早期，指出潜在的差距和实现风险。
在评审会议中对这些方面进行评审。

- 建立一个共享项目，与团队成员多沟通，保证应用程序的整体性和一致性。
- 为了处理每个模块的复杂性和具体需求，UX 团队还需要业务和技术相关人员的加入。

1.10.3　移动应用

一直以来，苹果公司非常重视用户体验。随着移动设备和传统计算机之间体验差距的逐渐缩小，新的交互模式（如手势）已被广泛运用。使用 Axure RP 的元件可以轻松地为主流移动设备（如 iPhone、iPad 和 Android 设备）创建原型，如图 1-63 所示。

越来越多的公司想要将传统计算机上的 Web 程序扩展到移动设备上。可以使用 Axure RP 为这些 APP 进行原型设计，并在移动设备上进行演示，如图 1-64 所示。

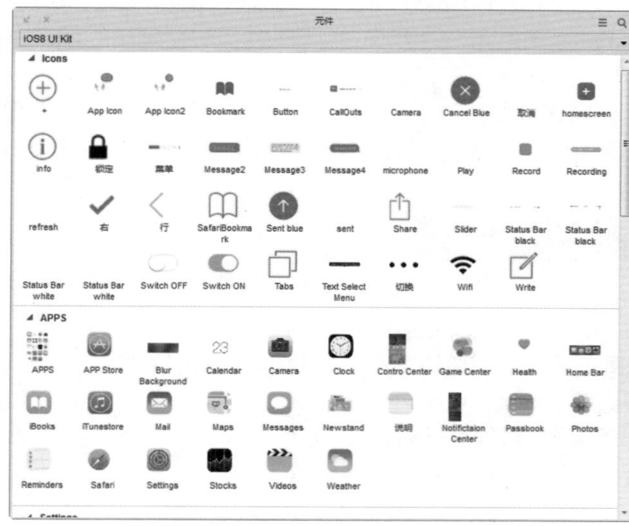

图 1-63

图 1-64

1.10.4　用户验证

可以利用企业提供的条件进行用户验证活动，例如可用性测试。最重要的是把控好用户验证在项目中的预算和时间表，还有要用到的交互原型质量，这对于复杂的应用程序尤其重要。在进行可用性测试之前，要确保可用性测试的场景是建立在原型中的，因为计划以外的场景可能会导致大量的问题，造成不必要的返工和修改。

1.10.5　启发式评估

在对一个应用进行重新设计时，设计师的任务之一是对现有用户界面进行启发式分析。分析结果可以帮助决策者确定项目涉及的范围、预算和时间表，并让设计师有机会熟悉应用程序和现有的用户体验。

可以在 Axure RP 页面中插入屏幕截图，快速创建一个应用程序的复制品。在屏幕截图的合适位置添加更多的细节内容，如操作按钮，创建一个原型。在相关说明字段上添加说明，生成一个 HTML 原型和一个 Word 文档，可以使用此原型文档向所涉及的部门展示结果。

1.10.6　原型和规范文档

通常情况下，用户都会要求设计师给出线框图、高保真原型和 Word 规范文档。下面所列出的是设计师需要重点考虑的内容（如果用户对其内容不了解，后面的章节会详细讲解）。

Axure RP 是一款很好的原型设计工具，重要的是在处理不同规模的项目、面对不同的问题时，如何将这款工具的价值最大化地发挥出来。

- 向开发团队索要一份使用过的规范文档，体验一下什么格式的项目文档是可接受的。
- 如果用户需要设计师提供交互原型，他对原型所预期的交互是什么样的？用户的期望都是基于过去的经验，设计师可以和用户商谈浏览一下自己看过的交互原型，把自己做过的成功案例展示给用户，提高双方对交互原型效果的共识。
- 如果应用程序需要制作基于不同角色的用户登录效果，你要为每个角色都制作完整的用户体验，还是只为主要角色制作。仅这一点就有可能毁掉整个项目，因为项目负责人（投资人）可能想看到每个角色的不同需求，而你的预算和工作计划中可能只模拟了一个角色的用户体验，这一点在项目前期一定要注意，并与项目相关人员沟通清晰。
- 计算一下制作静态线框图的费用是多少。制作原型的高保真视觉界面的费用是多少。是否需要快速制作出高保真原型，根据高保真原型的设计细节和规范文档进行开发。

1.11 大项目中的 Axure RP 技巧

以下一些技巧或提示，可以最大限度地发挥 Axure RP 在大型项目中的作用。

- Axure RP 可以促进设计的一致性，但是无法强制，所以要通过管理手段确保设计的一致性。
- 让所有团队统一和正确地创建线框图很重要。
- 创建线框图和动态面板时，要约定一个命名规范。管理审核时，要对这些命名的合理性进行审核。
- 对线框图的组织和结构进行统一，让所有团队使用这种统一的结构。
- 要花时间使用 Axure RP 的细节。
- 在项目开始时，尝试合理地使用母版和动态面板，统一使用一种方法。在管理审核时，要验证执行情况。
- 注意在项目计划中 Axure RP 的文件时间。
- 在进行可用性测试、重大设计修改之前，要对 Axure 项目文件进行重新审核。

1.12 本章小结

近年来，Axure RP 已成为许多 UX 设计师的首选工具，它在功能、复杂性和投入成本之间找到了平衡，是展示设计创意和想法的最佳工具。本章向用户详细介绍了 Axure RP 的发展、原型设计的应用和不同原型设计工具之间的区别。Axure RP 8.0 是 Axure 公司推出的最新版本，本章向用户简单介绍了 Axure RP 8.0 的新增功能。通过深入了解 Axure RP 满足自己需求的同时，也要记住 Axure RP 只是一个原型设计工具而已，进行交互设计最重要的还是想法，工具只是用来帮助实现想法的。不必过于追求技术，不必过于追求视觉表现。把握好整个产品方向的同时，应专注于交互流程、页面内交互、布局结构的创新和优化。

1.13 课后练习——卸载 Axure RP 8.0

如果用户不想使用 Axure RP 了，可以通过卸载将软件从计算机中移除。下面讲解如何卸载 Axure RP 8.0。

实战　卸载 Axure RP 8.0

教学视频：视频\第 1 章\卸载 Axure RP 8.0.mp4　　源文件：无

如果用户不需要再使用 Axure RP，可以选择卸载该软件。如果想要再次使用该软件，则需要再次安装。卸载 Axure RP 8.0 的具体操作如下。

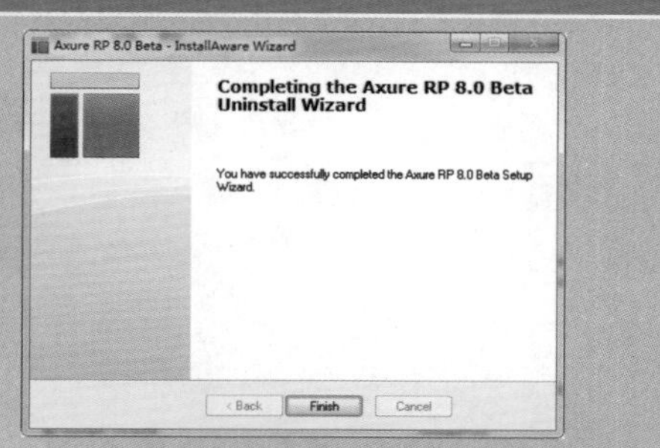

01 打开“控制面板”，单击“程序和功能”图标。

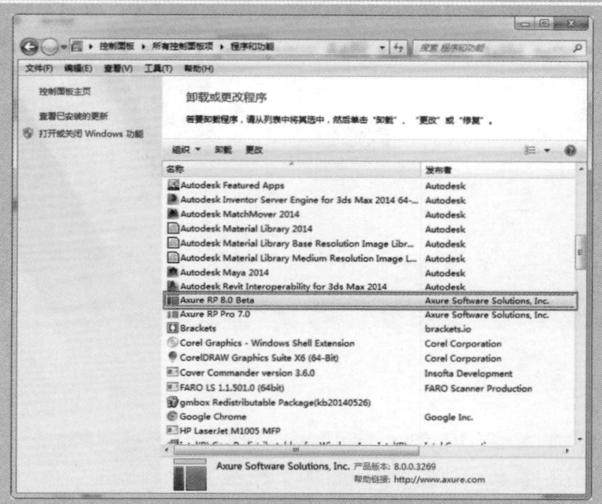

02 选择需要卸载的Axure RP 8.0软件列表。

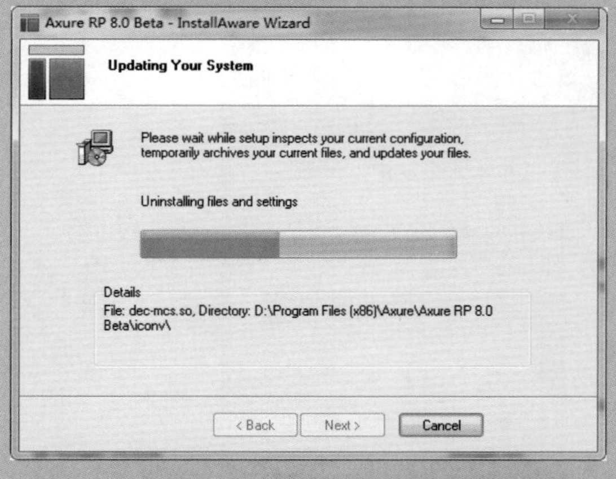

03 单击“卸载”按钮，根据提示开始卸载软件。

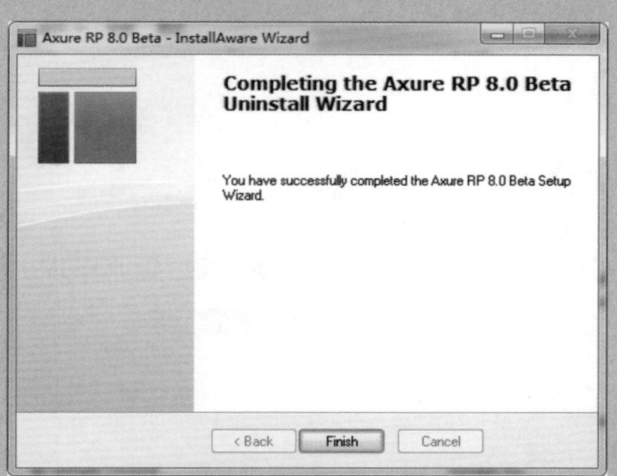

04 稍等片刻，即可完成软件的卸载操作。

第 2 章　Axure RP 的工作环境

Axure RP 8.0 的工作界面全部进行了更新，比以前版本更加简单化，使用更加方便。Axure RP 8.0 的所有面板进行了重新命名，对于初学者来说是一个陌生的软件界面，而对于熟悉 Axure RP 的设计师来说，也需要了解一下 Axure RP 8.0 和以前版本的不同，本章还会向用户介绍 Axure RP 8.0 的新增工具。

本章知识点

- Axure RP 欢迎界面
- Axure RP 工作界面
- 使用元件
- 使用钢笔工具
- 检视面板
- 概要面板

2.1 欢迎界面

第一次安装完成后启动 Axure RP 8.0 时，首先会看到 Axure RP 8.0 的欢迎界面，如图 2–1 所示。在欢迎界面中，用户可以进行新建项目文档和打开最近打开的项目等操作。

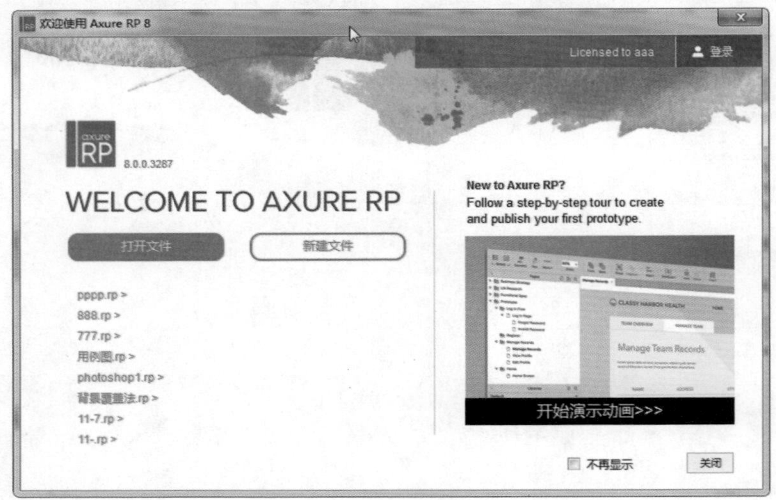

图 2–1

查看当前 Axure 的版本号：Axure RP 8.0 版本。执行“帮助 > 检查更新”命令，可以检查是否发布了新版本，如图 2–2 所示。

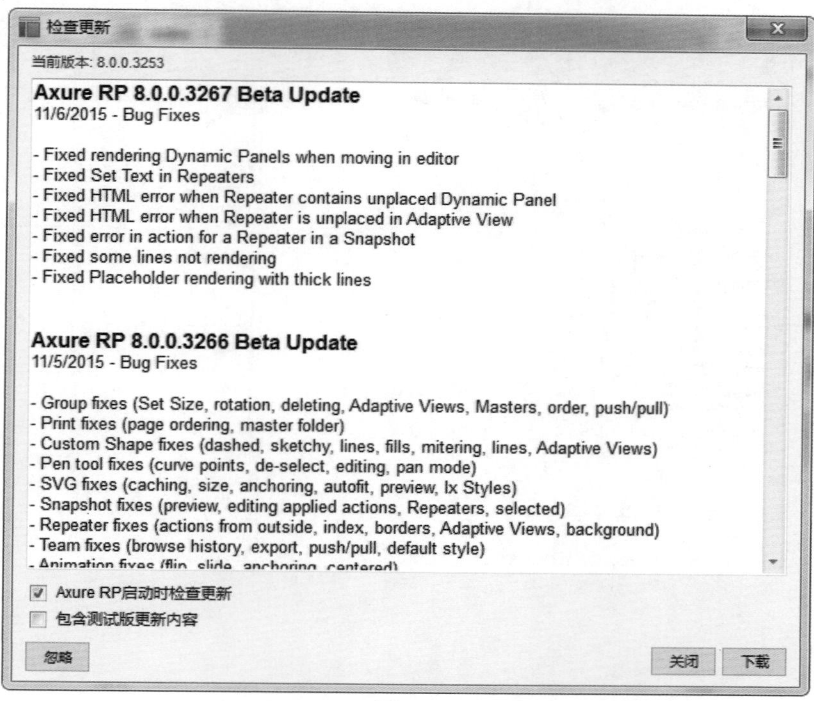

图 2-2

最近打开的项目：显示最近打开的项目，或者打开一个新的项目。

新建项目文档：rp 文档是 Axure RP 的本地文件，后面的章节中会向用户详细讲解。

新增功能及帮助文件：查看更新版本后的新增功能及使用方法。

在 Windows 版本中，Axure RP 可以同时运行多个应用实例，每个实例可以打开一个项目文件。在 Mac 版本中，一个 Axure RP 版本只能运行一个应用实例；不同的版本可同时运行，例如 Axure RP 7.0 和 Axure RP 8.0 可以同时打开。

2.2 工作界面

Axure RP 8.0 的工作界面与以前的版本相比有了很大的变化，精简了很多面板，使软件变得更加简单、直接，便于设计师使用。

2.2.1 了解工作界面

Axure 的工作界面非常简单、直观，主要分为菜单栏、工具栏、样式工具栏、工作区和各个面板，如图 2-3 所示。

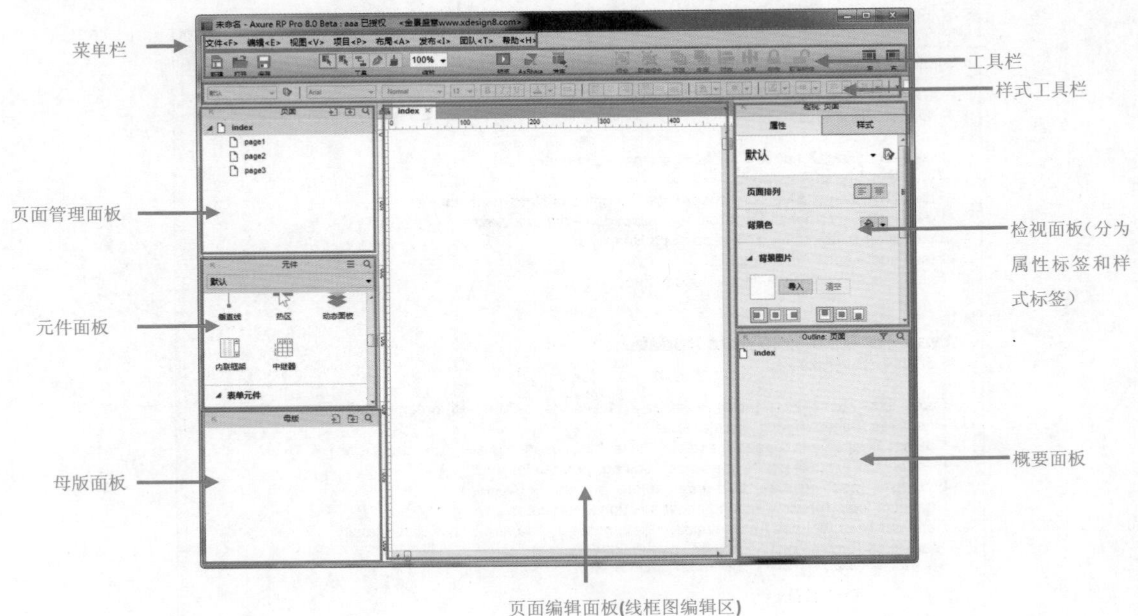

图 2-3

Axure RP 8.0 的工作界面与以前的版本相比有很大改变，在 Axure RP 8.0 中减少了控件交互面板、控件属性面板和控件管理面板。

启动 Axure RP 8.0 后，默认会弹出欢迎界面，在该界面中用户可以快速完成新建和浏览最近打开的文件，也可以了解 Axure RP 8.0 有什么新功能，如图 2-4 所示。

如果用户不希望每次启动软件都启动欢迎界面，可以勾选欢迎界面左下角的“不再显示”复选框，这样下次启动软件时，将不会显示欢迎界面。可以通过执行“帮助 > 打开欢迎界面”命令，再次打开欢迎界面，如图 2-5 所示。

图 2-4

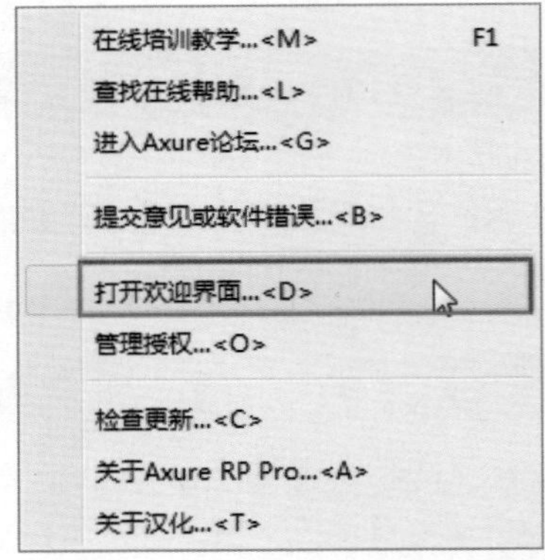

图 2-5

1. 菜单栏

Axure RP 8.0 一共包含了 8 个菜单，每个菜单中包含同类的操作命令。用户可以根据要执行的操作类型在对应的菜单下选择操作命令。

文件菜单：该菜单下的命令主要用于实现文件的基本操作，例如新建、打开、保存和打印等命令，如图 2-6 所示。

编辑菜单：该菜单包含软件操作过程中的一些编辑命令，例如复制、粘贴、全选和删除等命令，如图 2-7 所示。

视图菜单：该菜单包含与软件视图显示相关的命令，例如工具栏、功能区和显示背景等命令，如图 2-8 所示。

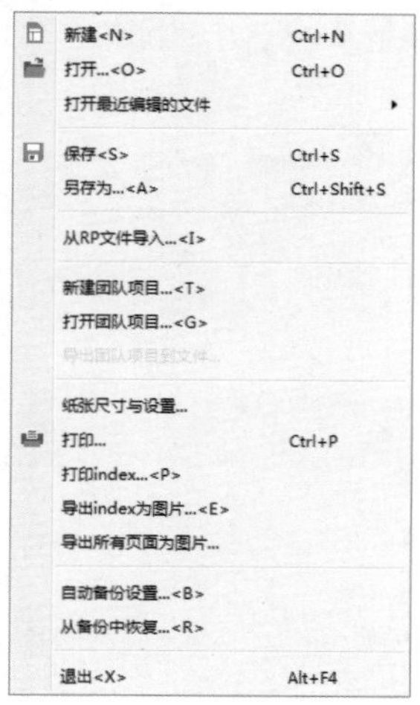

图 2-6

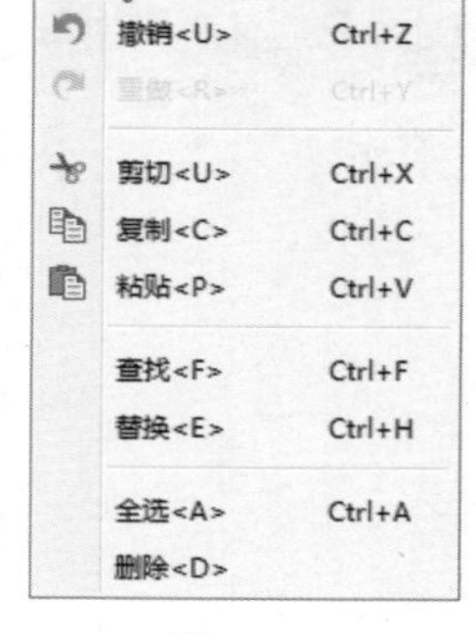

图 2-7

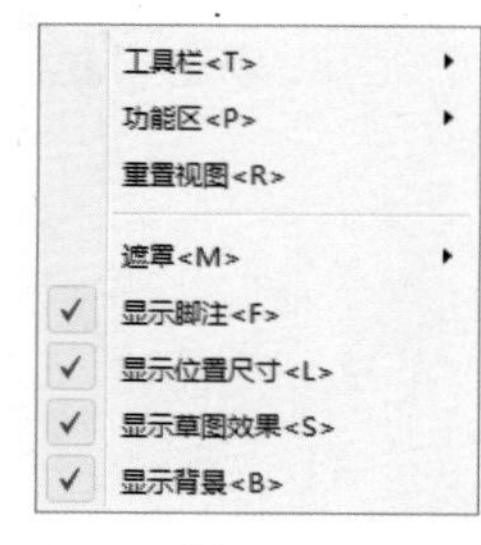

图 2-8

项目菜单：该菜单包含与项目相关的命令，例如元件样式编辑、全局变量和项目设置等命令，如图 2-9 所示。

布局菜单：该菜单包含与页面布局相关的命令，例如组合、对齐、分布和锁定等命令，如图 2-10 所示。

发布菜单：该菜单包含与原型发布相关的命令，例如预览、预览选项和生成 HTML 文件等命令，如图 2-11 所示。

团队菜单：该菜单包含与团队协作相关的命令，例如从当前文件创建团队项目等命令，如图 2-12 所示。

帮助菜单：该菜单包含与帮助相关的命令，例如在线培训教学和查找在线帮助等命令。

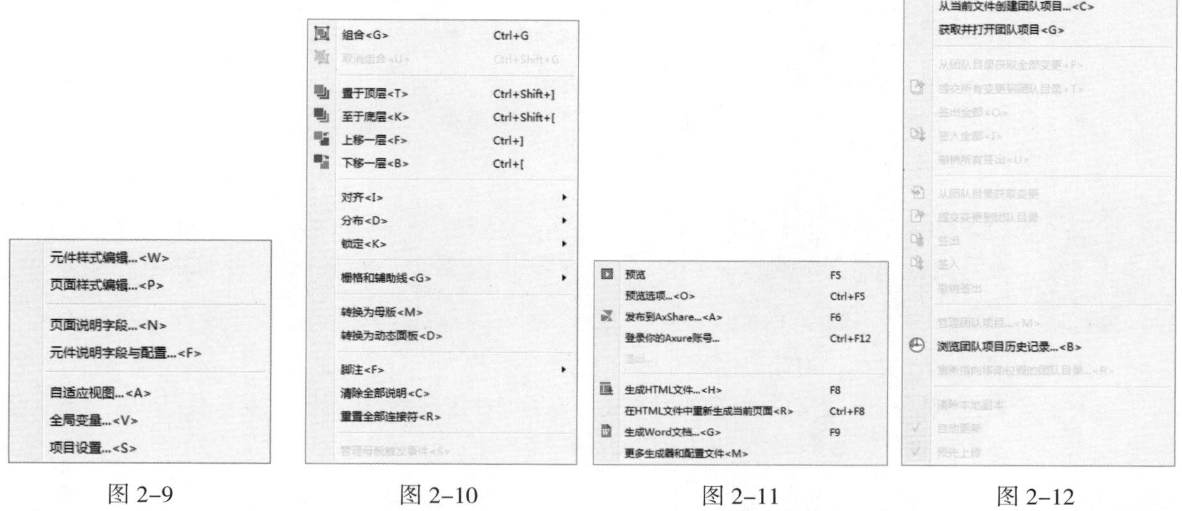

图 2-9　　图 2-10　　图 2-11　　图 2-12

2. 工具栏

Axure RP 的工具栏和用户熟悉的 Office 的布局类似，这里主要向用户介绍预览、AxShare 及发布，如图 2-13 所示。其他工具在实际操作中再向用户详细讲解。

预览按钮：将当前的原型在浏览器中进行预览。默认情况下会在系统默认的浏览器中打开。

AxShare：之前的 Axure RP 版本只能 Publish(发布) 到本地。如果要将网站原型分享给别人，只能通过发送生成 HTML 文件，或者上传到自己搭建的一个 Web 服务器。对于有很多页面的原型或者搭建自己的 Web 服务器来说，都不是一件容易的事情。从 Axure RP 7.0 有了 AxShare 之后，可以发布到 Axure 网站提供的服务器上，会自动生成一个项目的 URL 地址。将这个地址发送给其他人，他们就可以访问原型设计了。

AxShare 就是 Axure 提供给所有用户的一个免费的 Web 服务器。Axure 免费版本支持最多 1000 个项目和 100MB 的存储空间。

发布按钮：单击“发布”按钮，会出现如图 2-14 所示的下拉菜单。

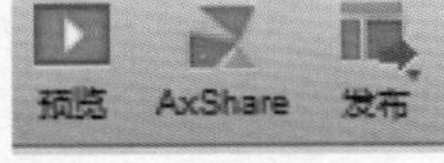

图 2-13

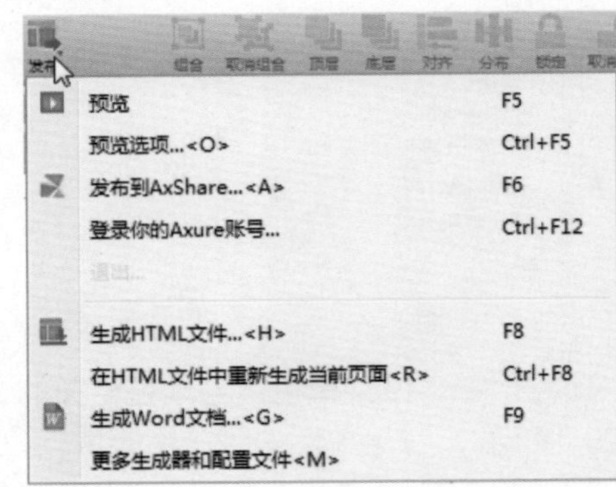

图 2-14

- 预览：在浏览器中进行预览。
- 预览选项：设置一些控制生成原型的参数。例如在哪个浏览器中打开，是否要生成网站地图等。
- 发布到 AxShare：前面已向用户详细讲解，这里不再重复。
- 登录你的 Axure 账号：在使用 Axure RP 软件之前用户需要注册 Axure 账号。
- 生成 HTML 文件：将项目生成 HTML 代码。
- 在 HTML 文件中重新生成当前页面：在文件中重新生成当前页面，生成的 HTML 文件是整个网站的原型。

如果用户只修改了当前页面的一些细节，而不是整个网站，使用这个选项会更加高效。因为当有的页面数量特别多的时候，如果仅仅修改了一点细节，就重新生成整个项目会浪费时间。

- 生成 Word 文档：将项目生成 Word 文档。
- 更多生成器和配置文件：HTML 生成器、Word 生成器、CSV 生成器及打印生成器，这 4 种生成器在第 6 章具体向用户介绍。

在工具栏中新增加了钢笔工具，钢笔工具的使用在后面的章节中将向用户详细讲解。关于工作界面中的其他区域，在本章后面的章节中会详细向用户讲解，这里不再重复赘述。

在工具栏中还新增加了如图 2–15 所示的两个按钮，可以调整工作界面的布局，方便在工作中对工作环境进行调整。

单击“左”按钮，Axure RP 的工作界面如图 2–16 所示；单击“右”按钮，Axure RP 的工作界面如图 2–17 所示。

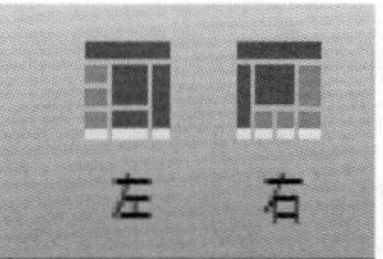

图 2–15

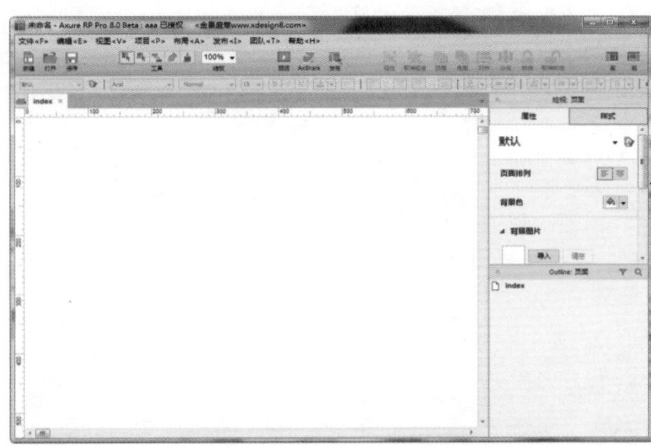

图 2–16

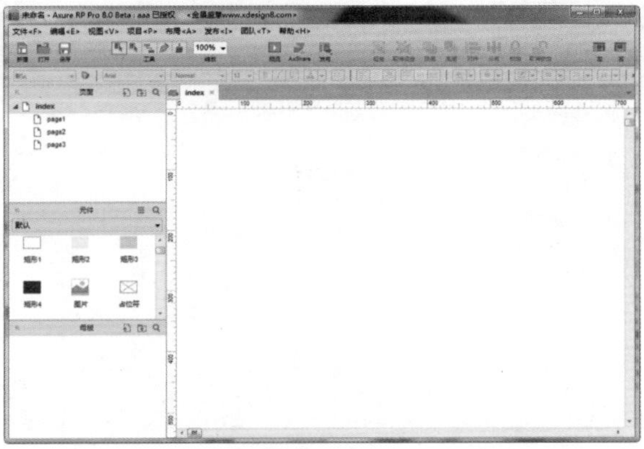

图 2–17

3. 样式工具栏

在样式工具栏中可选中要调整的元件，更改其样式，如同检视面板中的“样式”标签一样，如图 2–18 所示。工具栏中的各个参数将在以后的章节中详细介绍，此处不再赘述。

图 2–18

4. 工作区

设计师通常都是在工作区内完成产品原型的设计和制作的。工作区通常包括当前项目的名称、标尺和工作区 3 部分，如图 2–19 所示。

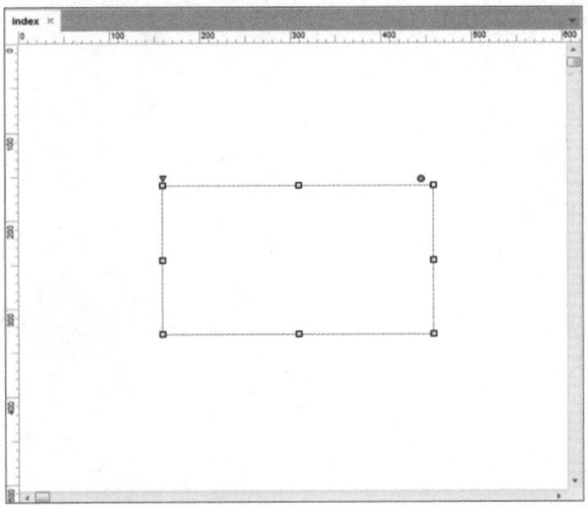

5. 面板

在 Axure RP 中，不同功能被组合在不同的面板中，便于用户使用。关于面板的具体功能，将在后面的章节中逐一介绍。

图 2–19

2.2.2 自定义工作界面

Axure RP 的工作界面可以根据用户自己的喜好或工作习惯进行调整和设置，以便能够最大程度提高工作效率。

1. 隐藏 / 显示各面板

执行“视图 > 功能区”命令，会看到所有面板的名称，如图 2–20 所示。通过勾选或取消勾选，可设置对应面板的显示或隐藏。

2. 分离 / 移动各面板

某些情况下，用户想要让设计区变得更大些，以便获得更广阔的视野，这时可以将默认的工作界面中的各个面板分离，还可以移动面板的位置。要分离一个面板，单击面板上的图标；要移除某个面板，单击图标即可，如图 2-21 所示。

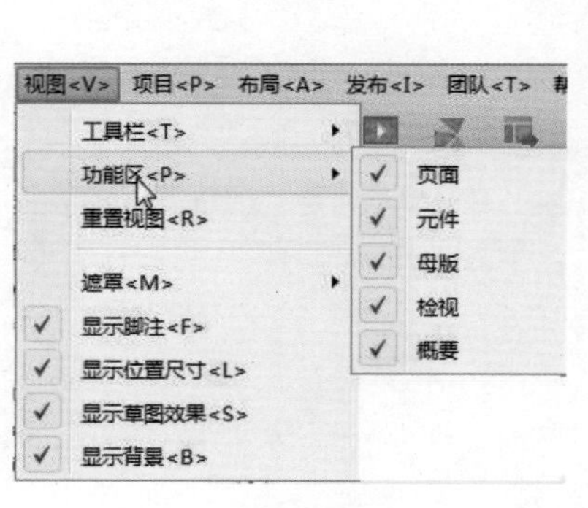

图 2-20

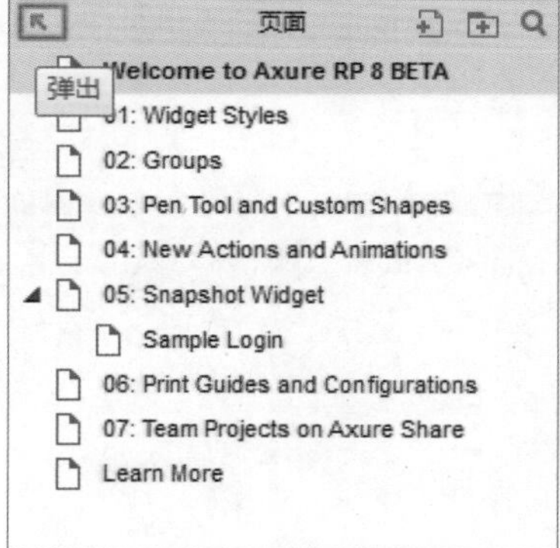

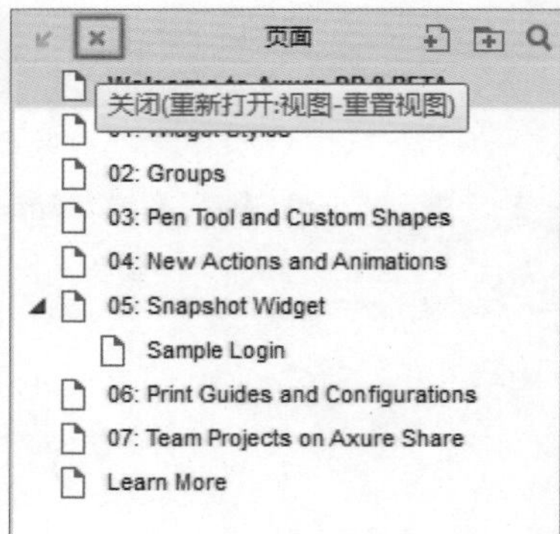

图 2-21

当面板未被分离时，用户无法改变其默认位置，也无法对其执行拖动操作。只有当面板被分离后，才可以对其进行移动操作。使用双显示器时，执行“分离 / 移动”操作是非常有用的。

实例 4 修改与修复 Axure RP 8.0 的工作区

教学视频：视频 \ 第 2 章 \ 修改与修复 Axure RP 8.0 的工作区 .mp4　　源文件：无

实例分析：

该实例将工作界面调整为用户较为习惯的工作界面。用户可以根据需要在工作时随时调整 Axure RP 的工作区。

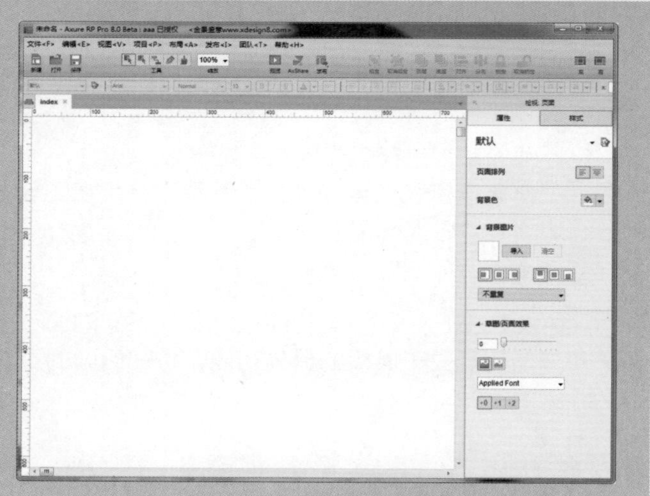

制作步骤：

01 执行“文件 > 新建”命令，新建一个项目文件，如图 2-22 所示。用户可以根据个人的喜好调整工作界面的布局方式，如图 2-23 所示。

02 执行“视图 > 重置视图”命令，如图 2-24 所示。即可将工作区重置为默认的工作界面，如图 2-25 所示。

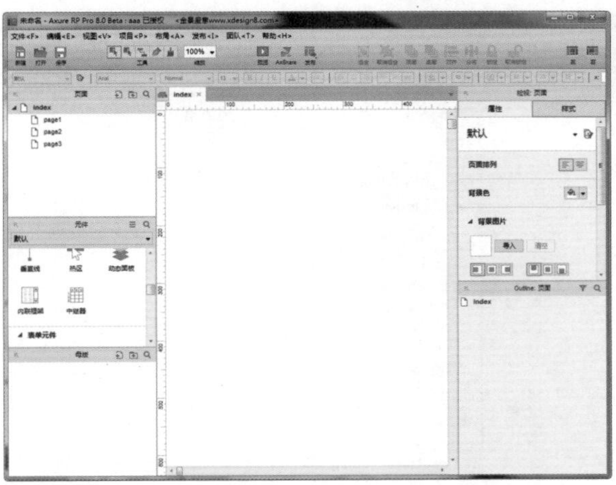

图 2-22

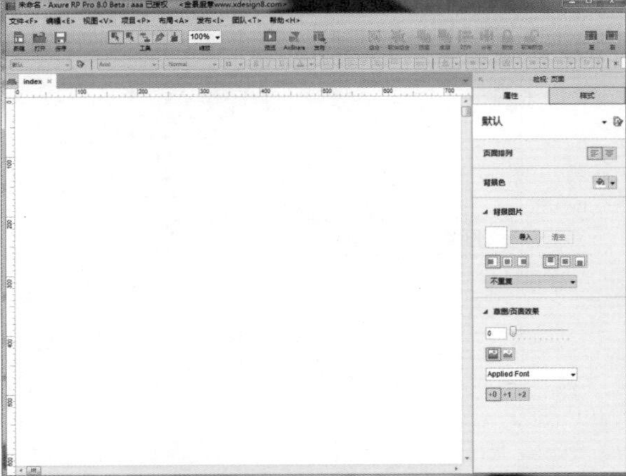

图 2-23

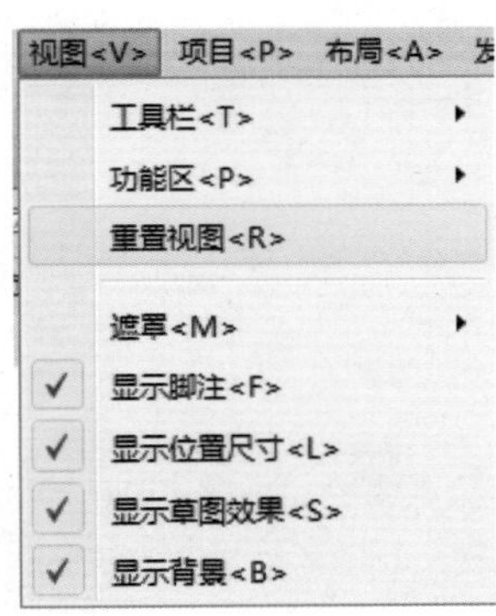

图 2-24

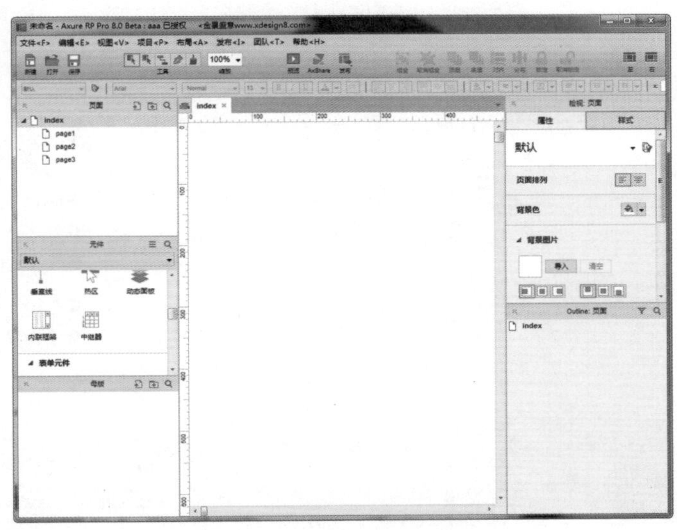

图 2-25

2.3 页面管理面板

无论是一个网页制作的新手，还是一个专业的网页设计师，都要从构建站点开始，厘清网站结构的脉络。当然，不同的网站有不同的结构，功能也不会相同，所以一切都是按照需求组织站点的结构。

使用 Axure RP 为网站设计原型或者为移动 APP 设计原型，都需要将所有的页面放置在同一个文件中，方便用户管理和操作。新建一个 Axure 文件时会自动为用户创建 4 个页面，包括 1 个主页和 3 个二级页面，用户可以在“页面”面板中查看，如图 2-26 所示。

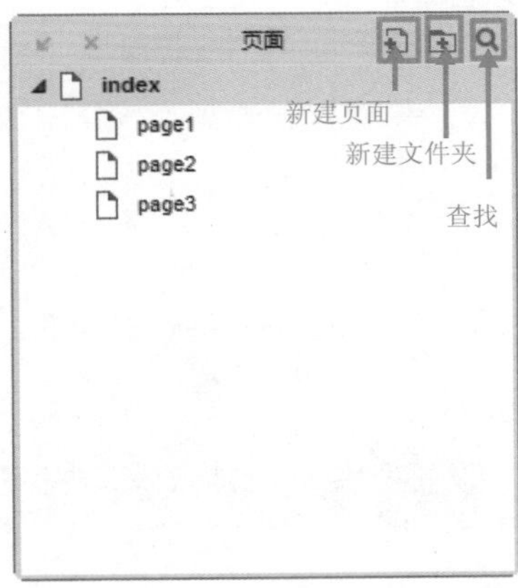

图 2-26

新建页面：单击“新建页面”按钮即可新建页面。

新建文件夹：如果创建了非常多的页面，建议使用文件夹进行管理，如图 2-27 所示。

查找：在大型原型项目中往往有很多页面且层层嵌套，搜索可以大大节省查找页面的时间。单击“放大镜”按钮可以隐藏显示其下方的搜索框，如图 2-28 所示。

图 2-27

图 2-28

在 Axure RP 8.0 的页面管理面板中，减少了“移动页面位置”按钮、“修改页面的嵌套关系”按钮以及“删除”按钮，用户可以选中要进行操作的页面，单击鼠标右键，在弹出的菜单中进行操作，如图 2-29 所示。

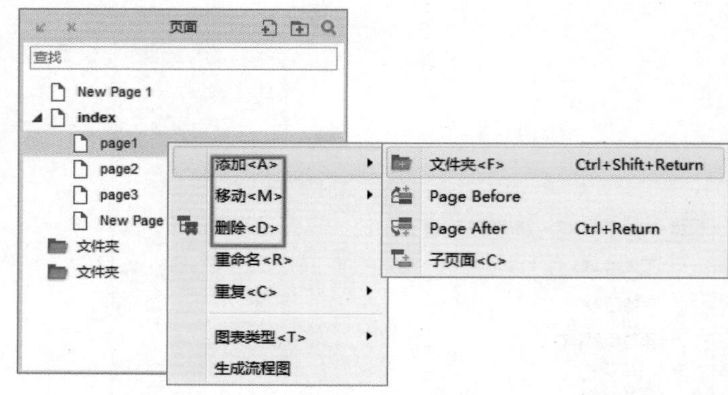

图 2-29

提示 用户需要对一个页面重命名时，只需单击选中该页面，然后输入新的名称即可。同时要注意谨慎地执行页面删除操作，因为删除后的页面不能恢复。

用户在操作页面面板中的页面时，双击这个页面就会出现在页面编辑面板中，如图 2-30 所示。鼠标现在所指的页面上会显示一个小的预览图，如图 2-31 所示。

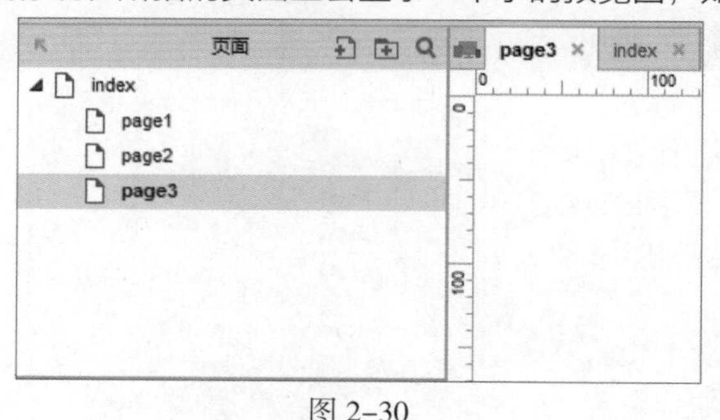

图 2-30

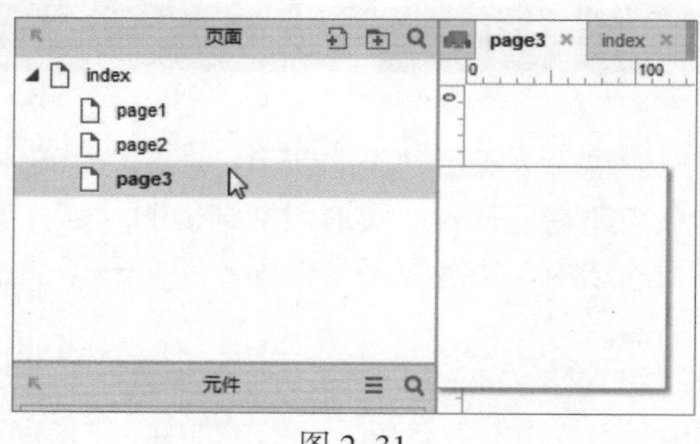

图 2-31

2.4 使用元件

元件是 Axure RP 制作原型的最小单位。熟悉每个元件的使用方法和属性是制作一个作品的前提。

2.4.1 元件面板概述

元件面板中有 Axure RP 的内置元件，如图 2–32 所示。元件分为默认元件和流程图两种，可以载入和管理第三方元件，可以使用流程图元件创建流程图等，在后面的章节中将会向用户详细讲解。

选项：可以对自定义元件和第三方元件进行管理。

查找：会出现一个搜索框，用于搜索元件。

使用选择元件下拉菜单：可以在默认元件、流程图元件和全部元件之间切换，如图 2–33 所示。Axure 元件默认分为 4 类——基本元件、表单元件、表单和表格以及标记元件，如图 2–34 所示。

图 2–32

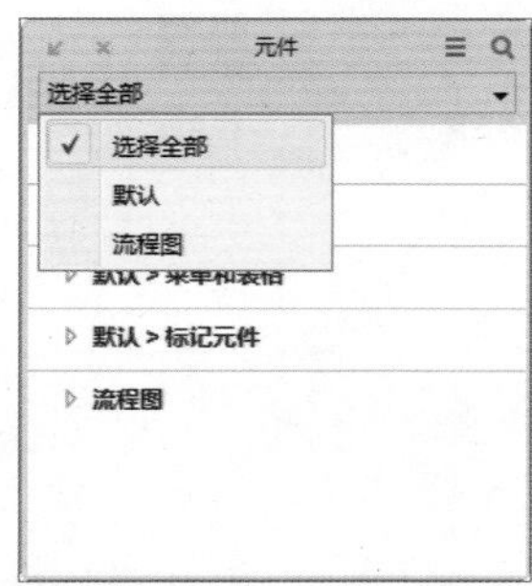

图 2–33

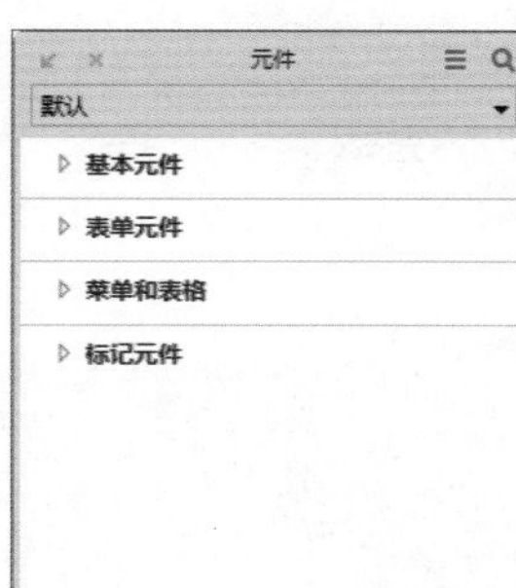

图 2–34

Axure RP 8.0 中增加了新的默认元件和标记元件，如图 2–35 所示。

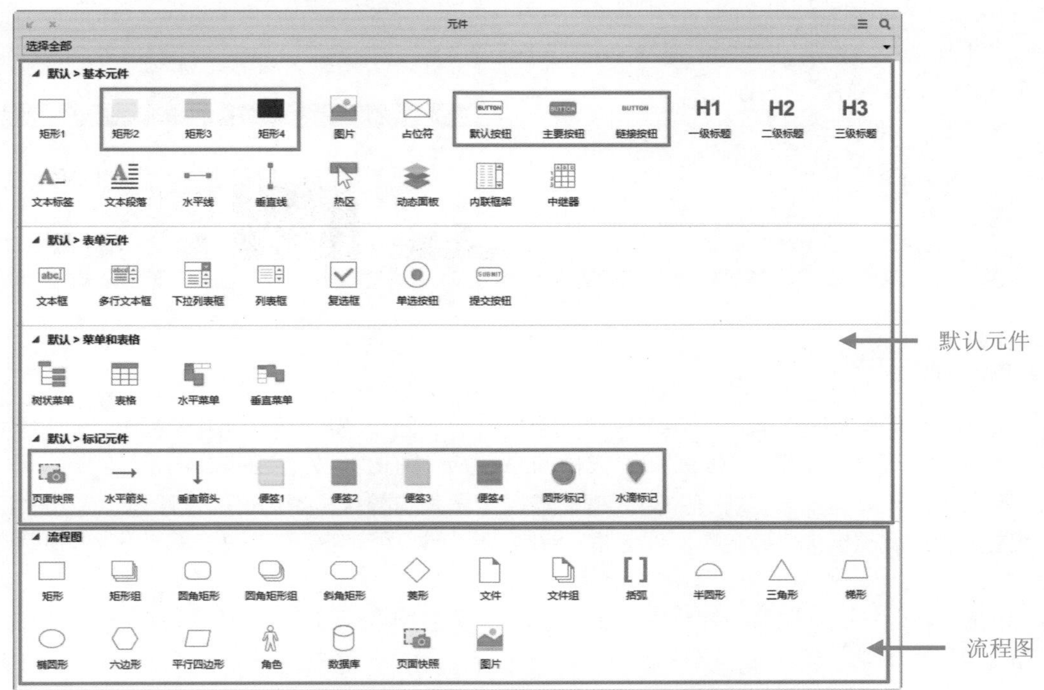

图 2–35

2.4.2 默认元件

线框图是由一系列元件构成的，要添加元件，只要将需要的元件拖放至编辑面板中即可。不过，Axure RP 内的元件分别有着不同的属性、特性和局限性，要想学好 Axure RP，首先要熟悉这些基础元件。

矩形元件：将其拖入到页面中，即可创建矩形。矩形元件是一个很好用的元件，在 Axure RP 8.0 中新增加了矩形元件，如图 2-36 所示。

图片元件：用户可以导入任何尺寸的 JPG、GIF 和 PNG 图片，还可以使用 Axure RP 的切图功能，将导入的一张图片分割成多个符合页面布局的小图片，如图 2-37 所示。

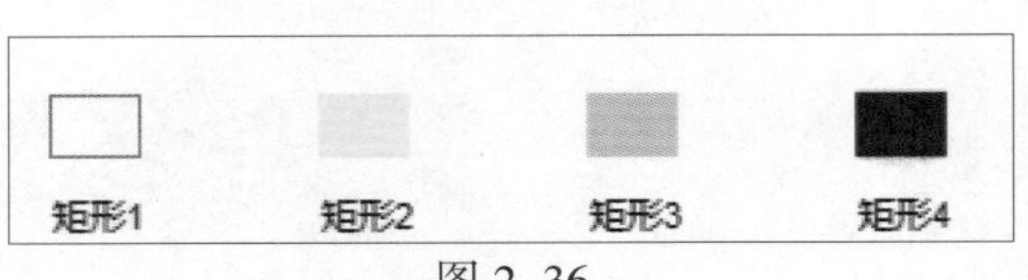

图 2-36

图 2-37

实例 5 在 Axure RP 中导入图片

教学视频：视频 \ 第 2 章 \ 在 Axure RP 中导入图片 .mp4
源文件：源文件 \ 第 2 章 \ 在 Axure RP 中导入图片 .rp

实例分析：

该实例主要讲解在 Axure RP 中编辑页面，向页面中添加图片元件。用户要掌握如何导入图片和在同一个项目文件中同时导入多个图片元件。

制作步骤：

01 执行“文件 > 新建”命令，新建一个项目文件，如图 2-38 所示。将图片元件拖曳到页面编辑区内，设置图片元件的坐标为 X0、Y0，尺寸为 W600、H600，如图 2-39 所示。

02 双击图片元件，弹出“打开”对话框，选择要导入的图片，如图 2-40 所示。单击“确定”按钮，将图片导入编辑区内，弹出提示对话框，单击“是”或“否”按钮，即可将图片导入，如图 2-41 所示。

03 单击“是”按钮，图片将等比例缩小，图片尺寸变小且不清晰，如图 2-42 所示。单击“否”按钮，图片较大且清晰，如图 2-43 所示。

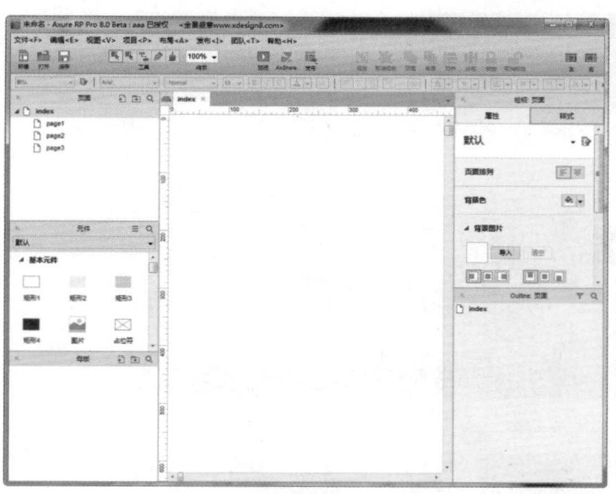
图 2–38

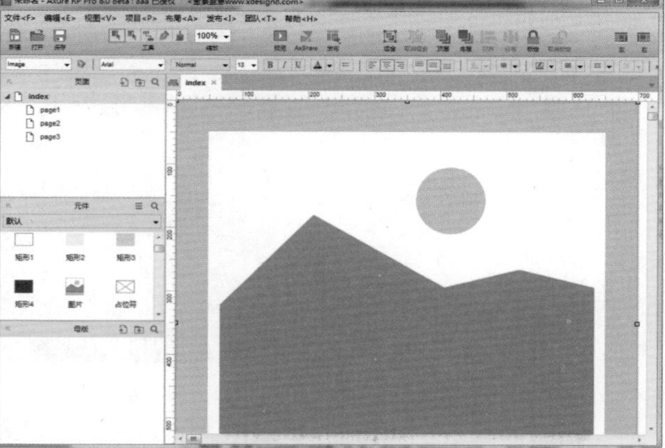
图 2–39

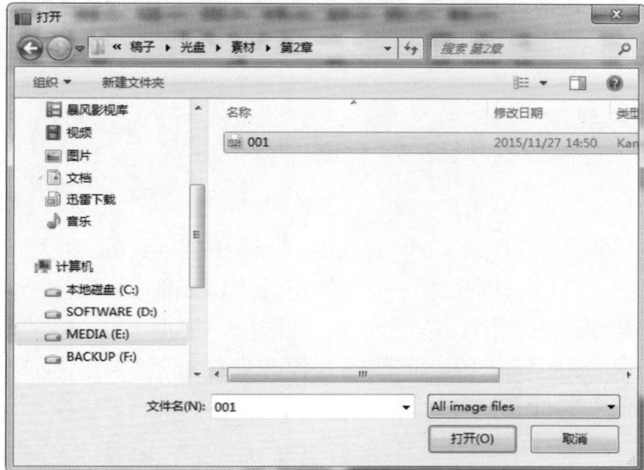

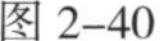
图 2–40

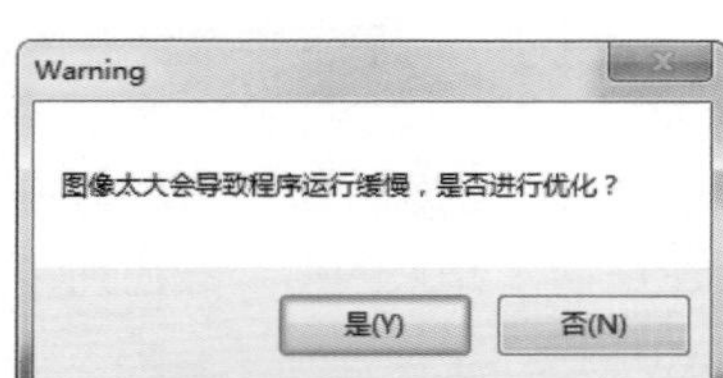

图 2–41

图 2–42

图 2-43

当导入的图片较大时，会影响程序的运行速度，会提示用户是否将图片进行优化。优化是将图片等比例缩小。

占位符元件：占位符元件没有实际的意义，只是具有临时占位的功能。当用户需要在页面上预留一块位置，但是还没有确定要放什么内容的时候，可以选择先放一个占位符元件，如图 2-44 所示。

默认按钮、主要按钮和链接按钮元件：这些是原来的形状按钮元件，如图 2-45 所示。这些按钮具有特殊的功能，例如 Tab 一样的按钮、特殊形状的按钮和支持鼠标悬停改变样式的按钮。可以说这 3 个按钮结合了原来的形状按钮元件和矩形元件的优点。

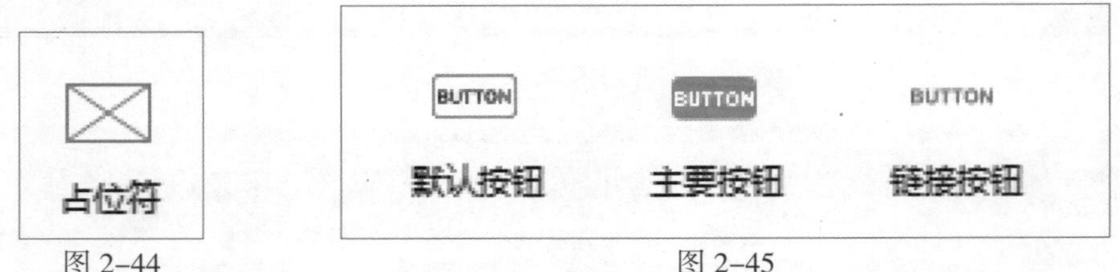

图 2-44　　图 2-45

一级、二级和三级标题元件：用于输入标题文本，如图 2-46 所示。

文本标签元件和文本段落元件：用于普通文本和文字段落，如图 2-47 所示。

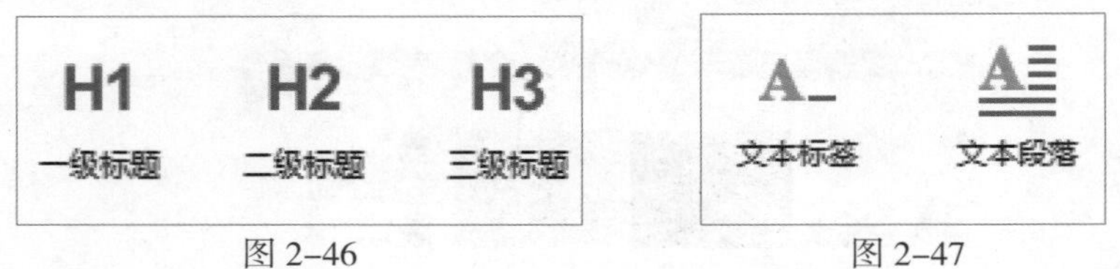

图 2-46　　图 2-47

水平线元件和垂直线元件：当用户要在视觉上分隔一些面板的时候，就要使用这两个元件，如图 2-48 所示。

热区元件：用于生成一个隐形的但可点击的面板，使用它可以完成例如为同一张图片设置多个超链接的操作，如图 2-49 所示。

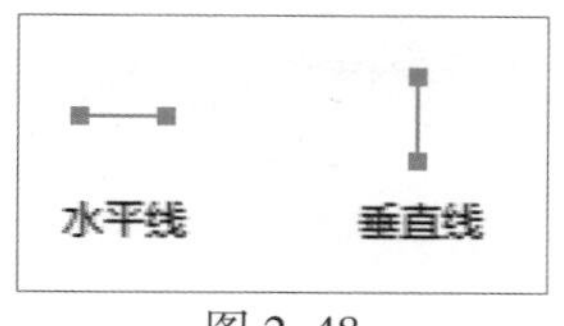

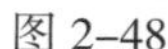

图 2-48

图 2-49

动态面板元件：动态面板元件是 Axure RP 中功能最强大的元件，是一个化腐朽为神奇的元件。通过这个元件，用户可以实现很多其他原型软件不能实现的动态效果。动态面板可以被简单地看作拥有很多种不同状态的一个超级元件。用户可以通过实践来选择显示动态面板的相应状态，如图 2-50 所示。用户可以在后面的实例中对动态面板实际操作一下。

在 Axure RP 中，动态面板元件显示为淡蓝色背景，动态面板在默认状态下会显示第一个状态中的内容。对于熟悉Photoshop的用户来说，动态面板像是一个动态的“图层组”，每个图层组都有多个图层，而每个图层可以放置不同的内容。在动态面板元件中包含很多个其他的元件。

内联框架元件：内联框架元件是人们常说的 iFrame 控件，如图 2-51 所示。iFrame 是 HTML 的一个控件，用于在一个页面中显示另外一个页面。从 Axure RP 7.0 版本开始使用内联框架元件，可以应用任何一个以“Http://”开头的 URL 所标示的内容，例如一张图片、一个网站、一个 Flash，只要能用 URL 标示就可以了。

中继器元件：中继器元件可以用来生成有重复 Item(条目) 组成的列表页，例如商品列表、联系人列表等，并且可以非常方便地通过预先设定的事件，对列表进行新增条目、删除条目、编辑条目、排序和分页的操作，如图 2-52 所示。

图 2-50

图 2-51

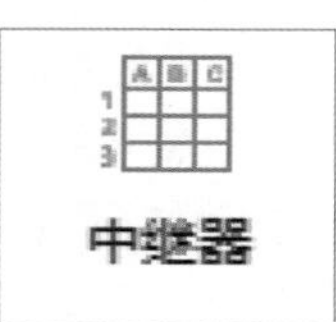

图 2-52

文本框元件：这是一个在所有常见的页面中用来接受用户输入的元件，但是仅能接受单行的文本输入，如图 2-53 所示。

多行文本框元件：用于在页面中输入多行文本，如图 2-54 所示。

下拉列表框元件：用于显示一些列表选项，以便用户在其中选择。只能选择，不能输入，如图 2-55 所示。

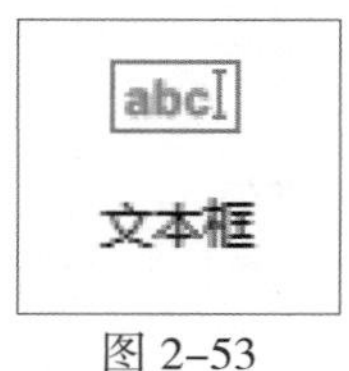

图 2-53

图 2-54

图 2-55

列表框元件：列表框元件一般在页面中显示多个供用户选择的选项，并且允许多选，如图 2-56 所示。

复选框元件：用于让用户从多个选项中选择多个内容，如图 2-57 所示。

单选按钮元件：用于让用户从多个选项中单选其一，如图 2-58 所示。为了实现单选按钮效果，必须将多个单选按钮同时选中，在检视面板的“指定 (单选按钮) 组名称”文本框中为其命名，才能实现单选效果。

提交按钮元件：这个元件比较普通，没有额外的样式可供选择，如图 2-59 所示。

图 2-56

图 2-57

图 2-58

图 2-59

树状菜单元件：用于创建一个属性目录，如图 2-60 所示。

树状菜单具有一定的局限性，显示树节点上添加的图标，所有选择都会自动添加图标的位置，并且元件的边框也不能自定义格式。如果想要制作更多效果，可以考虑使用动态面板。

表格元件：在页面上显示表格数据的时候，最好使用表格元件，如图 2-61 所示。

水平菜单元件和垂直菜单元件：经典的横向和纵向菜单，如图 2-62 所示。

图 2-60

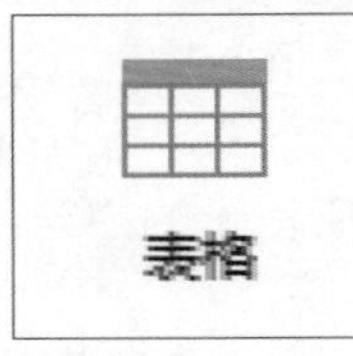

图 2-61

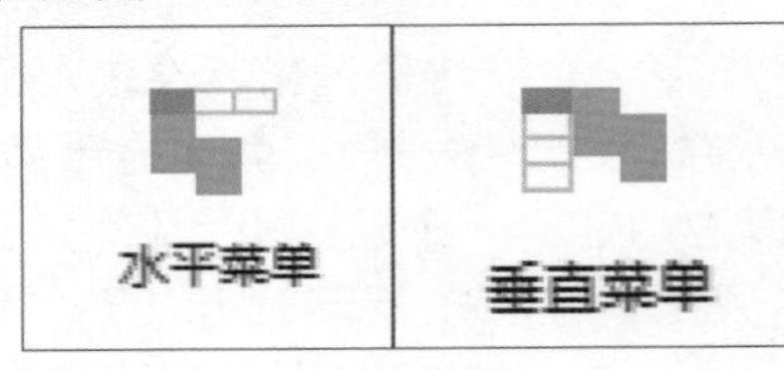

图 2-62

在 Axure RP 8.0 默认的元件中添加了新的标记元件，包括 4 种便签元件、2 种箭头元件和 2 种标记元件等。下面逐一进行介绍。

页面快照元件：将页面快照元件拖曳到页面编辑区内，双击弹出引用页面对话框，选择一个页面后，元件就会变成该页面的截图，浏览器预览的时候，点击截图会跳转到相应的页面，如图 2-63 所示。在第 5 章会详细讲解该元件的使用方法。

水平、垂直箭头元件：属于标记注释的样式，如图 2-64 所示。

图 2-63

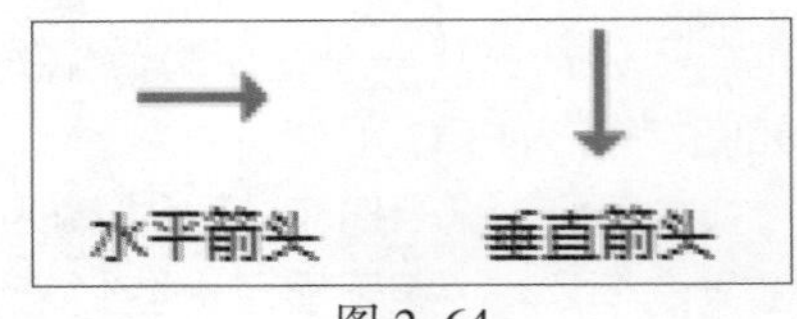

图 2-64

便签 1、便签 2、便签 3 和便签 4 元件：4 种不同颜色的便签，以便用户在原型标注中使用，如图 2-65 所示。

圆形标记和水滴标记元件：提供了 2 种不同形式的标记，如图 2-66 所示。

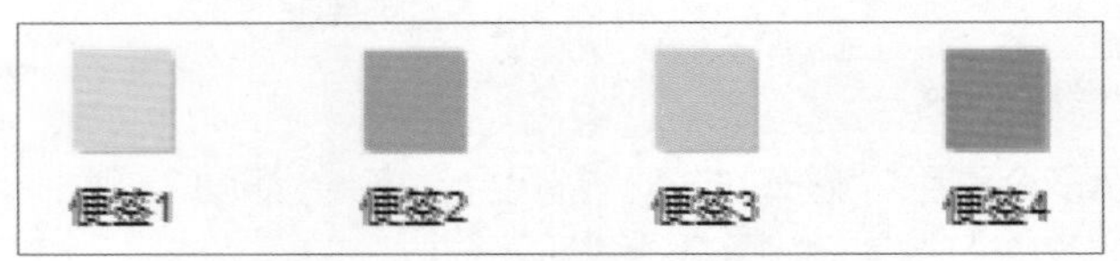

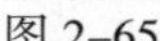
图 2-65

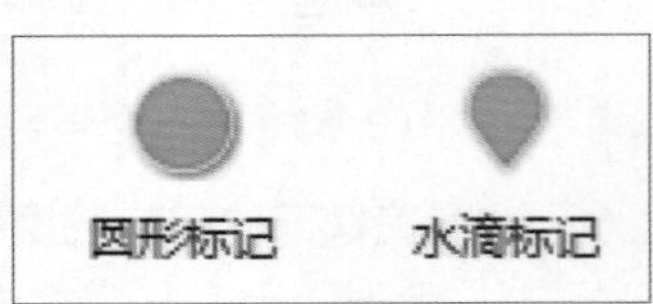

图 2-66

2.4.3　流程图元件

流程图是一种不同于数学公式的可视化的逻辑算法表达，使用了可视的形状、箭头和文字。一个流程图就是一张图片，俗话说“一图胜过千言万语”，但只是看流程图往往不那么容易理解，实际还需要千言万语才能准确表达清楚一个复杂流程图的真正含义。

在 Axure RP 8.0 的流程图元件中，除了一些常用的几何形状，如作为决策点的菱形，还有一些特殊形状，如数据库、括弧以及角色形状，如图 2-67 所示。要对流程图元件进行连接，就要使用连接线，单击工具栏中的 Connector Tool(连接工具) 按钮，即可对流程图元件进行连接，完成效果如图 2-68 所示。

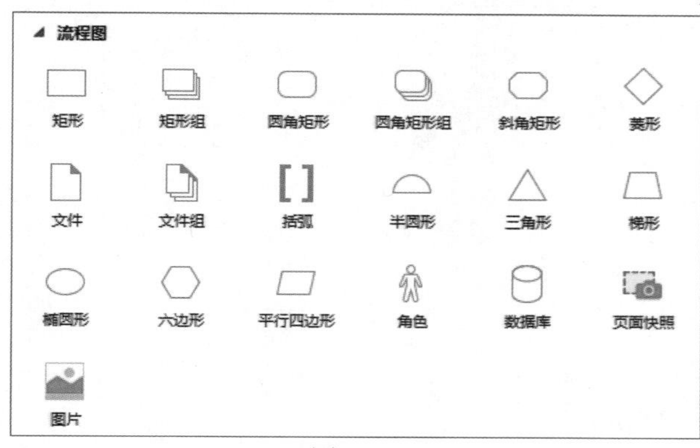

图 2-67

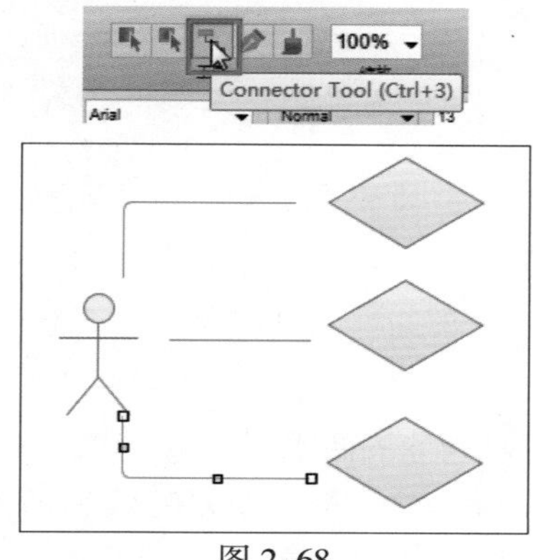

图 2-68

2.5　调整元件的形状

在 Axure RP 中可以随意地改变元件的形状，以实现更加丰富的页面效果。下面为用户详细讲解调整方法。

2.5.1　转换为自定义形状

在页面编辑区内拖入一个矩形元件，单击鼠标右键，在弹出的快捷菜单中选择“转换为自定义形状”命令，进入图形锚点的编辑。这是 Axure RP 8.0 的新增功能，如图 2-69 所示。单击选中图形，单击图形路径就可以显示出这个图形的锚点。单击锚点可对其进行拖动，如图 2-70 所示。

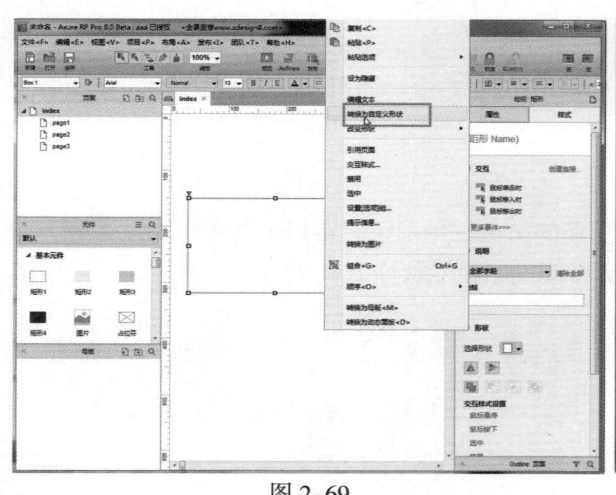

图 2-69

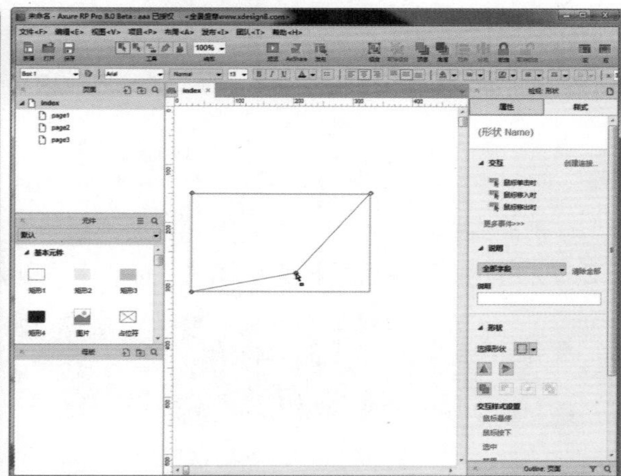

图 2-70

在改变形状的下拉菜单中也可以看到“转换为自定义形状”命令，如图 2-71 所示。

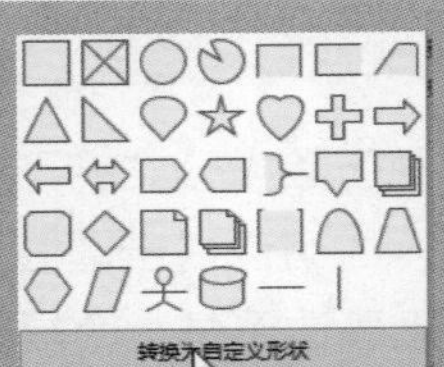

图 2-71

直接在矩形的边框上单击，即可添加锚点，如图 2-72 所示。按住 Ctrl 键不放，同时对锚点进行移动，则可得到对称的曲线，如图 2-73 所示。

图 2-72

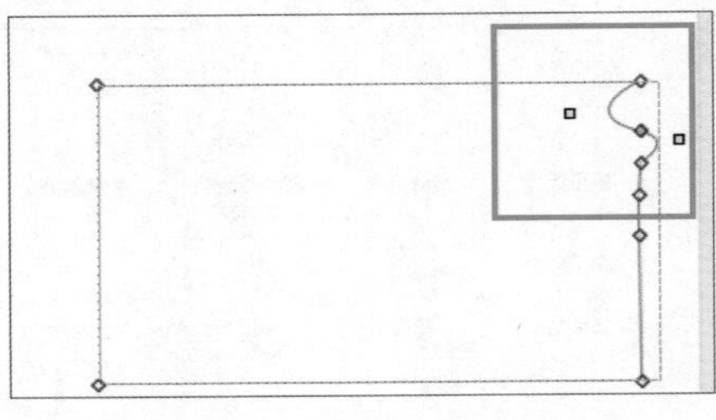

图 2-73

在对称弯曲的曲线旁有两个可以进行曲率调整的锚点。按住 Ctrl 键不放，可以单独对每个锚点的位置进行调整，如图 2-74 所示。

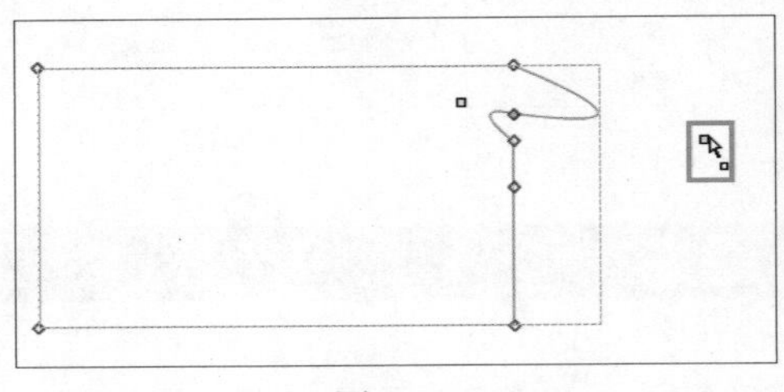

图 2-74

按住 Shift 键可以同时选中多个锚点。选中锚点后，单击鼠标右键，弹出如图 2-75 所示的菜单。选择“曲线”或者“直线”命令可以创建包含所选锚点的曲线条或者直线条。如图 2-76 所示为将直线变为曲线的效果。

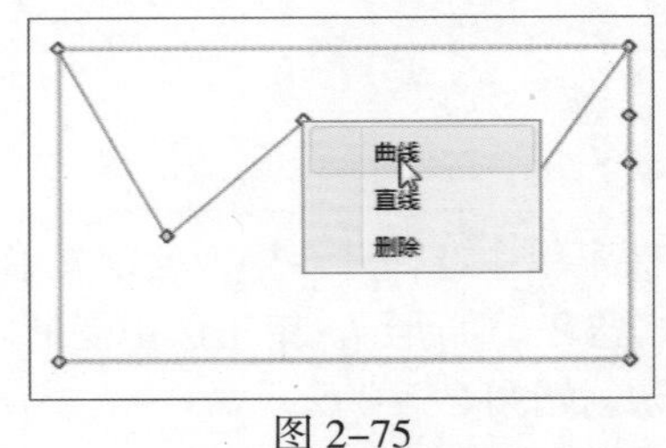

图 2-75

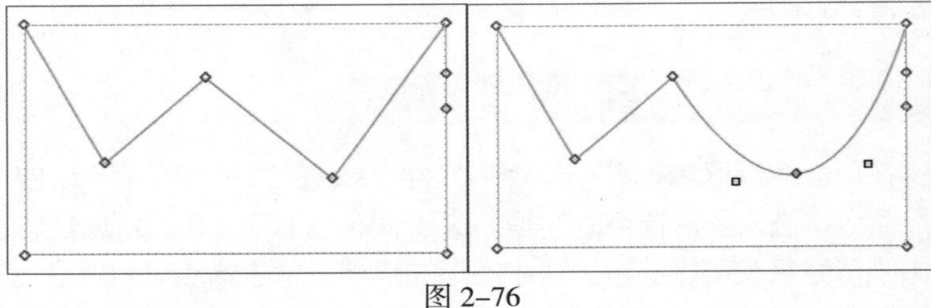

图 2-76

如果要删除图形中一个或者多个锚点，单击要删除的锚点，按住 Shift 键添加选择另外的锚点，按 Delete 键或者单击鼠标右键，在弹出的菜单中选择“删除”命令，即可删除锚点。

2.5.2 拖动三角形调整形状

在页面编辑区中拖曳一个矩形元件后，拖动左上角的黄色三角形可以将矩形调整为圆角矩形，如图 2-77 所示。在检视面板的“样式”标签中可以调整圆角半径的数值，如图 2-78 所示。

在检视面板的“样式”标签中单击“调整圆角半径”按钮，用户可以选择调整矩形的任意角的圆角度数，如图 2-79 和图 2-80 所示。

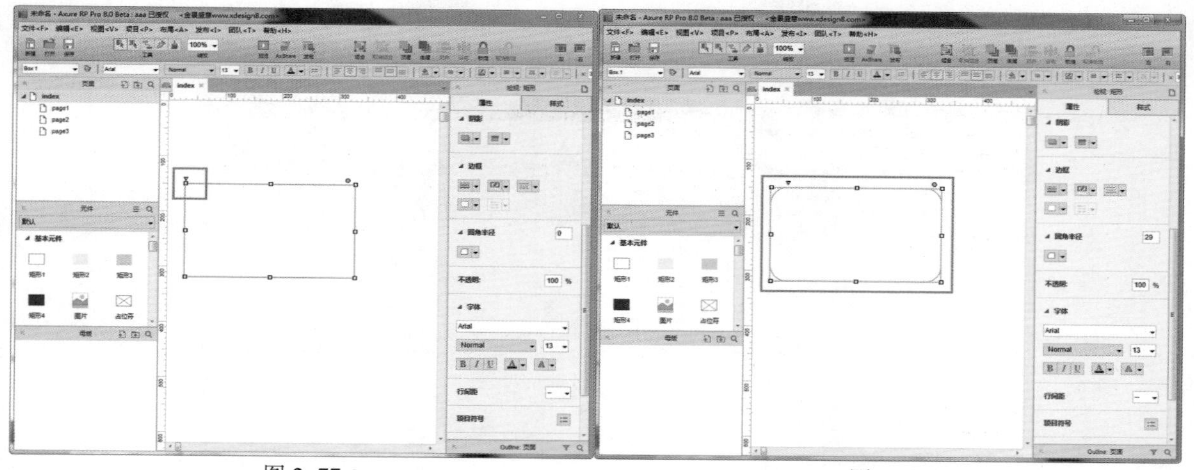

图 2-77　　　　图 2-78

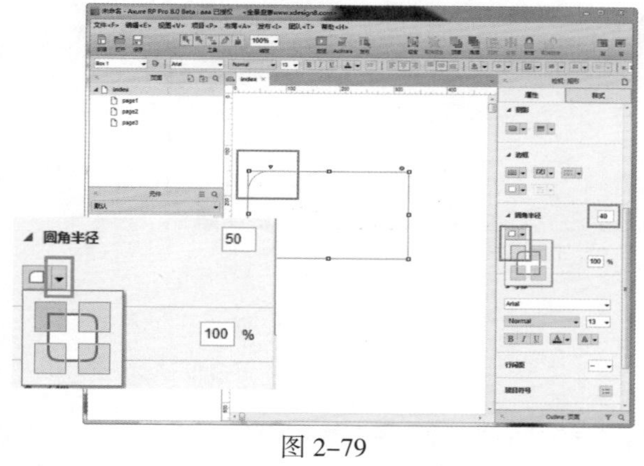

图 2-79

图 2-80

2.5.3　调整为 Axure RP 自带的形状

在页面编辑区中拖入一个矩形元件后，单击右上角的灰色圆点，在弹出的面板中选择其中的形状，矩形将被转换为选择的形状，如图 2-81 和图 2-82 所示。

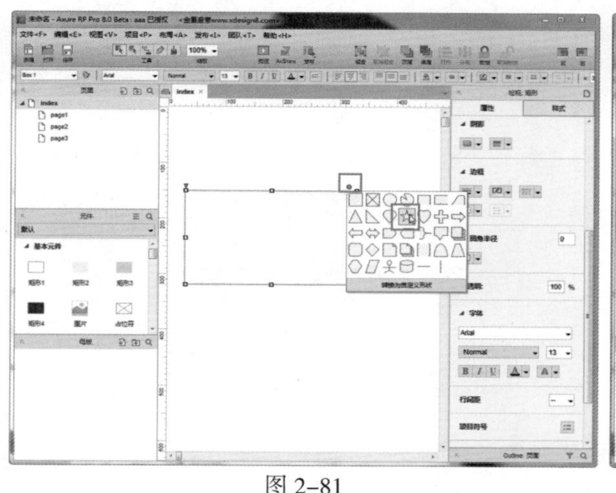

图 2-81

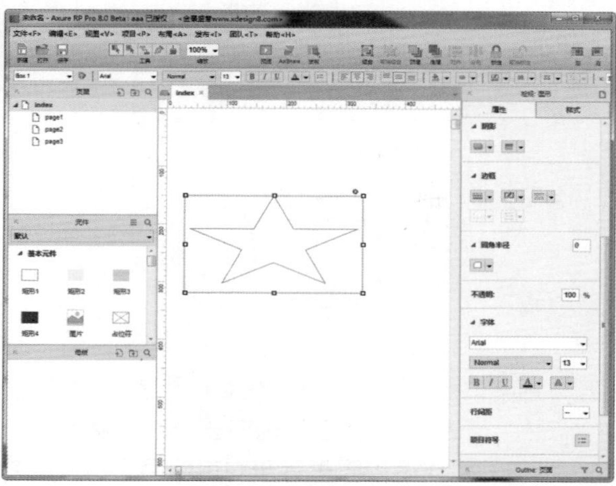

图 2-82

在检视面板的“属性”标签中单击形状选项的选择形状，同样可以改变形状，转换效果如图 2-83 所示。

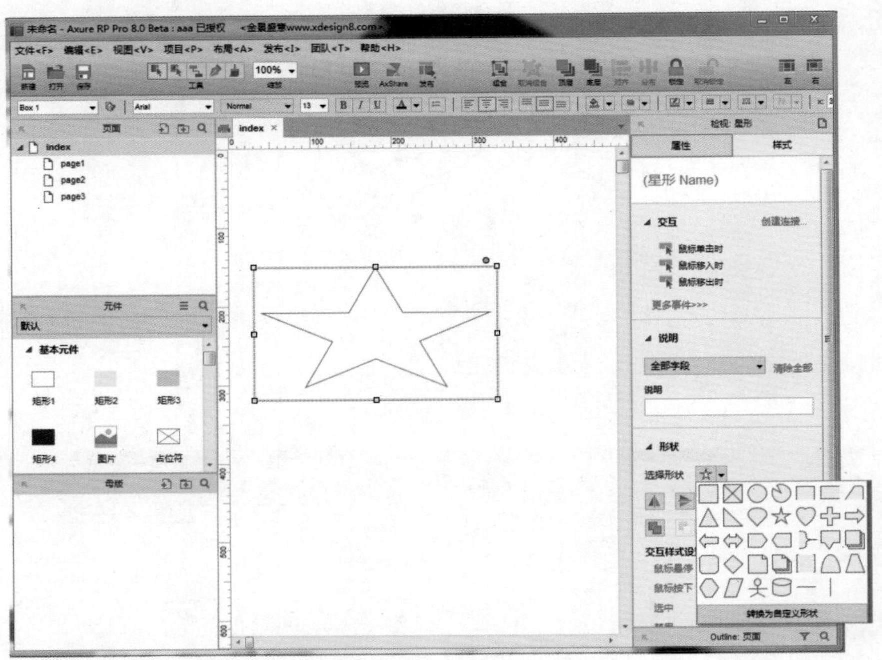

图 2-83

2.5.4 对元件的转换

当选定编辑某个图形或者元件时，可以在检视面板的“属性”标签中找到形状选项，在形状选项下新增加了对图形元件转换的操作，如图 2-84 所示。也可以在元件上单击鼠标右键，在弹出的菜单中选择“改变形状”命令，弹出其子菜单如图 2-85 所示。

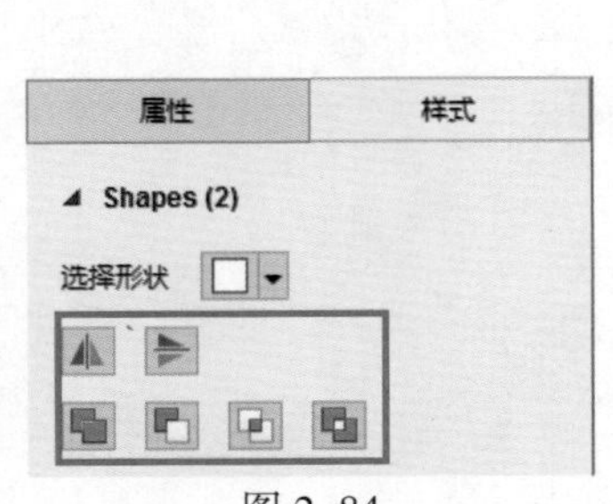

图 2-84

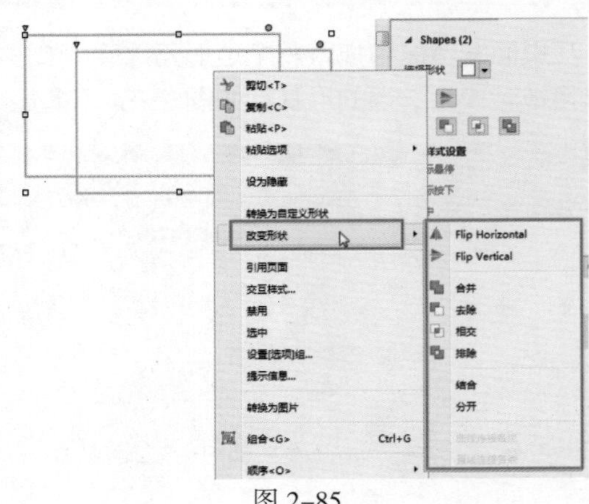

图 2-85

Flip Horizontal：沿着 Y 轴将图形进行翻转。

Flip Vertical：沿着 X 轴将图形进行翻转。

合并：操作后的图形等于对前后两个图形取并集的结果，如图 2-86 所示。

去除：操作后的图形等于对前后两个图形取差集的结果。保留第一个图形中不与第二图形重叠的部分，如图 2–87 所示。

图 2–86　　　　图 2–87

相交：操作后的图形等于对前后两个图形取交集的结果，如图 2–88 所示。

排除：操作后的图形等于前后两个图形的并集减去前后两个图形的交集所得的结果。即只包含第一个图形或者第二图形的部分，如图 2–89 所示。

图 2–88　　　　图 2–89

结合：将多个图形合并成单独的一个自定义图形，并保留每个组成部分的原始路径，如图 2–90 所示。

分开：结合的反向操作，由于之前保留了每个组成部分原始路径的自定义图形，将路径都还原成以前的自定义图形，如图 2–91 所示。

图 2–90　　　　图 2–91

曲线连接各点：创建一个包含锚点的曲线形自定义图形，如图 2–92 所示。

直线连接各点：创建一个包含锚点的直线形自定义图形，如图 2–93 所示。

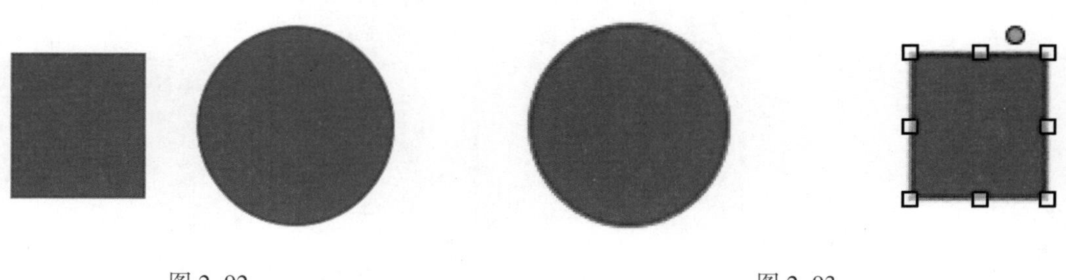

图 2–92　　　　图 2–93

实例6 将矩形元件转换为自定义图形

教学视频：视频 \ 第 2 章 \ 将矩形元件转换为自定义图形 .mp4

源文件：源文件 \ 第 2 章 \ 将矩形元件转换为自定义图形 .rp

实例分析：

该实例主要讲解的是将矩形元件调整为自定义形状，通过添加锚点调整其形状、曲线和直线，绘制出自定义形状。

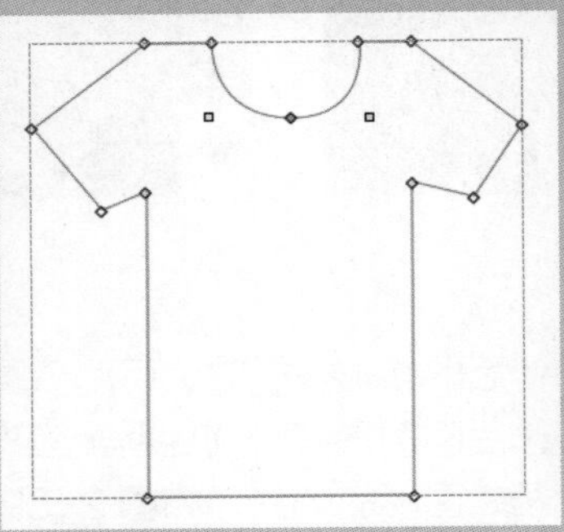

制作步骤：

01 执行"文件 > 新建"命令，新建一个项目文件，如图 2–94 所示。将"矩形 1"元件拖入页面编辑区内，如图 2–95 所示。

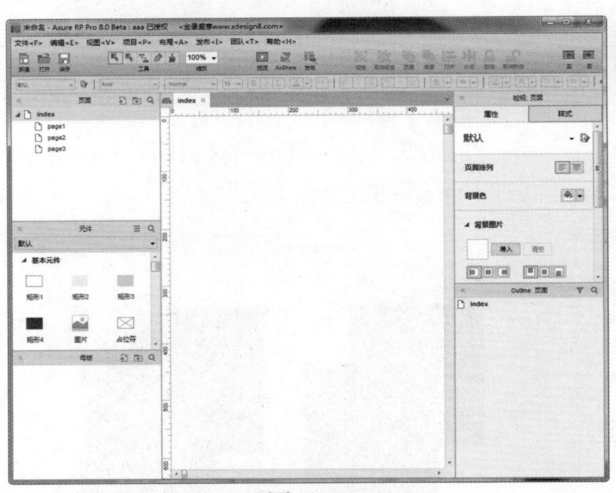

图 2–94　　图 2–95

02 调整矩形元件的位置和方向，如图 2–96 所示。选中矩形元件，单击鼠标右键，在弹出的菜单中选择"转换为自定义形状"命令，如图 2–97 所示。

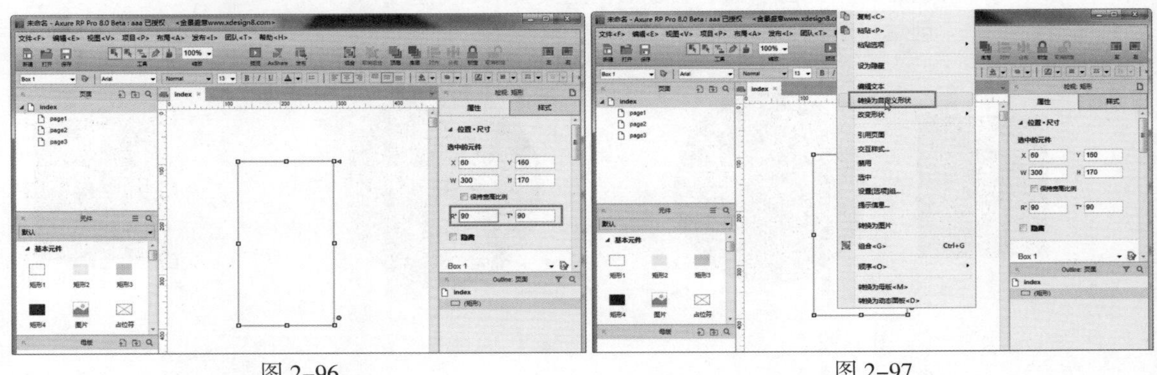

图 2–96　　图 2–97

用户可以选中元件，按住 Ctrl 键的同时将光标移动到控制点上，当光标变成 时，按住鼠标左键拖曳，即可完成元件旋转操作，如图 2-98 所示。

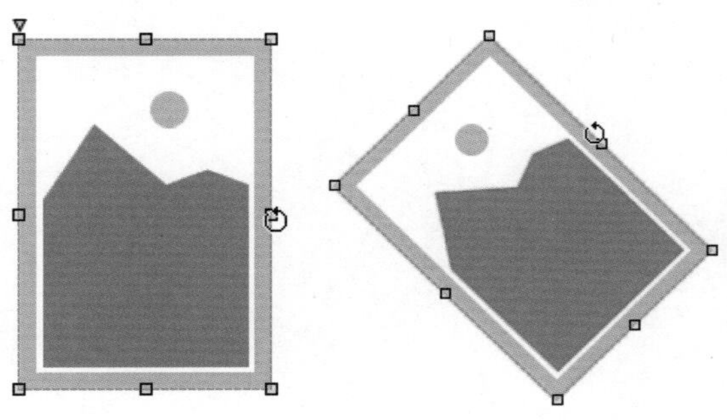

图 2-98

03 在矩形元件的边框上添加锚点，如图 2-99 所示。拖动锚点，调整锚点的位置，如图 2-100 所示。

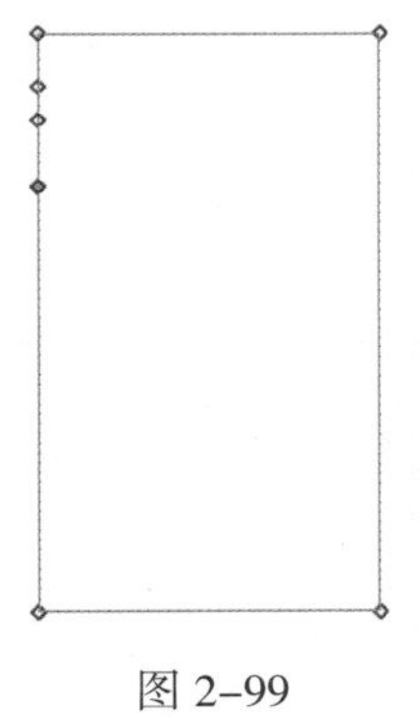

图 2-99

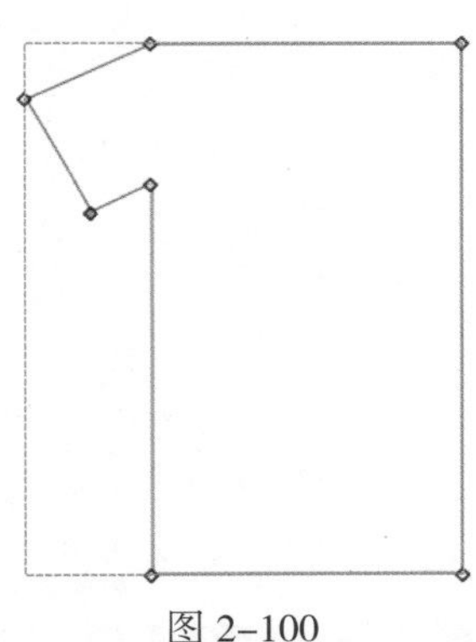

图 2-100

04 使用相同的方法，为另一侧添加锚点并调整锚点的位置，效果如图 2-101 所示。继续添加锚点，如图 2-102 所示。

图 2-101

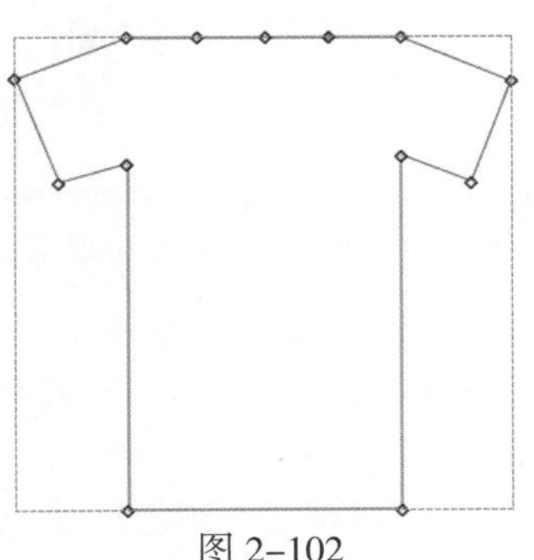

图 2-102

05 调整锚点的位置，如图 2-103 所示。选中衣领的锚点，单击鼠标右键，在弹出的菜单中选择“曲线”命令，如图 2-104 所示。

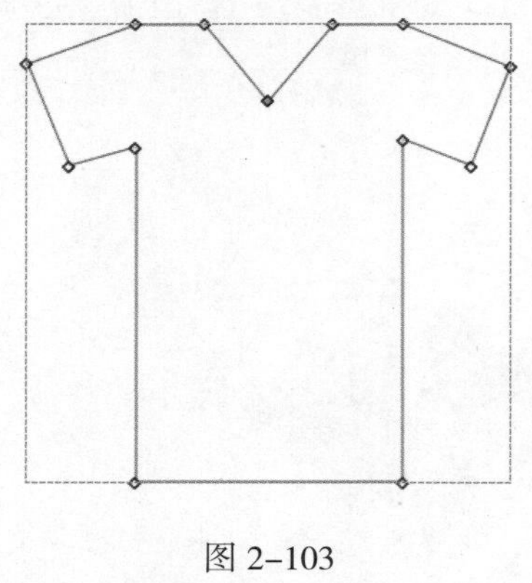
图 2-103

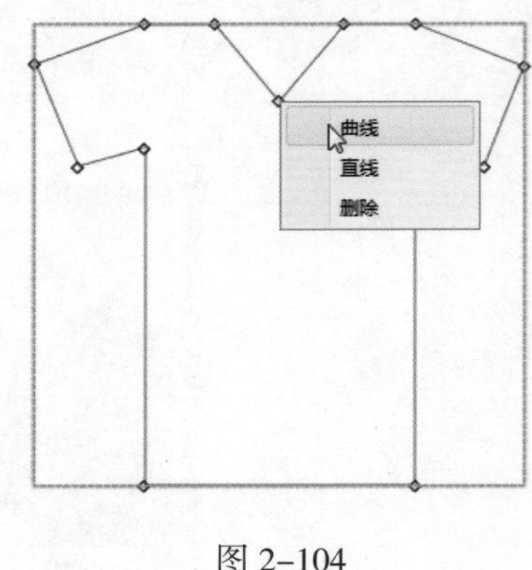

图 2-104

06 效果如图 2-105 所示。单击锚点旁的黄色圆点，调整曲率，最终效果如图 2-106 所示。

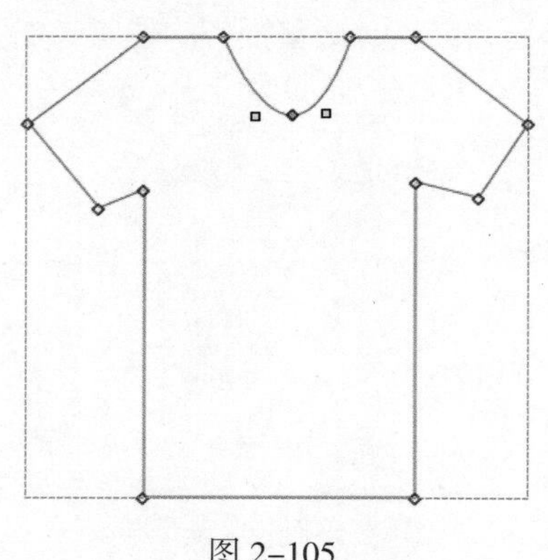
图 2-105

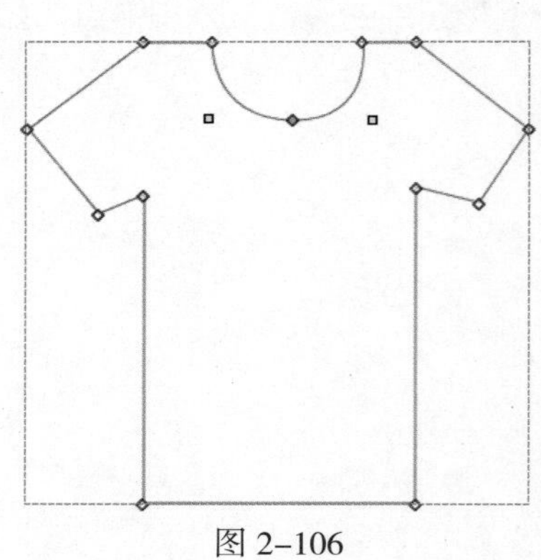
图 2-106

2.6 钢笔工具

在 Axure RP 8.0 中新增了一个用于绘制自定义图形的工具——钢笔工具。使用钢笔工具可以绘制图标、图表和弯曲的箭头等各种图形。所绘制的自定义图形是矢量图，用户在制作元件时，可以使用自定义图形替换原先的图形，实现更自由的自定义操作。

2.6.1 使用钢笔工具绘制图形

单击工具箱中的钢笔工具或者使用快捷键 Ctrl+4，可以开启自定义图形的绘制。在页面编辑区单击鼠标，放置自定义图形的起始点，如图 2-107 所示。

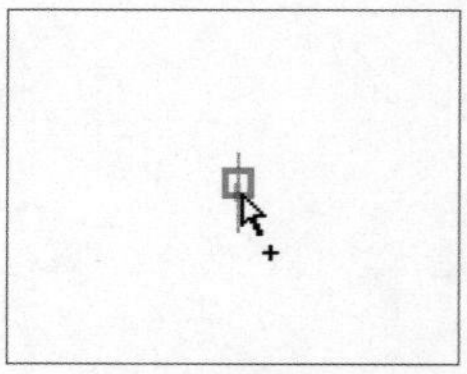

将鼠标移动到下一个位置并单击，在该位置添加新的锚点，当单击增添一个新锚点的同时，对其单击并进行拖动，则会得到一条曲线，如图 2-108 所示。

如果要完成这个图形的绘制，需要单击图形的初始点。当鼠标放置在初始点位置时，会出现一个红色的矩形，如图 2-109 所示。

图 2-107

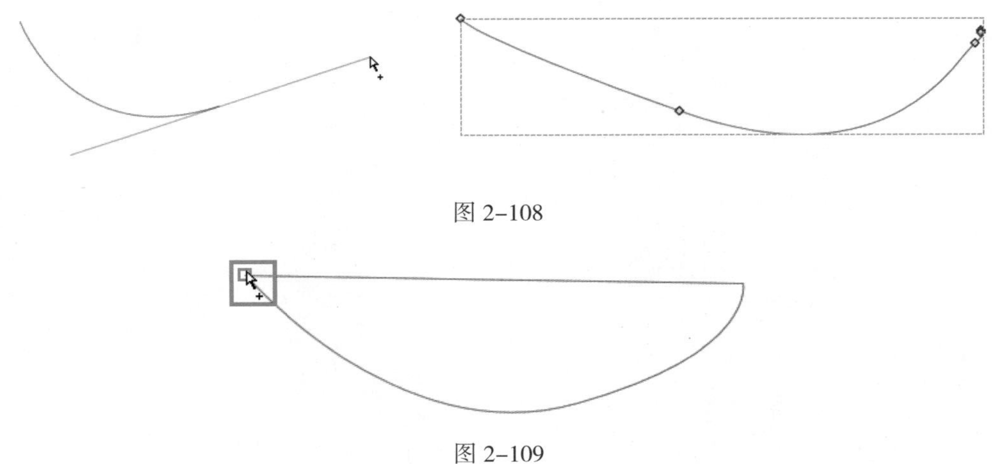

图 2–108

图 2–109

如果要在开放路径中结束绘制，则需要按 Esc 键或者双击设计区域内除了初始点以外的任何位置。

2.6.2　转换锚点类型

使用钢笔工具可以绘制直线路径和曲线路径，直线路径上的锚点称为直线锚点，曲线路径上的锚点称为曲线锚点。

选择一个直线锚点，如图 2–110 所示。单击鼠标右键，在弹出的菜单中选择“曲线”命令，该直线锚点会转换为曲线锚点，效果如图 2–111 所示。直接双击锚点也可以实现直线锚点和曲线锚点的转换。

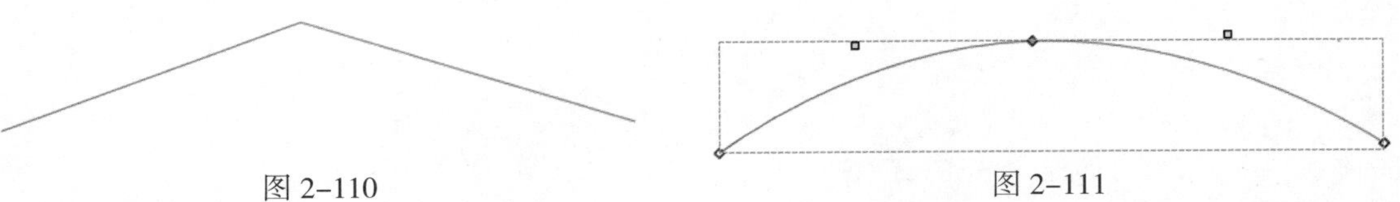

图 2–110　　图 2–111

同理，选择“直线”命令，可以将一个曲线锚点转换为直线锚点。选择“删除”命令，可将当前锚点删除。

2.6.3　使用钢笔工具编辑图形

在图形绘制完成之后，用户会退出钢笔工具模式，但是用户仍然可以对图形中的锚点进行编辑。如果要绘制另外一个自定义图形，再次单击钢笔工具图标即可。

使用钢笔工具绘制图形，如图 2–112 所示。在路径上单击鼠标，即可添加锚点，如图 2–113 所示。

用鼠标拖动锚点可以调整图形的形状，如图 2–114 所示。在锚点旁边有两个可以进行曲率调整的黄点，拖动黄点可以调整曲率，如图 2–115 所示。

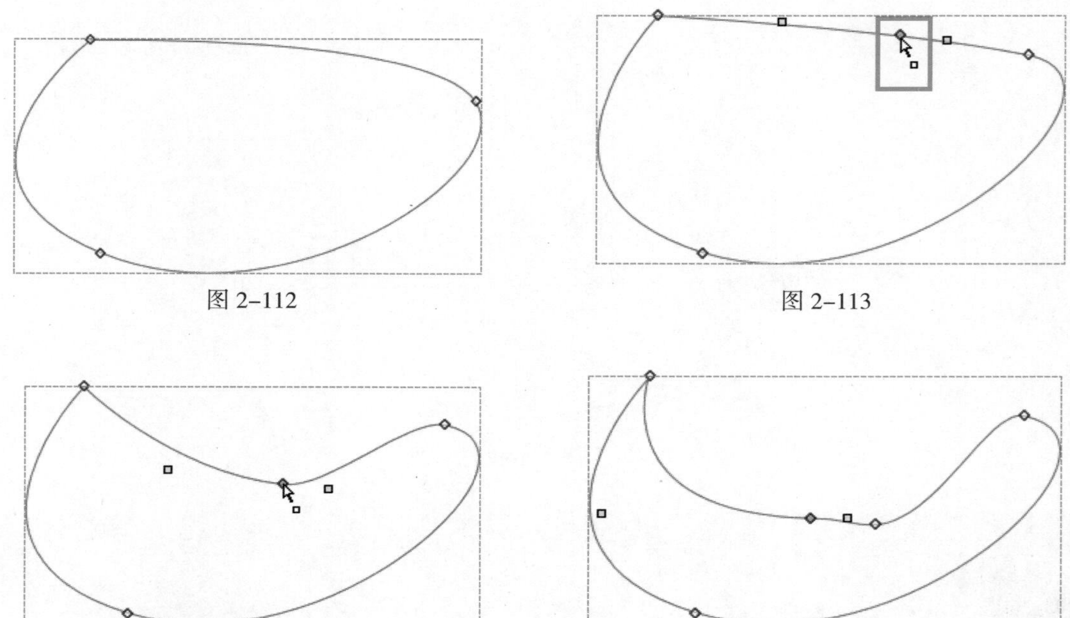

图 2-112　　图 2-113

图 2-114　　图 2-115

提示

这里的钢笔工具和 Photoshop 中的钢笔工具相比，其使用方法很相似。

实例 7　使用钢笔工具绘制眼睛

教学视频：视频 \ 第 2 章 \ 使用钢笔工具绘制眼睛 .mp4

源文件：源文件 \ 第 2 章 \ 使用钢笔工具绘制眼睛 .rp

实例分析：

该实例主要使用钢笔工具绘制简单的形状，并为形状添加样式。钢笔工具是 Axure RP 8.0 中新增加的工具，可以绘制出各种需要的形状。

制作步骤：

01 执行“文件 > 新建”命令，新建一个项目文件，如图 2-116 所示。在 page1 页面中，使用钢笔工具绘制形状，如图 2-117 所示。

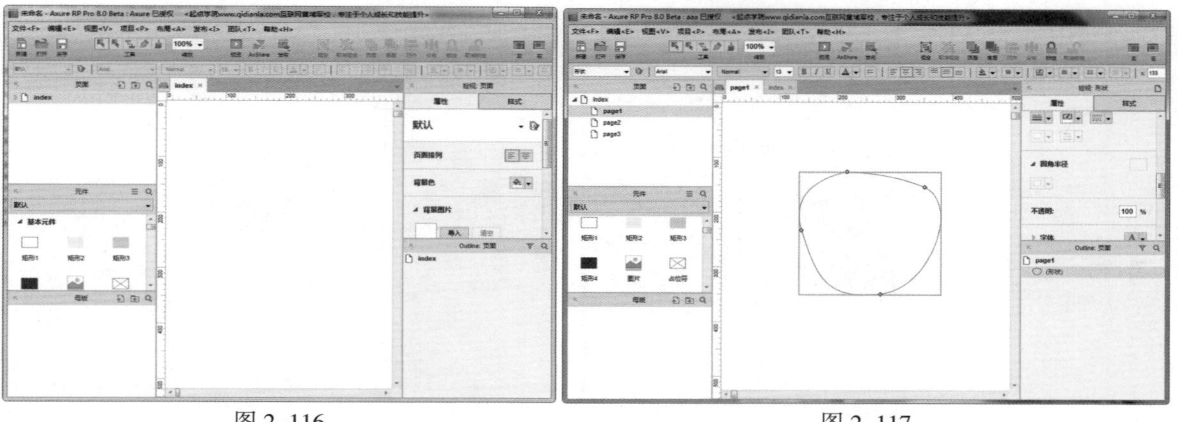

图 2–116　　图 2–117

02 选中绘制的形状，单击形状右上角灰色的圆点，如图 2–118 所示。在弹出的面板中选中要改变的形状，如图 2–119 所示。

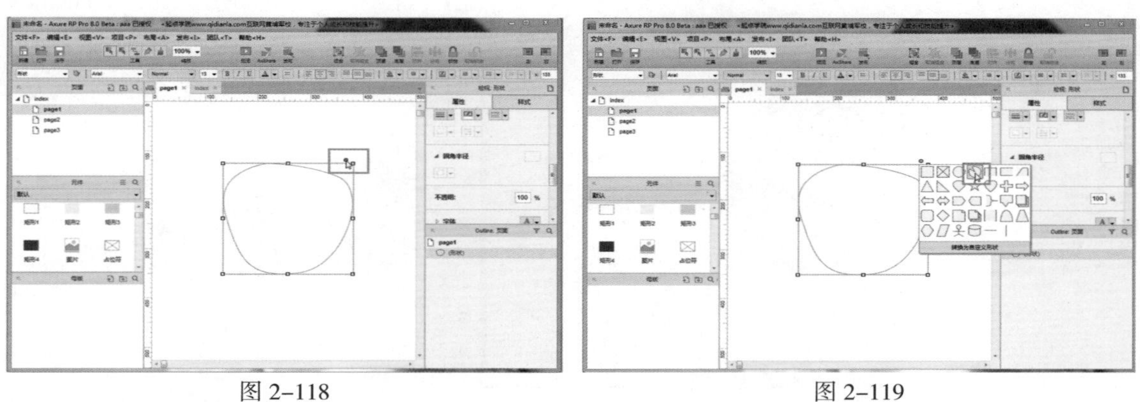

图 2–118　　图 2–119

03 效果如图 2–120 所示。在“检视：形状”面板的“样式”标签内，调整形状填充的颜色、边框粗细和边框颜色，如图 2–121 所示。

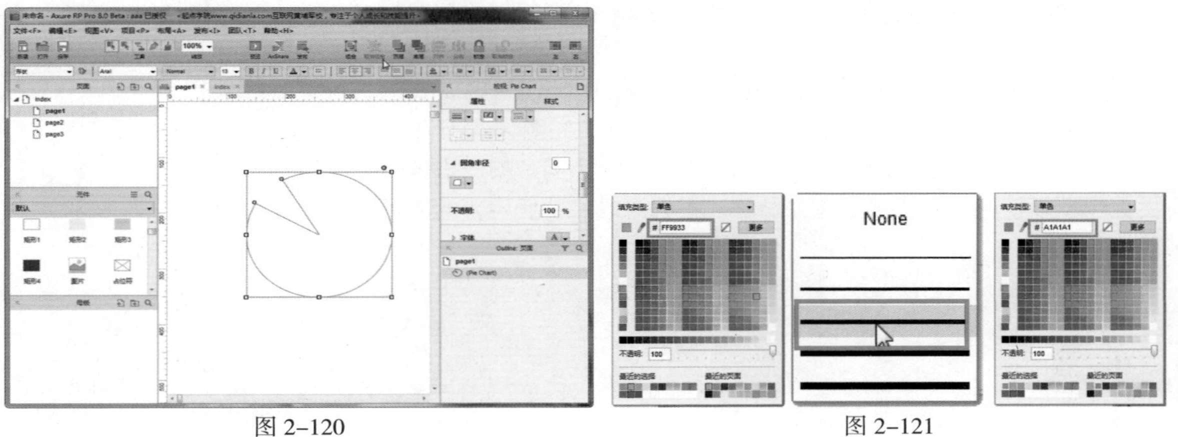

图 2–120　　图 2–121

04 调整形状的位置和大小，效果如图 2–122 所示。使用钢笔工具继续绘制形状，如图 2–123 所示。

05 使用相同的方法为形状设置样式，效果如图 2–124 所示。将所绘制的形状全部选中，重复复制粘贴，并调整其大小，最终效果如图 2–125 所示。

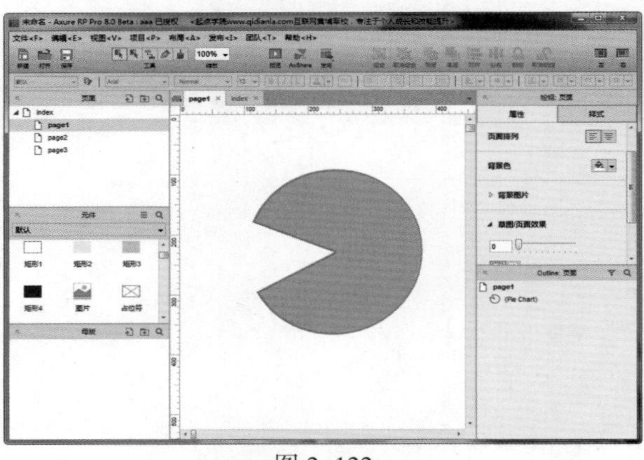

图 2–122

图 2–123

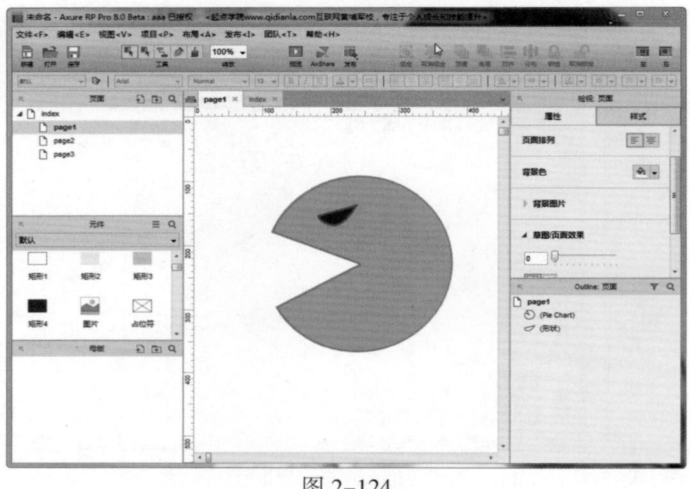

图 2–124

图 2–125

2.7 母版面板

图 2–126

母版就是原来版本中的主部件面板，在 Axure RP 8.0 中称为母版，其作用并没有发生改变，主要用来制作页面中的重复区域，如图 2–126 所示。

母版就是一些可以重复利用的元件。例如，一个网站的一级导航会在多个页面中反复使用，将它们制作为母版，不但可以方便使用，而且可以方便修改。

在第 5 章中将向用户详细介绍母版的使用方法。

2.8 页面编辑区

页面编辑区可以同时打开多个原型页面（多个 Tab 标签的方式），在页面编辑区可以打开 4 种页面，分别是基本页面、母版页面、动态面板页面和中继器页面。

基本页面：是页面面板中的各个页面，如图 2-127 所示。

母版页面：是母版面板中的各个母版页面，如图 2-128 所示。

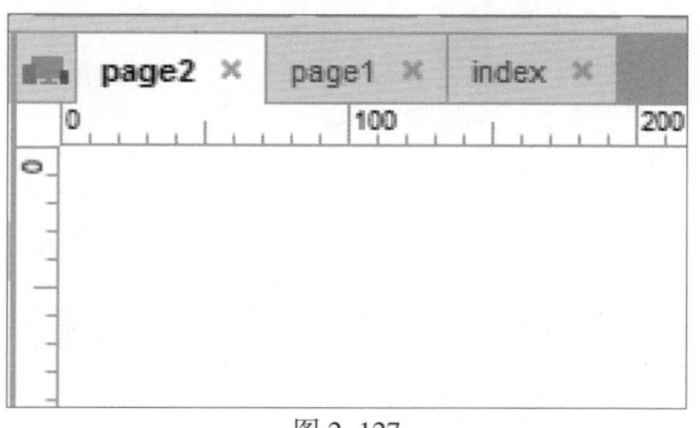

图 2-127

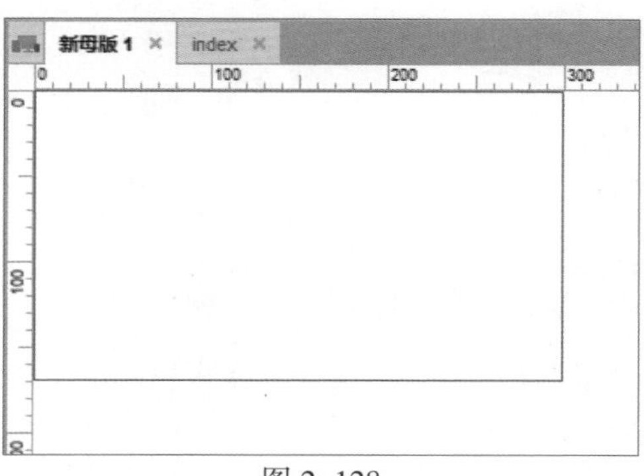

图 2-128

动态面板页面：是动态面板中的各个状态页面，如图 2-129 所示。

中继器页面：是编辑中继器的页面，如图 2-130 所示。

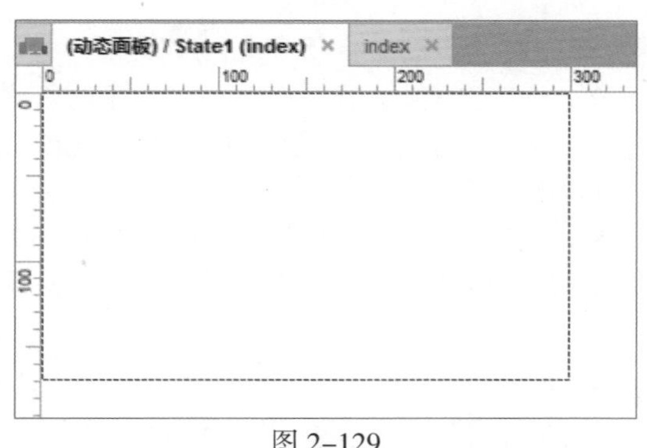

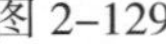

图 2-129

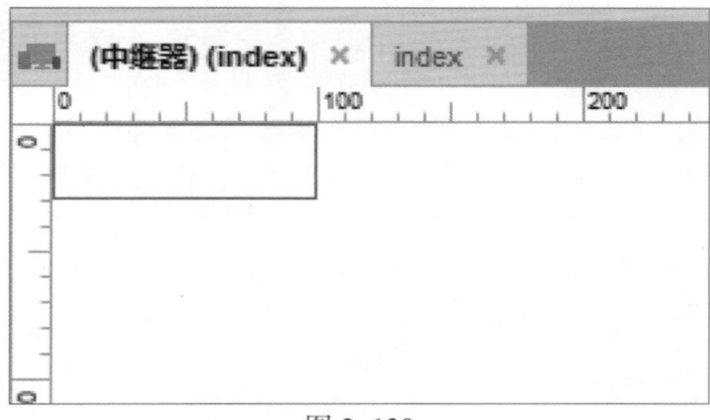

图 2-130

这 4 种页面在后面的实例操作中用户会经常看到。页面编辑区的 Tab 标签会显示各页面的名称，拖动 Tab 标签可以调整左右顺序，如图 2-131 所示。

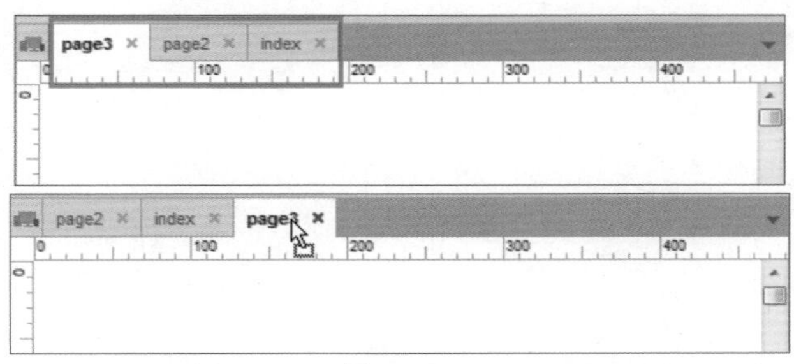

图 2-131

单击页面编辑区右侧的向下三角按钮，在弹出的菜单中列出了当前打开的所有页面，以便快速找到所需要的页面。单击 Tab 标签上的关闭图标即可关闭当前页面，如图 2-132 所示。

在工作过程中，往往会同时打开多个页面进行编辑，这时可能需要很长时间才能找到想要编辑的页面。为了在众多的页面中快速找到要编辑的页面，可以使用关闭当前页面标签之外的所有其他标签。

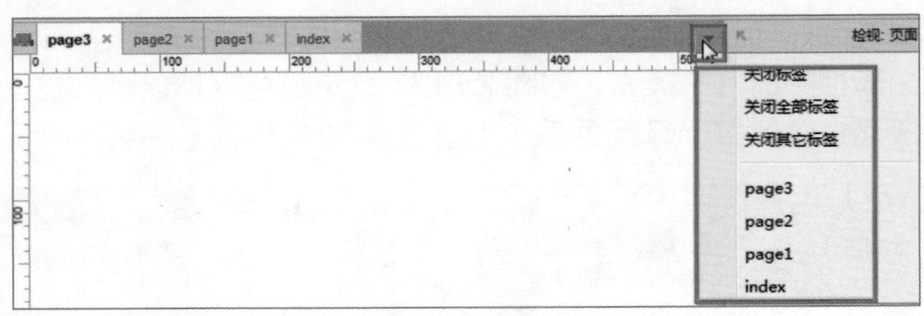

图 2-132

2.8.1 自适应视图

为了满足响应式 Web 设计的需要，在页面编辑区中提供了自适应视图的功能，在自适应视图中可以定义临界点，临界点是一个屏幕尺寸，当达到这个屏幕尺寸时，界面的样式或布局就会发生变化。

在非响应式项目中，页面基于某个特定的屏幕尺寸进行设计，如为桌面屏幕设计或移动屏幕设计。当没有自适应视图时，对于已经为特定屏幕尺寸设计的页面，如果要再使用一个完全不同尺寸的屏幕，就要对之前所有的页面进行重新设计，需要投入大量的工作。如果要满足更多不同尺寸的屏幕，则后续对所有不同屏幕的多套页面进行同步维护，也是极大的挑战。

自适应视图中最重要的概念是集成，因为它在很大程度上解决了维护多套页面的效率问题。其中，每套页面都是为了一个特定储存屏幕而做的优化设计。总之，在自适应视图中的元件从父视图中修改样式 (如位置、大小)。如果修改了父视图中的按钮颜色，则所有的子视图中的按钮颜色也随之改变。但如果改变了子视图中的按钮颜色，则父视图中的按钮颜色不会改变。

单击页面编辑区左上角的“管理自适应视图”图标，弹出“自适应视图”对话框，如图 2-133 所示。单击左上角的“+”按钮，即可添加一种新视图，新视图的各项参数可以在右侧添加，如图 2-134 所示。

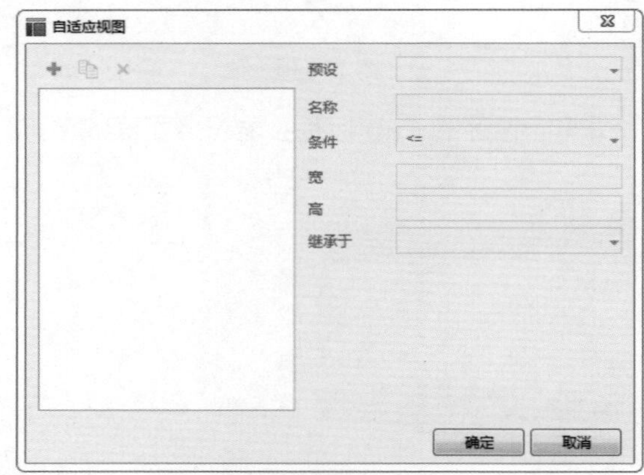

图 2-133

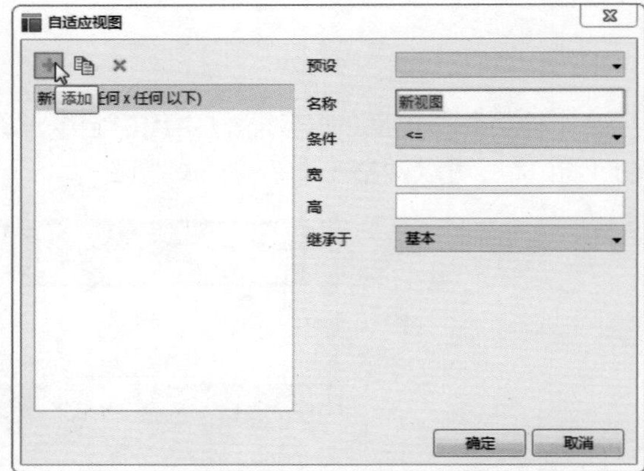

图 2-134

预设：根据宽度预先定义好了一个设备的显示尺寸，用户可以直接选中。

名称：为当前自适应视图定义一个名称。

条件：定义临界点的逻辑关系。例如，当视图宽度小于临界点尺寸时，则使用当前视图。

宽：如果要自定义一个视图，则可以输入一个宽度。

高：如果要自定义一个视图，则可以输入一个高度。

继承于：为当前视图指定一个父视图，即确定继承的父视图。

提示 要创建自适应页面，必须要从某个页面的视图中来创建，这个目标视图称为基本视图。

实例 8 添加自适应视图

教学视频：视频\第 2 章\添加自适应视图 .mp4　　源文件：源文件\第 2 章\添加自适应视图 .rp

实例分析：

自适应视图可以将绘制的原型应用到各种尺寸的界面中，本实例设置了 5 种尺寸，将绘制的内容自适应到 5 种尺寸的界面中，显示不同的效果。

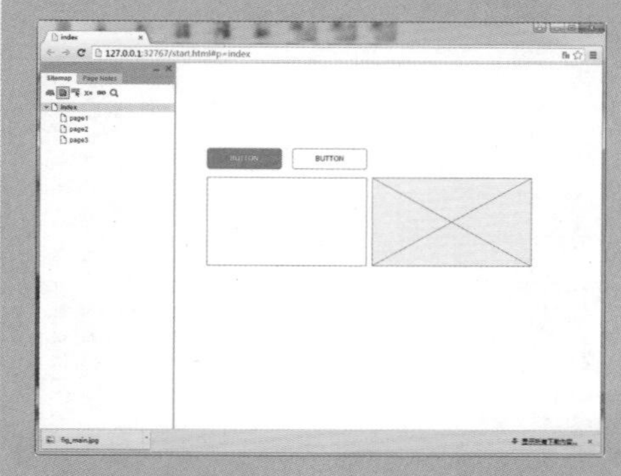

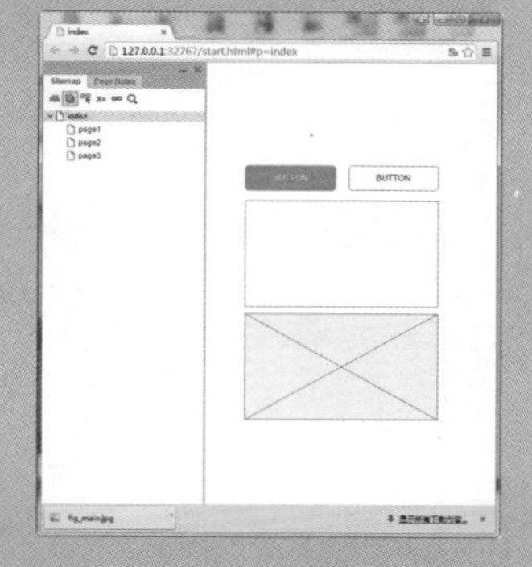

制作步骤：

01 执行“文件 > 新建”命令，新建一个项目文件，如图 2-135 所示。分别从元件面板中将矩形元件、占位符元件和按钮元件拖入到页面中，效果如图 2-136 所示。

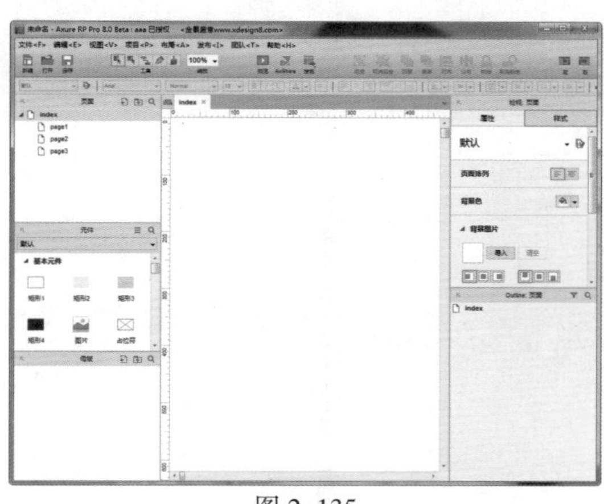

图 2-135

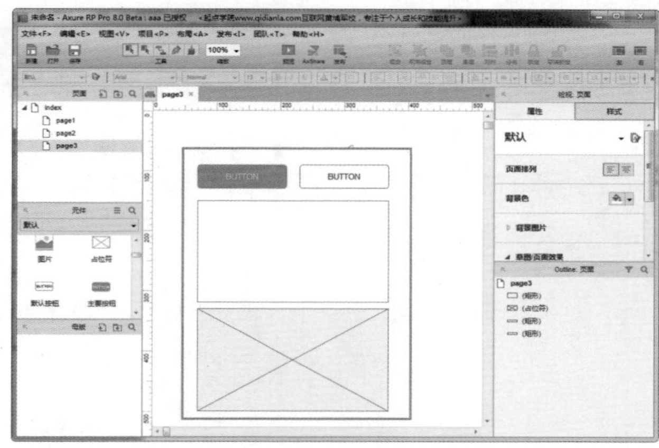

图 2-136

02 单击“管理自适应视图”按钮，如图 2-137 所示。弹出“自适应视图”对话框，如图 2-138 所示。

03 单击“添加”按钮，修改“名称”为“手机纵 <=320”，其他参数如图 2-139 所示。继续设定视图，完成效果如图 2-140 所示。

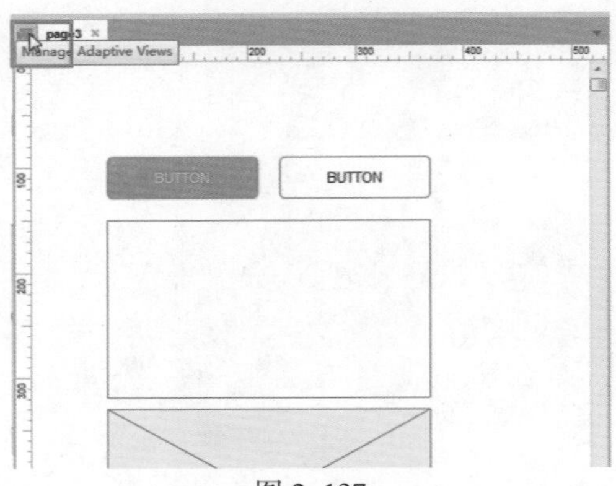

图 2–137

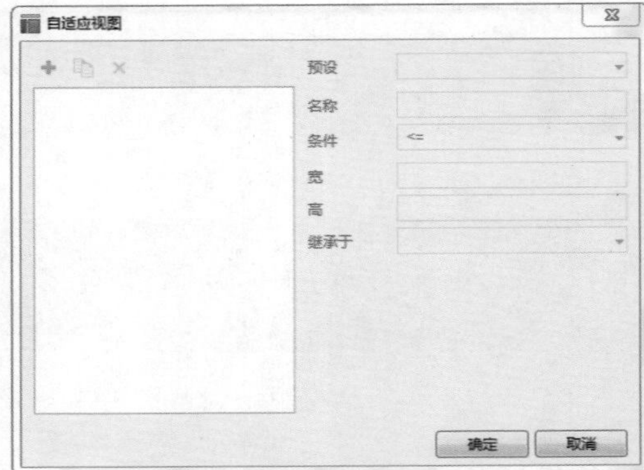

图 2–138

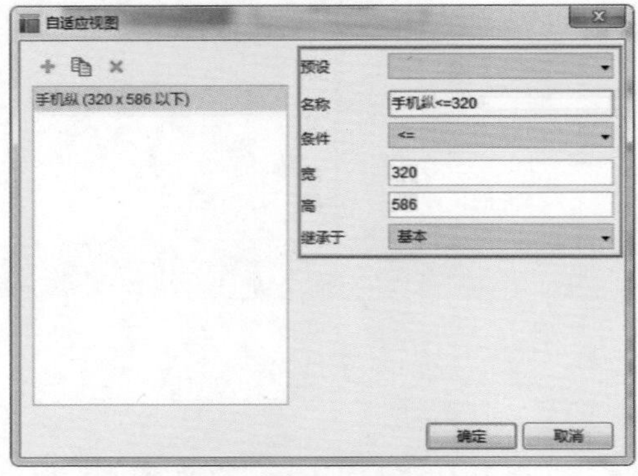

图 2–139

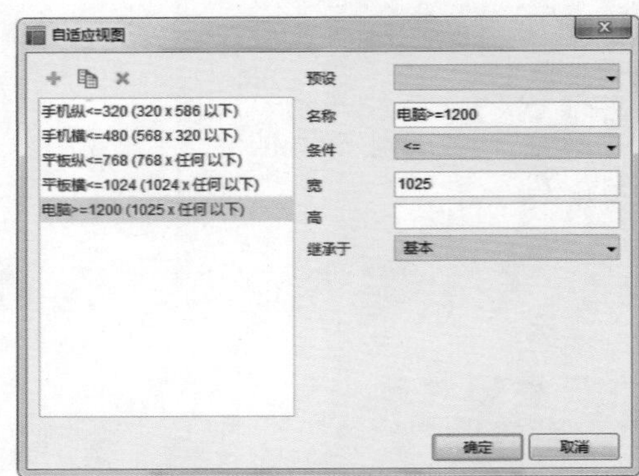

图 2–140

通常情况下，会考虑网页、手机纵、手机横、平板纵和平板横 5 种情况，以保证原型在大多数终端可以正常显示。

04 单击“确定”按钮，在页面编辑区顶部显示不同视图的标签，如图 2–141 所示。分别选择不同的视图标签，调整页面显示效果，如图 2–142 所示。使得内容适应不同尺寸的页面显示。

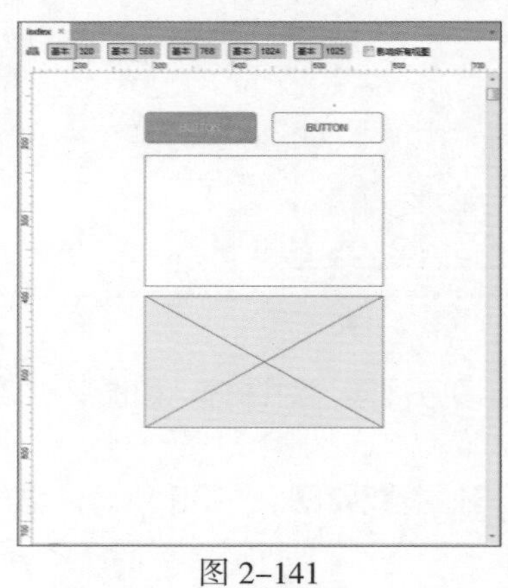

图 2–141

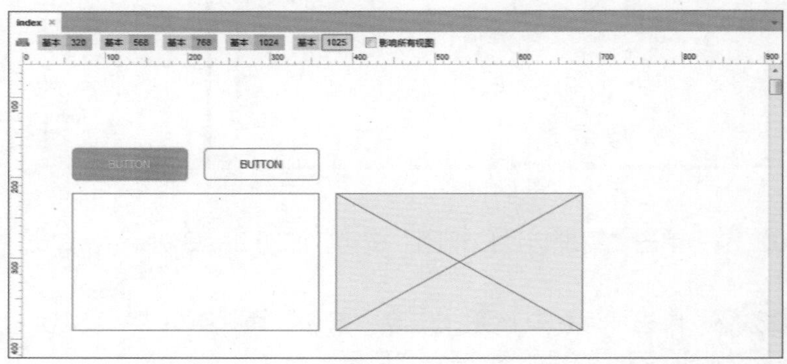

图 2–142

在修改不同视图尺寸中的对象显示效果时，如果勾选了“影响所有视图”选项，则修改对象时会影响全部的视图效果。

05 单击工具栏上的“预览”按钮，拖动浏览器边框改变浏览器视图大小，预览页面在不同页面尺寸下的效果，如图 2–143 所示。

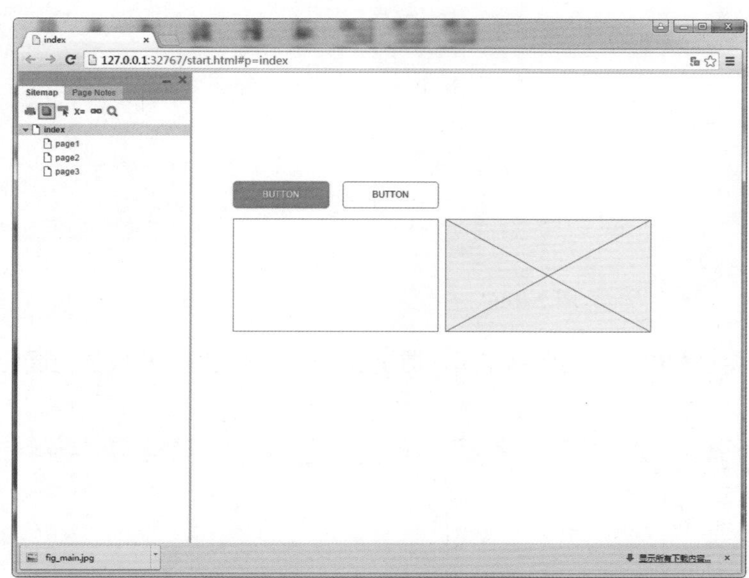

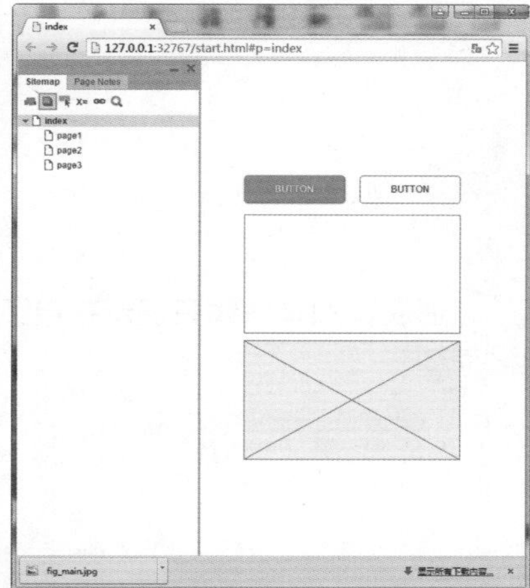

图 2–143

2.8.2　标尺

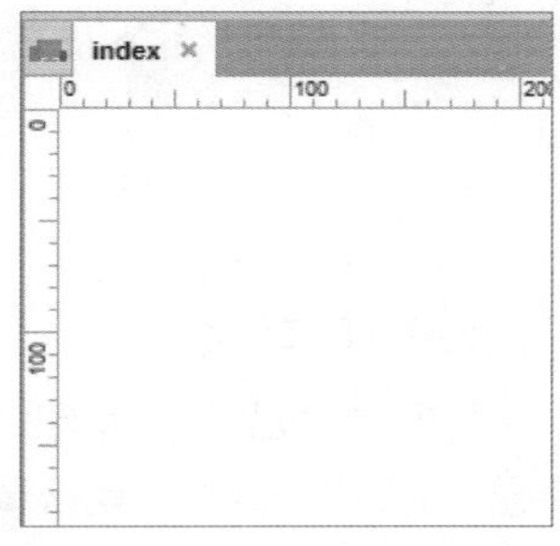

图 2–144

页面编辑区默认会显示标尺，标尺的单位是像素，如果设计师要针对 1024×768 的显示器开发网站，网站页面的宽度不能超过 1024，否则将无法完全显示。页面编辑区的原点就是左上角，这里的坐标是 X0、Y0，如图 2–144 所示。

2.8.3　辅助线

在 Axure RP 8.0 中，按照辅助线功能的不同可分为全局辅助线、页面辅助线、自适应视图辅助线和打印辅助线。

1. 全局辅助线

全局辅助线全局作用于站点中的所有页面，包括新建页面。将光标移动到标尺上，按住 Ctrl 键的同时向外拖曳，即可创建全局辅助线。默认情况下，全局辅助线为紫红色，如图 2–145 所示。

2. 页面辅助线

将鼠标光标移动到标尺上向外拖曳创建辅助线，这种辅助线称为页面辅助线。页面辅助线只作用于当前页面。默认情况下，页面辅助线为青色，如图 2–146 所示。

3. 自适应视图辅助线

该辅助线主要在前面讲解的自适应视图中使用，只有在自适用视图页面中才能显示，在普通页面中不显示，如图 2–147 所示。

在勾选自适应视图辅助线的情况下会显示，当选择 320 尺寸视图时，显示辅助线，如图 2–148 所示。当选择 480 尺寸视图时，显示辅助线，如图 2–149 所示。当选择 560 尺寸视图时，显示辅助线，如图 2–150 所示。

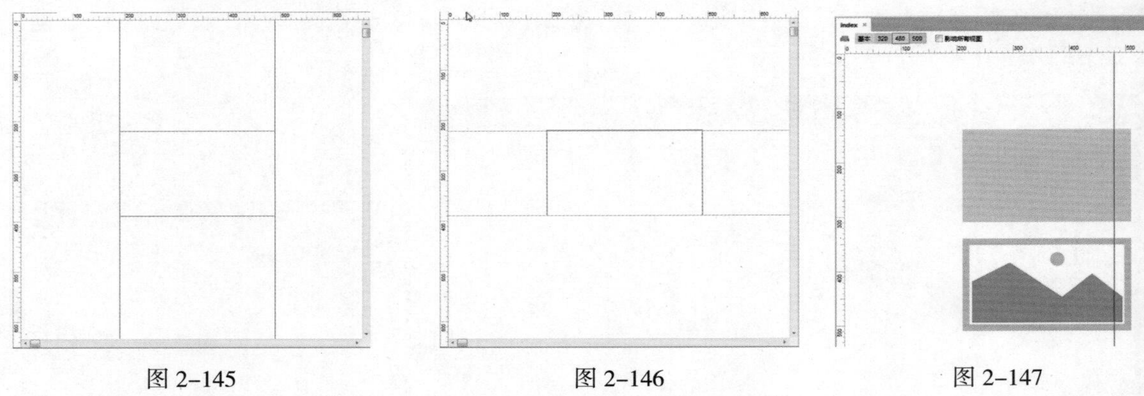

图 2–145　　图 2–146　　图 2–147

自适应视图辅助线只显示在自适用视图中，起到提示作用，提示设计师要在自适应视图的范围内绘制原型。

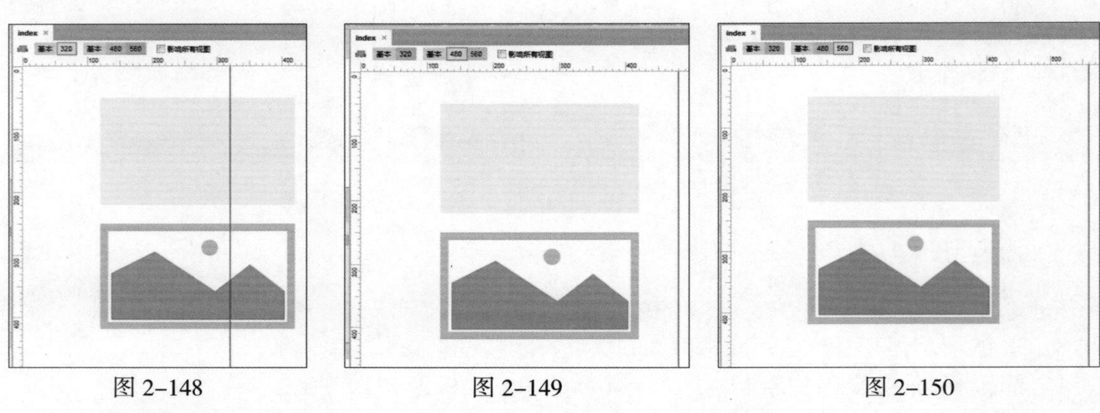

图 2–148　　图 2–149　　图 2–150

4. 打印辅助线

打印辅助线将方便用户准确地观察页面效果，正确打印页面。当用户设置了纸张尺寸后，页面中会显示打印辅助线。默认情况下，打印辅助线为灰色，如图 2–151 所示。

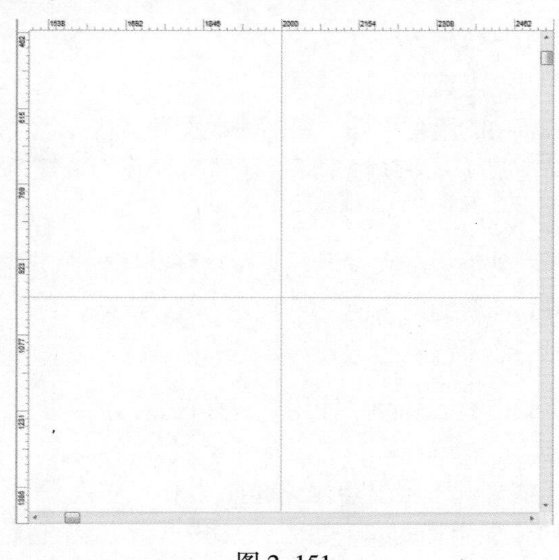

图 2–151

2.8.4　创建辅助线

执行“布局 > 栅格和辅助线 > 创建辅助线”命令（如图 2–152 所示），弹出“创建辅助线”对话框，如图 2–153 所示。

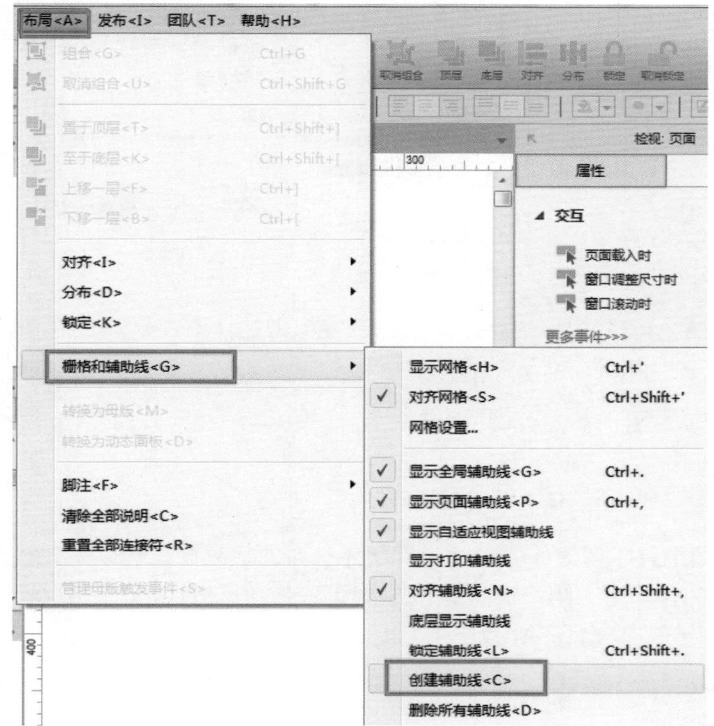

图 2–152

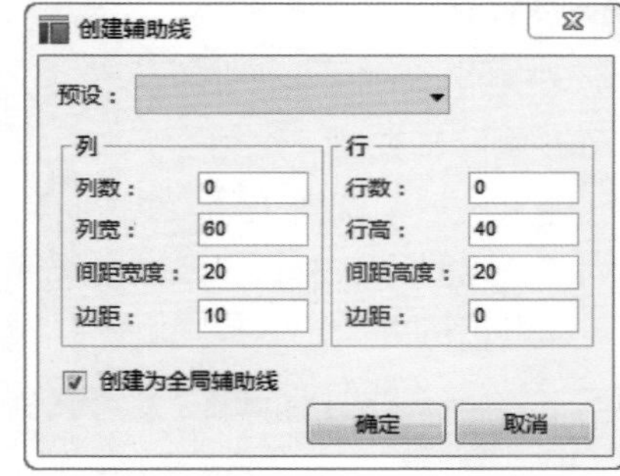

图 2–153

在 Axure RP 中创建辅助线是按照分栏的模式来考虑的。例如，熟悉网站设计的人会知道，一般网站有双栏模式、3 栏模式和 4 栏模式，甚至更多。所以辅助线也是这样考虑的。

1. 辅助线预设

在“创建辅助线”对话框中，单击“预设”下拉菜单，如图 2–154 所示。

960Grid:12Column：宽度为 960 的 12 列的布局。

960Grid:16Column：宽度为 960 的 16 列的布局。

1200Grid:12Column：宽度为 1200 的 12 列的布局。

1200Grid:15Column：宽度为 1200 的 15 列的布局。

当选择这些预设选项时，Axure RP 会按照选择的参数自动创建辅助线。如果勾选“创建为全局辅助线”复选框，该辅助线将出现在所有的页面上。如果没有勾选该复选框，那么辅助线就仅出现在当前页面上。

2. 辅助线其他参数设置

在“创建辅助线”对话框中，不仅可以选择预设选项，还可以根据自己的想法设置辅助线。例如，创建一个一共有 4 列，每列宽为 60，列与列间距宽度为 20，边距为 10，行数为 2，行高为 40，行与行间距高度为 20 的全局辅助线，如图 2–155 所示。

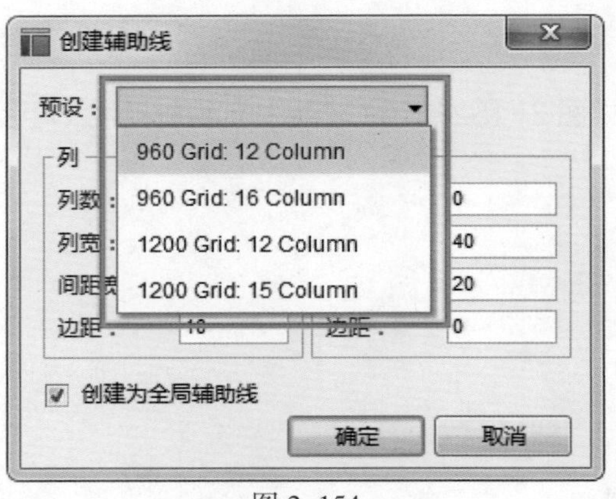

图 2-154

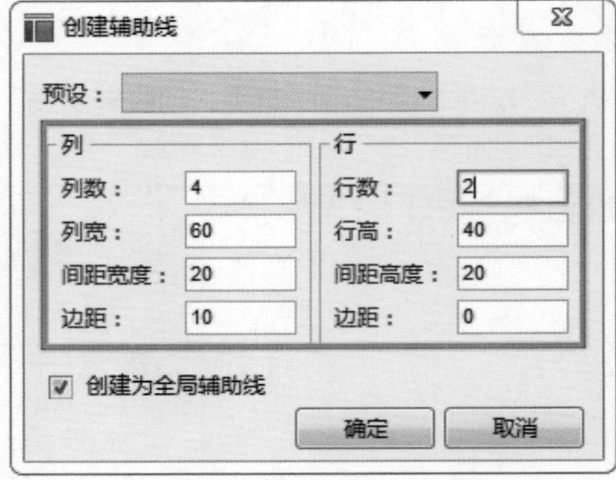

图 2-155

注意一定要勾选“创建为全局辅助线”复选框，否则创建出来的辅助线就是页面辅助线，而不是全局辅助线。全局辅助线非常有用，它可以保证在每个页面上创建的元素的位置都是正确的。

创建的辅助线效果如图 2-156 所示。

3. 删除辅助线

在上一节中创建了 12 条辅助线，如果只想创建 1 条全局辅助线怎么办？很简单，可以把列数设置为 1，把创建出来的 3 条辅助线删除 2 条即可。删除辅助线的操作很简单，在辅助线上单击鼠标右键，在弹出的菜单中选择“删除”命令，如图 2-157 所示。

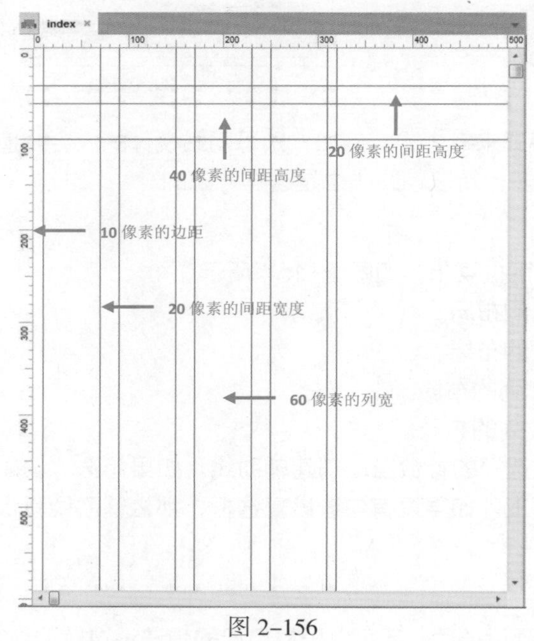

图 2-156

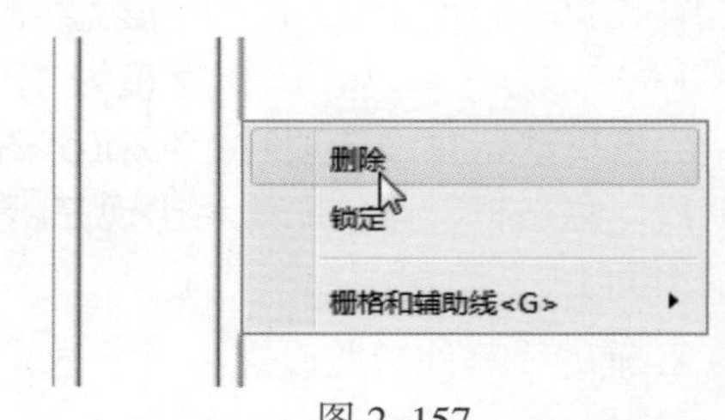

图 2-157

提示

在锁定辅助线的情况下是不能删除辅助线的，只有解锁辅助线才能删除。为了防止在工作中意外地选中删除辅助线，建议还是将辅助线锁定。

如果仅是创建一个当前页面的辅助线，只要将光标放在标尺上进行拖曳即可，可以拖出青蓝色的辅助线，它仅用于当前页面，如图 2-158 所示。而全局辅助线是紫红色的。

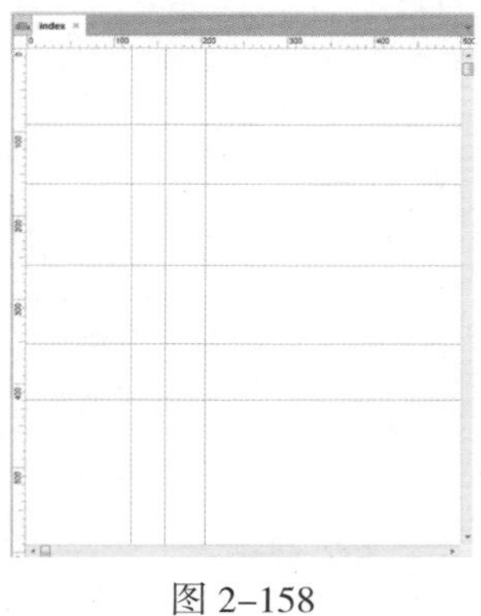

图 2-158

实例 9　创建辅助线

教学视频：视频 \ 第 2 章 \ 创建辅助线 .mp4　　源文件：无

实例分析：

辅助线对于页面的对齐和边界的划定非常有用，尤其在针对多个不同屏幕尺寸开发移动应用的时候，知道每个设备的边界是非常重要的。

制作步骤：

01 执行“文件 > 新建”命令，新建一个项目文件，如图 2-159 所示。执行“布局 > 栅格和辅助线 > 创建辅助线”命令，如图 2-160 所示。

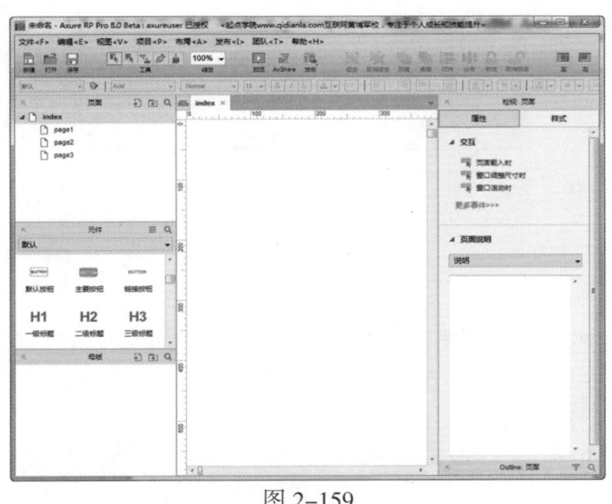

图 2-159

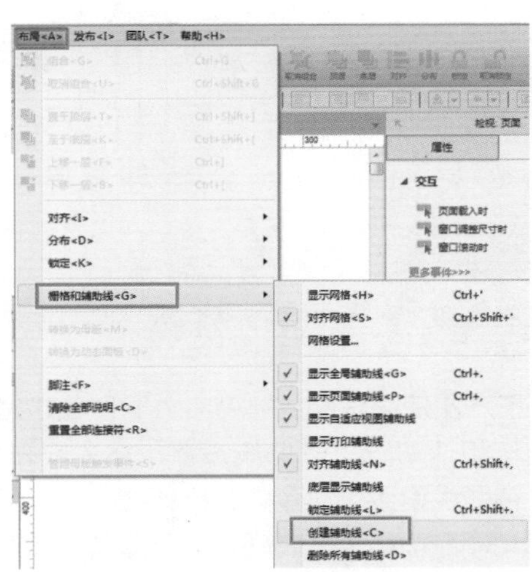

图 2-160

02 弹出“创建辅助线”对话框，设置参数如图 2-161 所示。单击“确定”按钮，页面编辑区效果如图 2-162 所示。

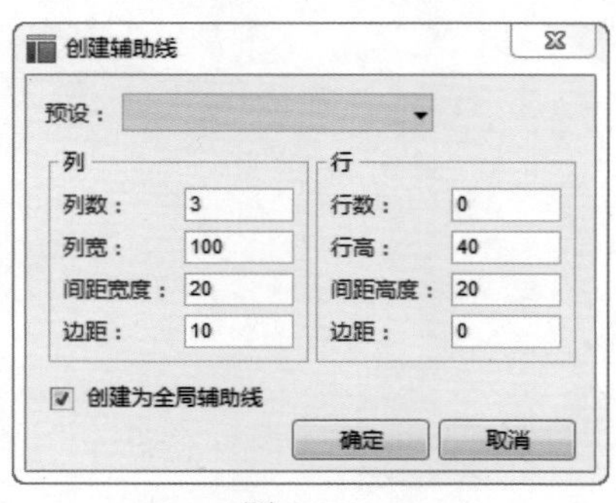

图 2-161

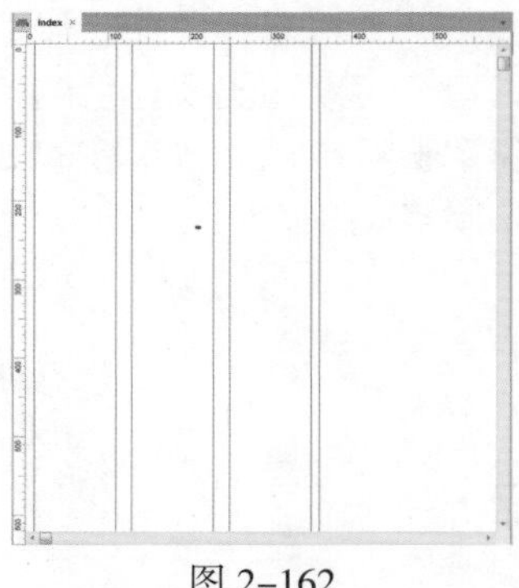

图 2-162

03 将鼠标移动到标尺位置，根据自己的需要拖出辅助线，如图 2-163 所示。

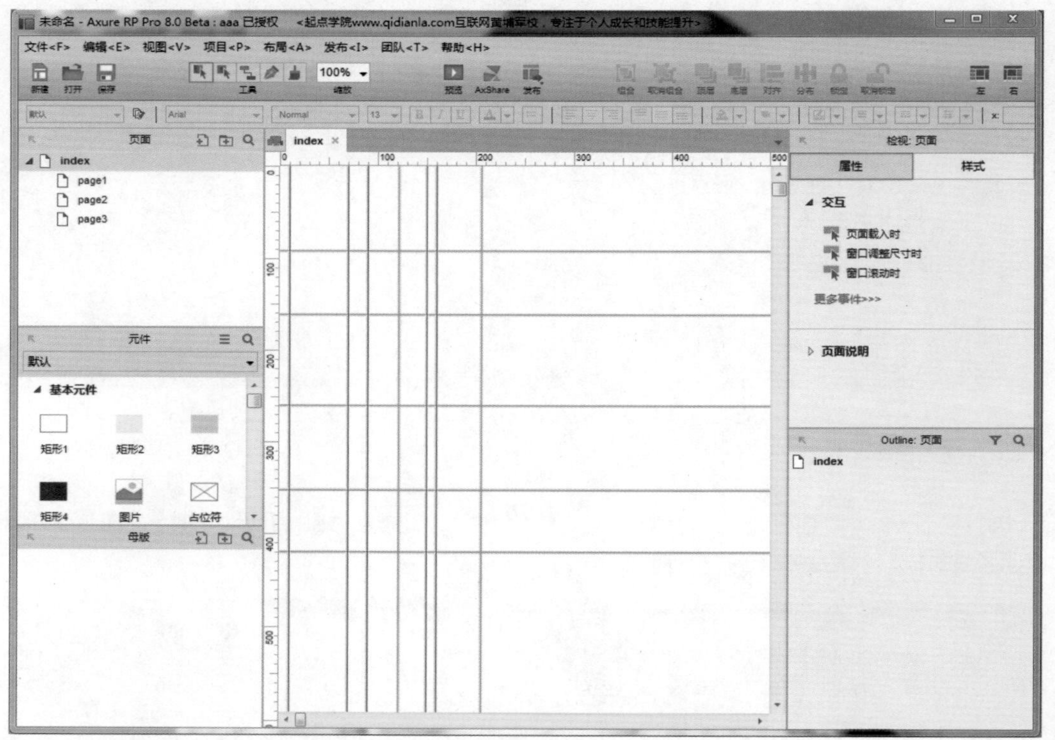

图 2-163

2.8.5 设置辅助线

为了方便使用辅助线，Axure RP 8.0 允许用户为不同种类的辅助线指定不同的颜色。执行“布局 > 栅格和辅助线 > 辅助线设置”命令或在页面中单击鼠标右键，在弹出的菜单中选择“栅格和辅助线 > 辅助线设置”命令，弹出如图 2-164 所示的对话框。

在该对话框中，用户除了可以选择显示或隐藏辅助线外，还可以设定不同辅助线的样式，如图 2-165 所示。

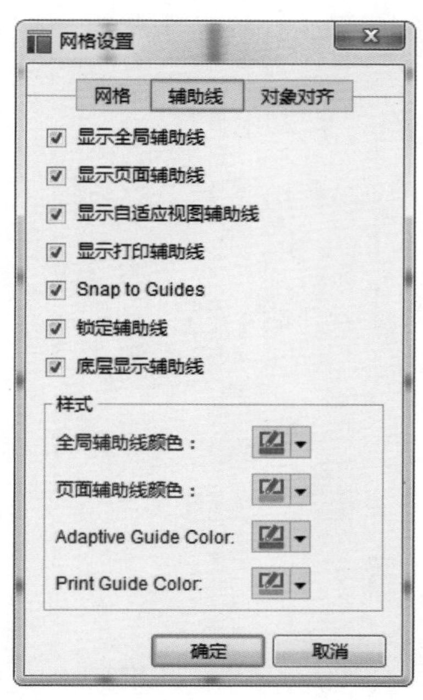

图 2-164

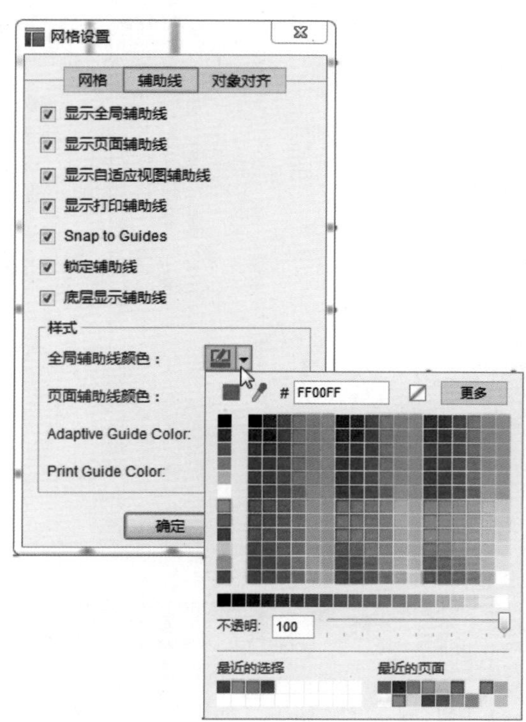

图 2-165

2.8.6　使用网格

网格也是非常有用的功能，在默认的情况下网格是隐藏的，显示网格的方法有两种。

在页面编辑区中单击鼠标右键，在弹出的菜单中选择“栅格和辅助线 > 显示网格”命令，即可显示网格，如图 2-166 所示。

执行“布局 > 栅格和辅助线 > 显示网格”命令，即可显示网格，如图 2-167 所示。

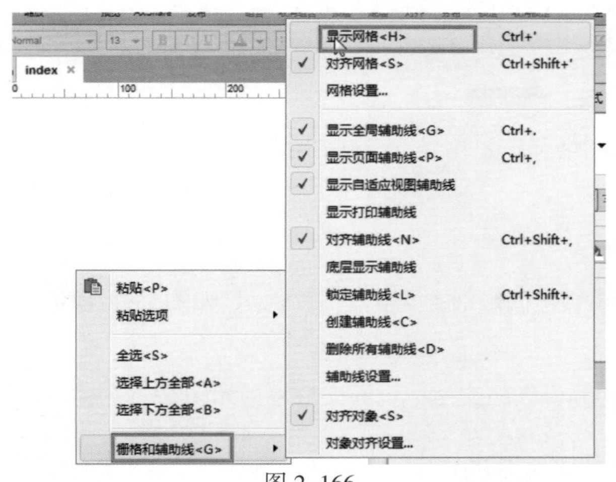

图 2-166

图 2-167

流程图页面中显示网格的效果如图 2-168 所示。

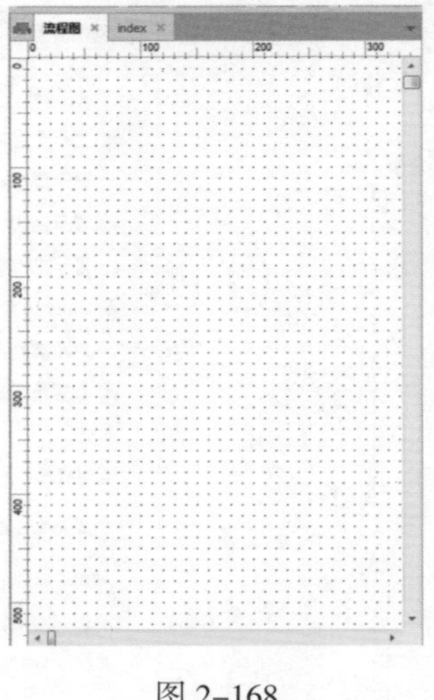

图 2-168

2.9 检视面板

在 Axure RP 8.0 中，将原来版本中的部件交互与注释、部件属性与样式、页面属性 3 个面板进行了合并，合并为检视面板，如图 2-169 所示。在检视面板中分为“属性”标签和“样式”标签。在检视面板中既可以检视页面，也可以检视元件。

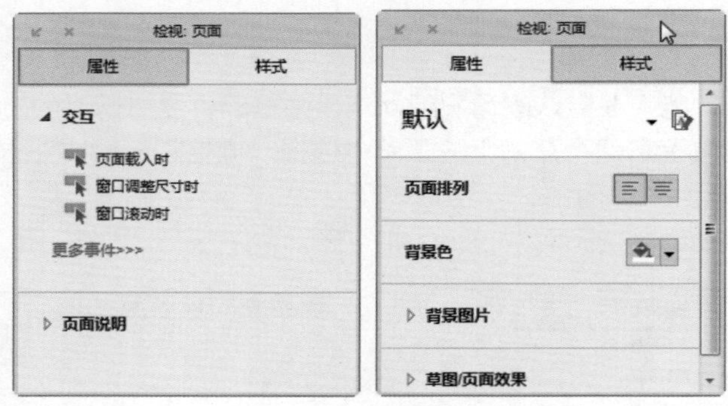

图 2-169

2.9.1 检视页面的属性标签

当处于“检视: 页面”面板时，属性标签中可以设置页面级别的交互及页面说明，如图 2-170 所示。

1. 交互

为页面或模板创建常见的交互动画，类似于为元件创建交互。页面交互包括如图 2-171 所示的几种事件。

具体事件的使用方法，将在后面章节向用户详细讲解。

2. 页面说明

用于对页面或模板进行注释说明，只要在备注区输入文字即可，如图 2-172 所示。

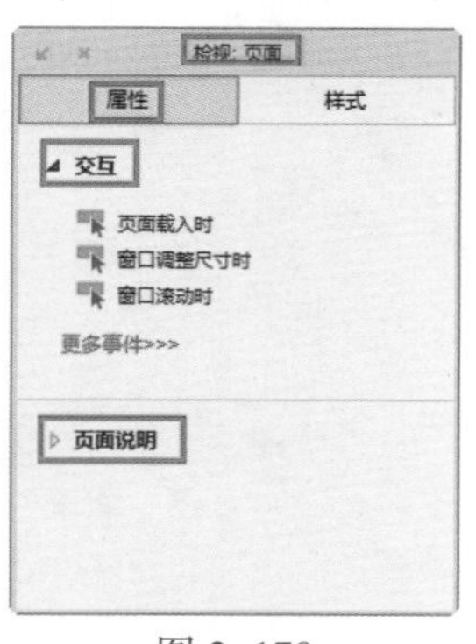

图 2-170

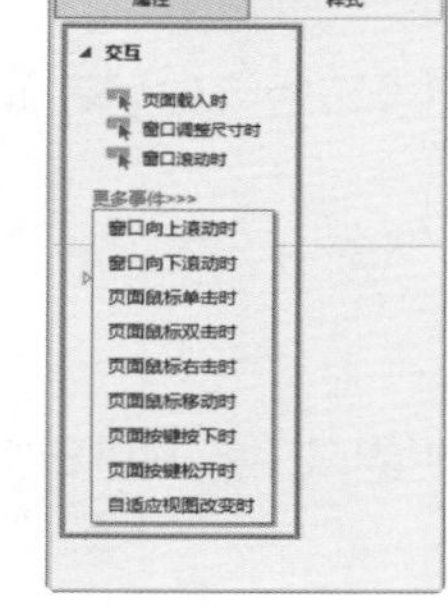

图 2-171

图 2-172

在 Axure RP 中，可以同时进行页面的设计和说明。在“页面说明”选项中，可以填写当前页面的相关信息。例如，页面的描述、页面的进入点和退出点、页面大小和限制条件。

页面说明主要和生成 UI 规格文档或 HTML 原型注释有关。在团队交流重要的页面信息或交接工作时，页面说明也是非常有用的。

Axure RP 可以对页面说明进行分类管理，使得生成的文档更加清晰和条理。默认只有一个说明分类，在这里可以输入所有相关的页面信息。也可以添加多个说明分类，让每个分类对应一个特定受众或目的。

项目采用哪种页面说明处理方式，取决于项目的复杂程度和利益相关者的期望值。最好是提前和文档受众讨论需求和期望，以确保文档让所有人收益。

单击向下三角形按钮，弹出下拉菜单，如图 2-173 所示。选择“自定义页面字段”命令，弹出“页面说明字段”对话框，如图 2-174 所示。

单击“页面说明字段”对话框中的“添加”按钮，即可添加新增字段，在“页面说明字段”对话框中还可以重命名和删除页面说明的分类，如图 2-175 所示。

图 2-173　图 2-174　图 2-175

使用一个页面说明的优点是简单，而缺点是利益相关者可能很难找到所需要的信息。多数文档的受众只会对某些说明部分感兴趣。

Axure RP 还可以控制哪些人看到哪些说明分类，所以强烈建议利用好页面说明功能。通常会将页面说明分为下面几类。

- 内部团队记录（评审问题、问题记录和后续计划等）。
- 个性化、本地化或例外说明。
- UX 描述。
- 所参考的业务需求文档。
- 可访问性说明。

用户也可以使用 Axure RP 对页面说明的以下方面进行控制。

- 说明区块的顺序。
- 输出时包含哪些说明区块。
- 是否在 Word/PDF 规格文档中包含说明。
- 是否在 HTML 原型中包含说明。
- 说明区块的标题（分类名称）。

在共享项目中，添加一个说明分类后，会被所有人员看到。如果要求所有人都对某一个说明分类进行填写，最好事先进行沟通。

2.9.2 检视页面的样式标签

页面样式只能应用在页面元件上，不能应用在母版页面或动态面板的状态页面上。在页面的“样式”标签下可以定义样式的属性，如图 2-176 所示。

页面排列：用于设置输出时页面的排列方式，用户可以选择居左或者居中。

背景色：用于设置页面的背景颜色。

背景图片：用于设置页面的背景图片。单击“导入”按钮，选择相应的背景图片即可。

单击“清空”按钮，可以将背景图片删除。用户可以设置背景图片的重复方式和位置，如图 2-177 所示。

图 2-176

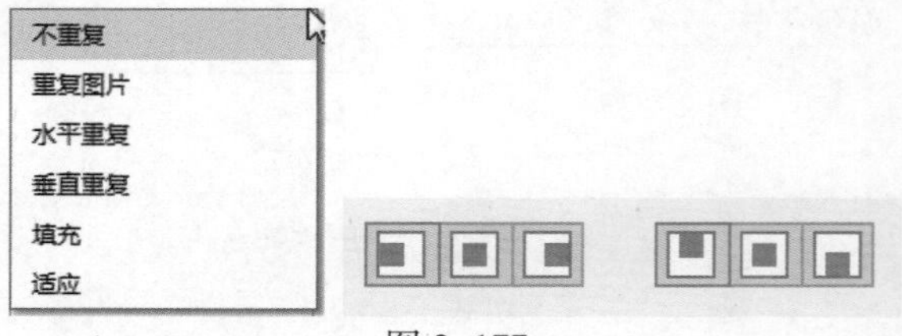

图 2-177

草图 / 页面效果：参数是针对页面上的元件的。拖动草图控制轴，可以实现不同级别的页面效果，如图 2–178 所示。

图 2–178

按钮：使页面效果在彩色和黑白间切换，如图 2–179 所示。

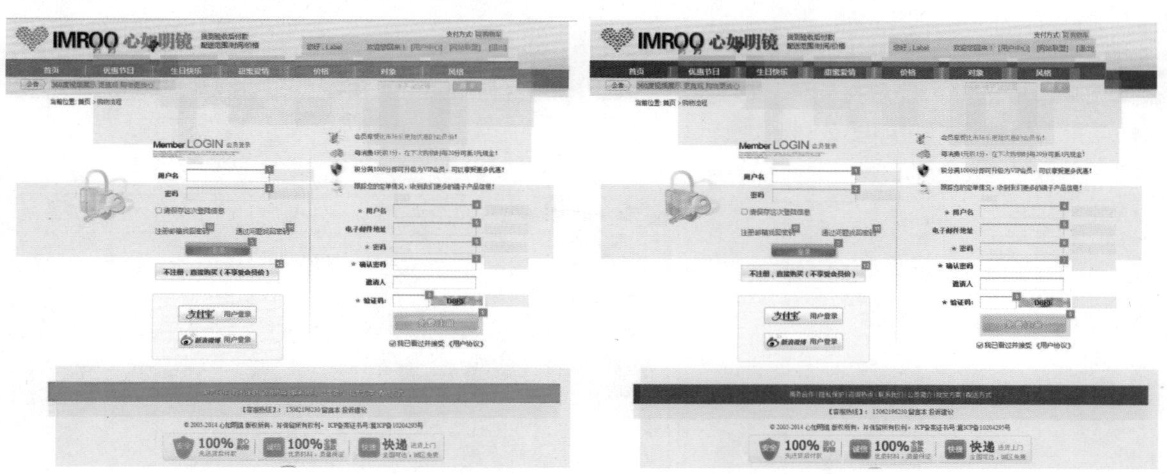

图 2–179

字体系列：使整个页面字体转换为一种字体，以便观察页面草图的效果。

+0 +1 +2 按钮：选择 3 种不同的线条粗细来显示草图，如图 2–180 所示。

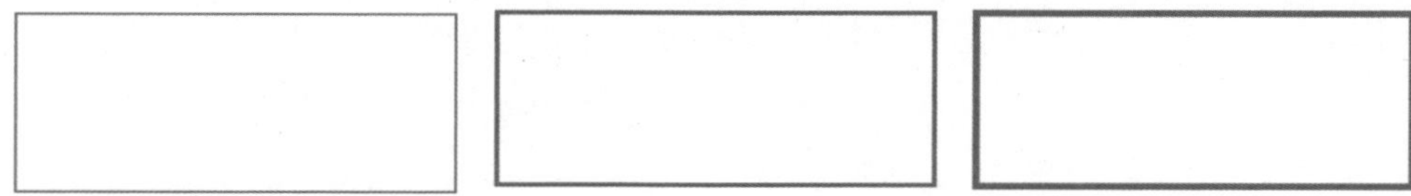

图 2–180

2.9.3　检视元件的属性标签

当在页面编辑区中拖入一个矩形元件，使其处于选中状态时，检视面板显示效果如图 2–181 所示。

此时检视面板为“检视：矩形”面板，也就是说在 Axure RP 8.0 中，检视面板既可以检视页面，又可以检视元件。单击检视面板右上角的按钮，即可进行切换。

在检视元件时，元件的事件支持复制和粘贴。也就是可以把元件 1 的事件内容复制到元件 2 的事件里面去。该功能在创建多个同样的事件时非常有用。

在检视元件时，属性标签可以管理一个元件的事件（完整的事件列表在后面的章节会详细讲解），还可以对元件进行说明。元件的说明只有一组默认说明，同样也可以自定义说明。常见的元件说明有文本型、列表型、数字型和日期型。

文本型：在进行文字描述或默认值说明时，就可以使用文本类型的字段，用户可以输入任意数量的文本。

列表型：尽可能多地使用这种类型的字段属性，如状态、发布版本等，以确保属性值的一致性，节省输入时间。

数字型：说明属性值是一个个数值时，就可以使用这种类型。对于一般的属性，如版本、发布号，使用列表类型可能更合适。

日期型：用于描述日期的属性。

在说明选项下单击向下三角形按钮（如图 2-182 所示），在下拉菜单中选择“自定义元件字段”命令，弹出“元件说明字段与配置”对话框，如图 2-183 所示。

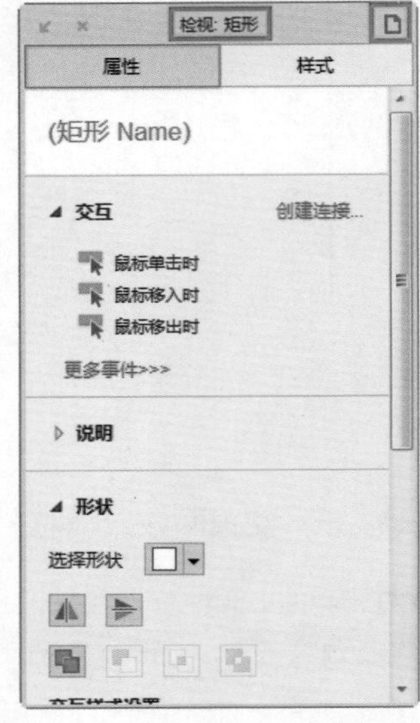

图 2-181

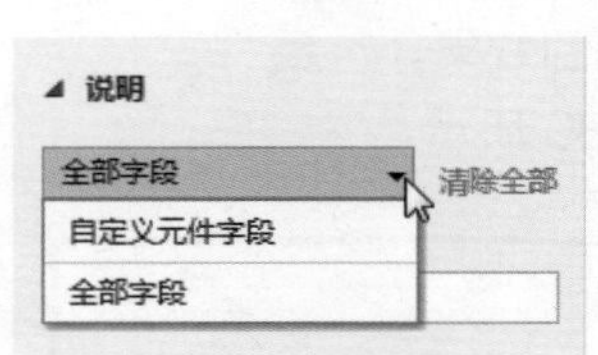

图 2-182

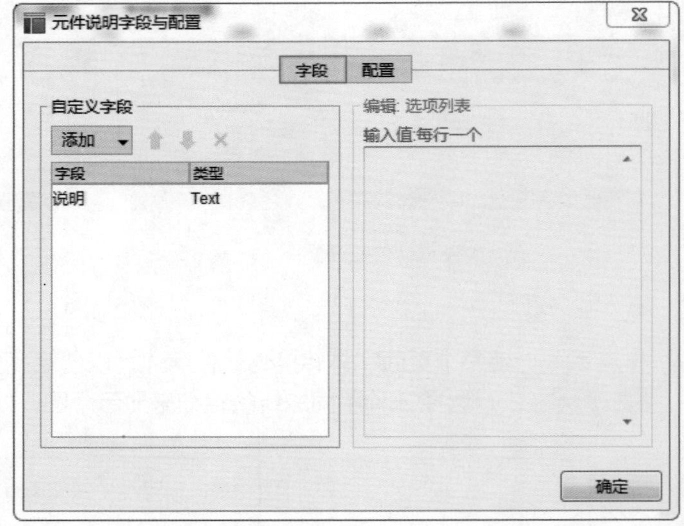

图 2-183

在“元件说明字段与配置”对话框中可以管理元件说明字段，如图 2-184 所示。

如果说明字段的数量很多，则说明字段的查看和编辑不太方便。在“元件说明字段与配置”对话框中有“配置”选项。Axure RP 提供了一个很实用的功能，将说明进行配置分组，可以将说明字符配置成多个组，以便查看和输入，如图 2-185 所示。

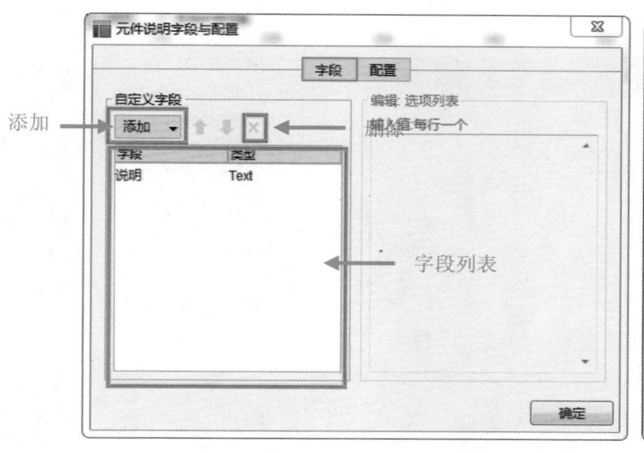

图 2-184

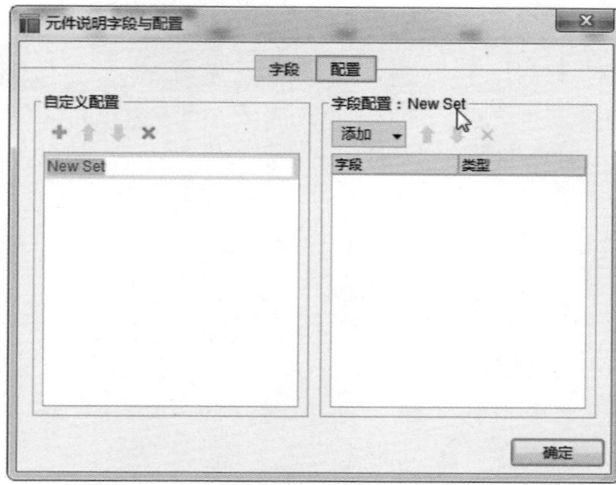

图 2-185

因为说明字段和配置组无法根据所选元件进行自动切换，而是需要进行手动切换，所以在输入说明时，要确保当前的说明字段配置和字段是正确的。

2.9.4　检视元件的样式标签

每个元件都有自己的样式和特征，在 Axure RP 8.0 中添加了新的元件样式，常见的元件样式如表 2-1 所示，重点向用户讲解其中的元件样式及对齐和间距。

表 2-1　常见的元件样式

属性名称	属性说明	属性举例
名称 Label	用来标示元件的名称，在 Axure RP 中元件名称并不是唯一的。也就是说，在页面中可以同时有两个元件都叫用户名称	(矩形 Name)
位置	用于确定元件在页面中的位置，页面的坐标以左上角 X0：Y0 为标准	X 160　Y 270
尺寸	元件本身的尺寸，大部分元件都是可以设定尺寸的，如图片元件。有些元件是不可以设定尺寸的，如文本元件的高度就是不可以设定的。它的高度会随着元件的字体大小自动调整	W 300　H 170
旋转角度	元件的旋转角度	R° 0　T° 0
默认元件样式	可以在元件编辑区中对元件样式进行添加和编辑。在 Axure RP 8.0 中增加了另一种快捷的方式添加和编辑样式	Text Field*　Update　创建

（续表）

属性名称	属性说明	属性举例
填充颜色	填充元件的颜色，如矩形元件	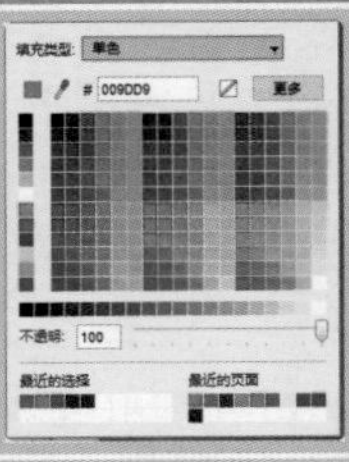
阴影	阴影可以让设计感更加强烈，分为外部阴影和内部阴影两种。在阴影面板中还可以设置阴影的偏移、模糊和颜色	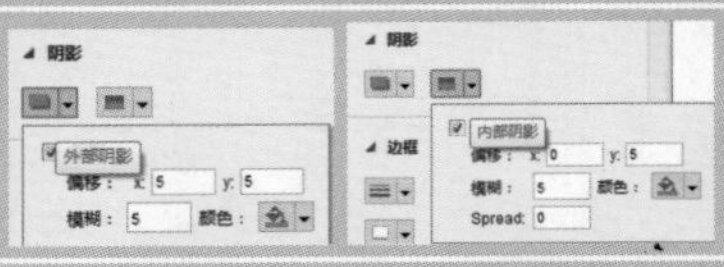
线宽	元件所具有的线段的粗细	
线段颜色	元件所具有的线段的颜色	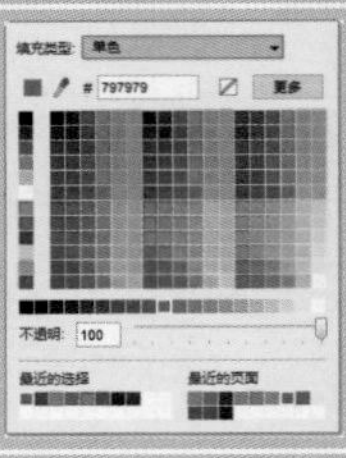
线段类型	线段的样式，是实线还是虚线	
锁定线段	选择元件中的线段进行编辑	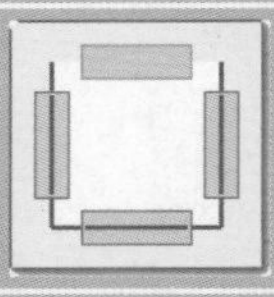
箭头样式	可以更改箭头的样式	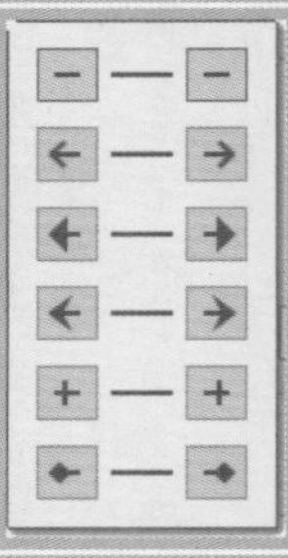
圆角半径	改变圆角的圆角半径及修改单一圆角的角度	

（续表）

属性名称	属性说明	属性举例
不透明度	改变元件的不透明度	
字体	元件所使用的显示字体，并非所有元件都有，文字相关的元件才有	
字体大小	字体的尺寸大小	
字体样式	黑体、斜体和下划线	
字体对齐	左对齐、居中对齐、右对齐、上对齐、下对齐和中间对齐	
字体颜色	字体的颜色	

1. 修改元件样式的两种方法

通过元件样式标签，对所选元件的样式分别进行修改。用户可以通过样式工具栏和鼠标右键来完成元件样式标签。此时，如果要对多个元件使用相同样式，这种方法会降低效率。

元件设置好样式以后，将该样式也指定给其他多个元件。此时，可以通过概要面板将样式应用到所选的元件上。这种方法能确保整体效果视觉的一致性。

2. 默认样式

所有元件都有一个默认样式。根据项目的需要，用户可能需要一种不同的默认样式，或者添加新的样式，用户可以管理元件的默认样式，在 Axure RP 8.0 中新增加了很多样式，如图 2–186 所示。

选择要管理的样式，单击“管理元件样式”按钮，如图 2–187 所示。

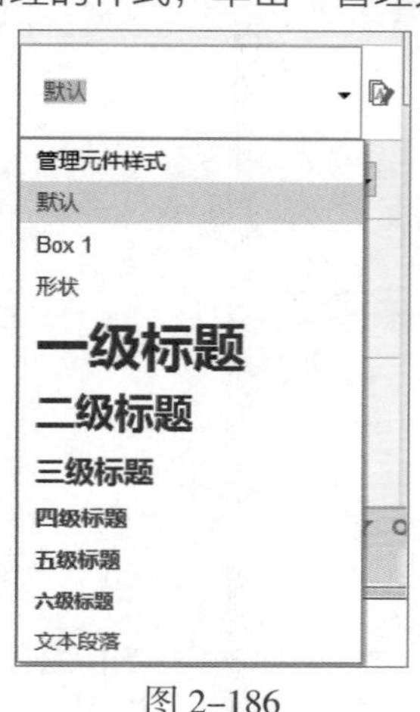

图 2–186

图 2–187

弹出“元件样式编辑”对话框，如图 2–188 所示。

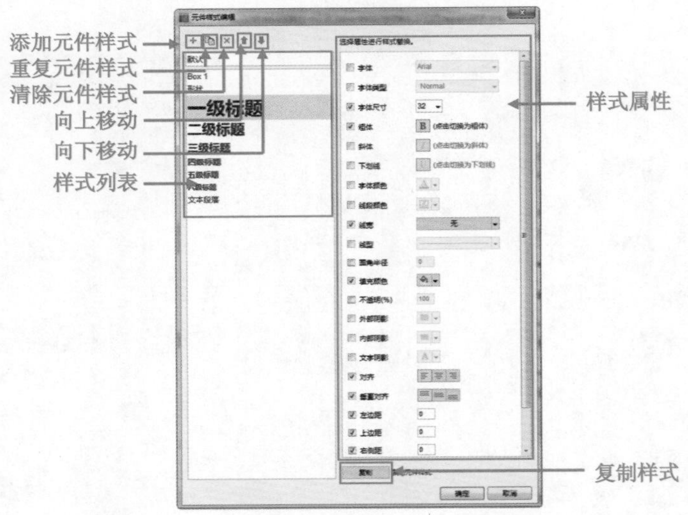

图 2-188

添加元件样式：创建新的样式标签。

重复元件样式：复制已有的元件样式。

清除元件样式：将创建的样式标签格式化。

向上移动：向上移动元件样式的位置。

向下移动：向下移动元件样式的位置。

样式列表：在样式列表中排列着全部的元件样式。

样式属性：为元件设置不同的属性。

复制样式：当添加新的元件样式时，单击“复制”按钮，可以将设置好的样式属性复制到新的元件样式中。

提示　修改后的元件样式将变成新的元件样式。

实例 10　新建元件样式

教学视频：视频 \ 第 2 章 \ 新建元件样式 .mp4　　源文件：无

实例分析：

该实例通过新建元件样式，可以使用户快速、高效地完成原型设计的绘制，还可以方便、快捷地对不同元件应用相同的样式，得到相同的效果。

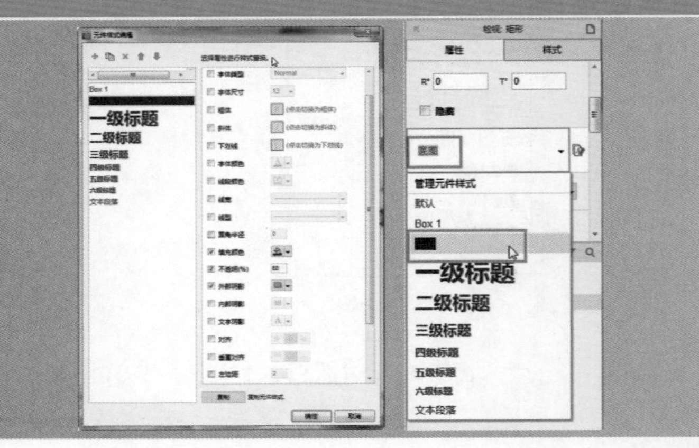

制作步骤：

01 执行“文件 > 新建”命令，新建一个项目文件，如图 2–189 所示。将矩形 1 元件拖入页面编辑区内，如图 2–190 所示。

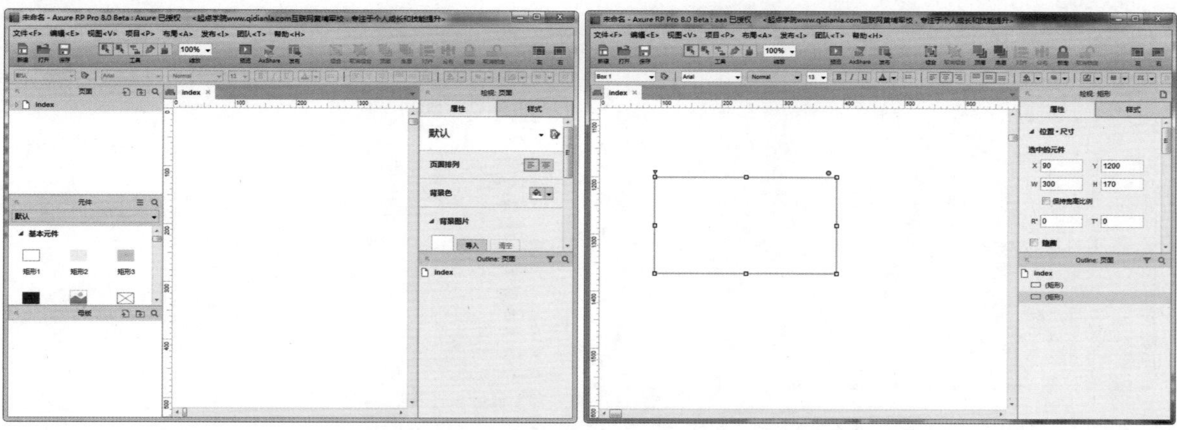

图 2–189　　图 2–190

02 单击“检视：矩形”面板中的“管理元件样式”按钮，如图 2–191 所示。弹出“元件样式编辑”对话框，如图 2–192 所示。

03 在“元件样式编辑”对话框中单击“添加”按钮，添加新的样式并命名为底图，如图 2–193 所示。在样式属性中设置样式，如图 2–194 所示。

04 单击“确定”按钮，完成元件样式的创建。在“样式”标签的元件样式下拉菜单中即可看到新添加的元件样式，如图 2–195 所示，效果如图 2–196 所示。

图 2–191　　图 2–192

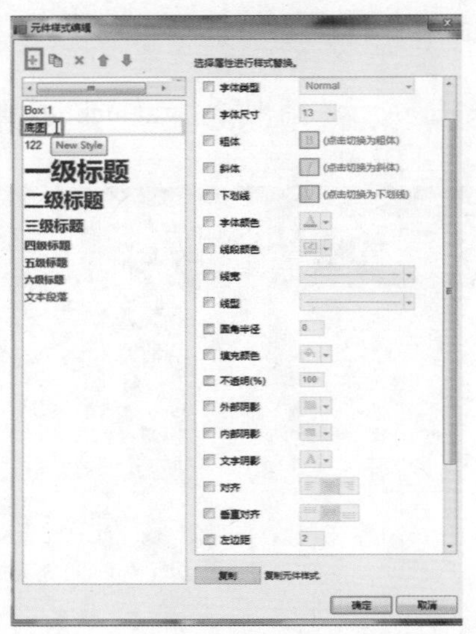

图 2–193

图 2–194

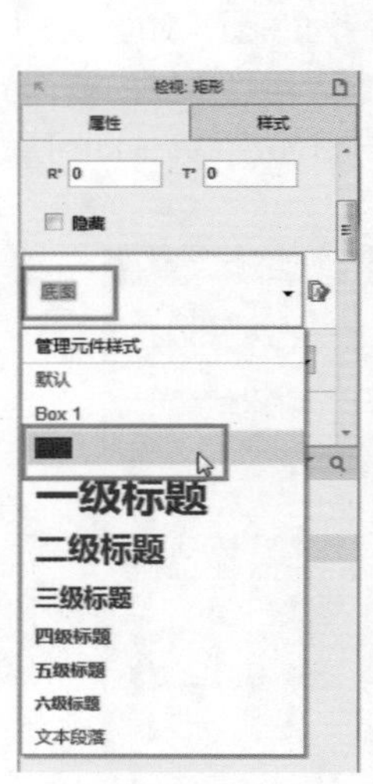

图 2–195

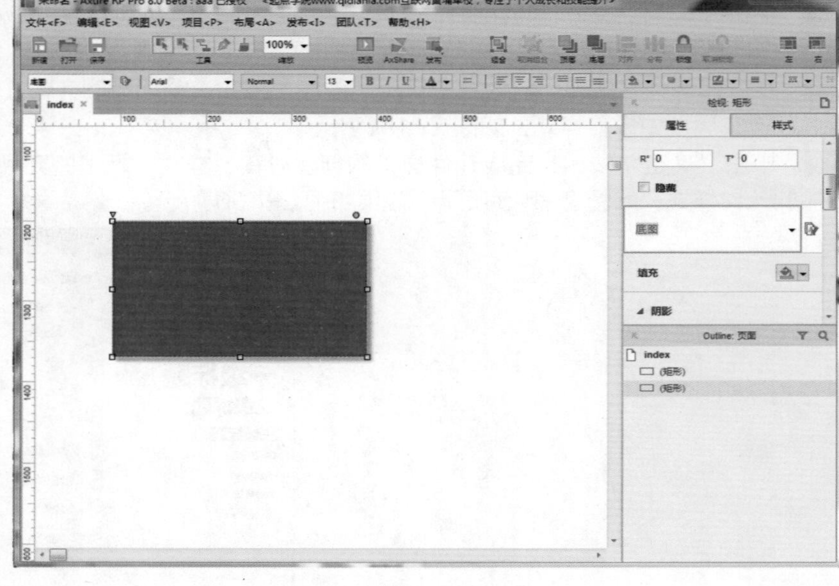

图 2–196

提示

最好在项目开始时就建立新元件 / 页面样式，培养使用新元件 / 页面样式的好习惯，以方便后续新样式的修改和维护。为新元件 / 页面样式取个好名字，让其他人能够明白新样式的作用。

3. 对齐和间距

用户有时需要对齐页面中的元件或调整文本的间距，实现正确而美观的页面效果。可以通过 Axure RP 的对齐和间距功能实现页面的排列。对齐、间距和字体的属性紧密相关，可以起到对元件中文本属性的控制作用。当元件的文本发生动态改变时，对齐和间距非常实用。

Axure RP 中的行间距类似于 CSS 中的 Line-height，用于定义每行文字的行间距。在 Photoshop 和 Illustrator 中也有相似的功能。

2.10 概要面板

原来的元件管理器被重命名为概要面板，可以对页面中所有的动态面板进行概览和管理，如图 2-197 所示。

过滤功能：使用元件过滤功能可以仅显示某个种类的元件，如图 2-198 所示。

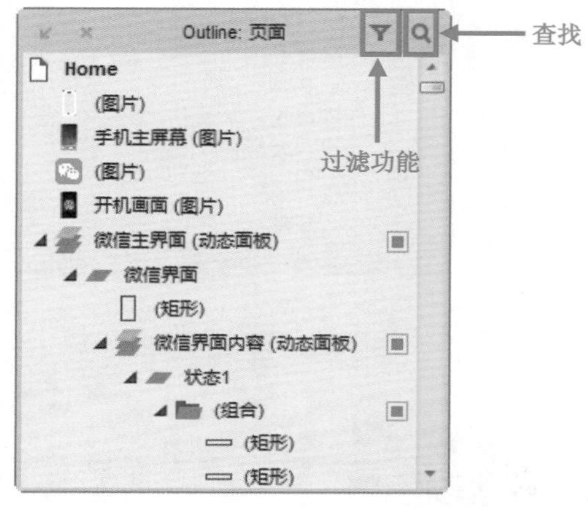

图 2-197

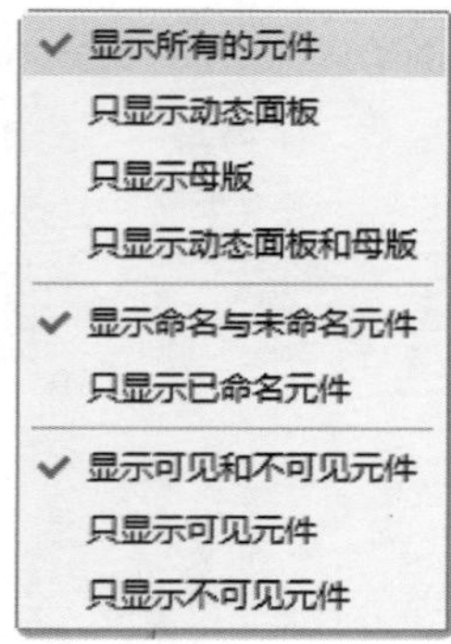

图 2-198

查找：快速查找页面编辑区内的元件。

概要面板中会显示当前页面中使用的所有动态面板和每个动态面板的状态。有时复杂的页面有很多元件，这时用户可以选择暂时先将部分动态面板元件隐藏，以使编辑区看起来更加干净。熟悉 Photoshop 的用户应该了解其图层面板的使用，这里的隐藏功能和 Photoshop 图层中的隐藏功能是一样的，只要单击动态面板元件右侧的蓝色小方框就可以了，如图 2-199 所示。

在概要面板中还可以为动态面板添加状态，将光标移动到动态面板选项下，右侧会显示出“添加状态”按钮，还可以复制一个动态面板的状态，将光标移动到某状态选项下，右侧会显示出“复制状态”按钮，如图 2-200 所示。

图 2-199

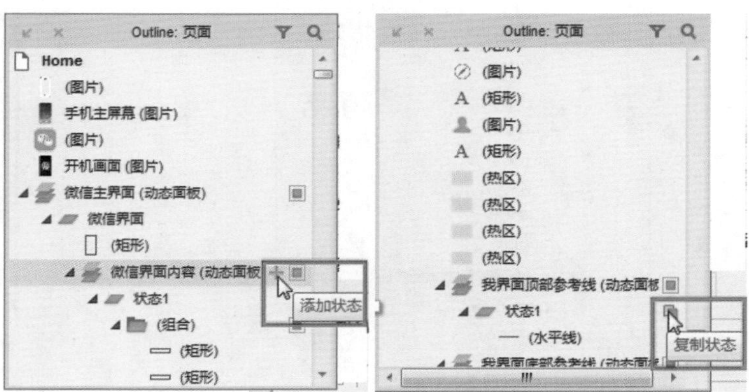

图 2-200

在概要面板中还可以调整位置，选中要移动的动态面板或其他元件选项，如图 2-201 所示。向上移动或者向下移动会出现蓝色带圆圈的线段，如图 2-202 所示。

松开鼠标即可移动动态面板或其他元件的位置，如图 2-203 所示。选中其中的动态面板，单击鼠标右键，通过选择弹出菜单中的命令可以对动态面板进行编辑，如图 2-204 所示。

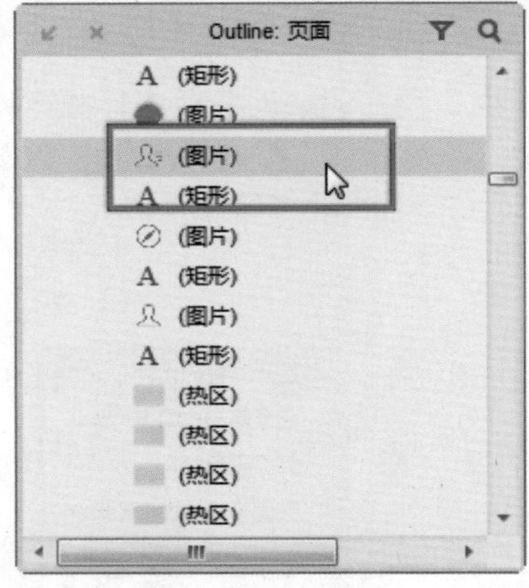

图 2-201

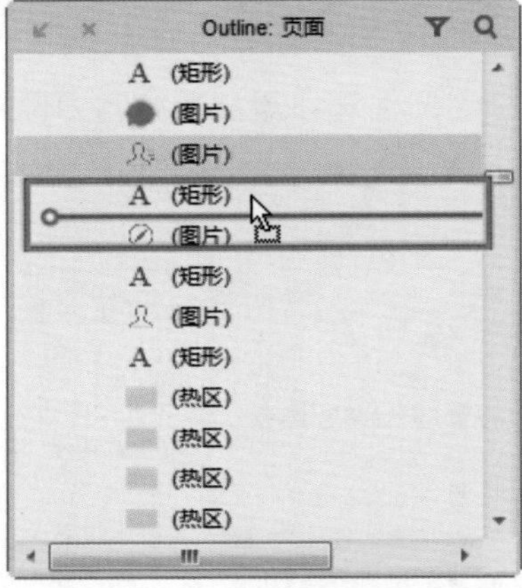

图 2-202

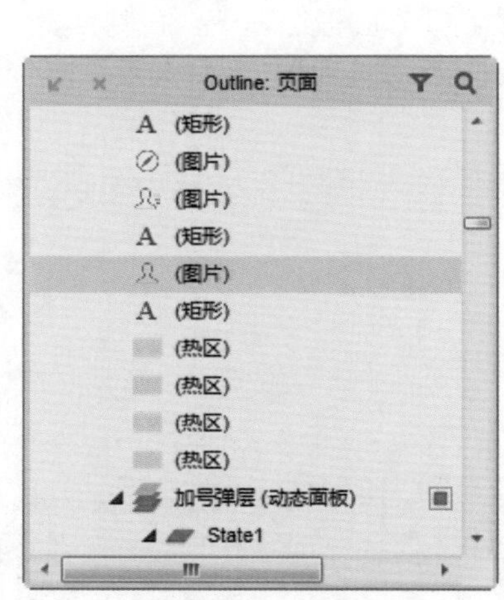

图 2-203

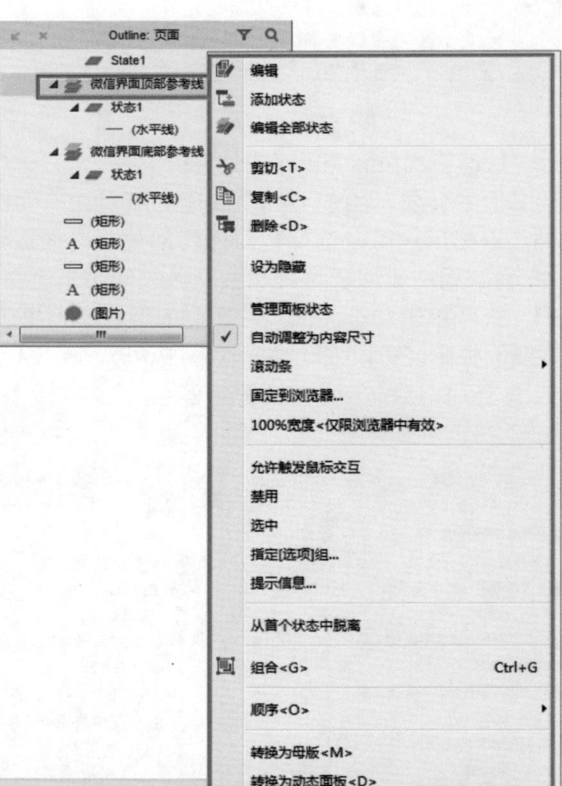

图 2-204

2.11 保存文件及文件格式

Axure RP 支持 3 种文件格式——RP 文件格式、RPPRJ 文件格式和 RPLIB 自定义控制库模式，不同的文件格式有不同的使用方式。

2.11.1 保存文件的方法

1. 保存文件

执行“文件 > 保存”命令，如图 2-205 所示，弹出“另存为”对话框，在其中输入文件名，选择保存类型后，单击“保存”按钮，即可完成文件的保存操作。在制作原型的过程中，一定要做到经常保存文件，避免由于系统错误或软件错误导致软件意外关闭，造成不必要的损失。

2. 另存为文件

当前文件已经保存过了，再执行“文件 > 另存为”命令，即可弹出“另存为”对话框，如图 2-206 所示。“另存为”命令通常是为了获得文件的副本，或者重新开始一个新的文件。

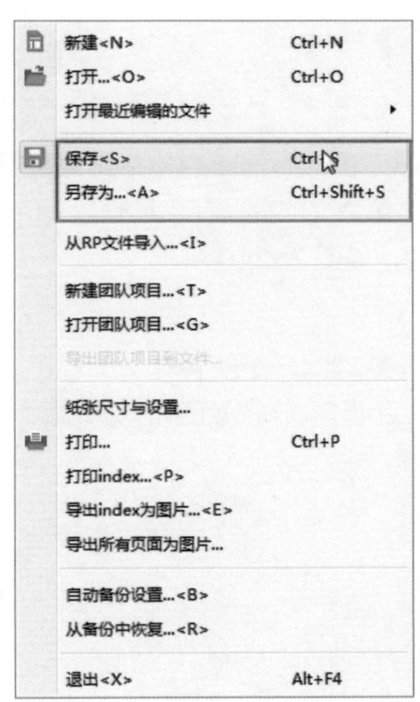

图 2-205

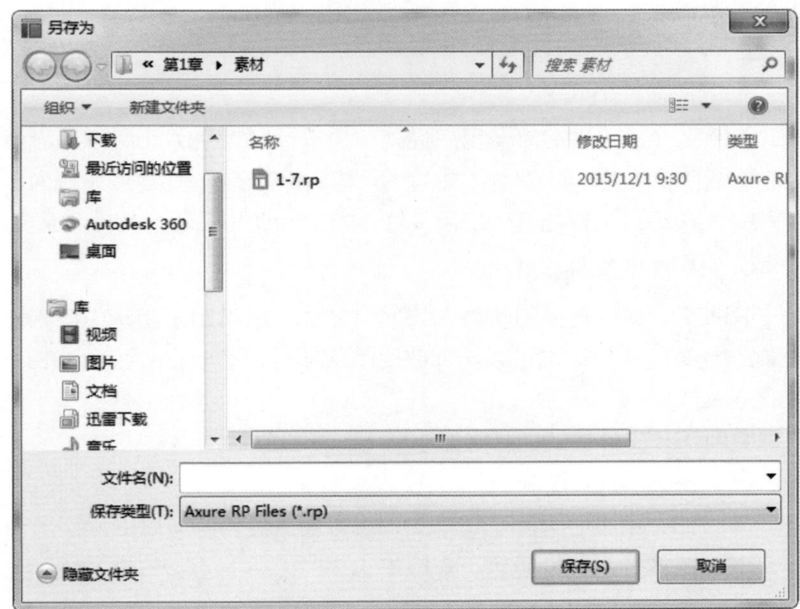

图 2-206

3. 自动备份

为了保证用户不会因为电脑死机或软件崩溃等问题未存盘，而造成不必要的损失。Axure RP 8.0 为用户提供了“自动备份”功能。该功能与 Word 中的自动保存功能一样，会按照用户设定的时间自动保存文档。

1) 启动自动备份

执行“文件 > 自动备份设置”命令，弹出“备份设置”对话框，如图 2-207 所示。

勾选“启用备份”复选框，即可启动自动备份功能。在“备份间隔”文本框中输入希望间隔保存的时间即可。

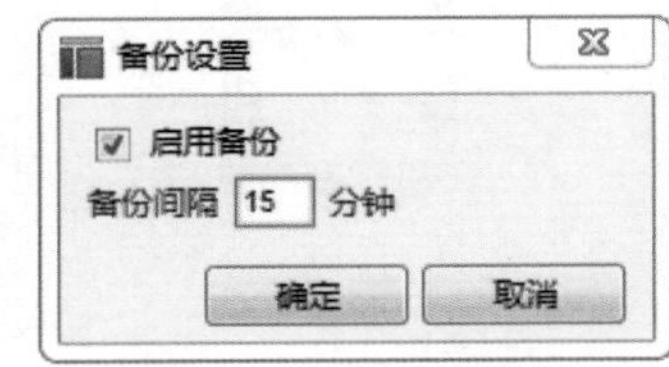

图 2-207

2) 从备份中恢复

如果用户出现意外，需要恢复自动备份时的数据，可以执行“文件 > 从备份中恢复”命令，在弹出的“从备份中恢复文件”对话框中选择文件恢复的时间点，如图 2-208 所示。选择自动备份日期后，单击“恢复”按钮，即可完成文件的恢复操作，如图 2-209 所示。

图 2-208　　图 2-209

2.11.2　文件的保存格式

1. RP 文件格式

RP 文件格式是指单一用户模式，是设计师使用 Axure RP 进行原型设计时创建的单独文件，是 Axure RP 默认的存储文件格式。以 RP 格式保存的原型文件，是作为一个单独文件存储在本地硬盘上的。这种 Axure RP 文件与其他应用文件，如 Word 和 Excel 文件完全相同，如图 2-210 所示。

2. RPPRJ 文件格式

RPPRJ 文件是指团队协作的项目文件，通常用于团队中多人协作处理同一个较为复杂的项目。在制作复杂的项目时也可以选择使用团队项目，因为团队项目允许随时查看并恢复到任意的历史版本，如图 2-211 所示。

RPPRJ 文件格式的特点如下。

- 签入 / 签入控制。
- 如果不小心弄乱了线框图，想重新来过，则可以取消签出。
- 版本控制和恢复到历史版本。

3. RPLIB 文件格式

RPLIB 文件是指自定义元件模式，该文件格式用于创建自定义的元件。用户可以到网上下载 Axure 元件使用，也可以制作自定义元件并将其分享给其他成员使用，如图 2-212 所示。

图 2-210

图 2-211

图 2-212

实例 11　保存项目文档

教学视频：视频 \ 第 2 章 \ 保存项目文档 .mp4　　源文件：源文件 \ 第 2 章 \ 保存项目文档 .rp

实例分析：

该实例可以让用户了解 Axure RP 文档的保存类型，不同类型的文档在保存时选择不同的格式。

制作步骤：

01 执行“文件 > 新建”命令，新建一个项目文件，如图 2-213 所示。将矩形元件拖入页面编辑区内，如图 2-214 所示。

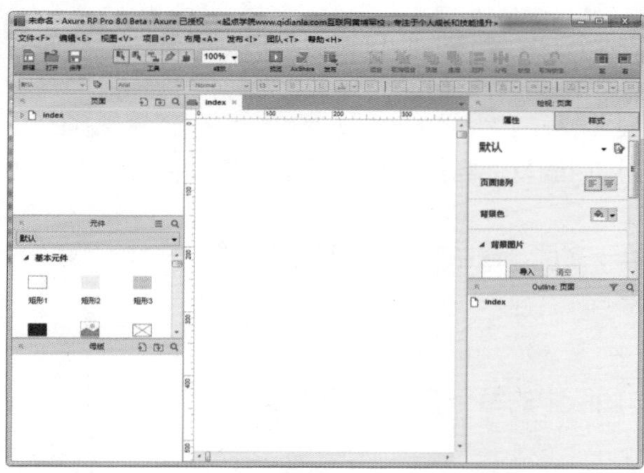

图 2-213

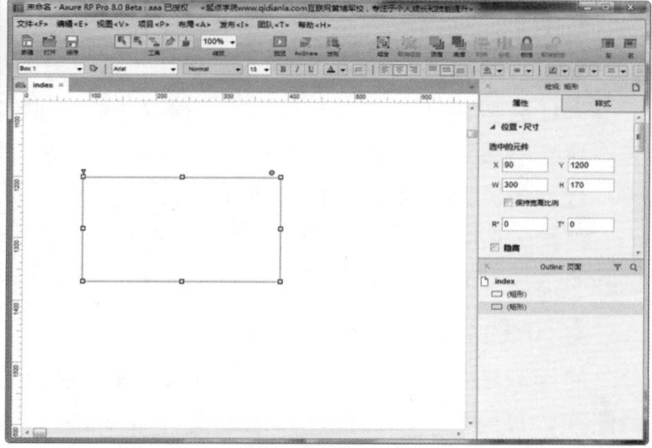

图 2-214

02 单击“检视：矩形”面板中的“样式”标签，设置矩形的样式，如图 2-215 所示，效果如图 2-216 所示。

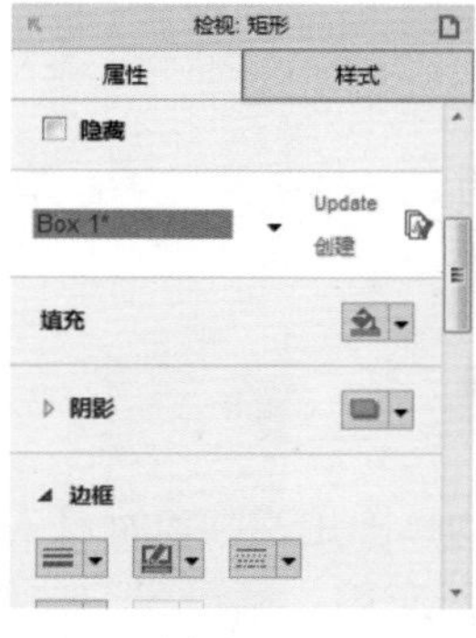

图 2-215

图 2-216

03 执行“文件 > 保存”命令，在弹出的“另存为”对话框的“保存类型”中可以看到默认的 RP 格式，如图 2-217 所示。将文件保存，会看到 RP 格式的文件图标，如图 2-218 所示。

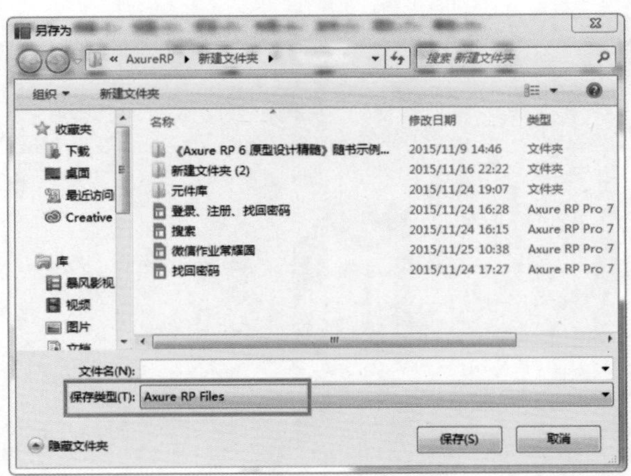

图 2–217

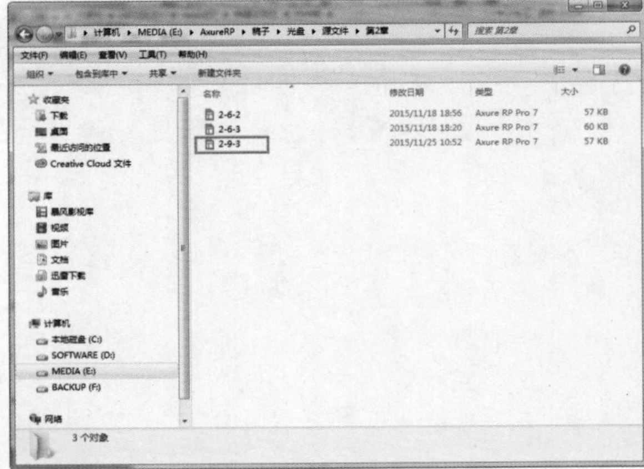

图 2–218

2.11.3 各种格式文档的优势

1. RP 格式文档归档

每天工作结束后，可以使用“另存为”命令创建一个 RP 文件的每日备份版本。另外，在对关键的原型设计进行重大修改之前，也可以使用“另存为”命令进行备份保存。

为什么要进行备份存档保存？随着要解决的需求越来越细化，Axure 文件也会包含越来越多的细节，最初的设计会变得不再可行，加上利益相关者和用户的反馈意见，用户可能会对项目进行大量修改，甚至要回溯到以前的某个版本进行修改。

这时就需要保存连续的 Axure 文件历史。对于单一文件，这意味着用户要负责管理文件的修订。这里不仅仅要对文件进行备份，还需要对项目归档保存。

2. RPPRJ 格式——团队项目

使用 RPPRJ 格式，可以很好地服务团队项目。团队中的每一个人都可以对项目中的内容进行编辑修改，并且可以随时找回以前的文件版本。

一个大型的项目，通常需要多个设计师同时完成，建立团队项目可以将整个创作团队的作用最大化，充分地调动起每个人的工作积极性。

2.12 本章小结

本章主要介绍了 Axure RP 8.0 的工作界面，元件、钢笔工具以及各个面板的使用方法。用户可以根据实例进行实际操作，体验一下这些工具的使用方法。

2.13 课后练习——导入 RP 元素

本章主要介绍了 Axure RP 的基本功能，以及有关原型设计的基础知识，同时对 Axure RP 8.0 的特色和新增功能进行了介绍，并详细讲解了 Axure RP 的实践应用。通过学习，用户可以了解 Axure RP 8.0 的基础知识和基本操作，并能够完成软件的安装和卸载。

实战

导入 RP 元素

教学视频：视频 \ 第 2 章 \ 导入 RP 元素 .mp4　　源文件：源文件 \ 第 2 章 \ 导入 RP 元素 .rp

对于产品经理或交互设计师来说，要充分利用已有的资源，以提高工作效率。执行“文件 > 从 RP 文件导入”命令，可以将 RP 文件中的页面、母版、自适应视图、检查、页面说明字段、元件说明、自定义字段设置、样式、变量和辅助线等内容直接导入到新文件中，供用户再次使用。

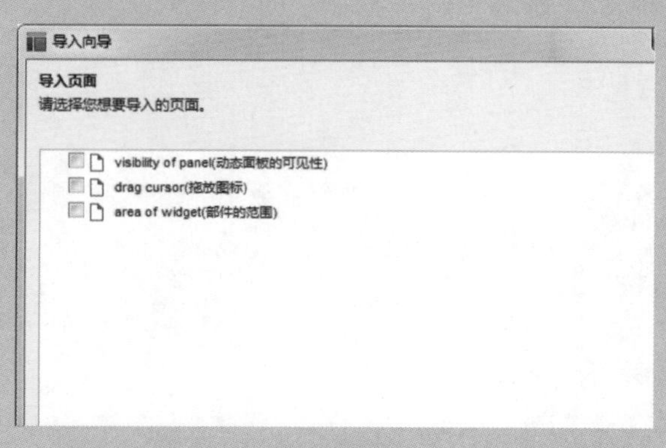

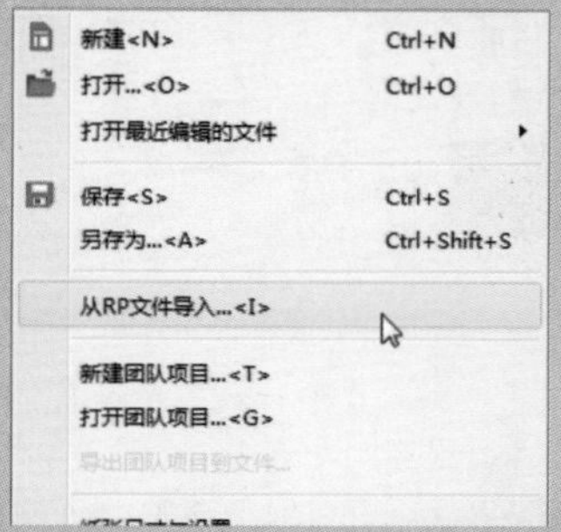

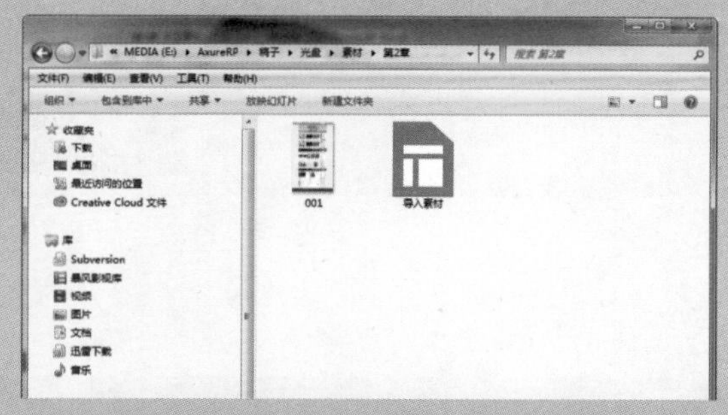

01 新建一个文件，执行“文件 > 从 RP 文件导入”命令。

02 弹出“打开”对话框，选择“素材 \ 第 2 章 \ 导入 RP 元素 .rp”文件，单击“打开”按钮。

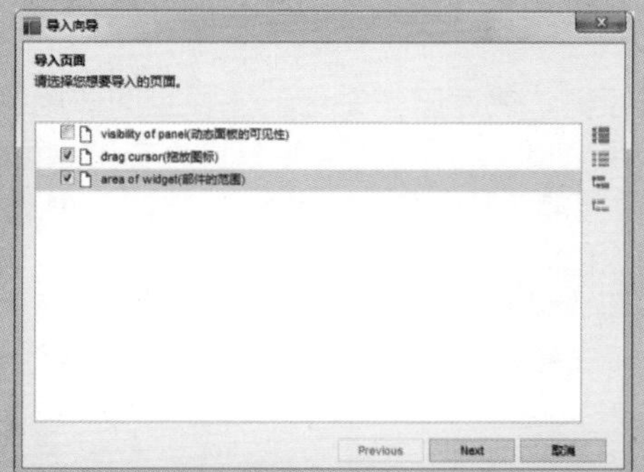

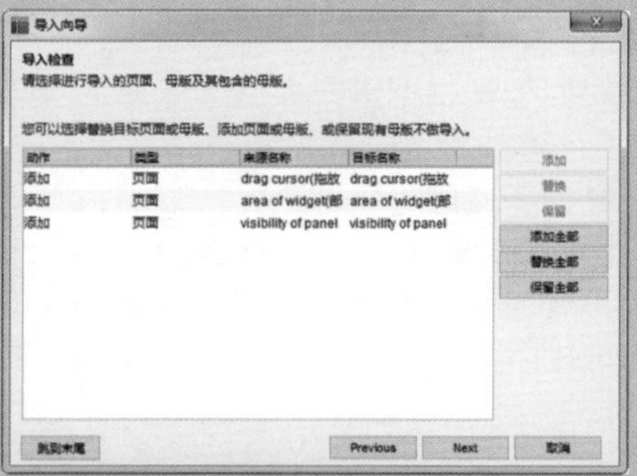

03 在打开的“导入向导”对话框中选择要导入的页面。

04 单击 Next 按钮，进入“导入检查”对话框，选择替换目标页面或母版。

第 3 章　掌握 Axure RP 的使用技巧

掌握 Axure RP 8.0 的使用技巧，可以减少工作量和提高原型设计的质量。本章主要介绍在 Axure RP 8.0 中经常用到的功能，并且介绍原型设计的原则和接到项目时首要的工作任务等，学习本章会对 Axure RP 有新的看法。

本章知识点

- 通用的原型设计原则
- 移动互联网原型设计原则
- 原型设计的技巧
- 变量的使用
- 从 Photoshop 到 Axure RP
- 在 Axure 中使用 Flash

3.1 通用的原型设计原则

作为一名原型设计师，在开始制作原型之前，通常要遵守一些行业规范。下面是一些通用的原型设计指导原则。

- 对原型和文档进行评估、计划，而且要保持不断评估。快速原型设计不是要立即使用 Axure RP 画线框图，而是先明确方向，才能按照所预期的时间、预算和期望，最终交付原型。
- 精通所使用的原型工具，如 Axure RP，设计师所掌握的工具可以帮助设计师更好地塑造原型，也能让用户和合作伙伴更加信任设计师的创意想法和专业能力。
- 不要盲目使用 Axure RP 实现一些不切实际的效果，保持原型的保真度和细节才是重要的。
- 考虑多设备多平台。要清楚设计的原型所针对的设备和平台，充分考虑多设备和多平台。

3.2 移动互联网原型设计原则

互联网时代的好处是可以快速地试错，产品合不合适，可以先做出来让用户使用，再根据用户的反馈进行调整，不断地优化设计。原型设计要遵循如下原则。

1. 设计师要是原型的重要用户

在原型产品正式推向市场前，设计师是最先使用该产品的用户。之所以说设计师是重要客户，这里涉及两层意思。

- 原型设计师要自己亲身体验，解决原型中的各种问题。例如，设计原型是一款移动阅读器，解决大家在上班途中的阅读需求，设计师就应该每天在上班途中使用各种阅读器进行大量阅读，这样才能真正具体地体验细节。

- 设计师要大量地使用自己设计的产品，以便得出改进的意见。

2. 考虑用户在界面上能得到什么

原型的界面通常要考虑功能和用户两个方面。首先原型界面的内容都是为了向用户传递信息的，应该选择比较容易阅读的字体表现这些信息；如果该界面是为了实现快速向用户传达消息，则可以考虑只显示信息摘要而不显示信息的全部内容；如果该界面的应用主要针对的是上班族在上下班时间获得信息，界面上应该加上离线加载或文字转换语音功能等。

对于移动互联网产品来说，用户是在“移动”的时候使用的，所以在设计产品时要充分考虑用户的这一特性。

3. 使用合适的方式显示信息

设计师常常会在设计显示方式上煞费苦心，这通常是没有必要的。在大部分情况下，使用人们习惯的、经常使用的显示方式更最容易被人们接受，没有必要在这些地方进行创新。例如，使用网格显示图片、使用表格显示很多数字、使用地图显示位置、使用列表联系人等。这些用户都已经熟悉的方式会使产品获得满意的用户体验。

4. 考虑移动设备的特殊性

现在用户浏览产品的方式越来越多，例如台式机、笔记本和智能手机等。设计师在设计产品时要充分考虑不同设备的特殊性。例如移动设备通常屏幕小、不方便打字、单任务、网络有限或者电池电量有限等。同时，移动设备的震动、闪光灯、麦克风和输入方式等优点也要充分考虑。

5. 数据分析与用户分析

设计师要及时收集用户信息并进行专业的分析，获得有用的产品使用反馈信息，根据这些反馈不断地改进产品。一款原型设计产品刚开始时通常只有几十人或者几百人使用，但这些人所提出的问题一般都具有很大的价值，通常都是用户在使用产品时遇到的最低级错误。及时修改这些错误，对产品的可持续开发非常重要。

6. 从简单的产品做起

一个成熟的产品通常需要分几个阶段设计制作。一次开发的产品必然不能满足众多使用者的需求。只有对产品不断改进，才能实现良好的用户体验。

设计师可以首选推出简单的版本给用户使用，当有了一定的用户量后，再根据用户的反馈对产品进行更新和改进。

3.3 原型设计的技巧

在原型设计中，无论原型的大小还是难易，都要通过前期探索、用户研究、产品分析、需求收集及分析、重复设计和可用性测试等步骤来实现。

3.3.1 做好准备工作

当设计师在开始设计制作原型产品前，需要准备以下工作。

- 与公司内各利益相关者的战略会议。

- 访谈目标用户。
- 对现有产品进行可用性方面的研究。
- 竞品分析。
- 对现有网站内容进行分析和盘点。
- 已完成部分信息架构，包括高级别的分类和全局导航。
- 建立一个重要功能和特性的优先级列表。
- 建立人物角色和一个用户角色矩阵，以及关键人物和流程。
- 用于建立高级商业需求所需要的任务。

基于以上对产品和目标用户的实质性了解后，就可以开始使用 Axure RP 软件，发挥自己的创造力了。

3.3.2 元件重命名

在生活中人们为了方便使用和查找，常对很多事物都进行了命名。在原型设计项目中也是一样，为元件重命名在整个开发过程中都非常重要。设计师反复为页面、元件和母版等元件重命名可以带来以下好处。

1. 减少与利益者之间的沟通风险

确保所有人都可以找到相同的页面，如果有人认为页面上的元件有问题，可以通过这个页面上的 ID 明确指示该元素。

2. 让 Axure 文件变得容易理解

Axure RP 可以让设计师管理所有的元件，如果没有对元件命名，在创建交互时就会变得非常麻烦，因为默认名称都是一样的。

3. 可追溯性

当要展示如何以及在哪里解决相应需求时，可以为需求关联上相应的页面、母版及其他元素的 ID。

3.3.3 全面考虑用户需求

在实际的工作中，收集来的各种信息最终将汇集到原型设计师这里。原型设计师需要根据这些要求设计制作产品的原型，把需求转化为实际的用户体验方案。

设计师要充分考虑所有用户的需求，要从用户的性别、年龄、学历、地域等各方面下手，充分调研，有针对性地设计。有时甚至可以为了一个重要角色的需求而特意设计，这样才能保证最终设计制作出来的产品能够被绝大多数用户所接受。

3.4 使用流程图表

Axure RP 是一个集成了线框图、生成原型和生成规格文档等功能的软件。这意味着在创建线框图和原型时，可以同时创建规格文档。Axure RP 非常适合创建用例图和流程图，因为它可以很方便地将用例图或流程图生成到规格文档中。

这里的用例图和交互事件的“用例编辑”对话框不是同一个概念。“用例编辑”对话框在第 4 章中将向用户详细讲解，这里的用例图是开始设计项目时构建的线框图。

3.4.1　添加流程图页面

Axure RP 的流程图页面和图表功能非常强大，下面一起了解一下具体的使用方法。启动 Axure RP 软件，新建文件中默认创建一个主页和三个子页面，如图 3-1 所示。

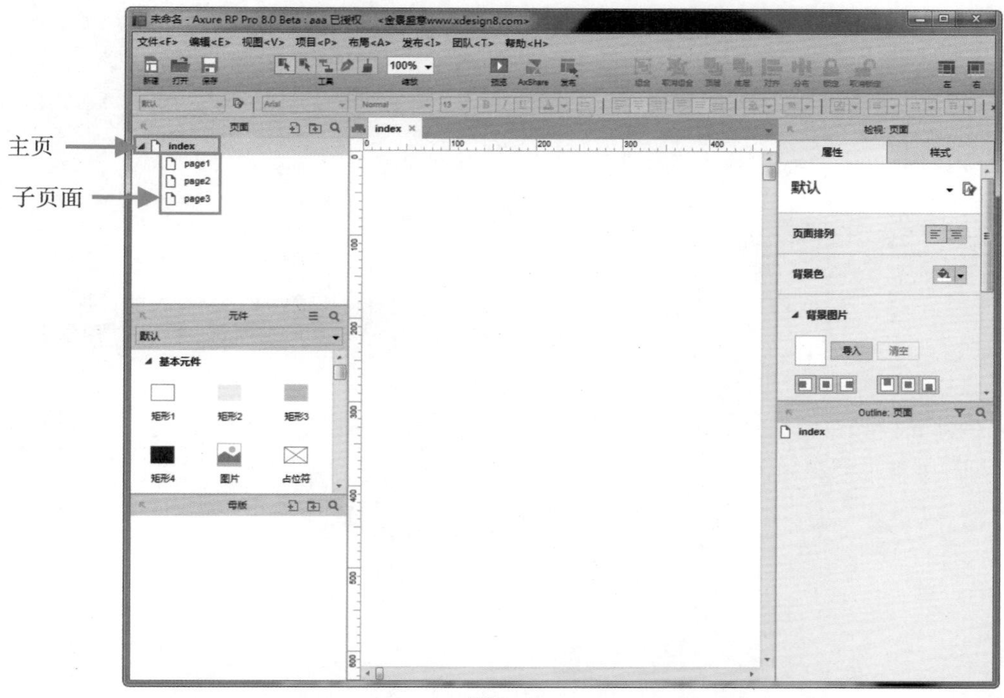

图 3-1

通常设计师会在所有页面的最前面创建一个流程图页面，以便于显示页面的结构。在页面管理面板中选中 index 页面，单击鼠标右键，在弹出的菜单中选择“添加 >Page Before”命令，如图 3-2 所示。

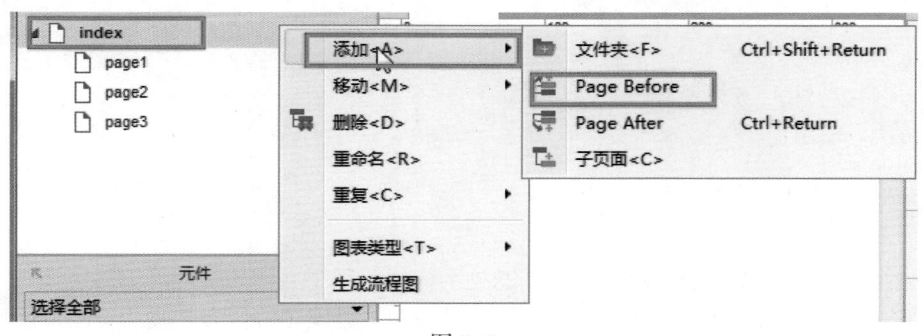

图 3-2

完成操作后，在页面管理面板中将会新增一个页面，如图 3-3 所示。

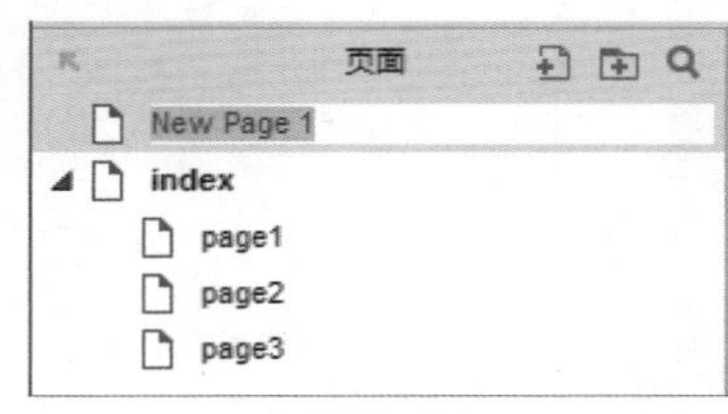

图 3-3

将结构图页面或者流程图页面放在前面，可以在人们开始浏览原型线框图和具体交互之前向他们阐述整体项目的概况，如用户流程。在项目早期的评审会上，这种原型描述是非常有用的。

双击新建的页面，将页面重命名为“流程图”，如图 3-4 所示。选中“流程图”页面，单击鼠标右键，在弹出的菜单中选择“图表类型 > 流程图”命令，如图 3-5 所示。

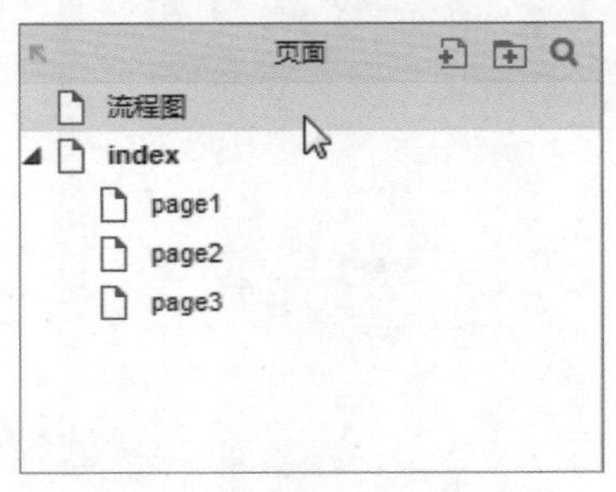

图 3-4

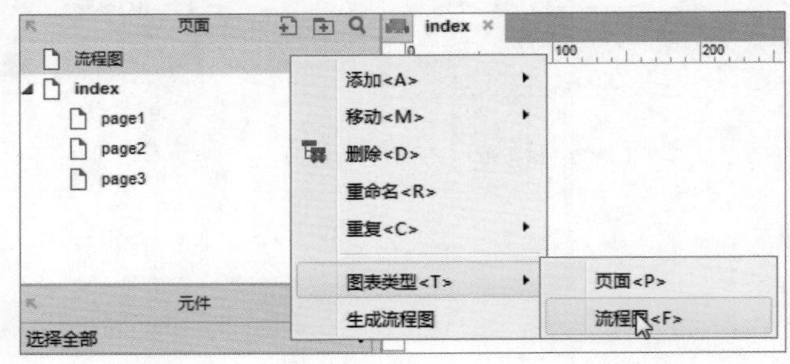

图 3-5

页面管理面板的效果如图 3-6 所示。流程图的页面图标已经发生了改变，这样就很容易区分流程图页面和其他线框图页面了。

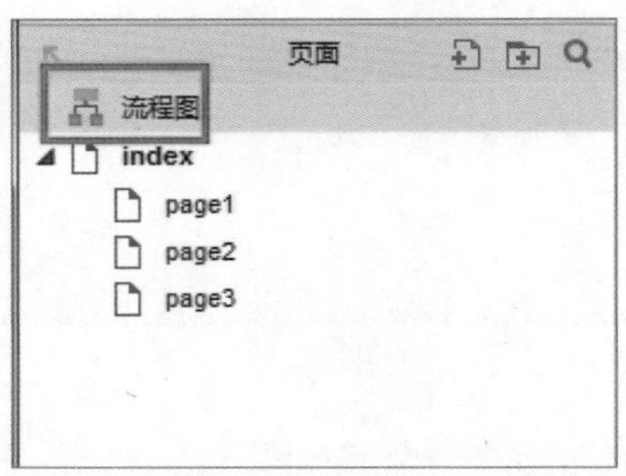

图 3-6

Axure RP 可以通过设置页面的图标来区别流程图页面和线框图页面。

3.4.2 用例图

用例图是指由参与者、用例以及它们之间的关系构成的用于描述系统功能的静态视图。用例图是被称为参与者的外部用户所能观察到的系统功能的模型图，呈现了一些参与者和一些用例，以及它们之间的关系，主要用于对系统、子系统或类的功能行为进行建模。

对于 Axure RP 来说，元件面板中的对象就是用例，使用这些用例创建出的关系图就称为用例图。用例图不一定要建得多么美观，但是一定要让利益相关者能够很容易地看明白。

在开始设计原型之前，要确定哪些状态需要通过原型来模拟。然后再创建用例图，可以很好地告诉利益相关者，哪些状态和流程将会进行模拟并需要评审和测试。随着线框图和产品原型的建立，用例图的价值会也来越明显。

3.4.3 在流程图中创建用例图

接着 3.4.1 小节中的内容继续操作，在元件面板中选择流程图元件，如图 3-7 所示。将角色元件拖曳到页面编辑区内，如图 3-8 所示。

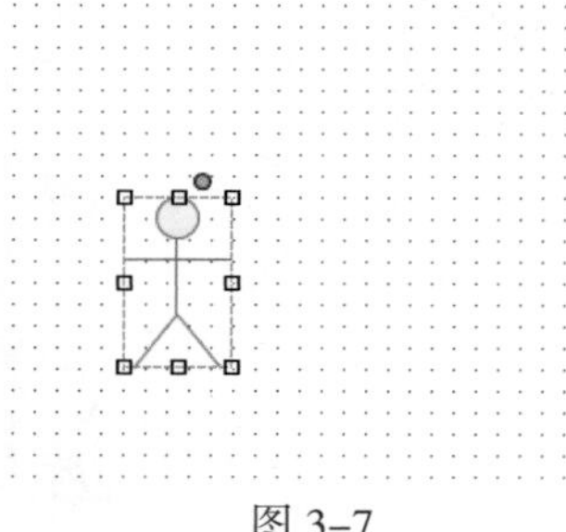

图 3-7

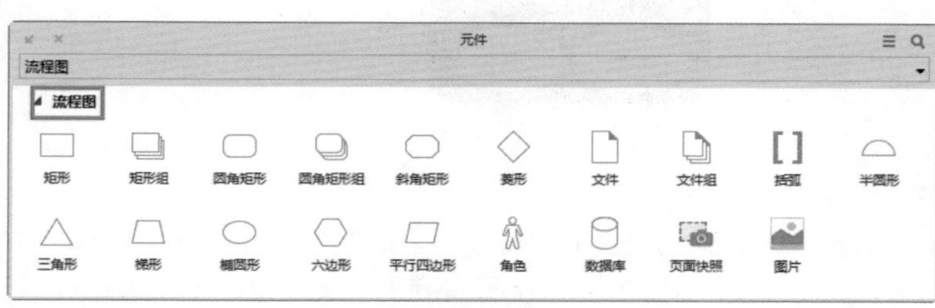

图 3-8

将椭圆形元件拖曳到页面编辑区内，并标注为“创建账户”，椭圆形元件可以作为流程图中的一个用例，如图 3-9 所示。根据需求继续创建其他椭圆形用例，完成效果如图 3-10 所示。

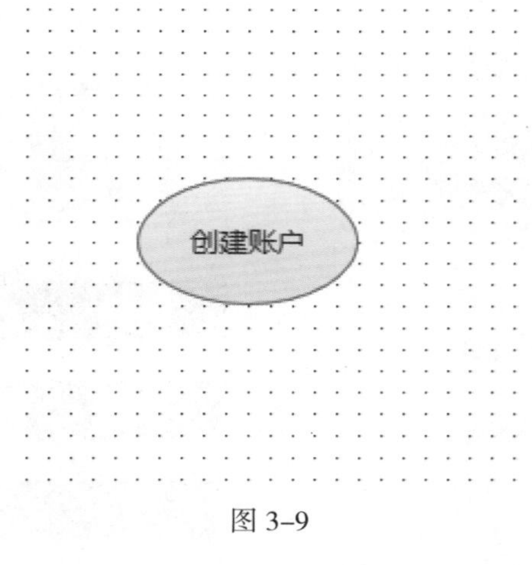

图 3-9

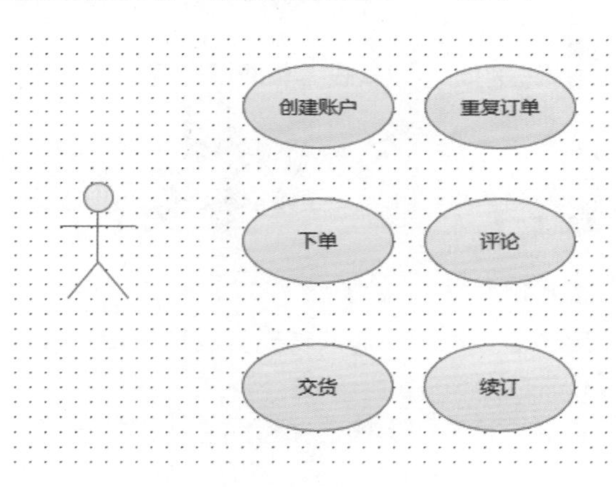

图 3-10

3.4.4 优化用例图

为了让用例图更加完整，可以将用户与用例关联起来，使用一个箭头将用户角色和用例联系在一起。通过添加其他元件，为用例添加一个背景和标题，将所有元件摆放得更像一个演示文稿，效果如图 3-11 所示。

在优化的过程中往往会用到 Axure RP 的工具栏。

1. 选择工具

在创建用例图后，用户可以对页面的元件进行选择、移动或排列。Axure RP 8.0 中共提供了 3 种选择工具供用户使用，如图 3-12 所示。

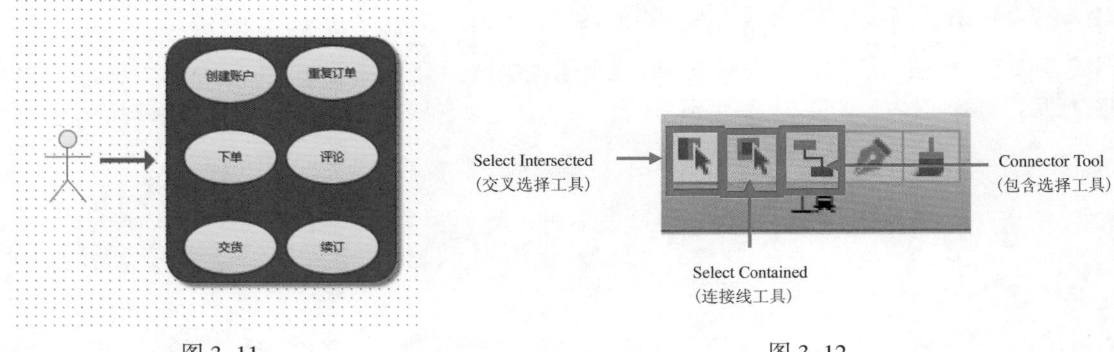

图 3-11　　图 3-12

1) 交叉选择工具

交叉选择工具是 Axure RP 的默认选择工具。在页面中单击并拖动鼠标时，被选择所接触到的元件都会被选中（只接触到一点也会被选择）。

2) 包含选择工具

只有被完全包含在选择区内的元件才会被选中。

3) 连接线工具

在画流程图时，连接线工具非常有用。它会产生连接线，用于连接各个流程图元件。

相比默认的交叉选择工具，包含选择工具更加实用，因为它只能选择完全被选框包围的元件，选择效果更精确，可以把一些虽然离得近但不需要的元件排除在外。

2. 格式刷工具

使用该工具可以快速地将元件的视觉样式指定给另一个元件对象或全部元件，如图 3-13 所示。

格式刷工具有助于快速保持元件的视觉一致性，当用户将带有渐变效果的视觉样式快速应用到另一个页面的元件上时，才能真正体现它的便利。通常使用复制、粘贴来代替格式刷工具并不是一种好的操作习惯。

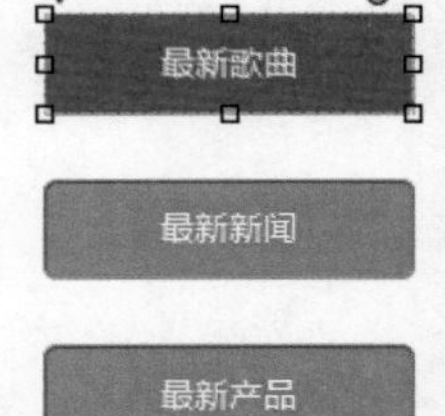

图 3-13

格式刷工具在快速创建草稿时非常有用，能够复制重复的格式化步骤，但是要保持风格的一致，最好是使用第 2 章中讲解的样式。

在图 3-12 中，用户会看到钢笔工具，钢笔工具的详细使用方法在本书的第 2 章中已经向用户详细讲解。

3. 排列与分布

要对用例图中的各个元件进行排列时，用户可以选择使用工具栏中的排列工具，快速、精准地排列各个元件，工具栏如图 3-14 所示。

图 3-14

组合：当同时选择两个以上的元件时，可以单击“组合”按钮，将元件进行组合。

取消组合：将组合的元件取消组合。

顶层：调整元件的层级，将其移动到所有元件之上，也就是最顶层。

底层：调整元件的层级，将其移动到所有元件之下，也就是最底层。

对齐：当同时选择两个以上的元件时，可以对元件进行对齐和排列的操作，对齐排列的方式很多，如图 3-15 所示。

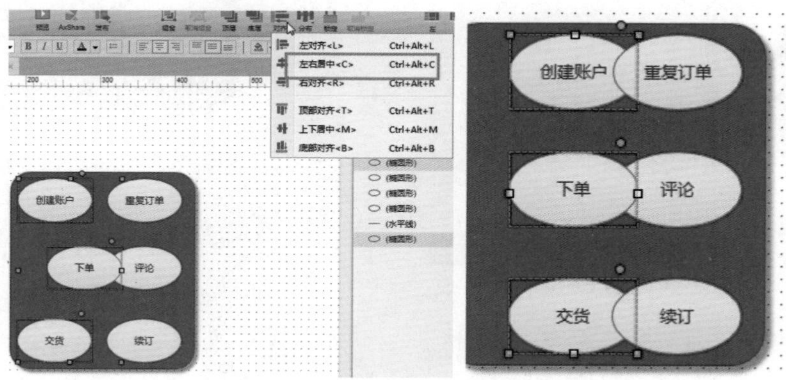

图 3-15

- 左对齐：将所选对象以顶部对象为参照，全部左侧对齐，如图 3-16 所示。
- 左右居中：将所选对象以顶部对象为参照，全部垂直中心对齐，如图 3-17 所示。
- 右对齐：将所选对象以顶部对象为参照，全部右侧对齐，如图 3-18 所示。

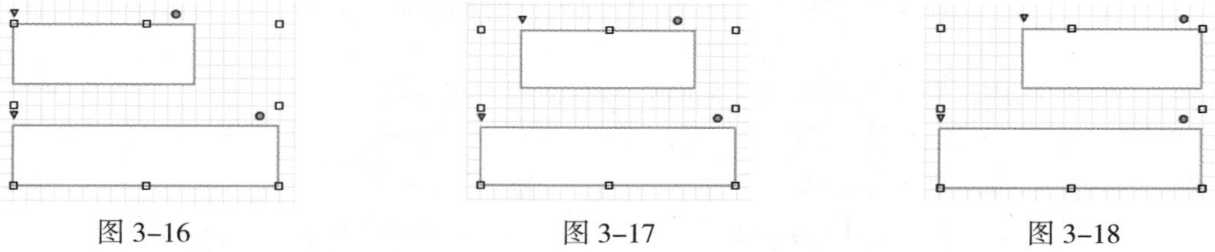

图 3-16　　图 3-17　　图 3-18

- 顶部对齐：将所选对象以左侧对象为参照，全部顶部对齐，如图 3-19 所示。
- 上下居中：将所选对象以左侧对象为参照，全部水平中心对齐，如图 3-20 所示。
- 底部对齐：将所选对象以左侧对象为参照，全部底部对齐，如图 3-21 所示。

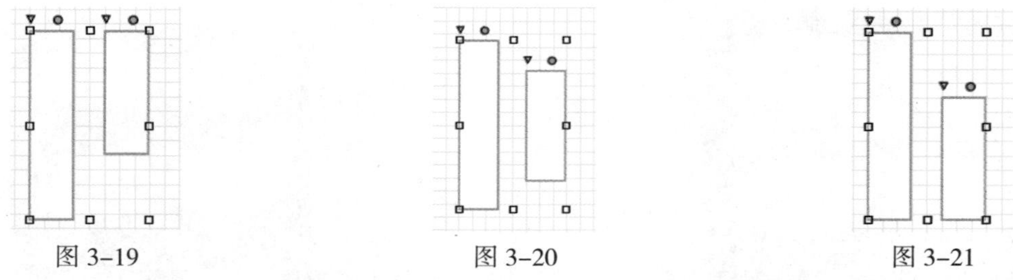

图 3-19　　图 3-20　　图 3-21

分布：当同时选择两个以上的元件时，可以将元件分布排列，分布排列可以垂直分布和水平分布，如图 3-22 所示。执行垂直分布效果如图 3-23 所示。

- 水平分布：将、选中的对象以左右两个对象为参照水平均匀排列，如图 3-24 所示。
- 垂直分布：将选中的对象以上下两个对象为参照垂直均匀排列，如图 3-25 所示。

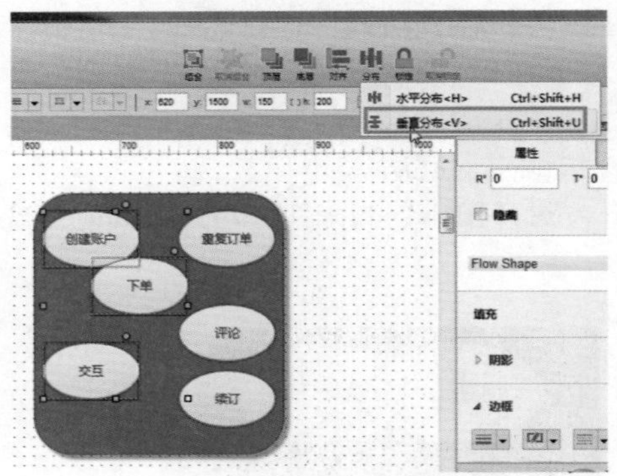

图 3-22

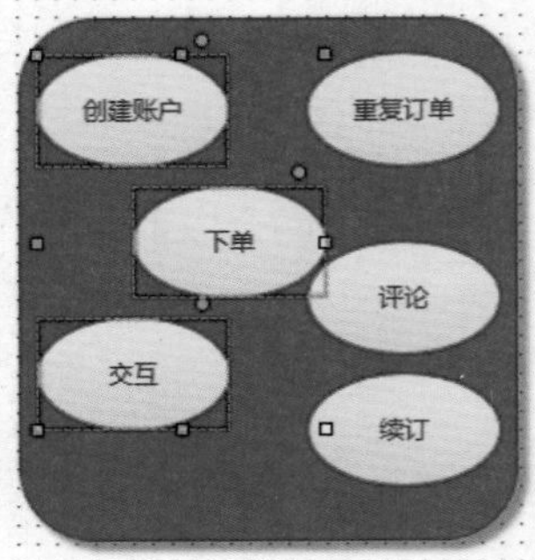

图 3-23

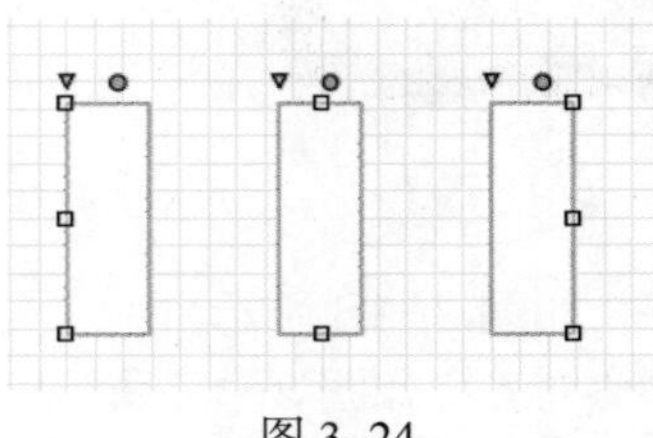

图 3-24

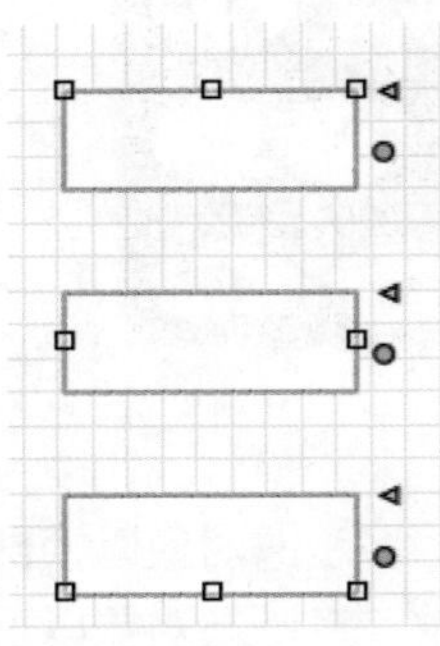

图 3-25

锁定 / 取消锁定：在有很多元件的情况下，可以将元件锁定后，编辑想要编辑的元件，而其他元件不受影响。

继续上一节中的用例图，将所有“椭圆形”元件选中，并且对齐并垂直分布，然后将所有选中的元件进行组合，如图 3-26 所示。选择这个组，按住 Shift 键，再选择用来表示用户的“角色”元件，将选中的元件居中对齐，就可以让用户与用例对齐，如图 3-27 所示。

使用连接线工具，将用户与用例连接起来。可以使用新增加的水平箭头工具将用户与用例连接起来，如图 3-28 所示。

4. 缩放工具

用户可以在该下拉列表中选择不同的缩放比例，以查看不同尺寸的文件效果，如图 3-29 所示。

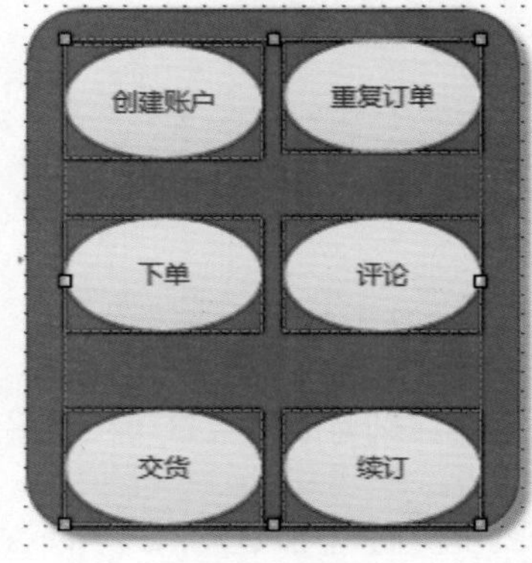

图 3-26

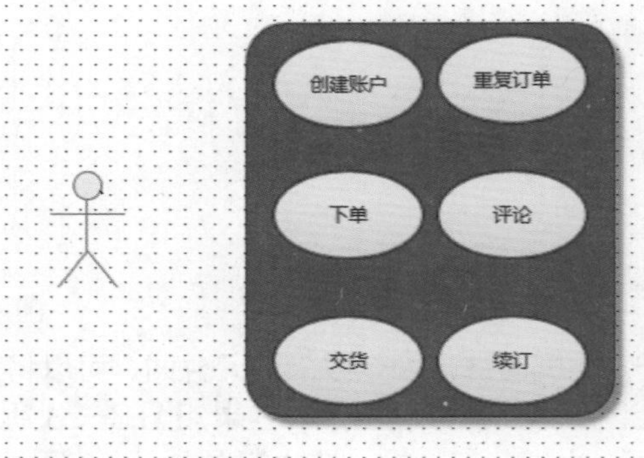

图 3-27

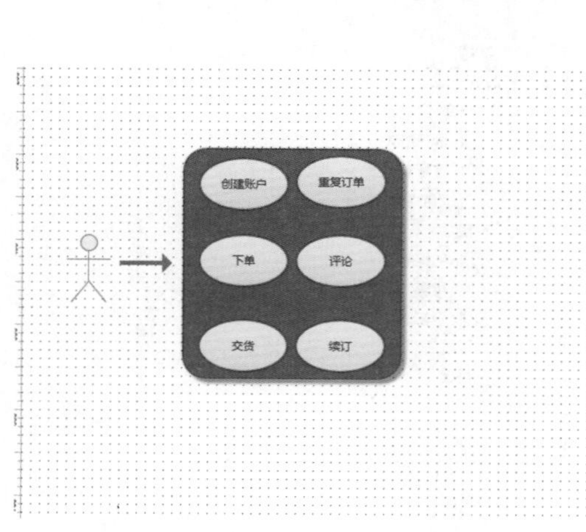

图 3-28

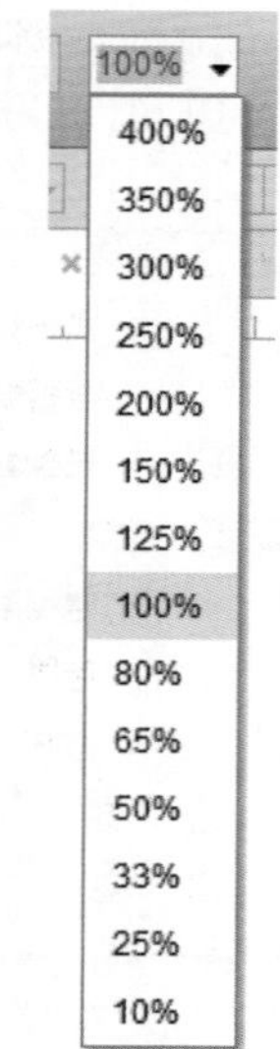

图 3-29

3.4.5　使用文件夹管理页面

通过文件夹可以管理页面管理面板中的页面，虽然功能很小，但作用却很大，如图 3-30 所示。可以将页面管理面板中的页面分为流程图组和线框图组等更多组。

使用文件夹可以保持页面的独立，能够反映项目中的关键内容。

图 3-30

3.4.6　创建流程图

在设计制作一个产品原型时，首先要将原型中的各个页面设计完成，然后再将原型中的所有页面生成对应结构的原型结构图。在页面面板的 index 文件上单击鼠标右键，执行弹出菜单中的“生成流程图”命令，如图 3-31 所示，即可完成流程图的生成。

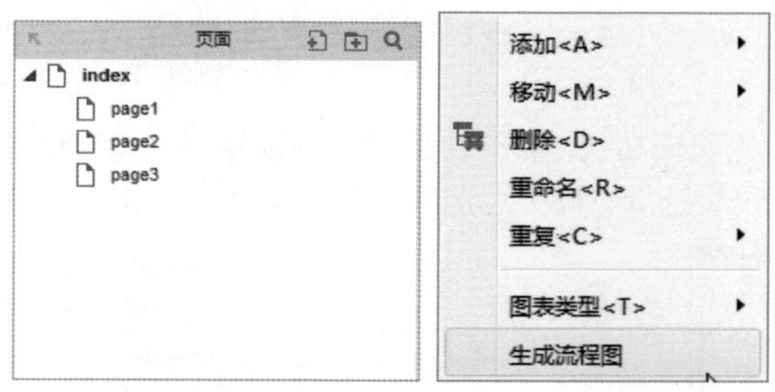

图 3-31

在页面面板中添加如图 3-32 所示的原型页面。在“首页”文件上单击鼠标右键，在弹出的菜单中选择“添加 >Page Before”命令，在“首页”前新建一个页面，修改名称为“流程图”，如图 3-33 所示。

选中该页面，单击鼠标右键，在弹出的菜单中选择“图表类型 > 流程图”命令，效果如图 3-34 所示。双击“流程图”页面，打开“结构图”页面，如图 3-35 所示。

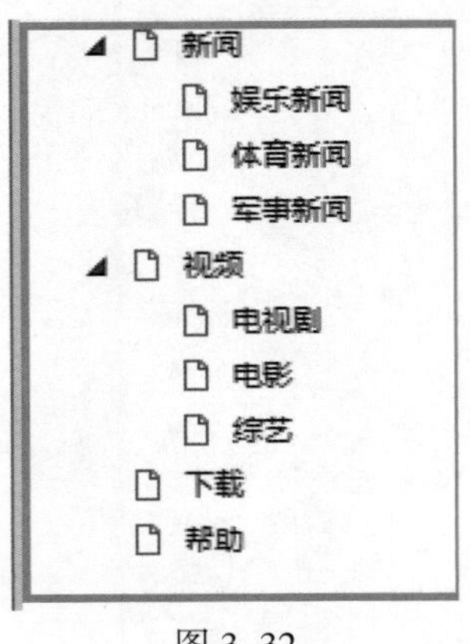

图 3-32

图 3-33

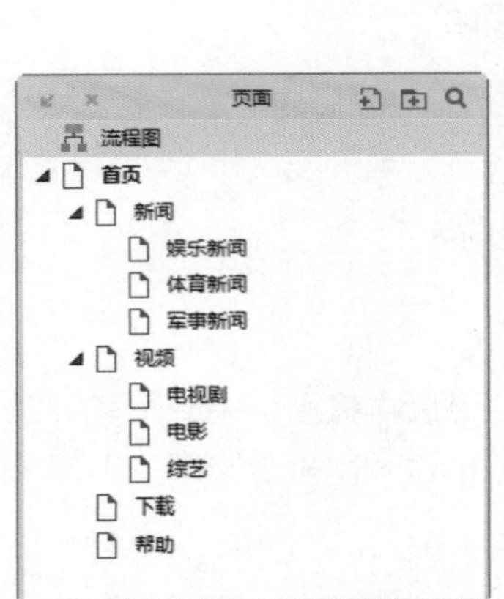

图 3-34

图 3-35

选中“首页”页面，单击鼠标右键，在弹出的菜单中选择“生成流程图”命令，弹出“生成流程图”对话框，如图 3-36 所示。选择“向下”选项，单击“确定”按钮，效果如图 3-37 所示。

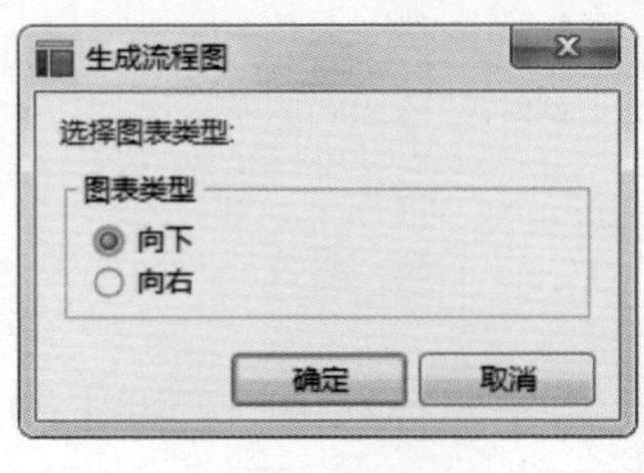

图 3-36

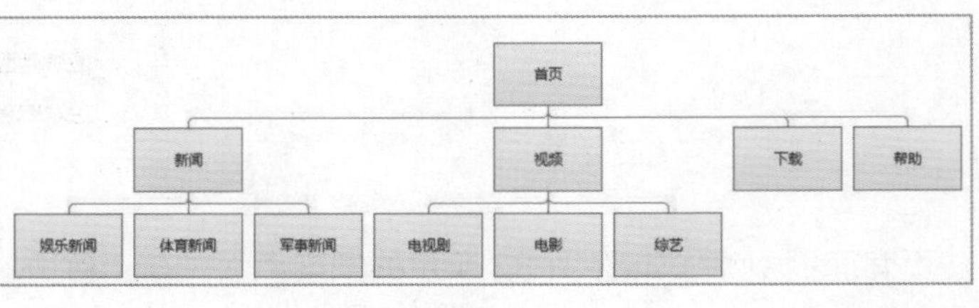

图 3-37

3.5 元件使用技巧

在前面介绍了一些元件的基础知识，下面再来了解一下元件的使用技巧。

3.5.1 拖曳元件

在整本书中，用户会看到很多“将某元件拖曳到页面编辑区内”这样的描述，什么意思呢？打开 Axure RP，在元件面板中选择一个元件，按住鼠标左键不松，将它拖曳到页面编辑区后松开鼠标，元件就会出现在页面编辑区中，这就是将元件拖曳到页面编辑区内的操作，如图 3–38 所示。

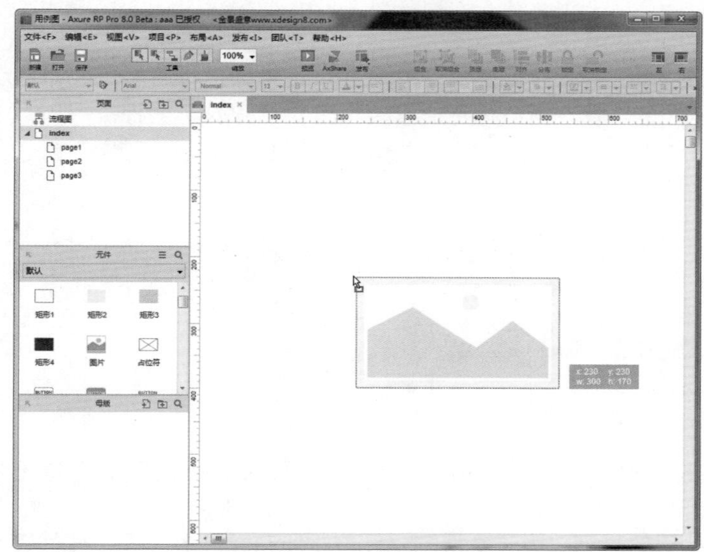

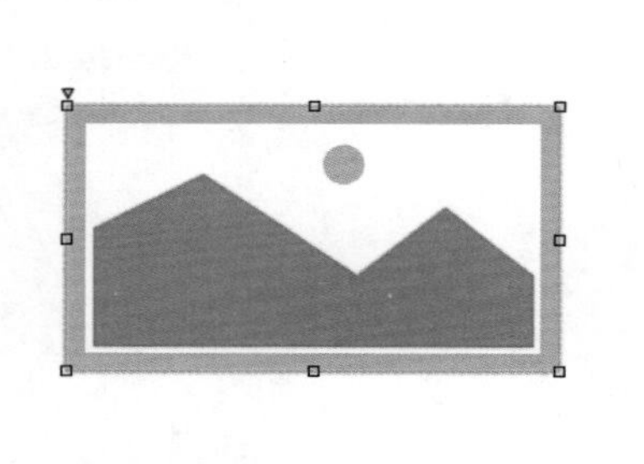

图 3–38

3.5.2 了解元件的坐标

每个位于页面编辑区的元件都有自己的坐标，用户可以通过设置元件的 X 坐标和 Y 坐标的数值，实现对元件位置的精确控制。

选中页面中任一元件，在样式工具栏中可以看到元件的 X 坐标和 Y 坐标数值，如图 3–39 所示。

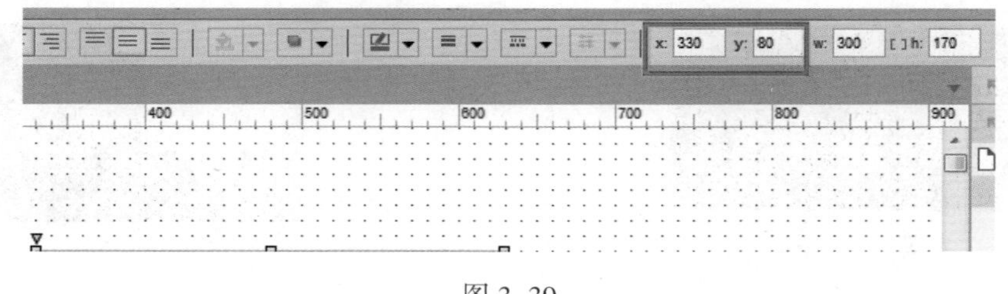

图 3–39

在页面编辑区内移动元件，元件的右下角会出现灰色的显示框显示其当前位置，如图 3–40 所示。

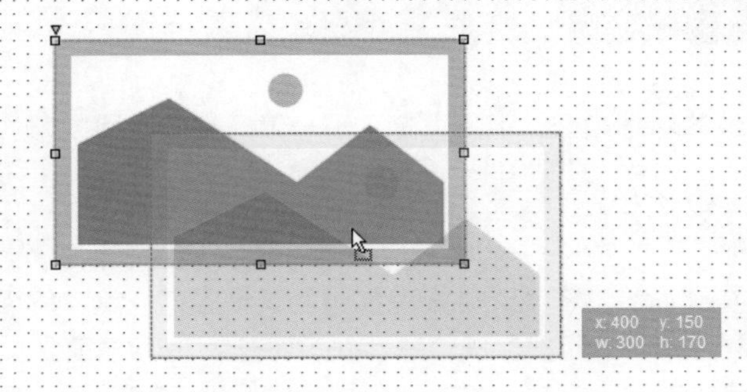

图 3-40

对于每个元件来说，除了拥有 X 坐标和 Y 坐标外，还有一个隐藏的 Z 坐标，也就是说在垂直于屏幕方向上的位置。这个坐标指的只是相对的位置，可以通过调整顺序改变元件的 Z 坐标。

当页面编辑区内有多个元件时，选中元件，单击鼠标右键，在弹出的菜单中选择“顺序”命令，弹出子菜单，如图 3-41 所示。

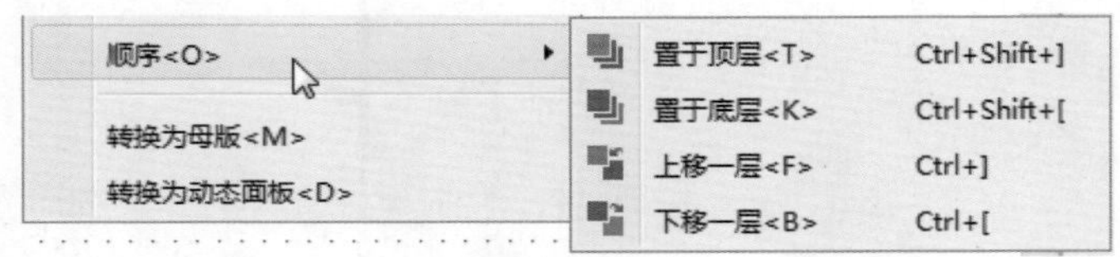

图 3-41

置于顶层：在垂直于屏幕的方向上离用户最近。置于顶层的元件位于所有元件的上面，所以不会被遮挡。

置于底层：在垂直于屏幕的方向上离用户最远。置于底层的元件位于所有元件的下面，任何其他元件都会遮挡这个元件。

上移一层：让元件在垂直屏幕的方向上离用户再近一点。

下移一层：让元件在垂直屏幕的方向上离用户再远一点。

如图 3-42 所示，黑色的矩形元件遮挡住了灰色的矩形元件，说明黑色的矩形元件在垂直屏幕的方向离用户比较近。如果用户选中灰色矩形，并且让灰色矩形元件向上移一层，就会发现灰色矩形元件遮挡了黑色矩形元件，如图 3-43 所示。一般来说后被添加到页面编辑区的元件会离用户更近。

图 3-42

图 3-43

当页面编辑区中的元件比较多时，要注意元件的 Z 轴位置。因为一旦一个元件被其他元件遮挡了，它将无法获得用户的交互响应。

3.5.3　设置元件的尺寸

每个添加到页面编辑区的元件都有一个尺寸，以便用户实时了解元件的大小。选中编辑区中的任一元件，工具栏中将会显示当前元件的尺寸信息，如图 3–44 所示。

W 是元件的宽度，H 是元件的高度，对于大部分元件来说，这些值都是可以修改的。对于某些特殊元件，例如单选按钮元件和复选框元件，就不能修改高度。当选中这种元件时，高度文本框显示为灰色状态，如图 3–45 所示。

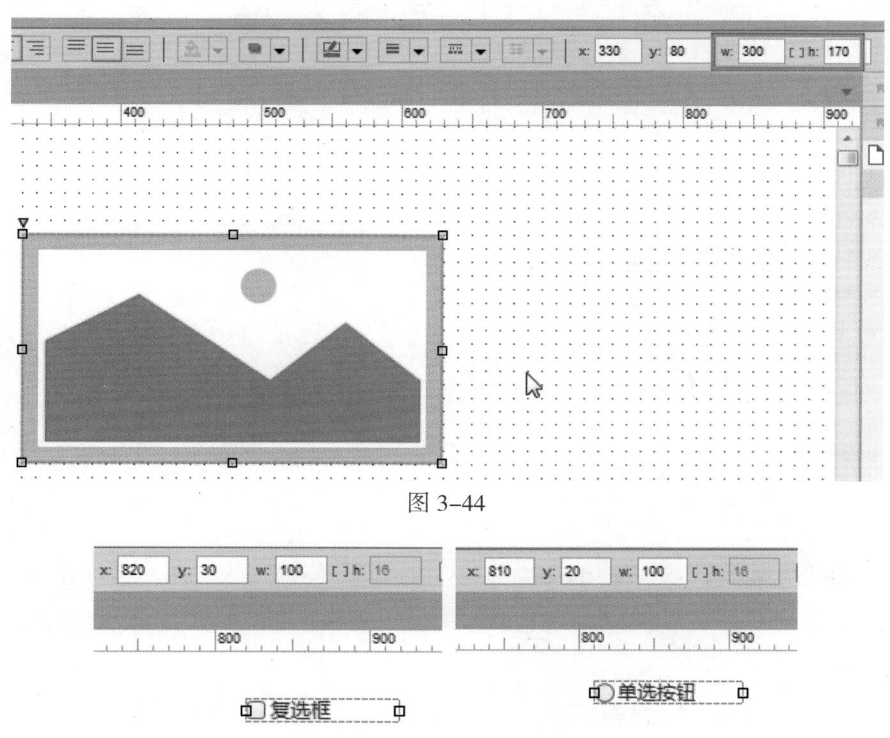

图 3–44

图 3–45

3.5.4　隐藏与锁定元件

在原型制作过程中，有时需要暂时隐藏某个元件，以便于其他元件的制作。

选择要隐藏的对象，勾选工具栏右下角的“隐藏”复选框或“属性”面板上的“隐藏”复选框，即可将当前对象隐藏，如图 3–46 所示。再次取消勾选，即可将对象显示。

用户也可以在想要隐藏的对象上单击鼠标右键，在弹出的菜单中选择“设为隐藏”命令，即可将该元件隐藏，如图 3–47 所示。隐藏后的对象将呈现淡黄色，如图 3–48 所示。再次单击鼠标右键，在弹出的菜单中选择“设为可见”命令，即可将对象正常显示。

如果是为了避免元件影响页面效果，用户可以首先将元件重命名并隐藏，然后执行“视图 > 遮罩”命令，取消勾选“隐藏对象”选项，如图 3–49 所示。此时，页面中隐藏的元件，只有在被选中的情况下才会显示，效果如图 3–50 所示。

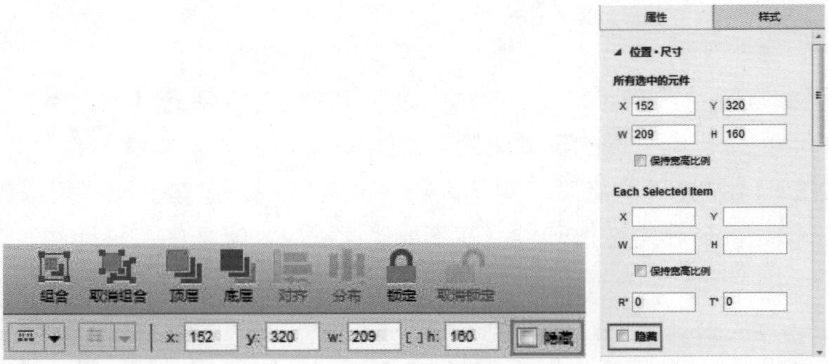

图 3–46

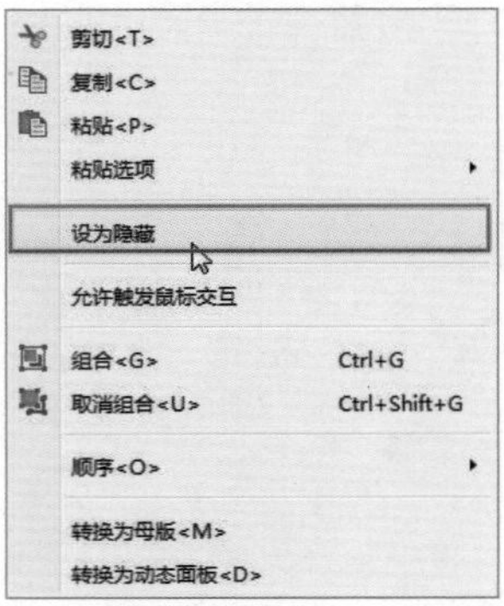

图 3–47

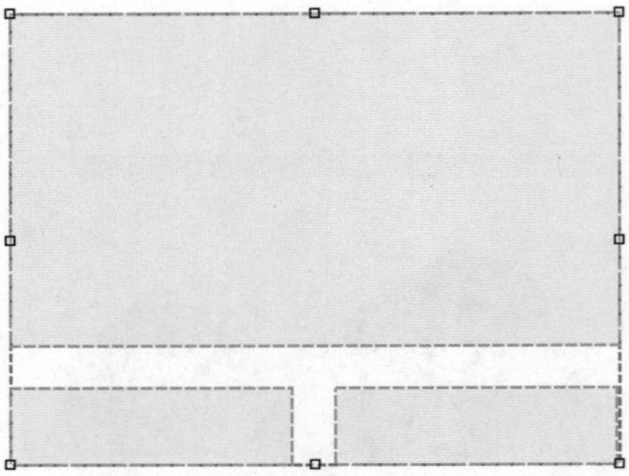

图 3–48

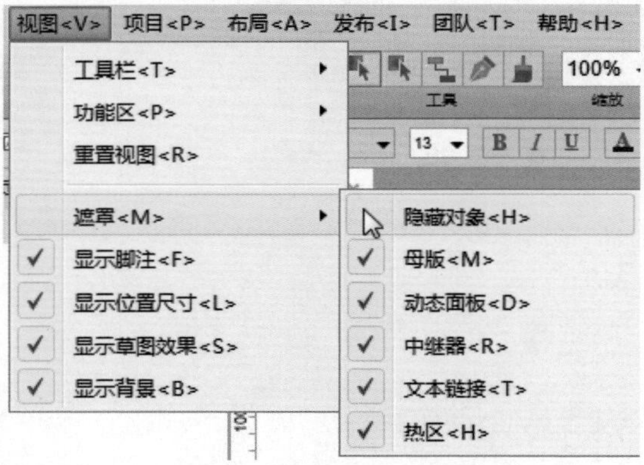

图 3–49

图 3–50

“遮罩”菜单下包括隐藏对象、母版、动态面板、中继器、文本链接和热区命令。这些对象种类在拖曳到页面中时，通常以特殊的颜色显示，便于用户区分。例如，动态面板显示为浅蓝色，母版显示为淡红色等。在取消遮罩的情况下，这些元件将不再显示特殊颜色。

除了隐藏元件外，用户还可以将影响操作的元件锁定，选择要锁定的元件，单击工具栏上的“锁定”按钮，即可将当前元件锁定。锁定的对象将不能参与任何操作。单击工具栏上的“取消锁定”按钮，即可解除元件锁定。

3.6 背景覆盖法

用户可以利用别人做好的图片作为背景，然后再在这个背景上利用 Axure RP 元件添加一些需要的元素和交互事件，这种方法能够节省制作高保真原型的时间。用户可以利用成型的页面，只制作重要位置的交互效果，其他部分可以以背景的方式存在。接下来通过实例的方式向用户讲解背景覆盖法的使用。

实例 12　背景覆盖法

教学视频：视频 \ 第 3 章 \ 背景覆盖法 .mp4　　源文件：源文件 \ 第 3 章 \ 背景覆盖法 .rp

实例分析：

使用背景覆盖法可以很好地提高工作效率。用户可以快速地将网页中需要替换的部分替换，而且还可以针对替换部分添加交互效果，而对其他部分没有任何影响。

制作步骤：

01 执行“文件 > 新建”命令，新建一个项目文档，如图 3-51 所示。将图片元件拖曳到页面编辑区内，如图 3-52 所示。

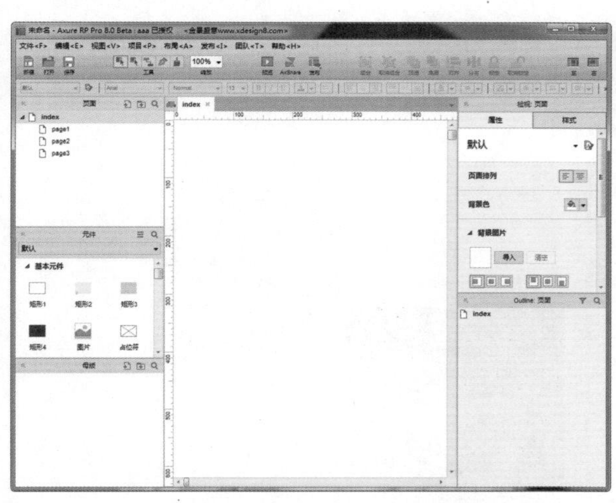

图 3-51

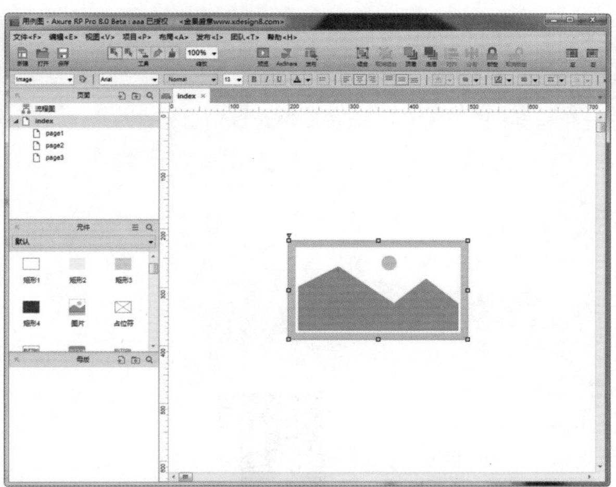

图 3-52

02 双击图片元件，选择“素材\第 3 章\001.jpg”图片，如图 3-53 所示。导入效果如图 3-54 所示。

03 在选项栏上将图片的坐标调整为 X40、Y40，如图 3-55 所示。将矩形 1 元件拖曳到页面编辑区内，如图 3-56 所示。

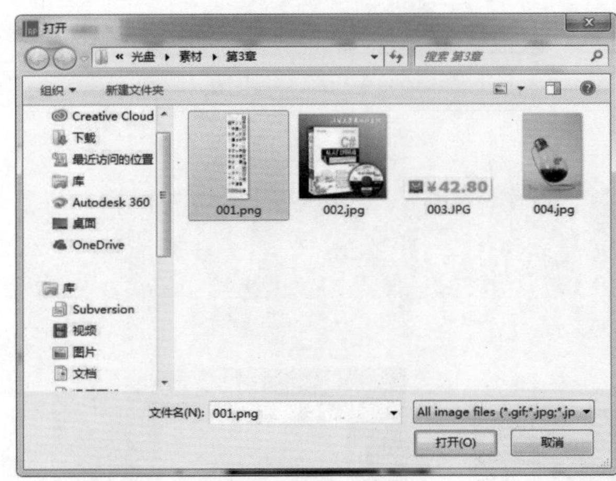

图 3-53

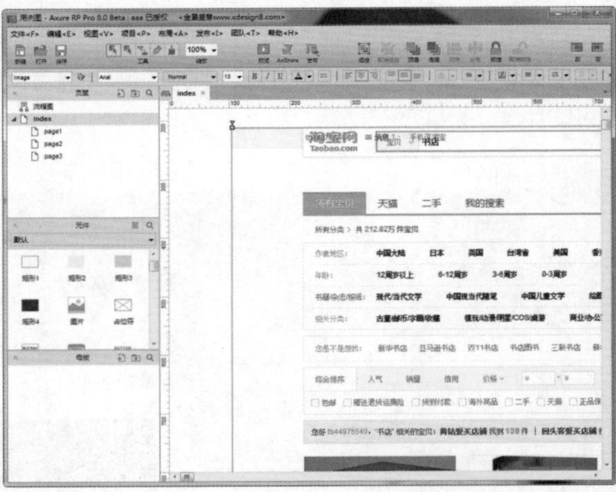

图 3-54

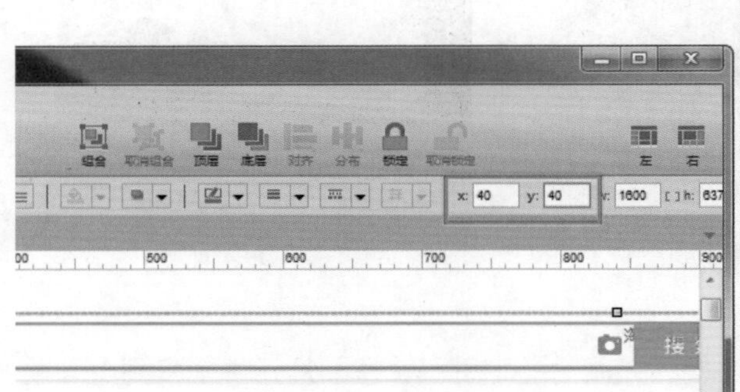

图 3-55

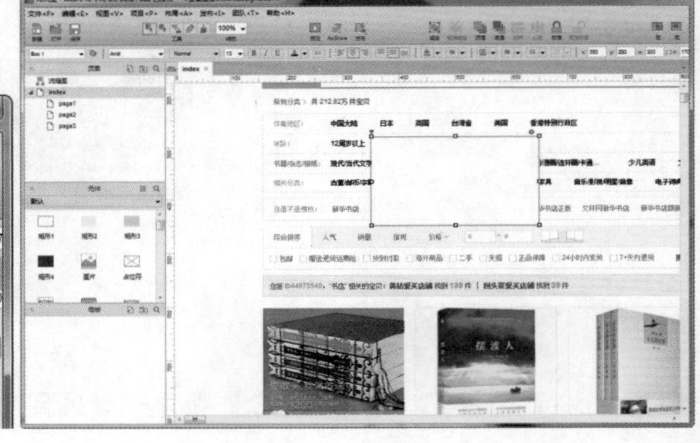

图 3-56

04 在样式面板中，将矩形元件设置边框为无，填充颜色为白色，并将其移动到淘宝网页右侧直通车位置，如图 3-57 所示。调整矩形元件大小，如图 3-58 所示。

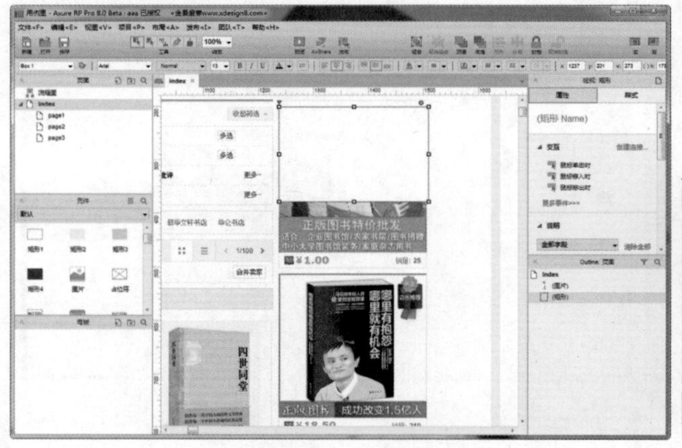

图 3-57

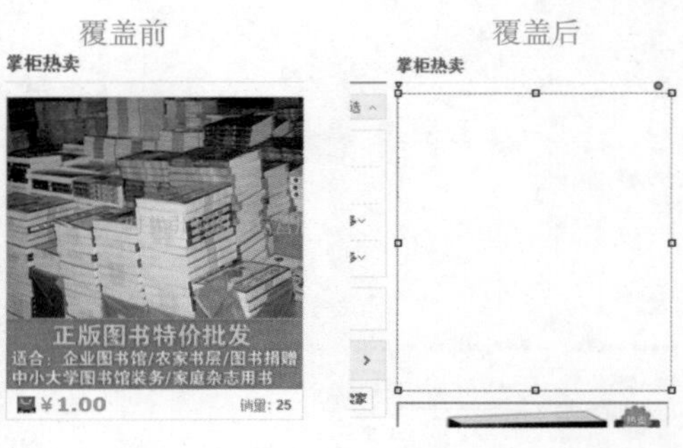

图 3-58

05 选中整个淘宝页面，单击工具栏中的“锁定”按钮，将页面锁定。锁定后的元件边框将显示为红色，如图 3-59 所示。再次拖曳一个图片元件到页面编辑区内，在选项栏上修改图片尺寸为 W270、H300，效果如图 3-60 所示。

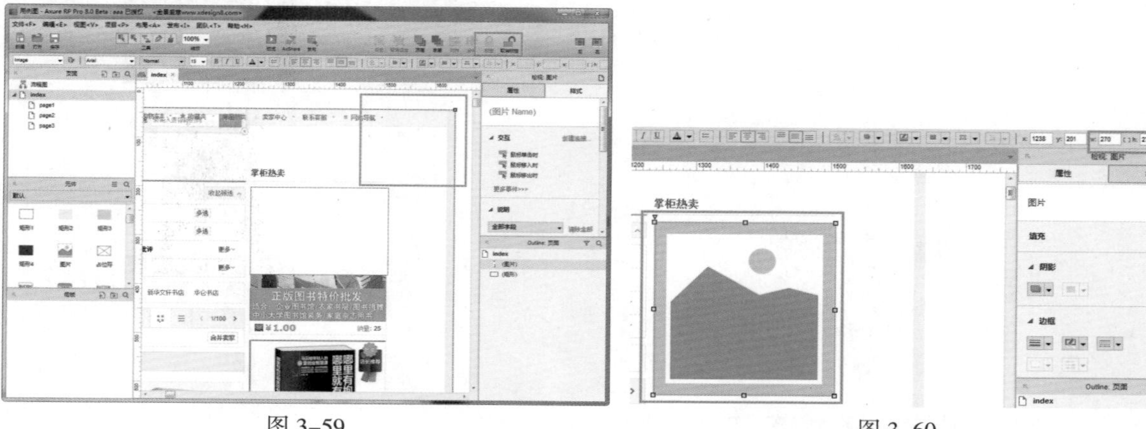

图 3-59　　　　图 3-60

06 双击图片元件，选择“素材 \ 第 3 章 \002.jpg”图片，如图 3-61 所示。单击“打开”按钮，导入图片效果如图 3-62 所示。

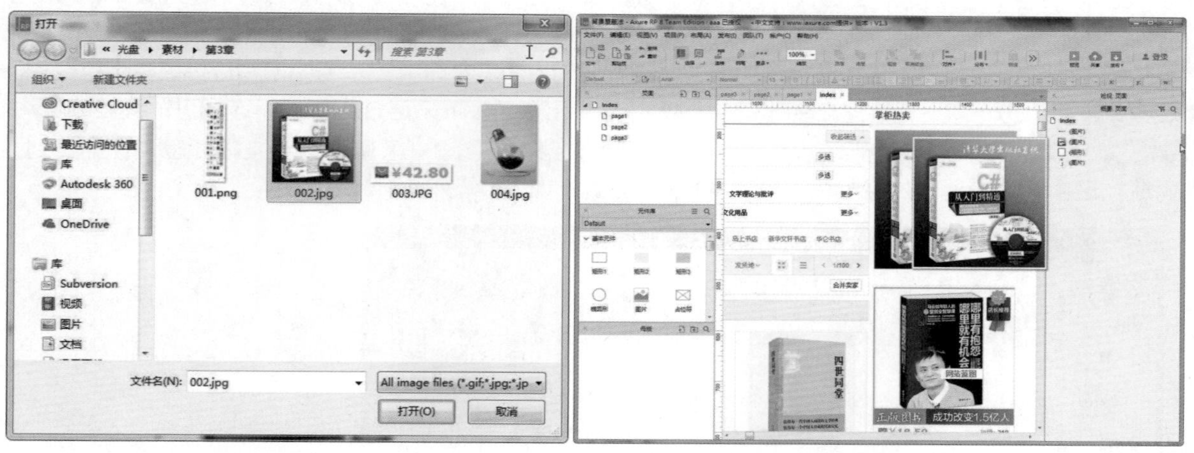

图 3-61　　　　图 3-62

07 继续拖曳文本标签元件到页面编辑区内，设置文本框的尺寸为 W60、H20，如图 3-63 所示。设置字体为 Arial，颜色为 #CCCCCC，输入如图 3-64 所示的文字。

图 3-63　　　　图 3-64

08 使用相同的方法绘制图书的标价，完成效果如图 3-65 所示。调整文本标签元件和图书标价的位置，最终效果如图 3-66 所示。

利用背景覆盖法可以不用绘制整个页面，只需将页面中的某个部分覆盖并重新制作。使用背景覆盖法除了节省大量工作时间外，还大大地提高了工作效率，用户还可以为绘制元件添加链接，实现丰富的交互效果。

图 3-65

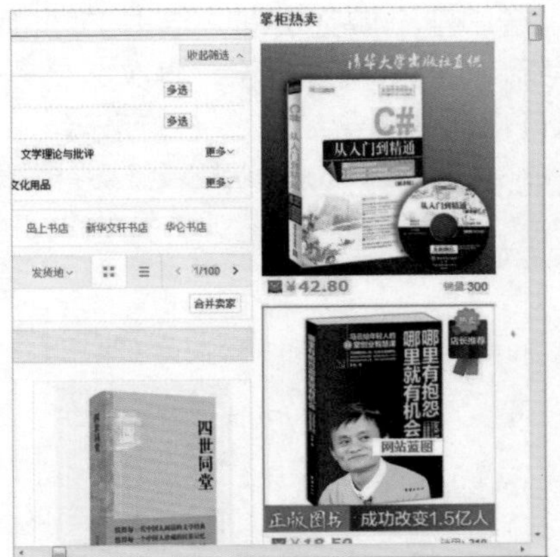

图 3-66

3.7 变量的使用

在 Axure RP 中使用变量，可以在原本简单的交互中加入复杂的逻辑，通过对变量值的判断获得对应的操作。例如，要实现当单击按键一次就自动增加计数的功能。这种功能有点类似各大社交网站看到的“点赞”功能，为了实现这个功能，就需要使用一个变量来“记录”当前用户已经单击过按钮的次数，每多单击一次，就给这个变量的值加 1 并显示出来。接下来通过实例操作详细讲解变量的使用。

01 执行“文件 > 新建”命令，新建一个项目文档，如图 3-67 所示。将文本标签元件拖曳到页面编辑区内，设置元件的坐标为 X50、Y50，尺寸为 W150，如图 3-68 所示。

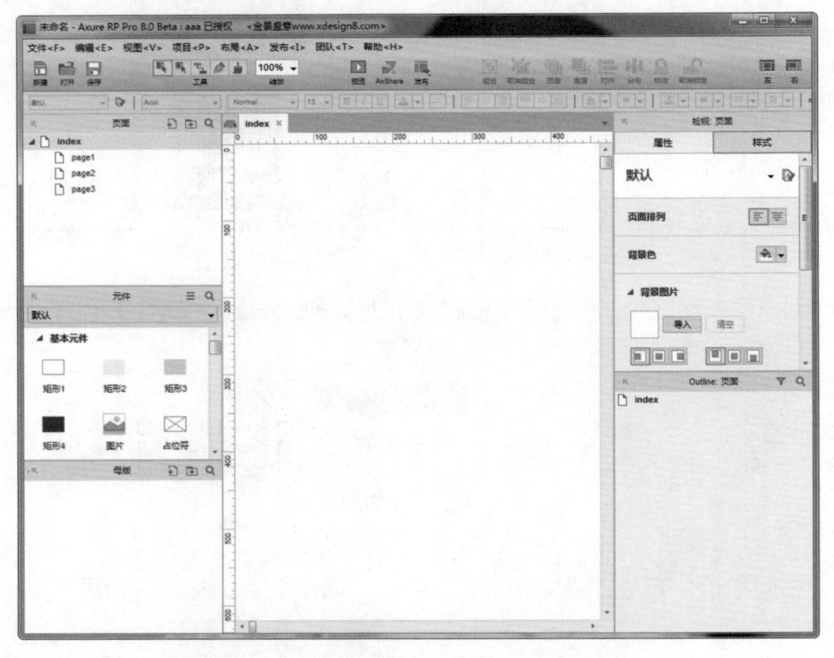

图 3-67

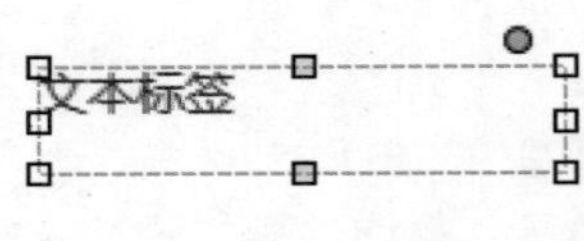

图 3-68

02 在样式面板中设置字体为微软雅黑，字体大小为 20，输入如图 3-69 所示的文字。将一个主要按钮元件拖曳到页面编辑区中，设置其坐标为 X190、Y51，尺寸为 W100、H25，双击按钮元件修改文本内容为“单击”，如图 3-70 所示。

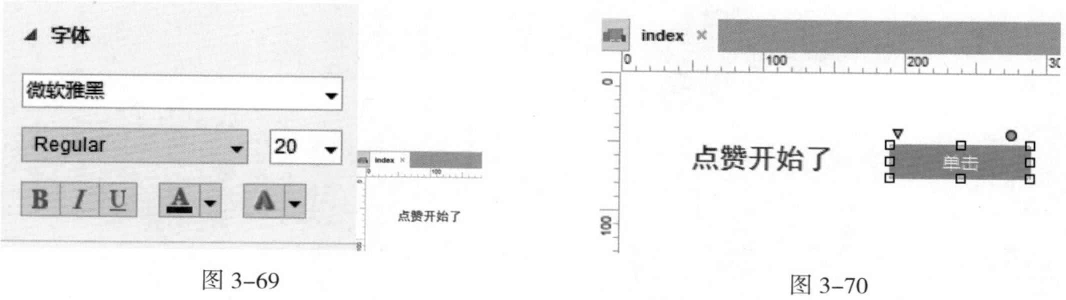

图 3-69　　　　图 3-70

03 选中按钮，双击“检视：矩形”面板的“属性”标签下的“鼠标单击时”事件，如图 3-71 所示。弹出“用例编辑”对话框，如图 3-72 所示。

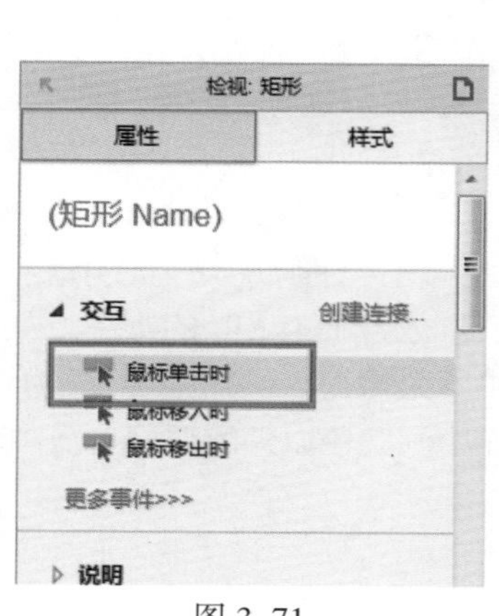
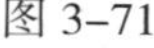

图 3-71

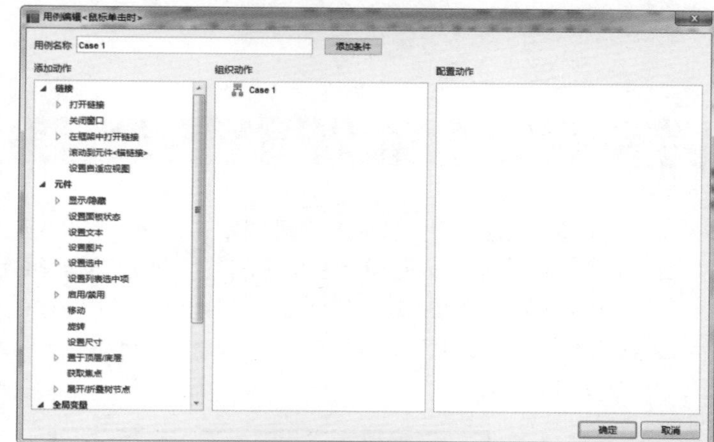

图 3-72

04 在“用例编辑”对话框中，选择“添加动作”列表中的“设置变量值”，在“组织动作”列表中会出现“设置变量”选项，如图 3-73 所示。勾选“配置动作”列表下的 OnLoadVariable 并设置值为 +1，如图 3-74 所示。

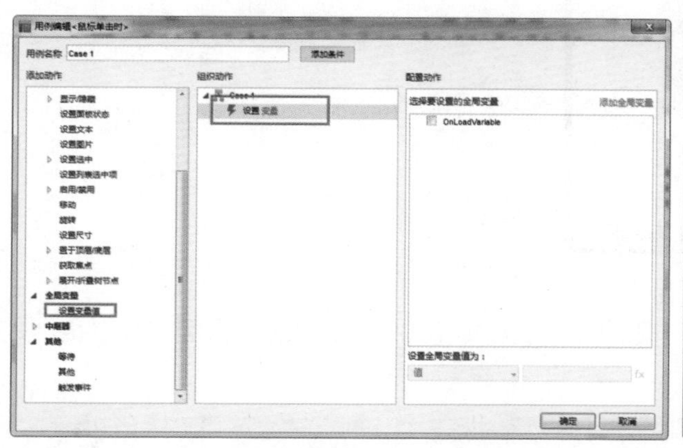

图 3-73

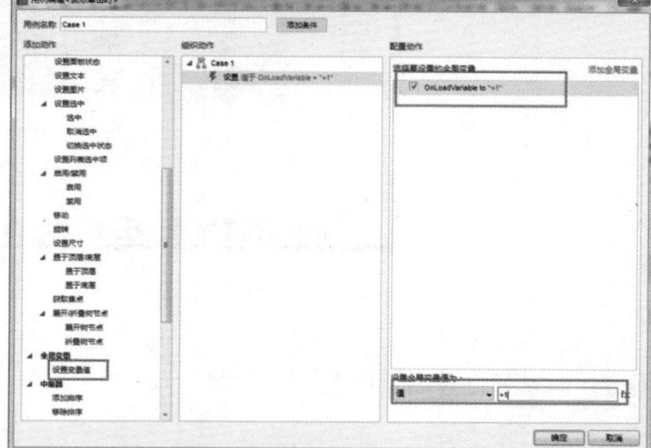

图 3-74

05 继续添加“设置文本”动作，如图 3-75 所示。单击“确定”按钮，执行“预览”命令，查看效果，如图 3-76 所示。

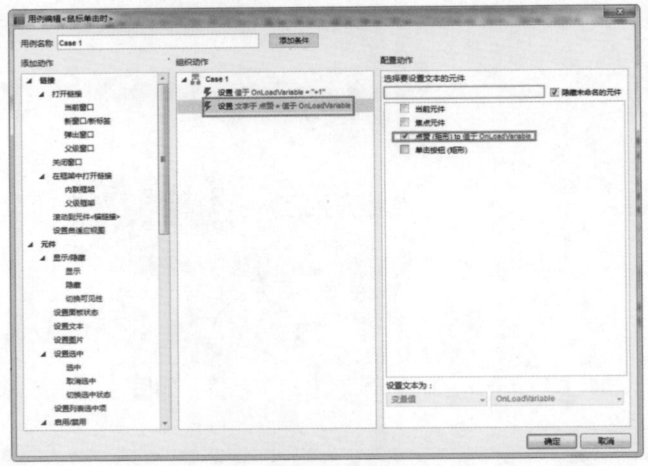

图 3–75

图 3–76

3.8 从 Photoshop 到 Axure RP

设计师和产品经理共同制作线框图，是一种高效的工作方式。将设计图从 Photoshop 中移到 Axure RP 中的方法，也是设计图从 PSD、JPG 格式转换含有互动效果的 HTML 的方法。

Photoshop 中的画布，也就是整个工作区，与 Axure RP 中不太相同。例如图 3–77 所示，整个图像都是 Photoshop 的工作区；而在 Axure RP 中只需要制作中间白色以外的部分，在画布中间的部分是工作区。

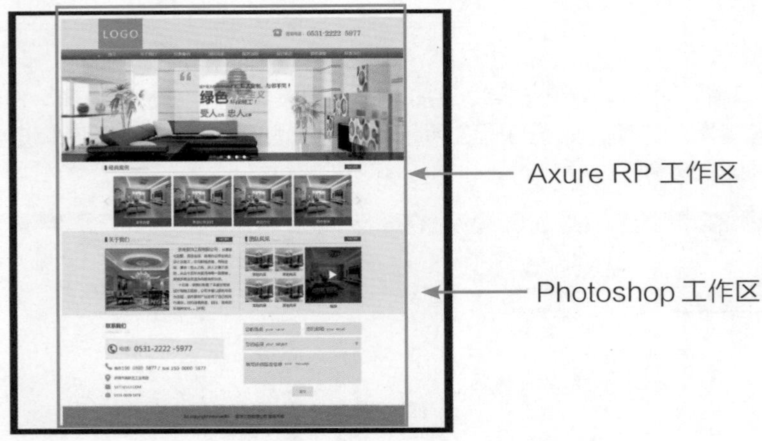

图 3–77

整个画布的尺寸为 W2000、H2000，中间页面的尺寸为 W1600、H1976。页面的尺寸也就是在 Axure RP 中绘制的产品原型的尺寸。

在Photoshop 中设计页面时，通常会考虑屏幕的分辨率，所以才有了两侧的白色区域。在 Axure 中制作原型时，也要考虑边界的问题，页面的尺寸要与 Photoshop 中设置的保持一致。

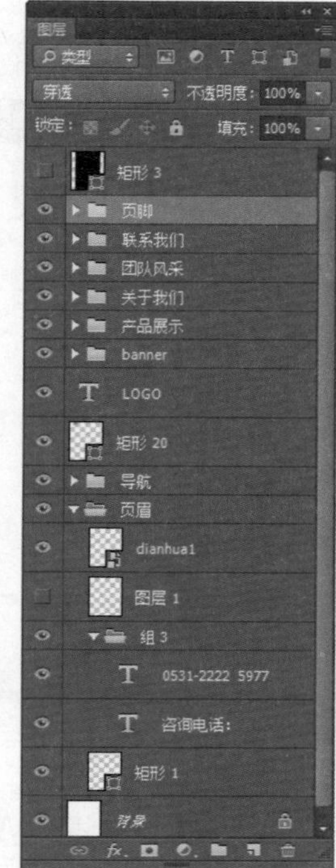

图 3-78

在 PSD 文件中，不同的元素被放置在不同的图层中，以便于用户管理和编辑，Photoshop 的“图层”面板如图 3-78 所示。

可以看到，所有文字、按钮、背景和图片都在不同的图层中。在 Axure RP 中这些不同图层的内容，会以不同的元件或者元件组合的方式显示。设计师要尽量按照图层的排列方式进行制作，这样不但有利于 Photoshop 的制作，而且对于制作 Axure RP 高保真原型也非常有效。

3.8.1　素材拼接方法

在 Photoshop 中将局部页面保存为图片，然后在 Axure RP 中通过添加图片元件的方法导入，进行素材拼接，快速方便地制作出产品原型页面效果。接下来向用户介绍具体的制作方法。

在 Photoshop 中选择联系电话图层，将其他图层隐藏，“图层”面板如图 3-79 所示。使用“矩形选框工具”创建如图 3-80 所示的选区。

图 3-79

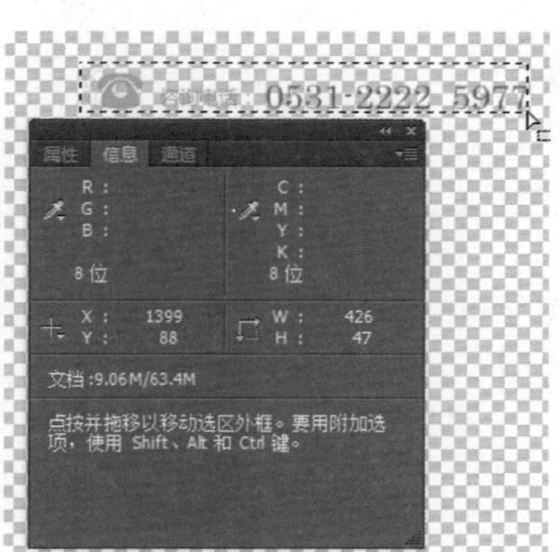

图 3-80

将选中的选区复制，新建一个 Photoshop 文件，新文件的各项参数如图 3-81 所示。执行“编辑 > 粘贴”命令，将复制的图像粘贴到新建的文件中，效果如图 3-82 所示。

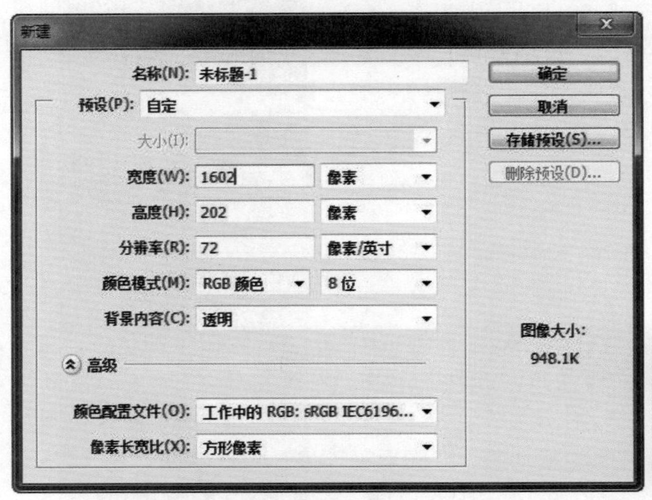

图 3-81

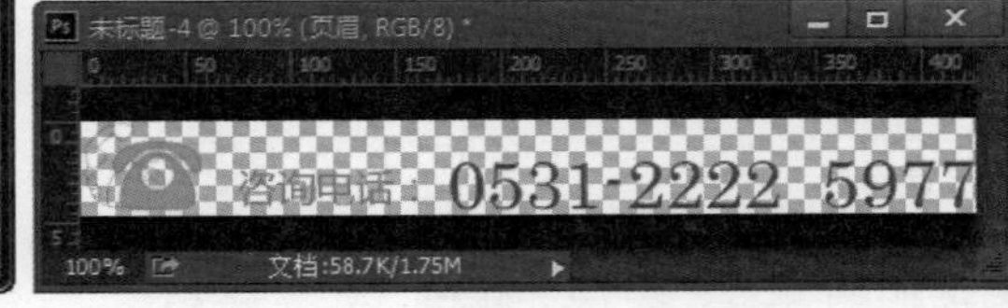

图 3-82

执行“文件 > 存储为 Web 所用格式”命令，弹出“存储为 Web 所用格式”对话框，单击“保存”按钮，将文件保存，如图 3-83 所示。回到 Axure RP 中，将一个图片元件拖曳到页面编辑区中，双击将刚刚保存好的图片导入，并设置位置为 X1399、Y88，尺寸为 W426、H47，如图 3-84 所示。

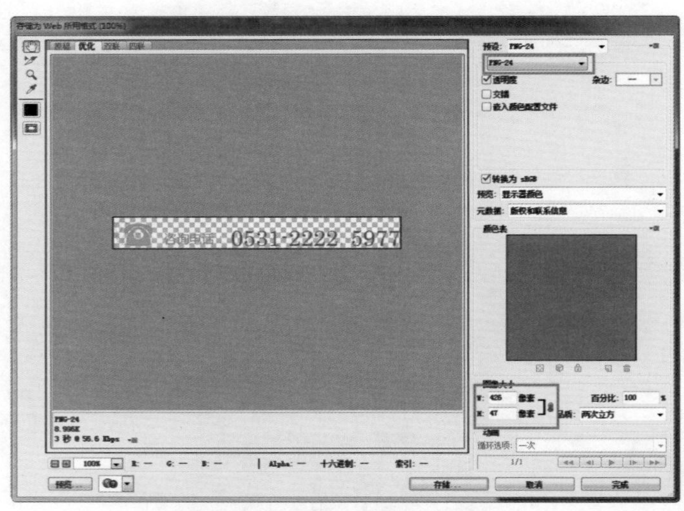

图 3-83

图 3-84

接下来可以使用相同的方法将 Photoshop 中的其他素材保存为图片，并导入到 Axure RP 中，完成的原型效果如图 3-85 所示。

图 3-85

3.8.2　合并拷贝拼图方法

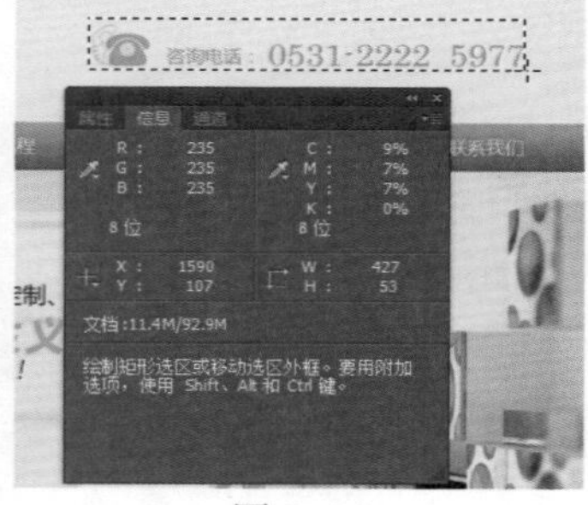

图 3-86

有时 Photoshop 中的同一个功能的内容被分布在不同的图层，可以通过合并拷贝的方法拷贝图像。在 Photoshop 中使用“矩形选框工具”选中如图 3-86 所示的内容。用户可以在 Photoshop 的“信息”面板上看到选框的坐标为 X1590、Y107，尺寸为 W427、H53。

执行“编辑 > 合并拷贝”命令，如图 3-87 所示。即可将所有图层中选框内的对象全部拷贝在内存中。

在 Axure RP 中新建一个项目，在 index 页面中选择“粘贴”命令或者按下快捷键 Ctrl+V，将拷贝内容粘贴到 Axure RP 中，按照 Photoshop“信息”面板中显示的坐标和尺寸修改元件的坐标和尺寸，如图 3-88 所示。

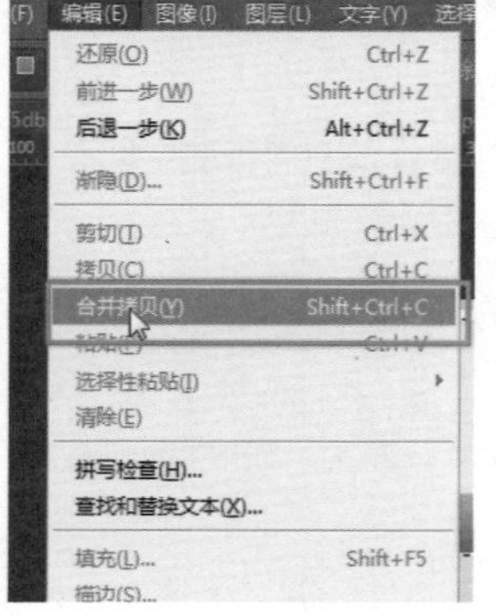

图 3-87

图 3-88

接下来可以使用相同的方法将页面中的其他内容拷贝粘贴到 Axure RP 文件中，并按照 Photoshop 中页面的样张排列整齐，完成效果如图 3-89 所示。

图 3-89

3.8.3 两种方法的好处

使用素材拼接的方法，可以在 Axure RP 中得到透明且独立的元件，如图 3-90 所示。但是在制作时需要严格地按照坐标尺寸完成。

使用图层合并拼图的方法是将背景一起拷贝到 Axure RP 中，如图 3-91 所示。由于元件都具有相同颜色的背景，所以尺寸坐标大概一致就可以，第二种方法是一种相对比较容易的制作方法。

图 3-90

咨询电话：0531-2222 5977

图 3-91

两种方法同时使用时要注意以下几点。

- 坐标的统一。
- 注意使用合并拷贝。
- 在 Photoshop 中选择对象时，一定要注意边界。
- 设计师在设计原图的时候，一定要多使用图层，尽量把不同的部分放在不同的图层上。
- 在 Axure RP 中拼合的时候要注意元件在 Z 轴方向的分布，也就是把握好层级关系。

设计师要做的是将设计图在 Photoshop 中细致地设计好，然后严格按照尺寸大小和坐标位置在 Axure RP 中拼接起来。

3.9 在 Axure RP 中使用 Flash

在 Axure RP 中不能直接使用 Flash，没有一个叫 Flash 的元件可以使用。Flash 对象只能通过使用一个唯一的 URL 表示。

在使用 Axure RP 制作页面原型时，有时会使用 Flash 完成一些丰富的页面效果，例如页面中嵌入的视频，播放产品广告。下面一起学习如何在 Axure RP 中引用 Flash。

Axure RP 提供了一个非常强大的元件，叫作内联框架元件。通过这个元件，可以在一个页面中通过一个 URL 引用另一个页面。既然一张图片、一个 Flash 都可以用 URL 来表示，那么在设计中可以通过内联框架元件在一个页面中引用另一个图片或者 Flash。

用内联框架元件引用 Flash，首先获得引用的 Flash 的 URL 地址，然后在内联框架元件上单击鼠标右键，在弹出的菜单中选择“框架目标页面”命令，如图 3–92 所示。最后在弹出的“链接属性”对话框中输入 Flash 的 URL 地址即可，如图 3–93 所示。

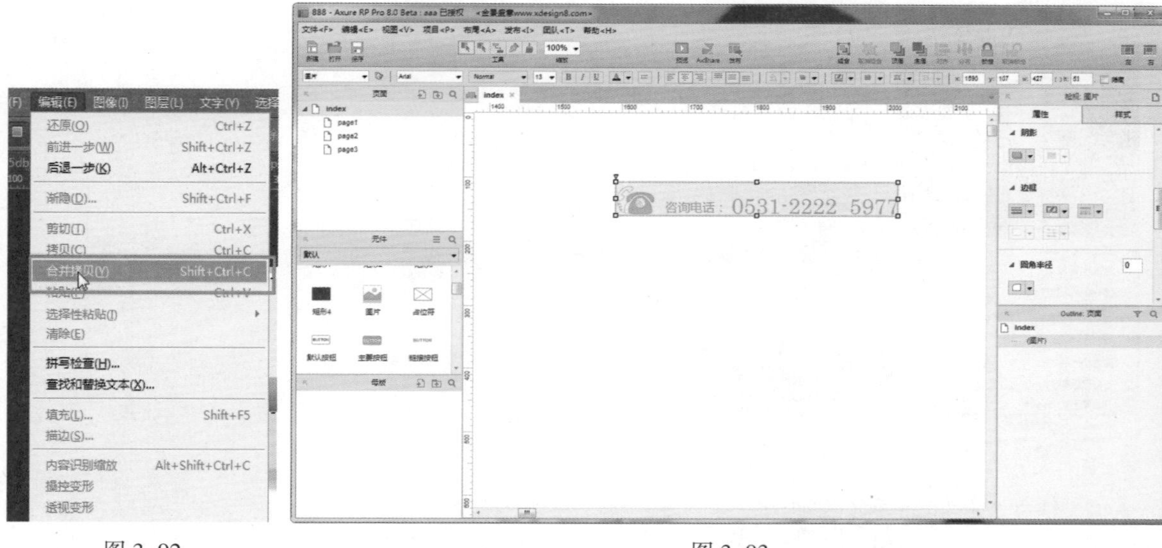

图 3–92　　　　图 3–93

在 Axure RP 的项目编辑页面中，无法看到 Flash 的播放效果，只能在生成原型后，才可以看到引用的 Flash 效果。

对于大部分的视频网站来说，获得视频的地址是非常容易的。例如优酷网，只要单击视频下方的“分享给好友”右侧的向下按钮，如图 3–94 所示。在弹出的对话框中单击 Flash 地址后的“复制”按钮，即可获得 Flash 视频地址，如图 3–95 所示。

内联框架元件很强大，理论上来说，可以将多个页面通过链接的方式组合在一起，制作一个由不同小页面组合而成的大页面。

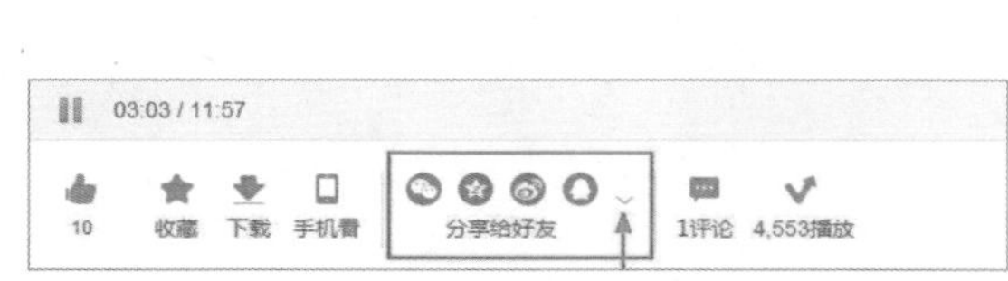

图 3–94

图 3–95

对于其他网站上的视频，需要借助一些特殊工具。例如，使用极速浏览器打开想要获得 Flash 的页面，单击地址栏最右侧的“自定义及控件”按钮，在下拉菜单中选择“工具 > 开发人员工具”命令，如图 3-96 所示。或者按快捷键 Ctrl+Shift+I，打开开发者工具。

接着在浏览器中输入 http://ow.blizzard.cn/home，可以看到 Resources 选项卡下面开始加载各种页面资源进来。

不同的页面资源被放置到了不同的目录中，例如 Images 是页面中的图片，如果要找一个页面中图片的链接地址，在这个目录中找就可以了。在 Other 目录中就可以找到目前页面中所有的 Flash 元素的地址，如图 3-97 所示。

图 3-96

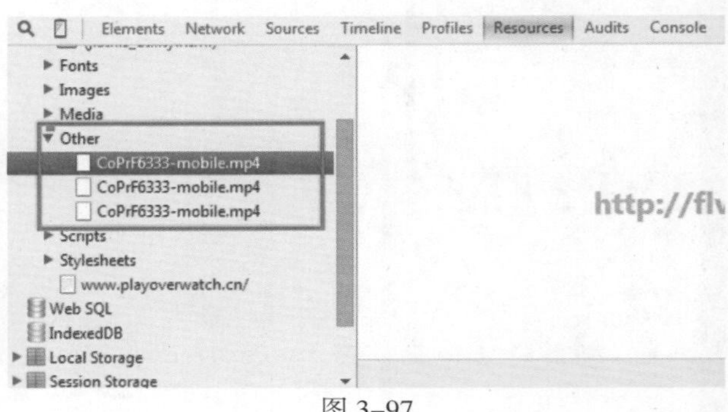

图 3-97

MP4 格式文件即为要找的视频文件。确定哪个是想引用的 Flash 地址，然后单击鼠标右键，在弹出的菜单中选择 Open link In new tab 命令，如图 3-98 所示。这样就可以在一个新的页面中看到这个 Flash 视频的完整 URL 地址了，如图 3-99 所示。

图 3-98

图 3-99

3.10 本章小结

本章主要向用户讲解了 Axure RP 的使用技巧和设计原则。在本章的前面两节向用户详细讲解了原型设计和移动互联网原型设计的原则，为项目的交互式原型设计制作打下基础。

另外，向用户介绍了 Axure RP 一些操作技巧，例如设置元件的位置、坐标，元件的排列方式和分布方式等。通过实例向用户讲解了背景覆盖法、从 Photoshop 到 Axure RP 和在 Axure 中使用 Flash 的方法。

3.11 课后练习——单击提交按钮显示图片

通过学习使用 Axure RP 制作产品原型的基础知识后，接下来用户可以利用所学知识制作完成一个简单的产品交互原型页面。

实战

单击提交按钮显示图片

教学视频：视频 \ 第 3 章 \ 单击提交按钮显示图片 .mp4
源文件：源文件 \ 第 3 章 \ 单击提交按钮显示图片 .rp

该实例只应用了两个提交按钮元件，将其中的按钮添加了交互事件并添加了链接效果，主要是为了让用户在不懂编程的情况下实现 Web 浏览效果。

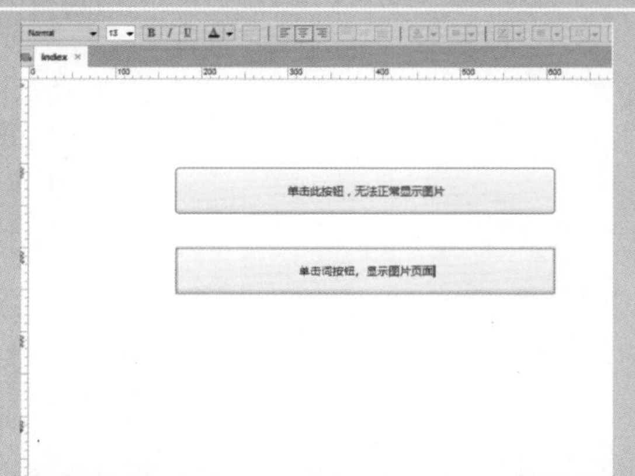

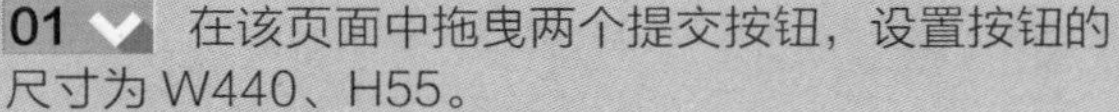

01 在该页面中拖曳两个提交按钮，设置按钮的尺寸为 W440、H55。

02 在 index 页面下创建子页面，在该页面中拖曳图片元件并导入图片素材。

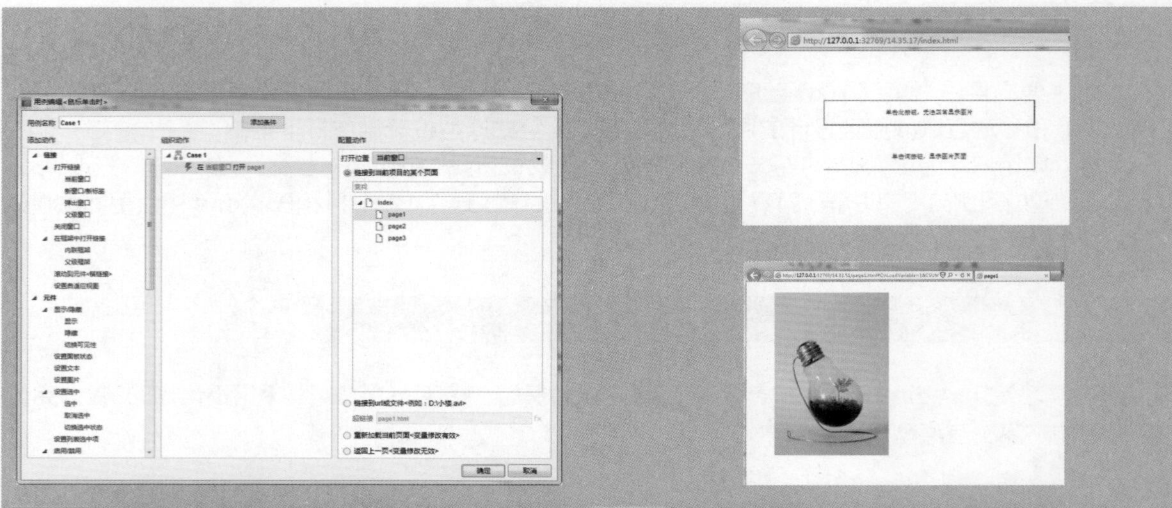

03 返回 index 页面，选择提交按钮元件，添加鼠标单击事件。

04 生成 HTML 文件，预览页面效果。

第 4 章　交互事件

本章将介绍 Axure RP 8.0 从基本交互到高级交互的制作方法和技巧，通过学习制作交互事件的方法，就算不是程序员，也可以做出高保真的产品交互原型。

在 Axure RP 8.0 中，一个交互是由交互、事件、用例和动作 4 个基本的层面构成。交互由事件触发，再引发某个用例从而执行动作。

本章知识点

- Axure RP 交互
- 页面交互
- 元件交互
- 交互动作
- 交互的注意事项

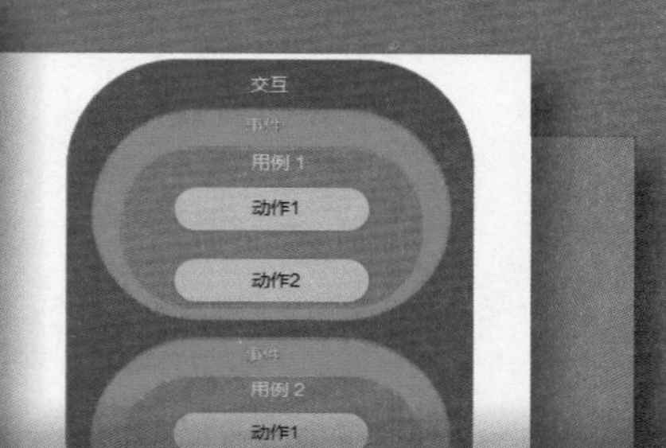

4.1 Axure RP 交互

Axure RP 能够让设计师快速地制作出极具吸引力的产品原型，在目标设备上将产品原型转化为动态原型，即可模拟产品交互效果。

Axure RP 交互是指把静态设计图转换为用户可点击、可交互的 HTML 原型。Axure RP 可以运用自然语言来创建交互逻辑和交互命令，减少了复杂的编程过程。每次在生成 HTML 原型时，Axure RP 都会将这些交互转换为 Web 浏览器能够理解的 JavaScript 代码。

4.1.1 交互事件

在 Axure RP 中，“事件”决定什么时候发生交互动作，在 Axure RP 的检视面板的“属性”标签内会看到 3 种事件，如图 4–1 所示。单击“更多事件”选项，会看到更多的事件，如图 4–2 所示。

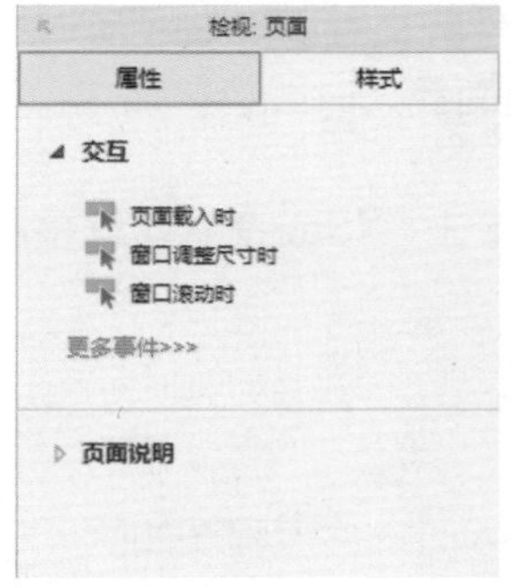

图 4–1

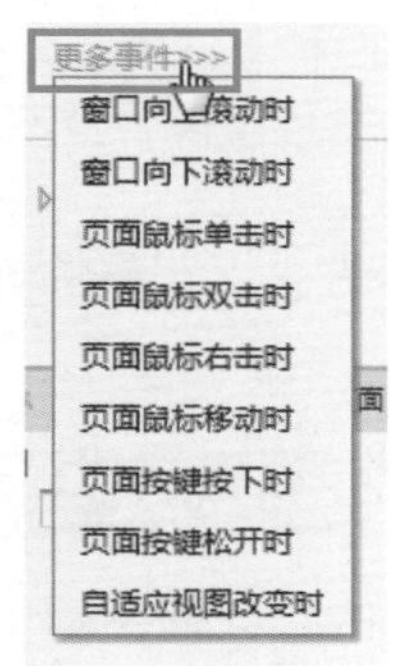

图 4–2

4.1.2 交互的位置

Axure RP 的所有元件都可以创建交互动作，如矩形元件、动态面板元件等。页面或母版也可以创建交互动作，在“检视：页面”面板的“属性”标签下可以创建页面或母版的交互事件，如图 4-3 所示。在“检视：某元件”面板的“属性”标签下可以创建元件的交互事件，如图 4-4 所示。

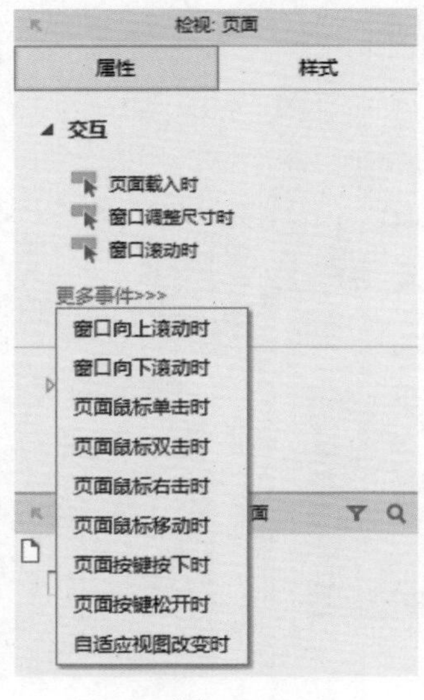

图 4–3

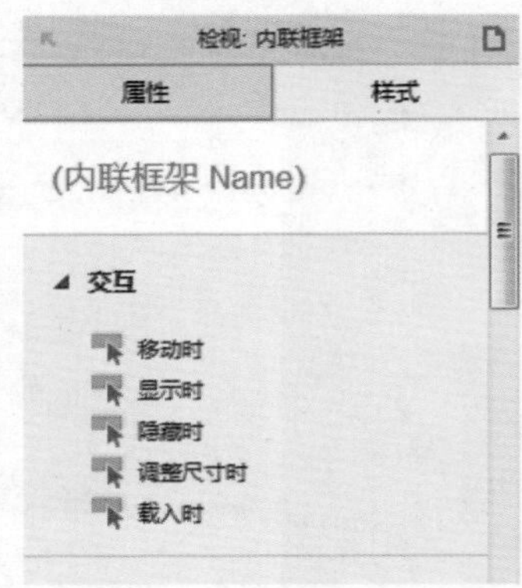

图 4–4

4.1.3 交互的动作

Axure RP 把要发生的事情命名为动作，动作能够影响交互的结果。例如在页面载入时，将一个动态面板设定为某一指定的状态，当单击某一个按钮时，会载入到另一个页面。

此外，Axure RP 交互可以由条件逻辑进行引导，当然是否使用条件是可选的。

有时一个时间可以触发多条可选事件，每个事件都有各自特定的用例。触发该事件的关键在于控制它的触发条件。

4.2 Axure RP 事件

Axure RP 由两种事件触发，即页面或母版的交互事件和元件的交互事件。

页面或母版的交互事件：这些事件可以自动触发，例如当页面载入时或者在用户做了某个动作后触发滚动屏。

元件的交互事件：这些事件一般是用户直接触发的，例如单击按钮或者滑动屏幕产生一系列的事件。

4.2.1 页面事件的发生

在原型中创建的交互命令是由浏览器来执行的，例如页面载入时事件流程图如图 4-5 所示。

- 如果是首次启动原型，一个页面链接到另一个页面，就会自动请求浏览器加载一个页面。
- 浏览器首先会检查页面中的页面加载事件，既可以是所要加载的页面，也可以是该页面中所包含的母版，或者两者共同存在。
- 如果在一个页面加载时进行交互，浏览器首先将页面的交互处理完成后，再处理母版的交互。
- 如果页面加载事件中包括条件，浏览器将根据条件判断并执行相应的动作。如果页面加载事件没有条件，浏览器会执行动作。

每次交互最后都会渲染被请求的页面。

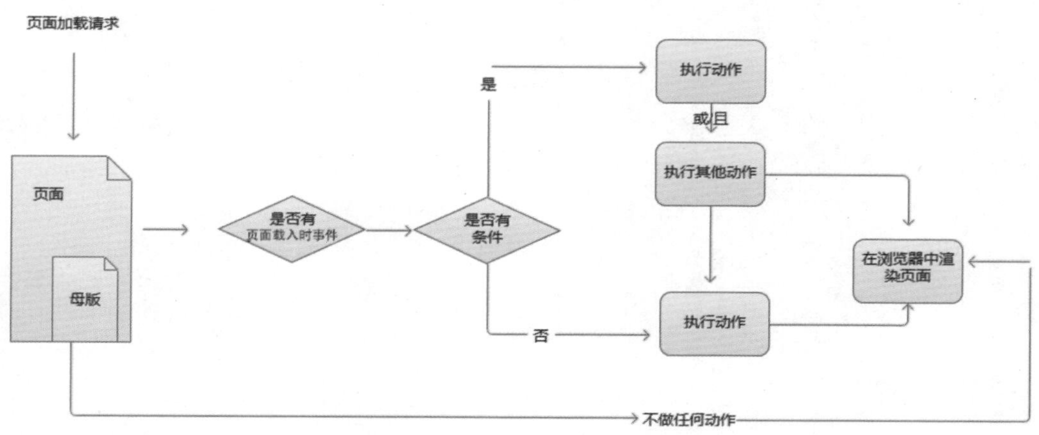

图 4-5

4.2.2 页面事件

页面事件包括以下事件，如图 4-6 所示。

页面载入时：页面加载完成之后触发的事件，可以用来设置空间和参数的初始状态等。

窗口调整尺寸时：页面尺寸发生变化时触发的事件。例如当用户缩小页面时，对页面布局进行一些调整。想象一下，类似 interest.com 一样的页面，当用户修改页面的宽度时，页面的布局就会发生变化。

页面滚动时：当页面滚动时触发的事件。我们能想到的最直接的页面滚动时触发的事件就是滚动的时候动态加载页面了。

窗口向上滚动时：当页面中的窗口向上滚动时触发事件。

窗口向下滚动时：当页面中的窗口向下滚动时触发事件。

页面鼠标单击时：当页面被单击时触发事件。

页面鼠标双击时：当页面被双击时触发事件。

页面鼠标右击时：当页面被右击时触发事件。

页面鼠标移动时：当页面被移动时触发事件。

页面按键按下时：当用户在页面上按下按键时触发事件。

页面按键松开时：当用户在页面上松开按键时触发事件。

自适应视图改变时：当移动端手机从竖屏浏览变为横屏浏览时触发事件。

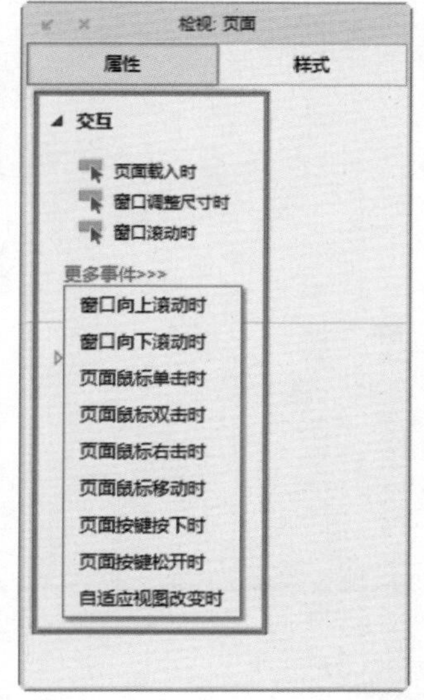

图 4-6

实例 13　加载 QQ 邮箱页面

教学视频：视频\第 4 章\加载 QQ 邮箱页面 .mp4　　源文件：源文件\第 4 章\加载 QQ 邮箱页面 .rp

实例分析：

本实例主要讲解了页面加载事件的应用。首先绘制完成邮箱的登录界面、加载界面和登录成功，然后通过添加事件实现 QQ 邮箱登录的页面交互效果。

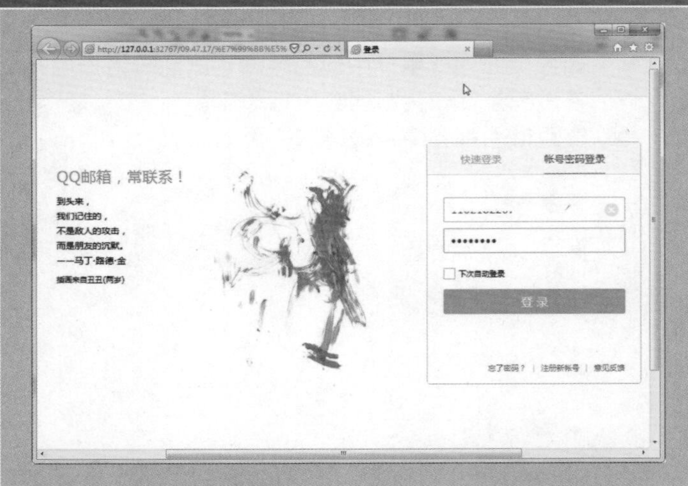

制作步骤：

01 执行“文件 > 新建”命令，新建一个项目文档，如图 4-7 所示。将矩形 1 元件拖曳到 index 页面中，设置元件的坐标为 X450、Y360，尺寸为 W305、H12，并将其重命名为“蓝色矩形”，效果如图 4-8 所示。

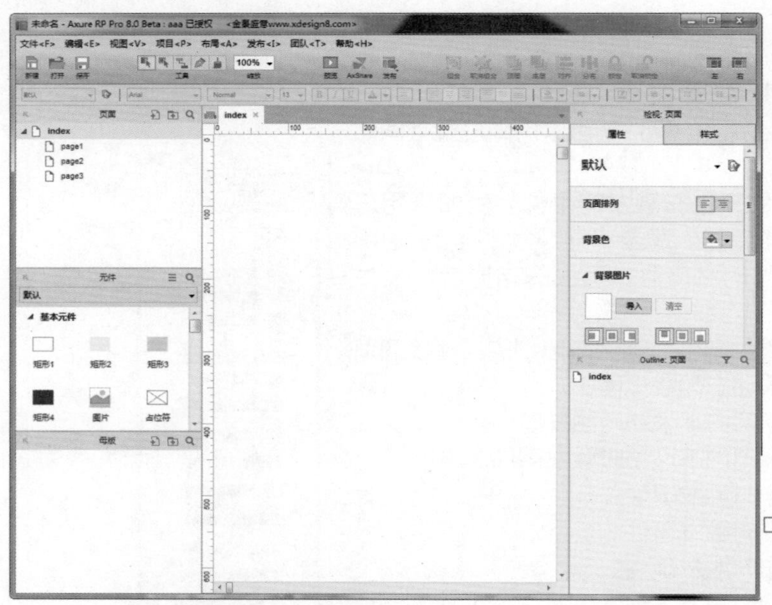

图 4-7

图 4-8

02 设置矩形 1 元件的填充样式为 #FFFFFF，边框颜色为 #A1A9B7，如图 4-9 所示，效果如图 4-10 所示。

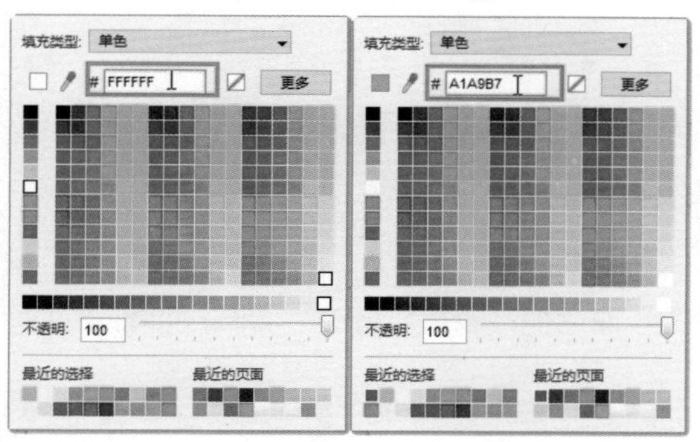

图 4-9

图 4-10

03 将一个动态面板元件拖入页面，将此元件放置在矩形 1 元件上，设置动态面板元件的坐标为 X32、Y52，尺寸为 W300、H8，如图 4-11 所示。双击动态面板元件打开“动态面板管理器”对话框，在该对话框中双击 State1 状态，在该状态页面下拖入一个矩形 1 元件，设置矩形的坐标为 X0、Y0，尺寸为 W300、H8，并填充颜色为 #D4E4FF，效果如图 4-12 所示。

图 4-11　　图 4-12

04 在该页面中再次拖入一个动态面板元件，重命名为“进度”，设置坐标为 X0、Y0，尺寸为 W300、H8，双击进度动态面板元件打开“动态面板管理器”对话框，在该对话框中双击 State1 状态，在该状态页面下拖曳一个矩形 1 元件，设置矩形的坐标为 X0、Y0，尺寸为 W300、H8，并填充颜色为 #FFFFF，边框为无，效果如图 4-13 所示。元件管理面板如图 4-14 所示。

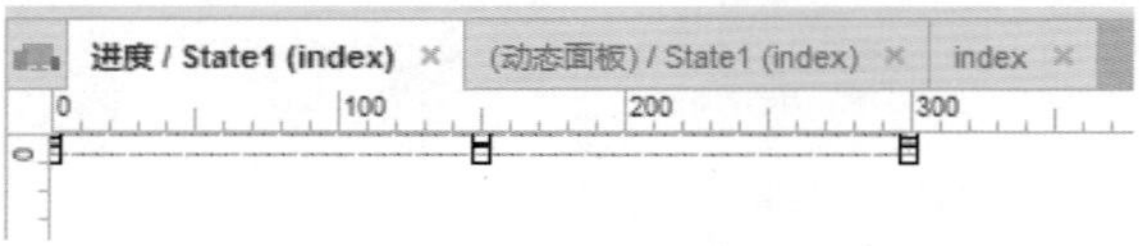

图 4-13

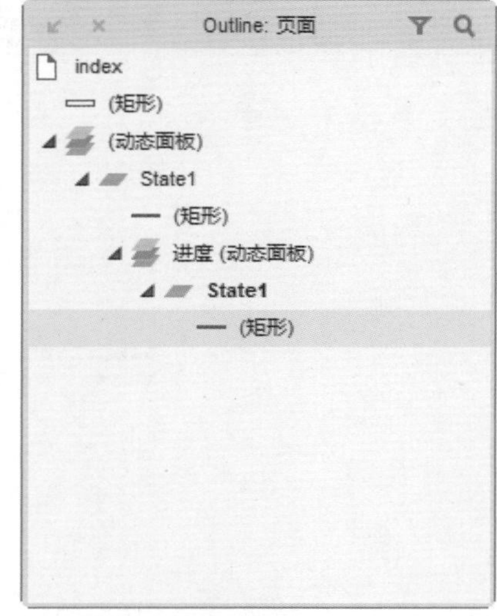

图 4-14

05 返回 index 页面，在该页面中拖入一个文本标签元件，设置元件的位置是 X30、Y20，尺寸为 X280、Y19，如图 4-15 所示。设置字体为 Arial，字体大小为 16，字体颜色为 #333333，字体样式为粗体，显示文字为“页面加载中，请稍等…”，效果如图 4-16 所示。

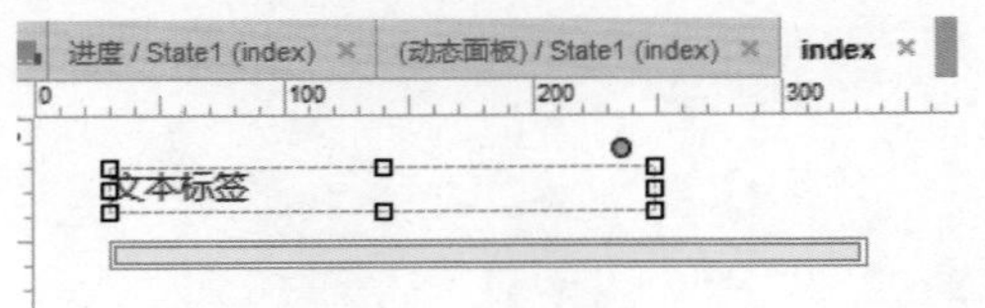

图 4-15

页面加载中，请稍等...

图 4-16

06 双击“页面载入时”事件，打开“用例编辑”对话框，添加“移动”动作，如图 4-17 所示。继续添加动作并配置动作，如图 4-18 所示。

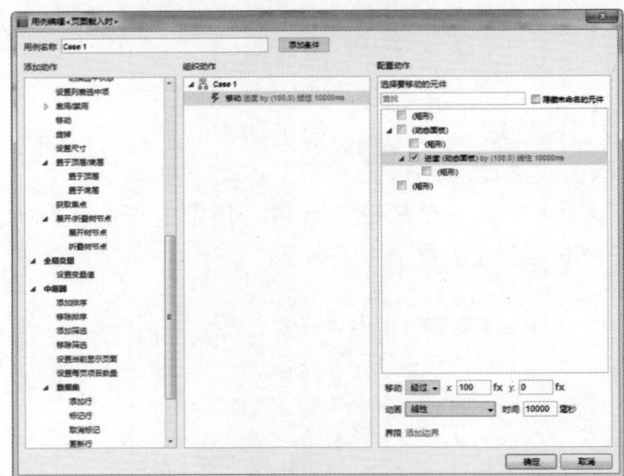

图 4-17

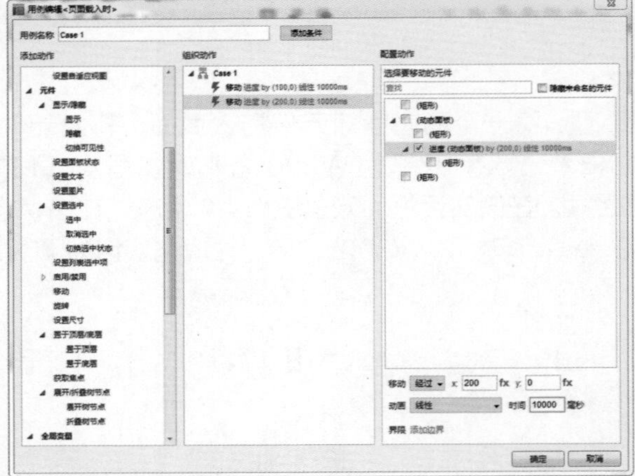

图 4-18

07 执行“发布 > 预览”命令，预览效果，如图 4-19 所示。将 index 页面重命名为“进度”，将 page1 重命名为“登录”，将“登录”移动到“进度”页面的上面，页面管理面板如图 4-20 所示。

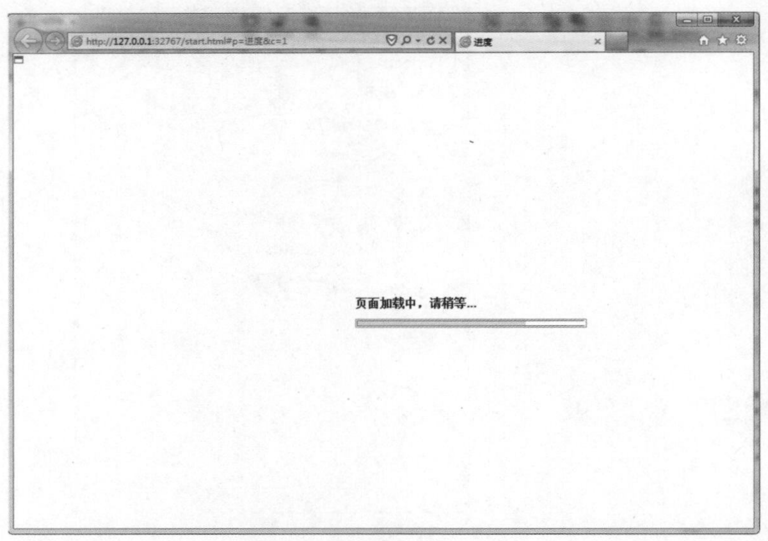

图 4-19

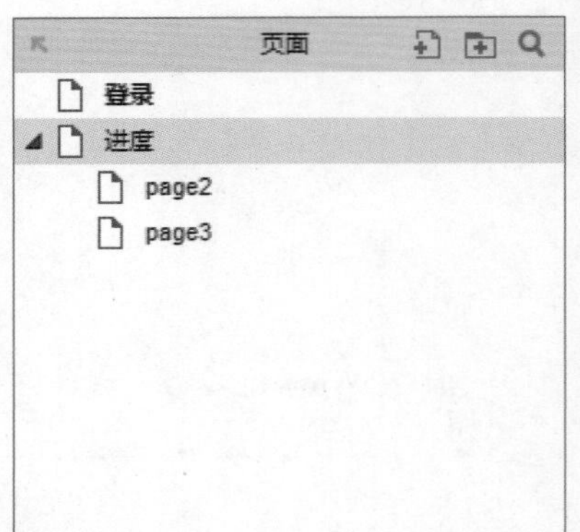

图 4-20

08 双击“登录”页面，在“登录”页面中拖曳一个图片元件，如图 4-21 所示。双击元件，选择“素材 \ 第 4 章 \006.jpg”图片，图片的位置为 X0、Y0，如图 4-22 所示。

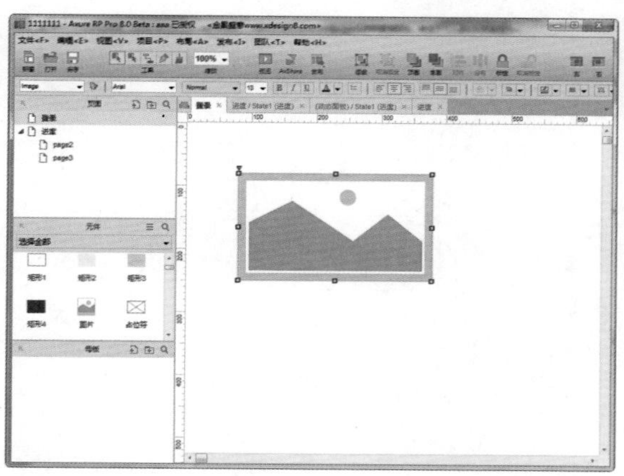

图 4-21

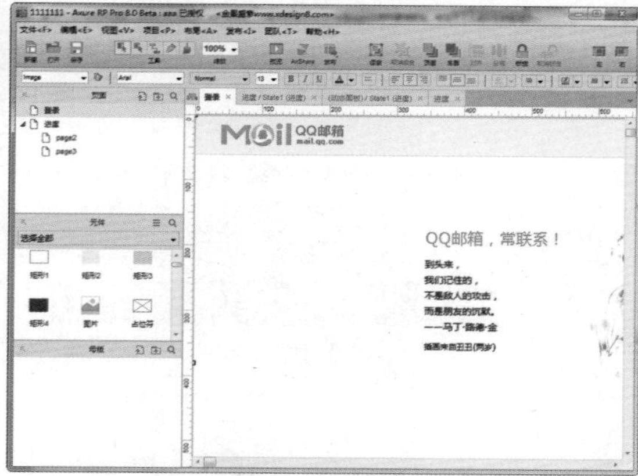

图 4-22

09 继续拖曳热区元件到页面编辑区内，将该元件覆盖在登录按钮上，如图 4-23 所示。为元件添加“鼠标单击时”事件，如图 4-24 所示。

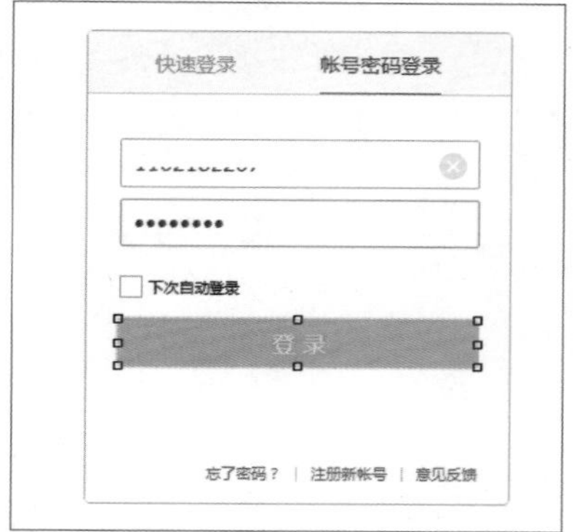

图 4-23

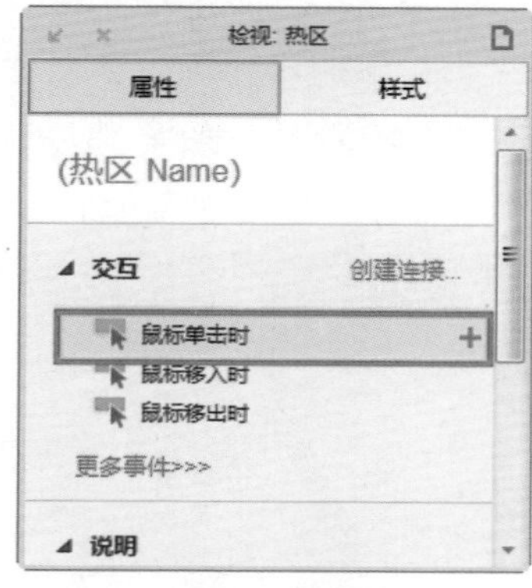

图 4-24

10 打开“用例编辑”对话框，添加“当前窗口”动作，在配置动作中选择“进度”页面，如图 4-25 所示。执行“发布 > 预览”命令，查看效果，如图 4-26 所示。用户单击“登录”按钮，可以链接到页面加载中。

图 4-25

图 4-26

11 将 page2 页面重命名为“邮箱”，将该页面移动到所有页面的下面，双击该页面，拖入一个图片元件并导入图片，图片效果如图 4-27 所示。返回“进度”页面，继续为页面添加如图 4-28 所示的动作。

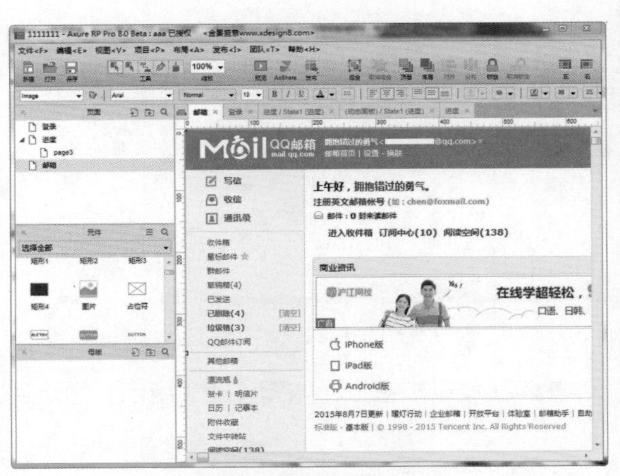

图 4-27

图 4-28

12 执行“文件 > 保存”命令，将项目保存。执行“预览”命令，用户可以查看效果，如图 4-29 和图 4-30 所示。

图 4-29

图 4-30

4.2.3 元件事件

单击鼠标事件，是通过单击鼠标或者手指触碰触发事件，是最基本的交互事件。在 Axure RP 中，不同的元件有不同的交互事件。Axure RP 元件事件的运作过程，如图 4-31 所示。

- 元件的交互是从一个用户触发事件开始，不同的元件有不同的交互响应。例如单击按钮之前，用户需要将鼠标停放在按钮上并且按钮样式发生变化，响应当鼠标移入时的事件。
- 浏览器会检查元件事件是否存在条件，浏览器会首先判断条件是否满足条件，如果符合条件，浏览器才会执行相应的动作。如果不符合条件，浏览器就会直接执行其他动作。

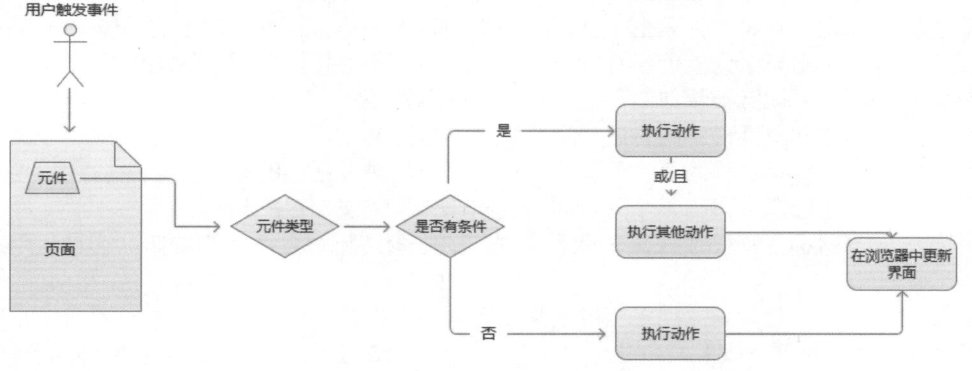

图 4-31

元件的交互事件和动态面板的交互事件，如图 4-32 所示。

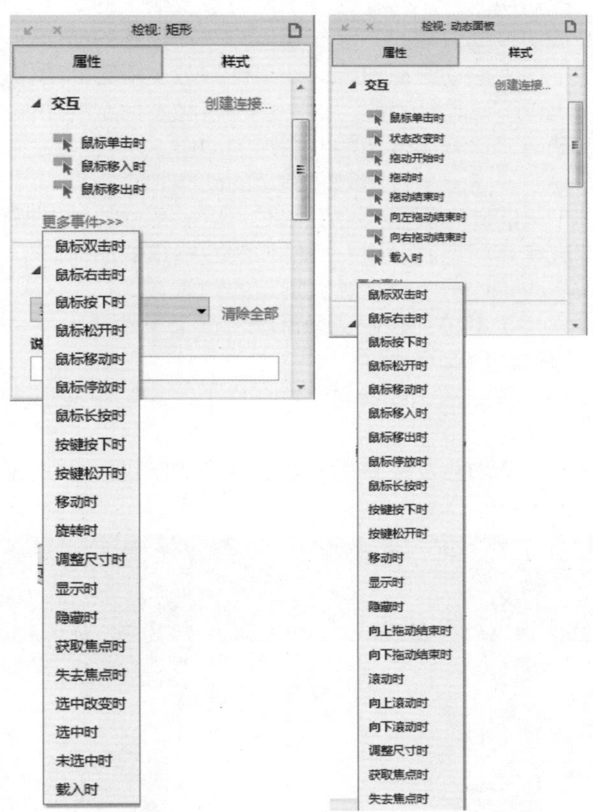

图 4-32

鼠标单击时：当用户单击页面中的某个元素时，这一事件将触发指定的动作。

状态改变时：动态面板可能有多个状态，这个事件可以在动态面板切换状态时触发指定动作。

拖动开始时：这个事件能准确定位于用户开始拖动某个动作面板的那一瞬间。

拖动时：这个事件在拖动动态面板的这一段时间内可以持续发生。

拖动结束时：这个事件能准确定位于用户结束拖动某个动作面板的那一瞬间。也就是说，可以验证用户是否将元件放在正确的位置。

鼠标双击时：当用户双击页面上某个元素时，这一事件将触发指定的动作。

鼠标右击时：当用户在某个元素上单击鼠标右键时，这一事件将触发指定的动作。

鼠标按下时：当单击某个元素但没有松开鼠标时，这一事件将触发指定的动作。

鼠标松开时：当鼠标指针被释放时，这一事件将触发指定的动作。

鼠标移动时：当移动鼠标指针时，这一事件将触发指定的动作。

鼠标移入时：当鼠标指针移入某个元素时，这一事件将触发指定的动作。

鼠标移出时：当鼠标指针移出某个元素时，这一事件将触发指定的动作。

鼠标停放时：当鼠标指针停放在某个元素上时，这一事件将触发指定的动作。这是有用的自定义提示。

鼠标长按时：适用于触摸屏，用于当单击某个元素并长按时。

按键按下时：当在键盘上按下某个键盘时，这一事件将触发指定的动作。这个事件适用于任何元件，但是动作只会在获得焦点的元件上生效。

按键松开时：当松开键盘上某个按下的按键时，这一事件将触发指定的动作。

移动时：当相应的元件在移动时，这一事件将触发指定的动作。

显示时：当相应的元件被切换成显示时，这一事件将触发指定的动作。

隐藏时：当相应的元件被切换成隐藏时，这一事件将触发指定的动作。

向上拖动结束时：当从下往上滚动结束时，这一事件将触发指定的动作。

向下拖动结束时：当从上往下滚动结束时，这一事件将触发指定的动作。

向上滚动时：当向上滚动时，这一事件将触发指定的动作。

向下滚动时：当向下滚动时，这一事件将触发指定的动作。

调整尺寸时：当检测到相关的动态面板尺寸变化时，这一事件将触发指定的动作。

获取焦点时：当元件变成焦点状态时，这一事件将触发指定的动作。

失去焦点时：当元件失焦时，这一事件将触发指定的动作。

选中改变时：这个事件只用于下拉列表中，通常配合这个条件使用——当想要选中某个选项，触发改变线框图内的动作时，可以使用这个事件。

选中时：这个事件只能用于单选按钮或者复选框元件上。当选中某个选项触发改变线框图内容的动作时，可以使用这个事件。

未选中时：当没有选中某个选项触发改变线框图内容的动作时，可以使用这个事件。

实例 14 使用动态面板创建轮播图

教学视频：视频 \ 第 4 章 \ 使用动态面板创建轮播图 .mp4

源文件：源文件 \ 第 4 章 \ 使用动态面板创建轮播图 .rp

实例分析：

本实例主要制作页面图片轮播的交互效果，在制作时主要使用动态面板元件，首先在动态面板元件上添加图片元件，然后添加“鼠标移入时”事件，实现图片相互交替的变换效果。

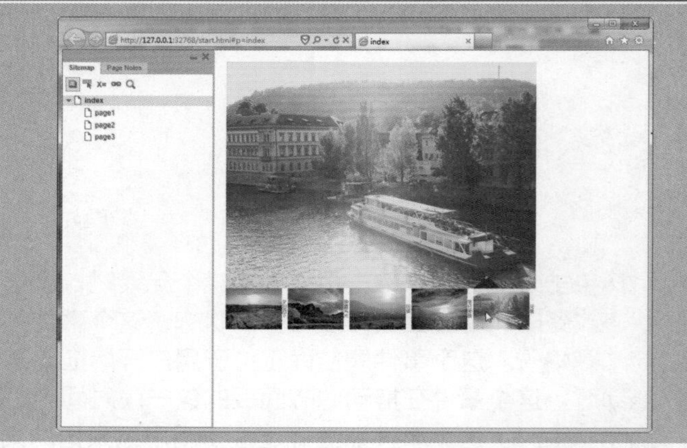

制作步骤：

01 执行“文件 > 新建”命令，新建一个项目文档，如图 4-33 所示。将一个动态面板元件拖曳到 index 页面中，设置元件的坐标为 X20、Y20，尺寸为 W515、H386，重命名元件为“轮播图”，如图 4-34 所示。

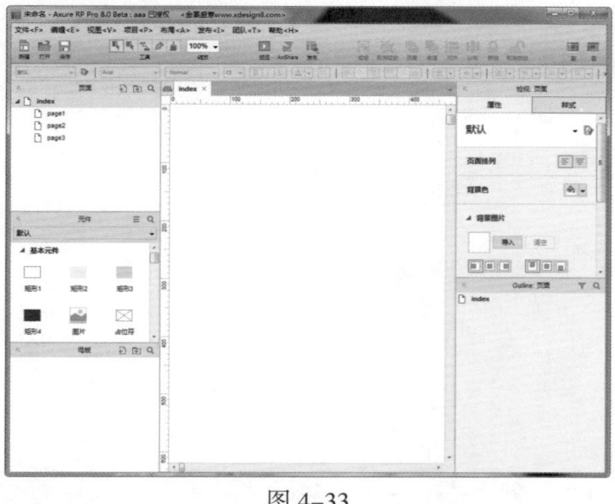

图 4-33

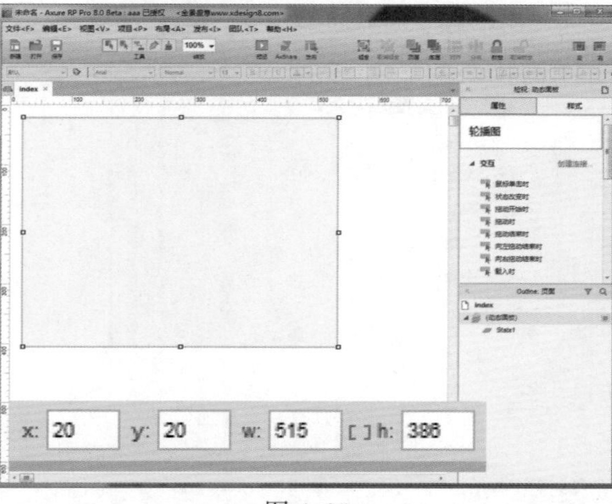

图 4-34

提示　动态面板的具体尺寸与制作的页面和图片有关，也可以自行修改。

02 双击页面编辑区的动态面板元件，打开“动态面板状态管理”对话框，如图 4-35 所示。单击“添加”按钮，添加 4 个状态，如图 4-36 所示。

图 4-35

图 4-36

提示　在“动态面板状态管理”对话框中，默认情况下已经添加了一个 State1，只需要添加 4 个就可以了。现在有 5 个状态，最终的效果会显示有 5 个不同的图片在切换。

03 单击页面编辑面板中的“动态面板”，可以看到“轮播图”动态面板下有 5 个状态页面，如图 4-37 所示。双击 State1，这时在页面编辑区内会出现一个名称为“轮播图 /State1（index）”状态页面，如图 4-38 所示。

图 4-37

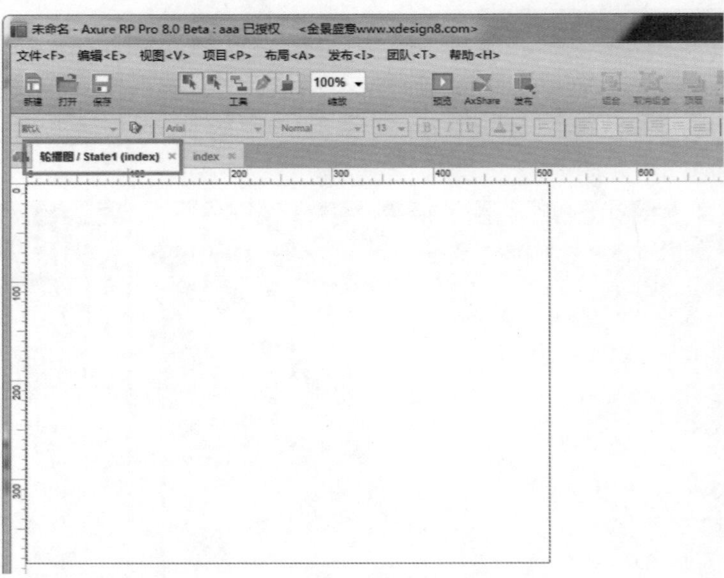

图 4-38

“轮播图 /State1（index）”不是真正的页面，只是一个状态页面，不会出现在页面管理器中。

04 在“轮播图 /State1（index）”状态页面下，会看到蓝色的虚线，如图 4-39 所示。在该页面中拖入一个图片元件，双击元件，选择“素材 \ 第 4 章 \001.jpg”图片，如图 4-40 所示。

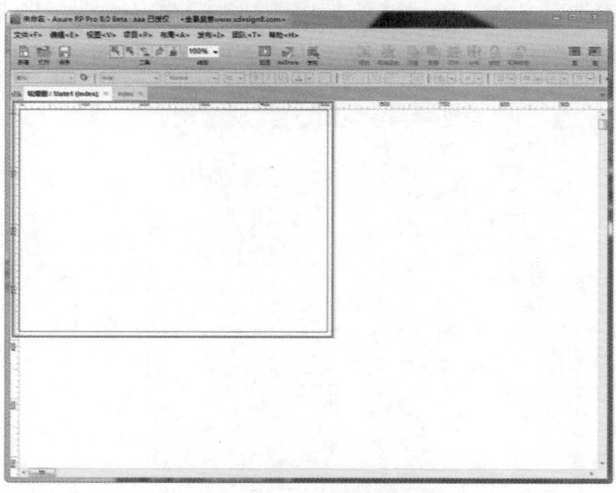

图 4-39

图 4-40

05 单击“打开”按钮导入图片，调整图片位置在蓝色的虚线框内，坐标设置为X0、Y0，如图4-41所示。在元件管理区内双击 State2，同样打开新的“轮播图 /State2（index）”状态页面，如图 4-42 所示。

这里创建的动态面板和图片大小是一样的，所以图片刚好在蓝色虚线框上。

06 使用相同的方法添加图片，并将 State3、State4 和 State5 也添加图片，效果如图 4-43 所示。将状态页面制作完成后，最终的动态面板会由 5 个状态页面组成，将页面编辑区的 5 个状态页面关闭，回到 index 页面，会看到 State1 状态页面中的图片，如图 4-44 所示。

图 4-41

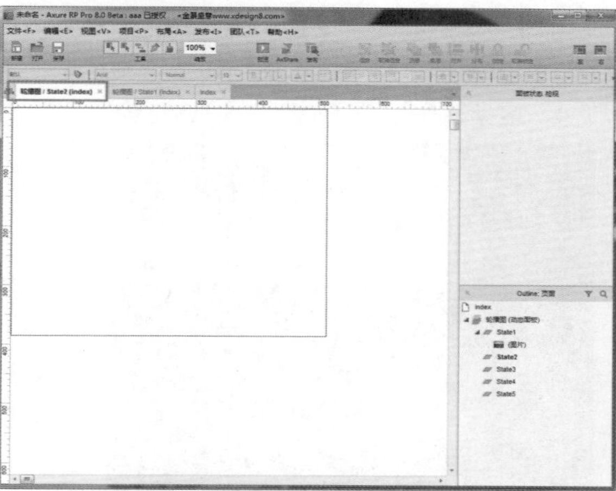

图 4-42

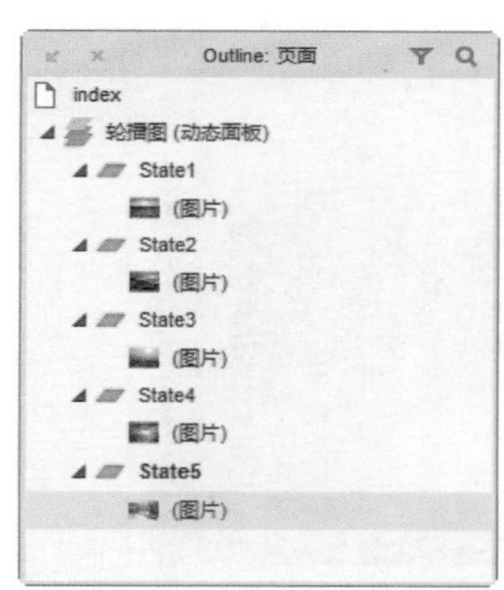

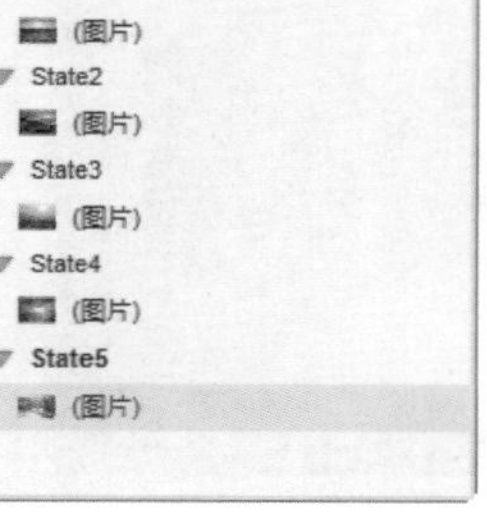

图 4-43

图 4-44

在 index 页面中显示的 State1 图片，是动态面板区域中最上面的状态页面内容，如图 4-45 所示。如果想要在动态面板上显示其他图片，可以选中图片上下拖动调整顺序，如图 4-46 所示。

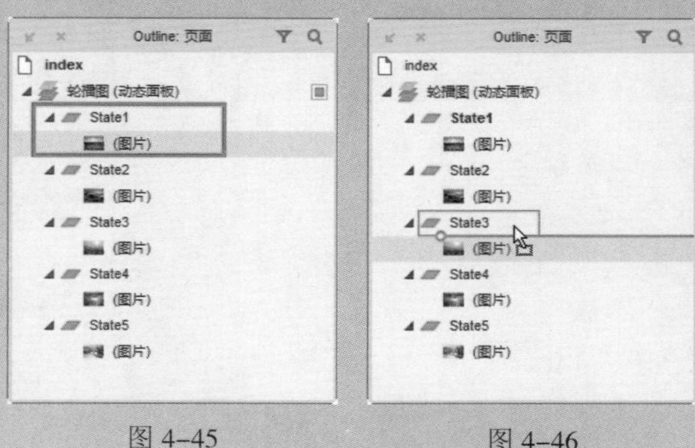

图 4-45　　图 4-46

07 在 index 页面内拖曳 5 个图片元件，并分别命名为“图片 1”至“图片 5”，并导入图片，将图片排列在动态面板下，如图 4-47 所示。选中图片 1 元件，双击交互事件中的“鼠标移入时”，打开“用例编辑”对话框，在对话框中添加动作，如图 4-48 所示。

图 4-47

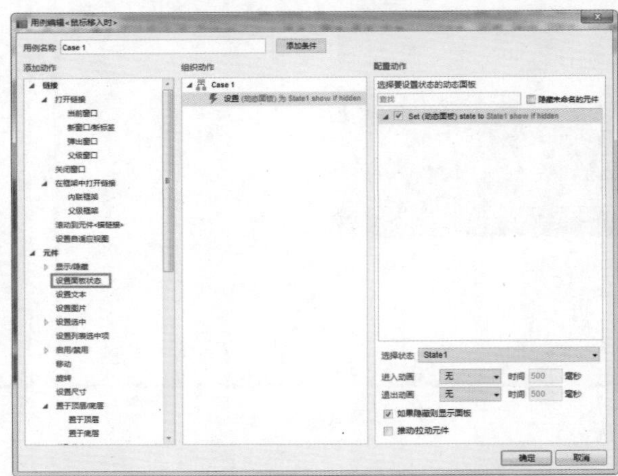

图 4-48

08 使用相同的方法将“图片 2”至“图片 5”元件也添加相同的事件，如图 4-49 所示。执行“预览”命令，预览项目，在浏览器中图片可以进行切换，如图 4-50 所示。

图 4-49

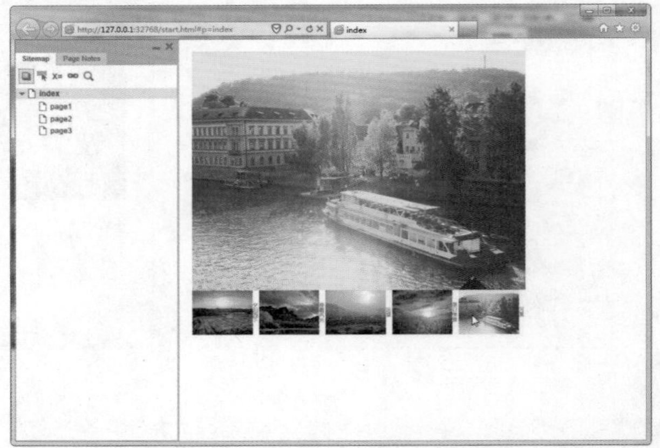

图 4-50

实例 15 购买课程

教学视频：视频 \ 第 4 章 \ 购买课程 .mp4　　源文件：源文件 \ 第 4 章 \ 购买课程 .rp

实例分析：

本实例主要是在下拉列表元件上应用了“选项改变时”事件，添加了显示、设置文本等动作，实现在下拉列表中选择选项，并显示结果的页面交互效果。

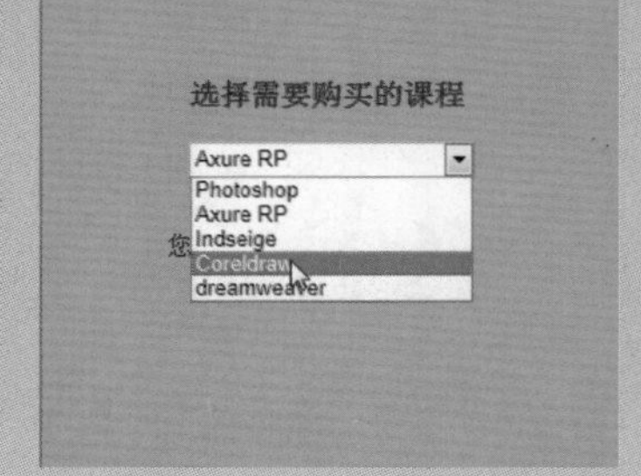

制作步骤：

01 执行“文件 > 新建”命令，新建一个项目文档，如图 4-51 所示。拖曳一个矩形 1 元件到 index 页面中，设置元件的坐标为 X200、Y150，尺寸为 W350、H300，将元件重命名为“背景”，如图 4-52 所示。

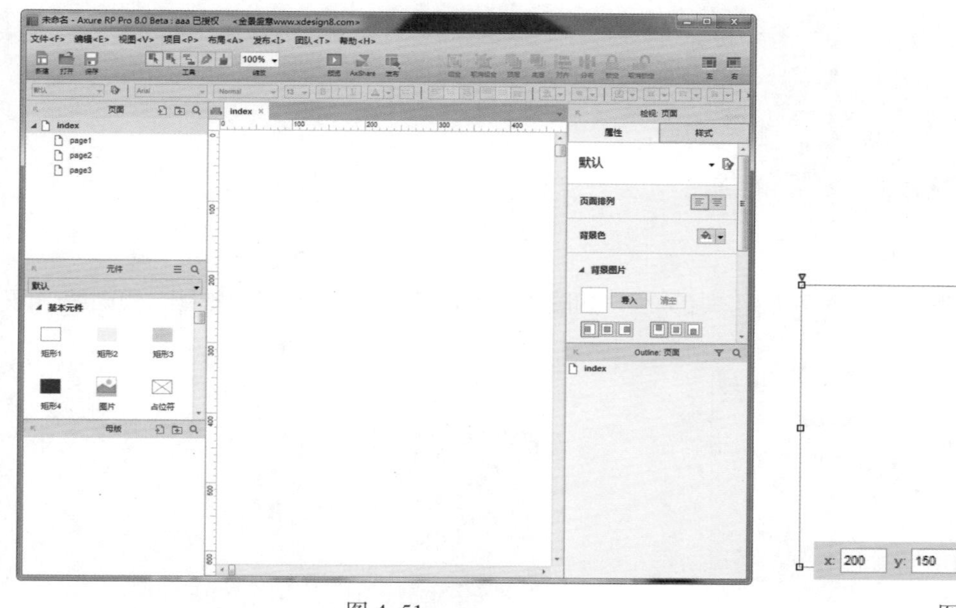

图 4-51

图 4-52

02 设置矩形填充颜色为 #FF9900，并将其锁定，如图 4-53 所示。继续拖入一个文本标签元件，设置文本标签的位置为 X289、Y210，输入文本为“选择需要购买的课程”，设置文本的字体为宋体，样式为粗体，字号为 18 号，将文本重命名为“购买课程”，如图 4-54 所示。

图 4-53

图 4-54

03 继续拖入一个下拉列表元件，调整合适的位置，重命名为“选择课程”，如图 4-55 所示。双击下拉列表元件，弹出“编辑列表选项”对话框，如图 4-56 所示。

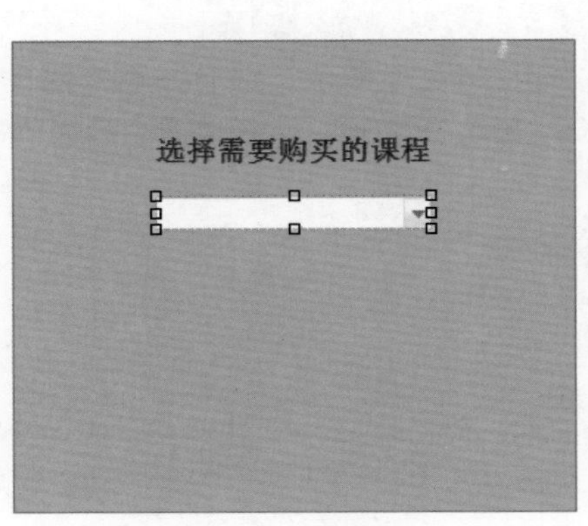

图 4-55

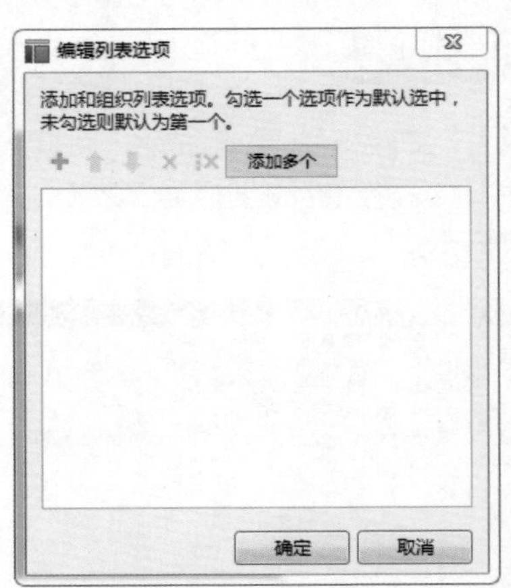

图 4-56

04 在“编辑列表选项”对话框中添加列表，如图 4-57 所示。单击“确定”按钮，页面编辑区效果如图 4-58 所示。

图 4-57

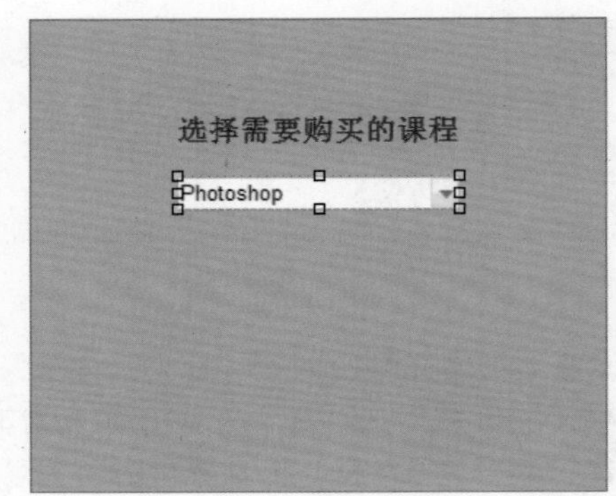

图 4-58

05 继续拖入一个文本标签元件，输入文字为“您选择的课程是：”，将该文本标签重命名为“选择课程”，如图 4-59 所示。再次拖入一个文本标签元件，将该文本重命名为“结果”，如图 4-60 所示。

图 4-59

图 4-60

06 将该文本标签隐藏，如图 4-61 所示。选中下拉列表元件，双击交互事件中的“选项改变时”事件，打开“用例编辑”对话框，在对话框中添加“设置文本”动作，如图 4-62 所示。

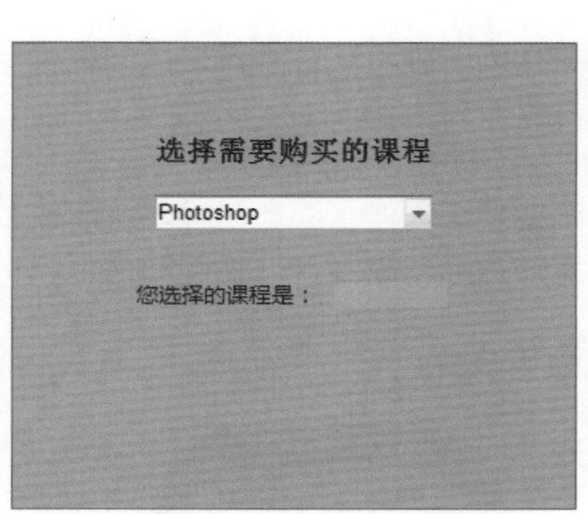

图 4-61

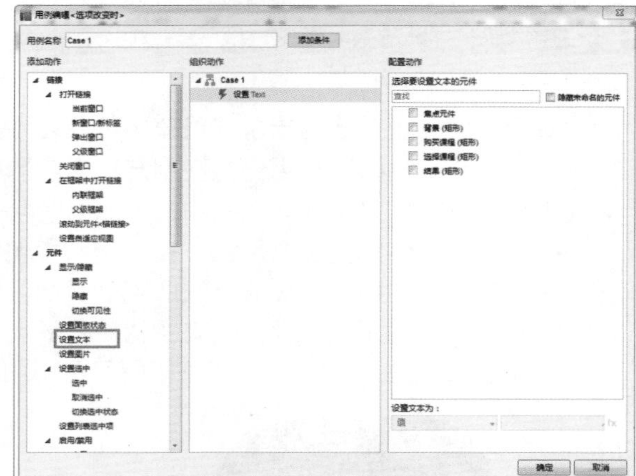

图 4-62

07 在“配置动作”下设置参数，如图 4-63 所示。添加“显示”动作，在“配置动作”下设置参数，如图 4-64 所示。

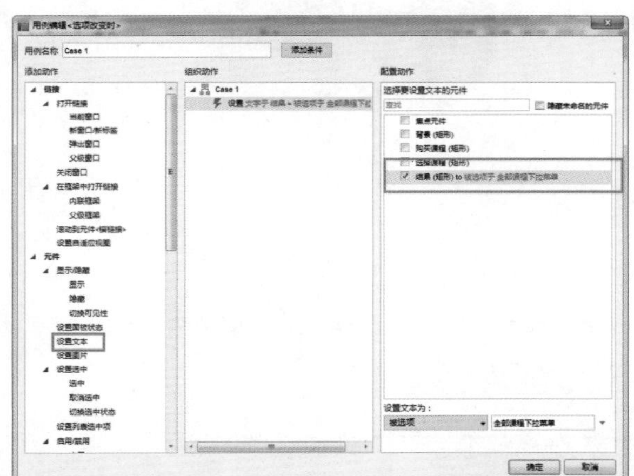

图 4-63

图 4-64

08 单击“确定”按钮，效果如图 4-65 所示。执行“预览”命令，查看效果，如图 4-66 所示。

图 4-65

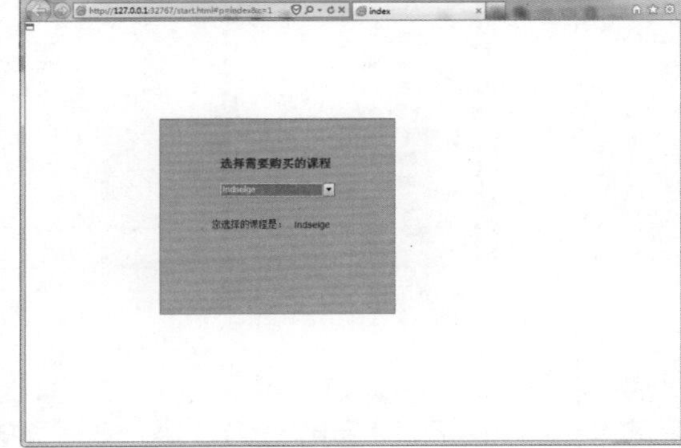

图 4-66

4.3 Axure RP 用例

Axure RP 用例是指在同一个任务或事件内创建不同流程的一种方式。不管是页面或是母版的页面加载事件，还是元件事件，用例的使用方式通常情况下有两种。

- 每个交互事件只包含一个用例，用例中包含一个或多个动作，如图 4-67 所示。
- 每个交互事件包含多个用例，每个用例中包含一个或多个动作。添加条件，决定什么情况下应该执行哪种用例。Axure RP 用例就像存放动作的容器，能够模拟不同的交互流程。原型的保真度越高，多个用例的交互就会越多。

如图 4-68 所示是 Axure RP 交互和所包含用例的结构关系图。

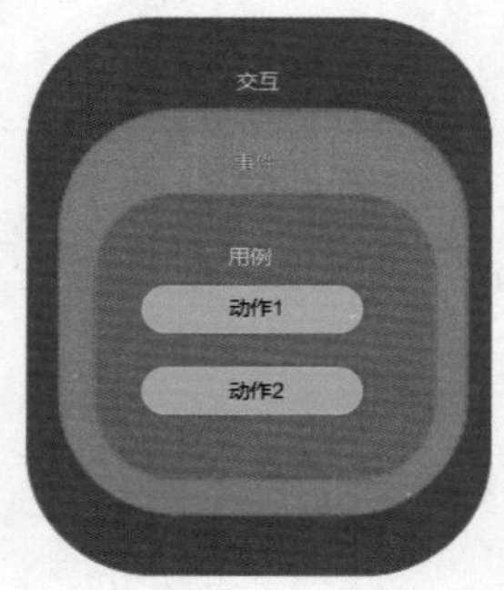

图 4-67

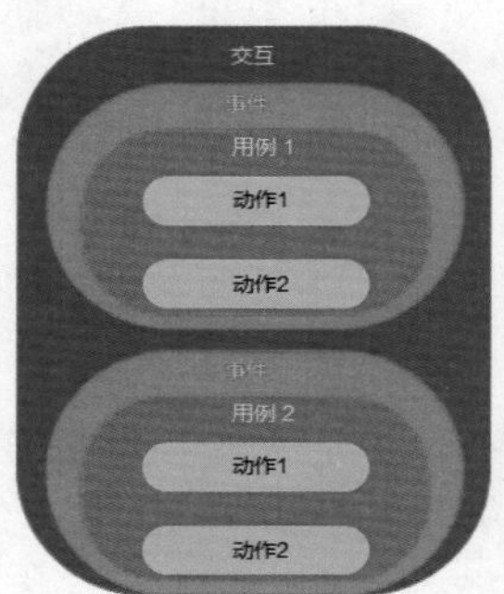

图 4-68

4.3.1 用例编辑器

在选中元件后，只要双击事件名称，就会弹出“用例编辑”对话框，如图 4-69 所示。

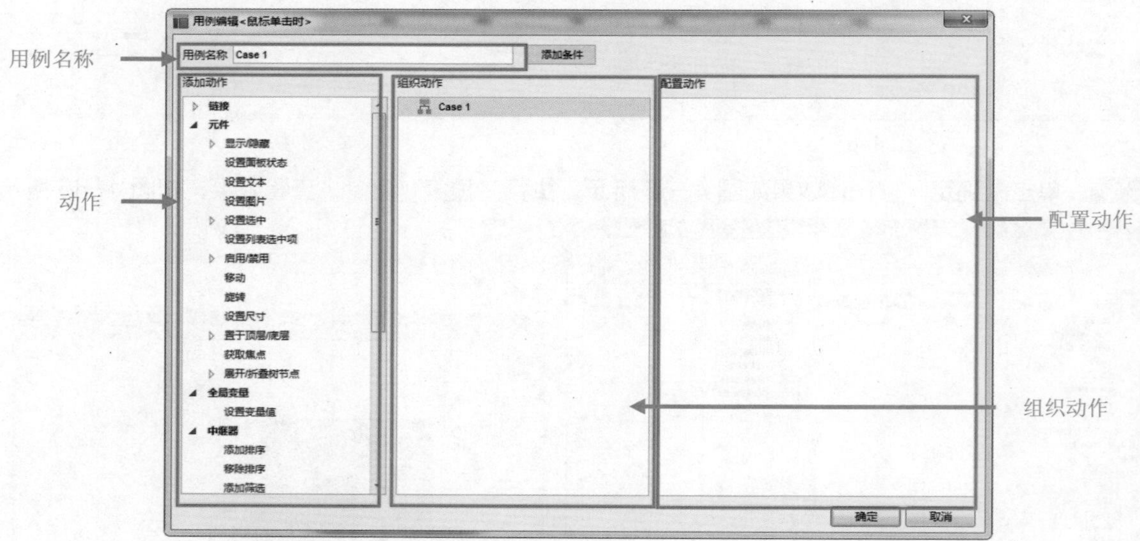

图 4-69

用例名称：描述说明这个用例是做什么的。默认的描述就是 Case1，在使用时不会去修改。
动作：Axure RP 的动作分为 5 类，在后面的章节向用户详细讲解。
组织动作：在组织动作中可以看到所有添加的动作，这里可以删除动作，也可以调整动作的顺序。

Axure RP 会按照动作由上到下的顺序执行。如果希望某个动作优先执行，可以选中要调整的动作，直接拖曳到靠前的位置即可。

配置动作：在配置动作中可以针对有些需要设计参数的动作设置参数。

4.3.2 条件设立

在前面用户已经了解条件设立是控制动作发生的时机，下面对“条件设立”对话框具体讲解一下。双击“添加条件”选项，打开“条件设立”对话框，如图 4-70 所示。

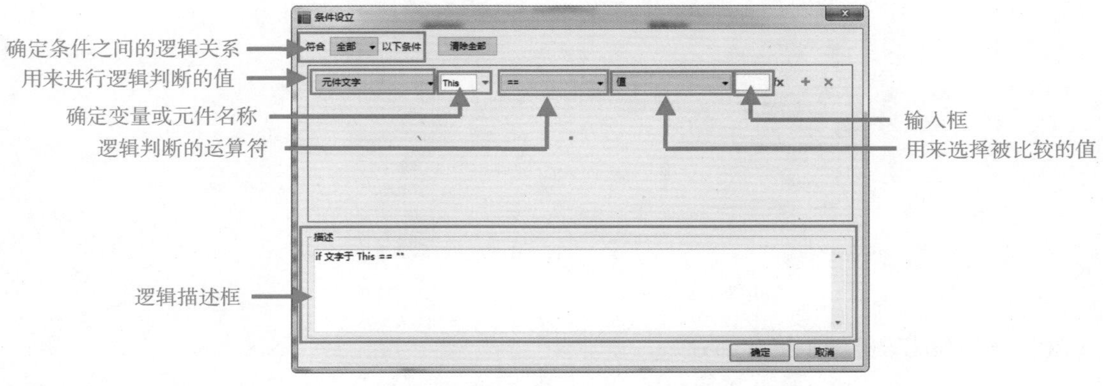

图 4-70

1. 确定条件之间的逻辑关系（第 1 部分）

单击“全部”后面的向下箭头，用户可以看到条件逻辑关系中有“全部”和“任何”两种关系。

全部：必须同时满足所有条件编辑器中的条件，用例才有可能发生。

任何：只要满足条件编辑器中任何一个条件，用例就会发生。

2. 用来进行逻辑判断的值（第 2 部分）

在此选项的下拉菜单中会有 14 种选择值的方式，如图 4-71 所示。

值：自定义变量值。

变量值：能够根据一个变量的值来进行逻辑判断。例如可以添加一个变量叫作日期并且判断只有当日期为 2 月 8 日的时候，才发生 Happy Birthday 的用例。

变量值长度：在验证表单的时候，要验证用户选择的用户名或者是密码长度。

元件文字：用来获取某个文本输入框中文本的值。

焦点元件文字：当前获得焦点的元件文本。

元件文字长度：与变量值长度是相似的，只是这里判断的是某个元件的文本长度。

被选项：根据页面中某个复选框元件是否被选中来进行逻辑判断。

面板状态：某个动态面板的状态。根据动态面板的状态来判断是否执行某个用例。

指针：通过当前的指针获取鼠标的当前位置，实现鼠标拖曳的相关功能。根据拖曳的位置来判断是否要执行某些操作。

元件范围：为元件事件添加条件事件指定的范围。

自适应视图：根据一个元件所在的面板进行判断。

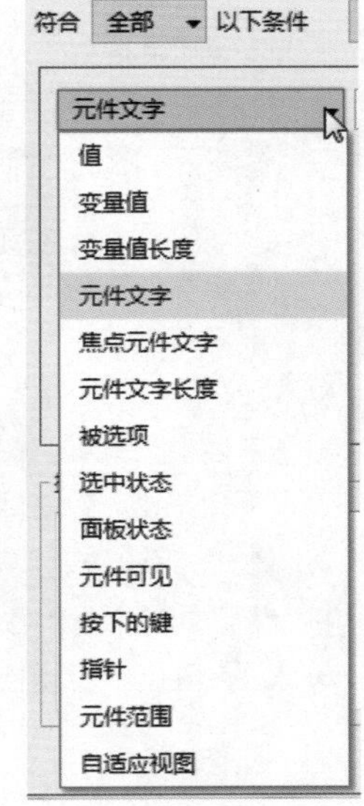

图 4 -71

3. 确定变量或元件名称（第 3 部分）

变量或元件的名称是根据前面的选择方式来确定的。如果前面选择的逻辑判断值是“变量值”选项，那么变量或元件名称就是选择到底哪个是 OnLoadVariable，也可以添加新的变量，如图 4-72 所示。

4. 逻辑判断的运算符（第 4 部分）

可以选择等于、大小或小于等条件，如图 4-73 所示。要注意的是“包含”和“不包含”选项，也就是可以判断包含关系。

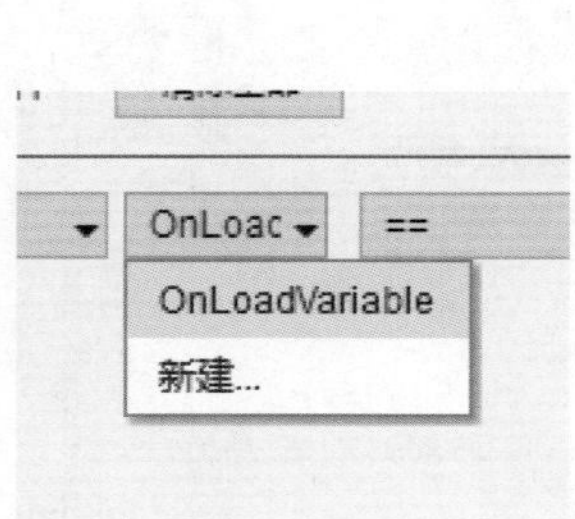

图 4-72

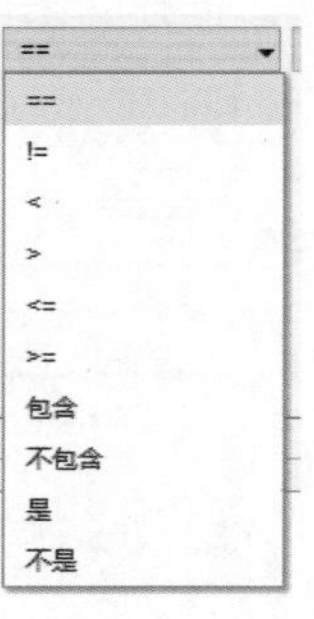

图 4-73

5. 用来选择被比较的值（第 5 部分）

这部分的值是用来和第 2 部分中的值做比较。选择的方式和第 2 部分一样。例如选择比较两个变量，刚才选择了第 1 个变量的名称，现在就要选择第 2 个变量的名称。

6. 输入框（第 6 部分）

如果在前面第 5 部分选择的是“值”，就要在输入框中输入具体的值。

7. 逻辑描述框（第 7 部分）

Axure RP 会根据用户在前面几部分中的输入生成一段描述，让用户判断条件是否正确。

fx：用户在输入值的时候，可以使用一些常规的函数，如获取日期、截断和获取字符串、预设置参数等。这部分很少使用。

+：新增条件。

×：删除条件。

实例 16 在文本框中输入文字

教学视频：视频 \ 第 4 章 \ 在文本框中输入文字 .mp4

源文件：源文件 \ 第 4 章 \ 在文本框中输入文字 .rp

实例分析：

本实例主要是在按钮元件上应用了“鼠标单击时”事件，添加了显示、设置文本等动作。其难点是在一个事件上同时设置两个用例，用例的条件设立虽然相似，但是效果完全不同。

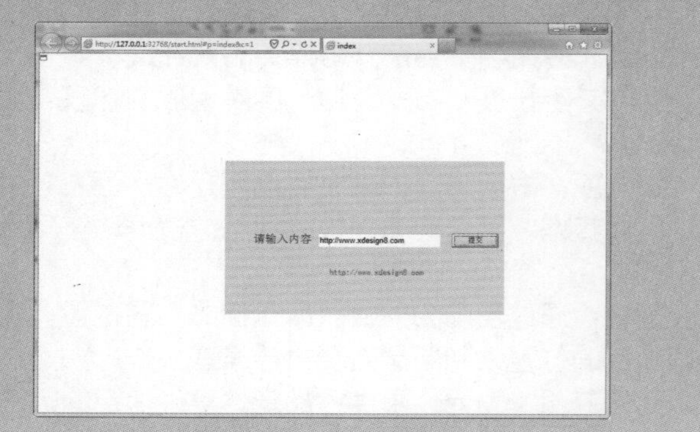

制作步骤：

01 执行“文件 > 新建”命令，新建一个项目文档，如图 4-74 所示。将一个矩形 3 元件拖曳到 index 页面中，设置元件的坐标为 X320、Y190，尺寸为 W480、H272，将元件重命名为“背景”，如图 4-75 所示。

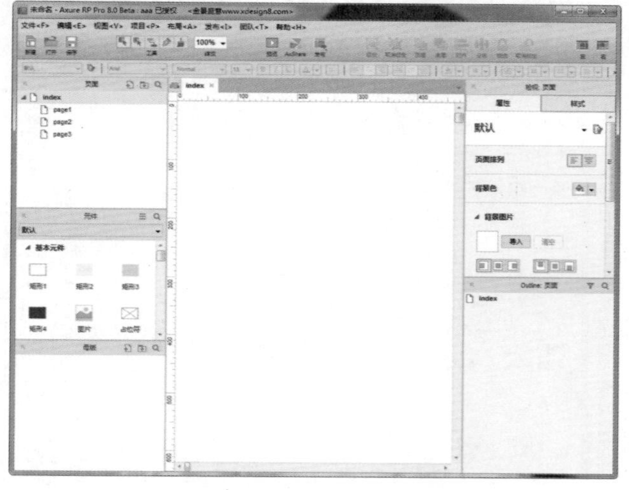

图 4-74

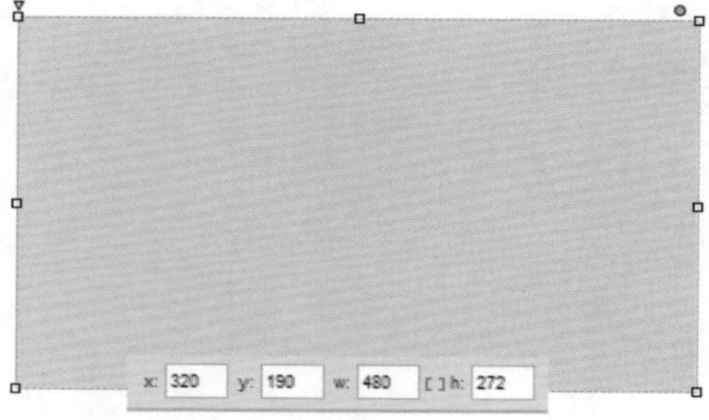

图 4-75

02 拖入一个文本标签元件，设置文本标签的位置为 X369、Y318，输入文本为“请输入内容”，设置文本的字体为默认字体，字号为 20 号，将元件重命名为“标题”，如图 4-76 所示。拖入一个文本框元件，设置文本框的位置为 X481、Y318，尺寸为 W210、H25，将元件重命名为“输入内容”，如图 4-77 所示。

图 4-76

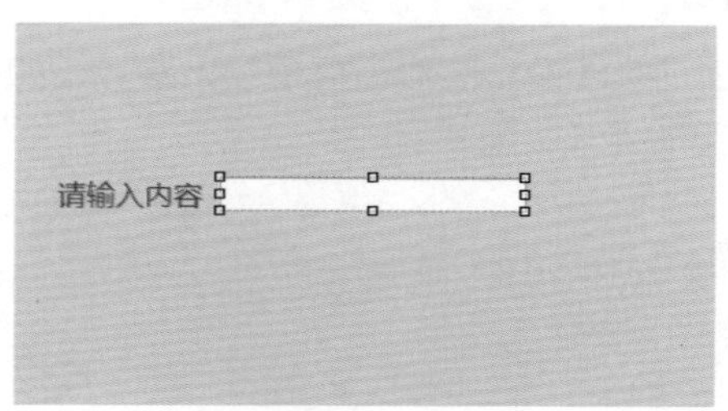

图 4-77

03 拖入一个提交按钮元件，设置按钮的大小为 W80、H25，将按钮重命名为“提交按钮”，如图 4-78 所示。继续拖入一个文本标签，设置文字为黑体，颜色为 #FF0000，字号为 14，输入文本为“请在文本框中输入内容”，将该标签设置为隐藏，并重命名为“弹出显示”，如图 4-79 所示。

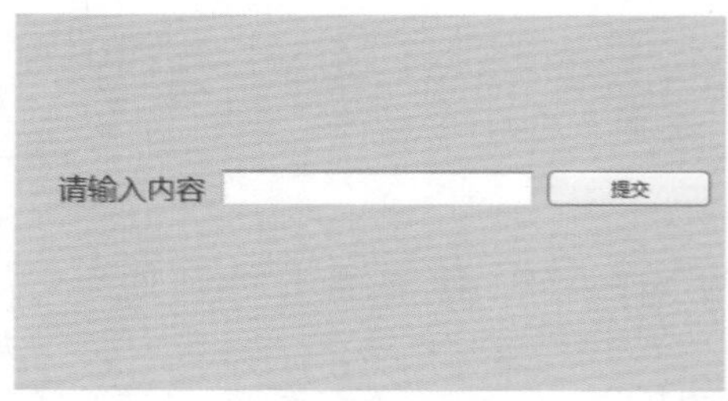

图 4-78

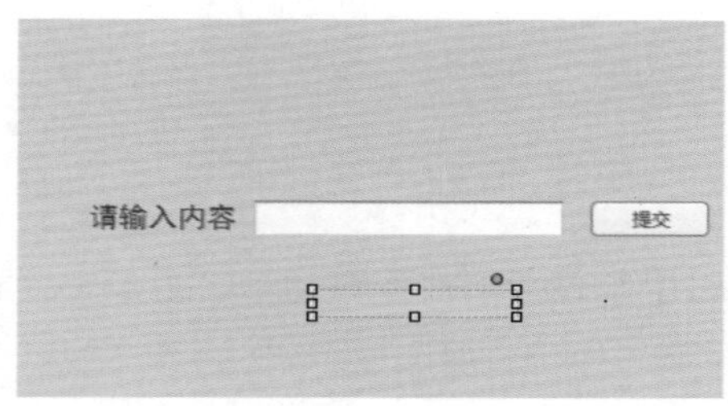

图 4-79

在选中遮罩的情况下，隐藏状态下的元件以淡黄色显示。

04 选中提交按钮元件，双击交互事件中的“鼠标单击时”事件，打开“用例编辑”对话框，在对话框中双击组织动作下的 Case1 选项，如图 4-80 所示。弹出“条件设立”对话框，如图 4-81 所示。

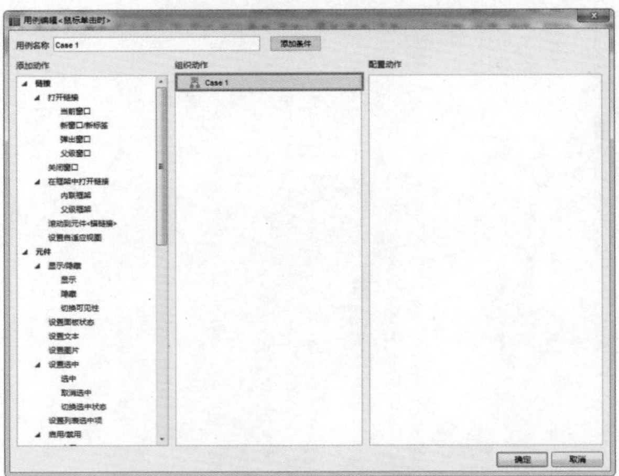

图 4-80

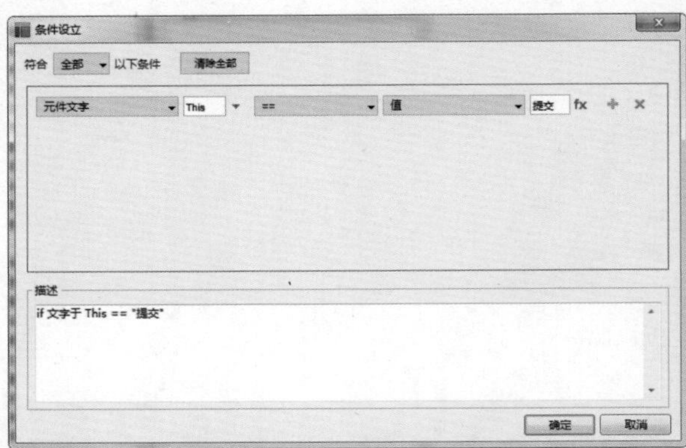

图 4-81

用户也可以选中 Case1 后，单击“添加条件”选项，弹出“条件设立”对话框。

05 在“条件设立”对话框中设置参数，如图 4-82 所示。单击“确定”按钮，返回“用例编辑”对话框，如图 4-83 所示。

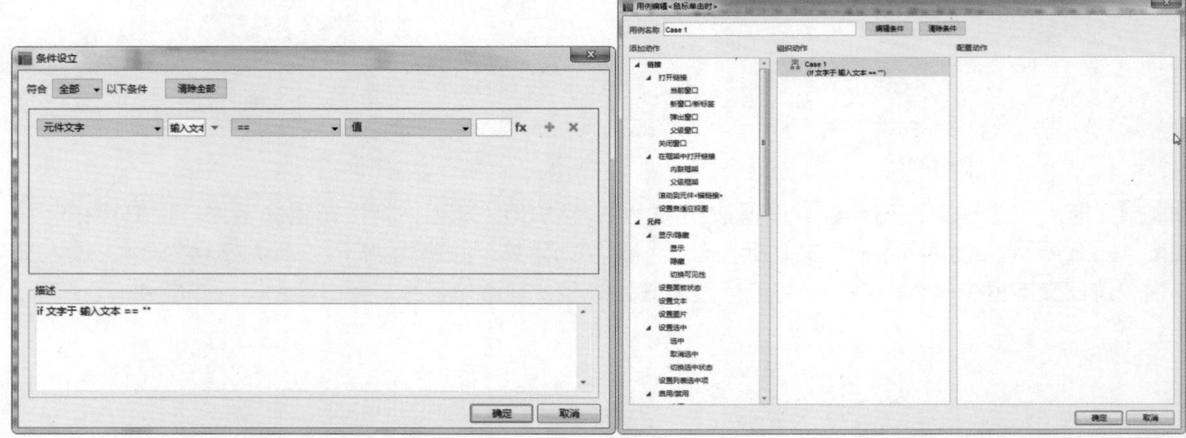

图 4-82

图 4-83

06 添加“显示”动作，配置动作如图 4-84 所示。继续添加“设置文本”动作并配置动作，如图 4-85 所示。

07 单击“确定”按钮，返回页面编辑区，页面效果如图 4-86 所示。执行“预览”命令，预览效果如图 4-87 所示。

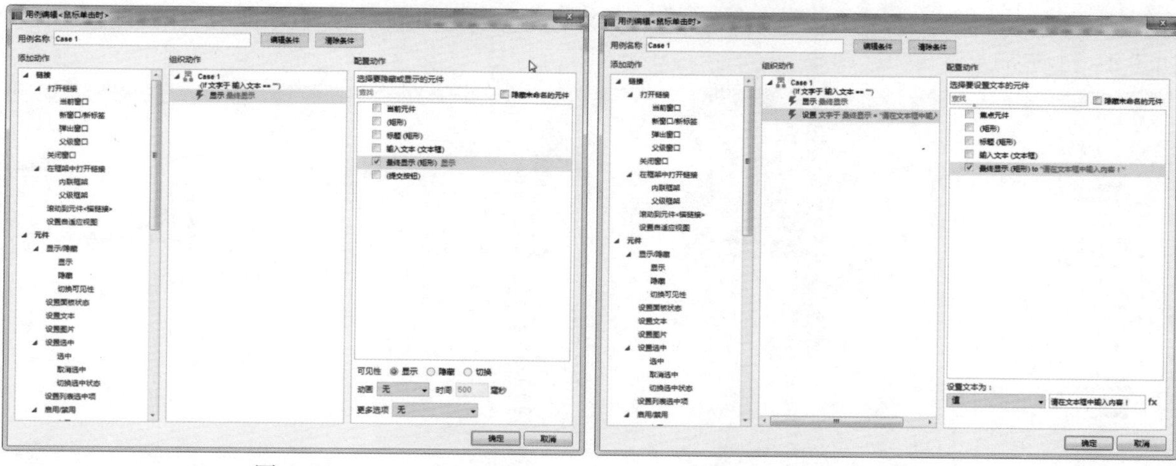

图 4-84　　　　图 4-85

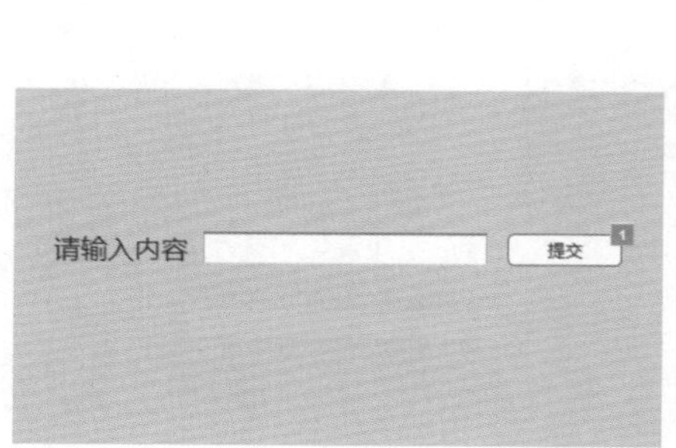

图 4-86

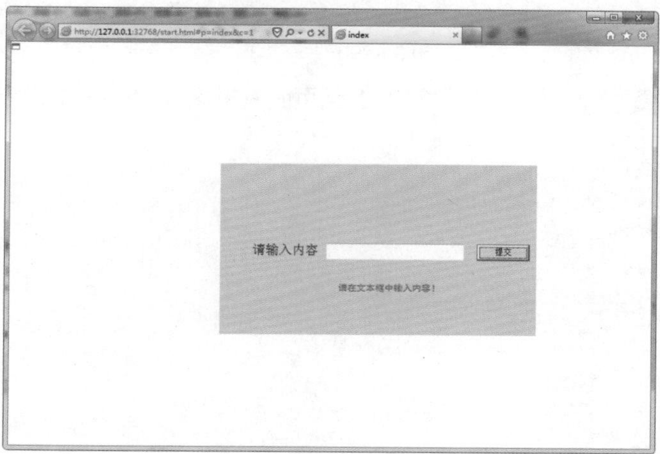

图 4-87

08 返回页面编辑区，选中按钮元件，双击交互事件中的“鼠标单击时”事件，打开“用例编辑”对话框，在对话框中双击组织动作下的 Case2 选项，弹出“条件设立”对话框，如图 4-88 所示。单击“确定”按钮，返回“用例编辑”对话框，如图 4-89 所示。

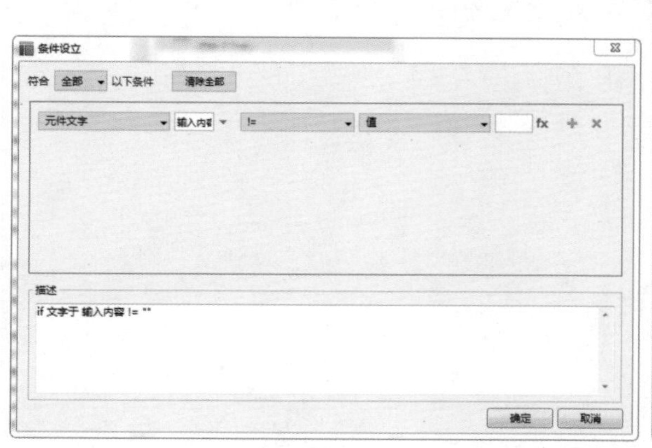

图 4-88

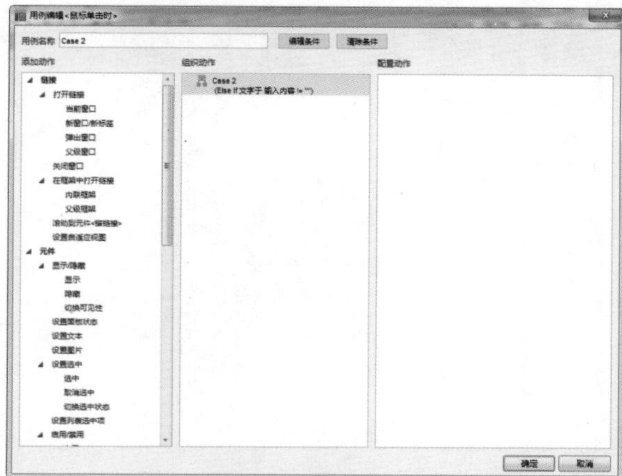

图 4-89

09 添加“显示”动作并配置动作，如图 4–90 所示。继续添加“设置文本”动作并配置动作，如图 4–91 所示。

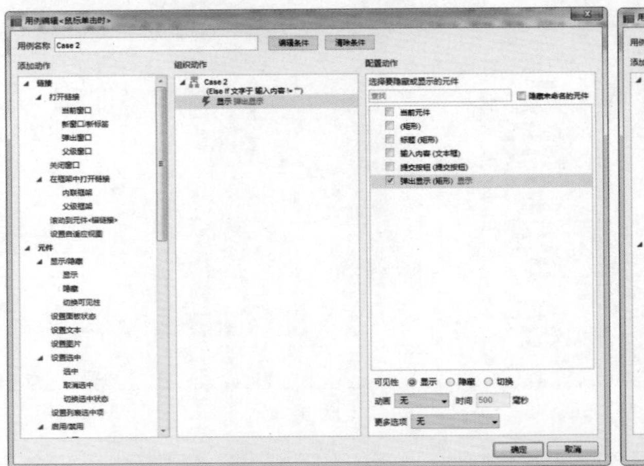

图 4–90

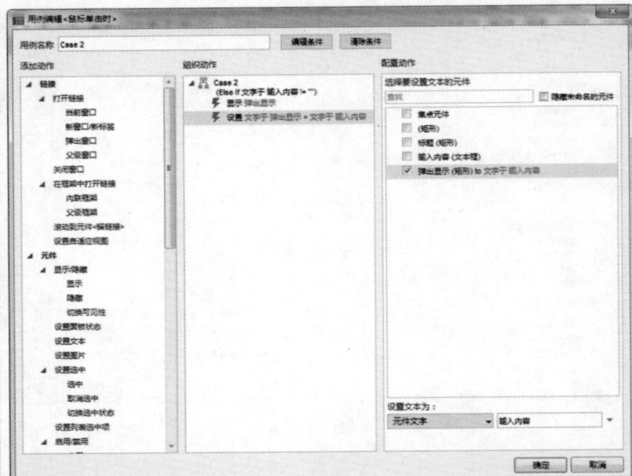

图 4–91

10 单击“确定”按钮，返回页面编辑区，如图 4–92 所示。执行“预览”命令，页面预览效果如图 4–93 所示。

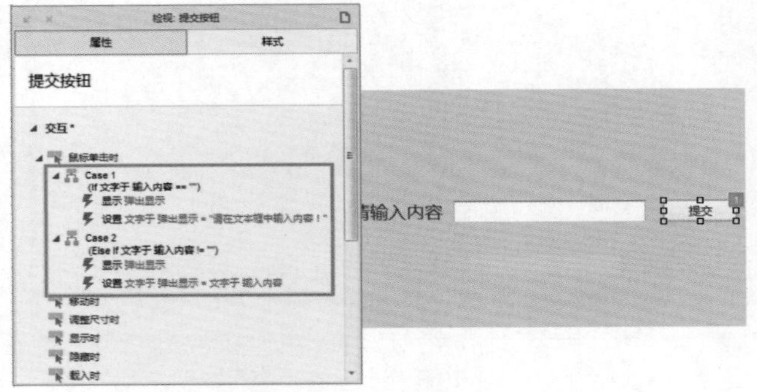

图 4–92

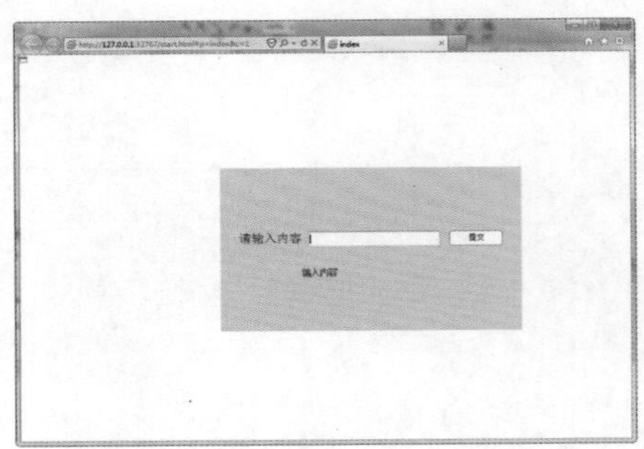

图 4–93

11 在文本框中输入“钢笔工具怎么用”，单击“提交”按钮，查看效果，如图 4–94 所示。在文本框中输入“http://www.xdesign8.com/”，单击“提交”按钮，查看效果，如图 4–95 所示。执行“文件 > 保存”命令，将文件保存。

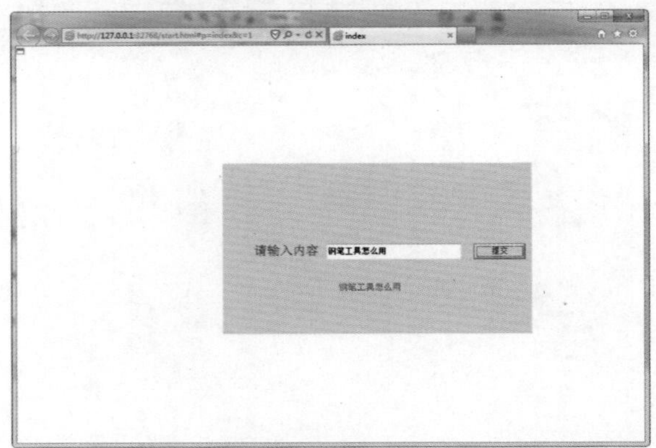

图 4–94

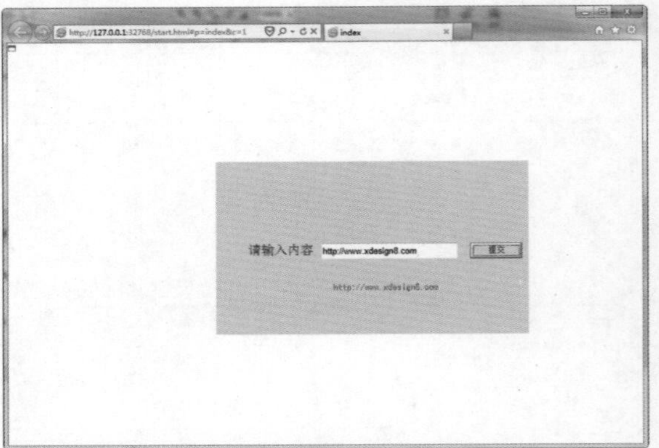

图 4–95

4.4 Axure RP 动作

通过前面的学习，用户应该知道 Axure RP 用例是由事件触发的一个或多个动作组成的。每个用例至少包括一个动作，该动作是一个让浏览器做某些事情的指令。

Axure RP 支持链接、元件、全局变量、中继器和其他 5 类动作，如图 4-96 所示。

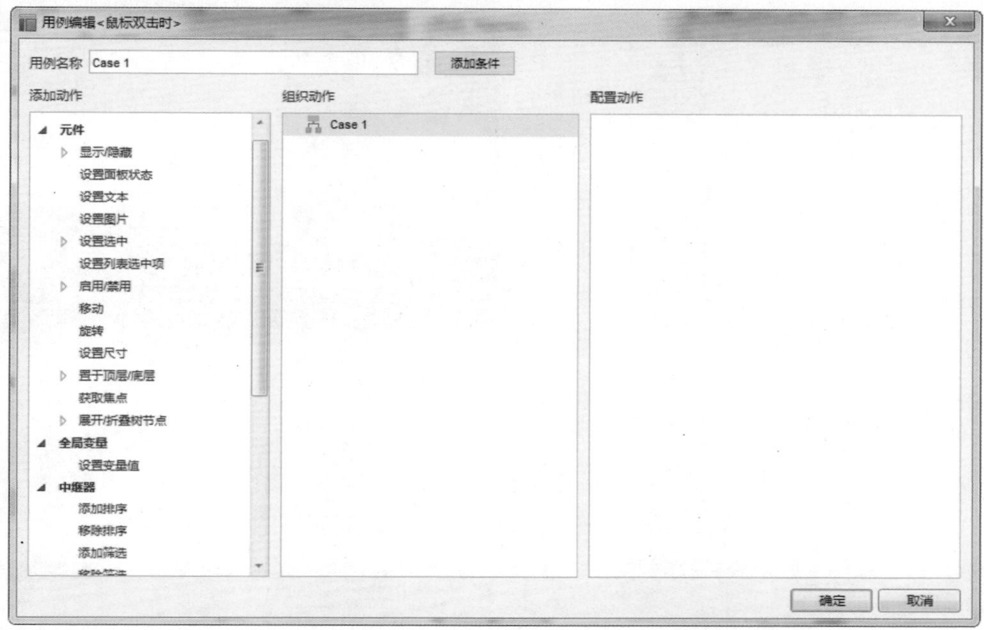

图 4-96

4.4.1 链接类动作

链接类动作是在跳转的链接处添加用例，并设置两个事件，一个是页面间的跳转事件，另一个是设置元件 / 变量值。下面将详细向用户介绍链接的各个动作。

1. 打开链接

当前窗口：在当前窗口中打开链接，也就是不弹出新的窗口。

新窗口 / 新标签：在新的窗口或者标签页中打开链接。

弹出窗口：在弹出的窗口中打开链接。可以控制弹出窗口是否有工具栏和状态栏等设置，同时可以设定弹出窗口的位置和宽高。

父级窗口：如果使用了内联框架元件，在父级窗口中打开链接的方式很常用。

关闭窗口：关闭当前窗口。

2. 在框架中打开链接

内联框架：使用了内联框架，可以控制是在哪个框架中打开相应的链接。

父级框架：使用了框架的嵌套，可以控制在父级框架而不是当前框架中打开链接。

滚动到元件 > 锚链接 >：将页面滚动设定元件的位置。

设置自适应视图：原型设计可以应用到不同尺寸大小的设备中。

实例 17 为原型添加链接类动作

教学视频：视频 \ 第 4 章 \ 为原型添加链接类动作 .mp4
源文件：源文件 \ 第 4 章 \ 为原型添加链接类动作 .rp

实例分析：

该实例为“鼠标单击时”事件添加链接类动作。操作简单，用户在实际操作中会发现使用不同的链接类动作，可以实现不同的效果。

制作步骤：

01 执行“文件 > 新建”命令 , 新建一个项目文件，如图 4–97 所示。拖曳一个图片元件到页面编辑区内，双击元件，导入“素材 \ 第 4 章 \008.jpg”图片，效果如图 4–98 所示。

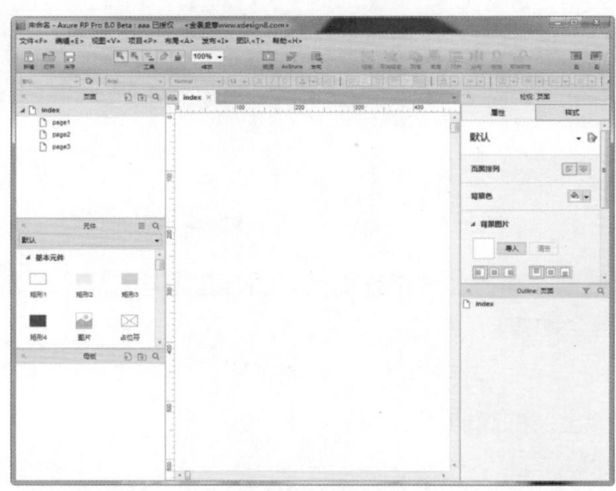

图 4–97

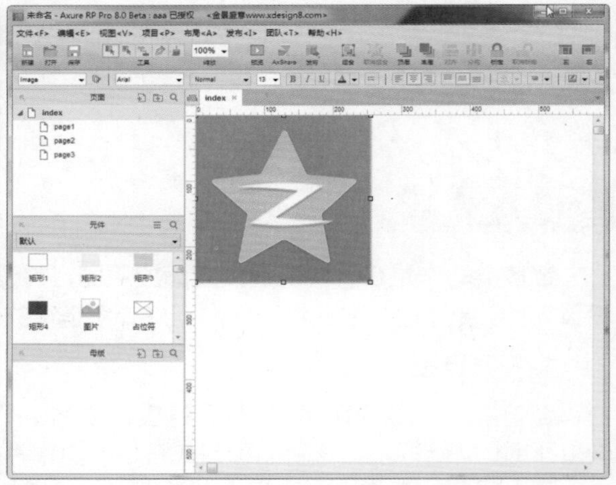

图 4–98

02 继续拖入一个文本标签元件，输入文本“点击图片登录空间”，如图 4–99 所示。设置文本样式，字体为黑体、粗体，字号为 14，如图 4–100 所示。

03 文字效果如图 4–101 所示。选中图片元件，为该元件重命名为“空间图标”，并双击“鼠标单击时”事件，打开“用例编辑”对话框，如图 4–102 所示。

04 在“添加动作”选项中选择“当前窗口”选项，如图 4–103 所示。在“配置动作”选项中选择“链接到 url 或文件”选项，在超链接下输入链接地址，如图 4–104 所示。

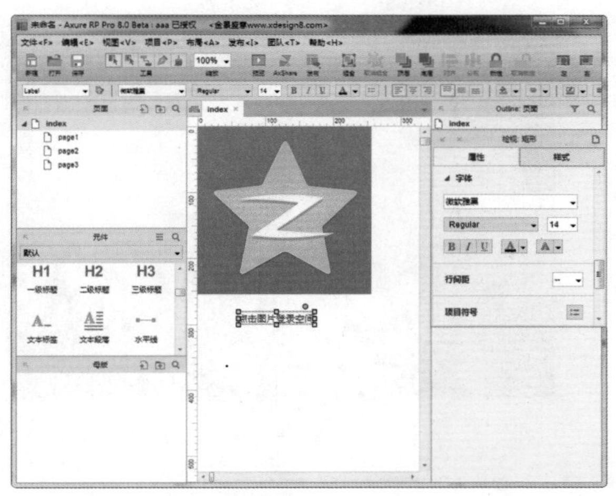

图 4-99

图 4-100

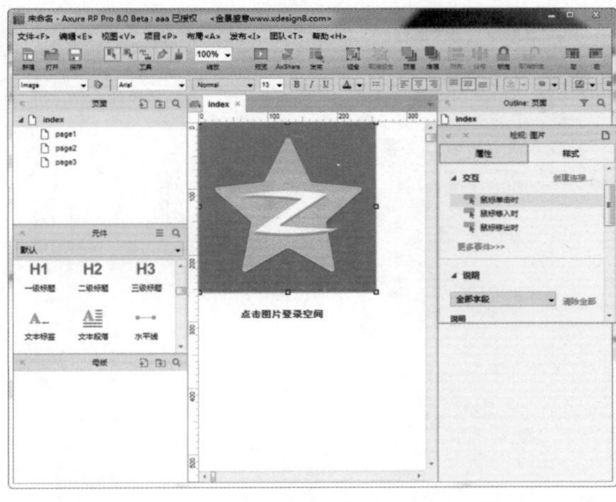

图 4-101

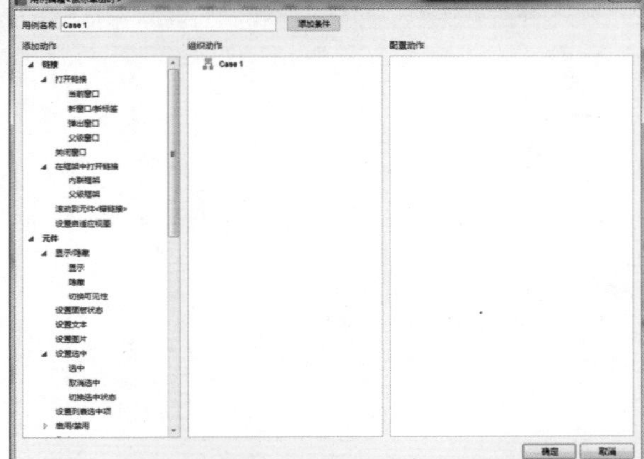

图 4-102

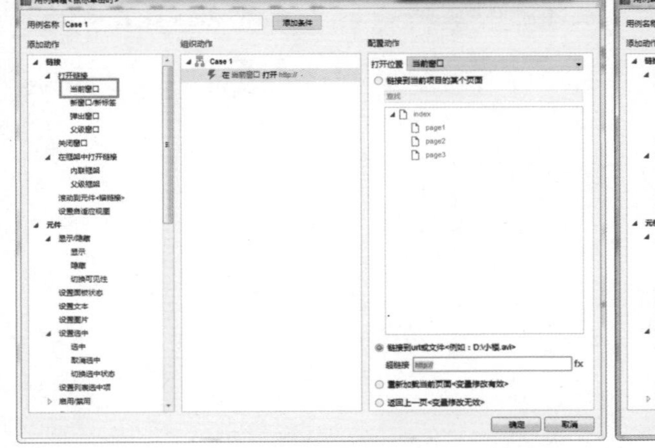

图 4-103

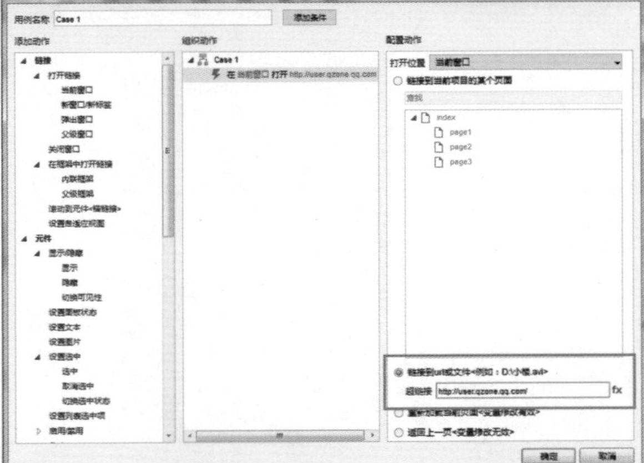

图 4-104

05 单击“确定”按钮，回到页面编辑区，执行“预览”命令，预览效果如图 4-105 和图 4-106 所示。

06 在页面管理面板中添加一个新页面，重命名为“新窗口”，如图 4-107 所示。在该页面中拖入一个默认按钮元件，如图 4-108 所示。

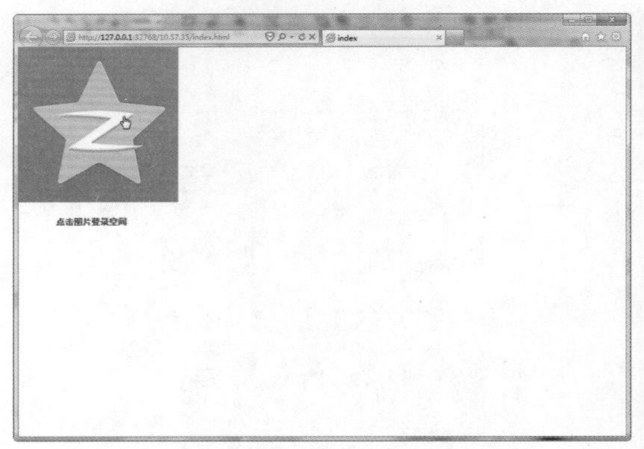

图 4-105

图 4-106

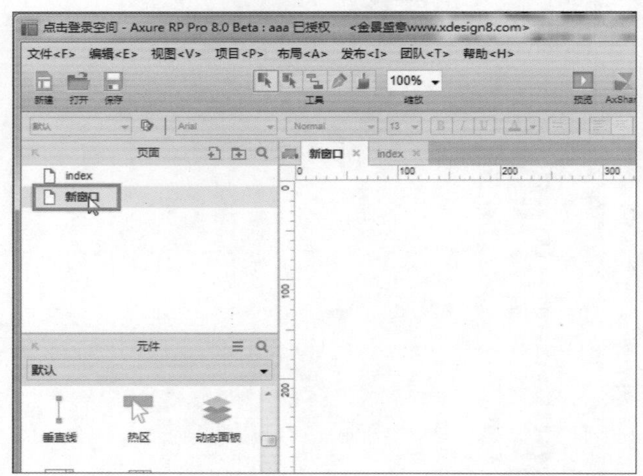

图 4-107

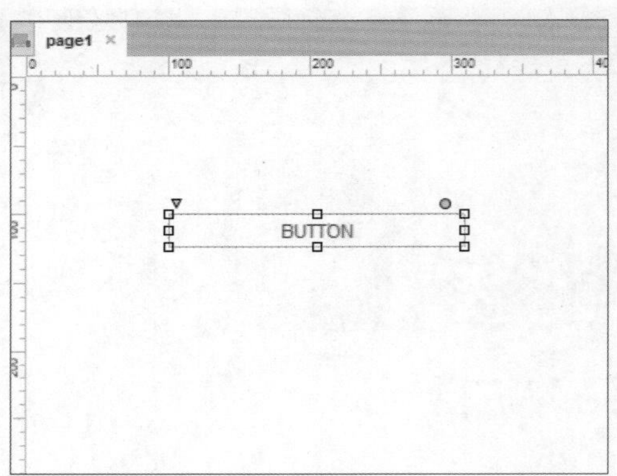

图 4-108

07 输入文字“点击进入设计网站”，设置字体为微软雅黑，字号为 13，字体颜色为 #333333，如图 4-109 所示。选中该元件，双击“鼠标单击时”事件，打开“用例编辑”对话框，如图 4-110 所示。

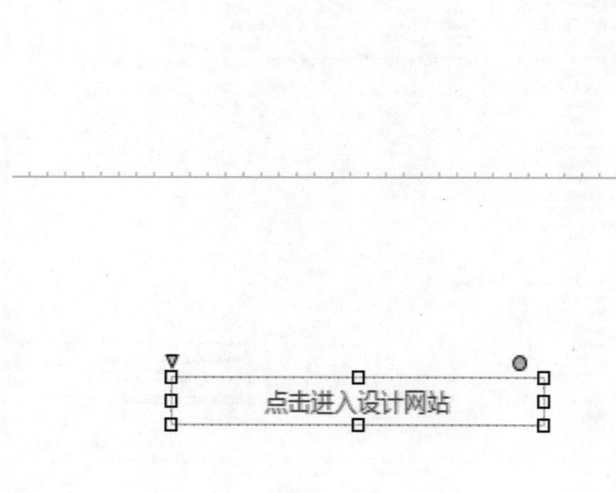

图 4-109

图 4-110

08 在“添加动作”选项中选择“新窗口 / 新标签”选项，如图 4-111 所示。在“配置动作”选项中选择“链接到 url 或文件”选项，在超链接下输入链接地址，如图 4-112 所示。

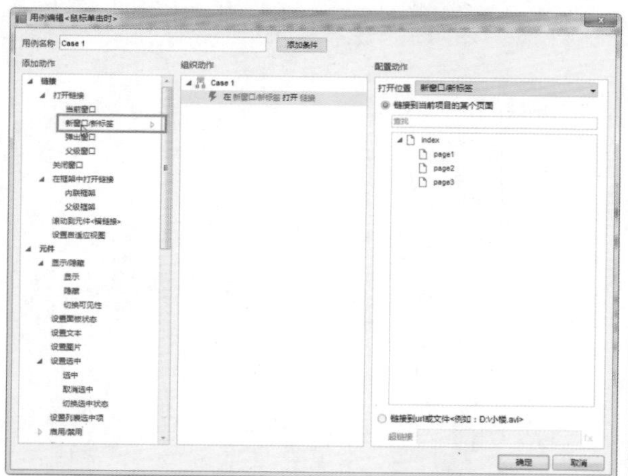
图 4-111

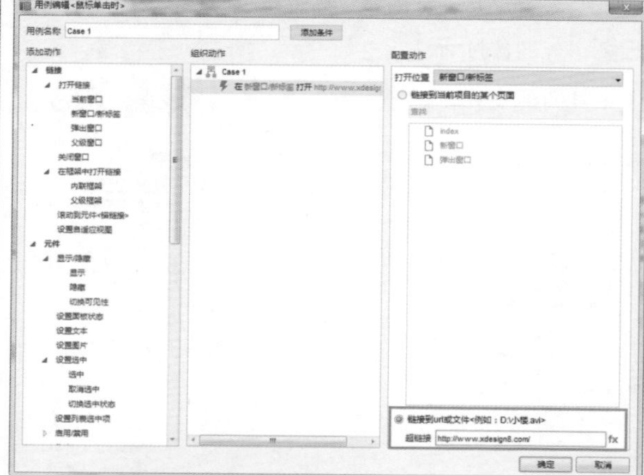
图 4-112

09 单击“确定”按钮，回到页面编辑区，执行“预览”命令，预览效果如图 4-113 和图 4-114 所示。

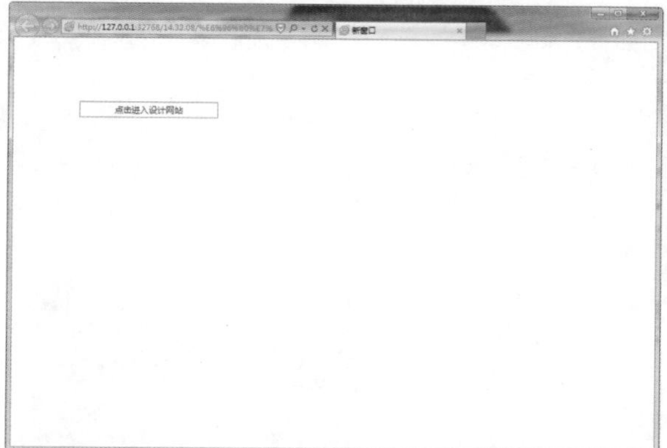
图 4-113

图 4-114

10 继续添加名称为“弹出窗口”的页面。在该页面中拖入一个提交按钮，显示文本为“单击此按钮”，如图 4-115 所示。为按钮添加“鼠标单击时”事件，在“用例编辑”对话框中添加“弹出窗口”动作，如图 4-116 所示。

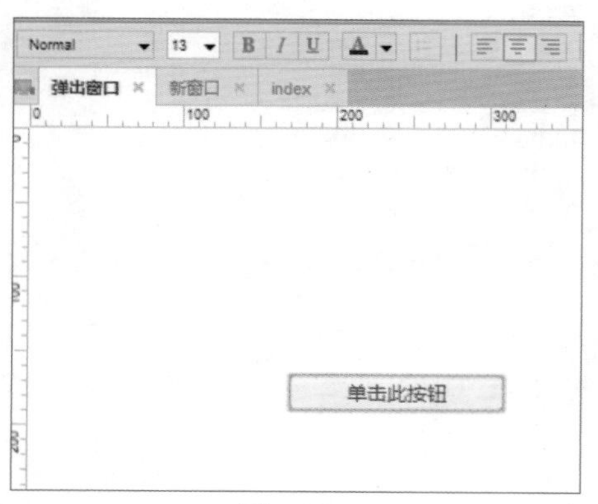

图 4-115

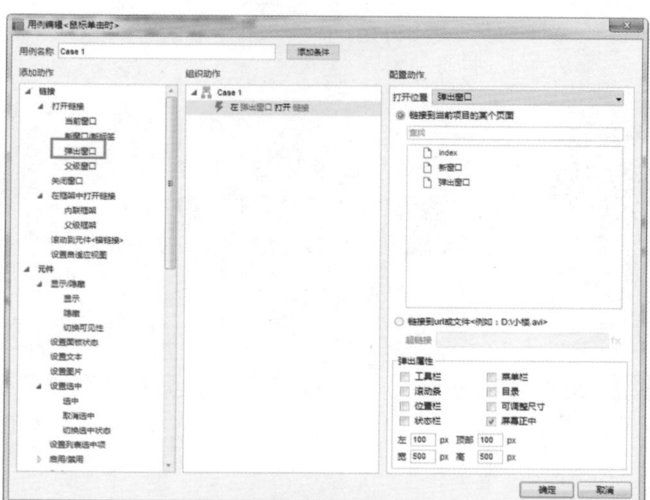
图 4-116

11 在“配置动作”选项中设置参数，如图 4-117 所示。单击“确定”按钮，回到页面编辑区中，如图 4-118 所示。

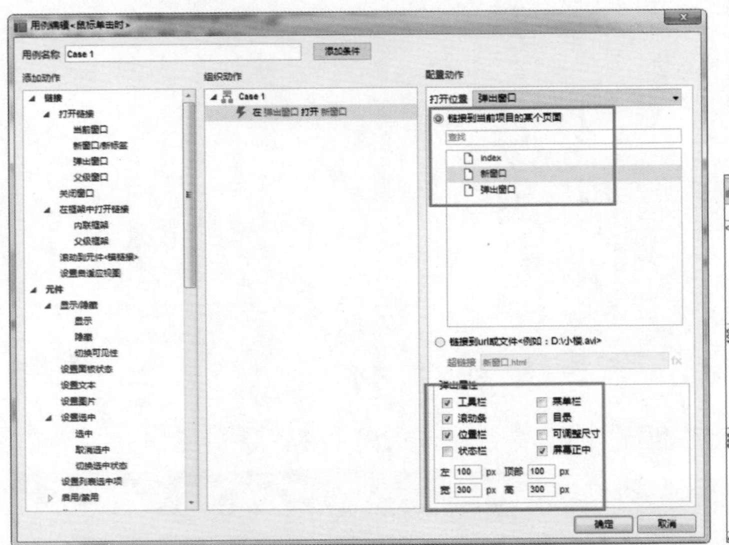

图 4-117

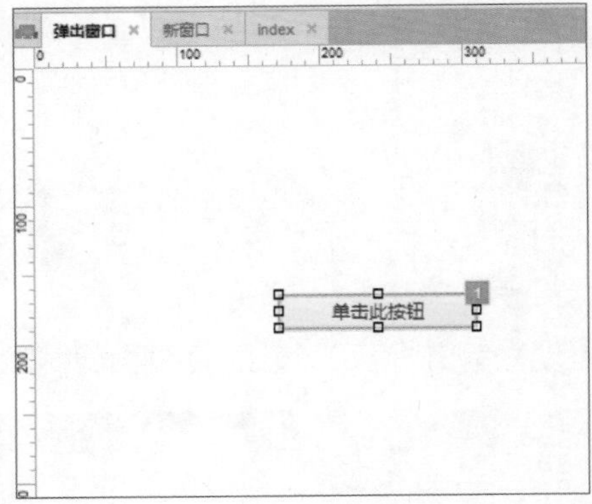

图 4-118

12 执行“预览”命令，预览效果如图 4-119 和图 4-120 所示。

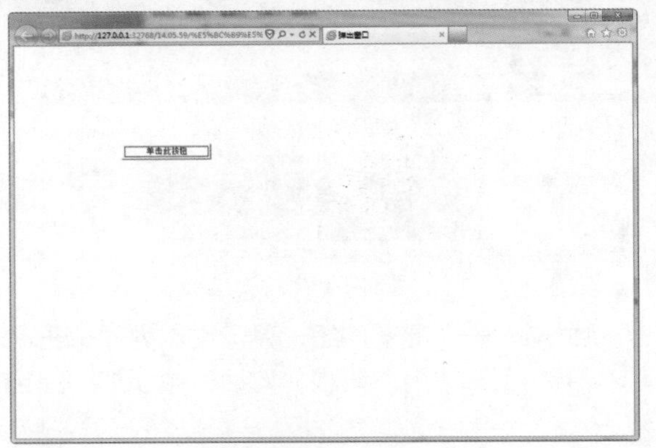

图 4-119

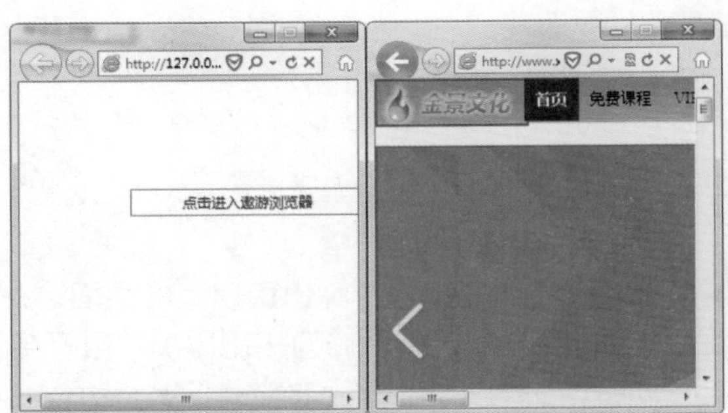

图 4-120

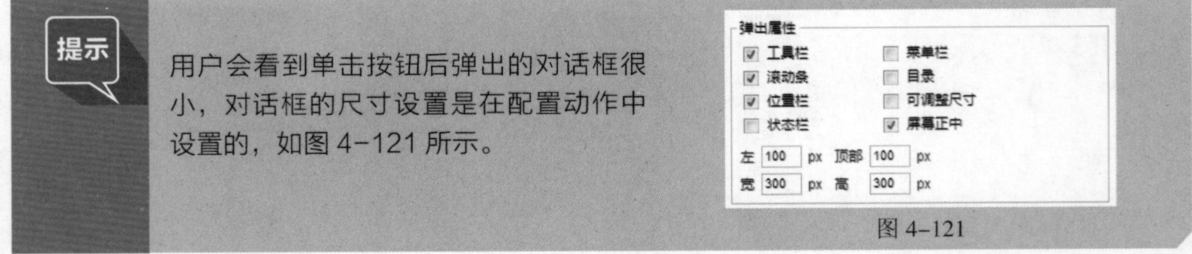

提示

用户会看到单击按钮后弹出的对话框很小，对话框的尺寸设置是在配置动作中设置的，如图 4-121 所示。

图 4-121

13 继续添加名称为“父级窗口”的页面，在主页面内添加子页面，如图 4-122 所示。双击进入子页面编辑区，拖入一个图片元件，并导入“素材 \ 第 4 章 \009.jpg”图片，如图 4-123 所示。

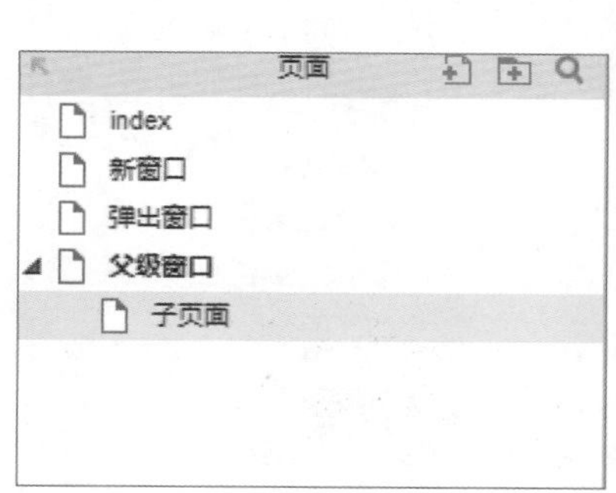

图 4-122

图 4-123

14 为图片元件添加“鼠标单击时”事件，在“用例编辑”对话框中添加“父级窗口”动作，如图 4-124 所示。单击“确定”按钮，回到页面编辑区，效果如图 4-125 所示。

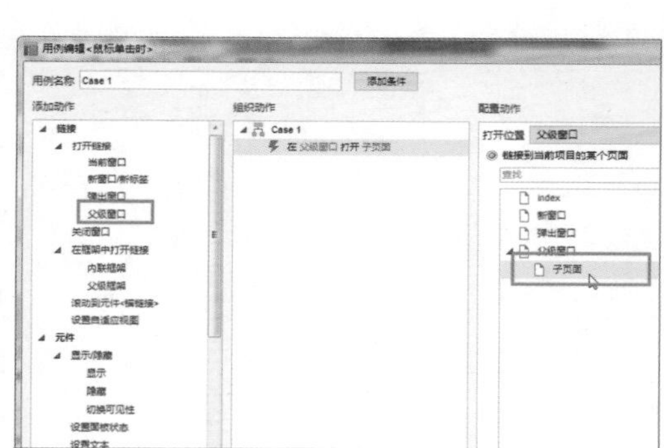

图 4-124

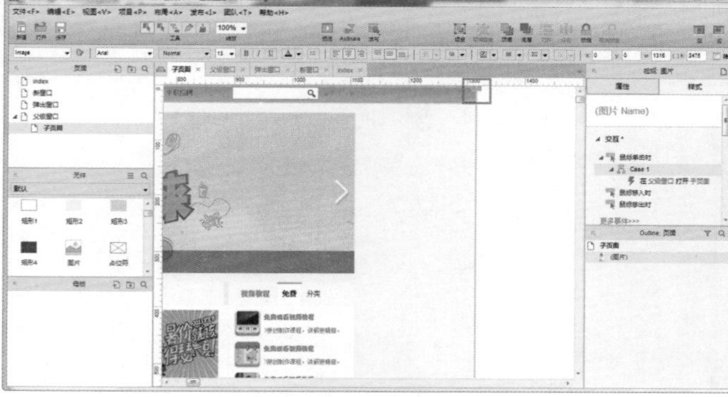

图 4-125

15 进入“父级窗口”页面，添加默认按钮元件，修改文字为“进入子页面”，效果如图 4-126 所示。为该按钮元件添加“鼠标单击时”事件，在“用例编辑”对话框中添加“父级窗口”动作，如图 4-127 所示。

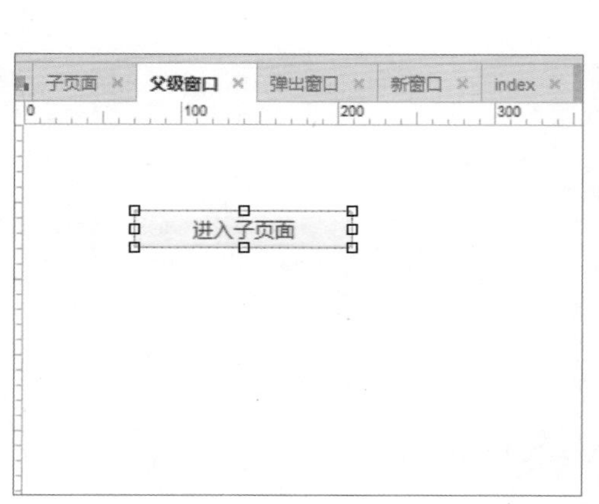

图 4-126

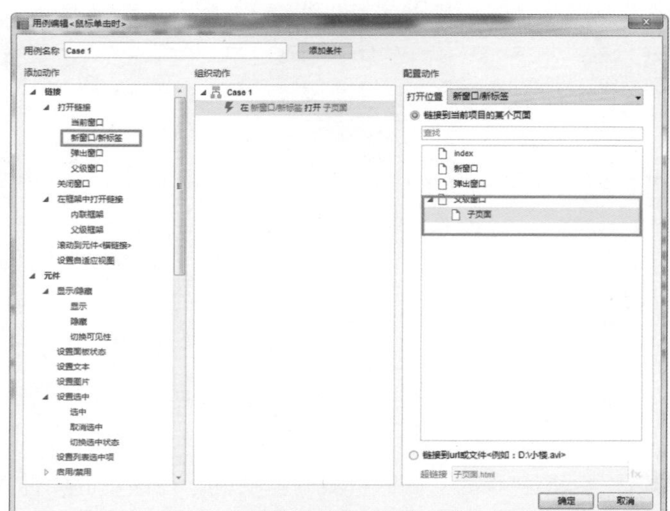

图 4-127

16 单击“确定”按钮，回到页面编辑区，执行“预览”命令，预览效果如图 4-128 和图 4-129 所示。

图 4-128

图 4-129

17 继续添加名称为“关闭窗口”的页面，在该页面中添加图片元件，并导入“素材 \ 第 4 章 \010.jpg”图片，如图 4-130 所示。为图片元件添加“鼠标单击时”事件，在“用例编辑”对话框中添加“关闭窗口”动作，如图 4-131 所示。

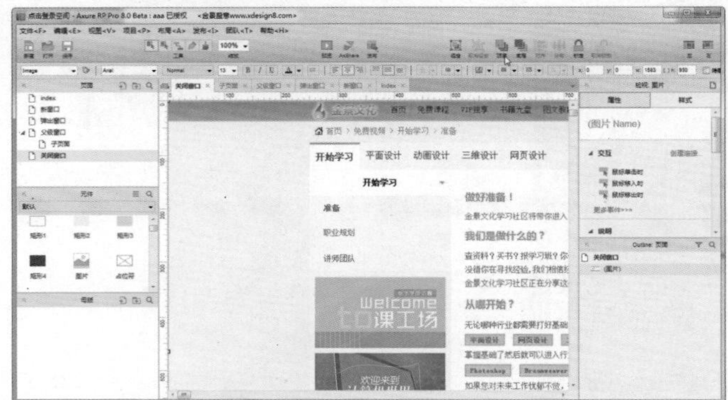

图 4-130

图 4-131

18 单击“确定”按钮，回到页面编辑区，如图 4-132 所示。执行“预览”命令，查看效果，鼠标单击对话框，弹出提示框，如图 4-133 所示。

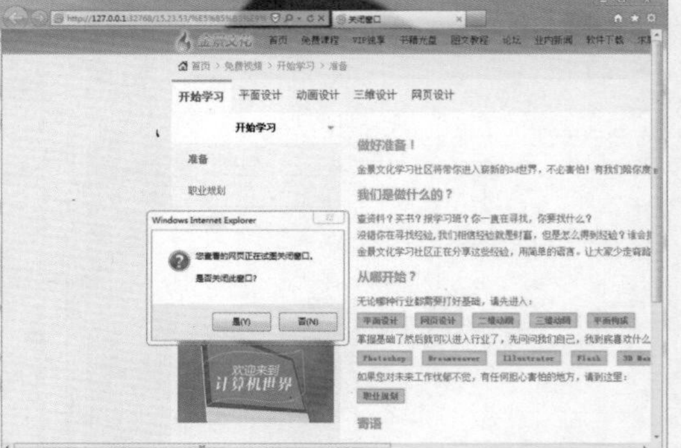

图 4-132

图 4-133

19 添加名称为“内联框架”的页面，在该页面中拖入内联框架元件，如图 4-134 所示。继续拖入表格元件，如图 4-135 所示。

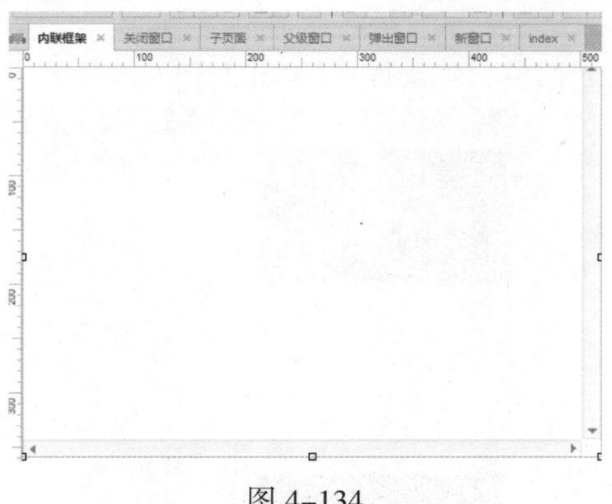

图 4–134

Column 1	Column 2	Column 3

图 4–135

20 默认的表格元件是 3 行 3 列的，用户可以根据需要对表格进行编辑，选中表格元件，单击鼠标右键，在弹出的菜单中可以选择“删除行”或“删除列”命令，如图 4–136 所示。将表格调整为 1 行 2 列，如图 4–137 所示。

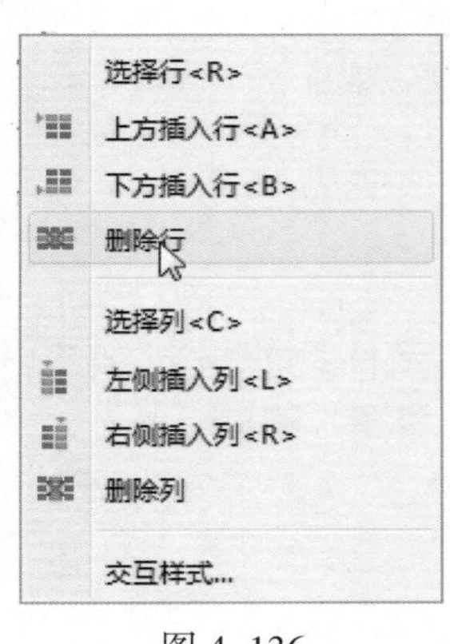

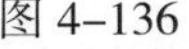

图 4–136

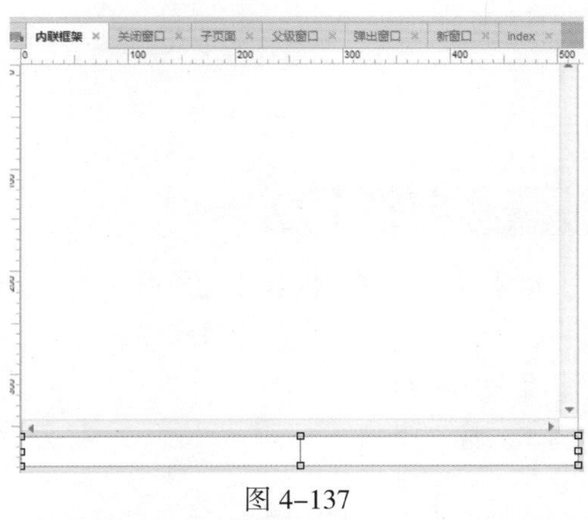

图 4–137

21 选中第 1 个单元格，输入文字“暴雪游戏视频”，并为该单元格添加“鼠标单击时”事件，在“用例编辑”对话框中添加“内联框架”动作，如图 4–138 所示。使用相同的方法为第 2 个单元格添加事件动作，如图 4–139 所示。

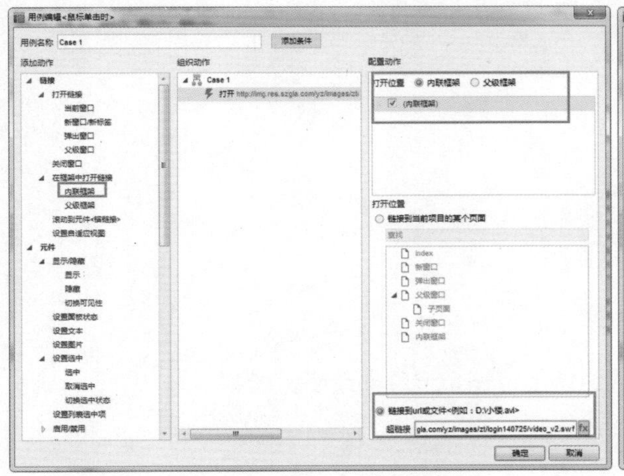

图 4–138

图 4–139

22 单击“确定”按钮，回到页面编辑区，如图 4-140 所示。执行“文件 > 保存”命令，将项目文件保存。执行“预览”命令，查看效果，鼠标单击对话框，弹出提示框如图 4-141 所示。

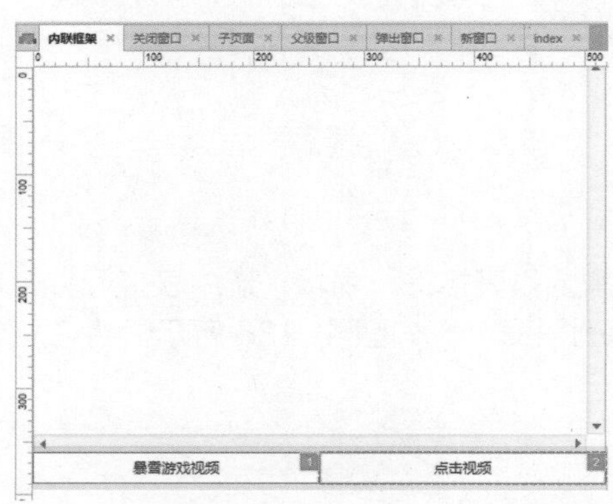

图 4-140

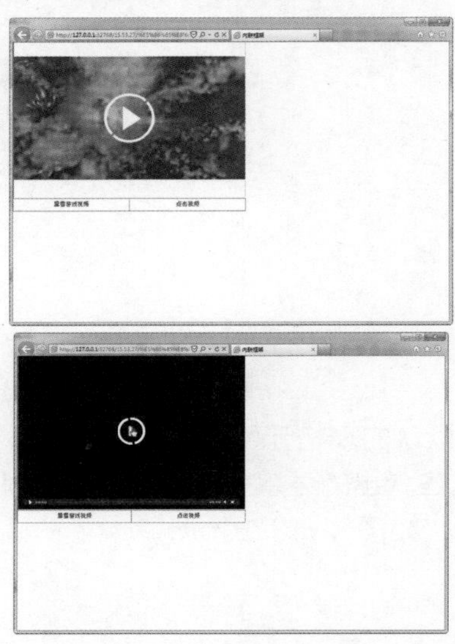

图 4-141

4.4.2 元件事件

元件事件是指在元件上添加动作，实现各种效果的操作。为元件添加动作很简单，只要选择正确的元件，添加相应的动作，即可实现交互效果。下面逐一介绍元件事件的功能。

1. 显示 / 隐藏

显示：显示面板。

隐藏：隐藏面板。

切换可视性：隐藏或显示面板。当面板显示时，变为隐藏；当面板隐藏时，变为显示。

设置面板状态：可以设置动态面板的状态。

设置文本：设置一个元件的显示文本。

设置图片：动态地设置一个图片元件上的显示图片，但是并不能动态地将一个图片元件的 UOL 指定给一个图片元件，也是要通过预先带入的方式设定图片。

2. 设置选中

选中：设置元件的选中状态。

取消选中：取消元件的选中状态。

切换选中状态：选中或者取消选中元件的状态。

设置列表选中项：设置下拉列表的选中状态。

3. 启用 / 禁用

启用：启用某个元件。

禁用：禁用某个元件，例如禁用某个输入框。

移动：移动元件到一个具体的位置上，在横向或纵向上将一个元件移动多少像素。

旋转：旋转一个元件的具体角度是多少像素。

设置尺寸：设置一个元件的具体尺寸。

4. 置于顶层 / 底层

置于顶层：在选中多个元件的情况下，可以将其中某一元件的位置置于顶层。
置于底层：在选中多个元件的情况下，可以将其中某一元件的位置置于底层。
获取焦点：让某元件获得鼠标焦点。

5. 展开 / 折叠树节点

展开树节点：针对树状元件使用。展开元件的树节点。
折叠树节点：针对树状元件使用。折叠元件的树节点。

实例 18 使用单选按钮进行选择

教学视频：视频 \ 第 4 章 \ 使用单选按钮进行选择 .mp4
源文件：源文件 \ 第 4 章 \ 使用单选按钮进行选择 .rp

实例分析：

该实例为单选按钮添加获取焦点事件，并依次添加了设置选中、设置文本和显示动作等按钮事件，实现在页面中选择感兴趣内容的单选效果。

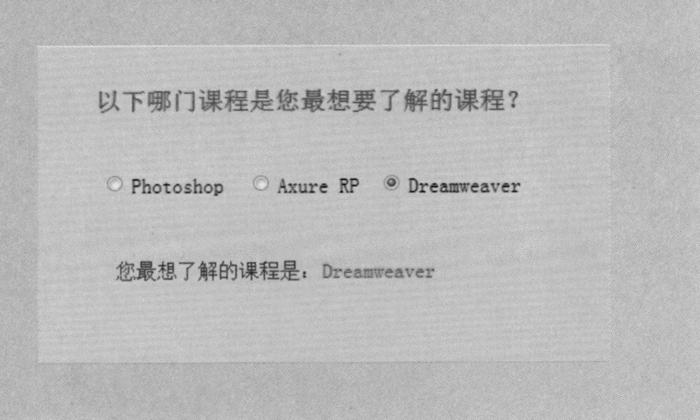

制作步骤：

01 执行“文件 > 新建”命令，新建一个项目文件，如图 4-142 所示。拖曳一个矩形 3 元件到页面编辑区内，设置元件的位置为 X300、Y 230，尺寸为 W460、H260，如图 4-143 所示。

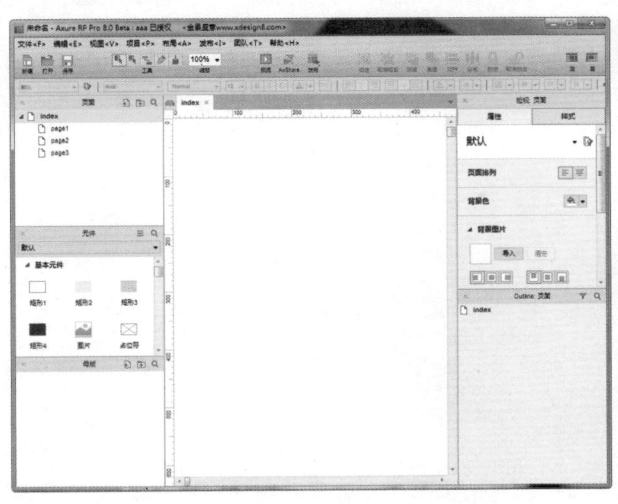

图 4-142

图 4-143

02 将矩形元件重命名为“背景”并锁定，继续拖曳文本标签元件到页面编辑区内，设置字体为新宋体，字号为 20 号，颜色为 #0000FF，输入“以下哪门课程是您最想要了解的课程？”文本，将元件重命名为“标题”，如图 4–144 所示。拖入单选按钮元件，设置字体为新宋体，字号为 16 号，颜色为黑色，显示文字为 Photoshop，重命名为“选项 1”，效果如图 4–145 所示。

图 4–144

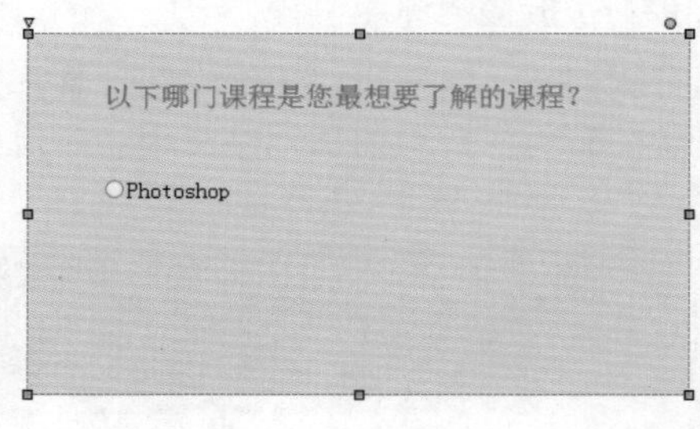

图 4–145

03 使用相同的方法制作其他单选按钮元件，如图 4–146 所示。再次拖入一个文本标签元件，设置字体为宋体，颜色为黑色，字号为 16 号，输入“您最想了解的课程是：”文本，重命名为“选择答案”，如图 4–147 所示。

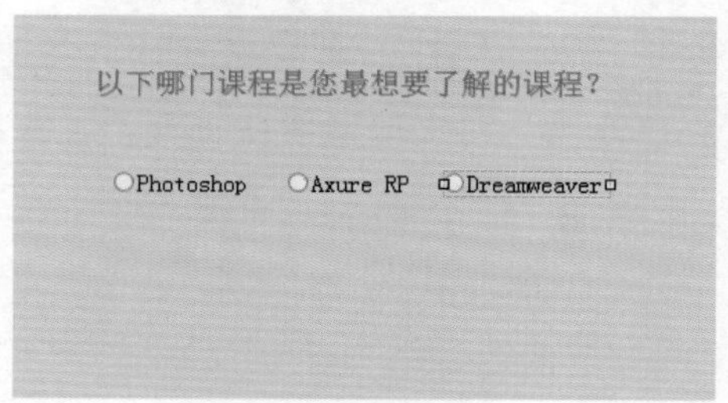

图 4–146

图 4–147

04 再次拖入一个文本标签元件，显示内容为无，将该文本标签设置为隐藏，重命名为“显示答案”，如图 4–148 所示。按住 Ctrl 键将所有的单选元件选中，单击鼠标右键，在弹出的菜单中选择“指定 [单选按钮] 组”命令，如图 4–149 所示。

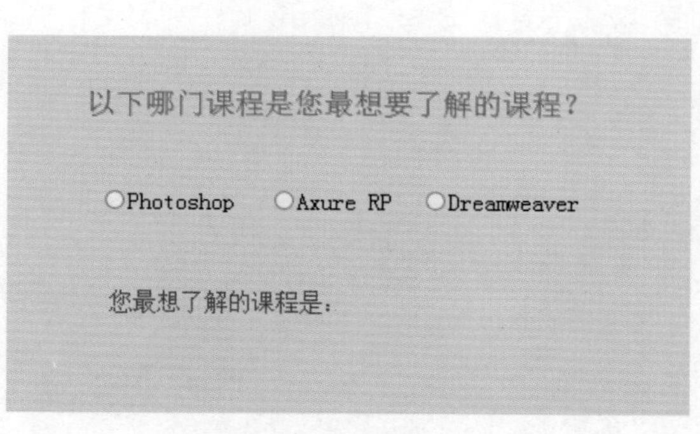

图 4–148

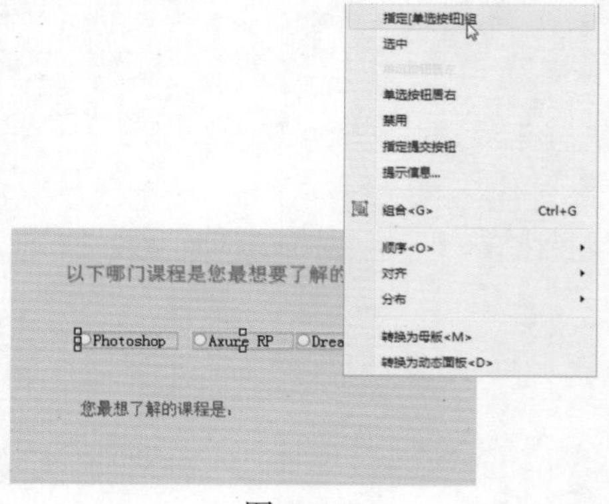

图 4–149

05 弹出“输入 [选项] 组名称”对话框，如图 4–150 所示。在该对话框中设置组名称为“选项组”，如图 4–151 所示。

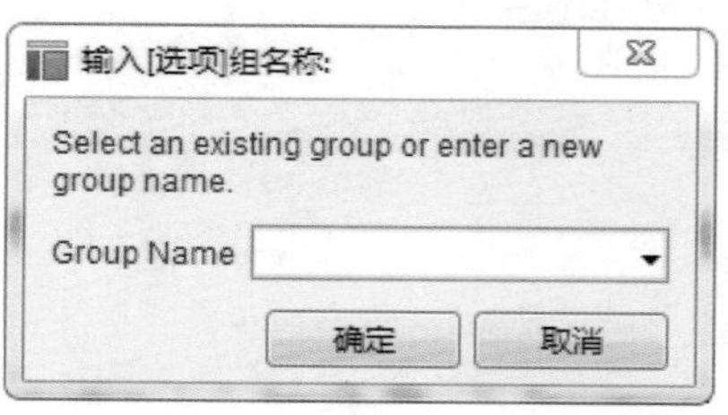

图 4–150

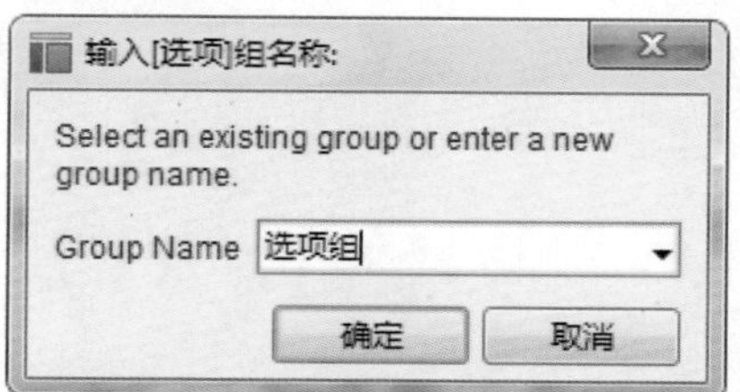

图 4–151

06 单击“确定”按钮，返回页面编辑区，选中选项 1 元件，双击“获取焦点时”事件，如图 4–152 所示。打开“用例编辑”对话框，如图 4–153 所示。

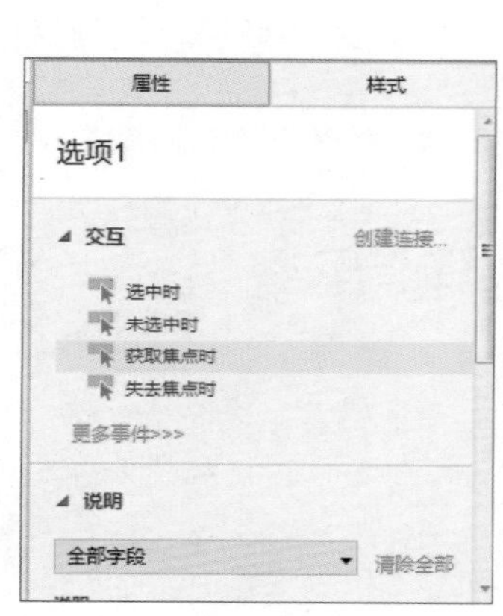

图 4–152

图 4–153

07 在“用例编辑”对话框中添加“选中”动作并配置动作，如图 4–154 所示。继续添加“设置文本”动作，如图 4–155 所示。

图 4–154

图 4–155

08 在设置文本下的第一个下拉菜单中选择“富文本”命令，单击“编辑文本”按钮，弹出“输入文本”对话框，在该对话框中输入文字 Photoshop 并设置字体样式，如图 4–156 和图 4–157 所示。

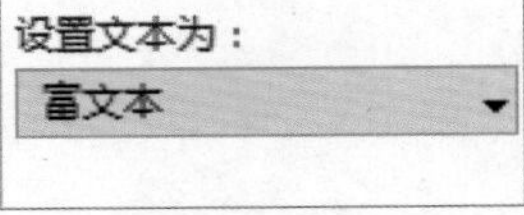

图 4-156

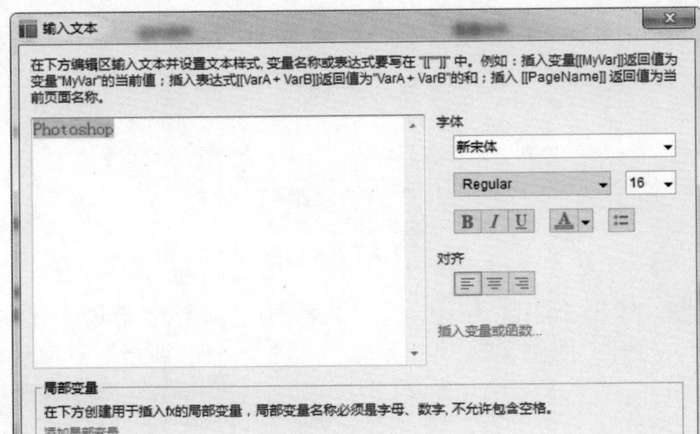

图 4-157

09 单击“确定”按钮，回到“用例编辑”对话框，如图 4-158 所示。继续添加“显示”动作并配置动作，如图 4-159 所示。

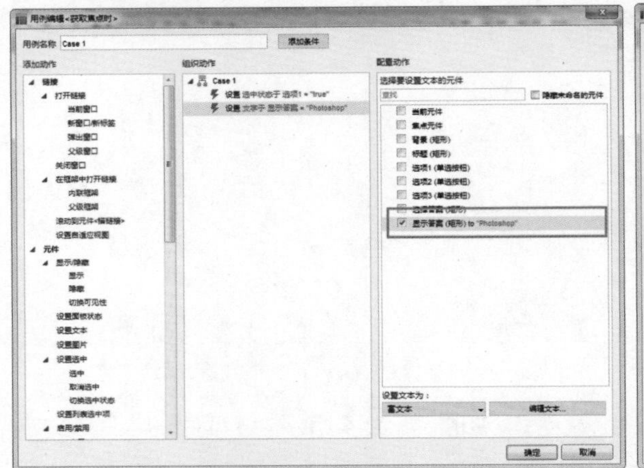

图 4-158

图 4-159

10 使用相同的方法为选项 2 和选项 3 元件添加事件，如图 4-160 和图 4-161 所示。

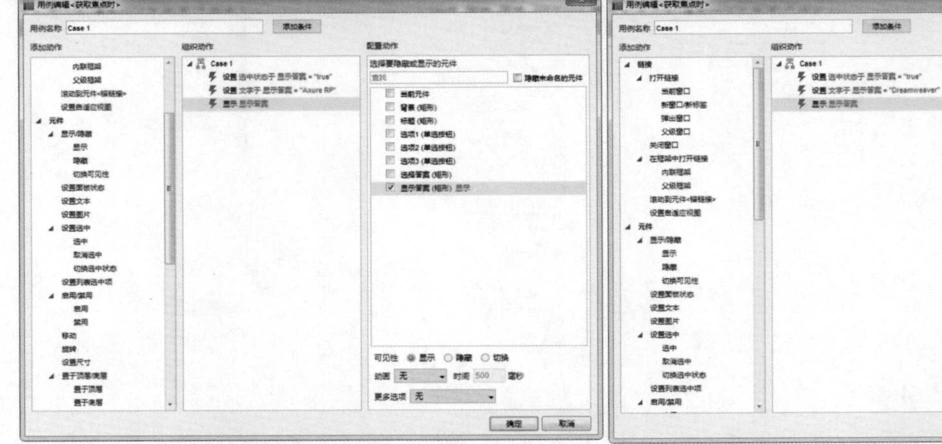

图 4-160

图 4-161

11 执行“预览”命令，查看效果如图 4-162 和图 4-163 所示。执行“文件 > 保存”命令，将文件保存。

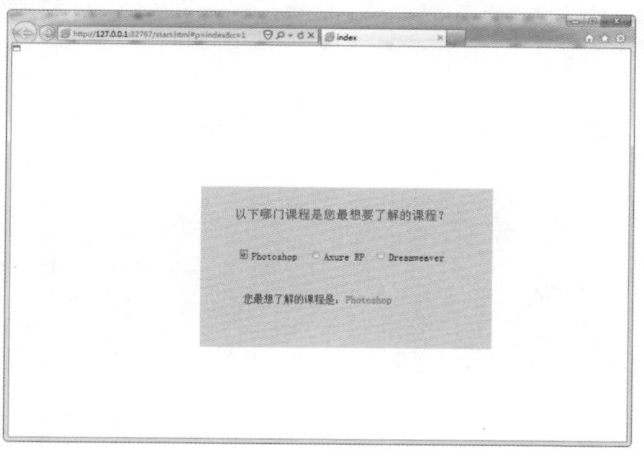

图 4-162

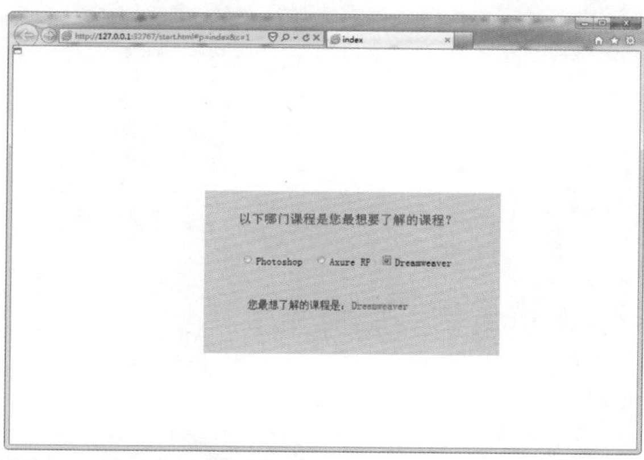

图 4-163

4.4.3　全局变量

全局变量的主要用途之一是用于页面之间的跳转，通过变量控制页面显示的状态。例如登录界面中，用户登录后，会显示用户的信息，从当前页面跳转后，用户不需要再登录。

设置变量：设置变量或者元件的值。通过这个动作，可以给变量赋值，例如通过设置变量更改显示文本内容。

实例 19　设置抽奖转盘

教学视频：视频 \ 第 4 章 \ 设置抽奖转盘 .mp4　　源文件：源文件 \ 第 4 章 \ 设置抽奖转盘 .rp

实例分析：

该实例主要是运用全局变量动作实现抽奖效果。在配置全局变量动作时，通常需要添加新的变量。实例中还添加了旋转事件，实现元件转动的交互效果。

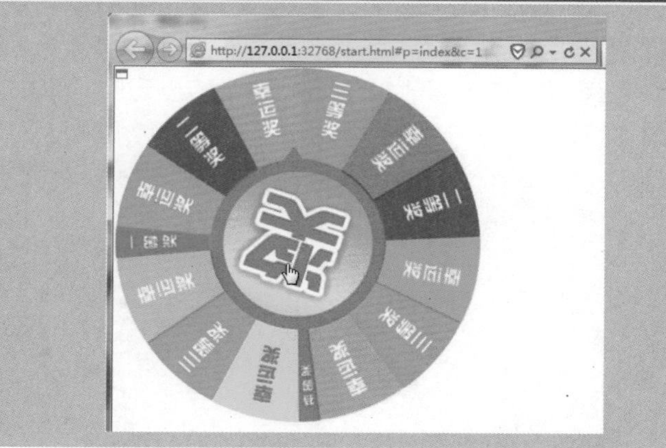

制作步骤：

01 执行“文件 > 新建”命令，新建一个项目文件，如图 4-164 所示。拖曳一个图片元件到页面编辑区内，双击元件，导入“素材 \ 第 4 章 \011.jpg”图片，将图片元件重命名为“转盘”，页面效果如图 4-165 所示。

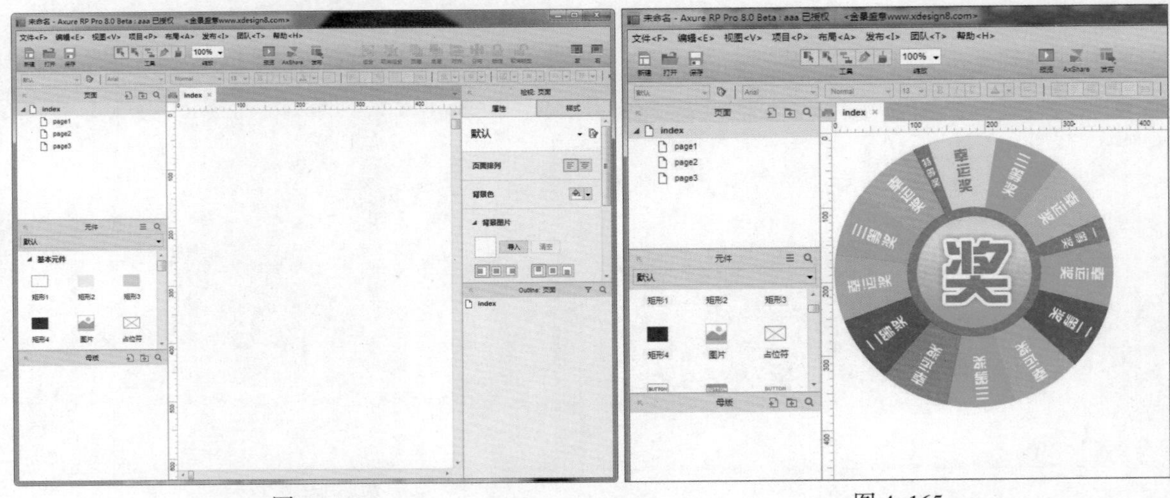

图 4-164　　图 4-165

02 再次拖入一个矩形 1 元件，将矩形 1 元件转换为三角形，如图 4-166 所示，效果如图 4-167 所示。

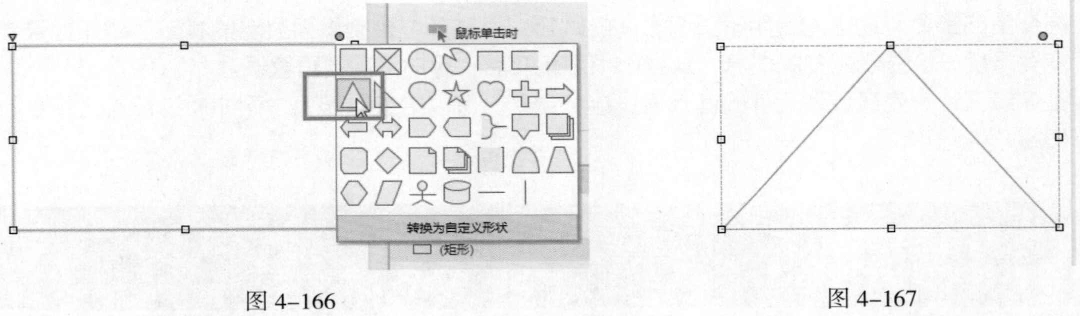

图 4-166　　图 4-167

03 调整三角形的位置和大小，设置填充颜色为 #DA251C，边框颜色为无，将三角形元件重命名为“指针”，如图 4-168 所示。选中转盘元件，双击“鼠标单击时”事件，打开“用例编辑”对话框，如图 4-169 所示。

图 4-168

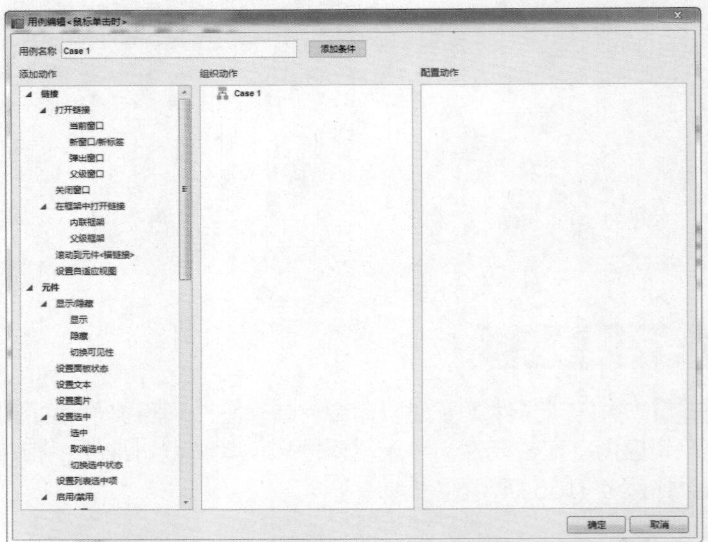

图 4-169

04 添加"设置全局变量"动作，单击"添加全局变量"选项，弹出"全局变量"对话框，在该对话框中添加 angle 变量，如图 4-170 所示。在配置动作下设置参数，如图 4-171 所示。

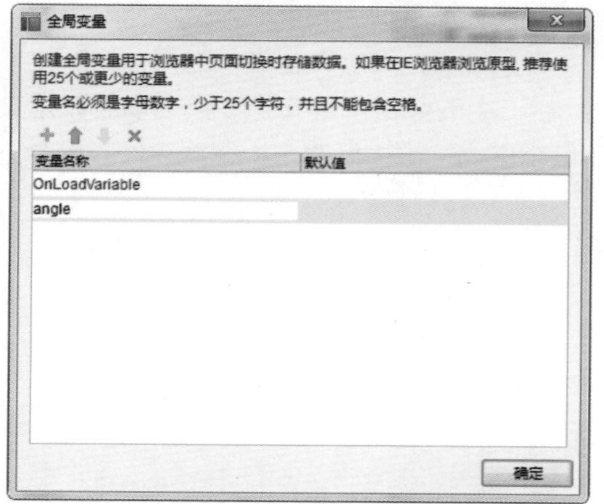

图 4-170

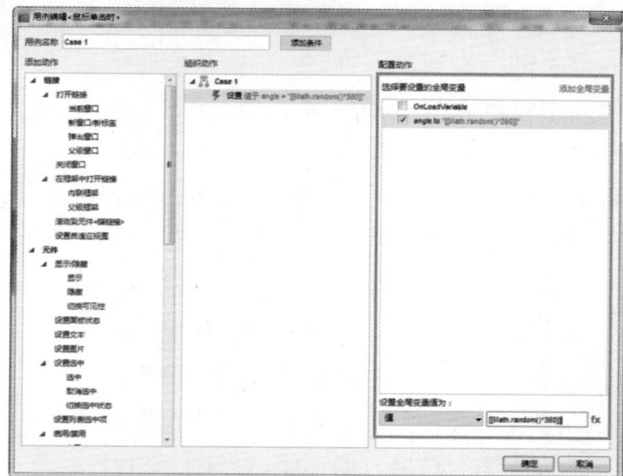

图 4-171

05 继续添加"旋转"动作，在配置动作下设置参数，如图 4-172 所示。继续添加"等待"动作，在配置动作下设置参数，如图 4-173 所示。

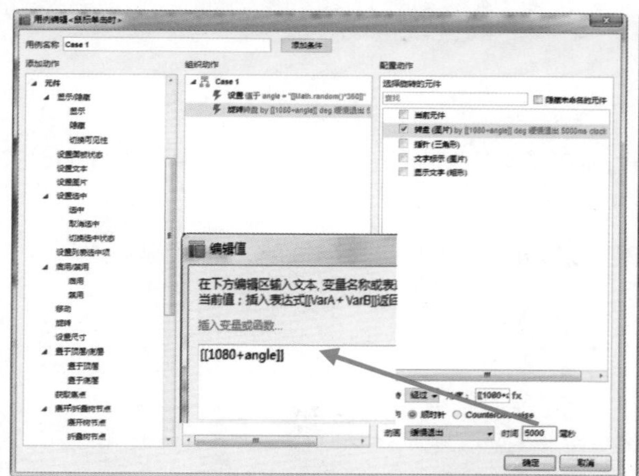

图 4-172

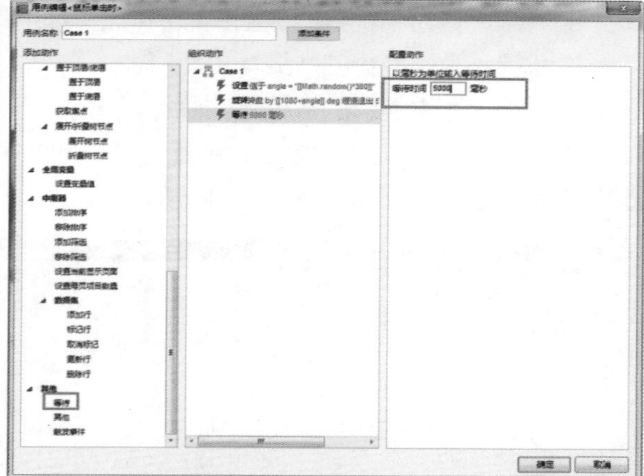

图 4-173

06 单击"确定"按钮，返回页面编辑页面，执行"预览"命令，预览文件，最终效果如图 4-174 和图 4-175 所示。

图 4-174

图 4-175

4.4.4 中继器

中继器元件是一种高级元件，是一个存放数据集的容器，通常使用中继器来显示商品列表、联系人信息列表和数据表等。

中继器元件是由中继器数据集（Repeater Dataset）中的数据项填充的，数据项可以是文本、图片或页面链接。将中继器元件拖入 Axure RP 页面编辑区内，选中后双击中继器元件，就会进入中继器面板，在这里可以对中继器进行编辑和设置。

中继器动作如下。

添加排序：为中继器增加排序命令。

移除排序：为中继器删除排序命令。

添加筛选：为中继器添加筛选命令。

移除筛选：为中继器删除筛选命令。

设置项目数量：设置中继器的项目数量。

数据集：控制数据集。

添加行：为中继器的数据集添加行。

标记行：为中继器的数据集标记行。

取消标记：为中继器的数据集取消标记行。

更新行：为中继器的数据集更新行。

删除行：为中继器的数据集删除行。

执行“文件 > 新建”命令，新建一个项目文件，如图 4-176 所示。将中继器拖曳到页面中，并重命名为“框架”，如图 4-177 所示。

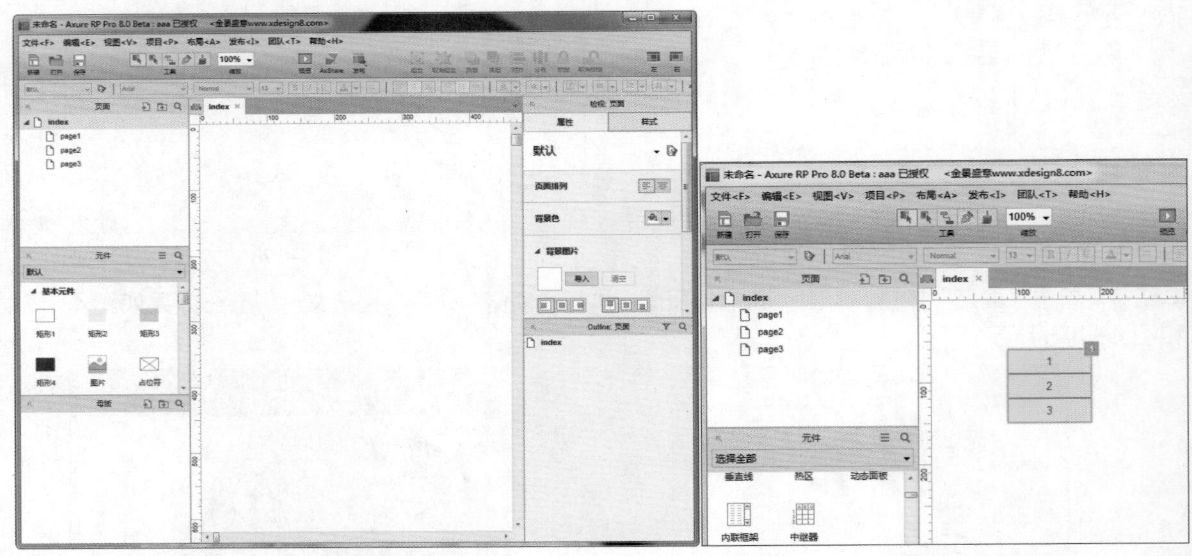

图 4-176　　图 4-177

双击中继器进入中继器编辑页面，在页面编辑区内有一个矩形元件，如图 4-178 所示。在检视面板中会出现“数据集”标签，如图 4-179 所示。在检视面板中可以编辑中继器的数据集、用例交互和格式设置。

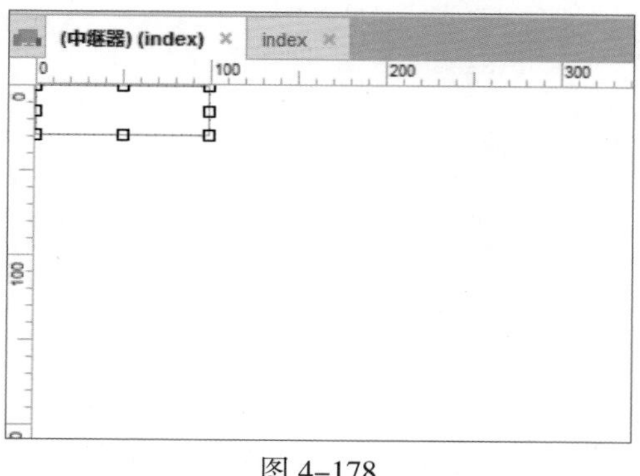

图 4–178

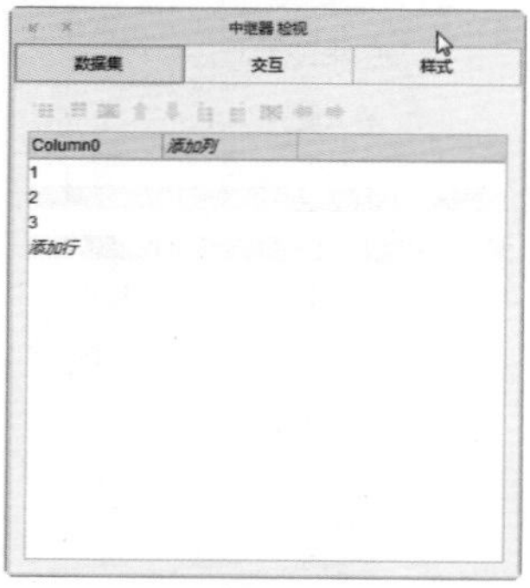

图 4–179

中继器的数据集就像一个 Excel 表格，双击 Column 即可对中继器的列进行重命名，在 Axure RP 中是不能以中文命名项目名称的。

将 Column 重命名为 Picture，如图 4–180 所示。单击“添加行”按钮，将添加的行重命名，即可添加行，如图 4–181 所示。

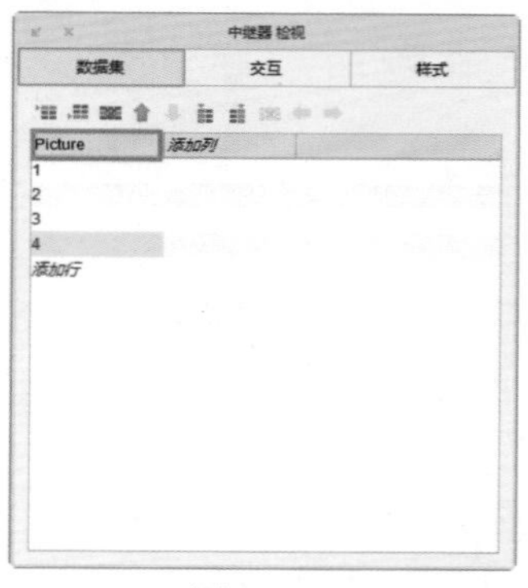

图 4–180

图 4–181

使用相同的方法单击“添加列”，将新添加的列重命名，即可添加列，如图 4–182 所示。选中第 1 行第 1 列的位置，如图 4–183 所示。

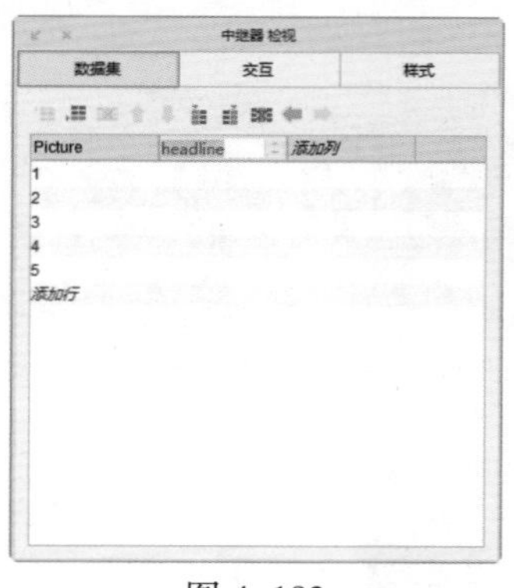

图 4–182

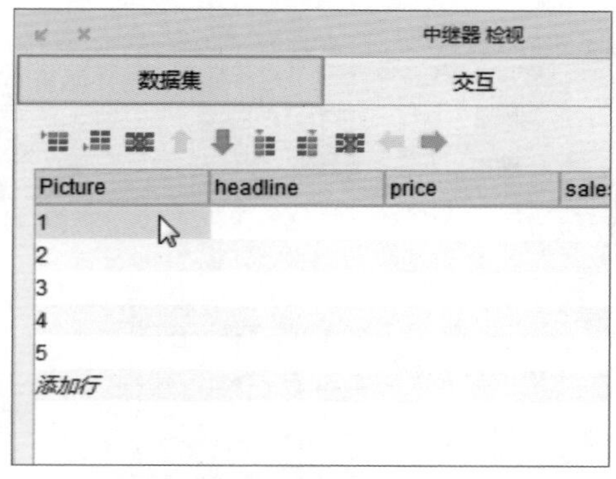

图 4–183

单击鼠标右键，弹出如图 4–184 所示的下拉菜单。

导入图片：在中继器中插入图片。

引用页面：可以添加参考页，当用户单击时就跳转到相关的页面，单击鼠标右键，弹出“引用页面”对话框，可以选择相应的页面，如图 4–185 所示。

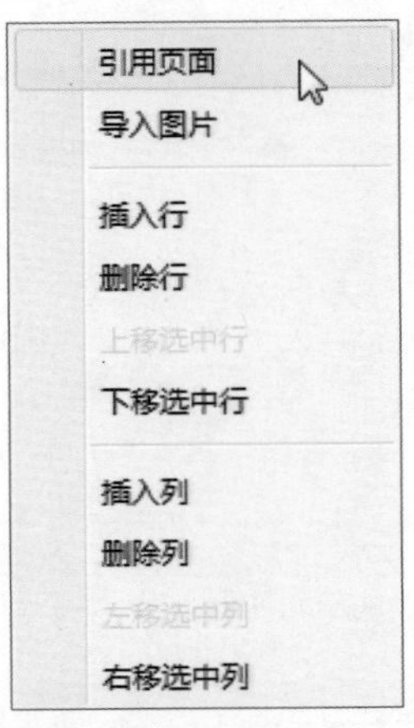

图 4-184

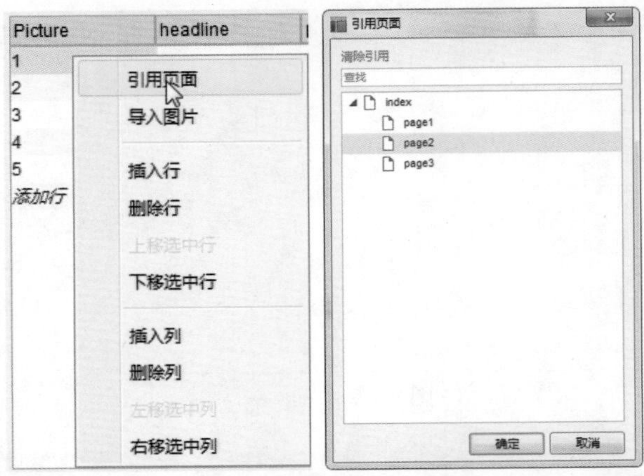

图 4-185

插入行：可以插入行。
删除行：可以删除选中行。
上移选中行：将选中的行向上移动。
下移选中行：将选中的行向下移动。
插入列：可以插入列。
删除列：可以删除选中列。
左移选中列：将选中的行向左移动。
右移选中列：将选中的行向右移动。
单击“样式”选项，可以修改中继器的“布局”和“间距”参数，如图 4-186 所示。

图 4-186

实例 20 网页商城页面

教学视频：视频 \ 第 4 章 \ 网页商城页面 .mp4　　源文件：源文件 \ 第 4 章 \ 网页商城页面 .rp

实例分析：

该实例使用中继器制作简单的网页商城效果，使用中继器可以方便快捷地制作出所有商品的内容和信息，添加相应的事件，实现快速查询商品价格及销量。

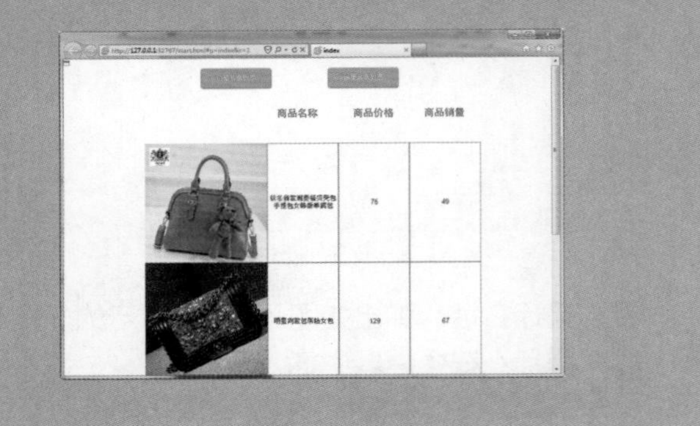

制作步骤：

01 执行“文件 > 新建”命令，新建一个项目文件，如图 4-187 所示。将中继器拖曳到页面中，并重命名为“框架”，如图 4-188 所示。

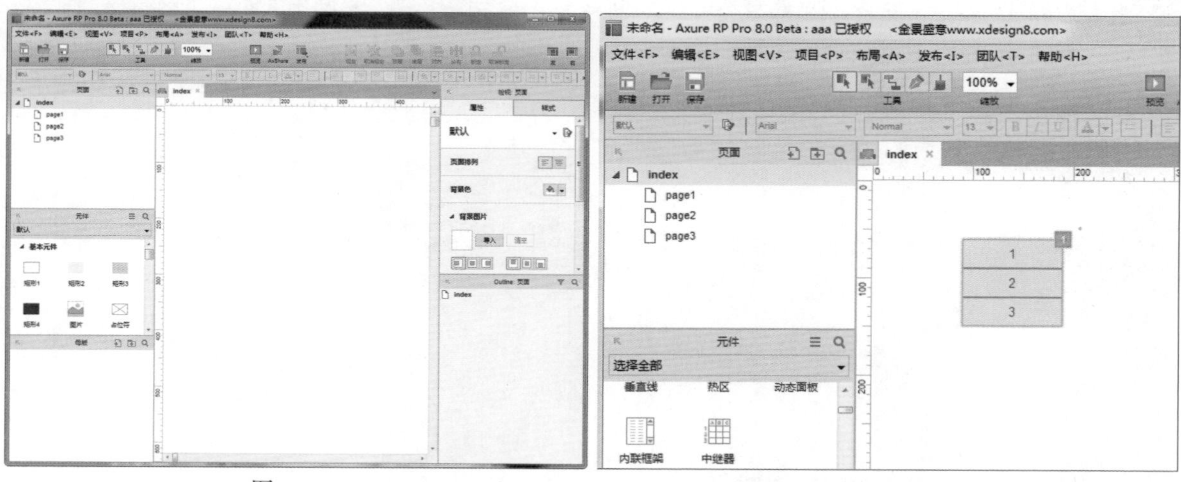

图 4-187　　图 4-188

02 双击中继器进入中继器编辑页面，在页面编辑区内有一个矩形元件，如图 4-189 所示。在检视面板中出现“数据集”标签，如图 4-190 所示。

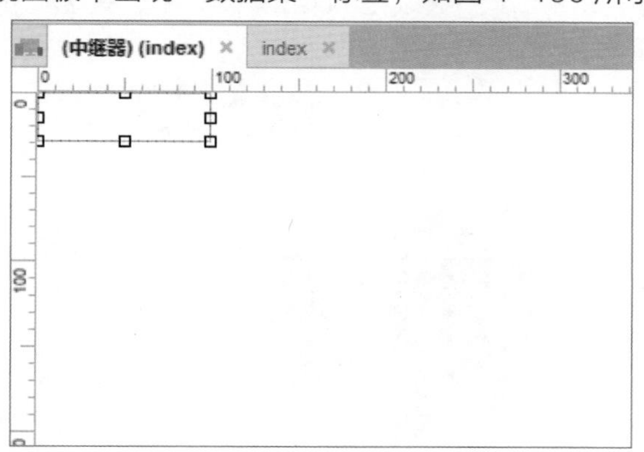

图 4-189

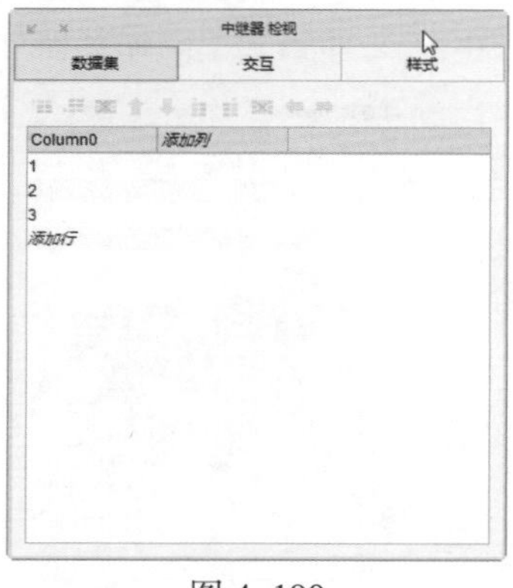

图 4-190

03 在“数据集”标签中添加行和列，如图 4-191 所示。选中第 1 行第 1 列的位置，单击鼠标右键，在弹出的菜单中选择“导入图片”命令，导入“素材 \ 第 4 章 \012.jpg”图片，如图 4-192 所示。

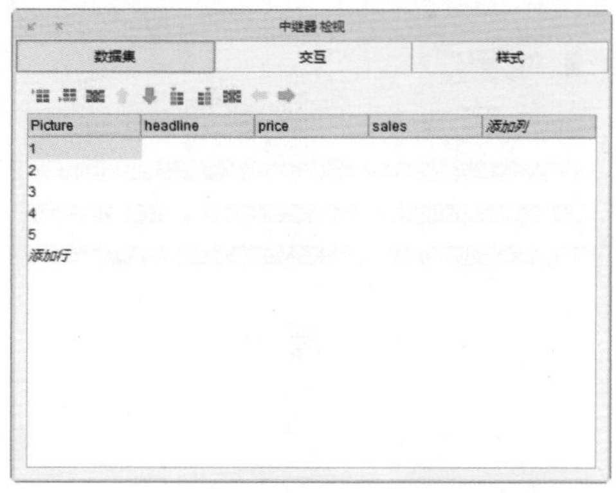

图 4-191

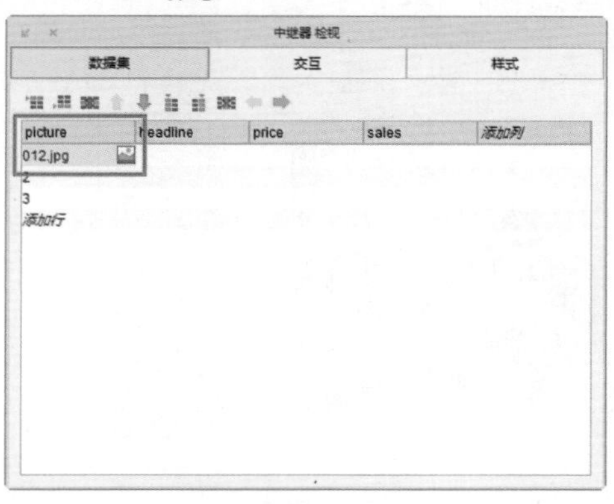

图 4-192

导入的图片大小要一样，要知道图片具体的长和高的像素。本实例中使用的图片为 240×240。

04 使用相同的方法在其他位置导入图片，如图 4–193 所示。在“数据集”标签内设置其他参数，如图 4–194 所示。

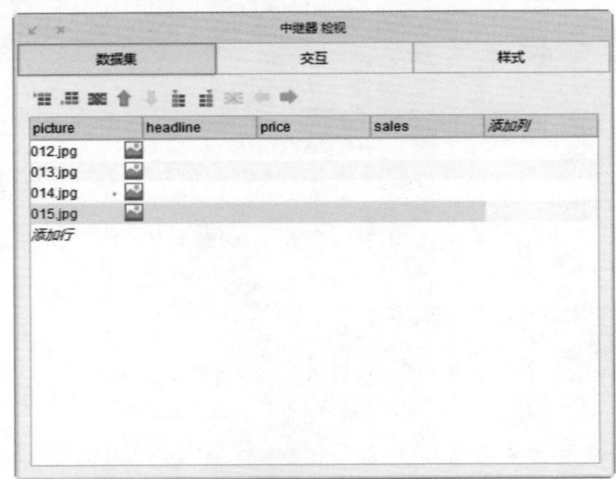

图 4–193

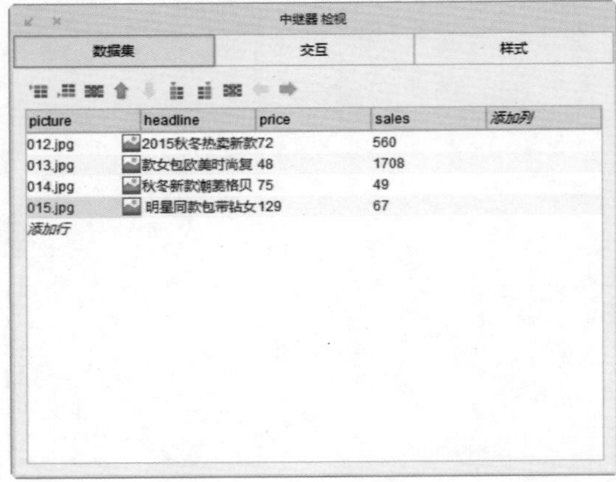

图 4–194

05 在中继器编辑页面中拖入一个图片元件，设置元件的坐标为 X0、Y0，尺寸为 W240、Y240，将该元件重命名为“商品图片”，如图 4–195 所示。继续拖入矩形 1 元件，设置尺寸为 W140、Y240，重命名为“商品名称”，如图 4–196 所示。

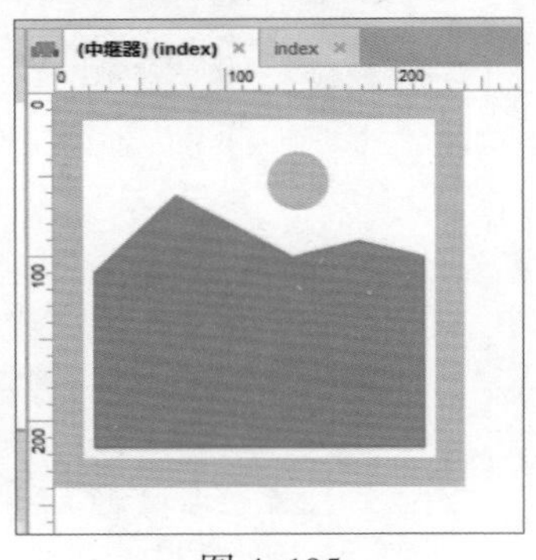

图 4–195

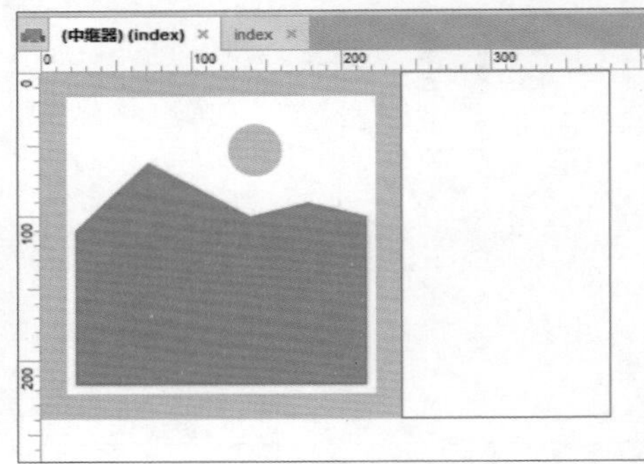

图 4–196

06 使用相同的方法继续拖入同样大小的矩形元件，如图 4–197 所示。返回到 index 页面，如图 4–198 所示。

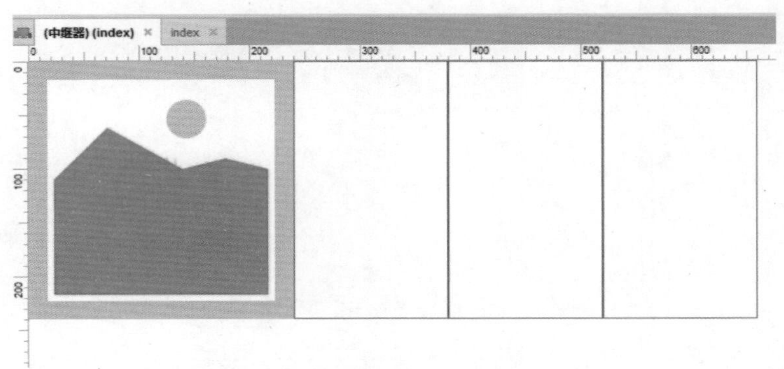

图 4–197

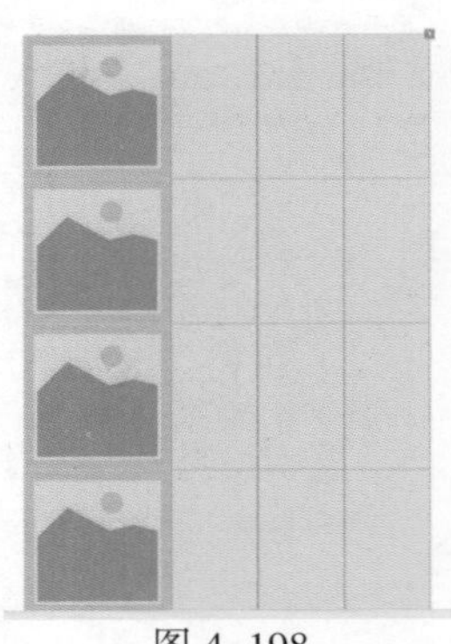

图 4–198

07 选中中继器元件，在“检视：中继器”面板中可以看到中继器默认已经添加了“每项加载时”事件并且有 Case1，如图 4-199 所示。双击打开“用例编辑”对话框，如图 4-200 所示。

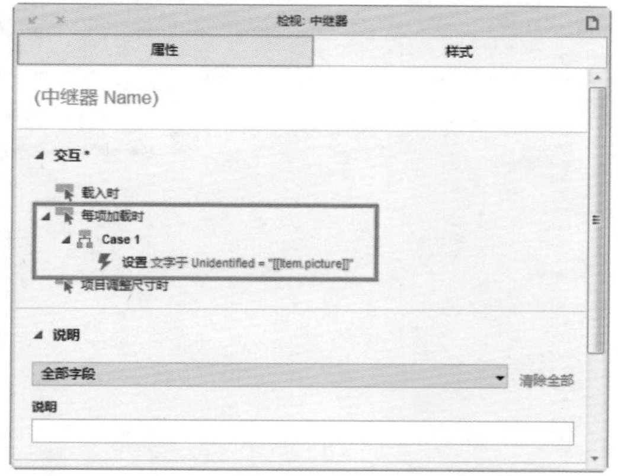

图 4-199

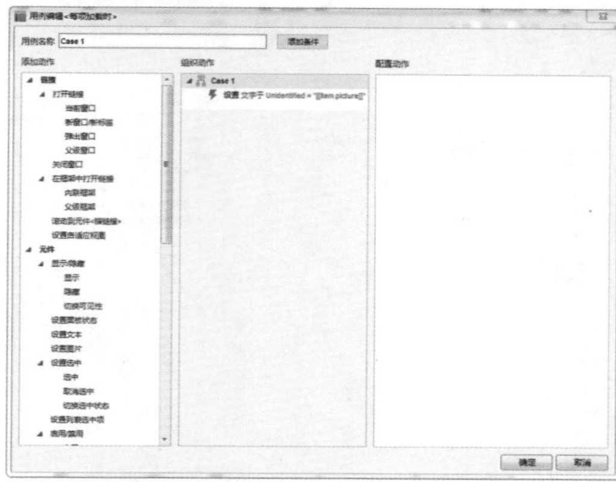

图 4-200

08 单击组织动作中的“设置 Text”动作，如图 4-201 所示。在“配置动作”中选择“商品名称”，如图 4-202 所示。

图 4-201

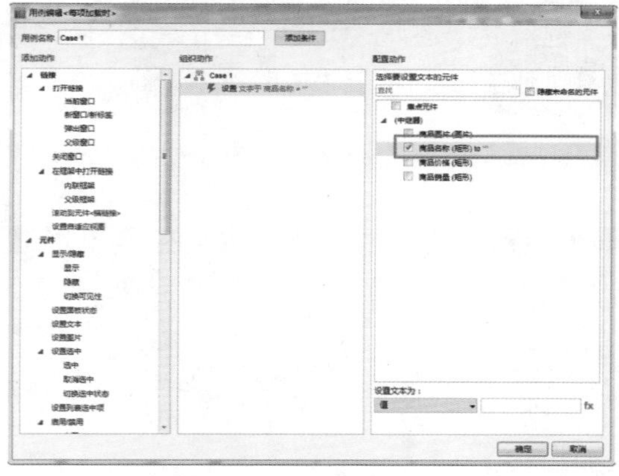

图 4-202

09 设置文本为“值”，单击fx按钮，在“编辑文本”对话框中单击“插入变量或函数…”选项，在下拉菜单中选择 Item.headline 选项，如图 4-203 所示。单击“确定”按钮，回到“用例编辑”对话框，如图 4-204 所示。

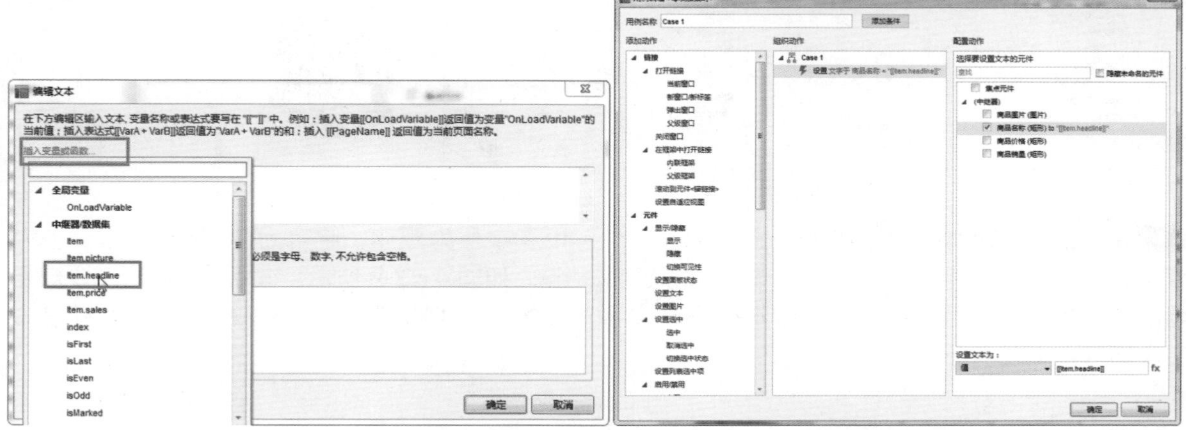

图 4-203　　图 4-204

10 使用相同的方法为“商品价格”和“商品销量”设置值，如图 4-205 所示。继续添加“设置图片”动作并配置动作，如图 4-206 所示。

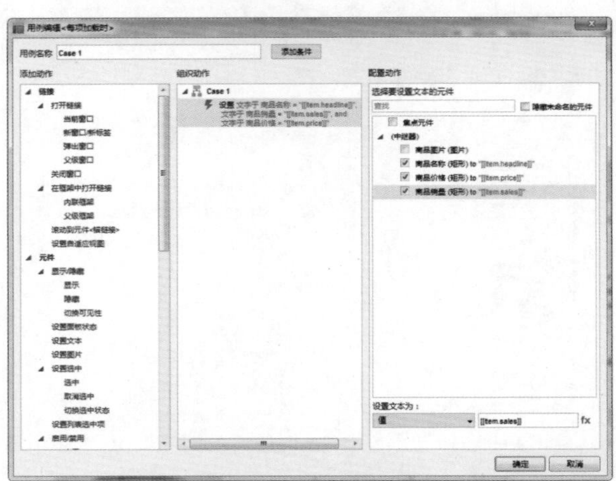

图 4-205

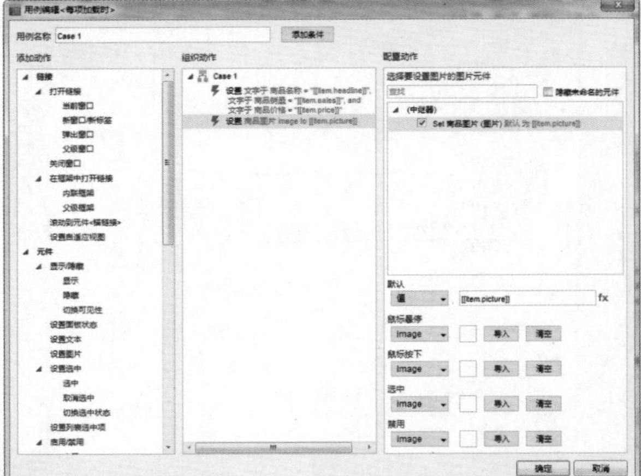

图 4-206

在编辑文本时，一定要选对中继器中数据集的标题，如果选择不正确，中继器不会显示数据集中的参数。

11 调整动作的顺序，如图 4-207 所示。单击“确定”按钮，回到页面编辑区，效果如图 4-208 所示。

图 4-207

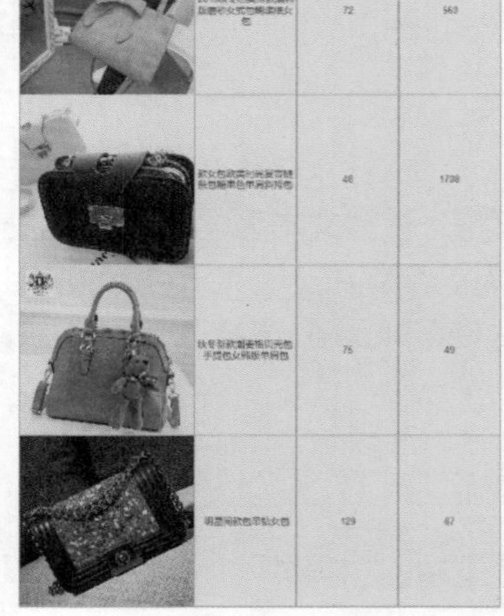

图 4-208

12 在页面编辑区内添加 3 个文本标签元件，设置字体为黑体，字号为 20 号，字体颜色为 #FF0000，显示文本为商品名称、商品价格及商品销量，如图 4-209 所示。继续添加两个主要按钮元件，设置按钮的尺寸为 W140、Y40，显示文字为价格从低到高和销量从低到高，并且为按钮重命名，如图 4-210 所示。

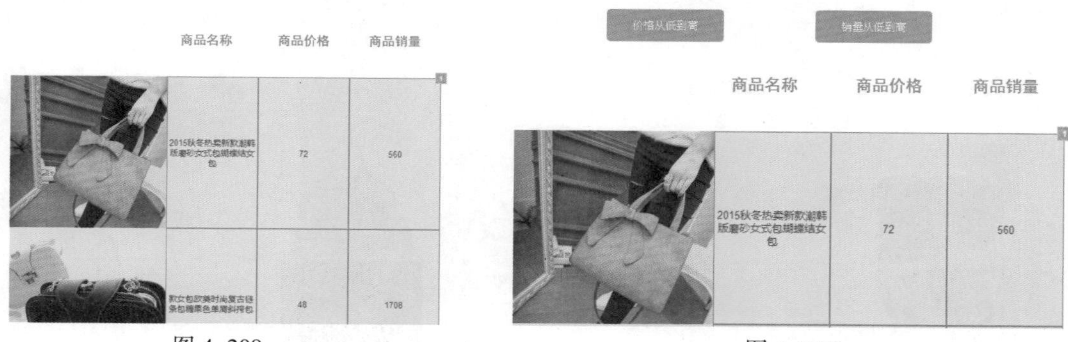

图 4-209　　　　图 4-210

13 选中“价格从低到高”按钮，双击“鼠标单击时”按钮，在“用例编辑”对话框中添加“添加排序”动作并配置动作，如图 4-211 所示。使用相同的方法为“销量从低到高”按钮添加事件，如图 4-212 所示。

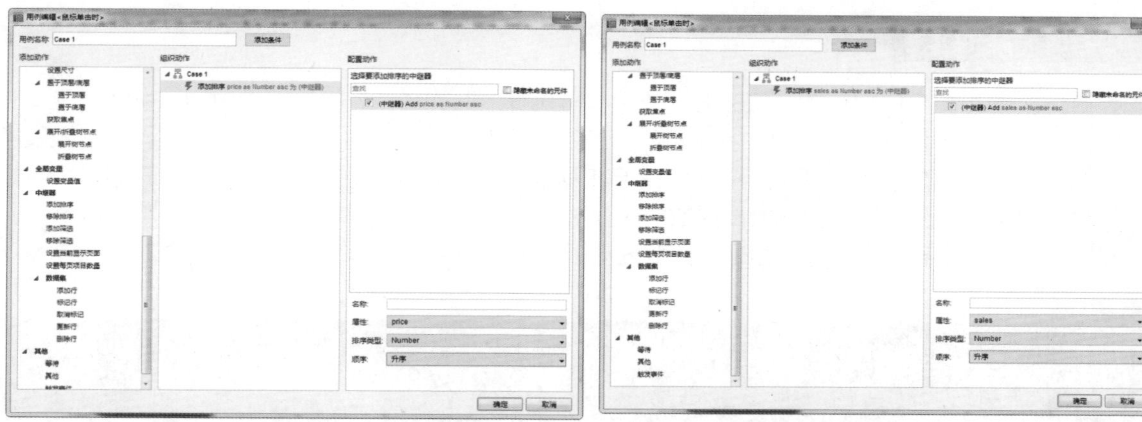

图 4-211　　　　图 4-212

14 页面编辑区效果如图 4-213 所示。执行“预览”命令，页面效果如图 4-214 所示。

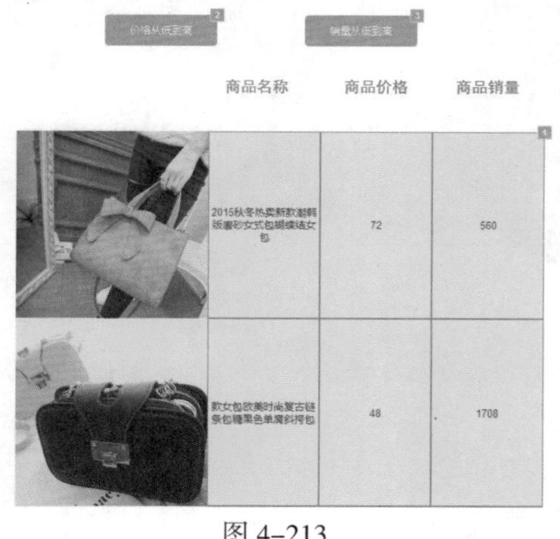

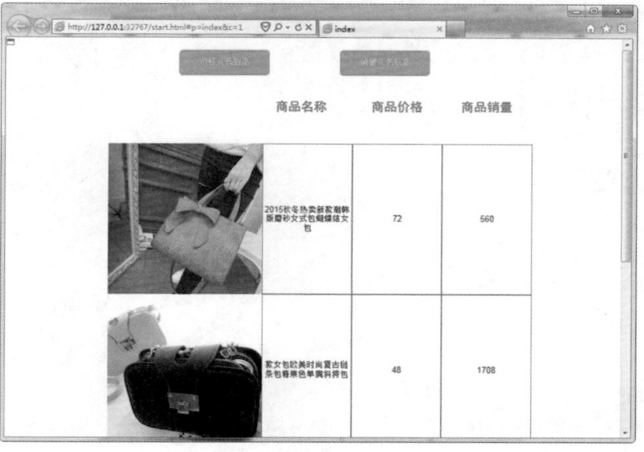

图 4-213　　　　图 4-214

15 单击“价格从低到高”按钮，效果如图 4-215 所示。单击“销量从低到高”按钮，效果如图 4-216 所示。

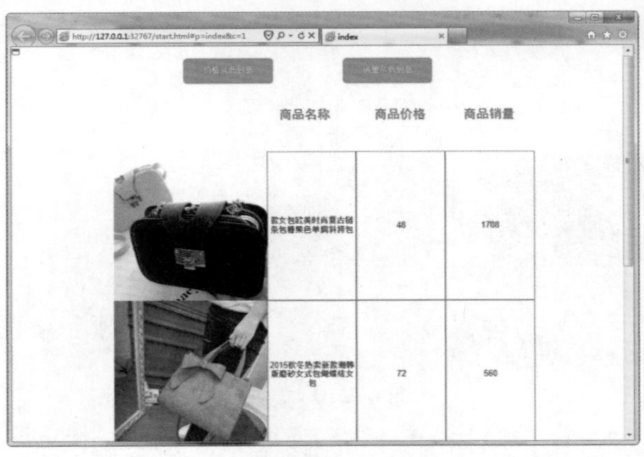

图 4-215

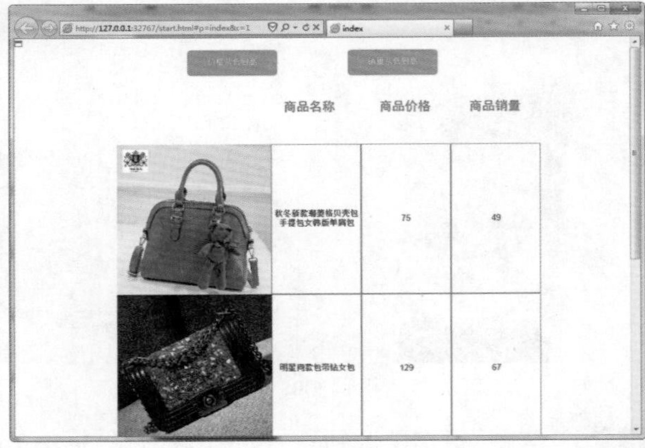

图 4-216

4.4.5 其他

等待：让 Axure RP 在等待一定的毫秒数后，再执行下面的动作，类似编程中的 sleep 功能。

其他：包括其他任何 Axure RP 不支持的，但是用户希望未来网站能够支持的功能。这个其实不是一个动作，而是一个描述。例如用户希望告诉开发者，在单击某个按钮时，播放一个声音，即可选择“其他”动作，在配置动作中说明要播放的声音。

触发事件：可以在更多情况下为一个元件同时添加多个交互事件。

实例 21 显示中奖结果

教学视频：视频 \ 第 3 章 \ 显示中奖结果 .mp4　　源文件：源文件 \ 第 3 章 \ 显示中奖结果 .rp

实例分析：

该实例在抽奖转盘的基础上继续添加触发事件动作和设置文本动作等，实现当用户单击后显示中奖结果的交互效果。

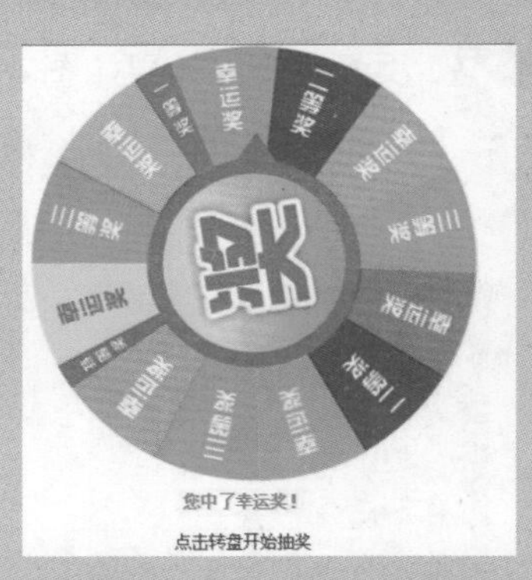

制作步骤：

01 接着之前的“抽奖转盘”实例继续制作，调整转盘的位置为 X0、Y0，尺寸为 W368、H368，如图 4-217 所示。将指针和转盘组合，如图 4-218 所示。

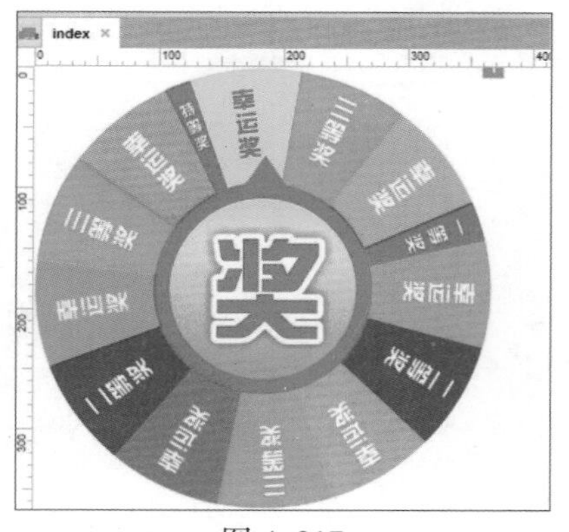

图 4-217

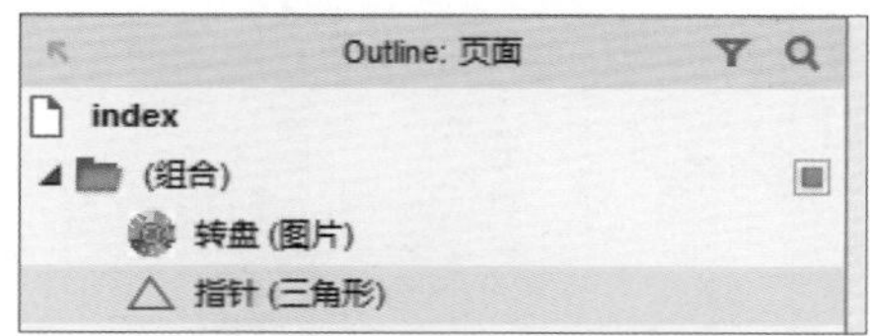

图 4-218

02 在转盘下添加一个文本标签元件，设置位置为 X40、Y378，尺寸为 W270、H16，重命名为“抽奖结果”，如图 4-219 所示。继续拖入文本标签元件，设置位置为 X105、Y438，尺寸为 W128、H22，如图 4-220 所示。为了便于观察，可暂时将第一个文本标签隐藏。

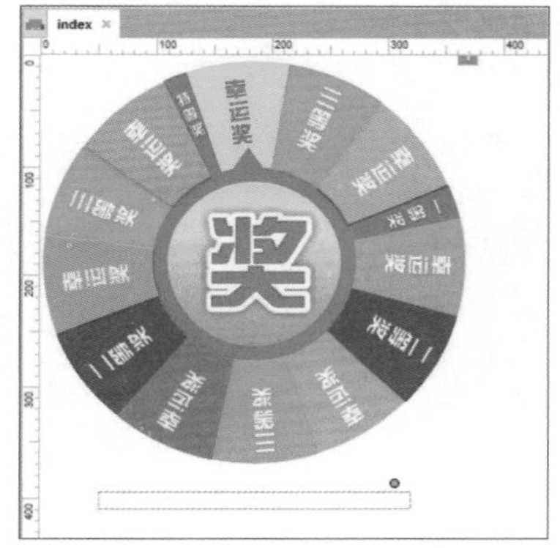

图 4-219

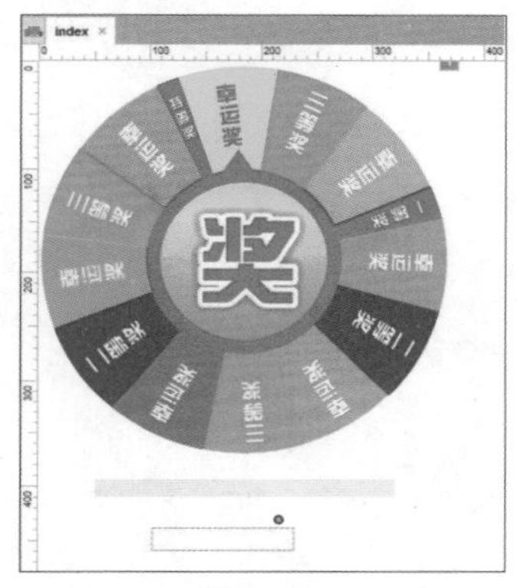

图 4-220

03 设置字体为黑体，字体大小为 16 号，输入“点击转盘开始抽奖”文本，将文本标签重命名为“标题”，如图 4-221 所示。选中“转盘”元件，双击 Case1 继续添加“设置文字”动作并配置动作，如图 4-222 所示。

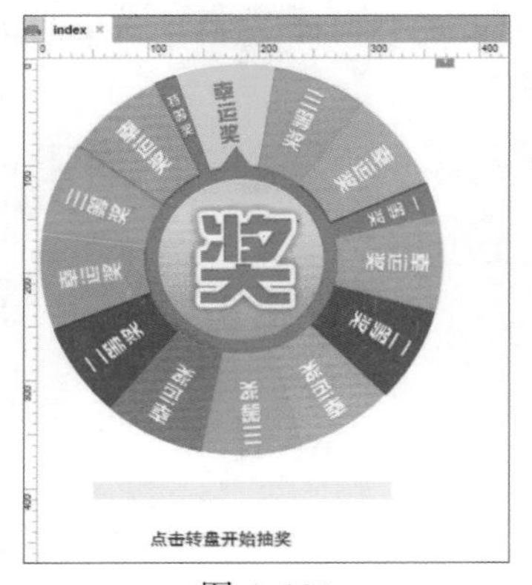

图 4-221

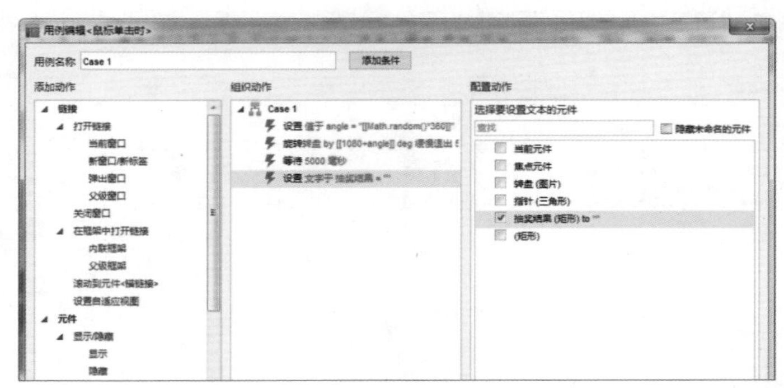

图 4-222

04 添加“触发事件”动作，配置动作如图 4-223 所示。调整事件触发顺序，如图 4-224 所示。

图 4-223

图 4-224

05 单击“确定”按钮，回到页面编辑区，选中“中奖结果”文本标签元件，如图 4-225 所示。双击“鼠标单击时”事件，打开“用例编辑”对话框，如图 4-226 所示。

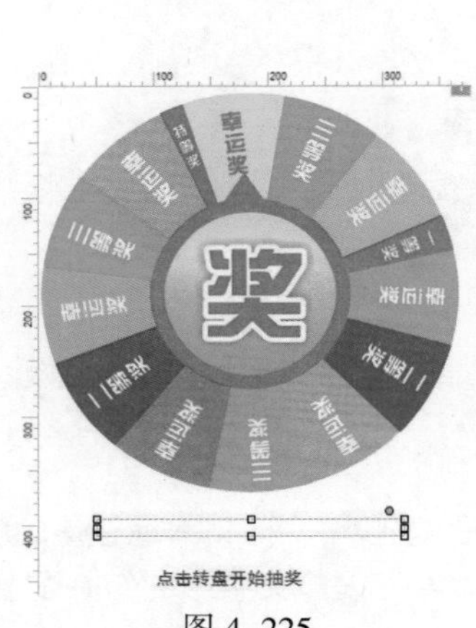

图 4-225

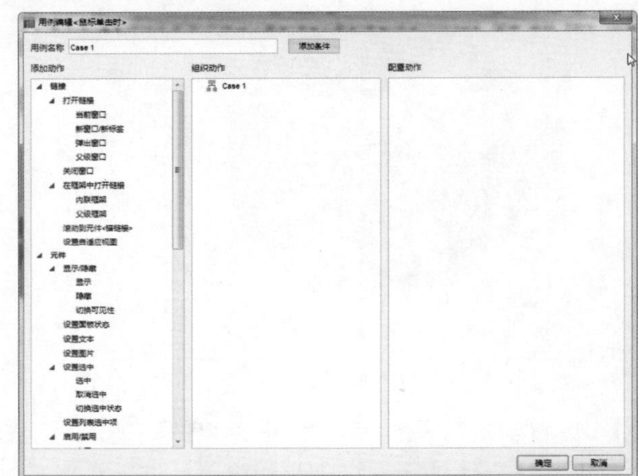
图 4-226

06 双击 Case1 选项，打开“条件设立”对话框，在该对话框中设置条件，如图 4-227 所示。单击“确定”按钮，回到“用例编辑”对话框，如图 4-228 所示。

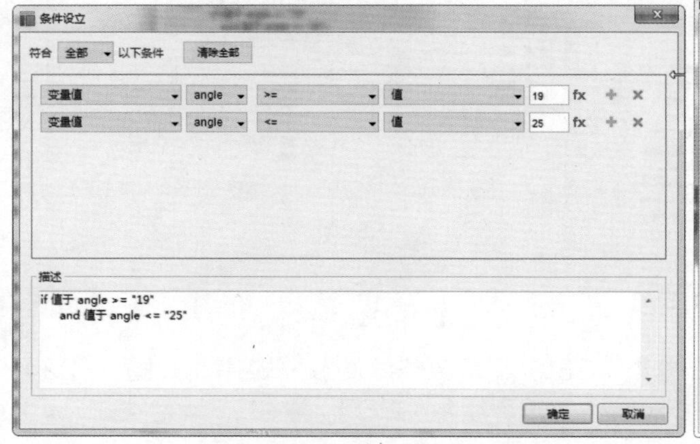

图 4-227

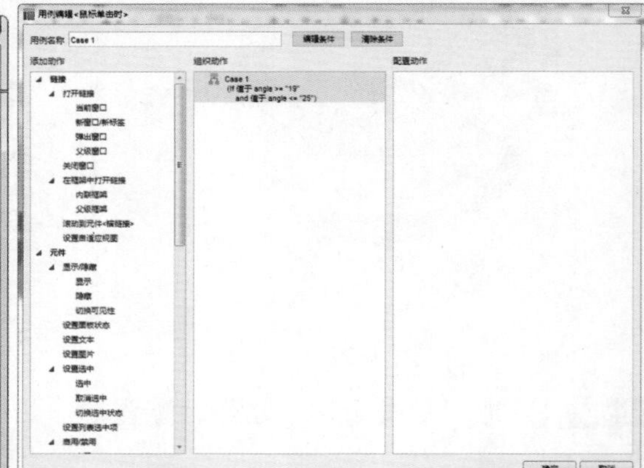
图 4-228

07 继续添加“设置文本”动作并配置动作，如图 4-229 所示。单击“确定”按钮，回到页面编区中，再次双击“鼠标单击时”事件，添加 Case2 用例，如图 4-230 所示。

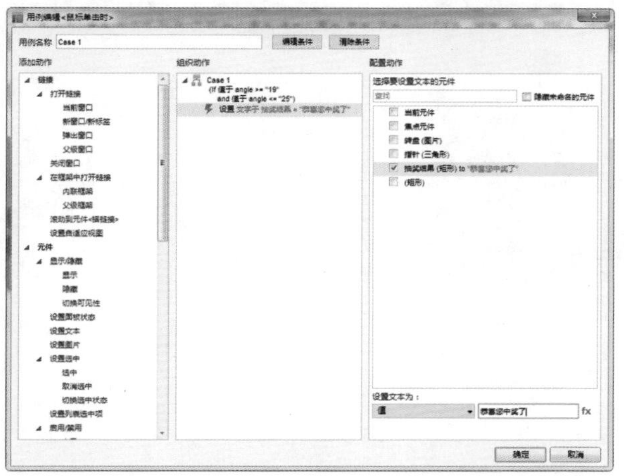

图 4-229

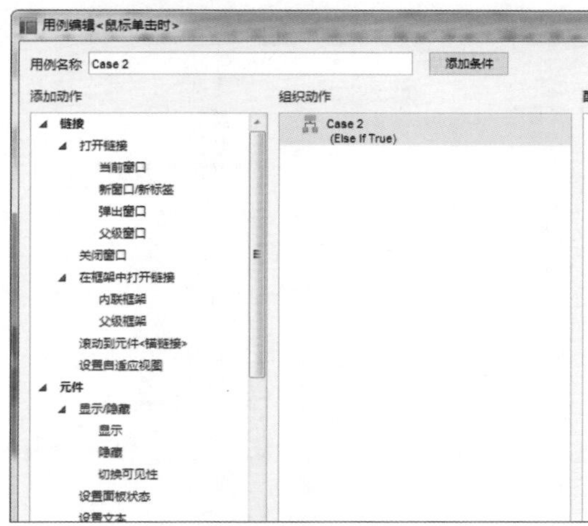

图 4-230

08 使用相同的方法为 Case2 添加条件及动作，如图 4-231 所示。继续添加 Case3 用例，双击组织动作 Case3，打开“条件设立”对话框，如图 4-232 所示。

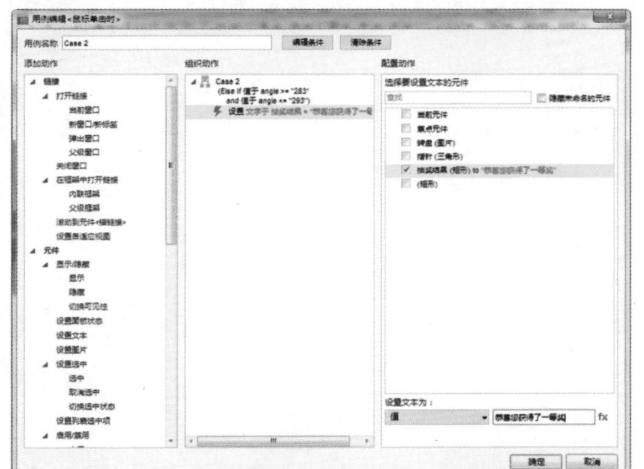

图 4-231

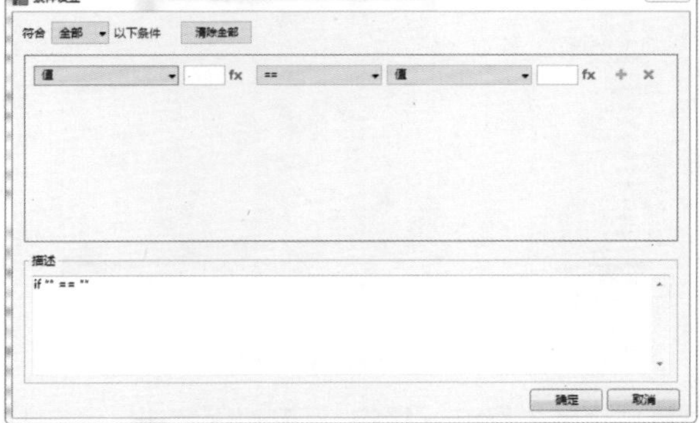

图 4-232

09 设置逻辑的值为“值”，单击 fx 按钮，在编辑文本中设置值如图 4-233 所示。单击“确定”按钮，回到“条件设立”对话框，继续设置参数，如图 4-234 所示。

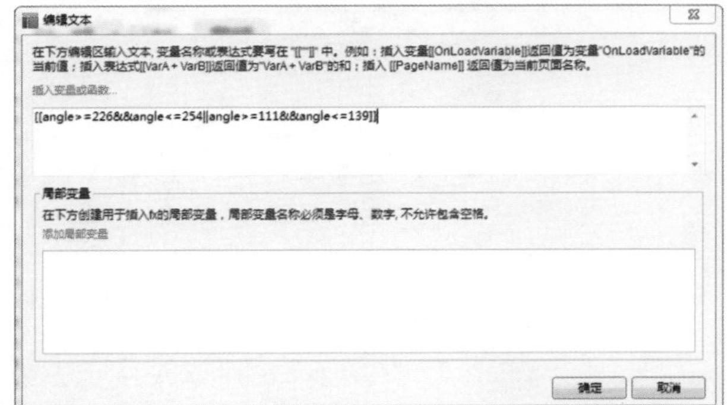

图 4-233

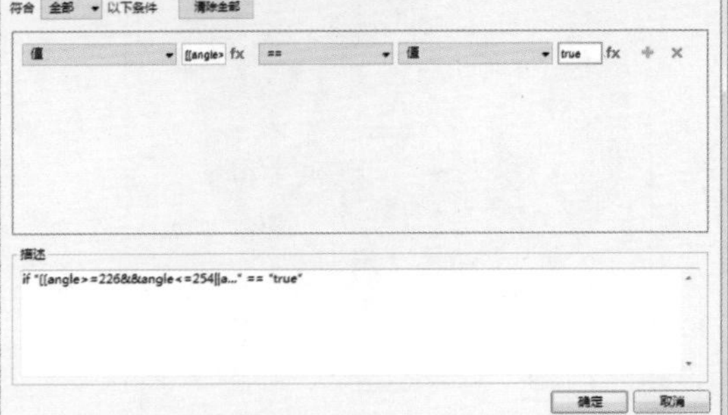

图 4-234

10 单击“确定”按钮，回到“用例编辑”对话框中继续添加动作，如图 4-235 所示。单击“确定”按钮，回到页面编辑区中，如图 4-236 所示。

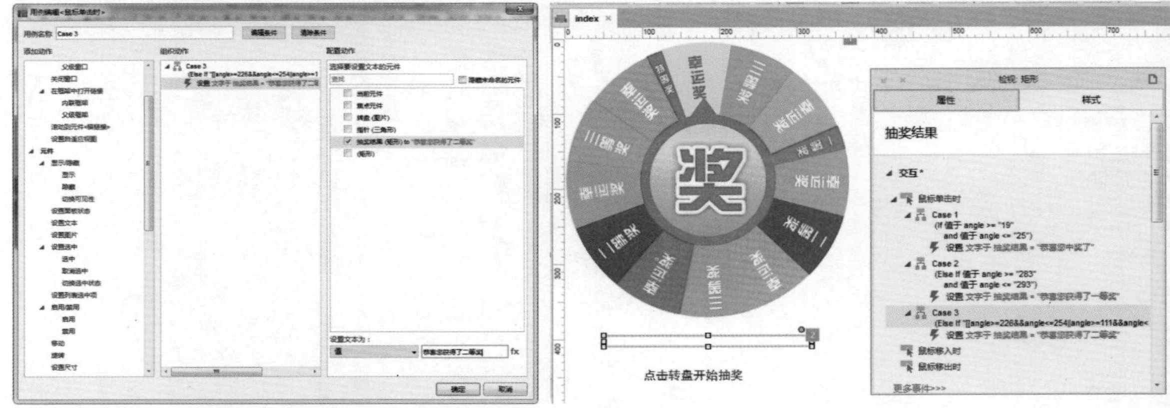

图 4-235　　图 4-236

11 使用相同的方法继续添加 Case4 和 Case5，如图 4-237 和图 4-238 所示。

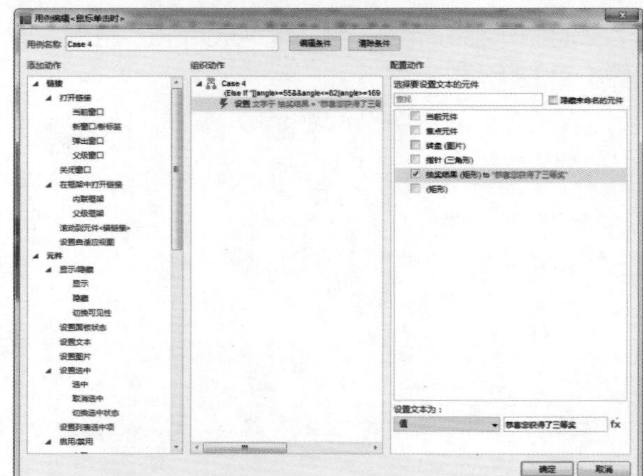

图 4-237

图 4-238

12 单击“确定”按钮，回到页面编辑区，如图 4-239 所示。执行“预览”命令查看效果，如图 4-240 所示。

图 4-239

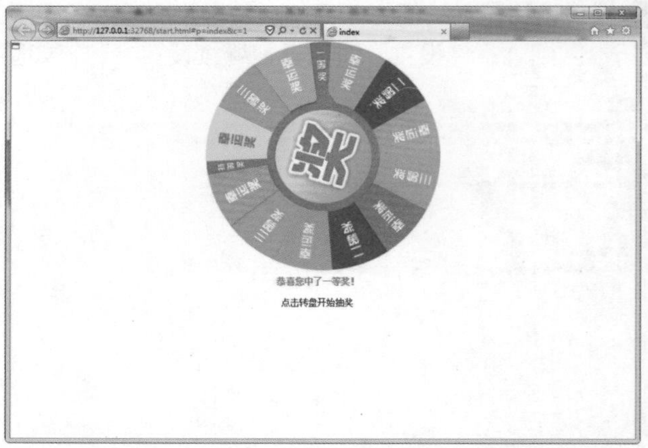

图 4-240

4.5 Axure RP 交互的注意事项

一个 Axure RP 交互是包含某个事件的容器，这个事件至少包含一个用例，并且每个用例至少包含一个动作。

根据想要传达给利益相关者、开发人员和用户的交互体验，评估交互事件的价值，从而确定所需要创建的交互动作的优先级。

首先要关注主要交互流程，然后是次要交互流程，最后再考虑其他情况的流程。最后一点，原型越复杂，维护和修改成本越高。作为一个合格的设计师，也要充分考虑这一点。

4.5.1 元件

Axure RP 自带的元件都可以添加交互动作。但无法用一个元件来执行所有可能的动作，因为大部分元件都有其特定的用途和限制。

例如，单选按钮可以被选中或不选中、启动或禁用、获得焦点或失去焦点。所以 Axure RP 的事件和元件是有关联的，即不同的元件有不同的事件。

每个元件支持不同的事件，将元件拖曳到页面编辑区内，选中元件，在“检视：元件”面板的属性标签下可以看到该元件支持的事件。

4.5.2 事件

用户需要注意的是，一些元件不添加事件也能够响应用户操作。例如，表单中的文本框元件和下拉列表元件等，如图 4-241 所示。虽然没有添加事件，但还是可以响应用户的行为。

图 4-241

选择下拉列表元件，即使不添加事件，也可以对元件的选项进行调整。因为下拉列表元件本身就自带交互事件。对于其他元件，如果没有添加交互事件及行为，当生成 HTML 原型在浏览器中浏览时，与编辑区中的静态图片没有区别。

4.5.3 为元件命名

为所有元件进行命名是非常重要的。不要认为有了“当前元件”功能，为元件命名就不再重要了，“当前元件”位于配置动作的选项框中，如图 4-242 所示。

“当前元件”功能是一种开发的编码技巧，开发者注释代码是为了让其他人员看懂代码，Axure RP 中没有“代码”功能，所以元件名称是设计师和同事们能够看明白交互逻辑的重要原因。

如果直接为选中的元件创建交互，可以不标记元件。通常情况下，需要利用其他事件或元件来间接作用于某个元件，在引用元件时命名就变得非常有价值。

图 4-242

在实际工作中，通常需要生成界面审核规范文档。为了让文档更加有参考价值，元件名称也是有必要的。

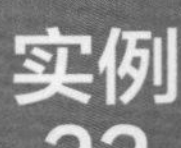

实现放大镜效果

教学视频：视频\第 4 章\实现放大镜效果 .mp4　　源文件：源文件\第 4 章\实现放大镜效果 .rp

实例分析：

该实例通过使用一个动态面板内多个子动态面板，实现放大镜效果。同时还使用中继器元件实现可以选择不同的图片进行放大镜效果。本实例的制作需要较长时间，用户在制作时要有充足的准备。

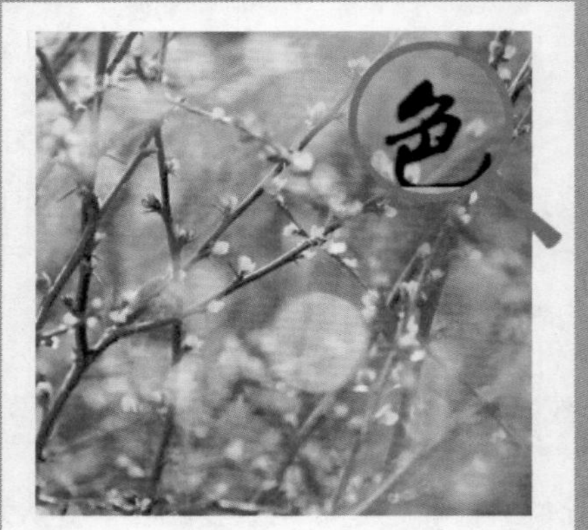

制作步骤：

01 执行“文件 > 新建”命令，新建一个项目文档，如图 4-243 所示。在 index 页面中拖曳一个图形元件，设置元件的坐标为 X200、Y100，尺寸为 W400、H400，重命名为“主图”，双击元件，导入“素材\第 4 章\20.jpg”图片，如图 4-244 所示。

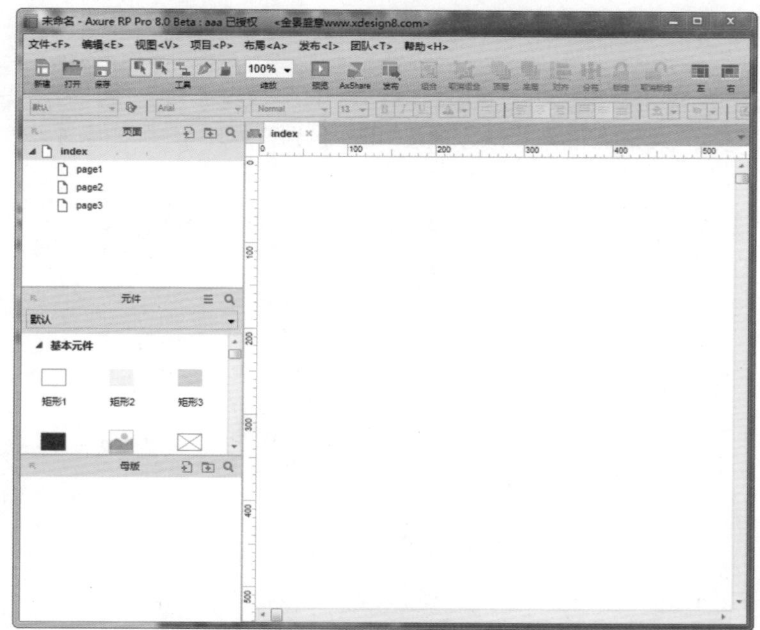

图 4-243

图 4-244

02 继续拖入动态面板元件，设置动态面板的坐标为 X550、Y110，尺寸为 W130、H130，重命名为“放大镜”，如图 4-245 所示。双击动态面板进入 State1 状态页面，如图 4-246 所示。

图 4-245

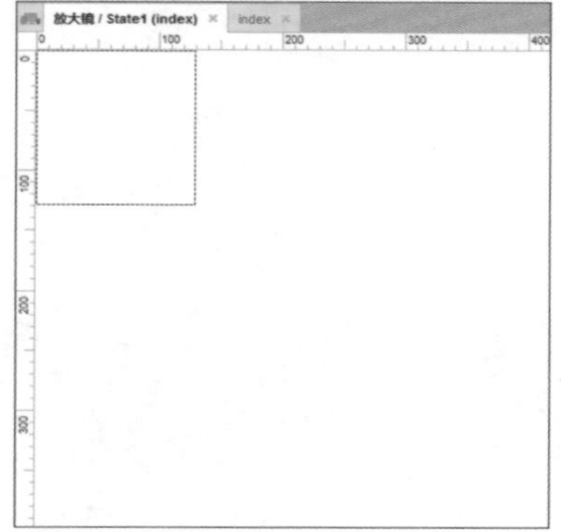

图 4-246

03 在页面中拖入一个矩形 1 元件，设置矩形元件的尺寸为 W100、H100，将矩形元件转换为圆形，如图 4-247 所示。设置圆形元件的线框和线框颜色，填充颜色为无，如图 4-248 所示。

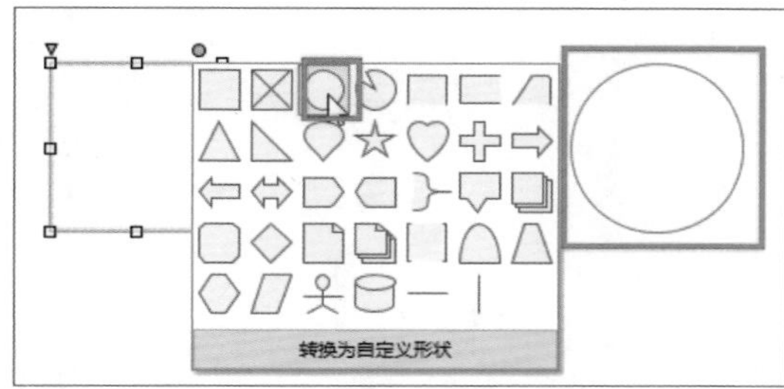

图 4-247

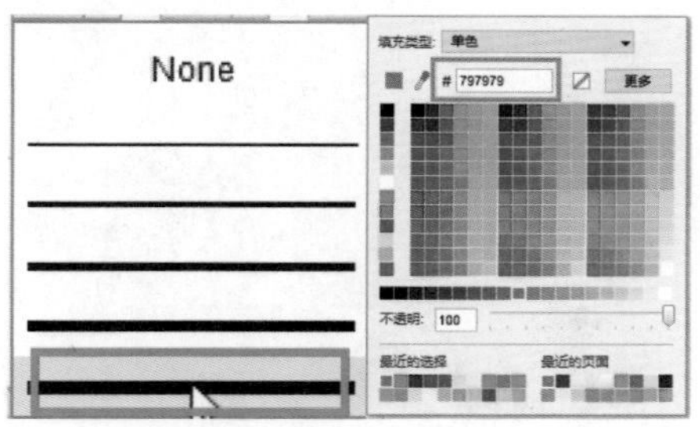

图 4-248

04 调整圆形元件的坐标为 X0、Y0，重命名为“镜头”，如图 4–249 所示。拖入一个图片元件，设置坐标为 X80、Y80，尺寸为 W50、H50，导入“素材 \ 第 4 章 \021.jpg”图片，如图 4–250 所示。

05 在该页面中继续拖入一个动态面板，设置该动态面板的名称为 01，其坐标为 X30、Y4，尺寸为 W40、H5，如图 4–251 所示。双击 01 动态面板，将 State1 重命名为“图片 1”，如图 4–252 所示。

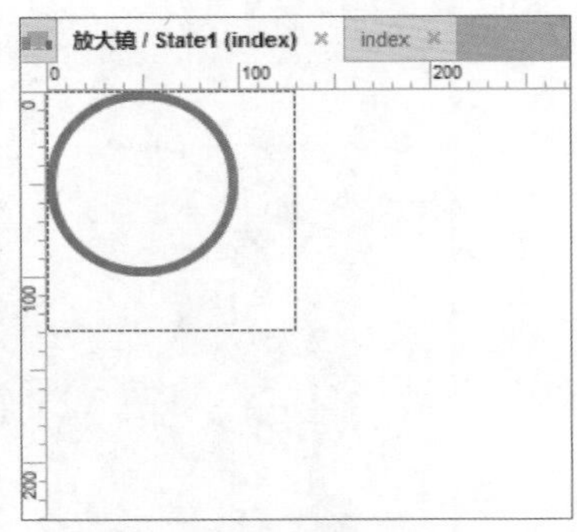

图 4–249

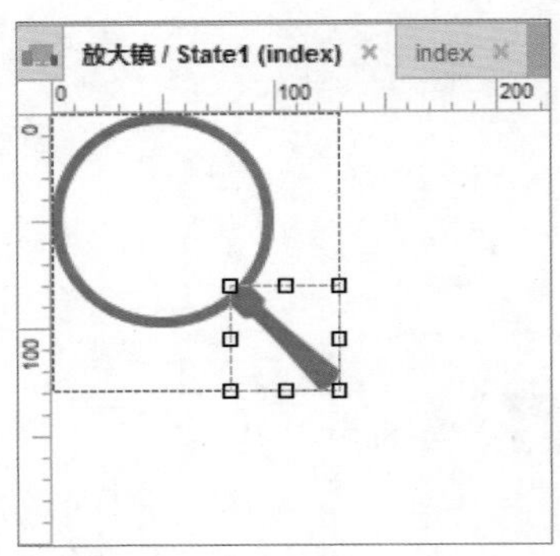

图 4–250

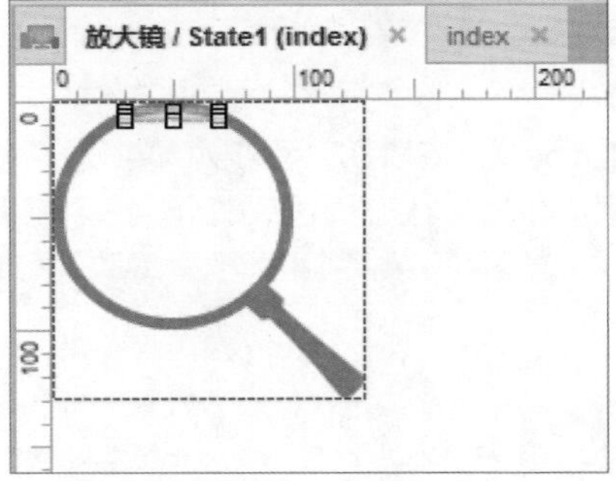

图 4–251

图 4–252

这里制作的动态面板包含动态面板实现的效果，用户需要对动态面板进行重命名，防止相同的元件过多不好分辨。

06 进入“图片 1”页面，在该页面内拖入一个图片元件并导入图片，设置其坐标为 X120、120，尺寸为 W700、H700，如图 4–253 所示。页面面板如图 4–254 所示。

图 4–253

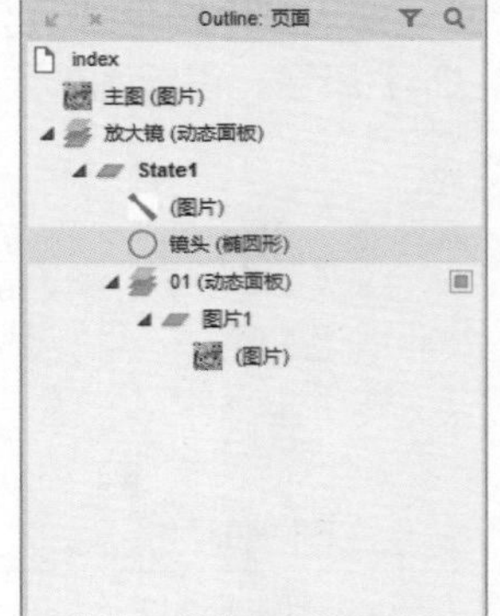

图 4–254

07 在放大镜动态面板中继续拖曳动态面板，重命名为 02，将 State1 重命名为图片 2，如图 4-255 所示。设置该动态面板的坐标为 X22、Y9，尺寸为 W56、H5，如图 4-256 所示。

图 4-255

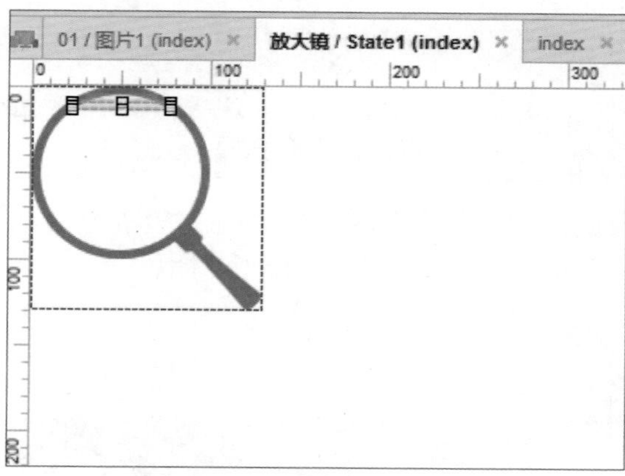

图 4-256

08 双击进入“图片 2”页面，在该页面中拖入一个图片元件，导入图片，调整其坐标为 X100、Y95，尺寸为 W700、H700，如图 4-257 所示。页面面板如图 4-258 所示。

图 4-257

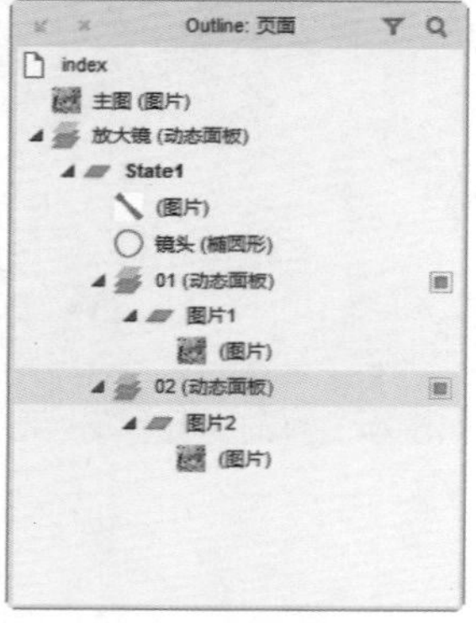

图 4-258

09 使用相同的方法继续在放大镜动态面板中添加 03~09 状态页面，并在各个状态页面中添加图片，页面面板如图 4-259 所示。调整放大镜动态面板下状态页面的顺序，如图 4-260 所示。

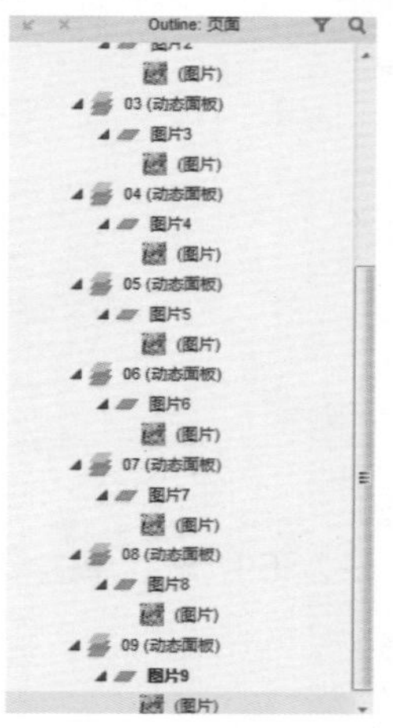

图 4-259

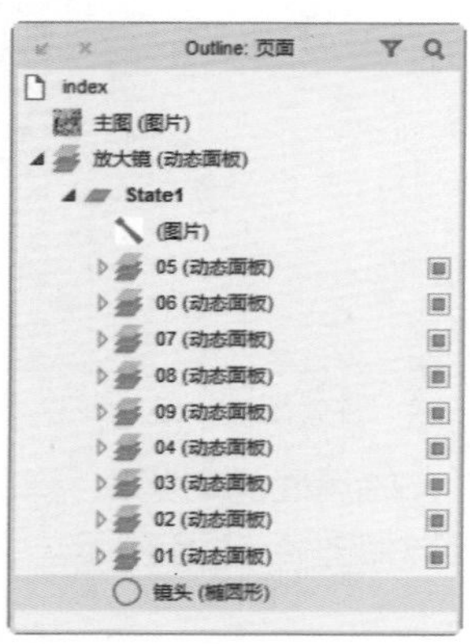

图 4-260

10 返回 index 页面，查看效果如图 4-261 所示。在放大镜动态面板中双击“拖动时”按钮，如图 4-262 所示。

需要注意的是 03~09 状态页面的具体尺寸、坐标以及面板中图片的具体坐标。制作的状态页面就是放大镜下面图片放大的效果，如果不注意坐标和尺寸，图片拼接不上，将不能正确显示效果。

11 在“用例编辑”对话框中，添加“移动”动作并配置动作，如图 4-263 所示。继续添加“移动”动作，配置动作如图 4-264 所示。

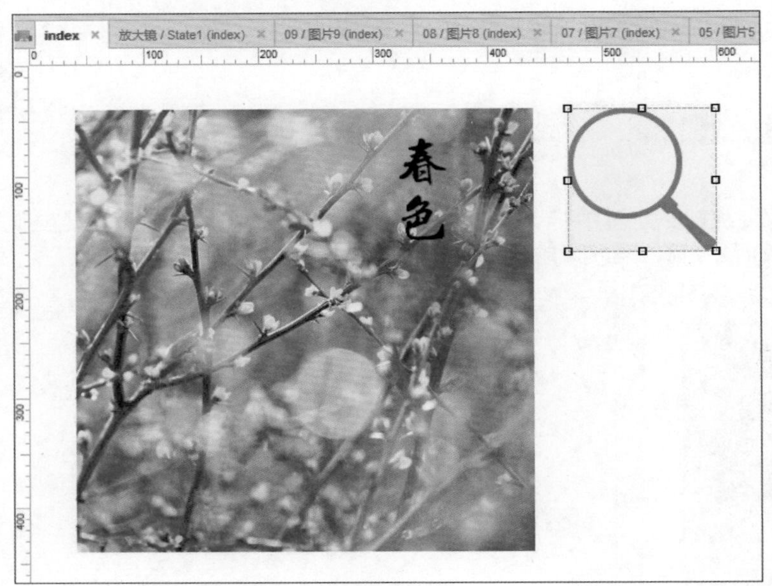

图 4-261

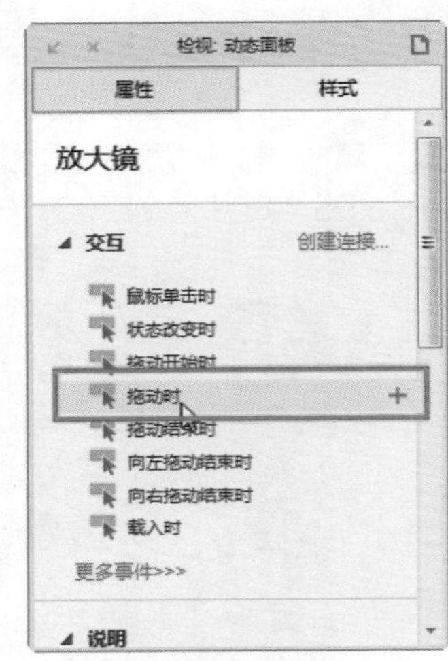

图 4-262

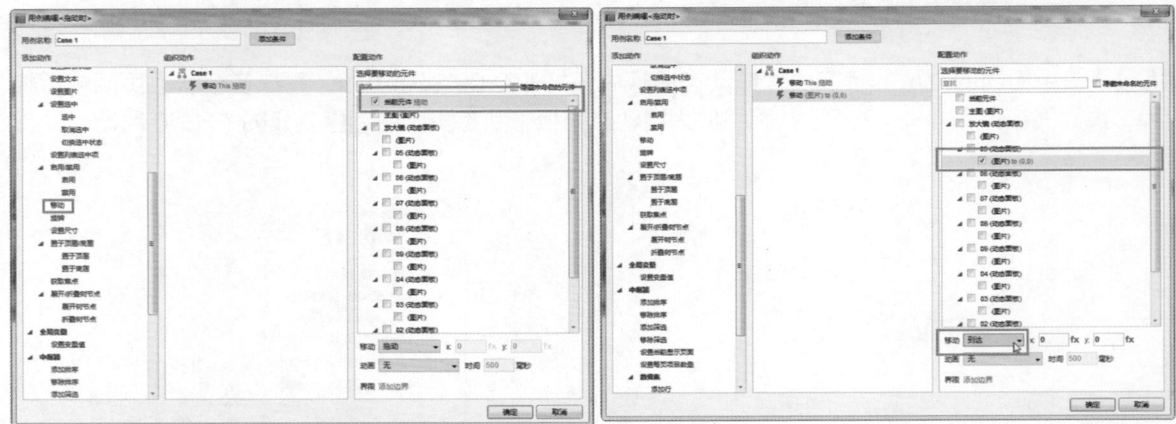

图 4-263

图 4-264

12 单击 X 轴后面的 fx 按钮，弹出“编辑值”对话框，如图 4-265 所示。单击“添加局部变量”选项，设置参数如图 4-266 所示。

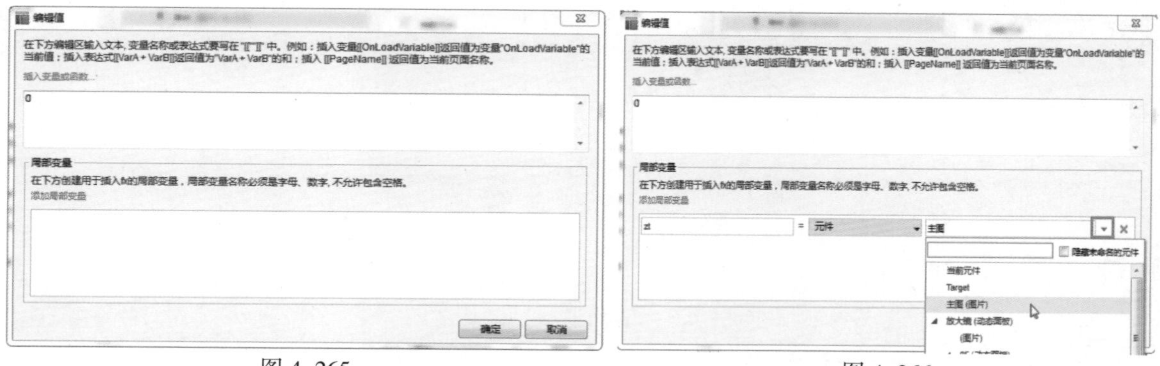

图 4-265　　　　图 4-266

13 再次单击“添加局部变量”选项，设置参数如图 4-267 所示。使用相同的方法继续设置局部变量，如图 4-268 所示。

用户做到此步时不要急躁，静下心来为元件设置变量，如果局部变量出现问题，全局变量也会出现问题。

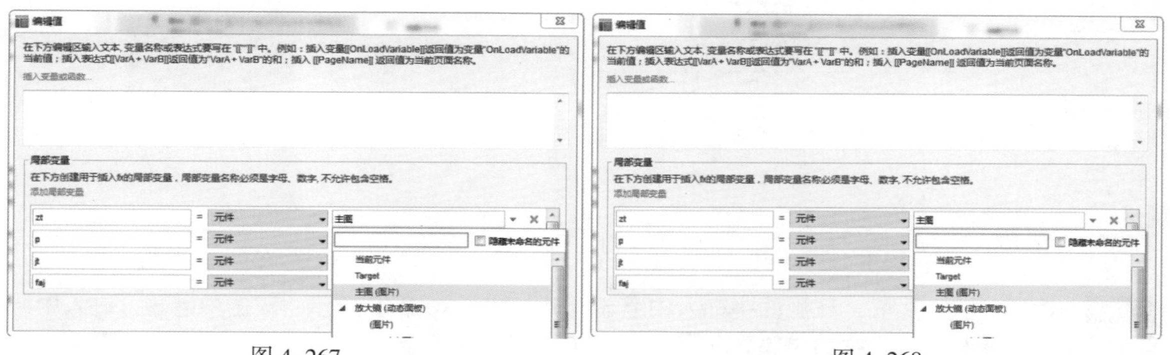

图 4-267　　　　图 4-268

14 将“编辑值”对话框中的 0 删除，插入 [[]]，如图 4-269 所示。单击“插入变量或函数…”选项，选择 zt 选项，如图 4-270 所示。

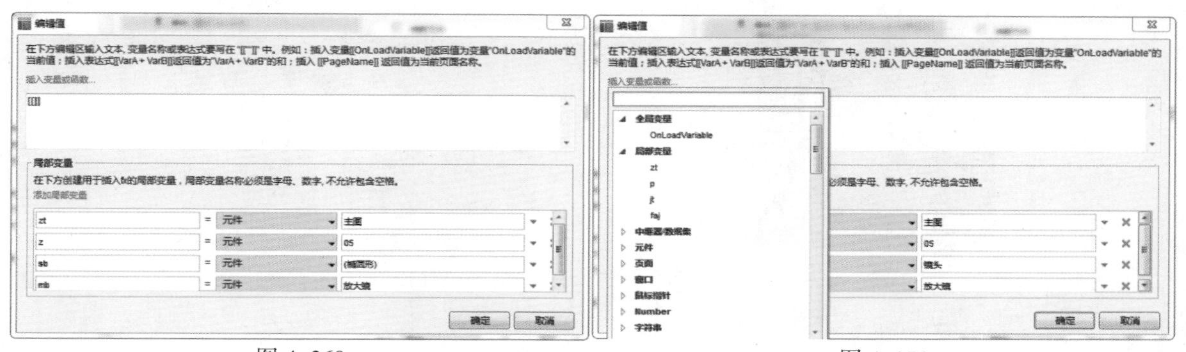

图 4-269　　　　图 4-270

15 继续输入变量，如图 4-271 所示。单击“确定”按钮，回到“用例编辑”对话框，继续单击 Y 轴后的fx按钮，使用前面相同的方法设置参数，如图 4-272 所示。

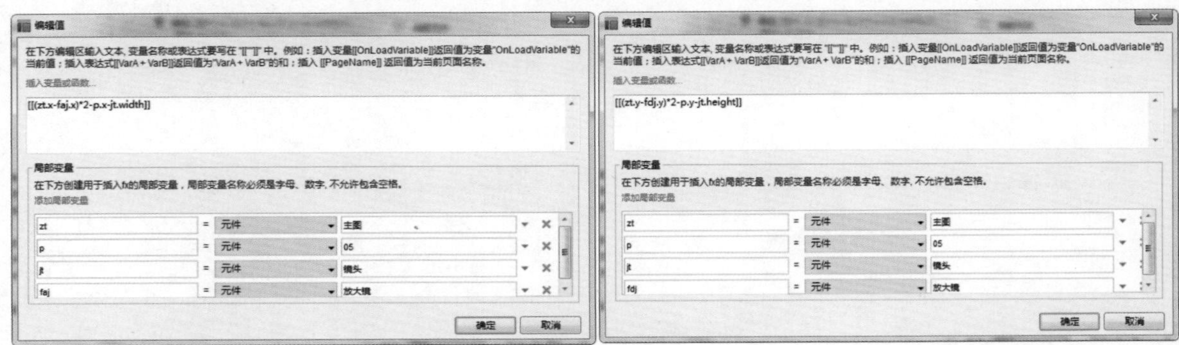

图 4-271　　图 4-272

16 单击“确定”按钮，回到“用例编辑”对话框，继续为其他子动态面板中的图片配置动作，如图 4-273 所示。单击“确定”按钮，回到页面编辑区，执行“预览”命令，查看效果，如图 4-274 所示。

图 4-273

图 4-274

17 返回 index 页面，在页面中拖入中继器元件，如图 4-275 所示。双击中继器，进入中继器编辑页面，编辑检视面板中的“数据集”标签，如图 4-276 所示。

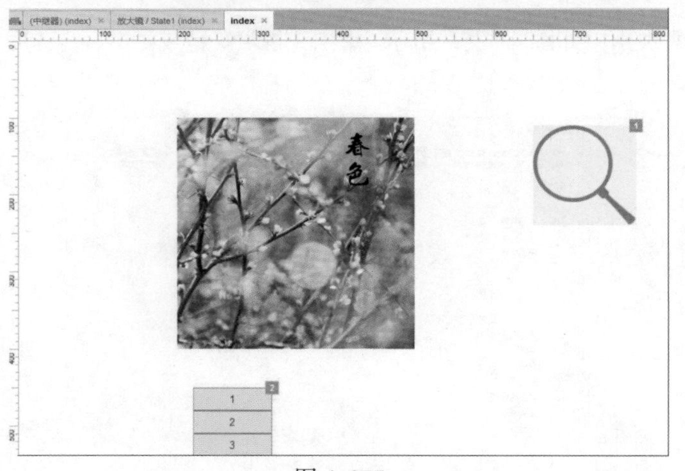

图 4-275

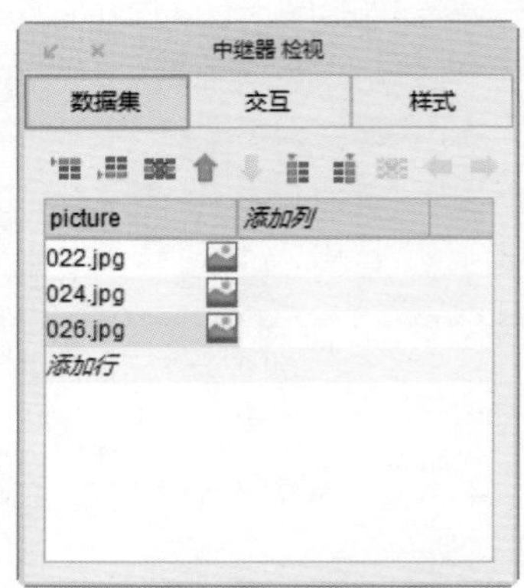

图 4-276

18 单击“样式”标签设置样式，如图 4-277 所示。删除“中继器”页面中的矩形元件，拖入图片元件，调整坐标及大小，如图 4-278 所示。

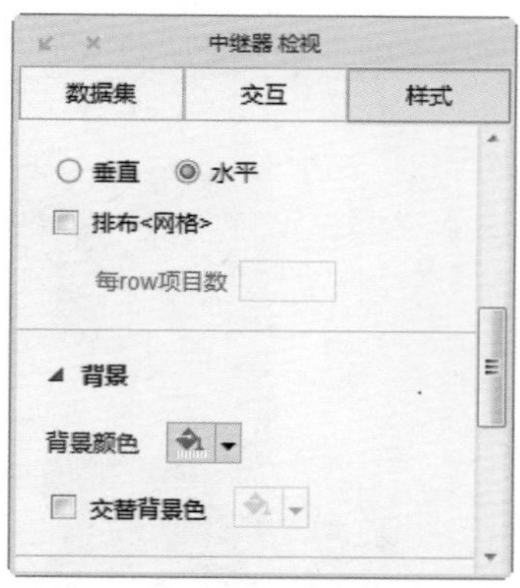
图 4-277

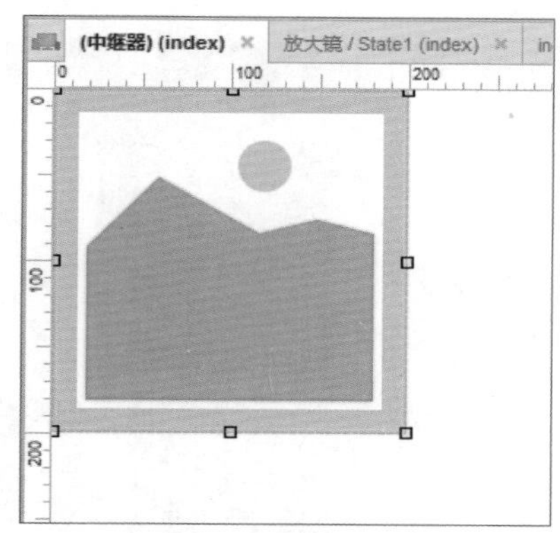
图 4-278

19 选中图片元件，双击“鼠标单击时”事件，如图 4-279 所示。在“用例编辑”对话框中添加“设置图片”动作，并配置动作，如图 4-280 所示。

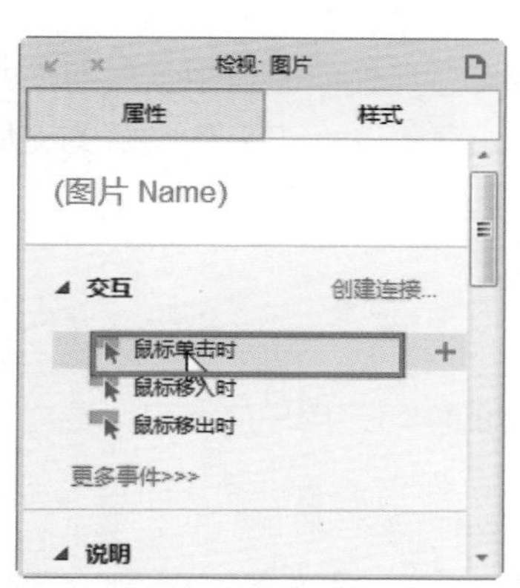
图 4-279

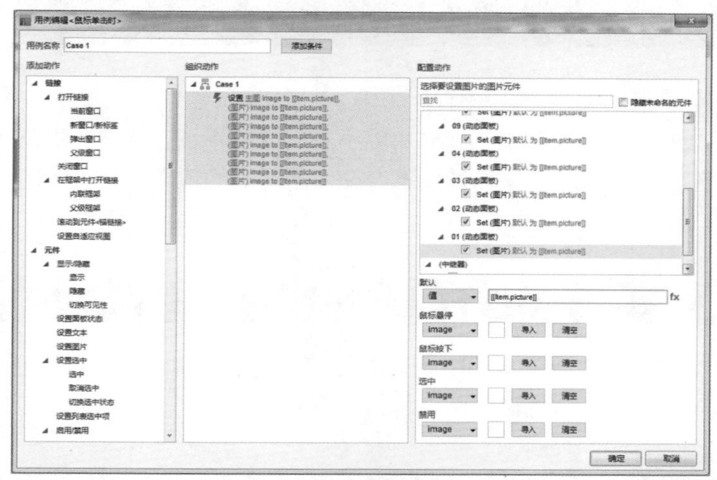
图 4-280

20 单击“确定”按钮，返回 index 页面，选中中继器元件，双击 Case1，删除“设置文本”动作，添加“设置图片”动作，如图 4-281 所示。单击“确定”按钮，回到页面编辑区，如图 4-282 所示。

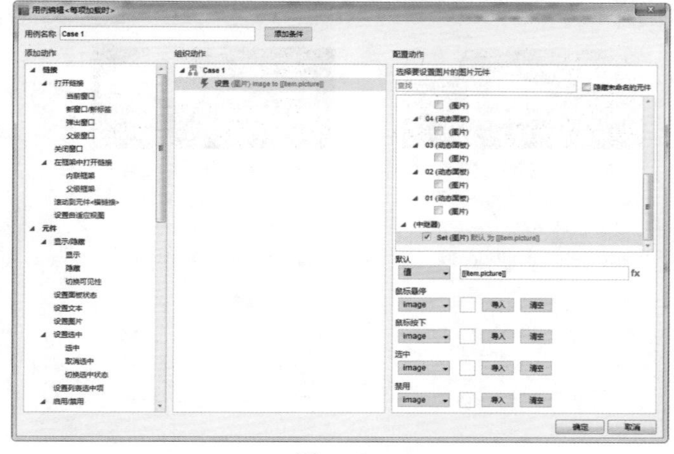
图 4-281

图 4-282

21 执行“预览”命令，查看效果，如图 4-283 和图 4-284 所示。

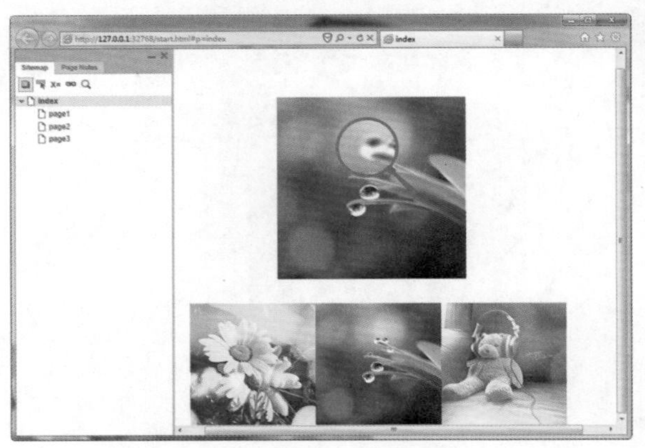

图 4-283

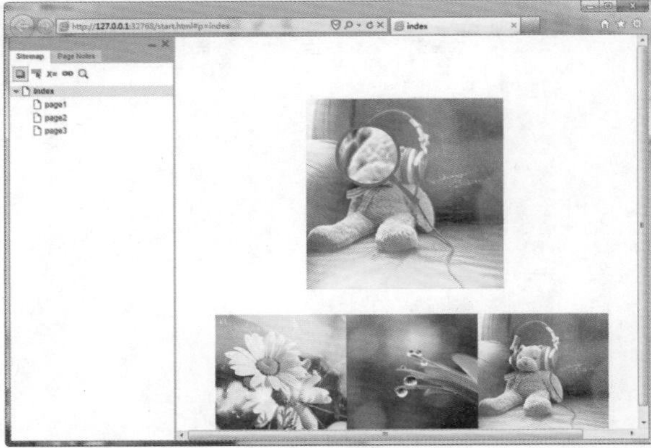

图 4-284

4.6 本章小结

本章主要向用户介绍了 Axure RP 的交互事件，交互事件不仅可以应用到页面上，还可以应用到不同的元件上，不同的元件有着不同的交互事件。通过实例向用户讲解了用例编辑器中 5 类动作的使用方法，通过实际操作体会各个动作所实现的效果，同时还向用户介绍了 Axure RP 中交互的注意事项。

4.7 课后练习——绘制 Tab 页签效果

交互事件是使用 Axure RP 制作产品原型的重要知识点。通过本章的学习，用户应该可以独立完成简单的页面交互效果。

实战

绘制 Tab 页签效果

教学视频：视频\第 4 章\绘制 Tab 页签效果 .mp4　源文件：源文件\第 4 章\绘制 Tab 页签效果 .rp

在网页中用户常常会看到很多标签的面板，可以同时加载多条新闻，可以在很小的空间范围实现很多的内容。本实例将使用动态面板实现 Tab 页签效果。

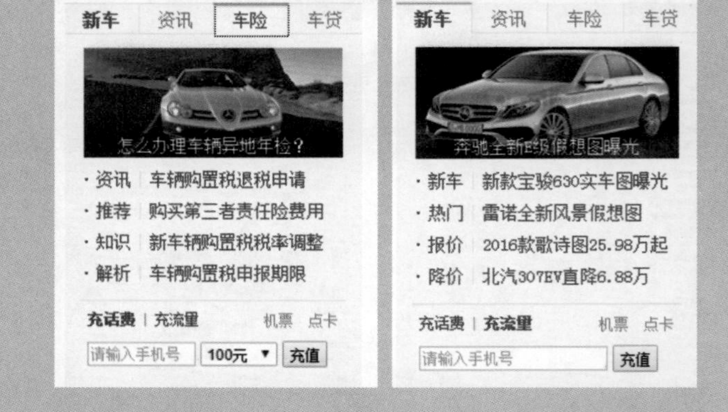

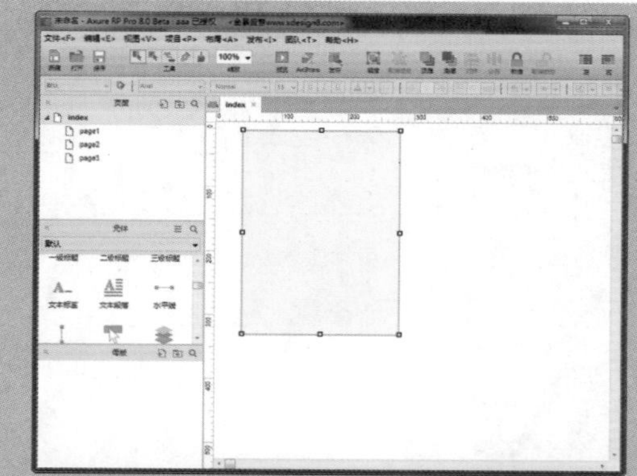

01 新建项目文件，拖曳动态面板并设置动态面板的位置及名称。

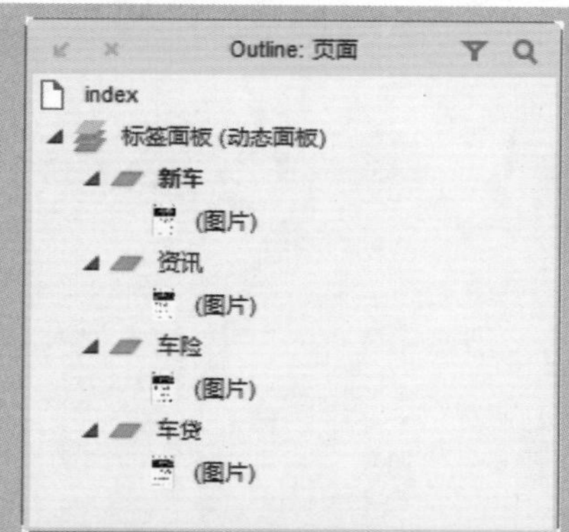

02 为动态面板添加 4 个状态页面，并为其子页面添加图片。

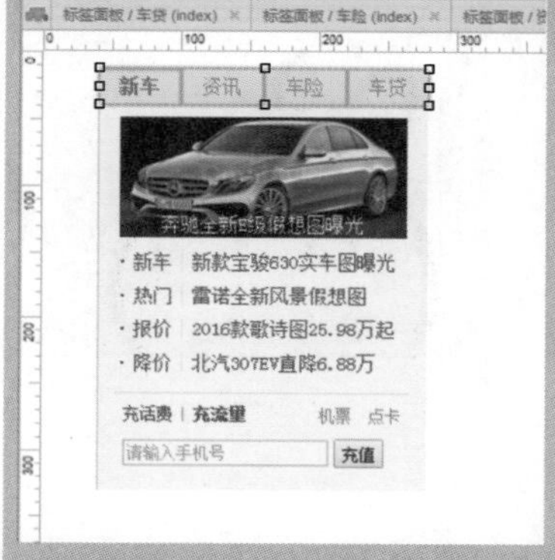

03 返回 index 页面，拖曳多个热区元件，分别设置热区的位置和大小。

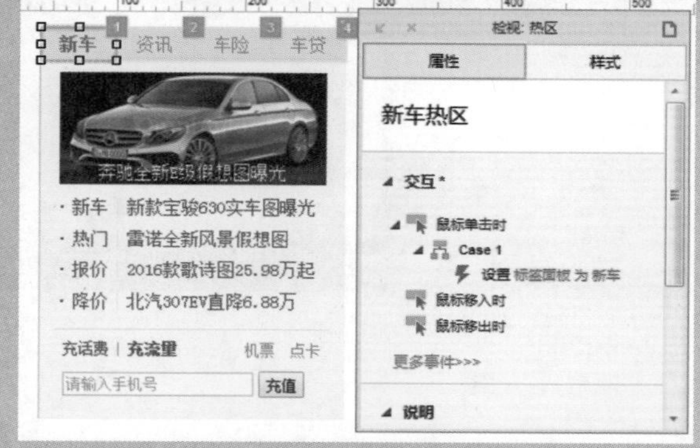

04 为各个热区元件添加相同的交互事件，实现 Tab 页签效果。

第5章　元件库、母版的使用及动态面板的创建

本章介绍 Axure RP 8.0 的第三方元件库、母版的使用及动态面板的创建。在 Axure RP 中熟练掌握母版的应用，既方便又快捷。在 Axure RP 中不仅可以使用自带的元件，还可以载入第三方元件，并且还支持自定义元件，在团队合作中常常会使用自定义元件。动态面板可以制作出多种效果，熟练地使用元件面板、母版面板及动态面板可以为原型设计增添不少色彩。

本章知识点

- 元件的使用
- 页面快照的使用
- 第三方元件库
- 创建自己的元件库
- 使用母版
- 动态面板

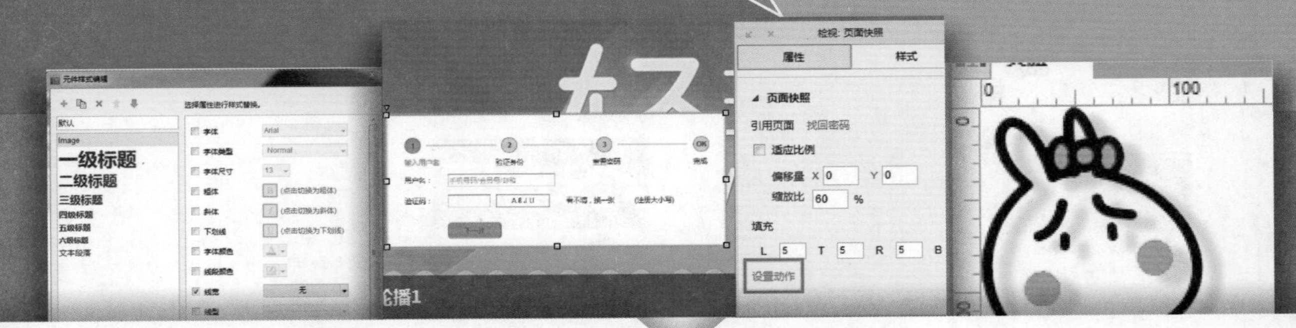

一个 Axure RP 元件可以简单地理解为存储在一个后缀名为 RPLB 文件中的一系列自定义元件集。这些自定义元件集可以很大限度地扩展 Axure RP 的元件面板。用户可以自己创建元件库，也可以从网上下载他人创建的元件库。

5.1　使用元件库

在创建一个移动或者是响应式 Web 项目时，应该使用已有的元件库。在第 2 章中，用户已经了解到 Axure RP 提供了默认元件和流程图两类元件，在默认元件中又分为基本元件、表单元件、菜单和表格以及标记元件 4 类，如图 5–1 所示。

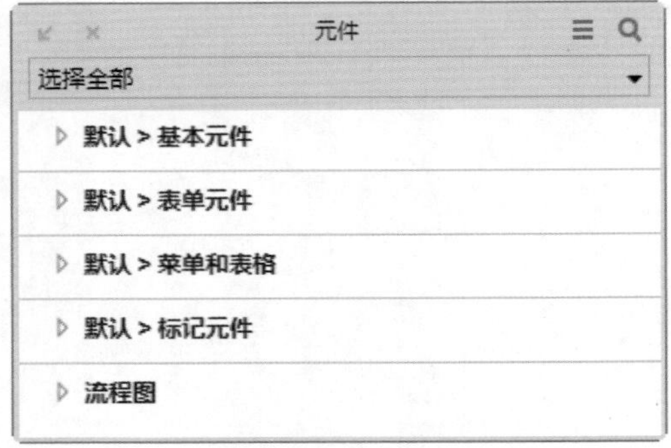

图 5–1

在默认的元件面板中，可以看到有 40 个元件。

流程图元件是在创建流程图时使用的，流程图元件下有 19 个元件。在流程图元件中也有一个图片元件，这里的图片元件和默认元件中的图片元件的使用方法是一样的。

对于元件面板中各个元件的使用方法和意义在第 2 章中已向用户详细讲解，这里不再重复。

Axure RP 提供的元件是不能被修改的，不能在默认元件和流程图元件中添加、修改和删除元件。使用其中的元件，为元件添加样式，可以为项目完成原型设计。

实例 23　绘制搜索框

教学视频：视频 \ 第 5 章 \ 绘制搜索框 .mp4　源文件：源文件 \ 第 5 章 \ 绘制搜索框 .rp

实例分析：

该实例主要使用了文本标签元件及动态面板元件，对动态面板添加显示、选中动作，并且为交互事件应用了样式。

制作步骤：

01 执行“文件 > 新建”命令，新建一个项目文档，如图 5-2 所示。将元件面板中的文本标签元件拖曳到页面编辑区内，调整坐标为 X30、Y65，尺寸为 W51、H26，如图 5-3 所示。

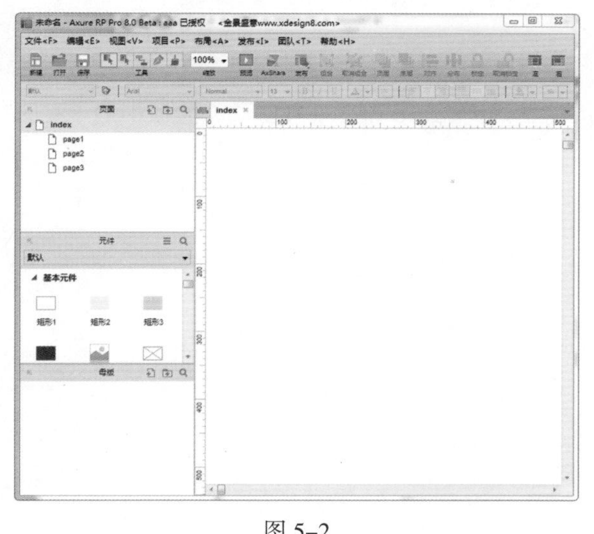

图 5-2

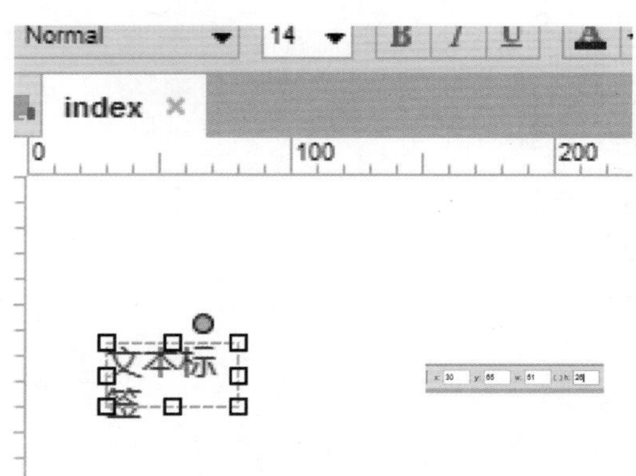

图 5-3

02 设置字体为 Arial，字号为 13 号，显示文字为宝贝，设置本文标签的对齐方式为水平居中对齐和垂直居中对齐，如图 5-4 所示。使用相同的方法绘制其他文本标签，如图 5-5 所示。

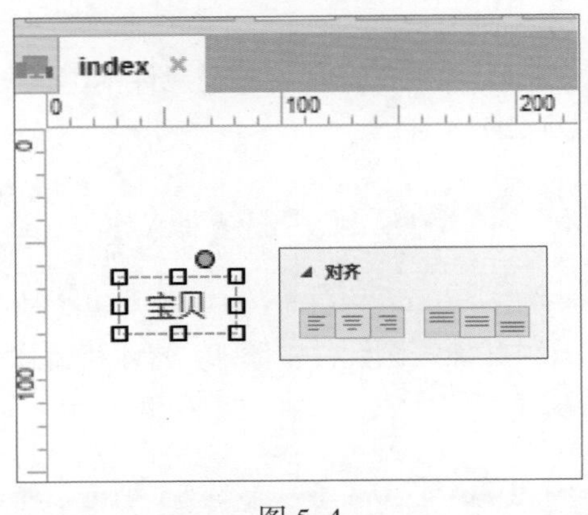

图 5-4

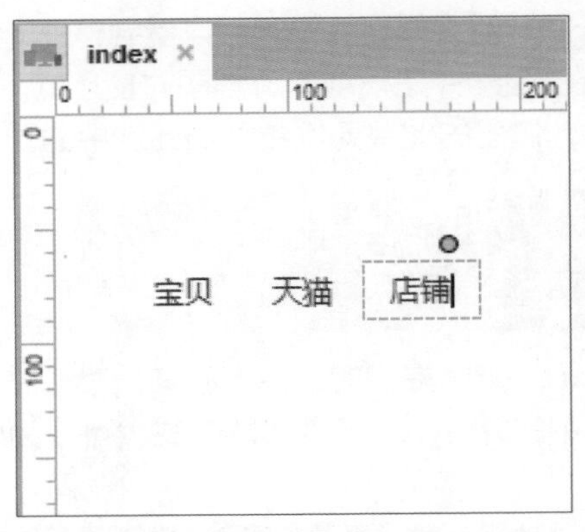

图 5-5

用户在绘制文本标签时需要注意文本标签的坐标和尺寸，还需要将文本标签重命名，以便在后面的交互事件中进行区分。

03 继续拖曳动态面板元件到页面编辑区中，调整该动态面板的坐标为 X30、Y101，尺寸为 W720、H39，如图 5-6 所示。将该动态面板重命名为“搜索框”，双击该动态面板，弹出“动态面板状态管理”对话框，如图 5-7 所示。

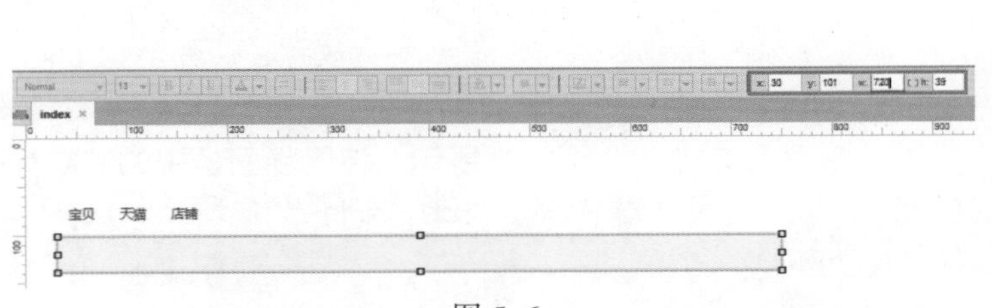

图 5-6

图 5-7

04 在“动态面板状态管理”对话框中添加 3 个页面，如图 5-8 所示。双击动态面板中的“宝贝”状态页面，进入编辑页面，如图 5-9 所示。

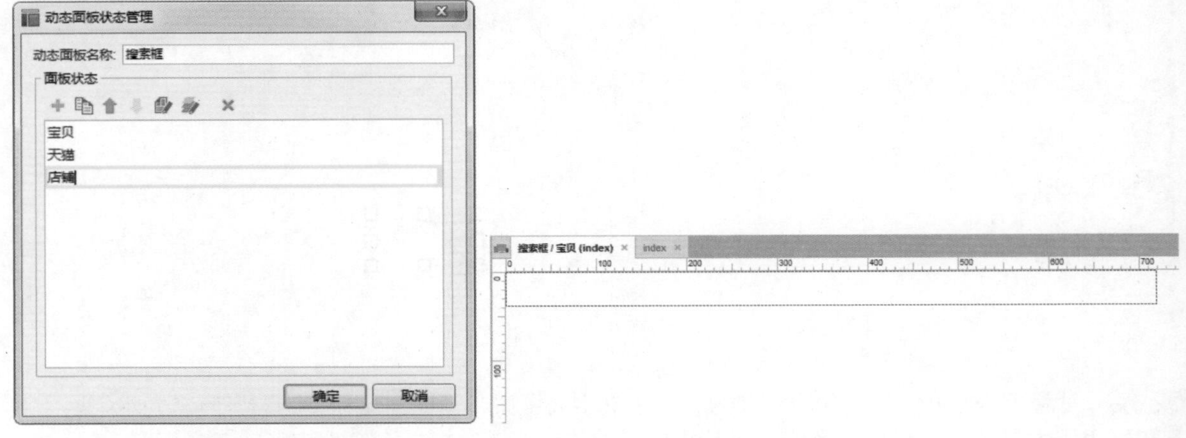

图 5-8

图 5-9

05 拖曳矩形 1 元件进入搜索框 / 宝贝页面，调整坐标为 X0、Y0，尺寸为 W720、H39，将矩形填充颜色为 #F82800，如图 5-10 所示。继续拖入一个文本框元件，调整坐标为 X3、Y3，尺寸为 W616、H33，将矩形填充颜色为 #FFFFFF，隐藏边框，如图 5-11 所示。

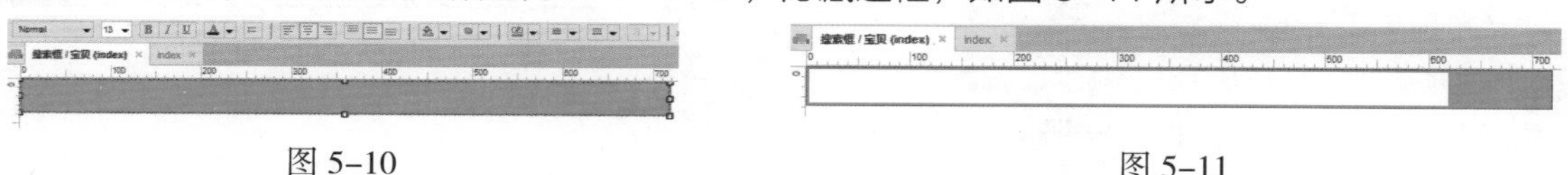

图 5-10　　　　图 5-11

06 继续拖入一个矩形元件，设置该矩形的坐标为 X629、Y0，尺寸为 W81、H35，将矩形填充颜色为 #F28200，并输入文字“搜索”，如图 5-12 所示。继续拖入一个图片元件，导入“素材 \ 第 5 章 \001.jpg”图片，调整坐标为 X11、Y7，尺寸为 W19、H25，如图 5-13 所示。

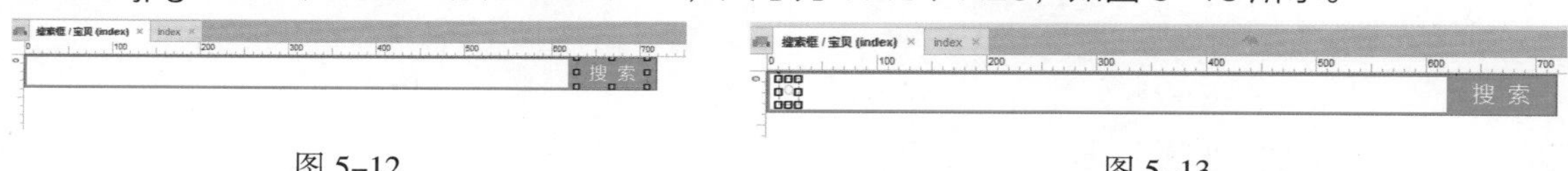

图 5-12　　　　图 5-13

07 继续拖入一个图片元件并双击导入图片，如图 5-14 所示。页面面板如图 5-15 所示。

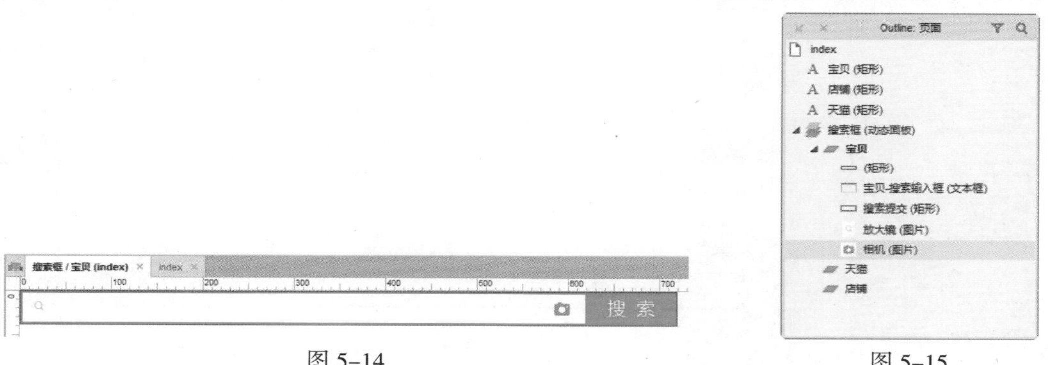

图 5-14　　　　图 5-15

08 选中“宝贝 – 搜索输入框”元件，双击“文本改变时”事件，进入“用例编辑”对话框，在添加动作中选择 “隐藏”动作并配置动作，如图 5-16 所示。单击“确定”按钮，返回编辑页面，双击“失去焦点时”事件，进入“用例编辑”对话框，在添加动作中选择 “显示”动作并配置动作，如图 5-17 所示。

图 5-16　　　　图 5-17

09 继续添加“置于顶层”动作并配置动作，如图 5-18 所示。单击“确定”按钮，回到页面编辑区，效果如图 5-19 所示。

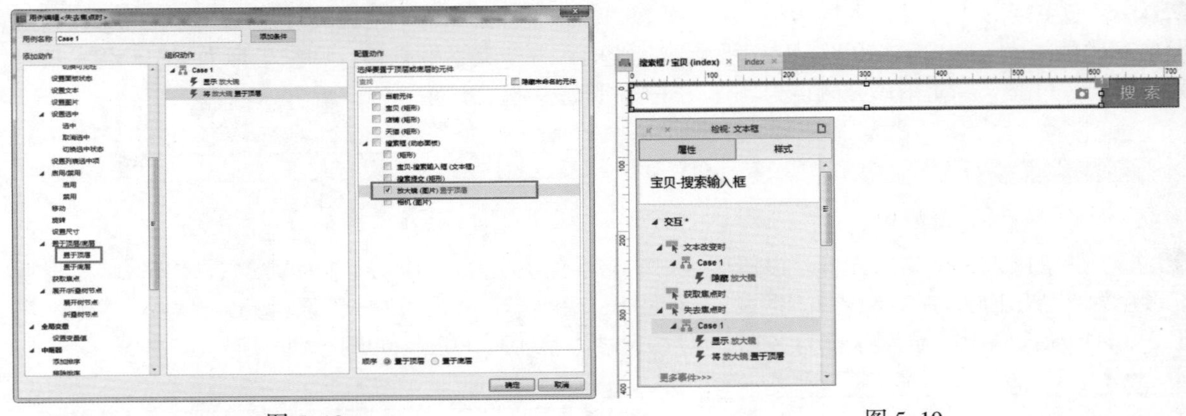

图 5-18　　图 5-19

10 使用相同的方法制作“天猫”状态页面和“店铺”状态页面，如图 5-20 所示。返回 index 页面，如图 5-21 所示。

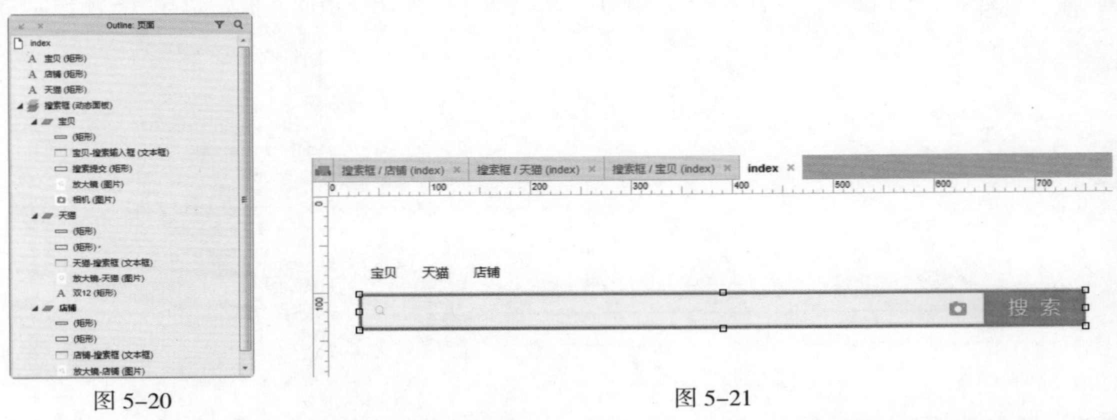

图 5-20　　图 5-21

11 选中“天猫”文本标签元件，双击“鼠标单击时”事件，进入“用例编辑”对话框，添加“选中”动作并配置动作，如图 5-22 所示。继续添加“选中”动作并配置动作，如图 5-23 所示。

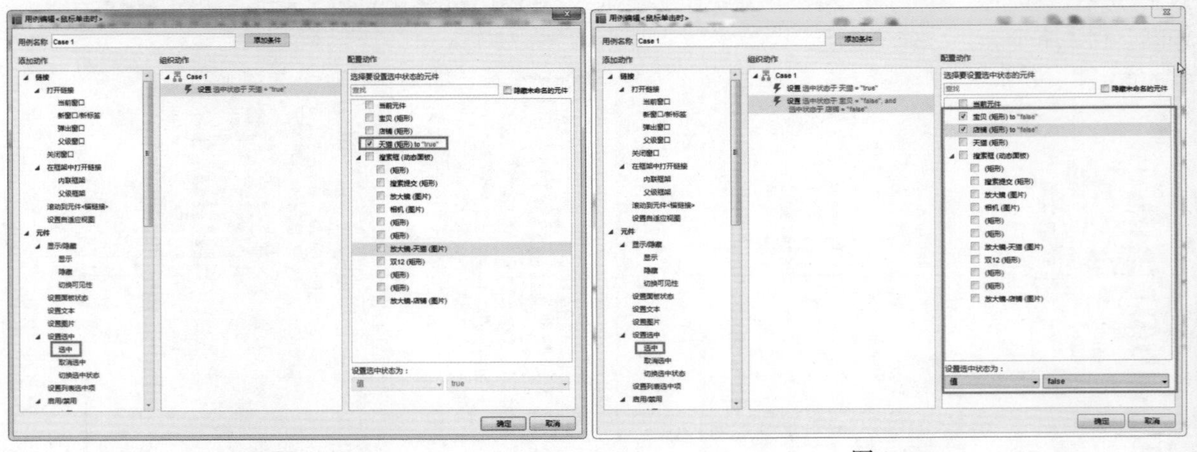

图 5-22　　图 5-23

12 继续添加“设置面板状态”动作并配置动作，如图 5-24 所示。继续添加“获取焦点”动作并配置动作，如图 5-25 所示。

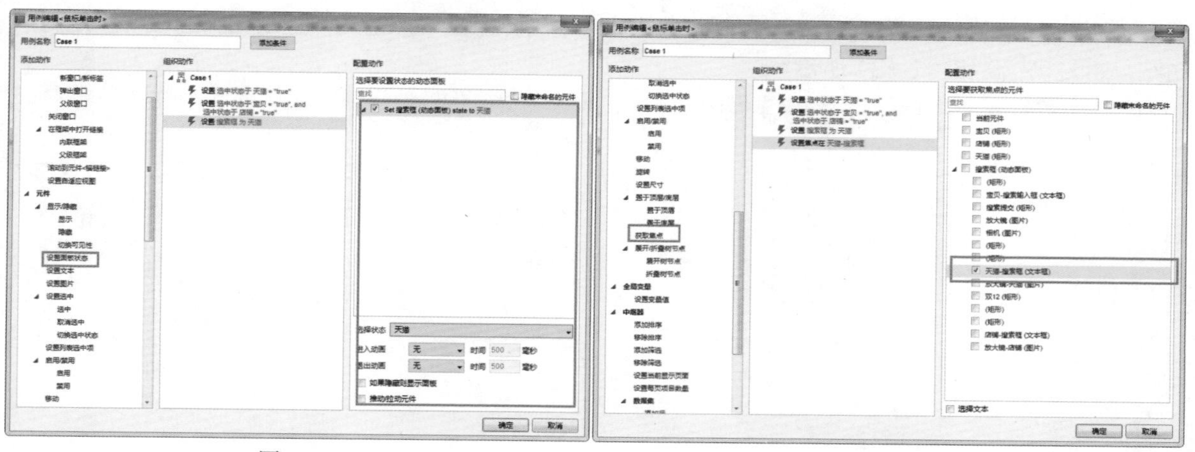

图 5-24　　　　图 5-25

13 单击“确定”按钮，回到页面编辑区，选中“天猫”文本标签元件，在“检视：矩形”面板的“属性”标签的交互样式设置中单击“鼠标悬停”选项，如图 5-26 所示。弹出“设置交互样式”对话框，设置参数如图 5-27 所示。

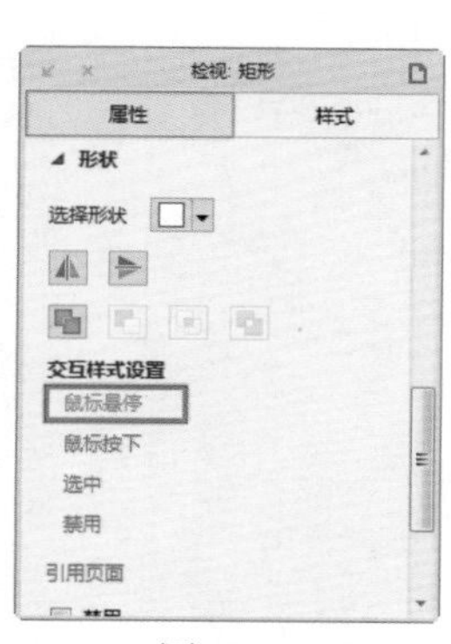

图 5-26

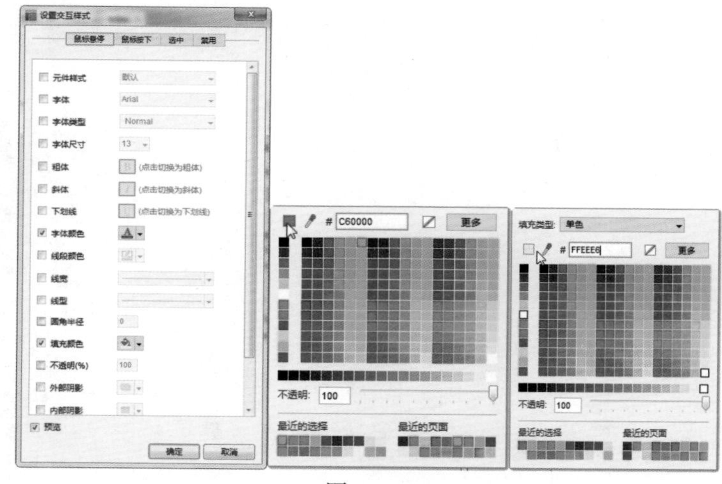

图 5-27

14 继续选择“选中”选项，设置参数如图 5-28 所示。执行“预览”命令，查看效果，如图 5-29 所示。

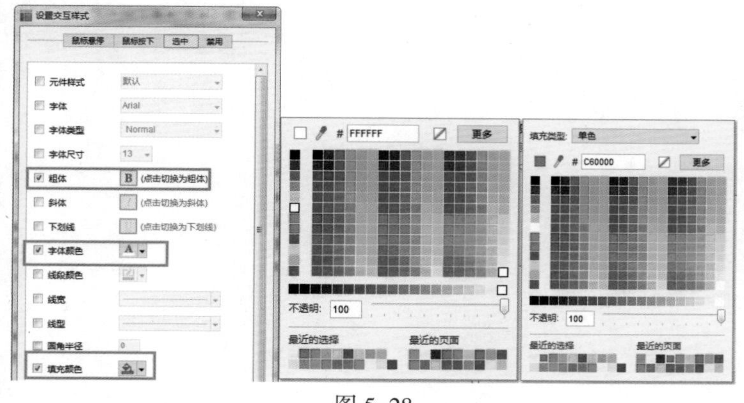

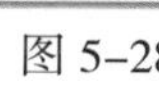

图 5-28

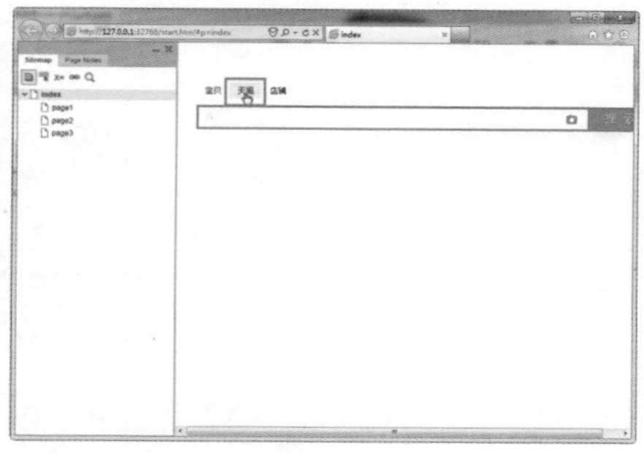

图 5-29

15 使用相同的方法为“宝贝”文本标签元件和“店铺”文本标签元件应用相同的事件和相同的动作，如图 5-30 和图 5-31 所示。

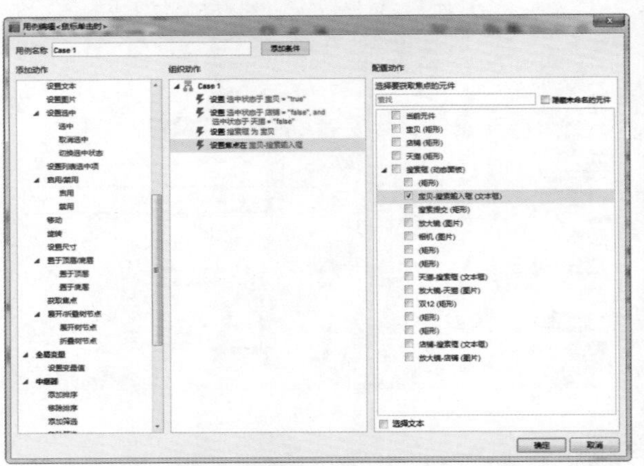

图 5-30

图 5-31

16 单击“确定”按钮，回到 index 页面中，继续为“宝贝”文本标签元件和“店铺”文本标签元件设置交互样式，如图 5-32 和图 5-33 所示。

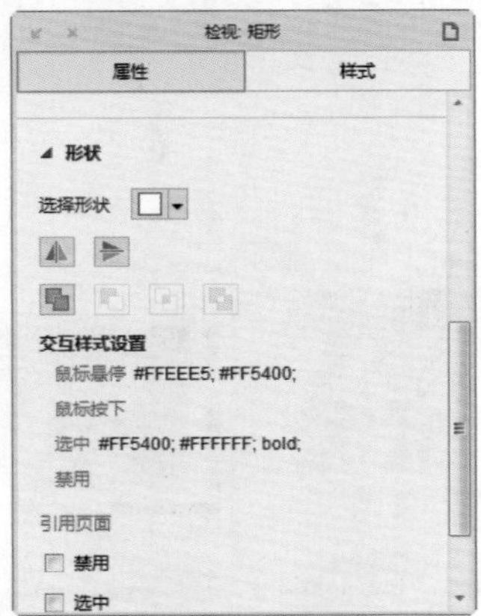

图 5-32

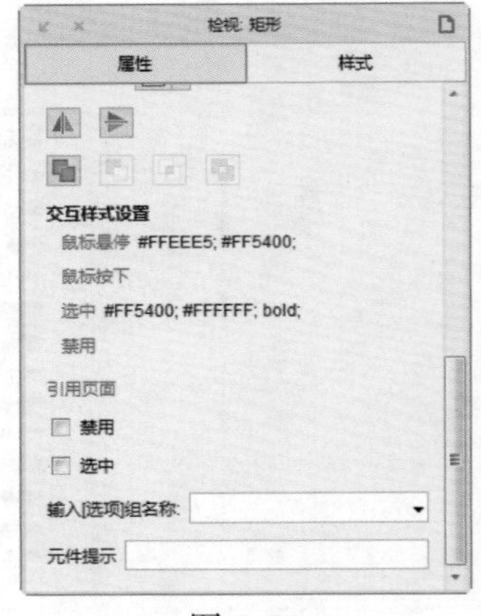

图 5-33

17 返回页面编辑区，如图 5-34 所示。执行“预览”命令，查看效果如图 5-35 所示。

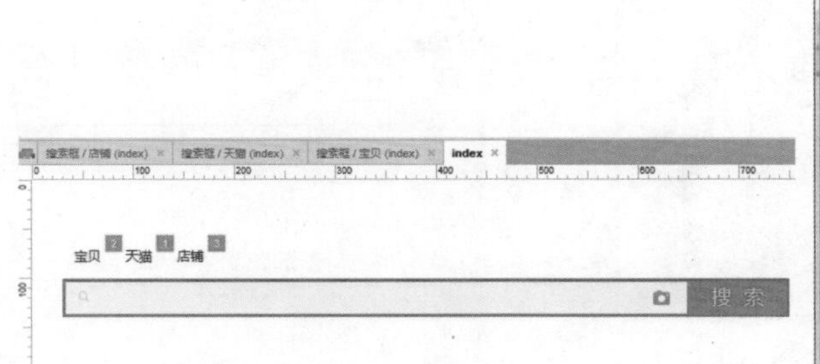

图 5-34

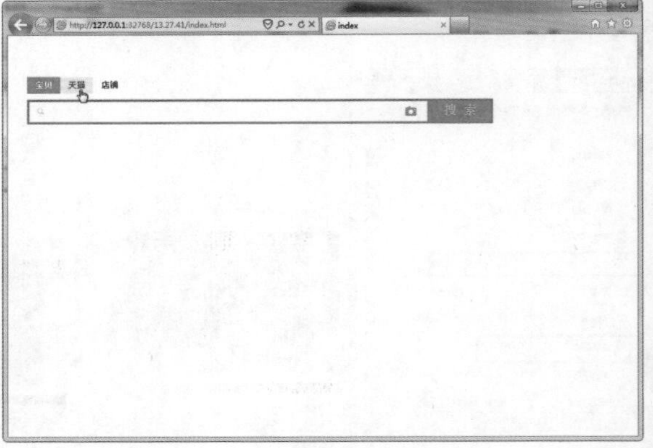

图 5-35

18 用鼠标单击“店铺”可以看到如图 5-36 所示的效果，还可以输入文本，如图 5-37 所示。

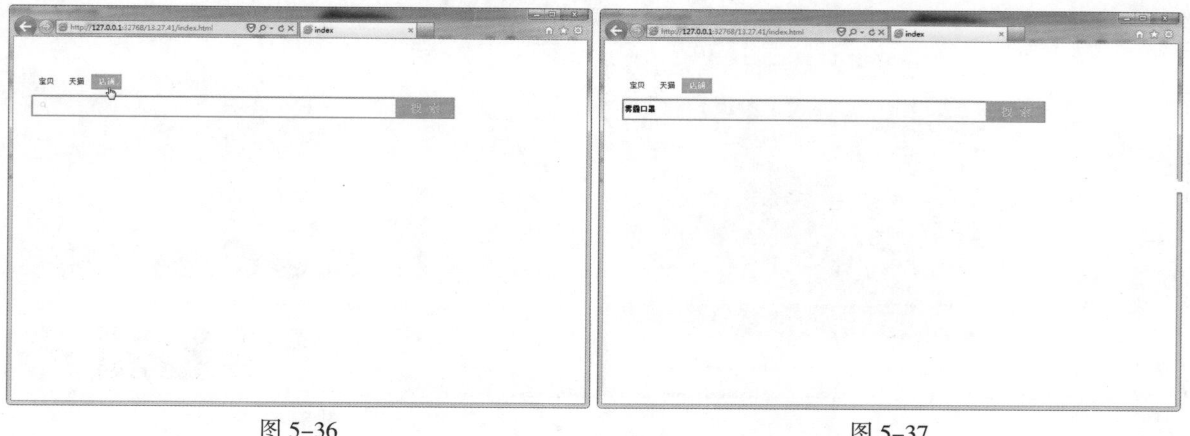

图 5-36　　　　图 5-37

5.2 新增的标记元件

在 Axure RP 8.0 中新增了默认的标记元件，标记顾名思义就是起到提示的作用，本节重点向用户讲解新增的标记元件，如图 5-38 所示。

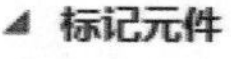

图 5-38

5.2.1 页面快照的使用方法

在第 2 章中已经向用户讲解了各个标记元件的作用和意义，下面向用户具体讲解页面快照元件的使用方法。

页面快照元件可用于展示交互行为中每一步的进展图解，或者用于流程图添加缩略图。可以在标记元件中看到页面快照元件，也可以在流程图元件中看到页面快照元件，两者的使用方法是一样的。

打开“素材\第 5 章\登录及注册 .rp”文件，如图 5-39 所示。将页面快照元件拖曳到页面编辑区内，如图 5-40 所示。

双击页面快照元件，打开“引用页面”对话框，如图 5-41 所示。选择 index 页面，单击“确定”按钮，会弹出提示对话框，如图 5-42 所示。

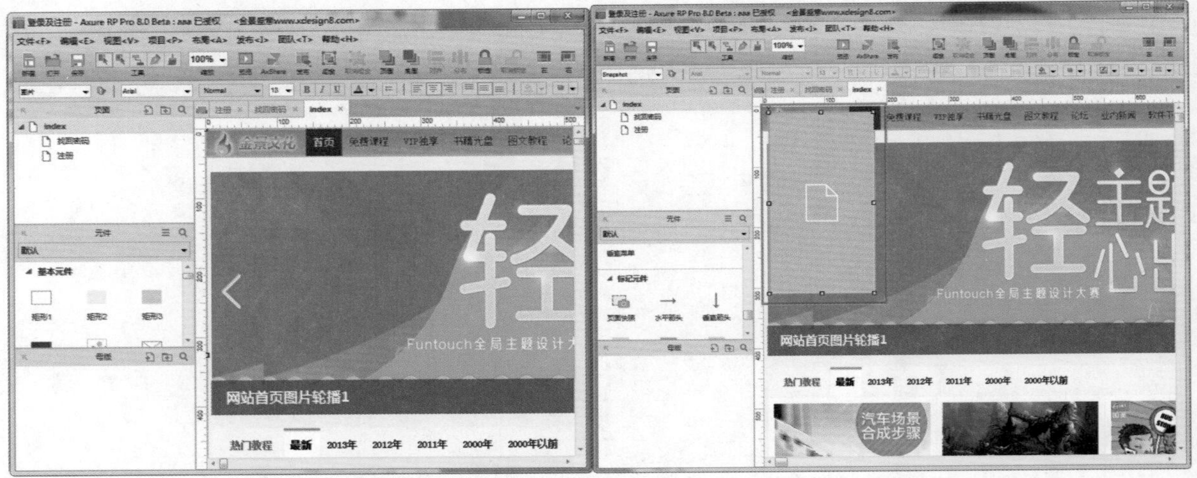

图 5-39　　　　　　图 5-40

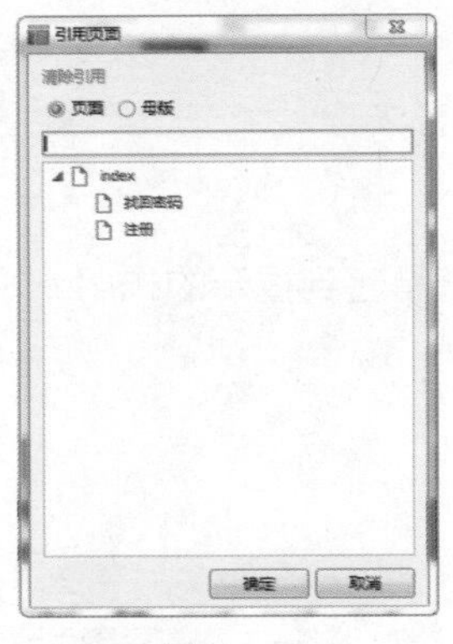

图 5-41

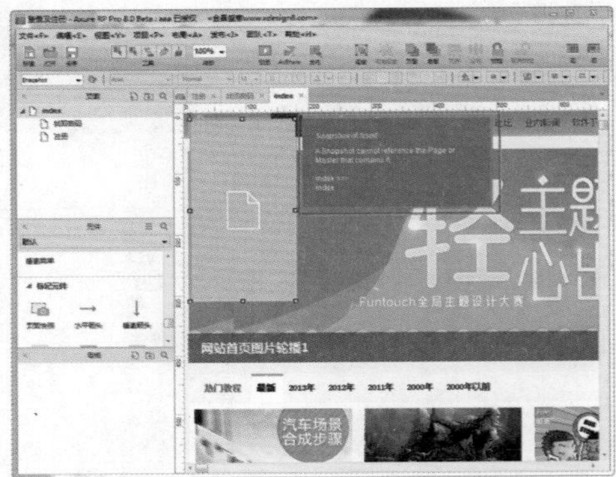

图 5-42

页面快照不能引用主页，也不能引用页面快照所在的页面，只能引用除主页和所在页面以外的其他页面。

继续在“引用页面”对话框中选择“找回密码”页面，如图 5-43 所示。单击“确定”按钮，会弹出如图 5-44 所示的页面快照元件。

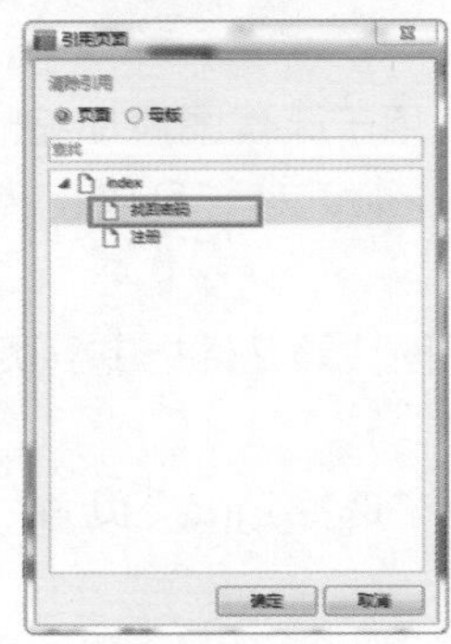

图 5-43

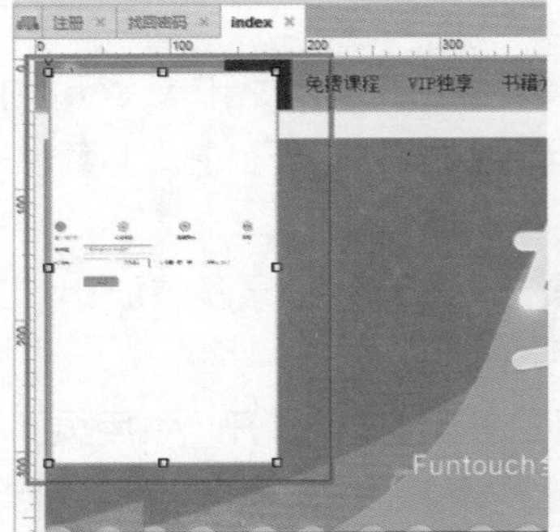

图 5-44

用户会看到页面快照的内容和“找回密码”页面的内容是一样的，如图 5-45 所示。再次双击页面快照元件，可以更改引用的页面。

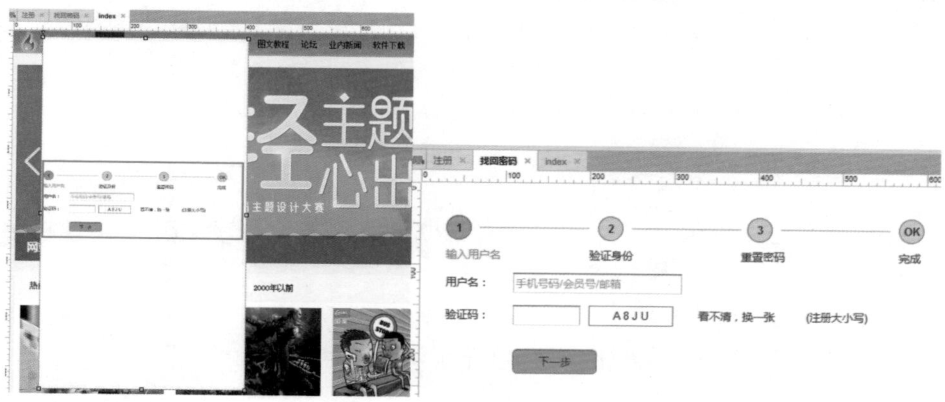

图 5-45

提示　如果对引用的页面内容进行了编辑，页面快照捕捉的内容也会随之更新。

5.2.2　适应比例

页面快照的默认属性是适应比例的，如图 5-46 所示。也就是说当用户使用页面快照引用页面时，捕捉的内容将按比例放置在快照元件内，不管将页面快照元件的尺寸放置多大，引用页面的图像将合理地缩放到快照元件所划定的范围以内，而且页面快照元件里的内容不能移动，如图 5-47 所示。

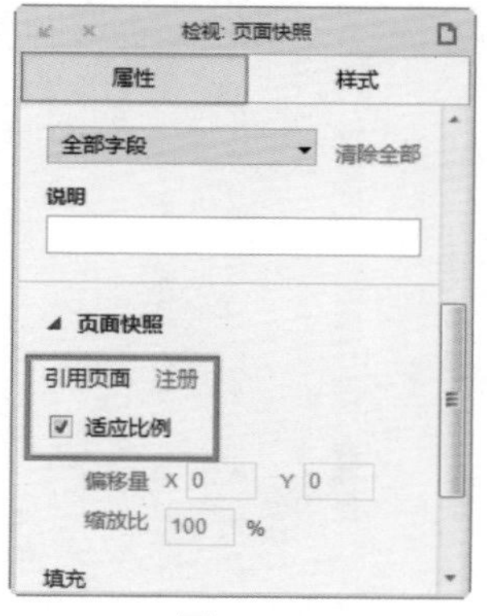

图 5-46

图 5-47

用户可以取消选择“适应比例”选项，显示效果如图 5-48 所示。取消选择“适应比例”选项后，用户还可以对捕捉图像的坐标和缩放比尺寸进行调整，如图 5-49 所示。

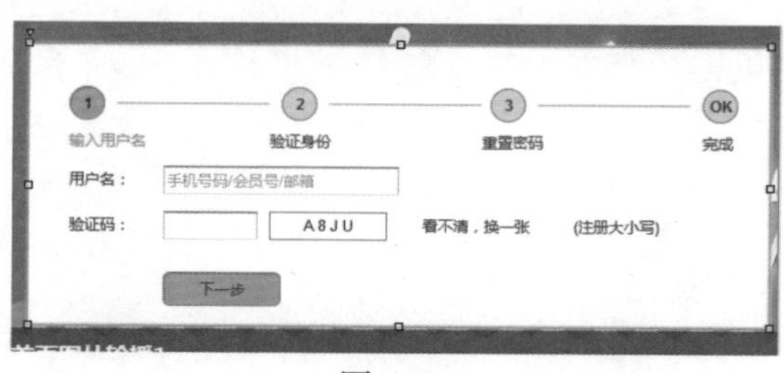

图 5-48

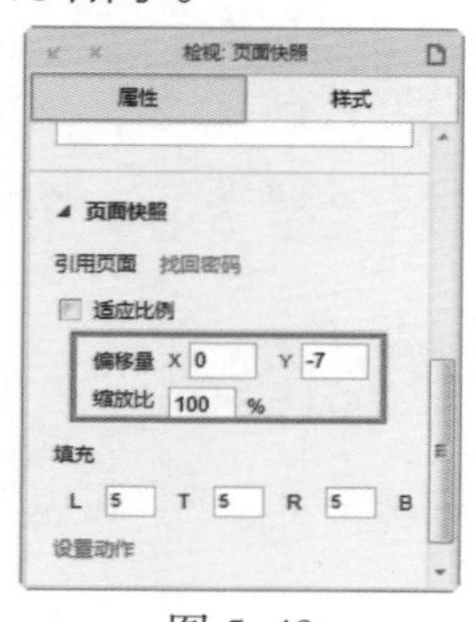

图 5-49

取消选择“适应比例”选项，将光标移动到页面快照元件上，当鼠标变成小手的状态时，如图 5-50 所示。

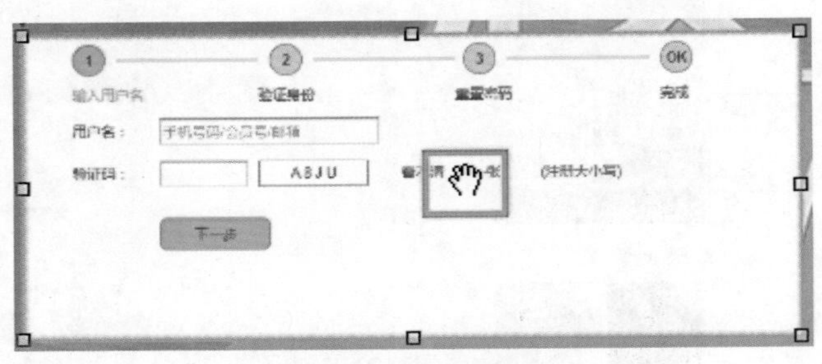

图 5-50

此时可在元件内部拖动引用页面来调整需要显示的页面区域，比手动设定页面的显示坐标的方式要更方便，也可以通过“坐标设置”改变被引用页面的显示坐标。可以在属性标签中直接输入引用页面的 X、Y 轴坐标值，或者双击快照元件后拖动其中的页面来调整。

5.2.3 放大和缩小

用户可以对页面快照元件引用页面的图像进行自由放大和缩小。该功能对页面中的特定部分进行放大和缩小是非常有用的。

使用属性选项的缩放属性可对缩放比例进行设置。也可以双击快照组件，使用鼠标滑轮来进行放大缩小，如图 5-51 所示。

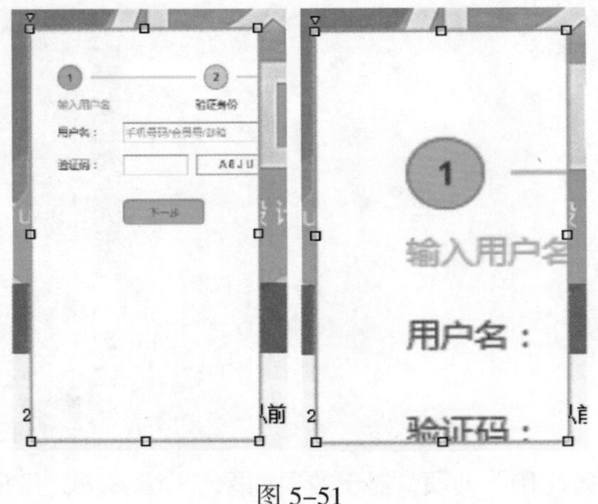

图 5-51

如果鼠标没有滑轮，可以按快捷键 Ctrl++ 或快捷键 Ctrl+- 来进行缩放调整。只有在取消“适应比例”的状态下，才可以进行缩放调整。

5.2.4 设置动作

在页面快照的属性标签下，可以为快照添加应用的交互行为，如图 5-52 所示。

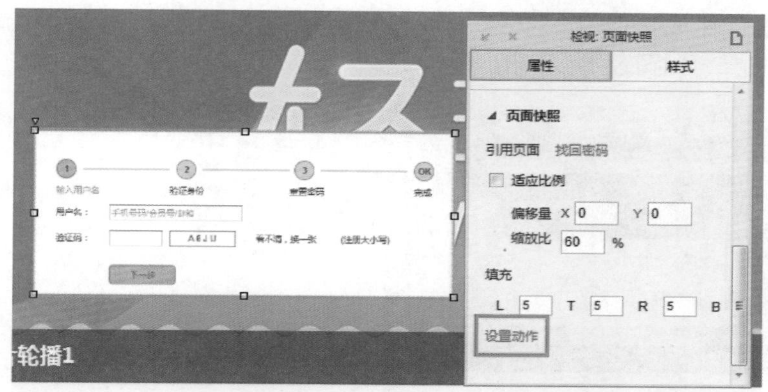

图 5–52

单击“设置动作”选项，弹出“页面快照动作设置”对话框，如图 5–53 所示。

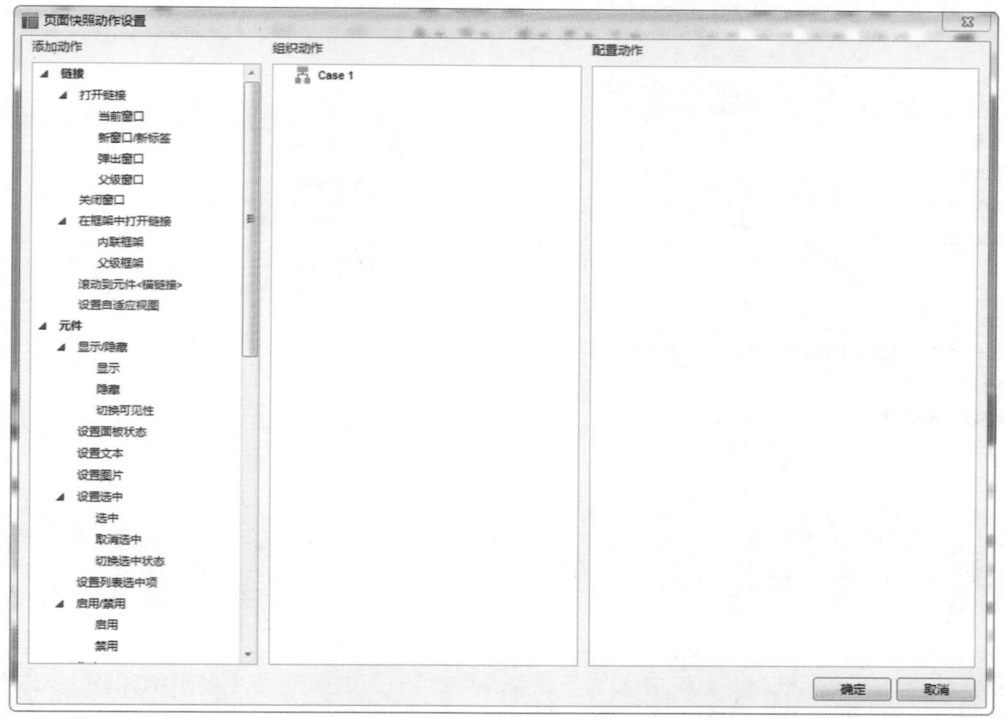

图 5–53

在快照元件上添加的交互行为只会影响当前快照，不会影响其他页面。

5.2.5　页面快照的交互行为

页面快照元件拥有和其他元件一样的交互行为。在默认情况下，在生成的原型中单击快照即可打开原型的引用页面，如图 5–54 所示。

用户可以在 HTML 生成器的交互部分关闭这个行为。执行“发布 > 生成 HTML 文件”命令，如

图 5–55 所示。弹出“生成 HTML”对话框，在该对话框中选择“交互”选项，取消“点击元件时打开引用页”选项的选择，如图 5–56 所示。

图 5–54

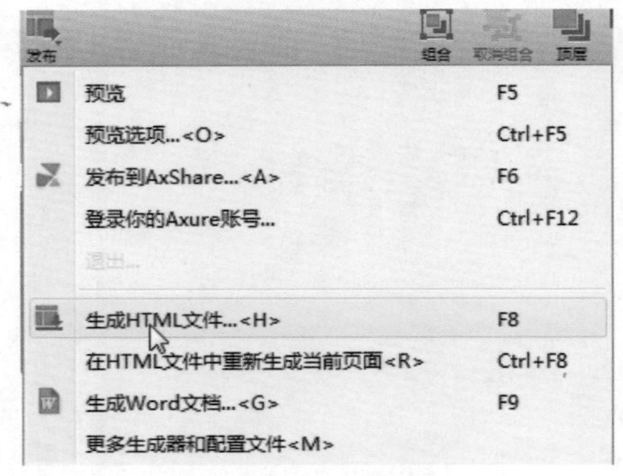

图 5–55

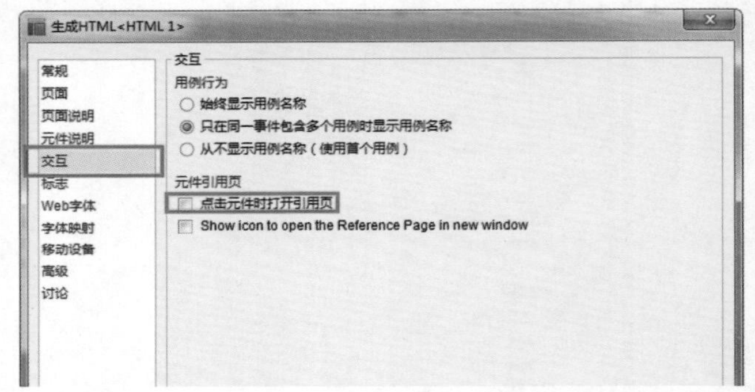

图 5–56

如果在页面快照元件中添加了一个“鼠标单击时”的交互行为，那么链接到引用页面的行为将会被这个交互行为所替代。

页面快照元件是 Axure RP 8.0 的新增功能，在很多方面还不是很完善，如果在一个页面中添加多个页面快照元件，就会对程序造成不良的影响。

5.2.6 其他标记元件

新增的标记元件不仅有页面快照元件，还有水平箭头、垂直箭头和便签等元件，它们的使用方法和默认的元件一样，拖曳到页面编辑区内，即可进行编辑。

5.3 第三方元件库

在 Axure RP 中不仅可以使用默认元件，还可以使用载入的第三方元件库。用户可以在互联网上找到很多的第三方元件库。如 iOS 操作系统的小组件、Android 组件和 Windows 组件等元件库，如图 5-57 和图 5-58 所示。

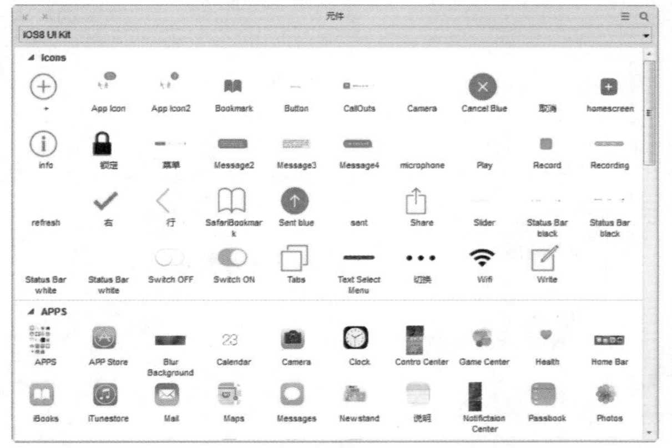

图 5-57

图 5-58

通过访问 http://www.axure.com/community/widget-libraries 可以查看下载第三方元件库。

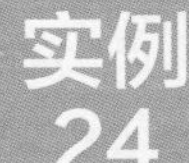

实例 24　载入 iOS 系统元件库

教学视频：视频 \ 第 5 章 \ 载入 iOS 系统元件库 .mp4　源文件：无

实例分析：

该实例向用户讲解载入第三方元件库的方法。以载入 iOS 系统元件库为例，全面地展示了 Axure RP 使用第三方元件的方法。

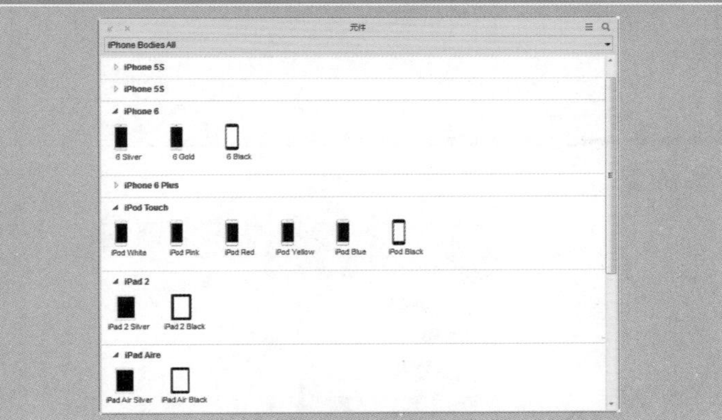

制作步骤：

01 执行“文件 > 新建”命令，新建一个项目文档，如图 5-59 所示。单击元件面板中的“选项”按钮，弹出下拉菜单，如图 5-60 所示。

02 在下拉菜单中选择“载入元件库”命令，弹出“打开”对话框，在该对话框中用户可以选择需要的元件库，如图 5-61 所示。单击“打开”按钮，弹出“进度”对话框，如图 5-62 所示。

03 在元件面板中即可看到载入的元件，如图 5-63 所示。

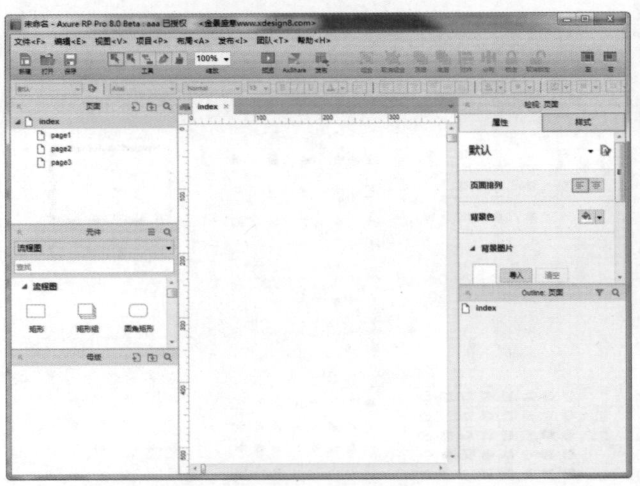

图 5-59

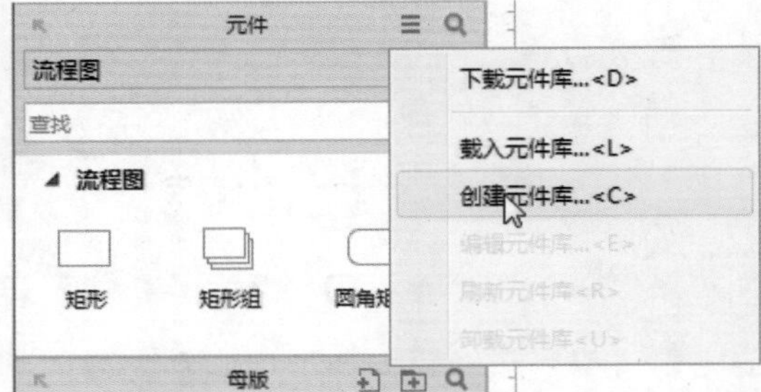

图 5-60

图 5-61

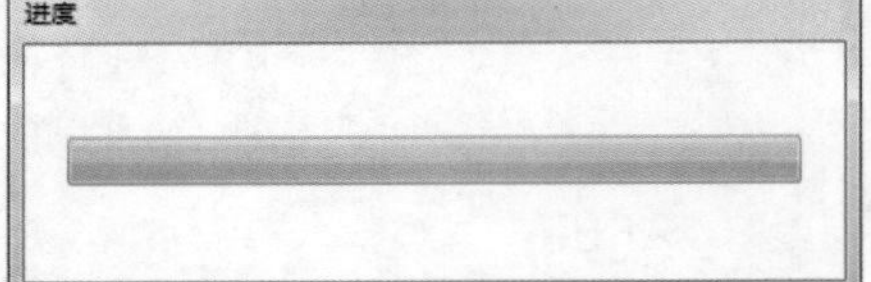

图 5-62

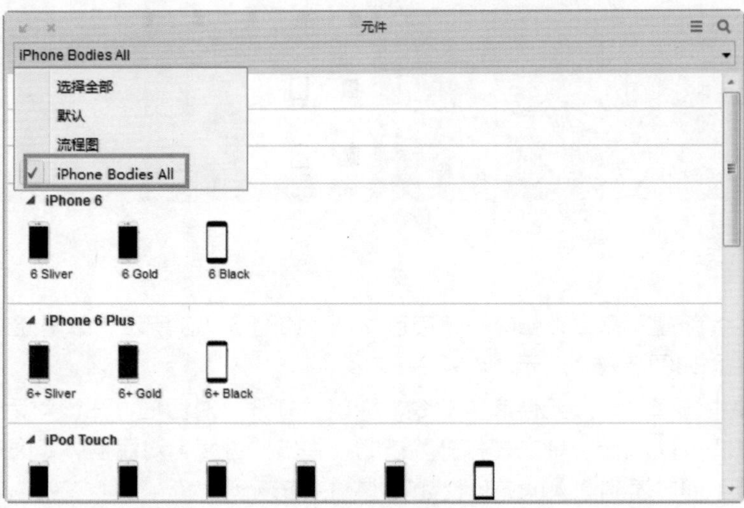

图 5-63

使用已经载入的元件库，与 Axure RP 自带的元件库中的元件是一样的，只要拖曳到页面编辑区内就可以使用。

载入的第三方元件库只能应用到打开的项目文件中，想要在更多的项目文件中使用第三方元件库，需要重复载入。

5.4 创建自己的元件库

在很多时候，用户可以创建自己的元件库，例如在和其他设计师合作某个项目时需要保证项目的一致性和完整性，用户可以创建一个自己的元件库。

5.4.1 创建一个元件库

Axure RP 的元件库文件和项目文件的文件格式不同，在第 2 章已经向用户详细讲解，这里的元件库文件和链接到库文件的项目文件是相互独立的。

用户想要创建一个新的库，必须创建一个新的 RP 项目文件或者打开一个已有的 RP 项目文件。

实例 25　创建库文件

教学视频：视频 \ 第 5 章 \ 创建库文件 .mp4　源文件：源文件 \ 第 5 章 \ 创建库文件 .rp

实例分析：

用户可以创建属于自己的元件库，并能在 .rp 文件中使用。元件库的格式通常为 .rplib。本实例主要讲解在绘制元件库之前如何创建一个正确的项目格式文件。

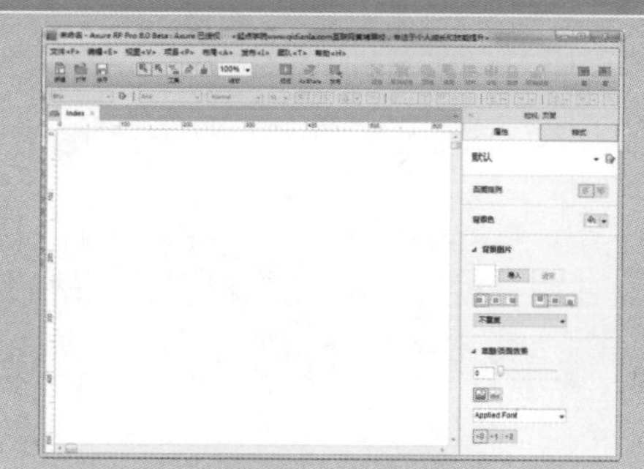

制作步骤：

01 执行“文件 > 新建”命令，新建一个项目文件，如图 5-64 所示。单击元件面板中的“选项”按钮，弹出下拉菜单，如图 5-65 所示。

02 在下拉菜单中选择“创建元件库”命令，弹出“保存 Axure RP 元件库”对话框，在该对话框中用户可以将其保存在想要保存的目录下，如图 5-66 所示。用户在其目录下可以看到新建的元件库文件，如图 5-67 所示。

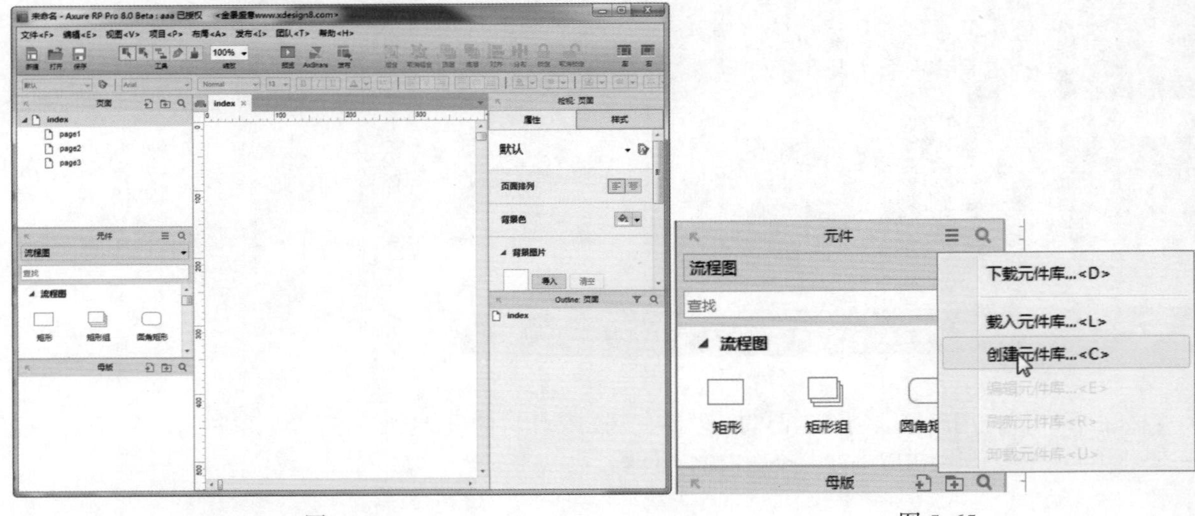

图 5-64　　图 5-65

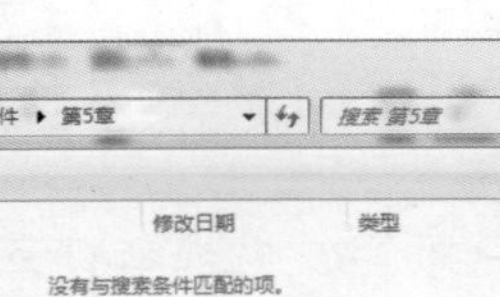

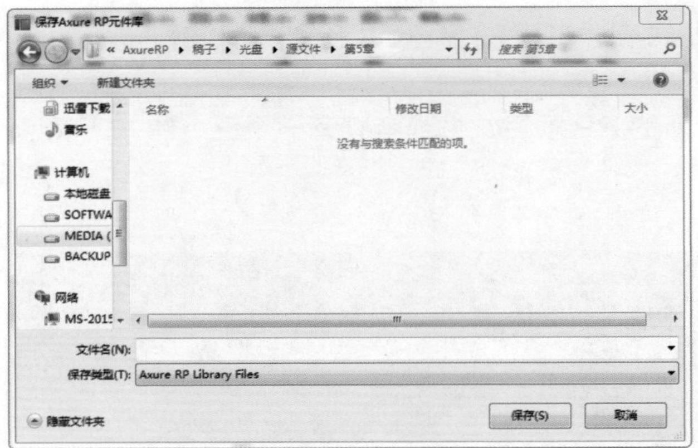

图 5-66

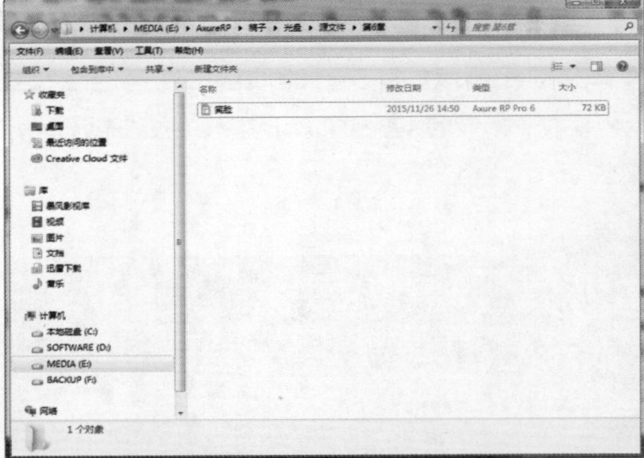

图 5-67

提示　在原型设计中如果使用了自定义的库文件，则文件会自动生成一个链接，关联到新创建的元件库。

5.4.2　认识元件库界面

继续上面的实例，打开新建的元件库，如图 5-68 所示。工作界面和 RP 项目文件的工作界面很相似。

用户初次见到元件库的工作界面会认为和项目文件的工作界面是一样的，界面中相同的部分不再详细讲解，接下来介绍其中不同的部分。

在元件库工作界面的工具栏中不再有 AxShare 共享菜单（灰色状态），如图 5-69 所示。

元件管理面板替代了页面管理面板，如图 5-70 所示。

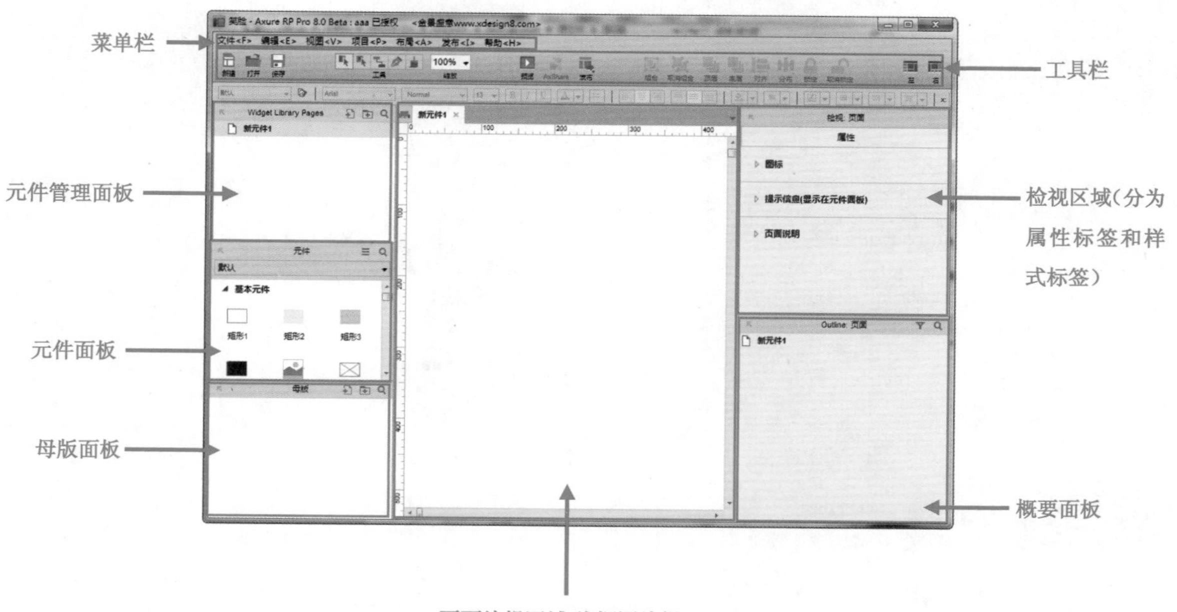

图 5–68

图 5–69

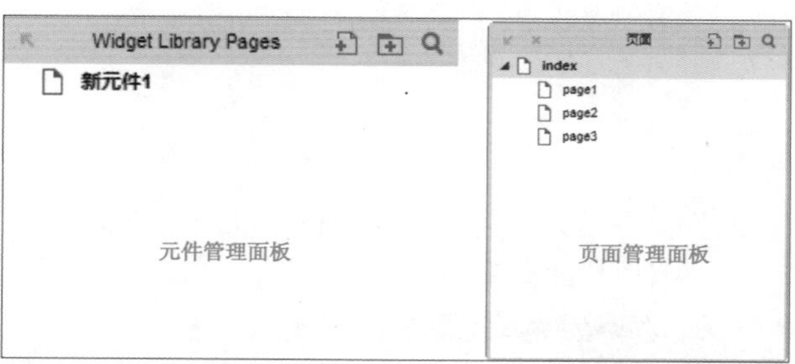

图 5–70

在元件管理面板中用户也可以添加、删除、重命名元件页面，如图 5–71 所示。

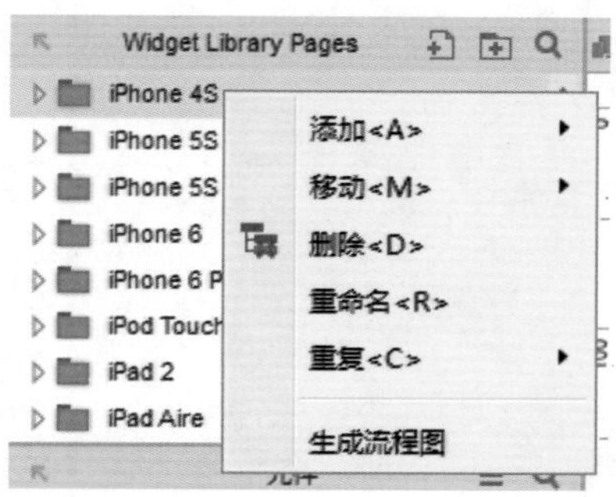

图 5–71

在元件库工作界面的“检视：页面”面板中只有“属性”标签，没有了“样式”标签，如图 5-72 所示。项目文件工作界面的“检视：页面”面板如图 5-73 所示。两个检视面板中属性的内容也不同。

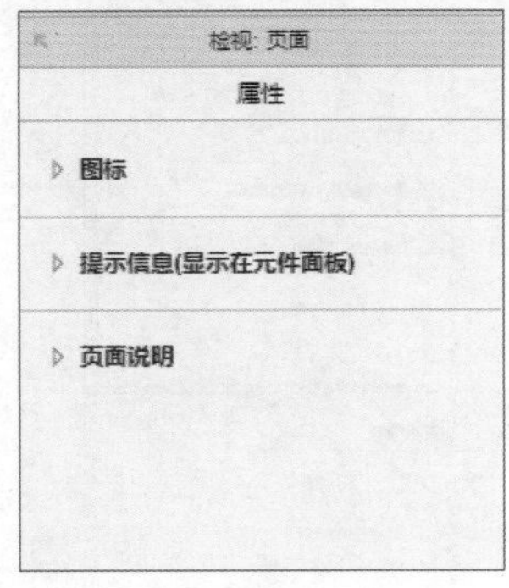

图 5-72

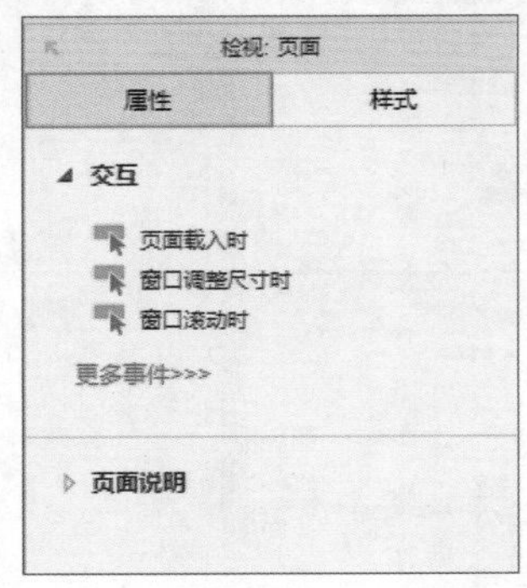

图 5-73

5.4.3 自定义元件

继续前面实例的绘制，选中元件管理面板中的“新元件 1”，并重命名为“笑脸”，如图 5-74 所示。在“检视：页面”面板的“提示信息”属性下输入元件的名称为“疑问”，如图 5-75 所示。

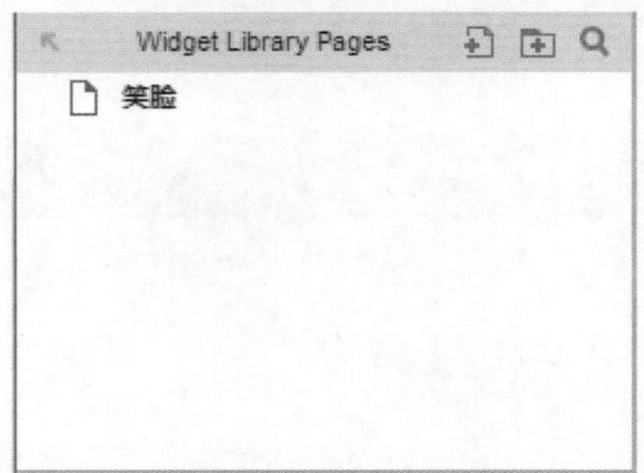

图 5-74

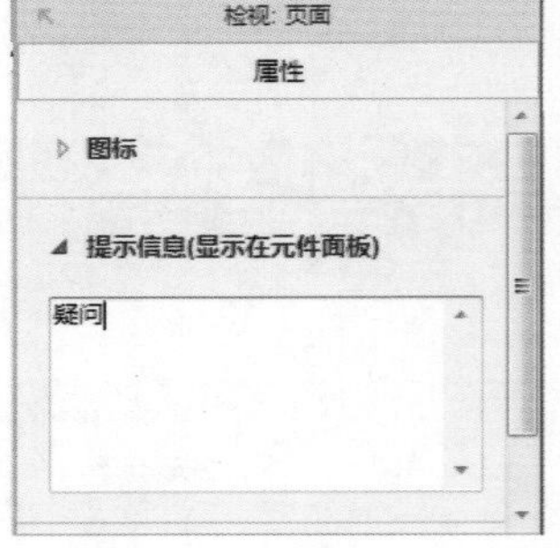

图 5-75

在页面中拖曳一个图片元件，并导入“素材 \ 第 5 章 \003.jpg”图片，如图 5-76 所示。选中页面编辑区中的元件，在“检视：图片”面板中设置元件的样式，如图 5-77 所示。

图 5-76

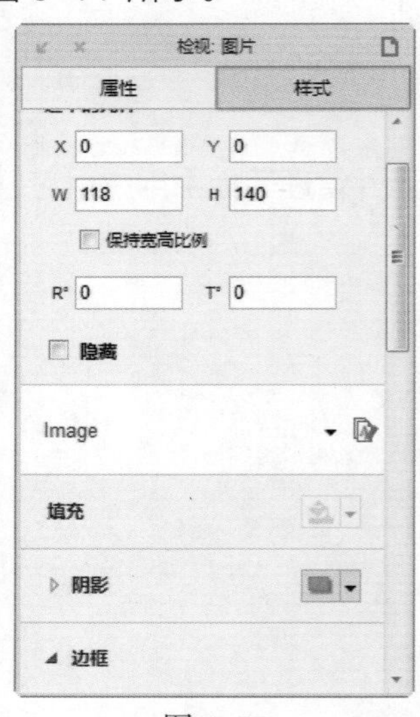

图 5-77

单击“管理元件样式”按钮，打开“元件样式编辑”对话框，如图 5-78 所示。在该对话框中添加一个新的样式为“图片”，如图 5-79 所示。

图 5-78

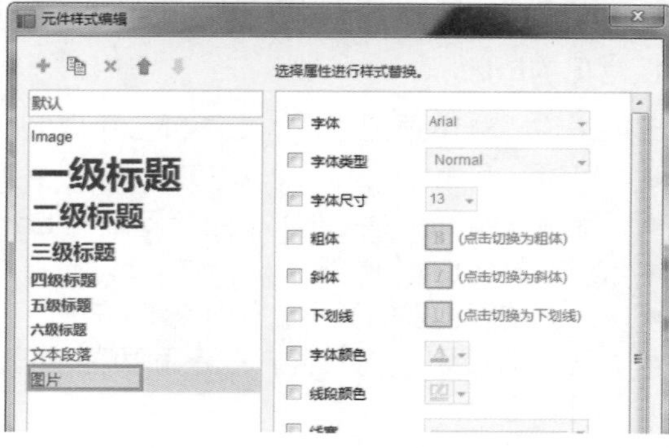

图 5-79

设置其样式，如图 5-80 所示。单击“确定”按钮，元件效果如图 5-81 所示。

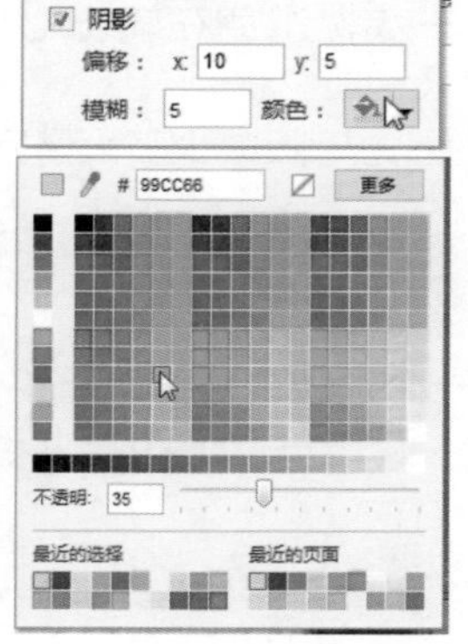

图 5-80

图 5-81

> **提示**　在绘制元件时注意风格要统一，不要突出个性化。

执行“文件 > 保存”命令，将绘制的元件保存。返回项目文件，在新建的项目文件中刷新元件库，即可查看创建的元件，如图 5-82 所示。

5.4.4　在项目文件中刷新元件库

图 5-82

前面就已经向用户提过，元件库文件和原型项目文件是独立存在的，在元件库中添加新元件、修改已有的元件或者使用下载的第三方元件库，改变的元件都不会自动在项目文件中更新，需要单击“刷新元件库”才能对元件库进行刷新。

单击元件库中的“选项”按钮，在下拉菜单中选择“刷新元件库”命令，即可刷新，如图 5-83 所示。

5.5 使用母版

页面中的一些元素有时需在很多页面中出现，如网站的页头或者页脚等，用户可以通过创建母版来绘制页面中重复的元素。

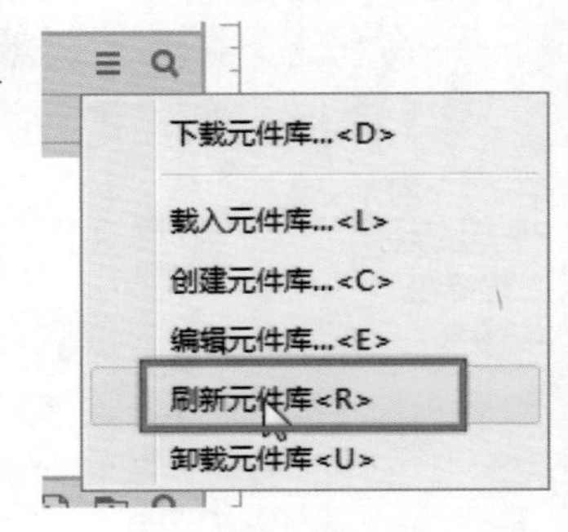

图 5-83

1. 常见的母版

一般来说，一个页面项目的如下部分可以制作为主元件。

- 导航。
- 网站 Header（头部），包括网站的 Logo。
- 网站 Footer（尾部）。
- 经常重复出现的元件，例如分享按钮。
- Tab 面板切换的元件，在不同页面中同一个 Tab 面板有不同的呈现。

2. 使用母版的好处

- 保持整体界面设计的一致性。
- 对母版进行修改，所有相关的页面会立即更新，能节省大量时间。
- 母版页面的说明只需要编写一次，避免在输出 UI 规范文档时造成额外的工作、冗余和错误。
- 减小 Axure RP 文件的大小，因为母版减少了大量冗余的元件。

5.5.1 创建母版内容

执行“文件 > 新建”命令，新建一个项目文件，如图 5-84 所示。拖曳一个矩形 1 元件到页面编辑区内，设置元件的坐标为 X0、Y0，尺寸为 W1584、H50，如图 5-85 所示。

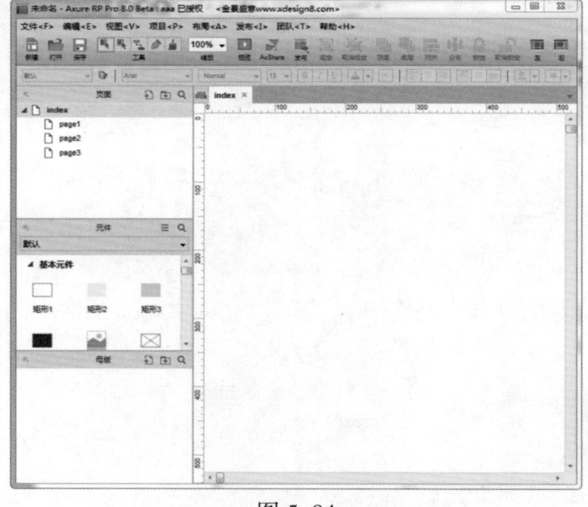

图 5-84

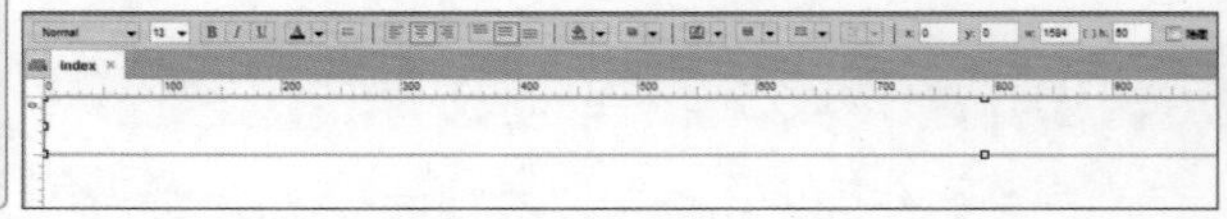

图 5-85

将该元件填充颜色为 #0099FF，边框颜色为无，如图 5-86 所示。

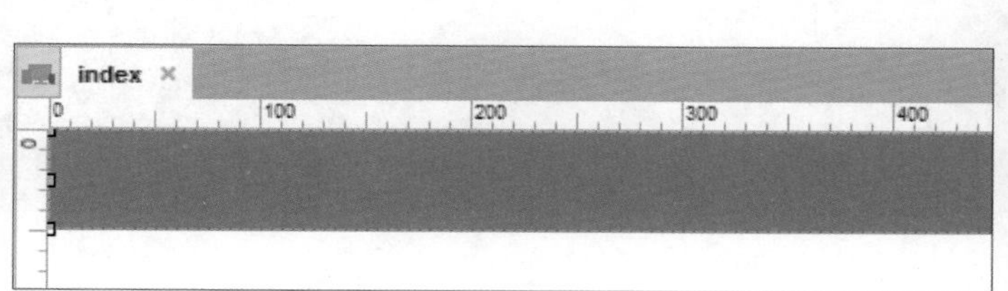

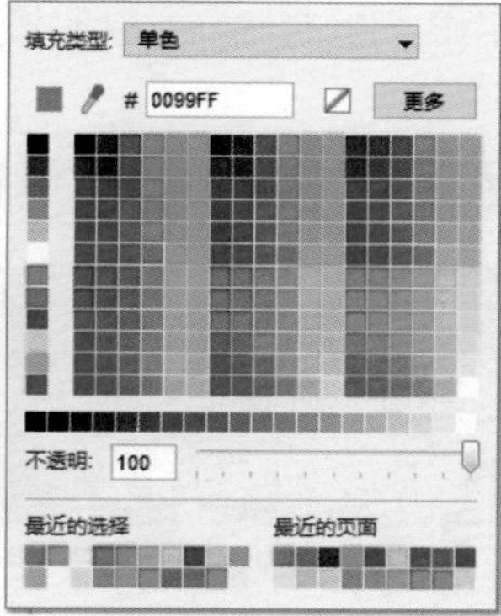

图 5–86

继续将一个文本标签元件拖入到页面中，设置文本标签的坐标为 X387、Y16，尺寸为 W27、H15，字体为宋体，字号为 13 号，字体颜色为白色，显示文本为首页，如图 5–87 所示。使用相同的方法制作其他文本标签，如图 5–88 所示。

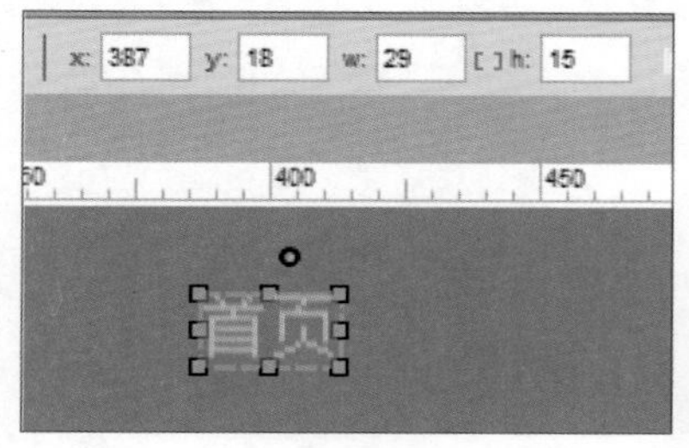

图 5–87

图 5–88

继续拖入一个矩形 1 元件，填充颜色为白色，边框颜色为无，调整元件的坐标为 X424、Y18，尺寸为 W3、H15，如图 5–89 所示。在页面编辑区中拖曳垂直的辅助线，如图 5–90 所示。

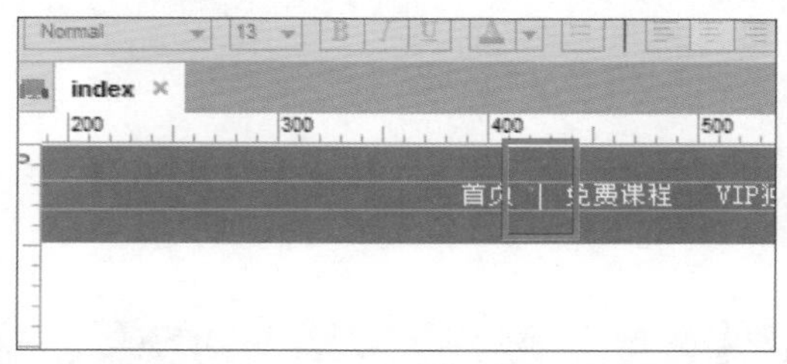

图 5–89

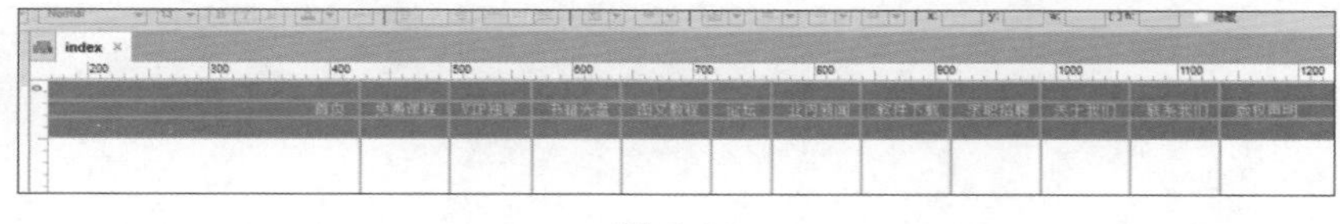

图 5–90

在辅助线的位置继续拖入白色矩形元件，隐藏辅助线，效果如图 5–91 所示。

图 5–91

使用相同的方法制作其他部分，将所有的元件进行组合，如图 5-92 所示。至此完成一个母版文件的创建。

图 5-92

以上简单向用户介绍了母版的创建方式，除此之外，还可通过单击母版面板上的“添加母版”按钮，完成母版的添加，如图 5-93 所示。将新添加的母版重命名为“页尾”，如图 5-94 所示。

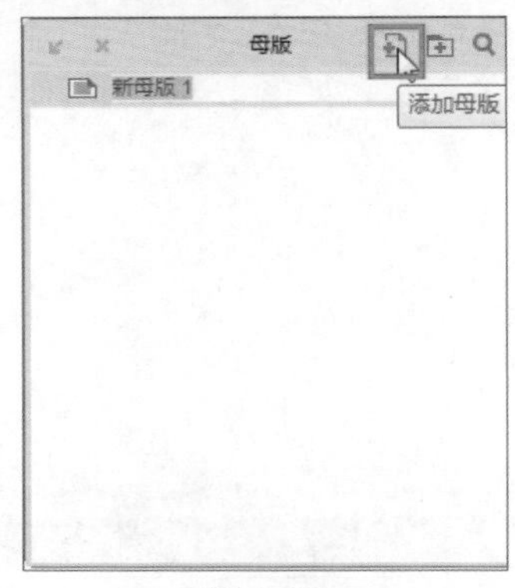

图 5-93

图 5-94

双击页尾母版，进入“页尾母版”编辑页面，在编辑区中绘制母版内容，如图 5-95 所示。

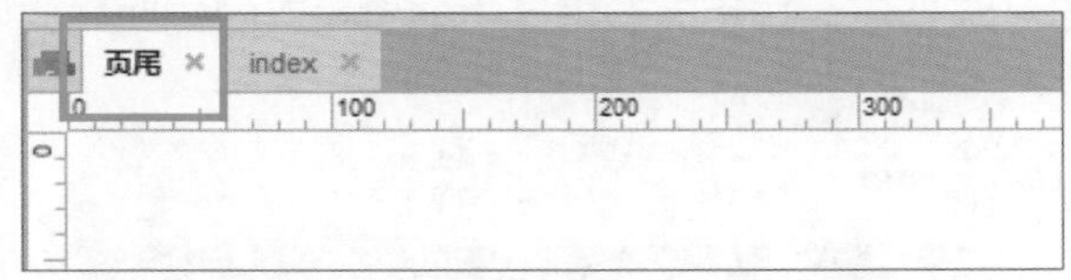

图 5-95

实例 26 创建某网页的页头

教学视频：视频\第 5 章\创建某网页的页头 .mp4　源文件：源文件\第 5 章\创建某网页的页头 .rp

实例分析：

通常一个网站的页头部分会出现在网页中的所有页面上，所以可以通过将页头制作成母版，供其他页面调用，这样既减少了制作工作，又提高了浏览速度。

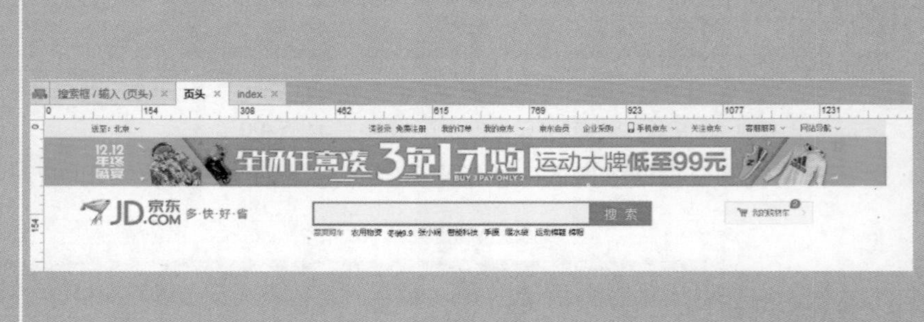

制作步骤：

01 执行“文件 > 新建”命令，新建一个项目文件，如图 5-96 所示。单击母版面板中的“添加母版”按钮，如图 5-97 所示。

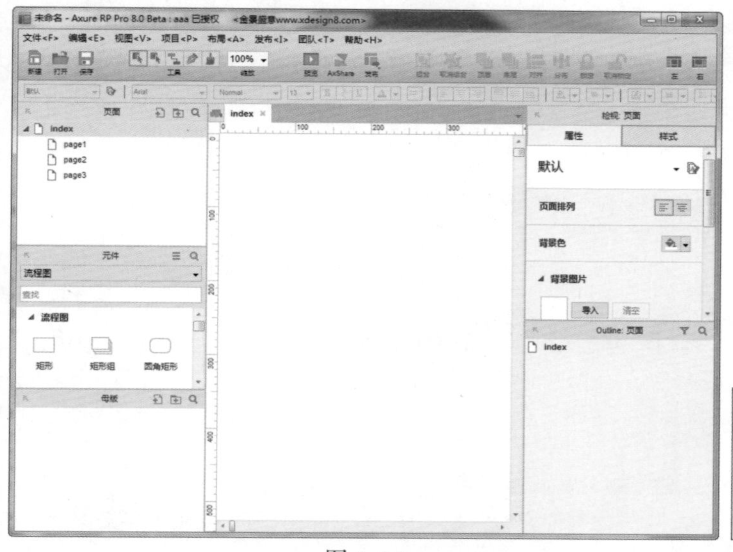

图 5-96

图 5-97

02 将新建的母版命名为“页头”，如图 5-98 所示。双击“页头”母版，进入母版的编辑页面，如图 5-99 所示。

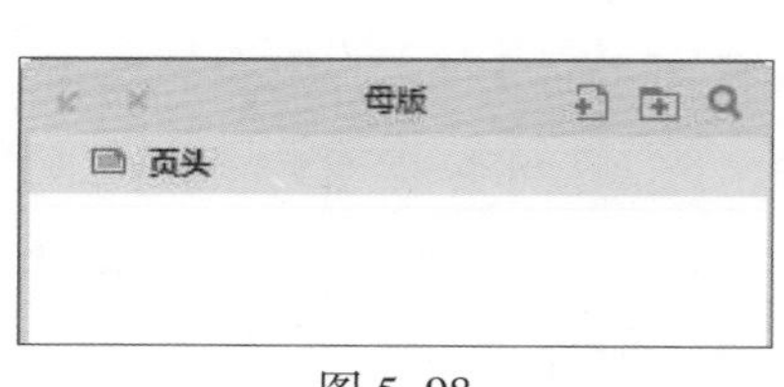

图 5-98

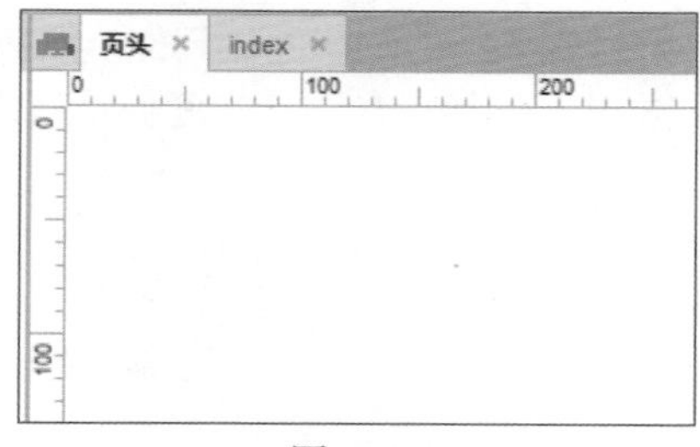

图 5-99

03 拖曳一个矩形 1 元件到页面编辑区内，设置元件的坐标为 X0、Y0，尺寸为 W1337、H30，填充颜色为 #F1F1F1，边框颜色为无，如图 5-100 所示。继续拖入一个文本标签元件，设置坐标为 X76、Y7，尺寸为 W61、H14，字体为宋体，字号为 12 号，显示文字为“送至：北京”，如图 5-101 所示。

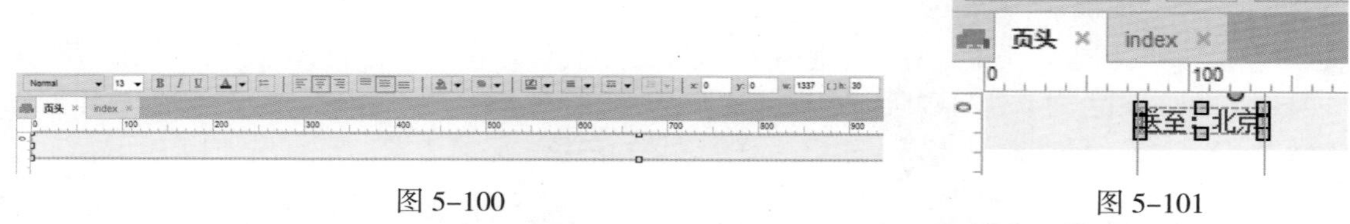

图 5-100　　图 5-101

04 使用相同的方法继续绘制其他元件，效果如图 5-102 所示。继续拖入一个矩形 1 元件，设置元件的填充颜色为 #F7F7F7，边框颜色为无，如图 5-103 所示。

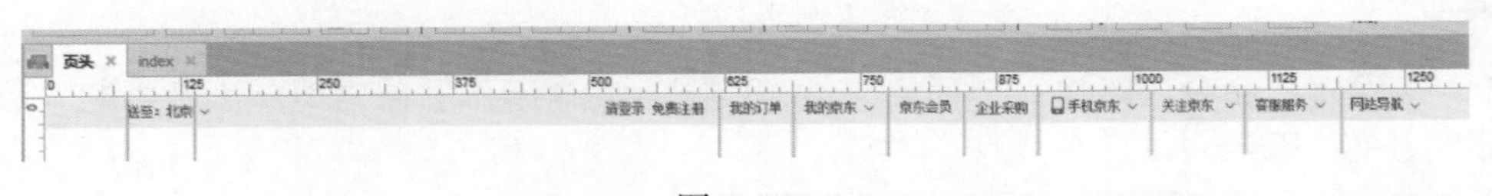

图 5-102

图 5-103

05 调整元件的坐标为 X617、Y8，尺寸为 W4、H15，如图 5-104 所示。使用相同的方法绘制其他元件，如图 5-105 所示。

图 5-104

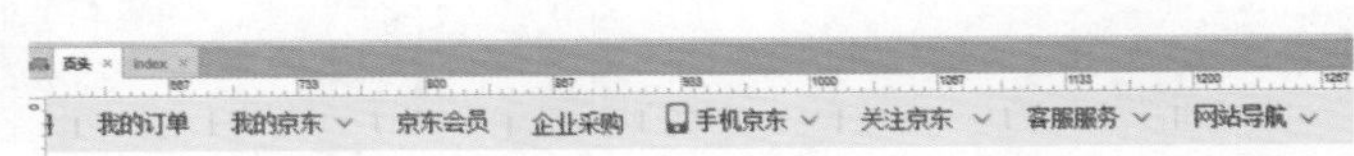

图 5-105

06 继续拖入一个图片元件，导入"素材 \ 第 5 章 \005.jpg"图片，如图 5-106 所示。使用相同的方法导入 Logo 图片，如图 5-107 所示。

图 5-106

图 5-107

07 继续拖入一个动态面板元件，设置坐标为 X425、Y133，尺寸为 W514、H40，如图 5-108 所示。双击动态面板，在"动态面板状态管理"对话框中设置参数，如图 5-109 所示。

图 5-108

图 5-109

08 进入"输入状态"页面，在该页面中拖入矩形 1 元件，设置坐标为 X425、Y133，尺寸为 W514、H40，填充颜色为 # B71C1C，边框颜色为无，如图 5-110 所示。继续拖入一个文本框元件，调整坐标为 X3、Y3，尺寸为 W437、H33，填充颜色为白色，隐藏边框，如图 5-111 所示。

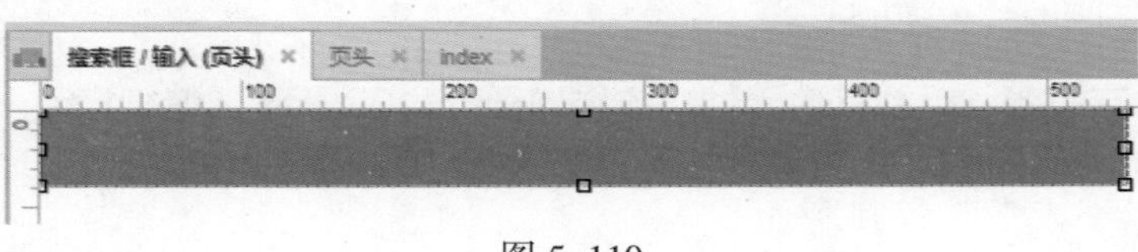

图 5-110

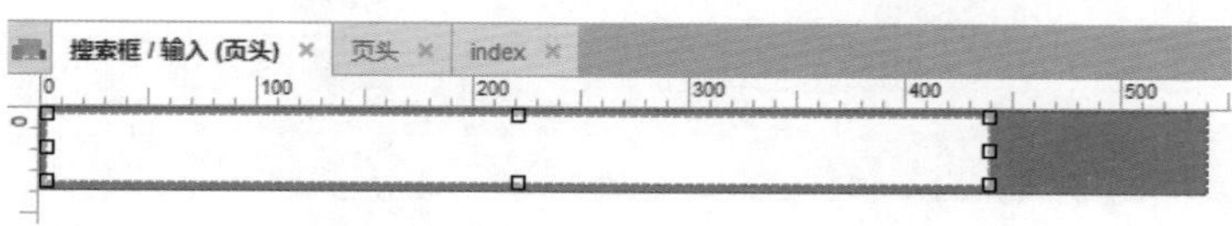

图 5-111

09 继续拖入一个提交按钮元件，设置坐标为 X450、Y2，尺寸为 W81、H35，字体为宋体，字号为 20 号，显示文字为搜索，如图 5-112 所示。返回“页头”页面，效果如图 5-113 所示。

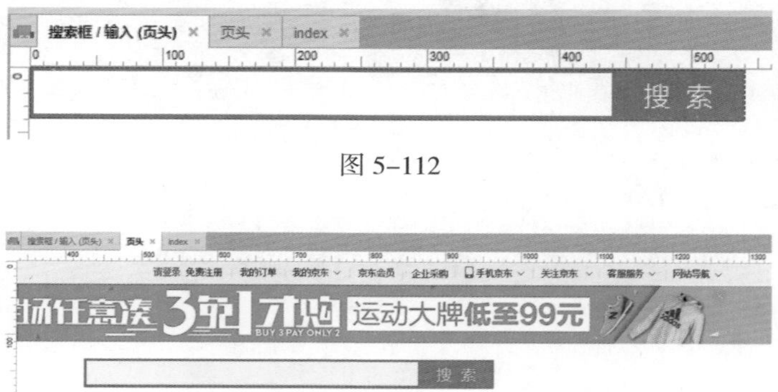

图 5-112

图 5-113

10 在“页头”页面中继续制作文本标签元件，如图 5-114 所示。使用相同的方法绘制其他文本标签元件，如图 5-115 所示。

图 5-114　　图 5-115

11 使用相同的方法绘制其他元件，如图 5-116 所示。页头母版的内容如图 5-117 所示。

图 5-116　　图 5-117

12 返回 index 页面，将页头母版拖曳到编辑区内，如图 5-118 所示。执行“预览”命令，查看效果，如图 5-119 所示。

图 5-118

图 5-119

在制作母版的时候，也可以将母版中的元件应用交互事件。将母版应用到原型设计中，交互事件也会同时被带到原型设计区域。

5.5.2 转换为母版

继续上节的操作，选中所绘制的原型，单击鼠标右键，在弹出的菜单中选择“转换为母版”命令，如图 5-120 所示。弹出“转换为母版”对话框，如图 5-121 所示。

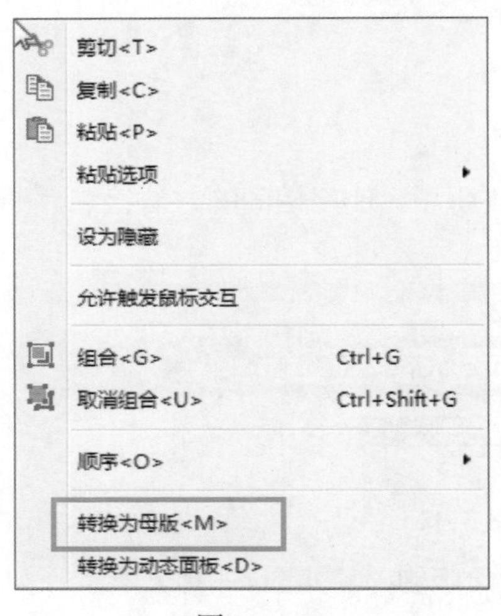

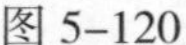

图 5-120

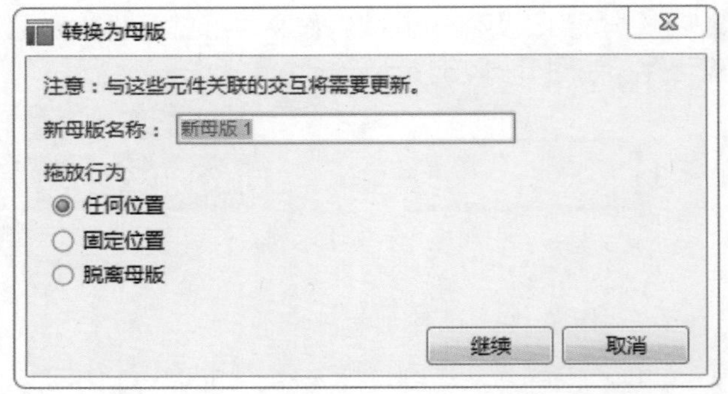

图 5-121

继续前面的操作，分别将绘制的原型内容转换母版，分别设置拖放行为为“任何位置”、“固定位置”和“脱离母版”，如图 5-122 所示。

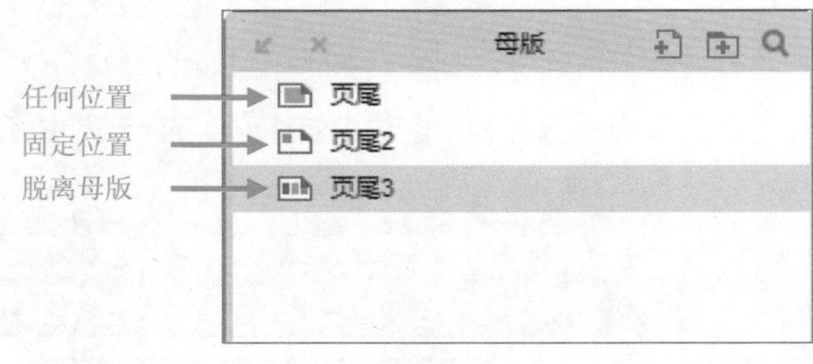

图 5-122

1. 任何位置

任何位置行为是母版的默认行为，将母版拖入原型编辑区中的任意位置，当修改母版时，所有引用该母版的原型设计图中的母版实例都会同步更新，只有坐标不会同步。下面实际操作为用户讲解。

母版实例就是引用母版中的元件内容。

新建“母版 logo”母版，如图 5–123 所示。双击进入“母版 logo”编辑页面，在该页面中拖入一个图片元件，并导入图片，如图 5–124 所示。

图 5–123

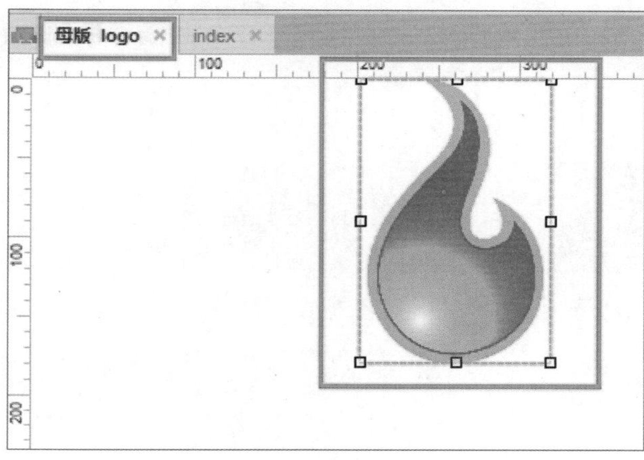

图 5–124

查看图片元件的坐标为 X200、Y0，尺寸为 W118、H180，如图 5–125 所示。返回 index 页面，在编辑区中输入文字，并将“母版 logo”拖曳到编辑区内，效果如图 5–126 所示。用户可以将母版 logo 实例随意放置在任何位置。

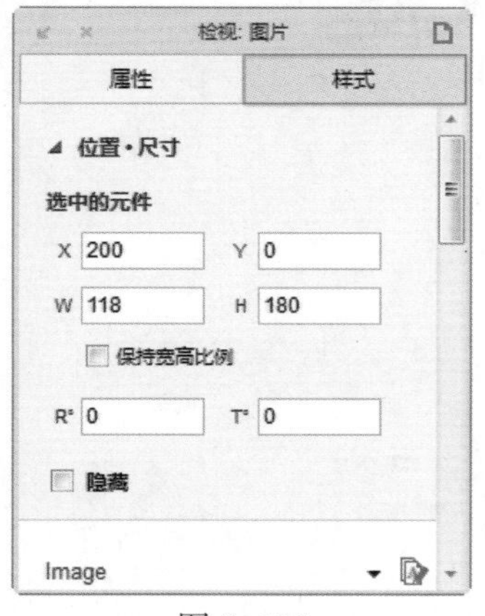

图 5–125

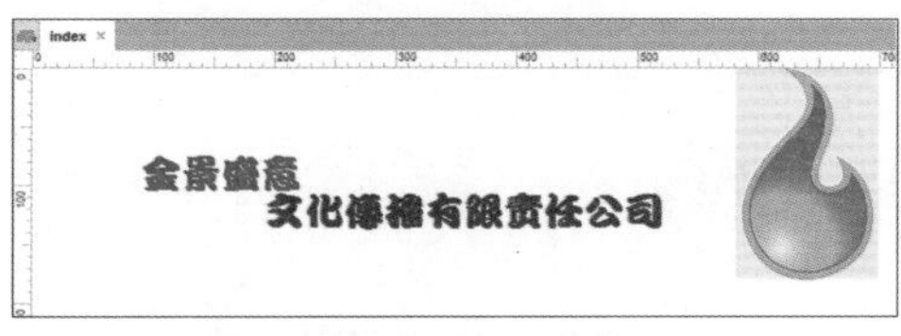

图 5–126

母版实例在原型页面中显示粉色，只要是母版的内容拖曳到原型设计中，都会显示为粉色。

用户可以更改 logo 的坐标，却不能更改其尺寸，在检视面板中尺寸为灰色状态，如图 5–127 所示。在原型设计中，当 logo 需要更换内容时，需要进入母版进行更改，在原型编辑页面中是不能更改的。双击 index 页面中的母版实例，即可进入“母版 logo”页面，如图 5–128 所示。

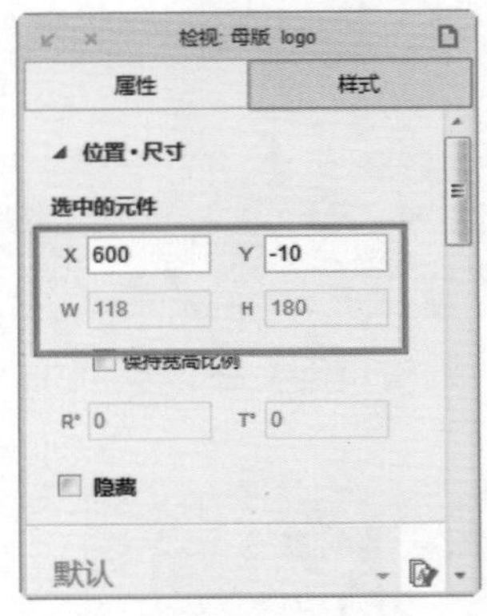

图 5-127

图 5-128

提示 用户也可以双击母版面板中的“母版 logo”页面进入编辑区。

将“母版 logo”图片更改为如图 5-129 所示。返回 index 页面，效果如图 5-130 所示。

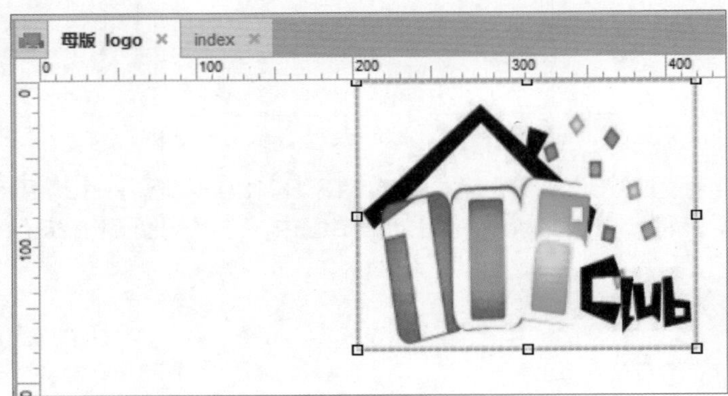

图 5-129

坐标位置如图 5-131 所示。

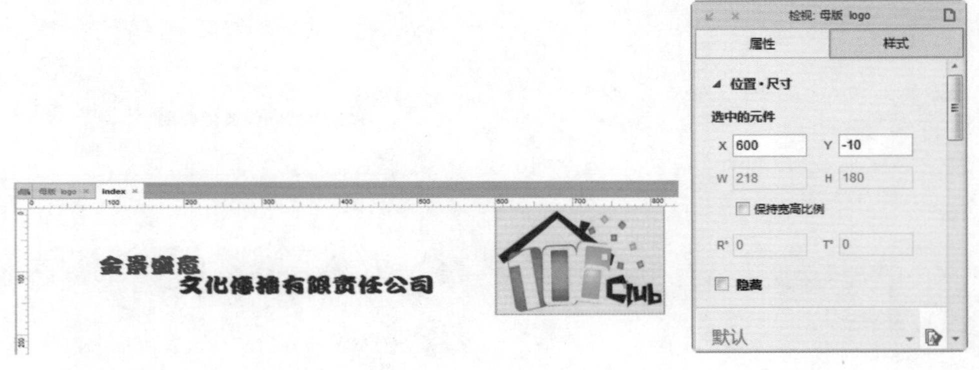

图 5-130　　　　图 5-131

用户可以发现在更改了母版中的图片后，index 页面中的母版实例也会随着更新，但是位置坐标不会变。

2. 固定位置

固定位置是指将母版拖放到原型编辑区中后，母版实例中元素的坐标会自动继承母版页面中元素的坐标，不能修改。和普通行为一样，对母版所做的修改也会立即更新到原型设计的母版实例中。

在前面绘制的“母版 logo”上单击鼠标右键，在弹出的菜单中选择“拖放行为 > 固定位置”命令，如图 5-132 所示。

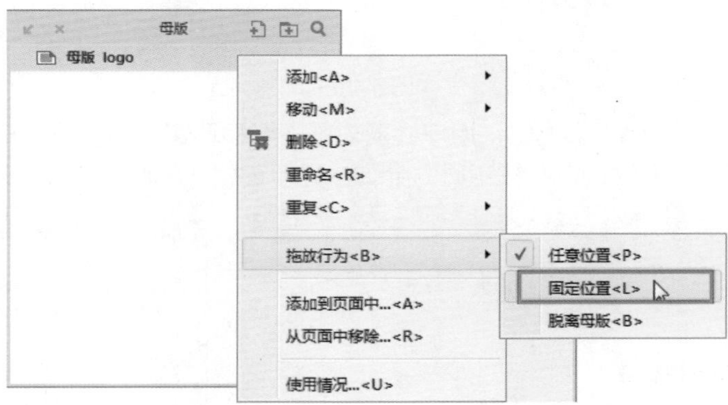

图 5-132

即可将“任意位置”的母版转换为“固定位置”的母版，如图 5-133 所示。

图 5-133

回到 index 编辑页面，将“母版 logo”拖曳到 index 页面中，如图 5-134 所示。

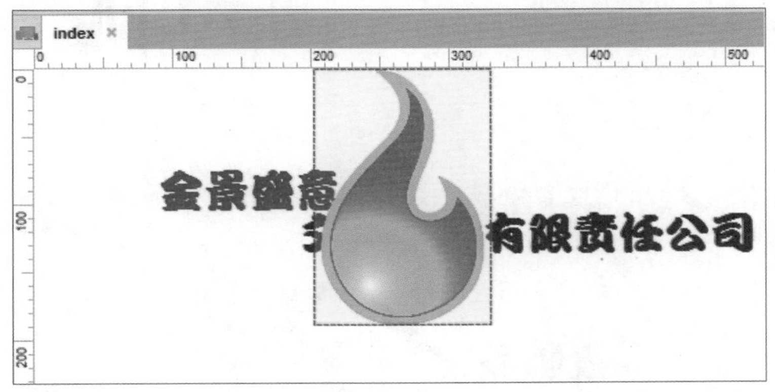

图 5-134

用户会发现 index 页面中母版实例的位置和“母版 logo”页面中元件的位置是一样的，如图 5-135 所示。

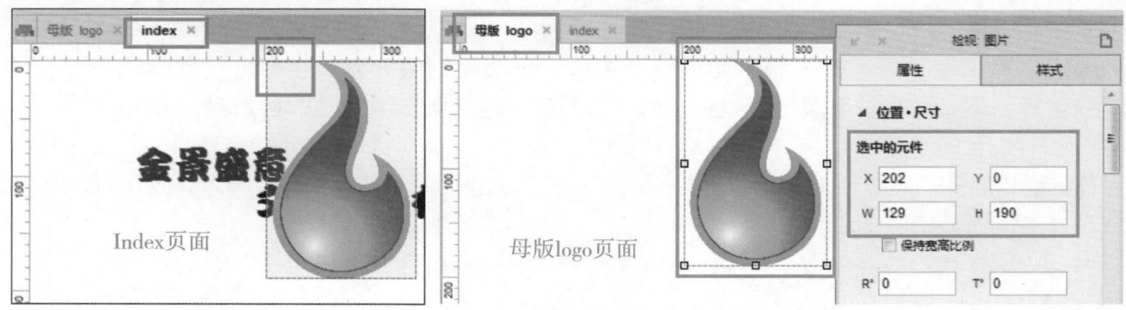

图 5-135

当移动 index 页面中的母版实例时，用户会发现并不能移动实例的位置，实例处于锁定状态，如图 5-136 所示。当单击“取消锁定”按钮时，会弹出提示窗口，如图 5-137 所示。

图 5-136

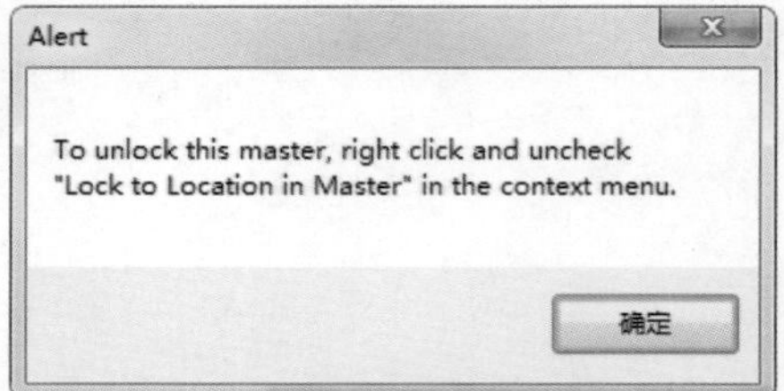

图 5-137

当对“母版 logo”页面的图片元素进行更改后，如图 5-138 所示。index 页面中的母版实例也会更改，但是位置坐标还是会继承母版中的位置，如图 5-139 所示。

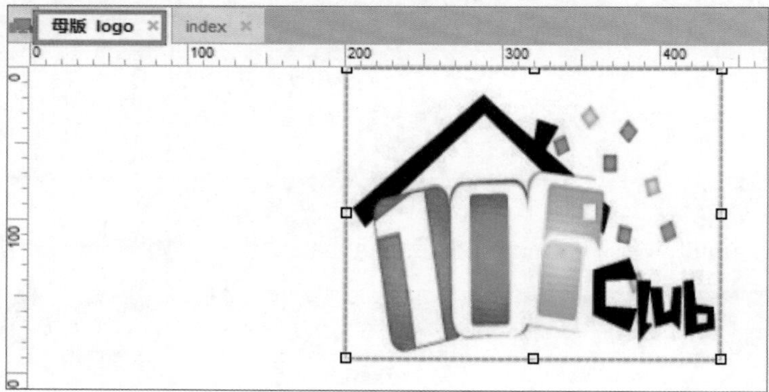

图 5-138

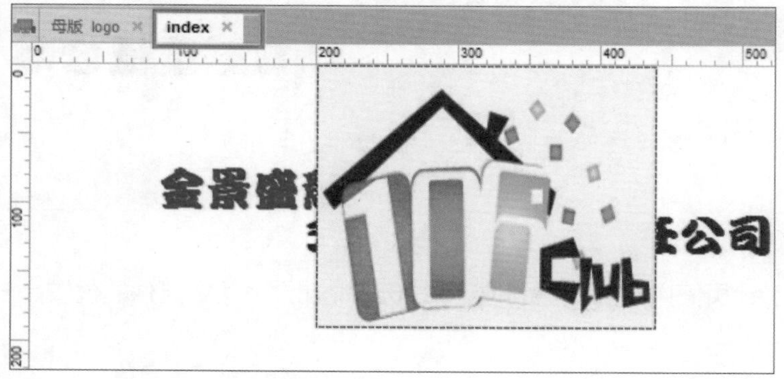

图 5-139

3. 脱离母版

继续将固定位置行为转换为脱离母版行为，如图 5-140 所示。母版的内容如图 5-141 所示。

图 5-140

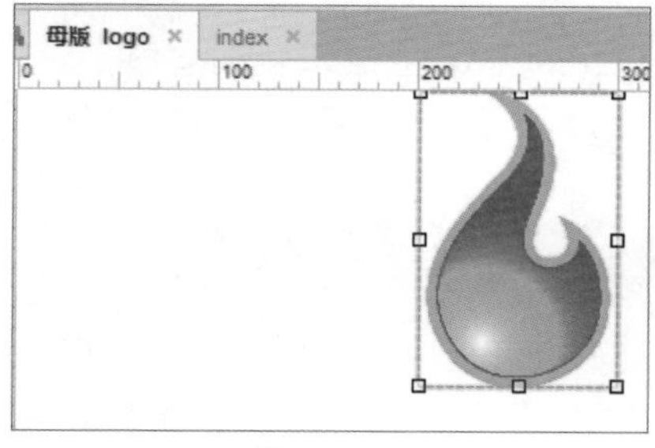

图 5-141

回到 index 编辑页面，将“母版 logo”拖曳到 index 页面中，如图 5-142 所示。用户会发现 index 页面中的母版实例可以随意改变位置坐标和大小，还可以更改实例内容，与固定位置行为中的母版实例不一样。

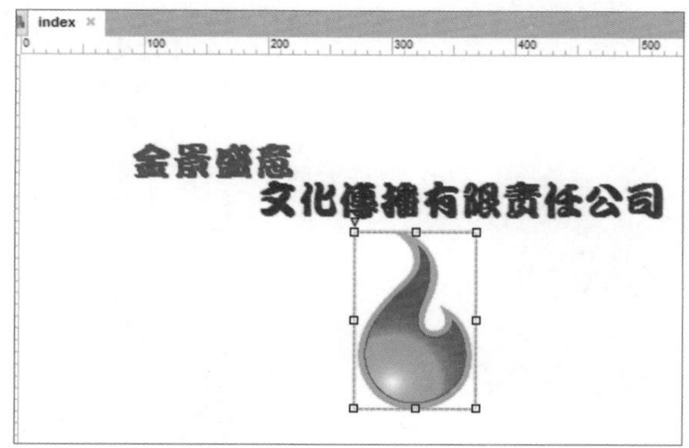

图 5-142

双击母版面板中的“母版 logo”页面，进入母版 logo 编辑页面，在编辑页面内更改元件的位置和内容，如图 5-143 所示。返回 index 页面，用户会看到 index 页面中的母版实例并没有随着母版的改变而改变，如图 5-144 所示。

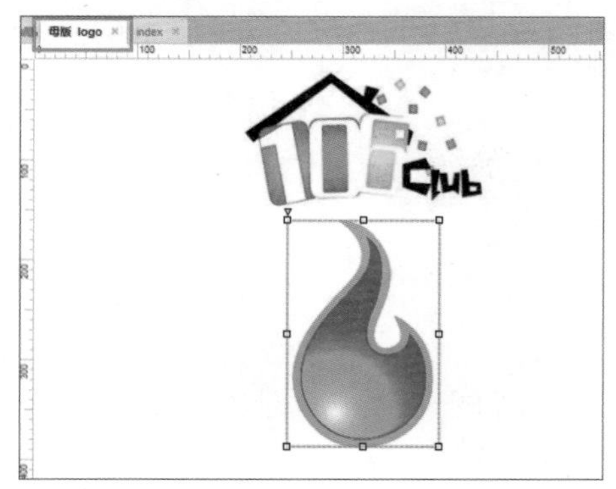

图 5-143

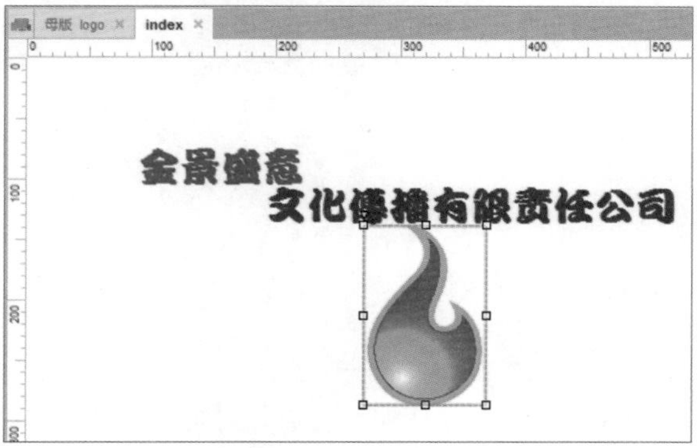

图 5-144

也就是说，脱离母版是指当母版拖入原型编辑区中，母版实例和母版没有任何关联性，对母版的任何修改都不影响原型编辑中母版实例的效果。

5.5.3 子母版

Axure RP 允许母版中再套用子母版，这样使得母版的层次更加丰富，应用领域更加广泛。在母版下即可创建子母版，如图 5-145 所示。子母版的绘制方法和母版的方法相同，不再详细讲解。

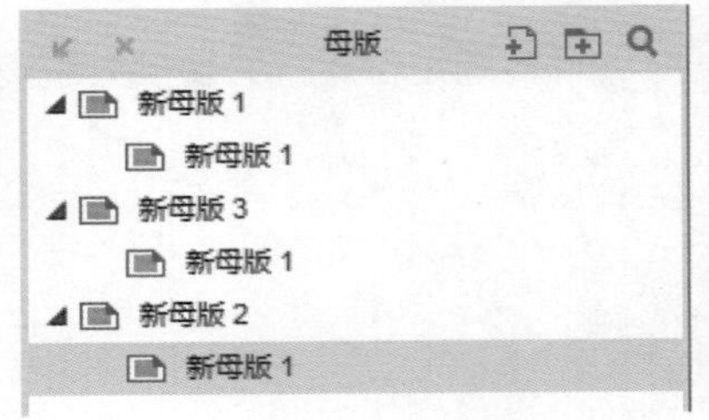

图 5-145

5.5.4 管理母版

在母版面板中不仅可以添加母版页面，还可以添加母版组页面，并且可以创建子母版。母版对象都是在母版面板中进行管理。

在母版面板中新建的母版和母版组都是“拖放行为”为“任意位置”的母版和母版组，如图 5-146 所示。

选中其中的母版页面，单击鼠标右键，弹出如图 5-147 所示的下拉菜单。在下拉菜单中可以执行对母版的删除、添加、查看及重复等操作。

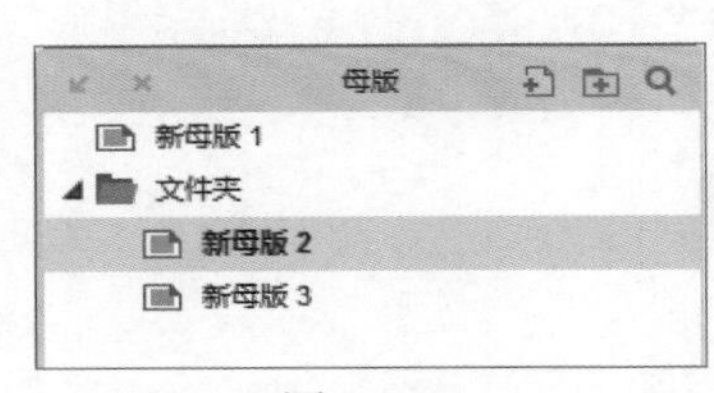

图 5-146

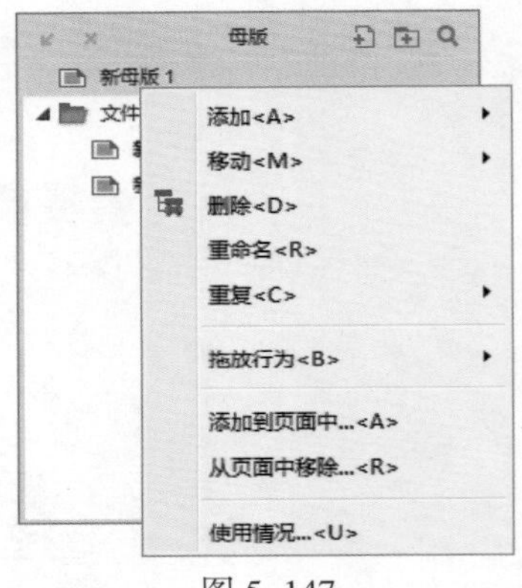

图 5-147

添加：添加文件夹、子母版以及可以选择位置添加，如图 5-148 左图所示。

移动：可以移动母版的位置，还可以将母版降级为子母版，将子母版升级为母版，如图 5-148 右图所示。

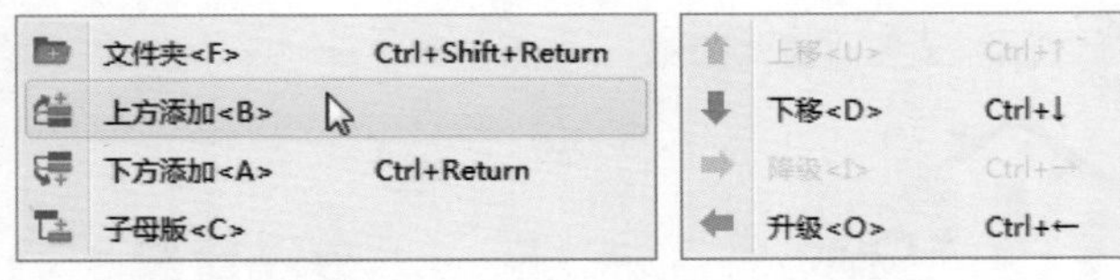

图 5-148

删除：将不需要的母版删除。

重命名：为母版重命名。

重复：选中其中的母版，选择“重复”命令，可以弹出如图 5-149 所示的下拉菜单。

- 母版：复制选中的母版为同一级别。
- 分支：分支出的母版为上下级。

拖放行为：将母版转换为任意位置行为、固定位置行为及脱离母版行为，如图 5-150 所示。

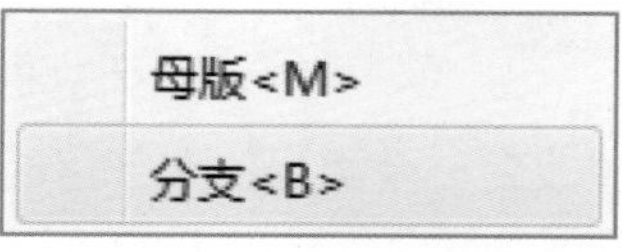

图 5-149

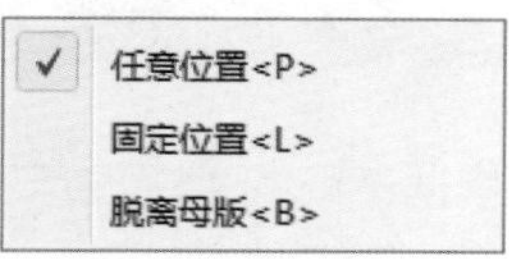

图 5-150

添加到页面中：当原型设计中添加了很多个页面时，用户可以选择“添加到页面中”命令，从弹出的“添加母版到页面中”对话框中选择要添加的页面及添加到页面中母版的位置，如图 5-151 所示。

从页面中移除：与添加到页面中相反，在所有添加了母版实例的页面中，可以选择性删除母版实例，如图 5-152 所示。

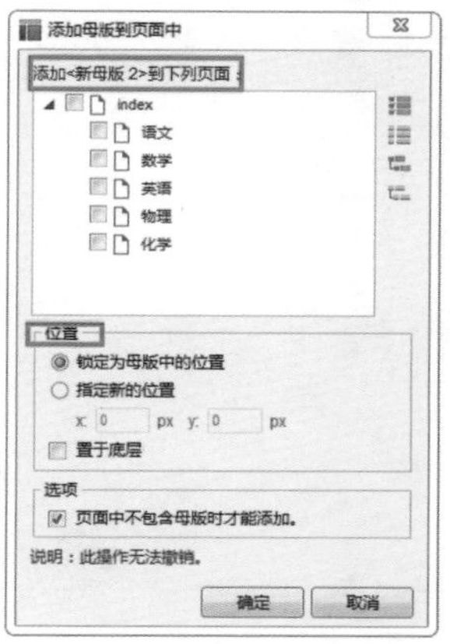

图 5-151

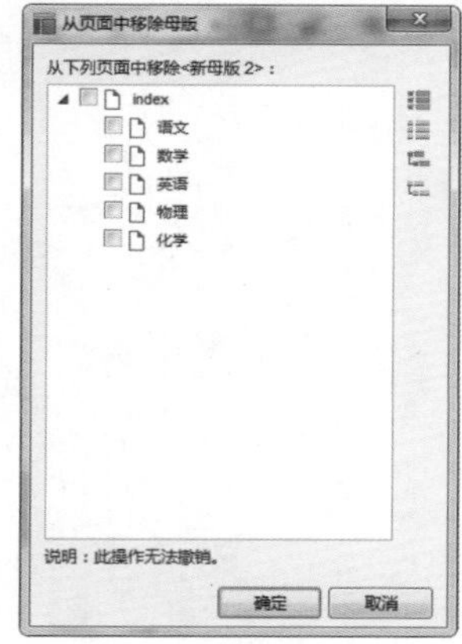

图 5-152

使用情况：查询母版面板中的母版页面都应用到哪些地方。选择此命令，弹出“母版使用情况”对话框，如图 5-153 所示，说明母版在 index、page1、page2 页面中都有母版实例应用。如果弹出如图 5-154 所示的对话框，说明母版没有应用到任何页面。

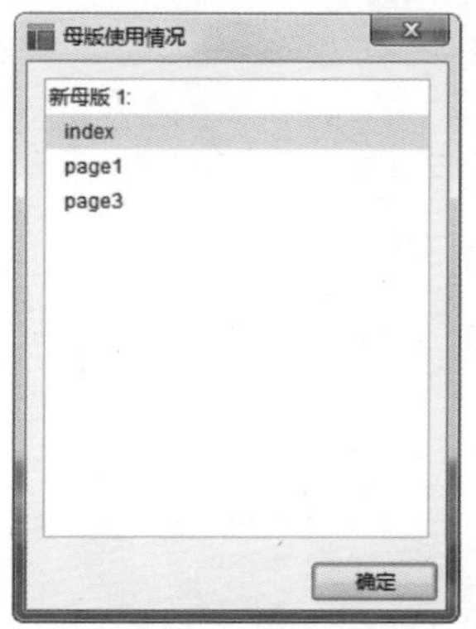

图 5-153

图 5-154

母版“使用情况”的好处如下。

- 在共享项目中，有助于查看母版面板中的某个母版是否被其他团队成员创建的原型设计图所使用。
- 可以在修改之前对所有页面进行检测，以便修改母版对所有页面的影响。
- 如果删除某个母版时，提示无法删除，说明母版已经被应用到页面中，可以使用报告查看情况。

5.6 动态面板

动态面板可以根据不同的情况显示不同的状态。通过改变一个页面的局部区域，避免因复制整个原型设计而造成冗余，节约时间。动态面板还能用于创建复杂交互，例如动画、视觉特效和拖曳等。

5.6.1 创建动态面板

经过第 4 章实例的绘制学习，用户对动态面板应该已经很熟悉了。创建一个动态面板的方法就是将元件面板中的动态面板拖曳到编辑区中，调整动态面板的坐标及尺寸后，双击动态面板，进入“动态面板状态管理”对话框，添加状态页，在状态页中添加相应的元件内容，如图 5-155 所示。

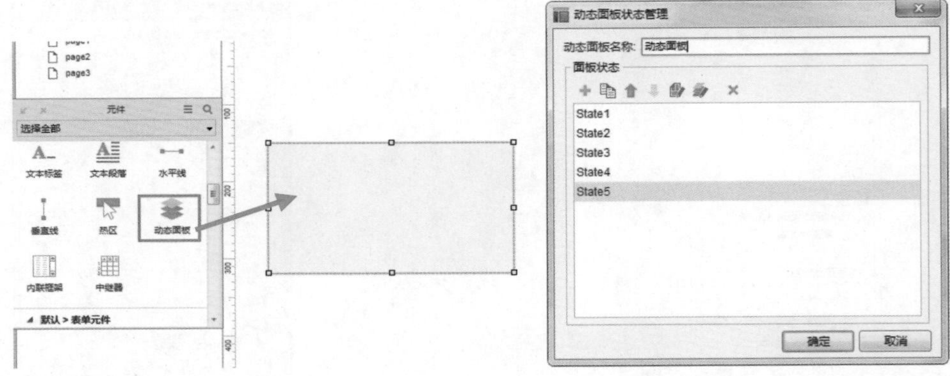

图 5-155

5.6.2 转换为动态面板

下面向用户介绍另一种创建动态面板的方法。执行“文件 > 打开”命令，打开“素材 \ 第 5 章 \ 创建动态面板 .rp”文件，如图 5-156 所示。

选中 index 页面中的元件，单击鼠标右键，弹出如图 5-157 所示的菜单，选择“转换为动态面板”命令，效果如图 5-158 所示。

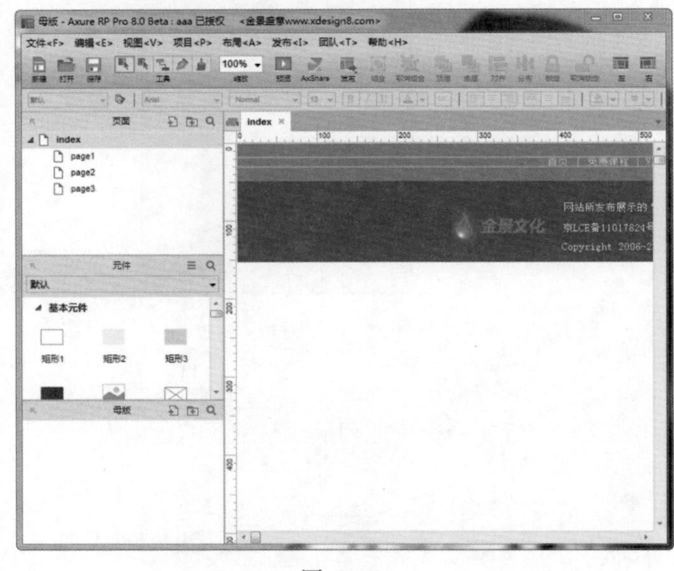

图 5-156

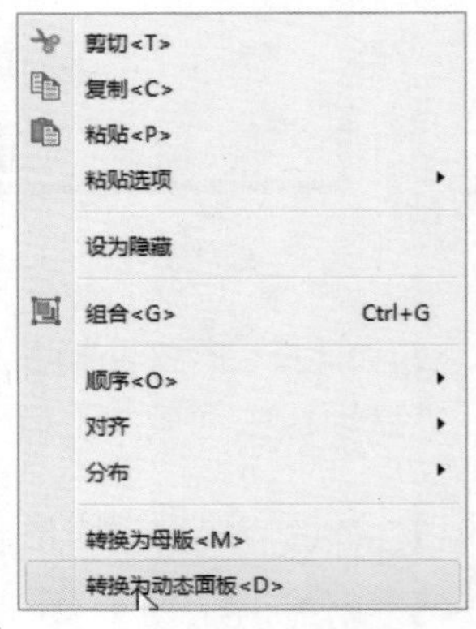

图 5-157

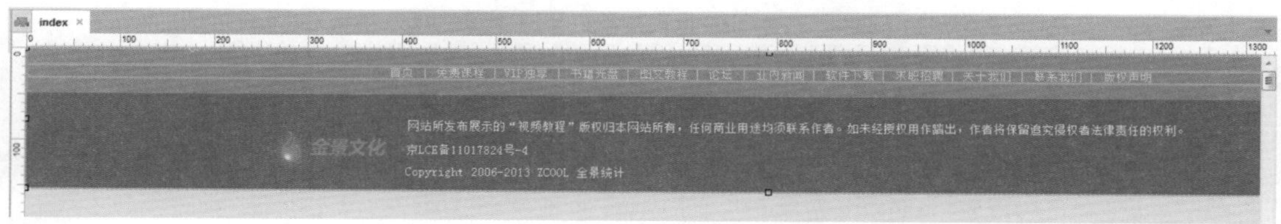

图 5-158

用户会看到 index 页面变成带有一层浅蓝色遮罩的单个元件，从视觉上可以区分动态面板和其他元件。双击动态面板，弹出“动态面板状态管理”对话框，如图 5-159 所示。

图 5-159

隐藏元件显示为淡黄色遮罩；动态面板显示为浅蓝色；页面中的母版实例显示为淡红色；锁定元件后，元件的边框为红色。用户可以执行“视图 > 遮罩”命令，取消勾选动态面板选项，拖曳到页面中的动态面板将变成白色，只有选中的情况下，才知道它的存在。

用户可以采用从“元件”面板中直接拖曳动态面板元件到页面中的方法来创建动态面板。这种方法与前面章节所讲的先创建内容，然后再转换为动态面板的方法结果相同，本质上没有区别。

5.7 本章小结

本章主要向用户介绍了页面快照的使用方法、Axure RP 载入第三方元件库的方法、母版面板的使用方法、母版的三种不同拖放行为以及对母版的管理。最后向用户介绍了动态面板的使用。熟练掌握母版、动态面板和元件面板的使用，可以很好地提高工作效率。

5.8 课后练习——将无线网图标绘制成元件

了解了母版和动态面板的使用后，接下来完成一个自定义元件的创建。通过制作实例，复习前面所学内容。

实战 将无线网图标绘制成元件

学视频：视频 \ 第 5 章 \ 将无线网图标绘制成元件 .mp4
源文件：源文件 \ 第 5 章 \ 将无线网图标绘制成元件 .rp

使用 Axure RP 可以将自己需要的内容制作成元件使用，经过前面的学习，用户应该实际操作一下，绘制出无线图标形状，并作为元件使用。无线图标主要使用钢笔工具绘制自定义形状，钢笔工具是 Axure RP 新增的工具，用户也要熟练掌握及使用。

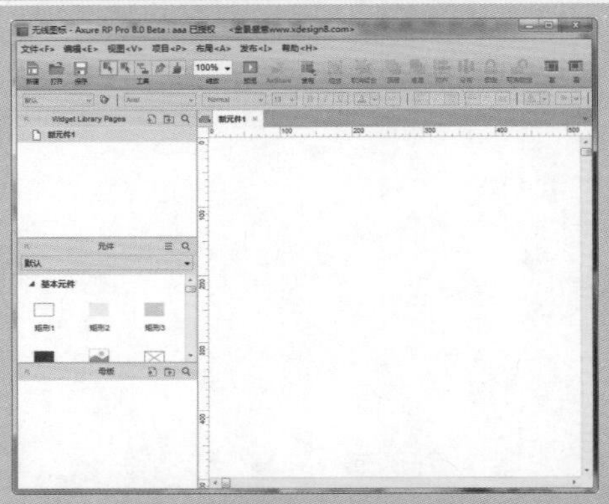

01 新建一个项目文件，并且创建一个元件库，命名为无线图标。

02 使用钢笔工具或者矩形元件绘制形状，并将该形状填充为黑色。

03 使用相同的方法绘制其他形状。

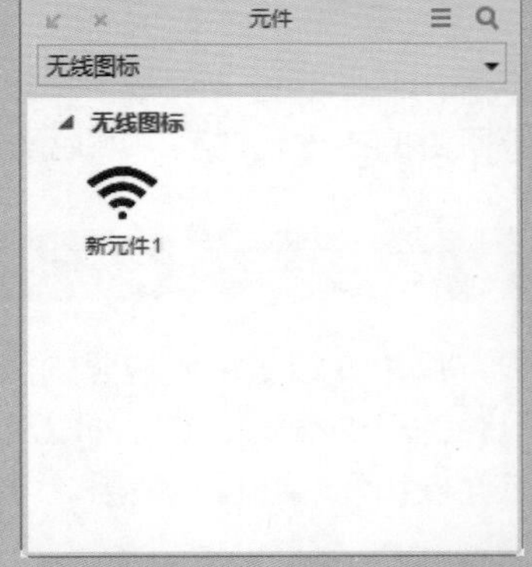

04 执行“文件 > 保存”命令，将文件保存，返回项目文件，刷新元件库。

第 6 章　项目输出

本章知识点

- 生成原型并在浏览器中查看
- 更改 Axure RP 的默认打开页面
- HTML 生成器
- Word 生成器
- CSV 报告生成器
- 打印生成器

Axure RP 中提供了 4 种生成器，分别是默认的 HTML 生成器、Word 生成器、CSV 报告生成器和新增的打印生成器。本章中将向用户介绍原型产品的输出设置，如何调整预览时默认 Axure RP 打开界面的方法等内容。

6.1　生成原型并在浏览器中查看

当项目完成后，单击工具栏中的“发布”按钮，在下拉菜单中选择“生成 HTML 文件”命令，弹出“生成 HTML”对话框，如图 6-1 所示。

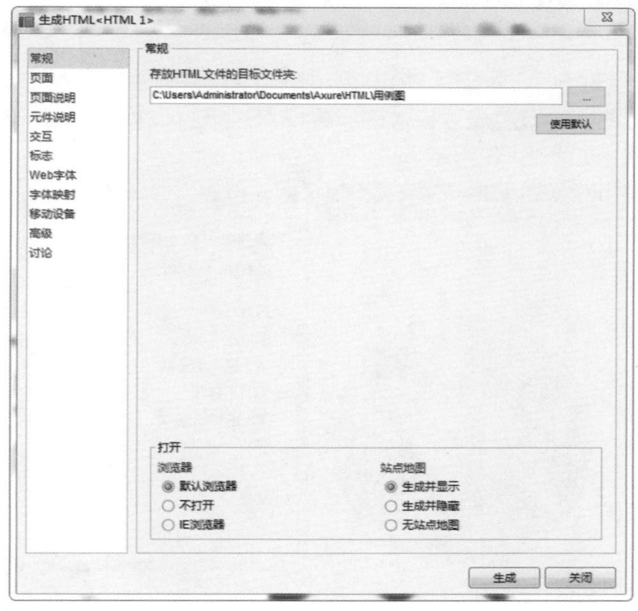

图 6-1

设定好生成项目所在的目录，选择要在哪个浏览器中查看，Axure RP 会自动识别所有安装好的浏览器供用户选择，一般会选择 IE 浏览器。

单击“确定”按钮，在浏览器中可以看到生成的项目原型。对于 IE 浏览器，每次在浏览器中打开生成的 Axure RP 项目时，会弹出如图 6-2 所示的安全提示。

图 6–2

单击“允许阻止的内容”按钮即可。但是在下一次查看项目原型时还会出现此提示，用户可以在 IE 浏览器的“工具”菜单中选择“Internet 选项”命令，弹出“Internet 选项”对话框，如图 6-3 所示。

在“高级”选项卡中勾选“允许活动内容在我的计算机上的文件中运行”复选框，如图 6-4 所示。重启 IE 浏览器，打开生成的项目时就不会弹出“安全警告”了。

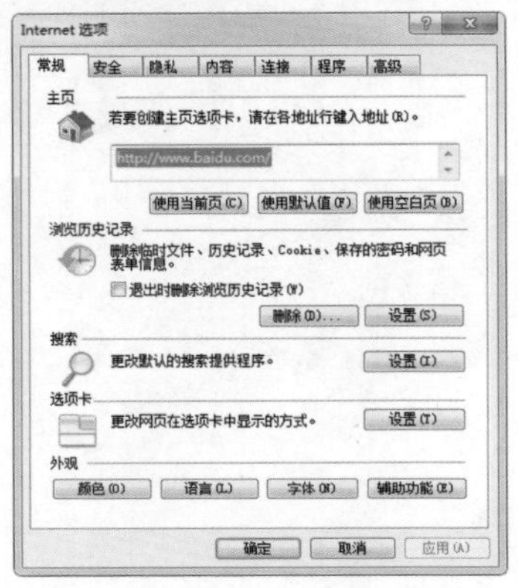

图 6–3

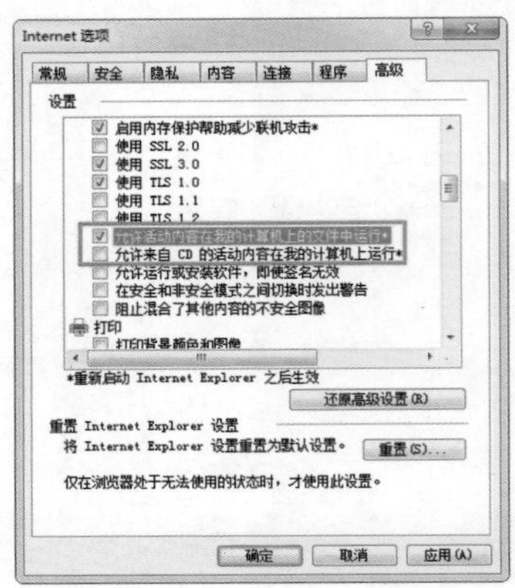

图 6–4

6.2 更改 Axure RP 的默认打开页面

不管是在预览项目文件时，还是生成项目时，用户都会看到如图 6-5 所示的预览效果。页面会分成两部分，左边是站点地图，右边是效果。用户可以对其进行设置，执行“发布 > 预览设置”命令，弹出“预览选项”对话框，如图 6-6 所示。

图 6–5

图 6–6

在“预览选项”对话框中可以设置预览时浏览器的界面分布。

1. 浏览器

默认浏览器：在计算机设置的默认浏览器中打开。

不打开：预览时不会在浏览器中打开查看效果。

IE 浏览器：在指定的 IE 浏览器中打开。

2. 站点地图

生成并显示：在浏览器中可以看到页面管理面板。如图 6-7 所示为 Axure RP 工作界面中的页面管理面板，如图 6-8 所示为在浏览器中生成的站点地图。两者名称不同，但是内容相同。

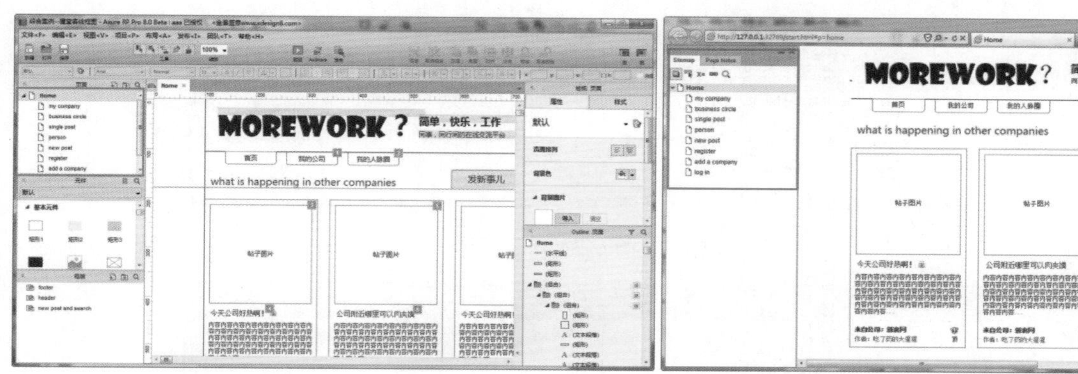

图 6-7　　图 6-8

生成并隐藏：在预览项目文件时可以看到站点地图，但是处于隐藏状态，如图 6-9 所示。单击左上角的小矩形，即可查看，如图 6-10 所示。

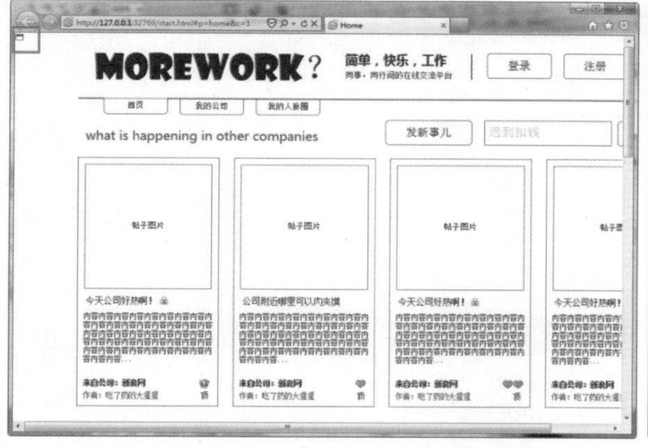

图 6-9

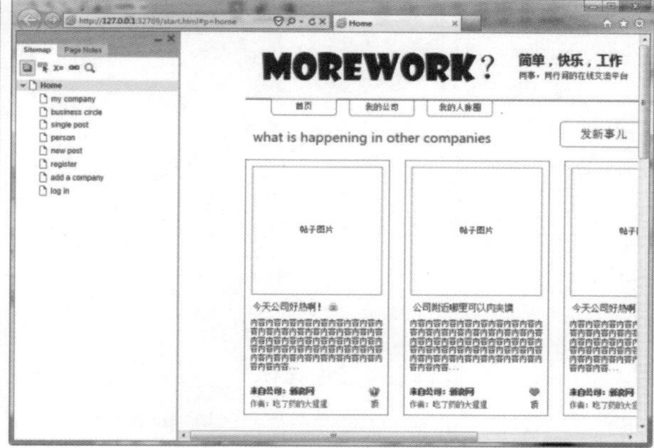

图 6-10

无站点地图：在预览项目文件时没有站点地图，也就是没有页面管理面板显示，如图 6-11 所示。

用户不仅可以设置预览时的默认界面，而且也可以设置生成原型时的默认界面，如图 6-12 所示。详细方法与前面介绍预览时的方法相同，这里不再详细讲解。

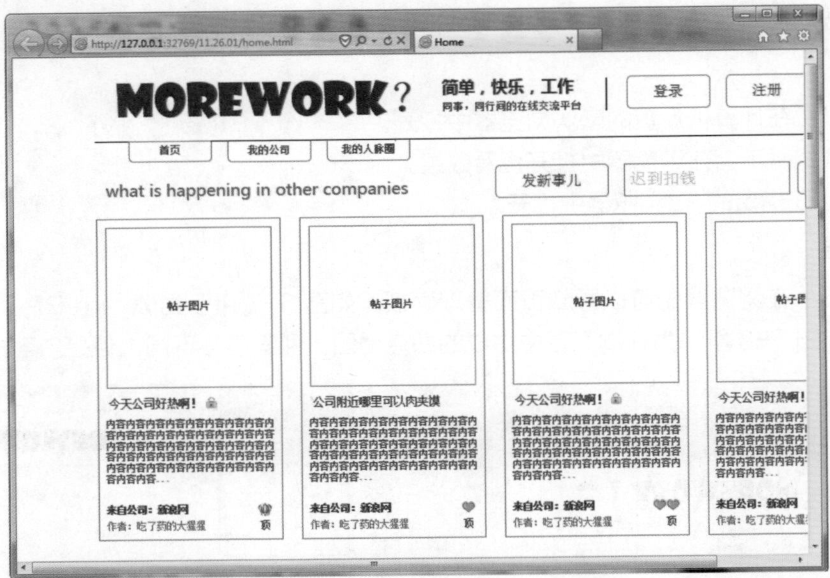

图 6–11

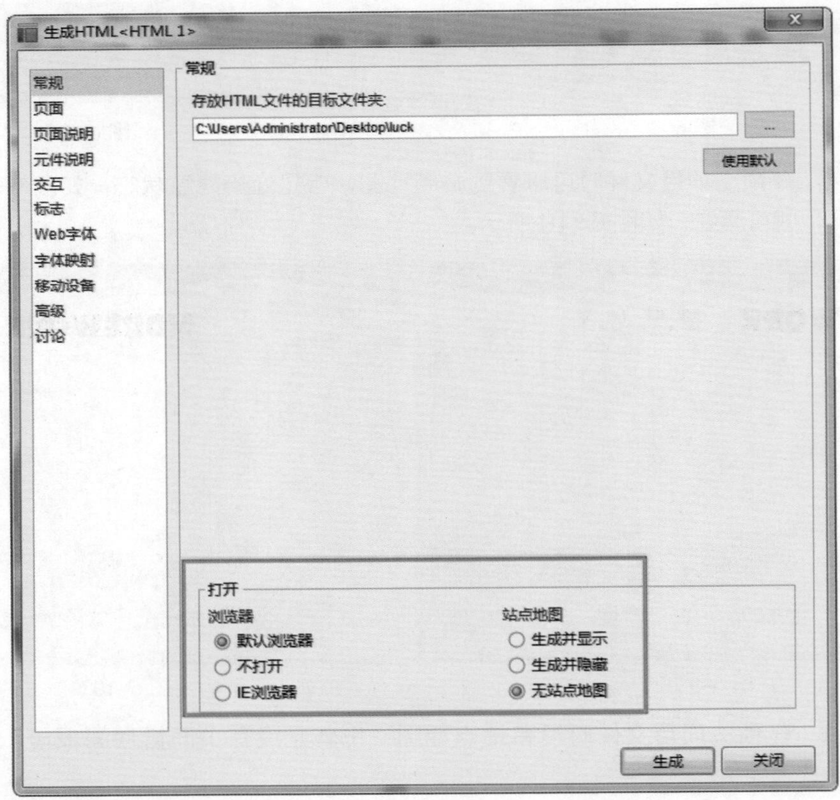

图 6–12

6.3 原型、Word 文档及生成器

在输出项目文件之前，首先要了解 Axure RP 的原型、Word 文档和生成器的概念。

6.3.1　原型

原型是指 Axure RP 输出的 HTML 文件。单击工具栏中的“发布”按钮，在下拉菜单中选择“生成 HTML 文件”命令，如图 6–13 所示。弹出“生成 HTML”对话框，如图 6–14 所示。

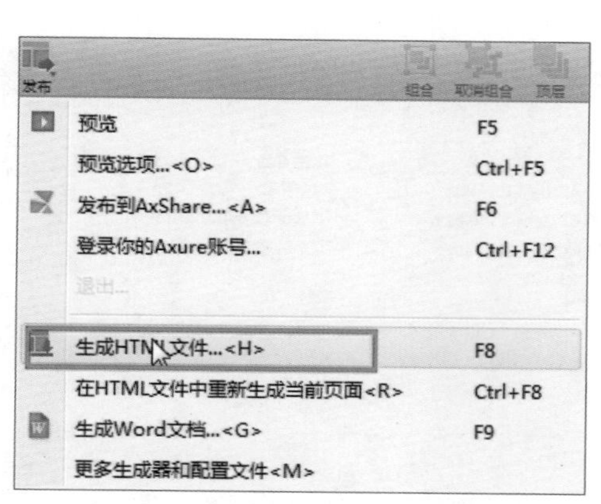

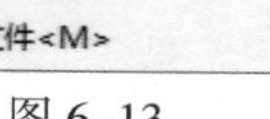

图 6–13

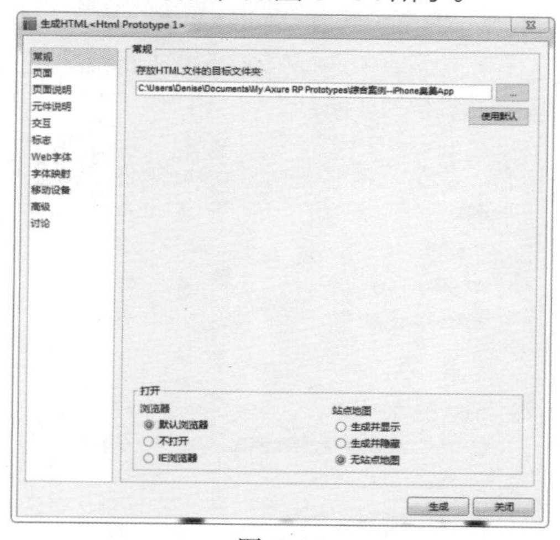

图 6–14

在“生成 HTML ”对话框中可以配置默认 HTML 生成器的选项。可以创建多个 HTML 生成器，在大型项目中可以将原型切分成多个部分输出，以加快生成的速度。生成之后可以在 Web 浏览器中查看。

6.3.2　生成 Word 文档

将 Axure RP 项目生成 Word 文档，单击工具栏中的“发布”按钮，在下拉菜单中选择“生成 Word 文档”命令，如图 6–15 所示。弹出 Generate Word Documentation（生成 Word 文档）对话框，如图 6–16 所示。

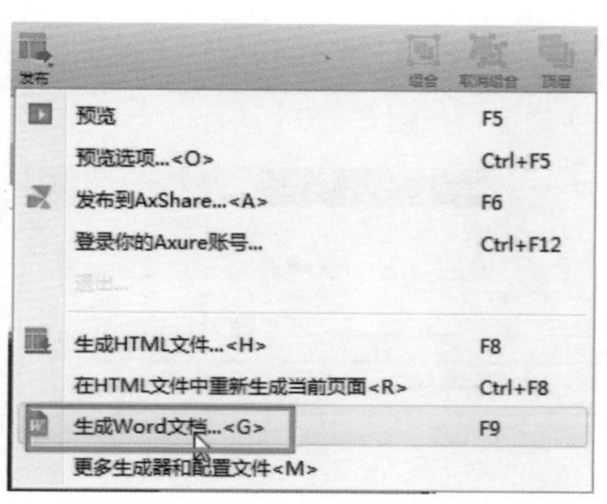

图 6–15

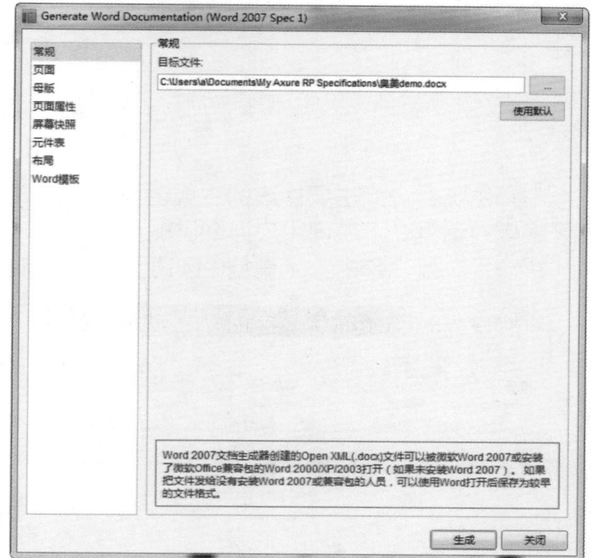

图 6–16

在 Generate Word Documentation（生成 Word 文档）对话框中可以配置默认 Word 文档生成器的选项。与生成 HTML 文档一样，也可以创建多个 Word 文档生成器。根据不同的内容，将大项目规划为多个小的 Word 文档。

6.3.3 生成器和配置文件

Axure RP 提供了 HTML、Word、CSV 报告和打印 4 种类型的生成器。单击工具栏中的“发布”按钮，在下拉菜单中选择“更多生成器和配置文件”命令，如图 6–17 所示。弹出“管理配置文件 ”对话框，如图 6–18 所示。

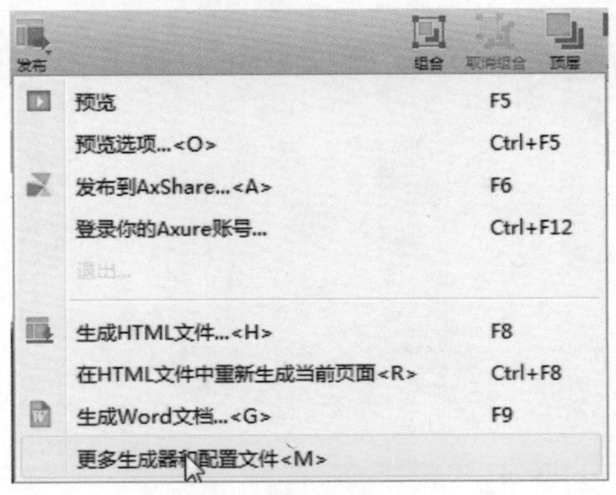

图 6–17

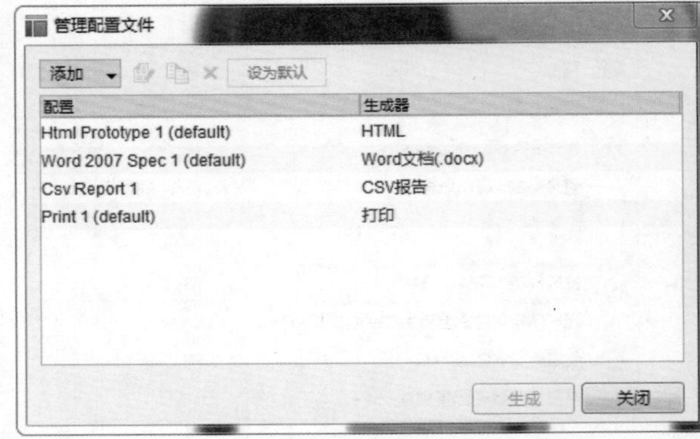

图 6–18

在“管理配置文件 ”对话框中罗列出了所有可用的生成器，并且可以对生成器进行操作。

创建新的生成器：单击“添加”按钮，弹出下拉选项，如图 6–19 所示。可以选择创建新的生成器。

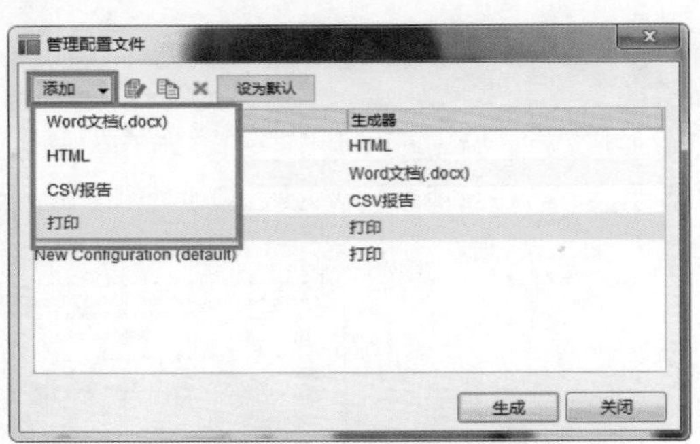

图 6–19

编辑生成器：双击要修改的生成器或者选择要编辑的生成器，单击（编辑与生成）按钮，即可打开编辑对话框，下节向用户详细讲解。

重复生成器：单击（重复）按钮，可以复制相同的生成器，如图 6–20 所示。

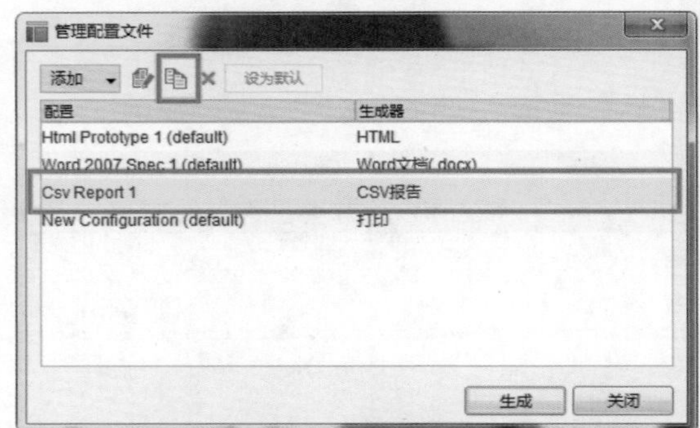

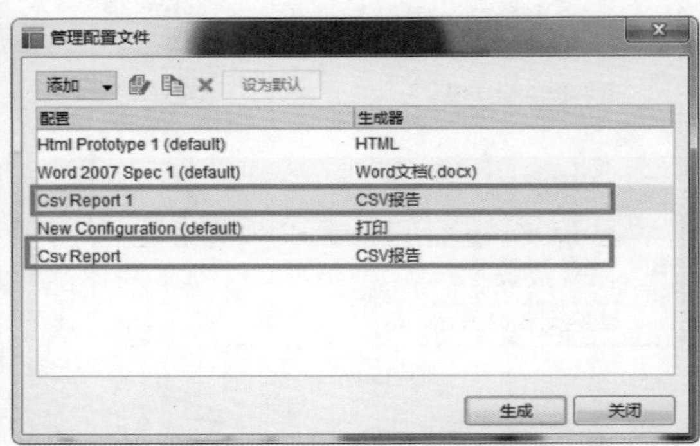

图 6–20

清除生成器：选中需要删除的生成器，单击 ×（清除）按钮，即可将其删除。

创建多个生成器的好处如下。

- 可以生成一个带有说明的 HTML 原型和一个不带说明的 HTML 原型。在与利益相关者进行会议时，可以同时使用两个原型，一个比较整齐清晰，另一个是对原型界面上所有元素的说明描述，方便设计师对利益相关者讲解。
- 在大项目中生成 HTML 原型时，可以只生成当前工作的内容页面，从而提高原型生成的速度。
- 在大项目中可以将 Word 文档切分成多个部分输出，每个部分都对应自己的应用模块。这样对于不同开发团队或利益相关者负责不同的工作很合适。各个设计师只要对自己的相关文档部分讲解。

6.4 HTML 和 Word 生成器

HTML 生成器和 Word 生成器在 6.3 节中已经向用户简单介绍过，下面详细向用户讲解 HTML 生成器和 Word 生成器。

6.4.1 HTML 生成器

双击“管理配置文件”对话框中的“HTML 生成器”选项，如图 6-21 所示。弹出“生成 HTML ”对话框，如图 6-22 所示。

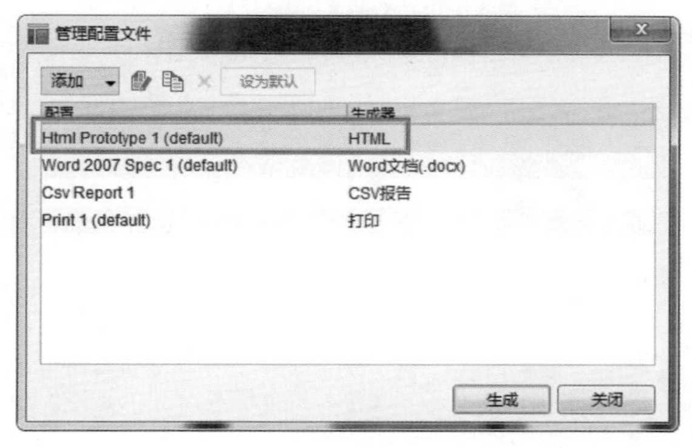

图 6-21

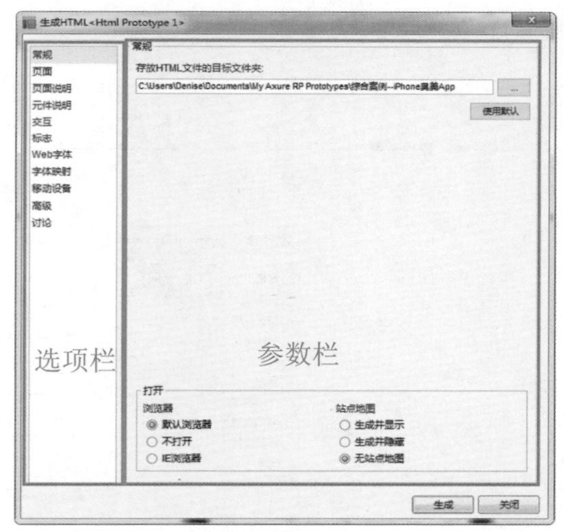

图 6-22

常规：设置存放 HTML 文件的位置，单击如图 6-23 所示的按钮，可以弹出“浏览文件夹”对话框，可以设置文件保存的位置，如图 6-24 所示。

页面：选择“页面”选项，可以选择单独的页面，默认情况下是生成所有的页面，如图 6-25 所示。取消勾选“生成所有页面”选项，可以任意选择要生成的页面，如图 6-26 所示。

在项目文件中，当页面过多时，用户还可通过全部选中、全部取消、选中全部子页面及取消全部子页面 4 个按钮进行操作，如图 6-27 所示。

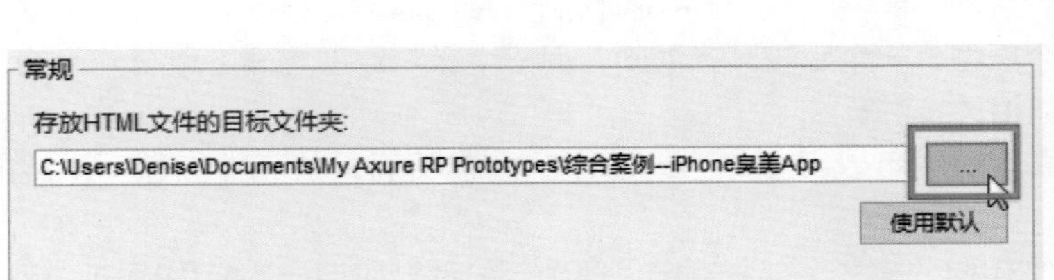

图 6-23

图 6-24

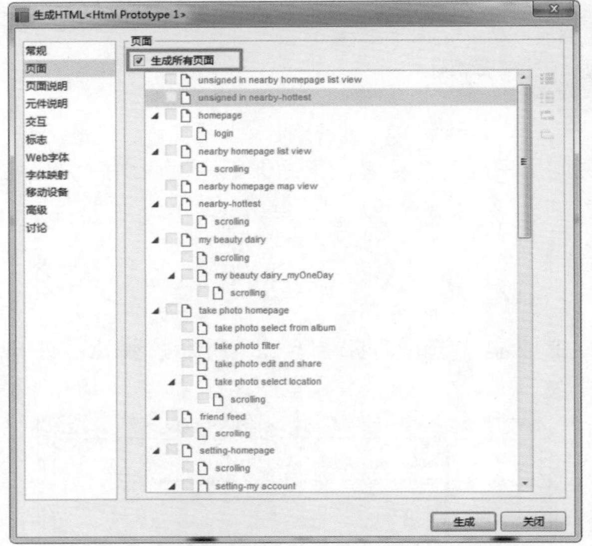

图 6-25

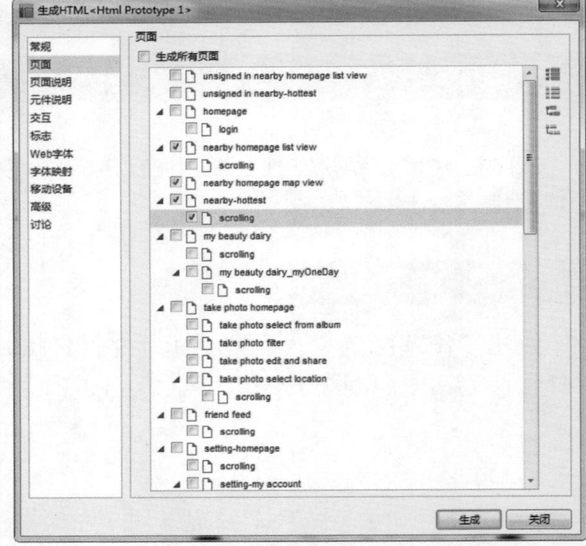

图 6-26

图 6-27

页面说明：Axure RP 提供了一个简单的页面说明字段名称 Default，可以对页面说明重命名，也可以添加其他的页面说明，让 HTML 文档的页面说明更具有结构化，如图 6-28 所示。

元件说明：在页面编辑区中的每个元件都有它存在的理由，开发者会将每个元件转化为代码，如图 6-29 所示。

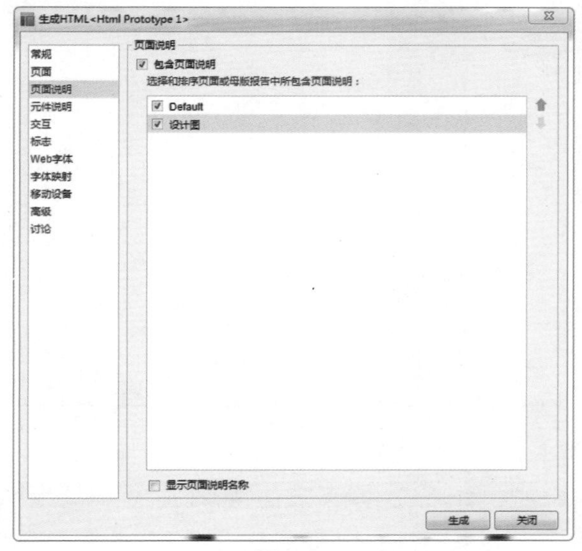

图 6-28

图 6-29

交互：指定用例交互行为，如图 6-30 所示。

标志：导入并设置标题，如图 6-31 所示。

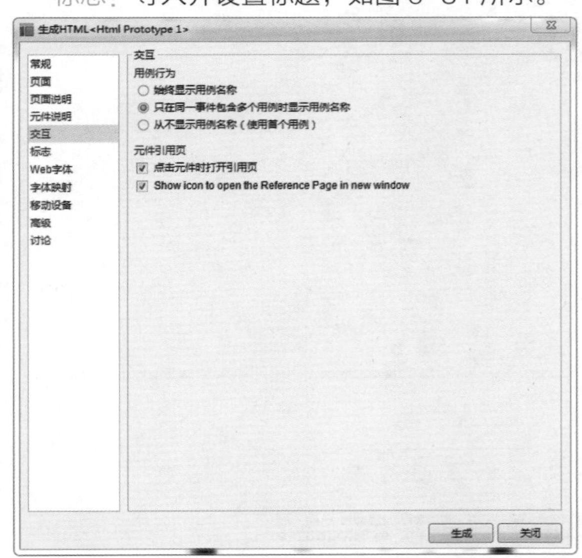

图 6-30

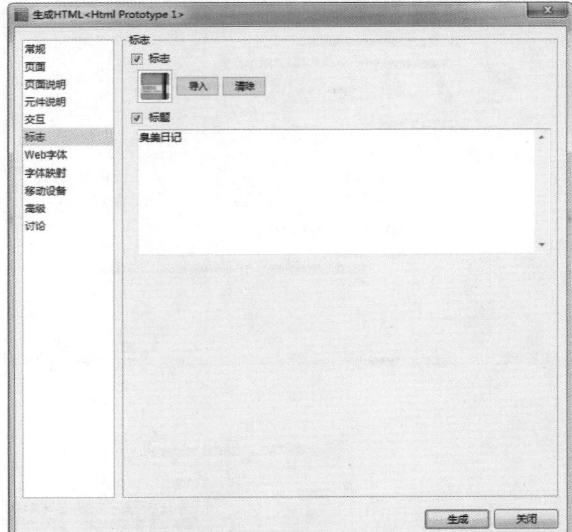

图 6-31

Web 字体：在 Axure RP 中默认字体是 Arial 字体，它可以通过元件样式编辑器修改元件的默认字体，通过这种方式，可以查看项目文件中哪里应用了 Web 字体，如图 6-32 所示。

字体映射：创建一种新的字体映射关系，如图 6-33 所示。

移动设备：当输出原型应用到移动设备时，可以设置适配移动设备的特殊原型，如图 6-34 所示。

高级：可以设置项目文件输出时字体的大小及页面的草图效果，如图 6-35 所示。

讨论：可以让访问者在浏览时创建说明和恢复其他访问者的说明，用户需要有自己的 ID 对说明进行管理和保护，如图 6-36 所示。

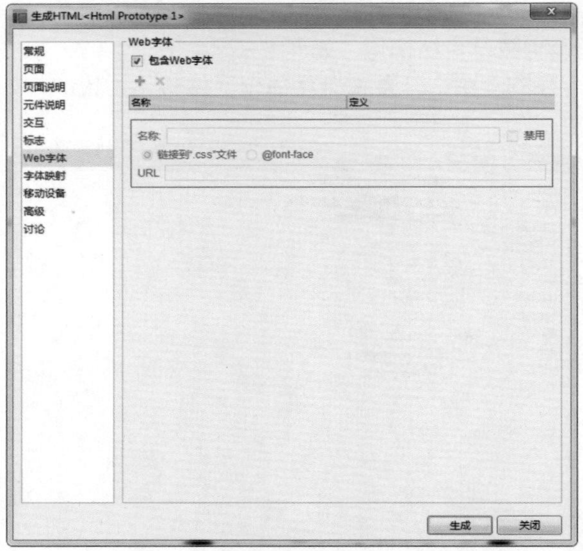

图 6-32

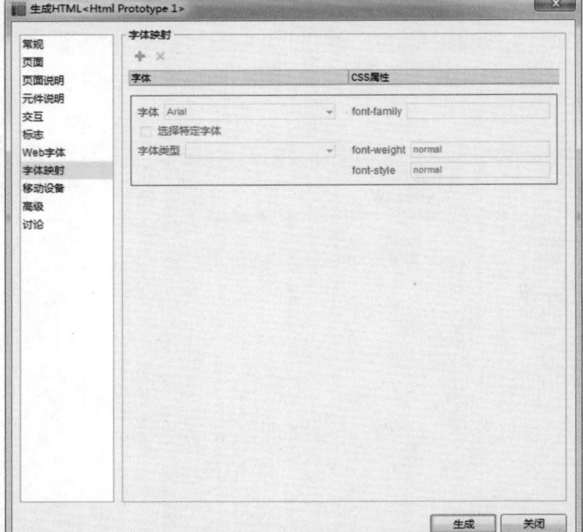

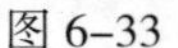

图 6-33

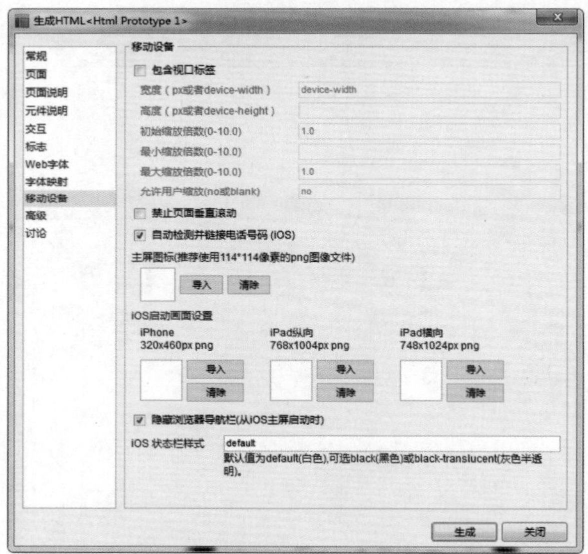

图 6-34

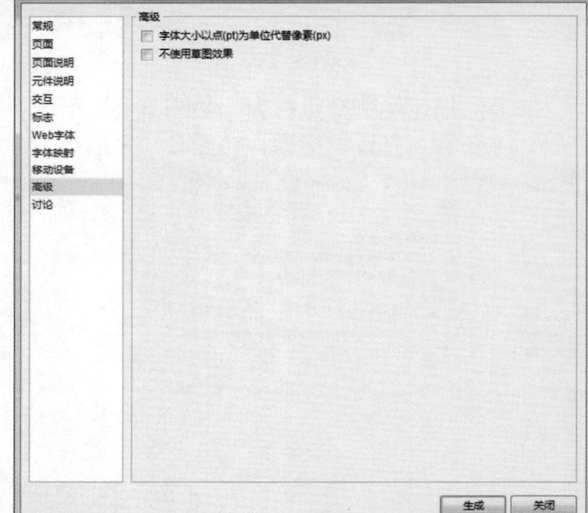

图 6-35

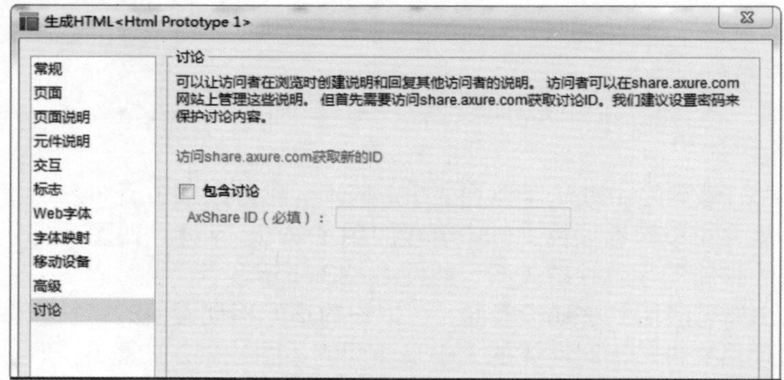

图 6-36

对于响应式的 Web 项目文件，HTML 原型是最好的展示方式。

6.4.2 Word 生成器

双击“管理配置文件”对话框中的“Word 生成器”选项，如图 6-37 所示。弹出 Generate Word Documentation(生成 Word 文档)对话框中，如图 6-38 所示。

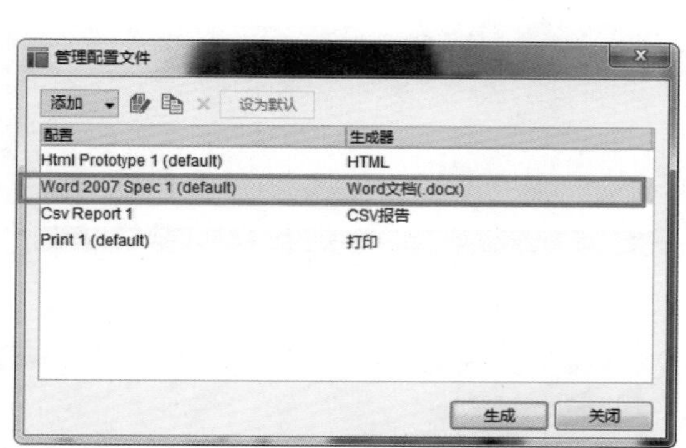

图 6-37

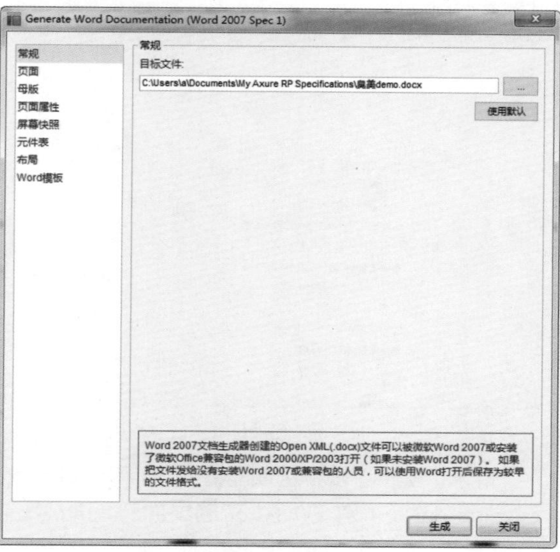

图 6-38

常规：设置项目文件保存的位置，以及调整 Web 浏览时的页面效果。

页面：和 HTML 生成器中的页面说明一样，可以使页面更具有结构化，如图 6-39 所示。

母版：选择需要出现在 Word 文档中的母版及形式，如图 6-40 所示。

图 6-39

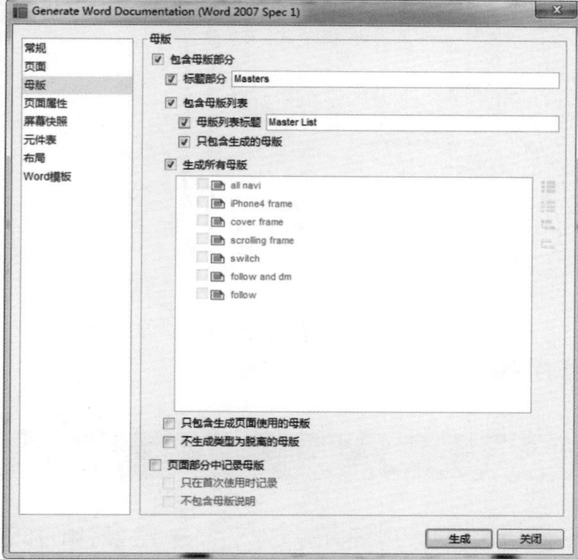

图 6-40

页面属性：选择生成时需要包含的页面，它提供了多种丰富的选项和配置页面信息，这些配置可以应用于页面管理面板中所有的页面，如图 6-41 所示。

屏幕快照：Axure RP 生成 Word 文档时，有一项特别节省时间的功能是自动生成所有页面的屏幕快照，也就是说生成文档时，所有页面的屏幕快照都会自动更新，还可以同时创建说明编号脚注，如图 6-42 所示。

图 6-41

图 6-42

元件表：提供了多种选项配置功能，可以对 Word 文档中包含的元件说明信息进行管理，如图 6-43 所示。

布局：提供了对 Word 文档页面布局的可选择性，如图 6-44 所示。

Word 模板：Axure RP 会使用一个 Word 模板，然后基于前面各个选项的设置，将所有内容组织起来。在 Word 模板中可以导入模板，还可以创建模板，如图 6-45 所示。

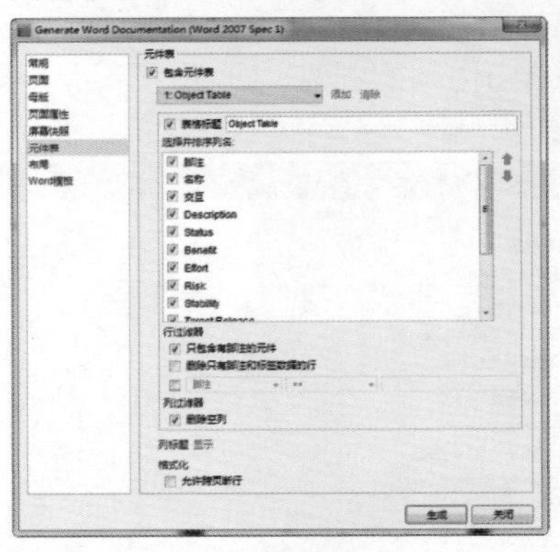

图 6-43

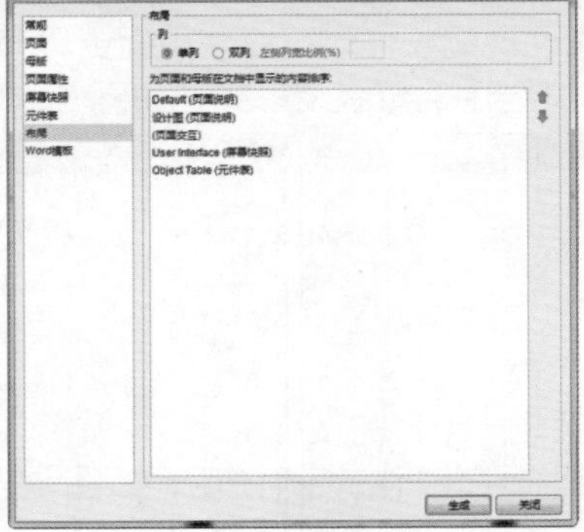

图 6-44

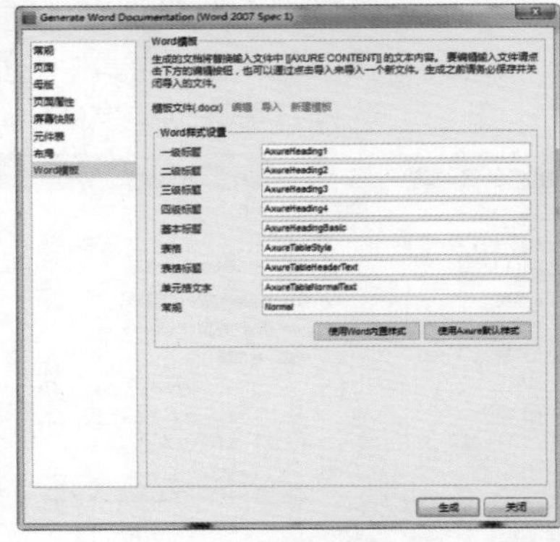

图 6-45

Axure RP 是现今最有效的原型设计工具之一。在项目文件输出时，Word 文档是最重要的，同时也是最容易理解的输出形式。

6.5 CSV 报告和打印生成器

下面向用户详细讲解 CSV 报告生成器和打印生成器的相关知识。

6.5.1 CSV 报告生成器

CSV 是一种通用的、相对简单的文件格式，被用户、商业和科学广泛应用。最广泛的应用是在程序之间转移表格数据，而这些程序本身是在不兼容的格式上进行操作的。因为大量程序都支持某种

CSV 变体，至少是作为一种可选择的输入 / 输出格式。

项目文件以纯文本形式存储表格数据（数字和文本）。文本意味着该文件是一个字符序列，不含必须像二进制数字那样被解读的数据。CSV 文件由任意数目的记录组成，记录间以某种换行符分隔；每条记录由字段组成，字段间的分隔符是其他字符或字符串，最常见的是逗号或制表符。通常，所有记录都有完全相同的字段序列。

双击“管理配置文件”对话框中的 CsvReport 选项，如图 6-46 所示。弹出 Configure CSV Reports 对话框，如图 6-47 所示。

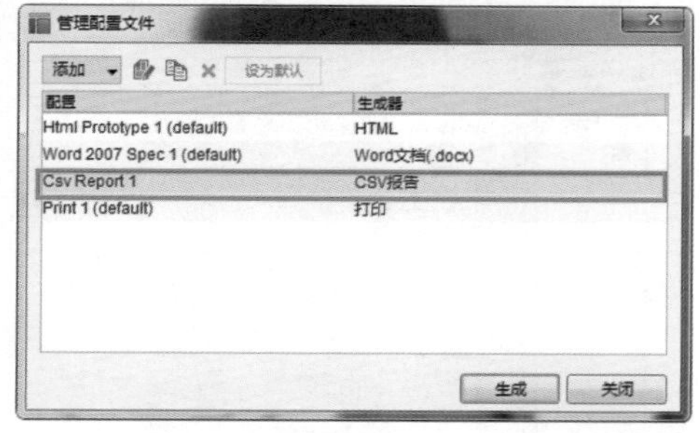

图 6-46

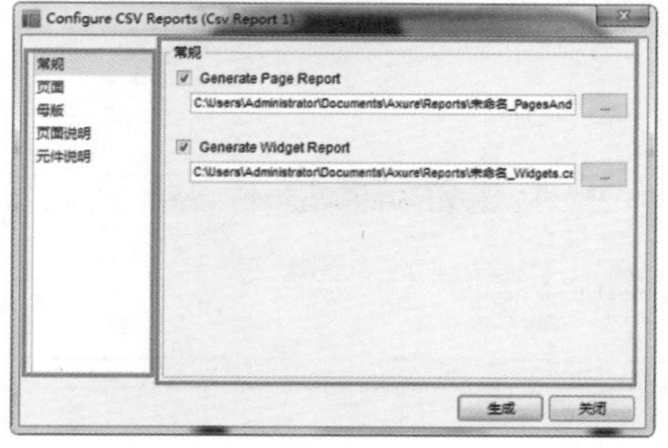

图 6-47

常规：设置项目文件保存的位置，以及调整 Web 浏览时的页面效果。

页面：和前面介绍的生成器中的页面说明一样，可以页面更具有结构化，如图 6-48 所示。

母版：可以选择需要在 CSV 报告中出现母版，如图 6-49 所示。

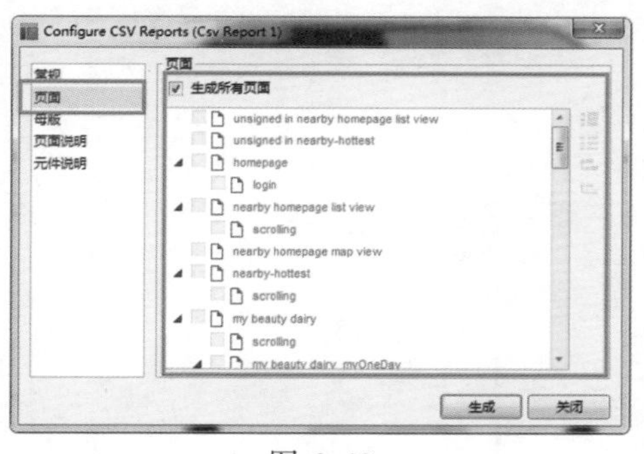

图 6-48

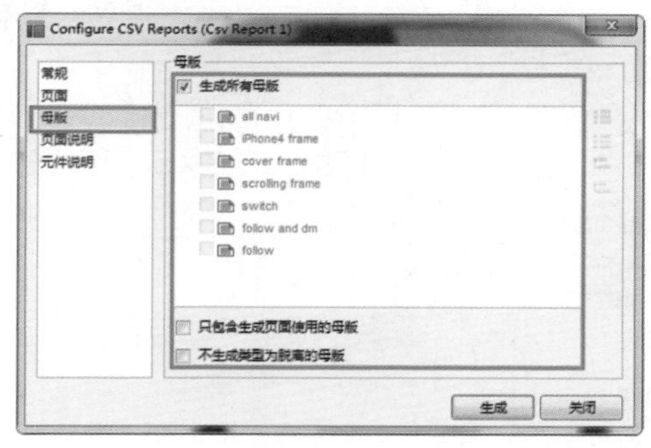

图 6-49

页面说明：选择需要在 CSV 报告中出现的页面说明，如图 6-50 所示。

元件说明：选择需要在 CSV 报告中出现的元件说明，如图 6-51 所示。

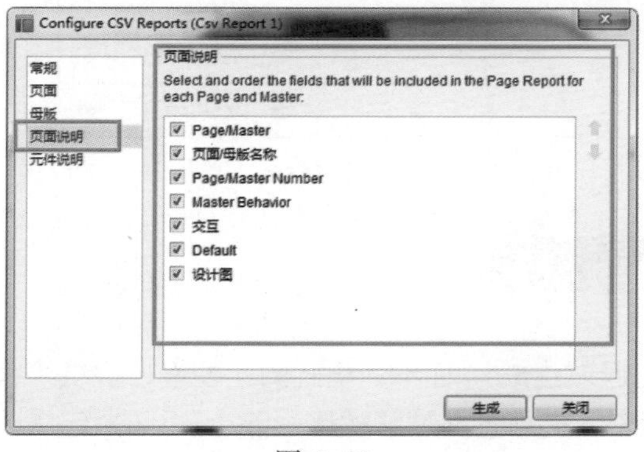

图 6-50

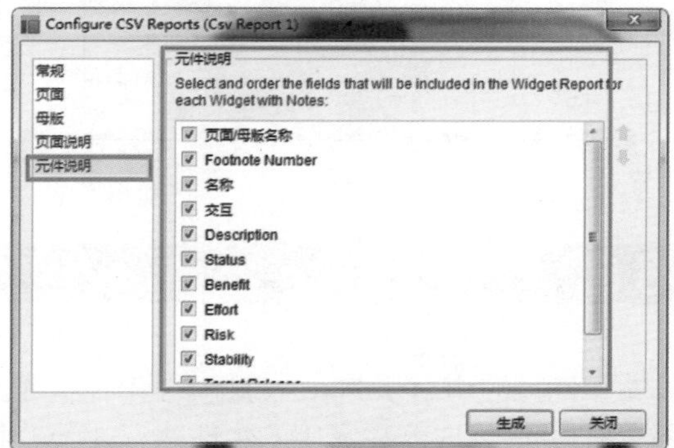

图 6-51

CSV 文件格式的通用标准并不存在，但是在 RFC 4180 中有基础性的描述。使用的字符编码同样没有被指定。

6.5.2 打印生成器

打印生成器是 Axure RP 中新增的生成器，是指如果需要定期打印不同的页面或母版，可以创建不同的打印配置项，这样就不需要每次都重新去配置打印属性。

在打印时，可以配置想打印的页面比例，无论是几页内容还是文件的一整节，打印模板就变得非常简单。如果正在从项目文件中打印多个页面，不必重复调整打印设置，可以为每个需要打印的页面创建单独的打印配置。

双击“管理配置文件”对话框中的 Print 选项，如图 6-52 所示。弹出 Print 对话框，如图 6-53 所示。

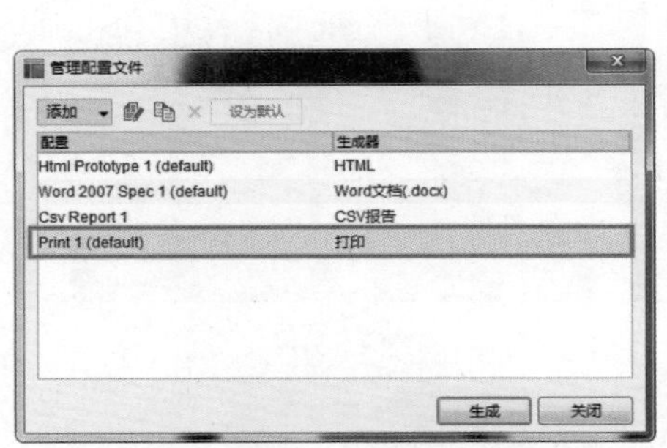

图 6-52

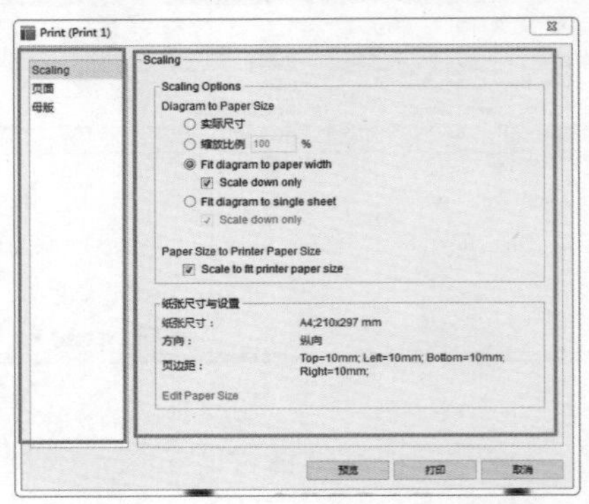

图 6-53

Scaling（缩放比例）：可以用来设置缩放图标为纸张大小、全尺寸、缩放、按宽度适配及按页面适配几种规格。

页面：选定需要打印的页面进行打印，如图 6-54 所示。

母版：选定需要打印的母版进行打印，如图 6-55 所示。

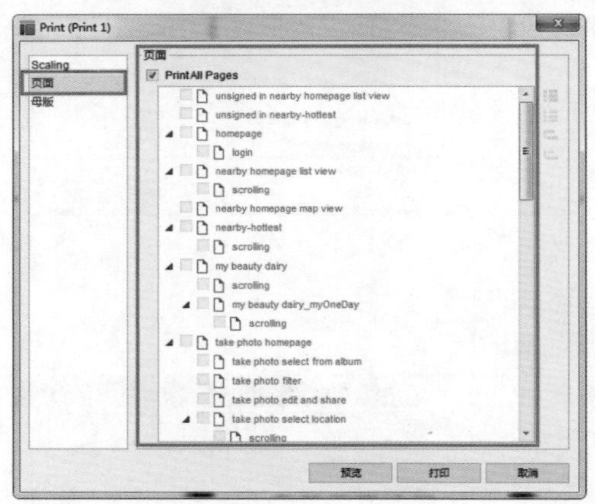

图 6-54

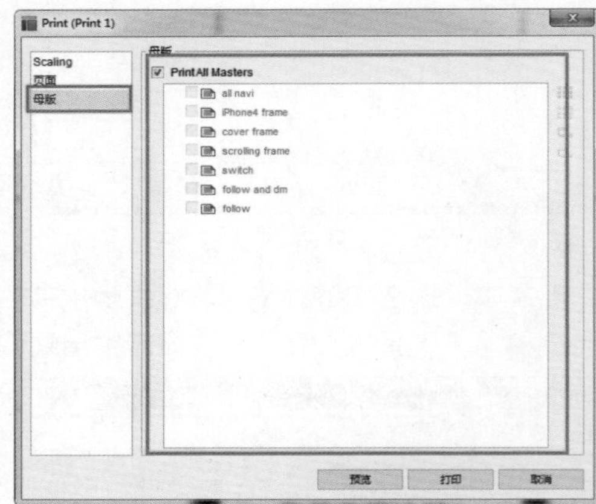

图 6-55

6.6 本章小结

本章向用户讲解了 Axure RP 的 4 种生成器，可通过生成 4 种不同格式的原型设计提供给客户查看。HTML 生成器是常用的生成器；Word 生成器是人们最容易理解和接受的；CSV 报告生成器是通用的、相对简单的文件格式；而打印生成器可以设置打印的尺寸和格式，除此之外，还可以创建单独的打印配置。

6.7　课后练习——数字增减效果

制作完成的原型文件，只有选择正确的输出方式，才算真正完成了制作，否则一切都是徒劳。下面来制作一个数字增加的页面效果，体会使用 Axure RP 的强大功能。

实战　数字增减效果

教学视频：视频 \ 第 6 章 \ 数字增减效果 .mp4
源文件：源文件 \ 第 6 章 \ 数字增减效果 .rp

在 Axure RP 中常常会用到数字增减效果，本实例使用提交按钮及文本框按钮，重点是在条件设立，只要将条件设立正确，赋值正确，数字的加减效果是很容易实现的。

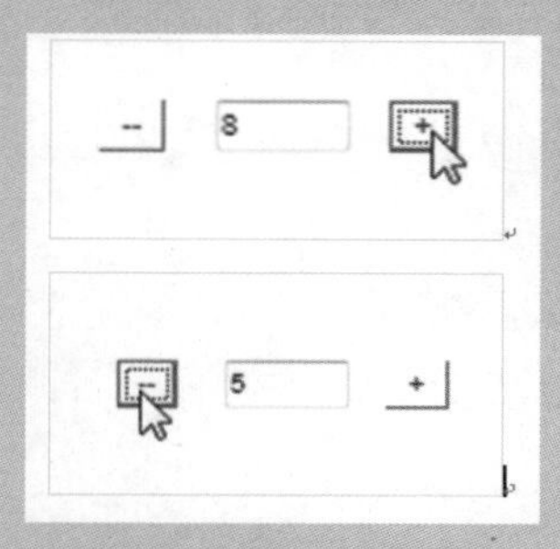

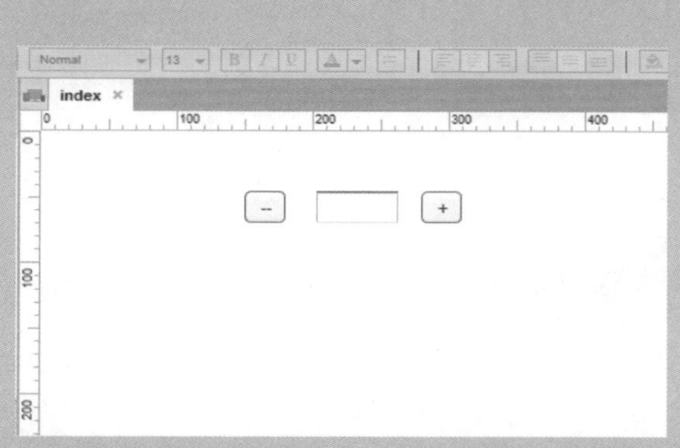

01 新建一个项目文件，在页面中拖入两个提交按钮元件及一个文本框元件，并将元件重命名。

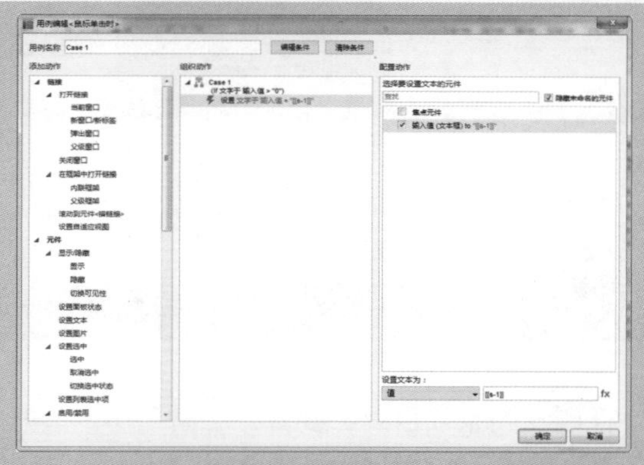

02 为减号元件添加鼠标单击时事件，在用例编辑对话框中添加并配置动作。

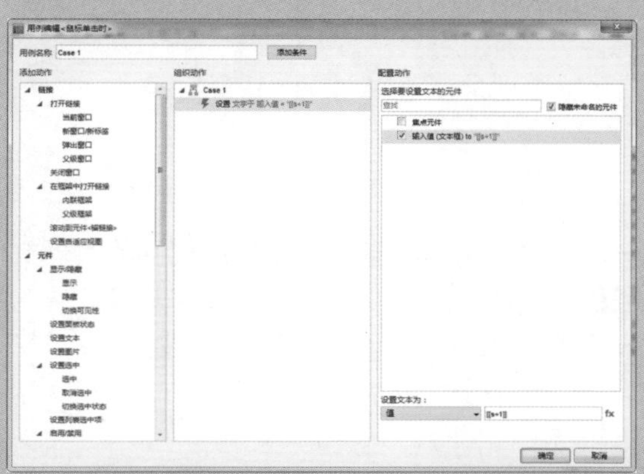

03 为加号元件添加鼠标单击时事件，在“用例编辑”对话框中添加并配置动作。

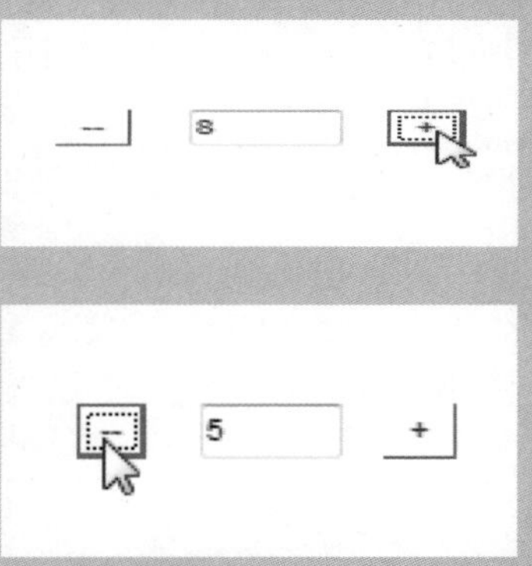

04 执行“文件 > 保存”命令，将文件保存，执行“预览”命令，查看效果。

第 7 章　团队合作项目

团队项目是多人一同开发具有一定规模和复杂性的项目文件，每个人都会分到一个或多个项目模块，每个模块都有联系。

团队项目时间短、预算有限，每个人都会在自己的模块中工作，导致整个项目不能同步，合作存在很大的挑战，这是项目文档的本身特点，任何包含多个同时异步进行的项目本身需要具备复杂的管理过程。本章向用户介绍 Axure RP 项目合作的功能及方法，如何保持原型同步。

本章知识点

- Tortoise SVN
- VisualSVN Server 服务端
- 创建团队项目
- 获取团队项目
- 编辑团队项目

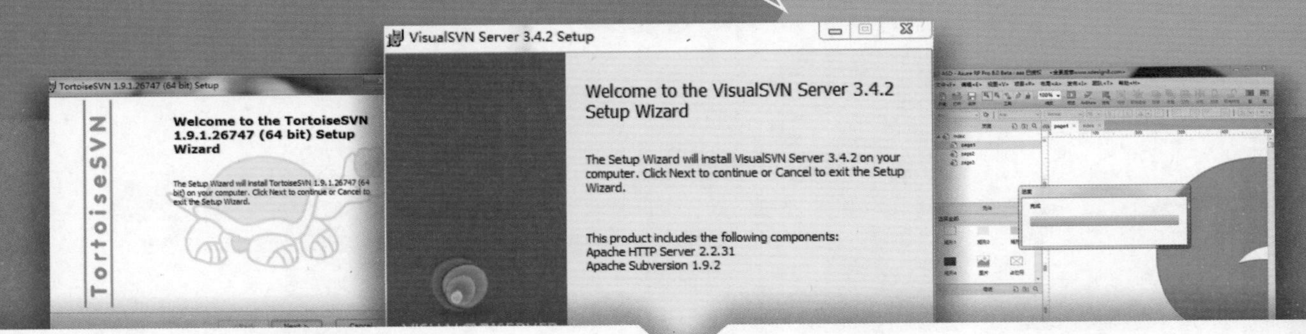

7.1　创建共享的项目位置

在创建团队项目时，要做好准备工作，首先需要有存储项目的空间位置，共享的项目位置可以创建在以下位置。

- 共享的网络硬盘。
- 公司共享的 SVN 服务器。
- SVN 托管服务器，Beanstalk 或者 Unfuddle。
- 不管使用哪种方式，都会有个位置的地址，有了这个地址就可以创建团队项目了。

7.1.1　Tortoise SVN

Tortoise SVN 是 Subversion 版本控制系统的一个免费开源客户端，可以超越时间的管理文件和目录。文件保存在中央版本库，除了能记住对文件和目录的每次修改以外，版本库非常像普通的文件服务器。SVN 为程序开发团队提供常用的代码管理，下面介绍 Tortoise SVN 的安装。

实例 27 安装 Tortoise SVN 客户端

教学视频：视频 \ 第 7 章 \ 安装 Tortoise SVN 客户端 .mp4　源文件：无

安装 Tortoise SVN 是将团队项目共享的前提。只有将服务器搭建完成，才能向团队所有成员开通共享功能，团队成员才能查看获取项目文件。

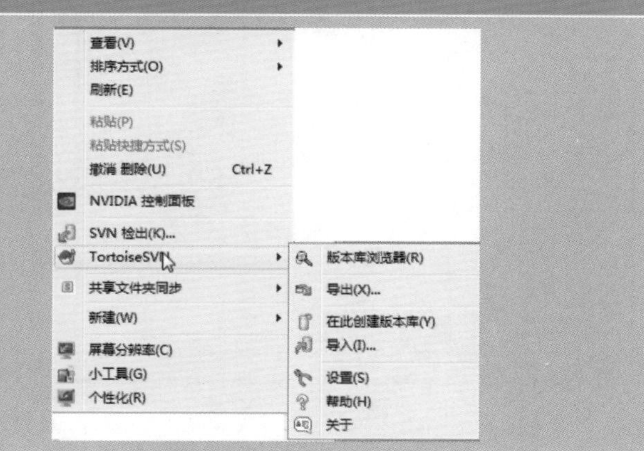

制作步骤：

01 在网上下载 Tortoise SVN 的安装包，解压安装包，如图 7-1 所示。

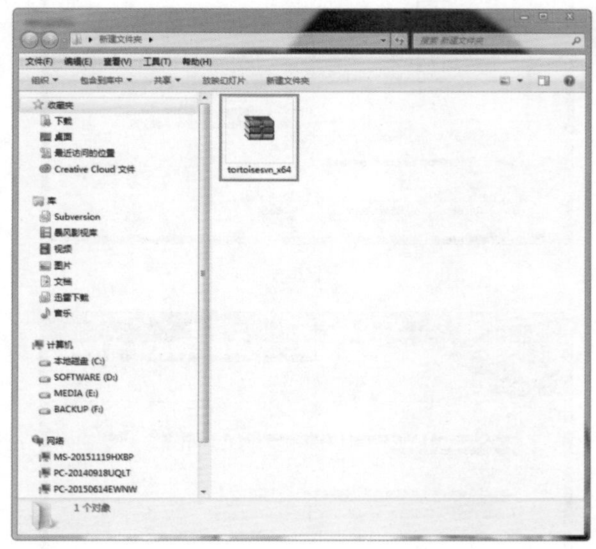

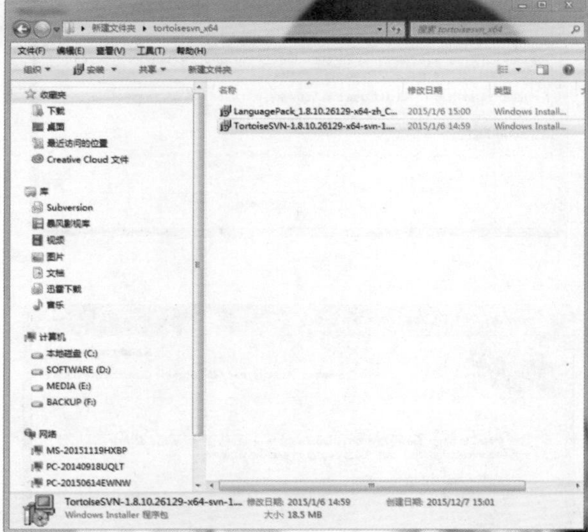

图 7-1

02 双击 Tortoise SVN 的应用程序，如图 7-2 所示。弹出安装程序对话框，单击 Next 按钮继续安装，如图 7-3 所示。

03 弹出“许可协议”对话框，如图 7-4 所示。弹出“安装位置”对话框，默认的位置是 C 盘，单击 Next 按钮继续安装，如图 7-5 所示。

04 弹出“提示”对话框，提示是否安装，如图 7-6 所示。单击 Install 按钮，显示安装进度，如图 7-7 所示。

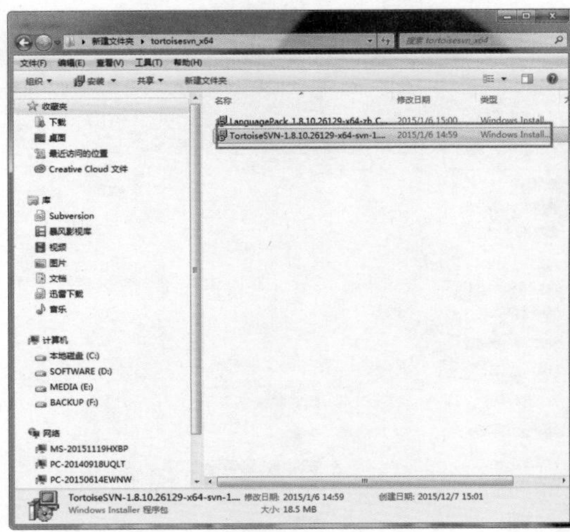
图 7-2

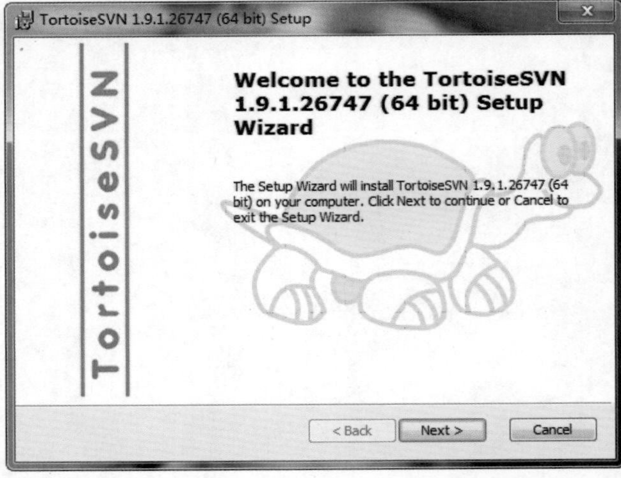

图 7-3

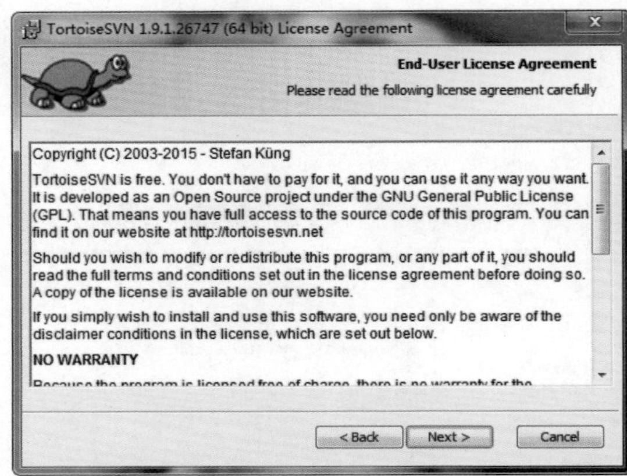

图 7-4

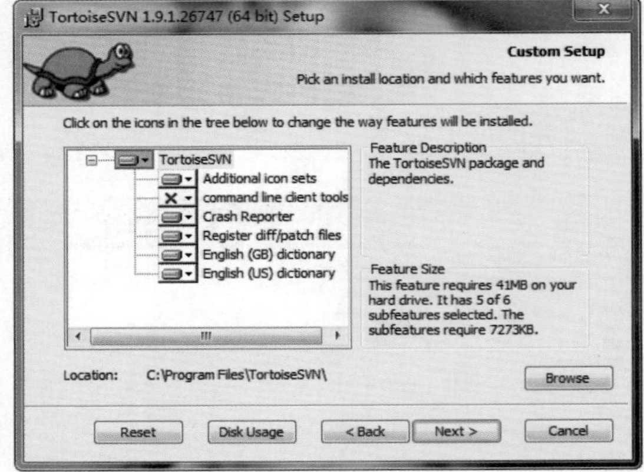

图 7-5

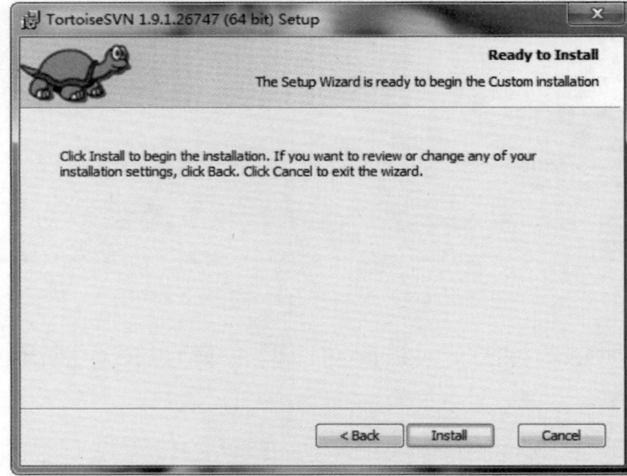

图 7-6

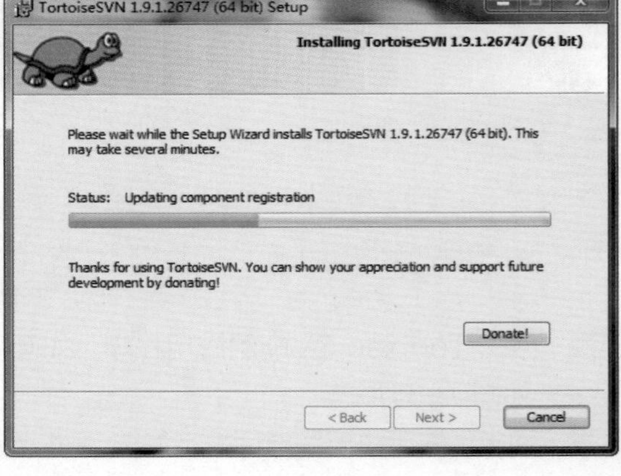

图 7-7

05 单击Finish按钮，完成Tortoise SVN的安装，如图7-8所示。在桌面的空白处单击鼠标右键，弹出下拉菜单，即可看到 SVN 服务器，如图 7-9 所示。

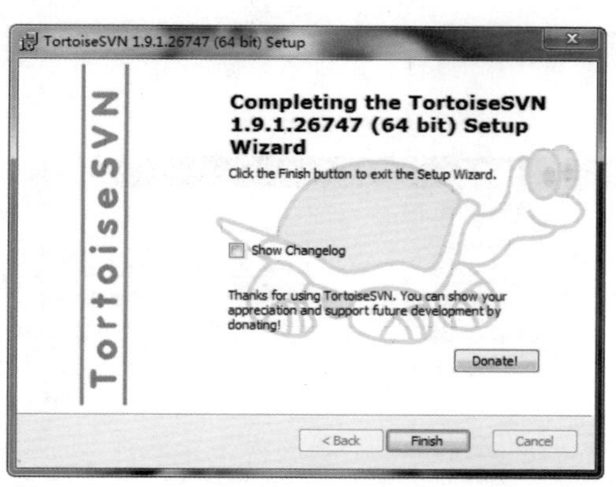

图 7-8

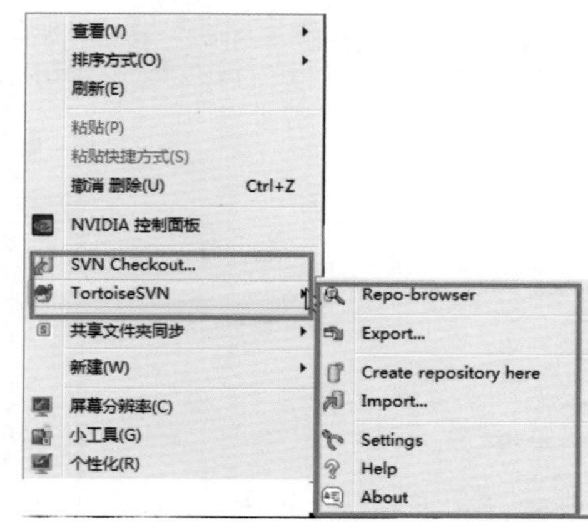

图 7-9

06 在下载的压缩包中还有汉化包，双击汉化包文件，如图 7-10 所示。将汉化包进行安装，如图 7-11 所示。

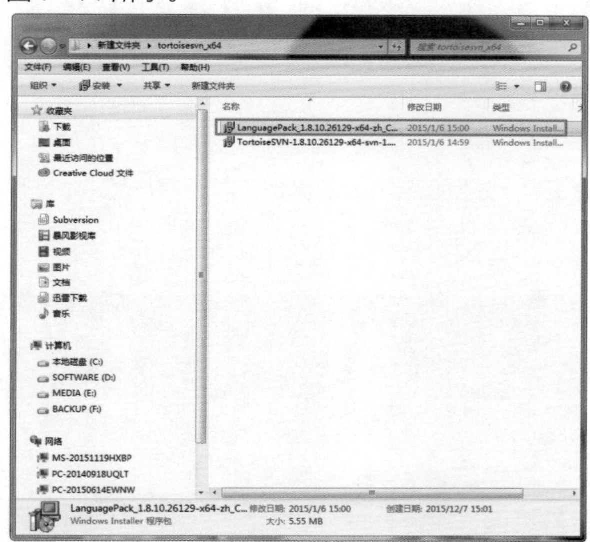

图 7-10

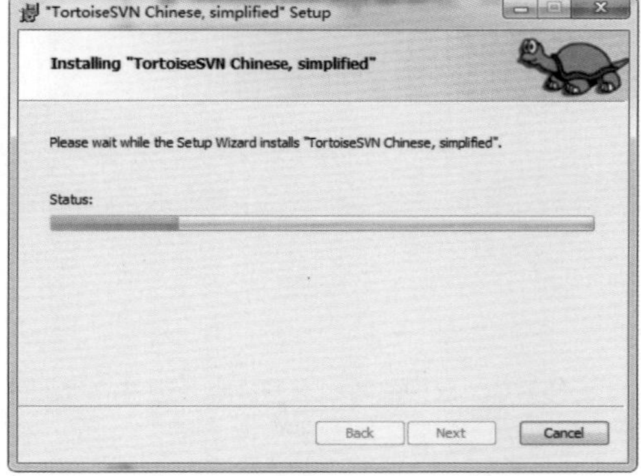

图 7-11

07 单击 Next 按钮，显示安装进度，如图 7-12 所示。单击 Finish 按钮，完成汉化包的安装，如图 7-13 所示。

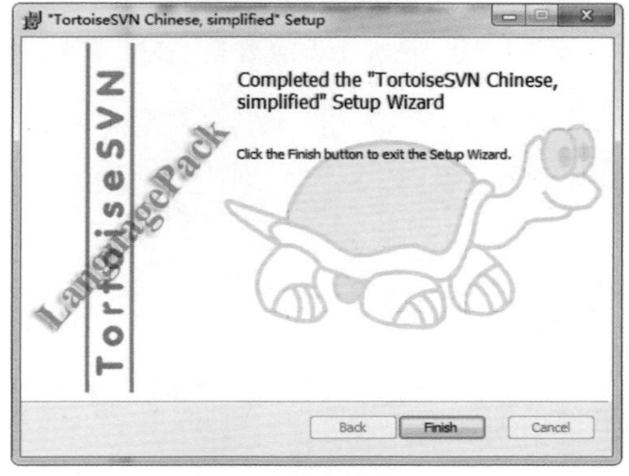

图 7-12

图 7-13

08 在桌面的空白处单击鼠标右键，在弹出的菜单中选择 TortoiseSVN>Setting 命令，如图 7-14 所示。弹出 Settings 对话框，在该对话框中可以选择语言，单击“应用”按钮，即可完成汉化，如图 7-15 所示。

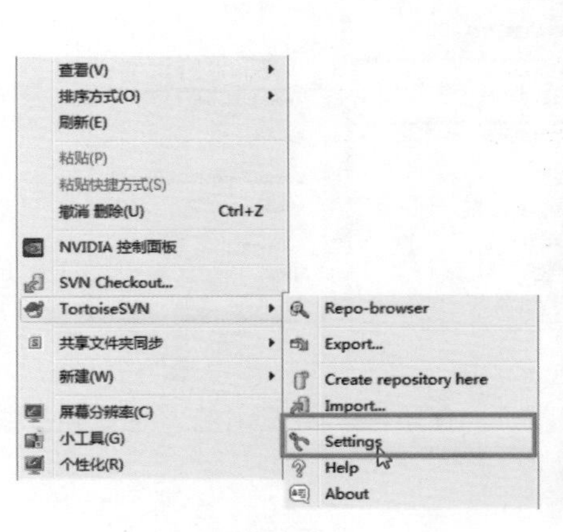

图 7-14

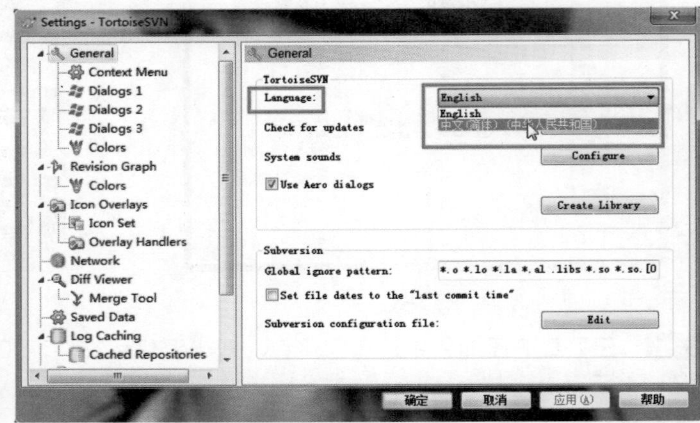

图 7-15

7.1.2 VisualSVN Server 服务端

VisualSVN Server 是一个集成的 SVN 服务端工具，并且包含 mmc 管理工具，是一款 SVN 服务端不可多得的好工具。

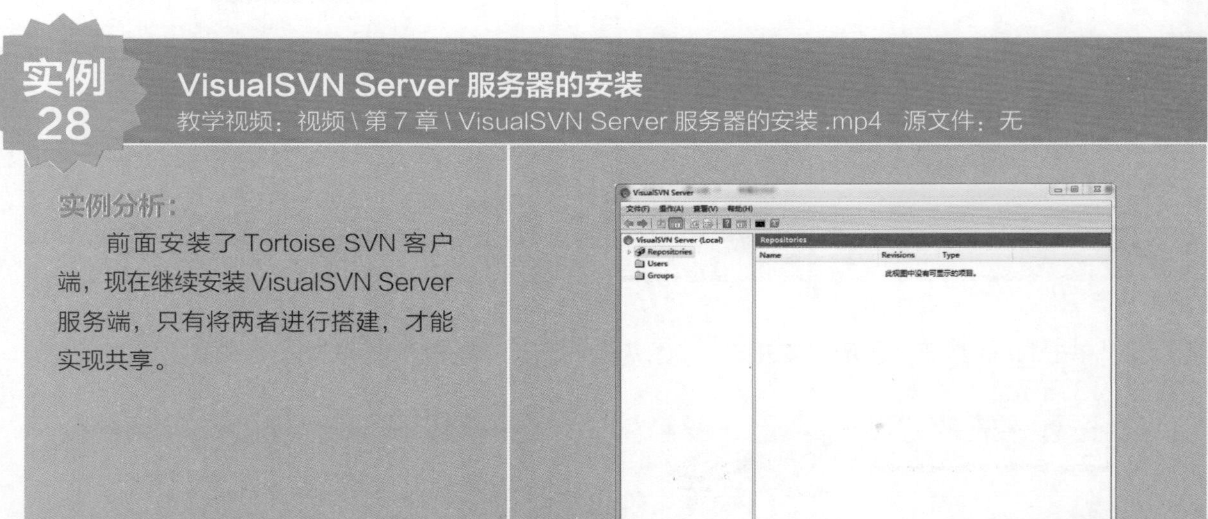

实例 28

VisualSVN Server 服务器的安装

教学视频：视频 \ 第 7 章 \ VisualSVN Server 服务器的安装 .mp4　源文件：无

实例分析：

前面安装了 Tortoise SVN 客户端，现在继续安装 VisualSVN Server 服务端，只有将两者进行搭建，才能实现共享。

制作步骤：

01 在网上下载 VisualSVN Server 的安装包，解压安装包，如图 7-16 所示。双击安装程序进行安装，如图 7-17 所示。

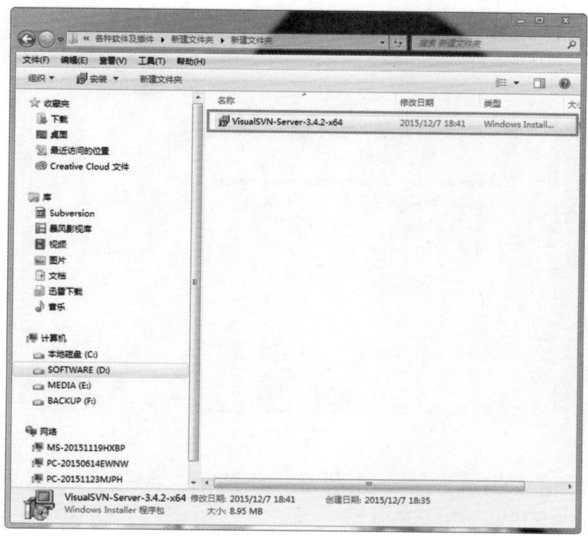

图 7–16

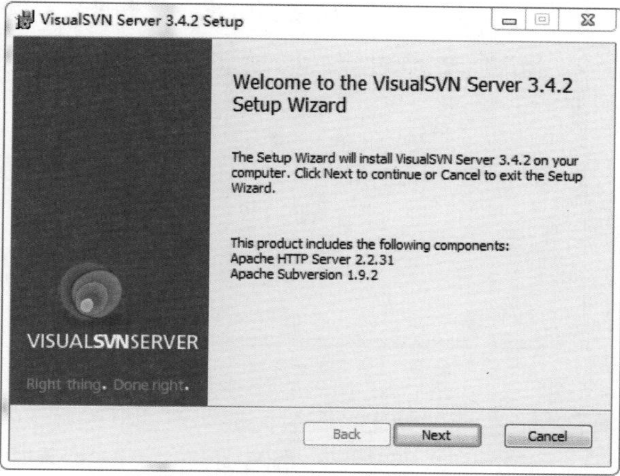

图 7–17

02 单击 Next 按钮，弹出“许可协议”对话框，如图 7–18 所示。单击 Next 按钮，勾选其中的选项，如图 7–19 所示。

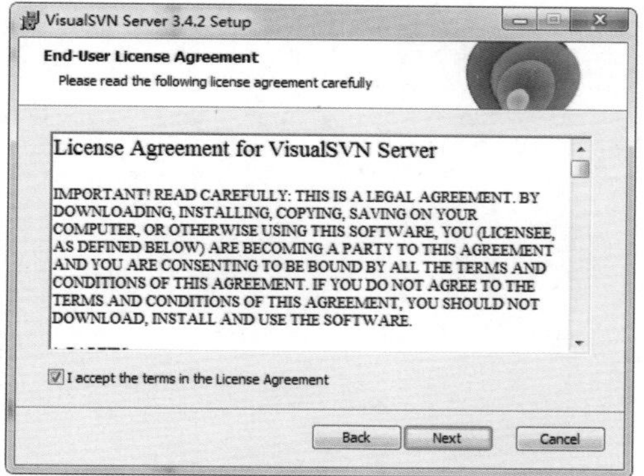

图 7–18

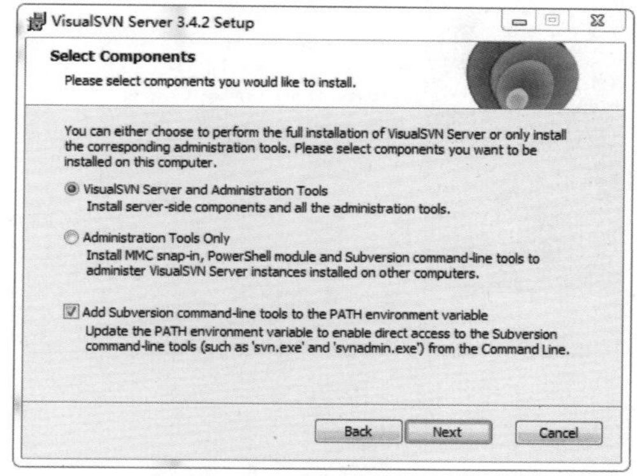

图 7–19

03 继续单击 Next 按钮，弹出 VisualSVN Server Editions 对话框，如图 7–20 所示。单击 Standard Edition 按钮，弹出“安装位置”对话框，调整软件的安装位置，如图 7–21 所示。

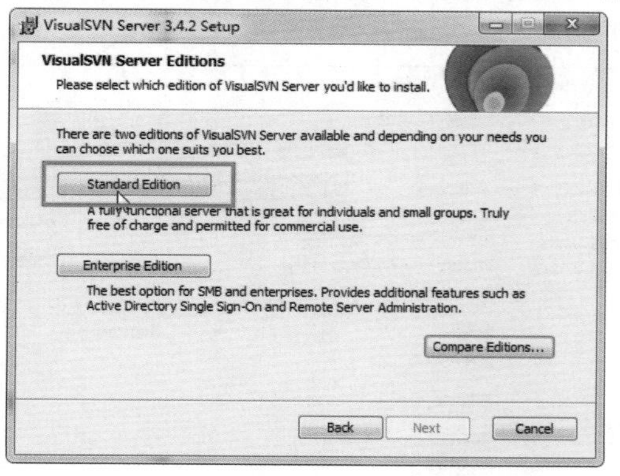

图 7–20

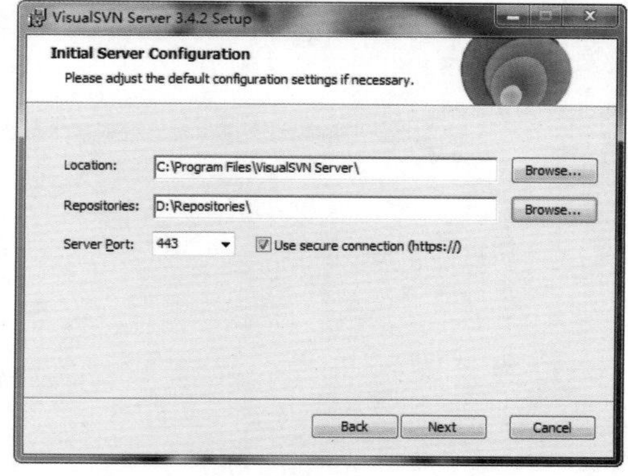

图 7–21

04 调整好 VisualSVN Server 的安装位置，单击 Next 按钮，弹出 Ready to Install 对话框，如图 7–22 所示。继续单击 Next 按钮，弹出 “安装进度” 对话框，如图 7–23 所示。

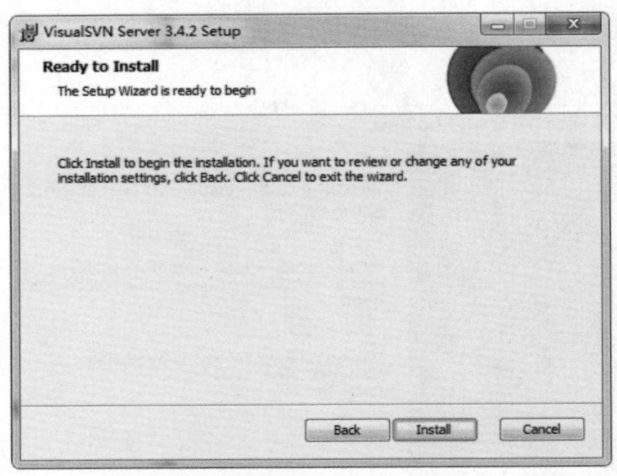

图 7-22

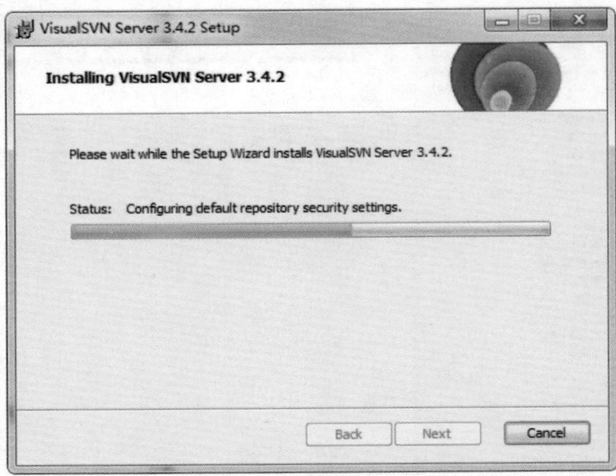

图 7-23

05 完成后弹出“安装完成”对话框，在该对话框中勾选选项，如图 7-24 所示。单击 Finish 按钮，完成安装，弹出 VisualSVN Server 对话框，如图 7-25 所示。

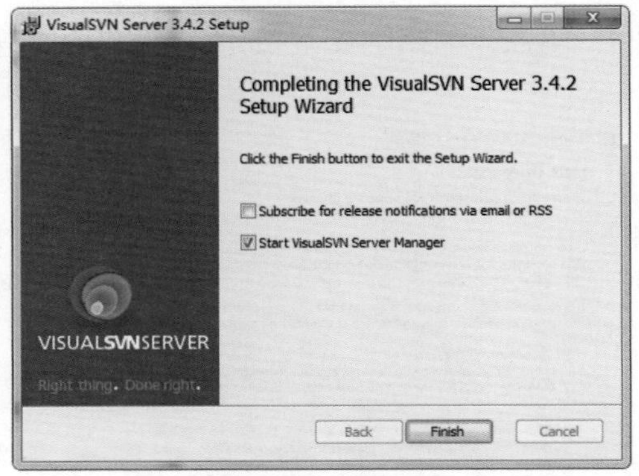

图 7-24

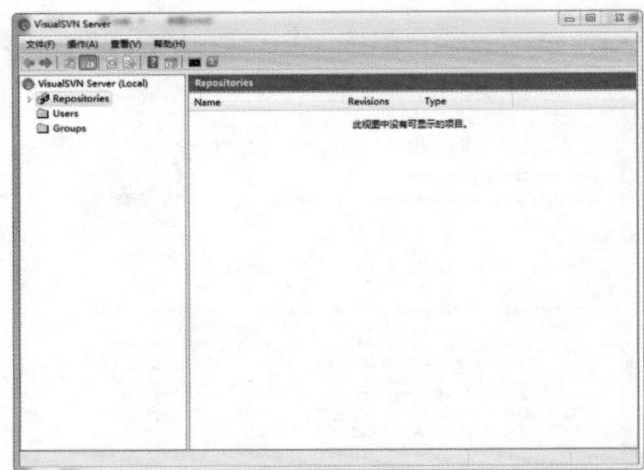

图 7-25

7.1.3 使用 VisualSVN Server 建立版本库

搭建 VisualSVN Server 服务端和 TortoiseSVN 客户端的具体方法如下。

打开 VisualSVN Server，如图 7-26 所示。选中左侧的 Repositores 选项，单击鼠标右键，在弹出的菜单中选择“新建 >Repository”命令，如图 7-27 所示。

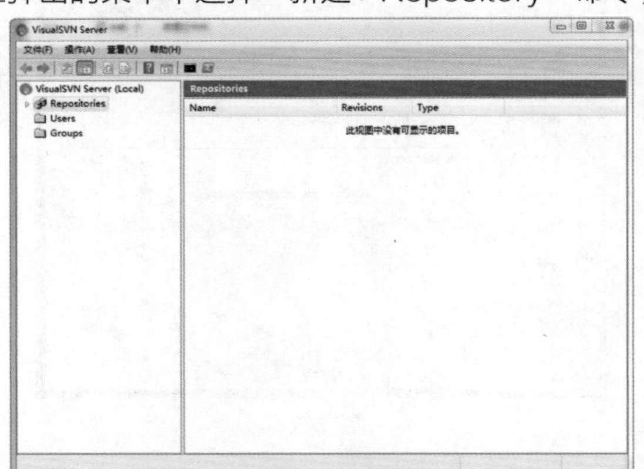

图 7-26

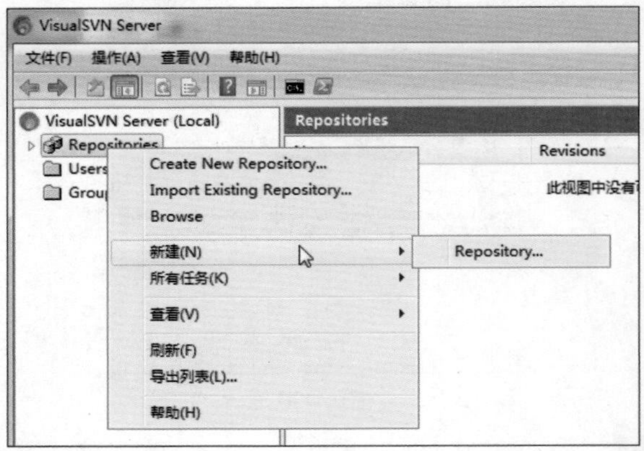

图 7-27

弹出 Repository Type 对话框，勾选其中的选项，如图 7-28 所示。单击“下一步”按钮，在弹出的对话框中对新建的 Repository 命名，如图 7-29 所示。

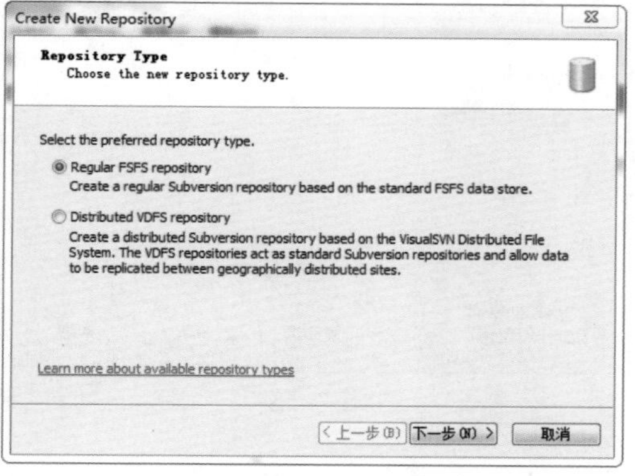

图 7-28

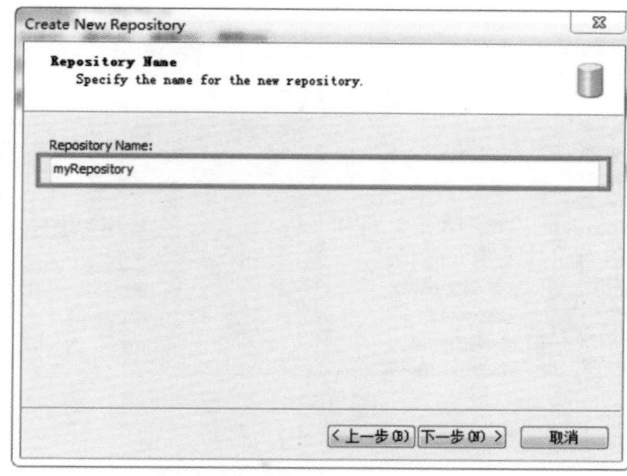

图 7-29

继续单击“下一步”按钮，弹出 Repository Structure 对话框，选择其中的选项，如图 7-30 所示。继续单击“下一步”按钮，弹出 Repository Access Permissions 对话框，选择其中的选项，如图 7-31 所示。

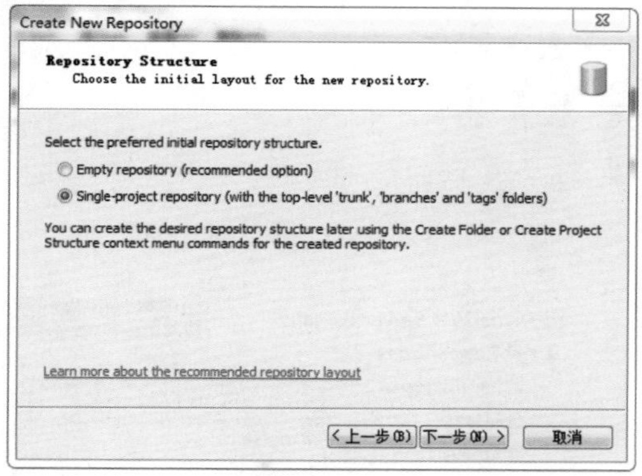

图 7-30

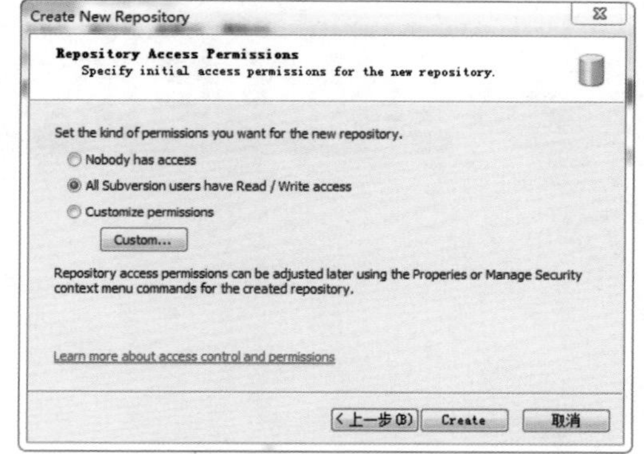

图 7-31

单击 Create 按钮，完成版本库的创建，如图 7-32 所示。返回 VisualSVN Server 对话框，即可查看版本库，创建版本库中会默认建立 trunk、branches 和 tags 3 个文件夹，如图 7-33 所示。

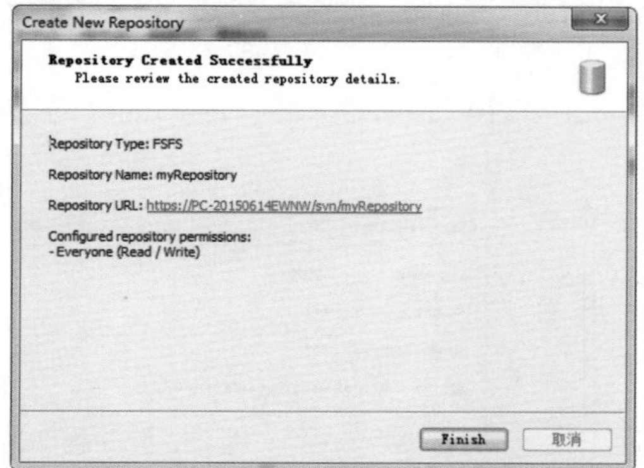

图 7-32

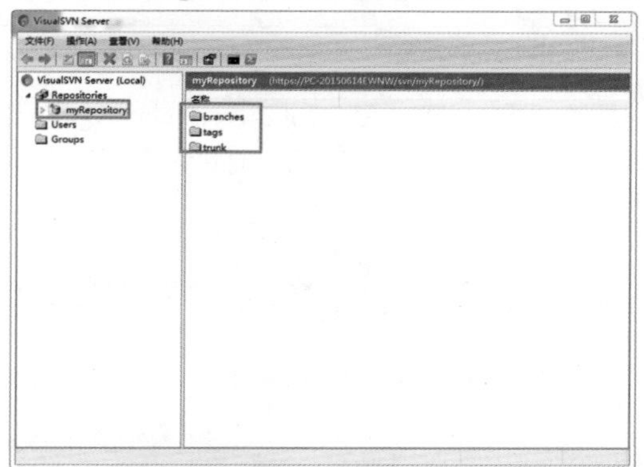

图 7-33

将项目导入版本库中，找到安装的项目文件夹，选中文件夹，单击鼠标右键，在弹出的菜单中选择“TortoiseSVN> 导入”命令，如图 7-34 所示。弹出“导入”对话框，如图 7-35 所示。

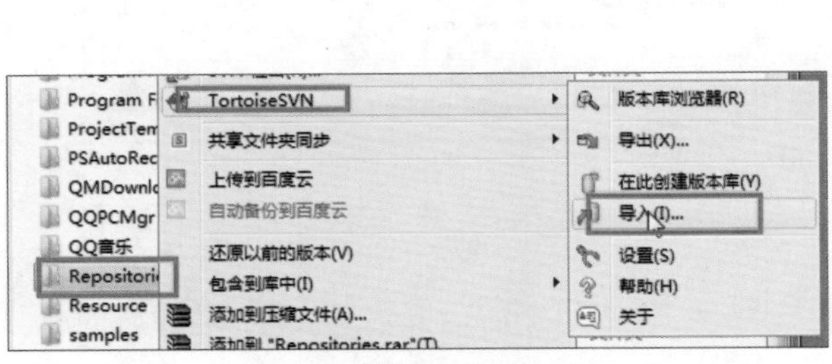

图 7-34

图 7-35

如果用户不知道项目文件夹在哪里，可以查看图 7-21 中的安装位置。

返回 VisualSVN Server 对话框，如图 7-36 所示。在版本库上单击鼠标右键，在弹出菜单中选择 Copy URL to Clipboard 命令，如图 7-37 所示。

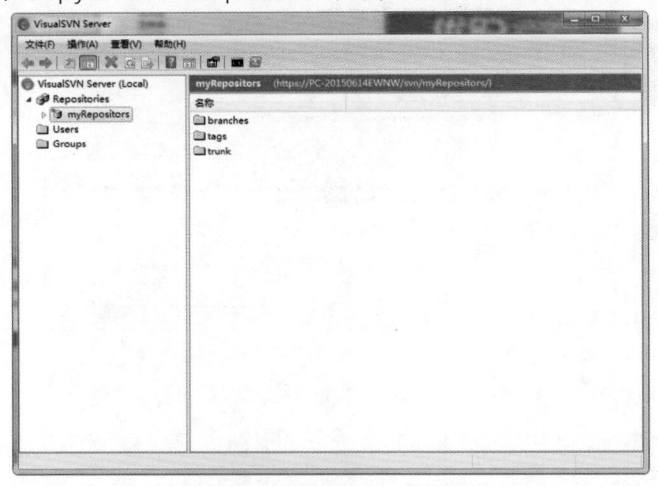

图 7-36

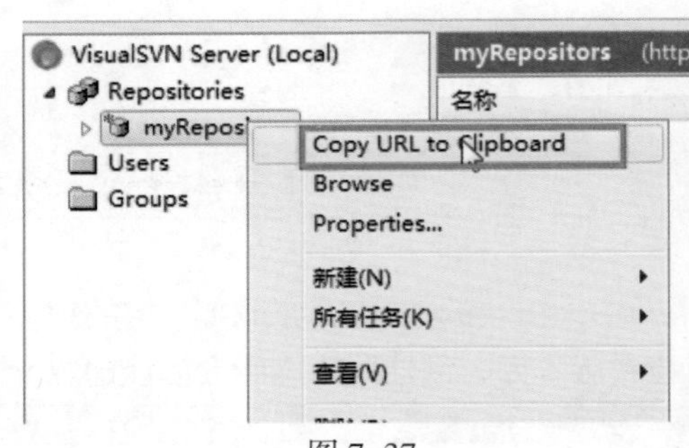

图 7-37

弹出“提示”对话框，如图 7-38 所示。单击 Create User 按钮，弹出 Create New User 对话框，在该对话框中设置名称和密码，如图 7-39 所示。

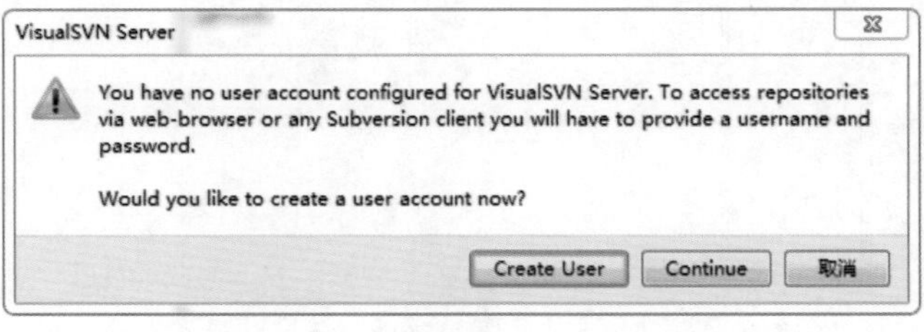

图 7-38

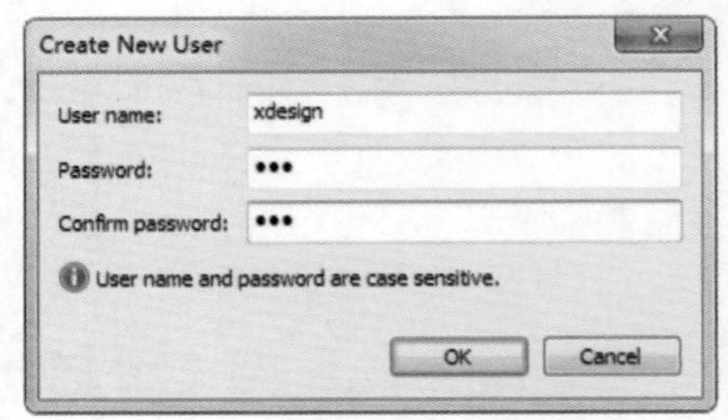

图 7-39

再次选中项目文件夹，单击鼠标右键，在弹出的菜单中选择“TortoiseSVN> 导入”命令，弹出“导入”对话框，“版本库 URL”直接自动出现在对话框中，如图 7-40 所示。在“导入信息”文本框中输入文字，如图 7-41 所示。

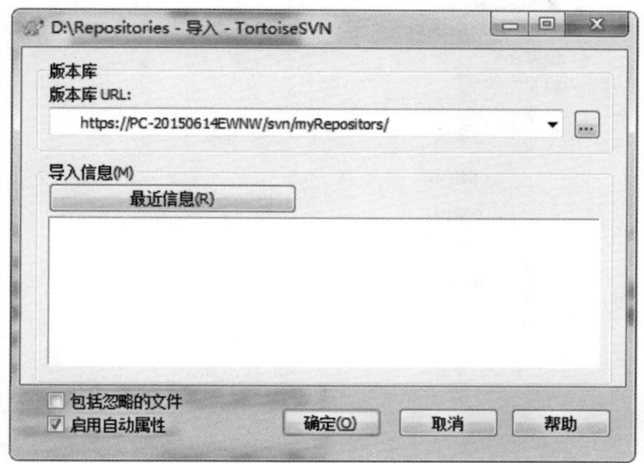

图 7-40

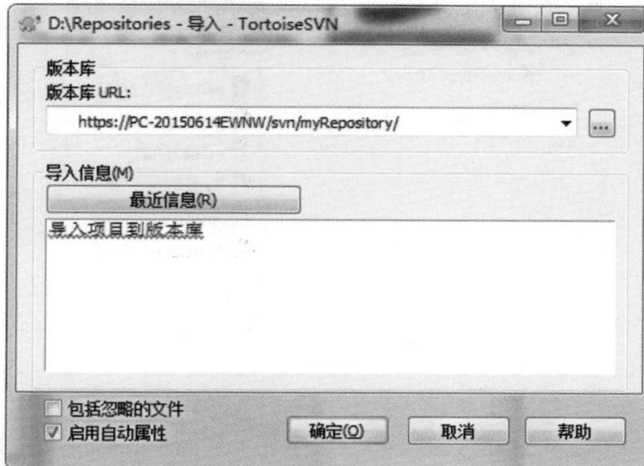

图 7-41

单击“确定”按钮，弹出“认证”对话框，在该对话框中输入前面创建的新用户和密码，如图 7-42 所示。单击“确定”按钮，所选中的项目将导入到版本库中，如图 7-43 所示。

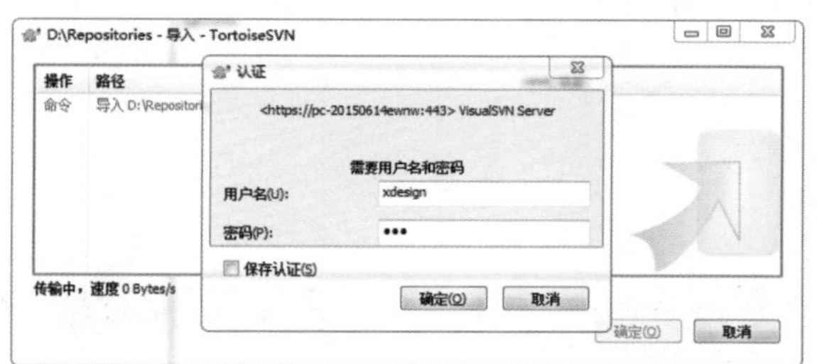

图 7-42

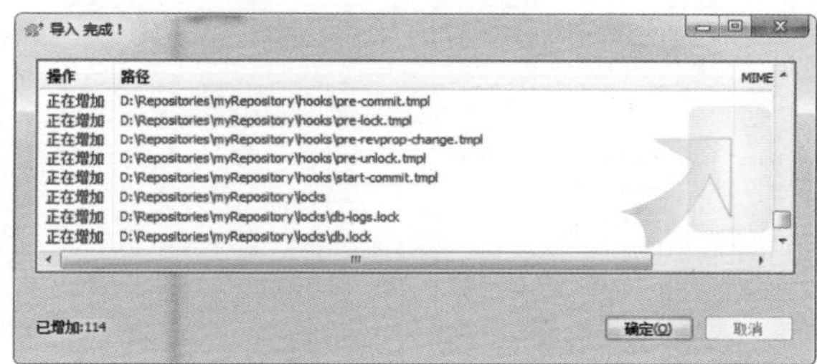

图 7-43

将项目导入到版本库以后，不能随便让任何人读写版本库，需要建立用户组和用户。返回 VisualSVN Server 对话框，选择 Users 选项，单击鼠标右键，在弹出的菜单中选择“新建 >User”命令，如图 7-44 所示。弹出 Create New User 对话框，需要再次创建用户，如图 7-45 所示。

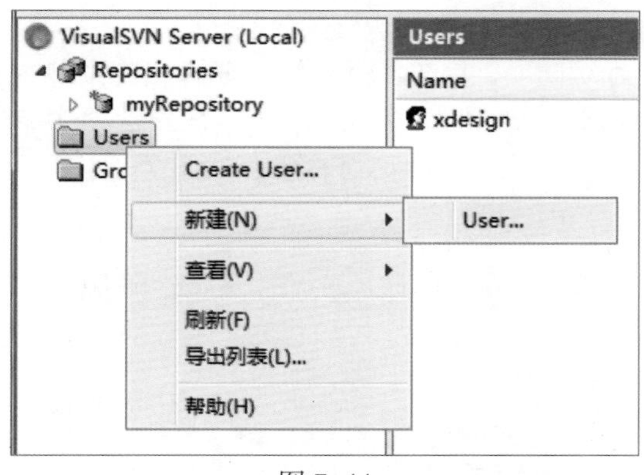

图 7-44

图 7-45

使用相同的方法继续创建 6 个用户，如图 7-46 所示。选择 Groups 选项，单击鼠标右键，在弹出的菜单中选择“新建 >Group”命令，如图 7-47 所示。

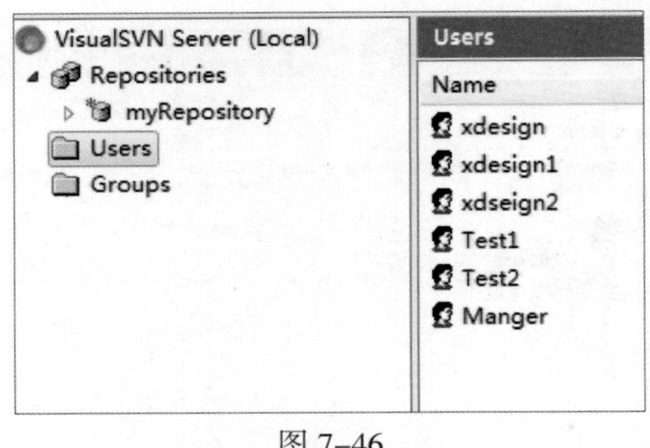

图 7-46

图 7-47

6 个用户分别代表 3 个开发人员、2 个测试人员和 1 个项目经理。

在弹出对话框的 Group name 文本框中输入 Developers，单击 Add 按钮，在弹出的对话框中选择 3 个 xdesign，加入到这个组，单击 OK 按钮，如图 7-48 所示。使用相同的方法创建其他组，如图 7-49 所示。

图 7-48

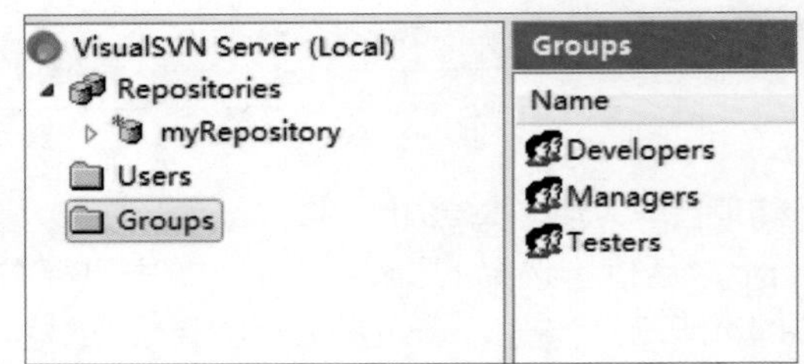

图 7-49

在 VisualSVN Server 对话框中选择 myRepository 选项，单击鼠标右键，在弹出的菜单中选择 Properties 命令，在弹出的对话框中选择 Security 选项卡，如图 7-50 所示。在对话框中单击 Add 按钮，在弹出的对话框中选择 Developers、Managers 和 Testers 3 个组，如图 7-51 所示。

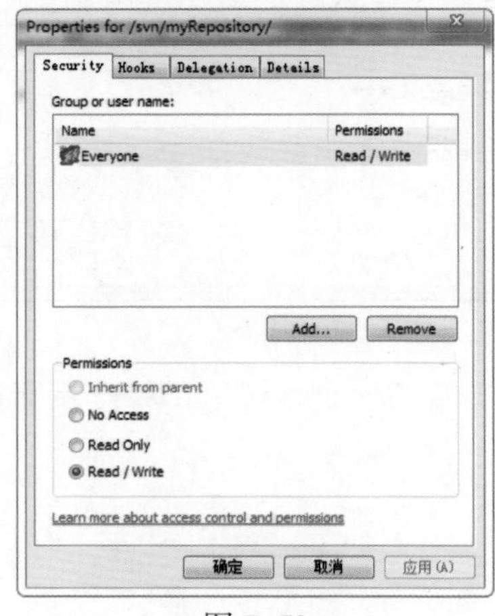

图 7-50

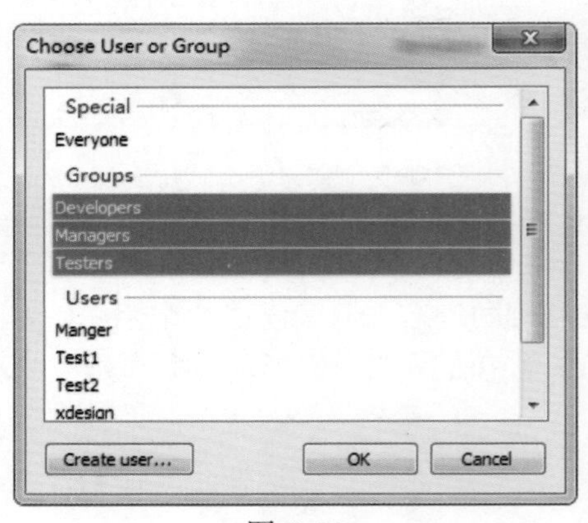

图 7-51

单击 OK 按钮进行添加，如图 7-52 所示。为 Developers 和 Managers 权限设置 Read/Write，Testers 权限设置为 Read Only，如图 7-53 所示。

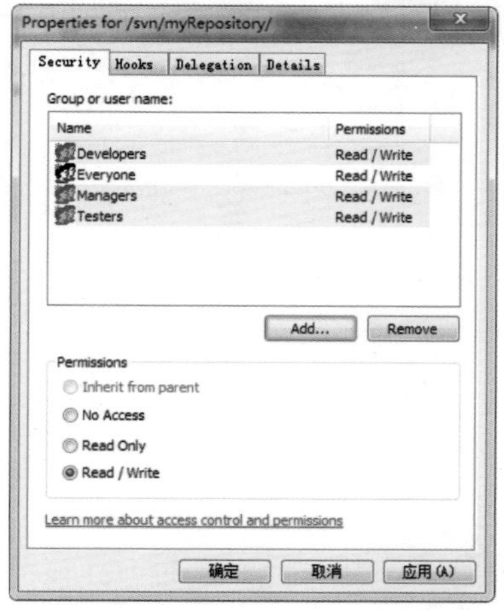

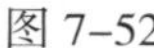
图 7-52

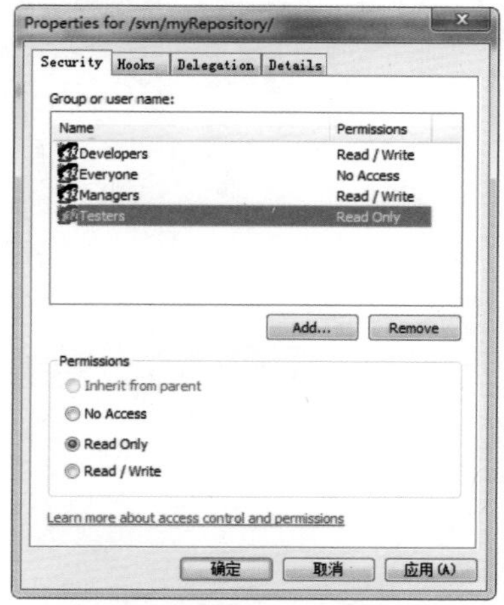

图 7-53

完成以上步骤的操作后，服务端设置就完成了。接下来用客户端去检出代码。在桌面空白处单击鼠标右键，在弹出的菜单中选择“SVN 检出”命令，在弹出的对话框中填写版本库 URL（具体获取方式，上面在上传项目到版本库的时候讲过），选择检出目录，如图 7-54 所示。单击“确定”按钮，弹出“认证”对话框，在对话框中输入用户名和密码，如图 7-55 所示。

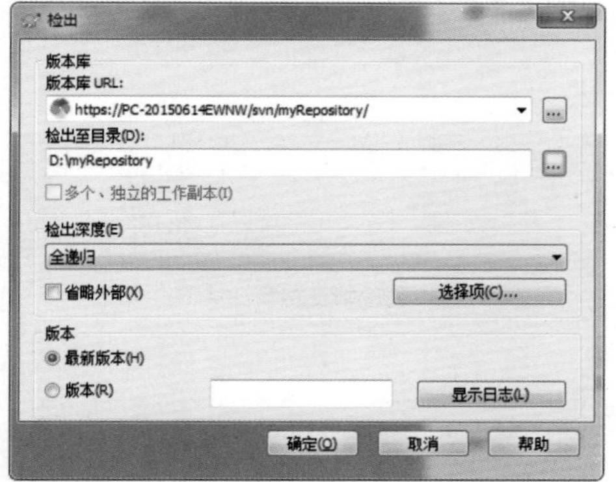

图 7-54

图 7-55

用户可以在“输出”对话框中调整输出至目录的位置。

单击“确定”按钮，开始检出项目，如图 7-56 所示。检出完成之后，打开工作副本文件夹（工作项目文件夹），会看到所有文件和文件夹都有一个绿色的对勾标志，如图 7-57 所示。

用户如果不知道工作副本文件夹，可以查看图 7-21 中所示的位置。

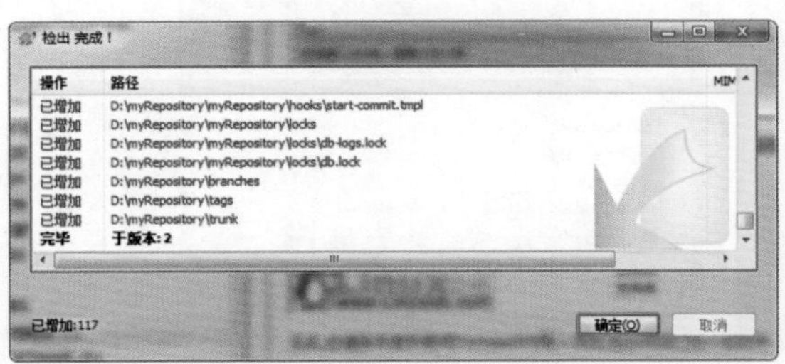

图 7-56

图 7-57

7.1.4 使用 TortoiseSVN 客户端

本节向用户介绍 TortoiseSVN 客户端的使用方法，例如修改文件、添加文件和删除文件等操作。

实例 29 在搭建的共享位置中新建文件

教学视频：视频 \ 第 7 章 \ 在搭建的共享位置中新建文件 .mp4　源文件：无

实例分析：

在共享位置新建文件夹，可为后面新建项目文件打下基础，在使用 Tortoise SVN 客户端和 VisualSVN Server 服务器搭建的位置中新建文件，只有将文件提交到 VisualSVN Server 服务器中，使用共享位置的成员才能看到。

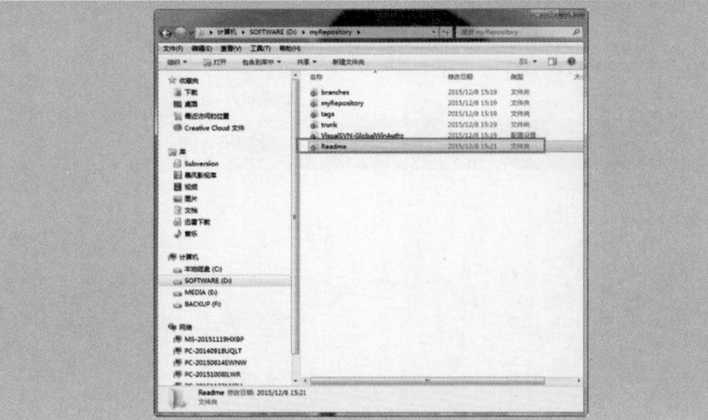

制作步骤：

01 打开工作项目文件夹（绿色对勾文件夹），在该文件中添加一个 Readme 文件夹，创建的 Readme 文件夹没有受到版本控制的状态，如图 7-58 所示。选中 Readme 文件夹，单击鼠标右键，在弹出的菜单中选择“TortoiseSVN> 增加”命令，如图 7-59 所示。

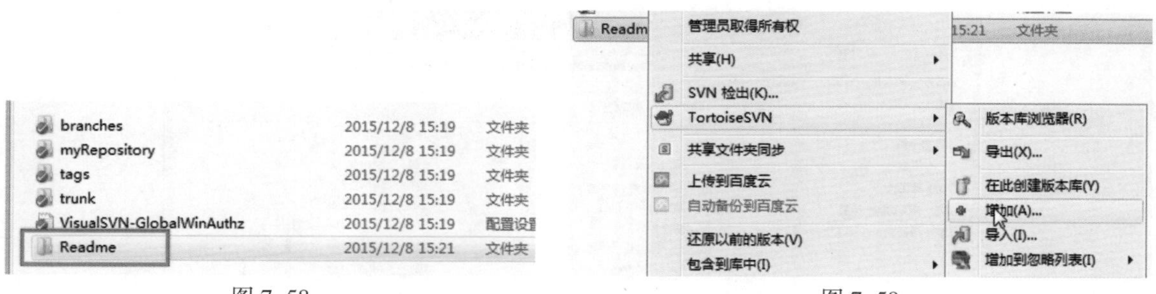

图 7–58　　　　图 7–59

02 弹出如图 7–60 所示的对话框，单击“确定”按钮 ，弹出“加入完成”对话框，如图 7–61 所示。

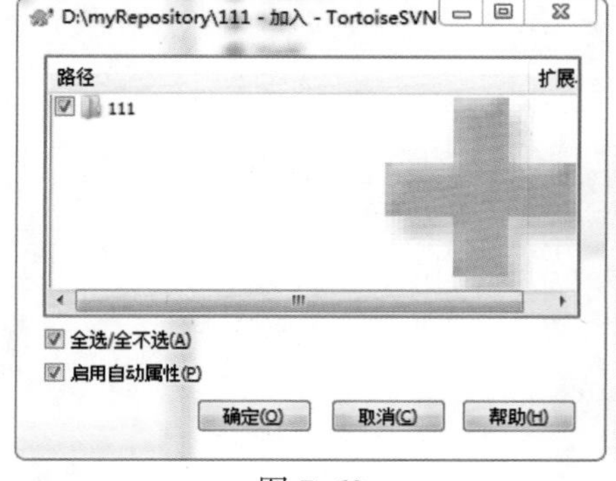

图 7–60　　　　图 7–61

03 返回工作项目文件夹（绿色对勾文件夹）中，选择新建的 Readme 文件夹，单击鼠标右键，在弹出的菜单中选择“SVN 提交”命令，如图 7–62 所示。

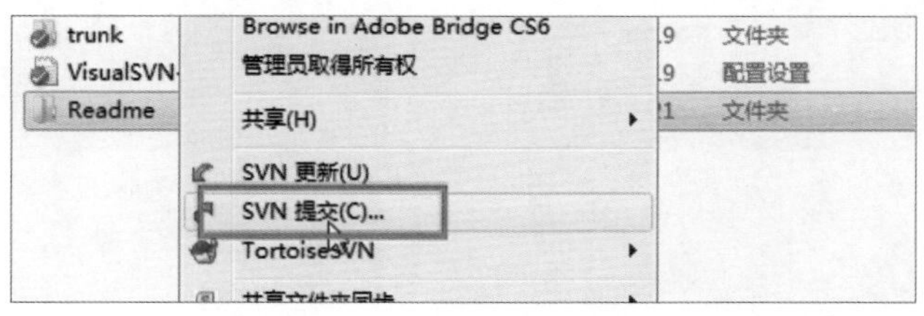

图 7–62

04 弹出“认证”对话框，输入用户名和密码，如图 7–63 所示。单击“确定”按钮，完成提交，如图 7–64 所示。

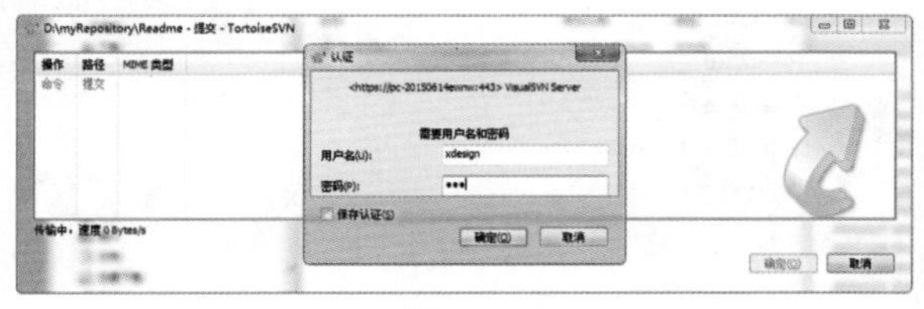

图 7–63　　　　图 7–64

05 单击“确定”按钮，新添加的 Readme 文件夹如图 7–65 所示。

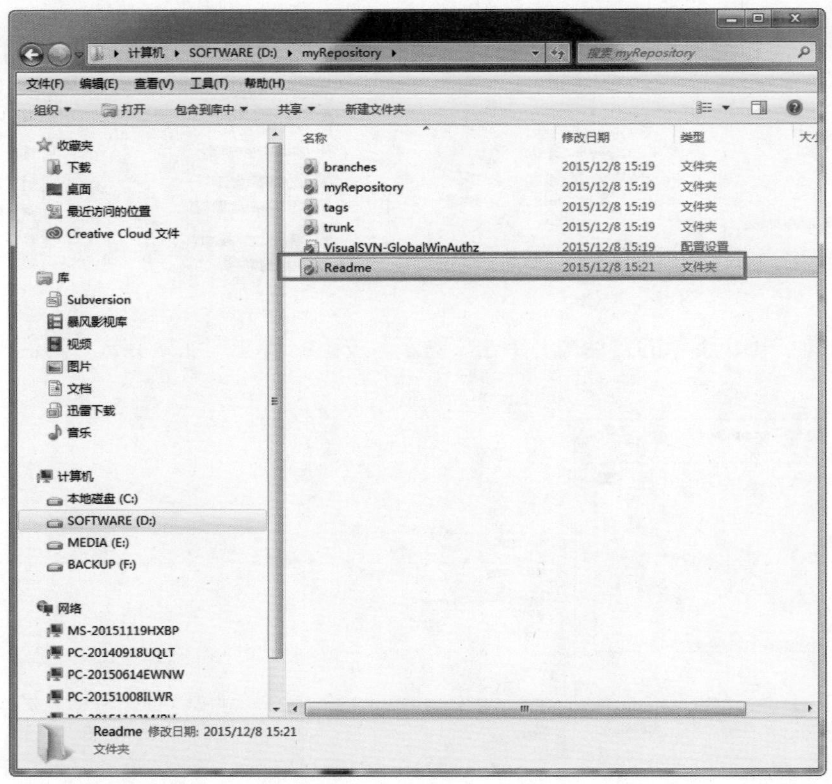

图 7-65

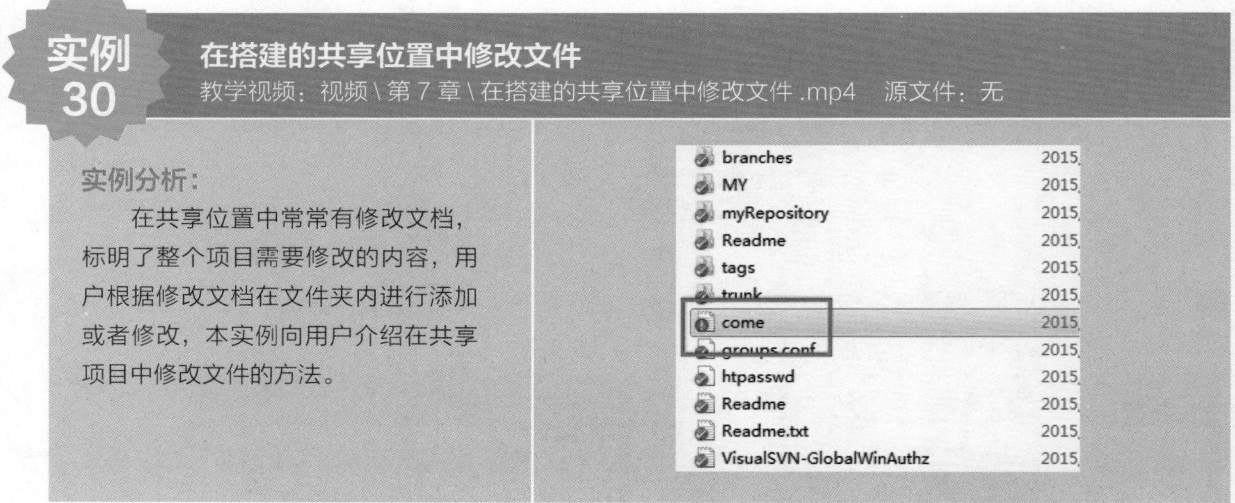

实例 30 在搭建的共享位置中修改文件

教学视频：视频 \ 第 7 章 \ 在搭建的共享位置中修改文件 .mp4　源文件：无

实例分析：

在共享位置中常常有修改文档，标明了整个项目需要修改的内容，用户根据修改文档在文件夹内进行添加或者修改，本实例向用户介绍在共享项目中修改文件的方法。

制作步骤：

01 打开工作项目文件夹（绿色对勾文件夹），在该文件中创建一个名称为 come.txt 的文件，将该文件增加到版本控制状态，如图 7-66 所示。打开 come.txt 文件，在文本中添加内容，如图 7-67 所示。

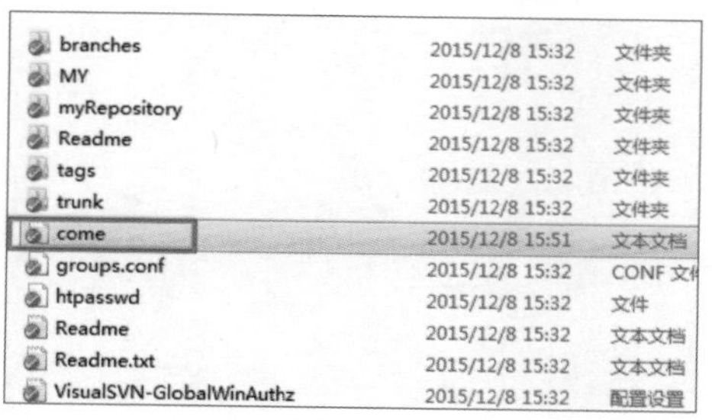

图 7–66

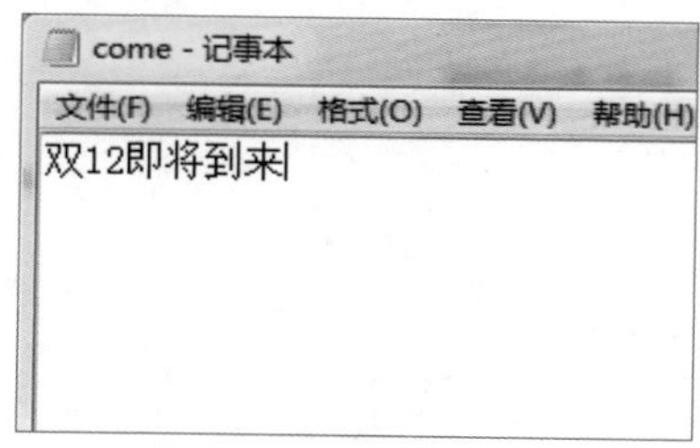

图 7–67

02 将文件保存并关闭，用户会发现 come.txt 文件的图标有变化，显示如图 7–68 所示。红色的叹号代表这个文件被修改了，需要提交更改，其他人才能看到用户的更改。

03 重命名文件。继续选择 come.txt 文件，将该文件的名称更改为 come1.txt，用户会发现 come.txt 文件的图标改变了，如图 7–69 所示。

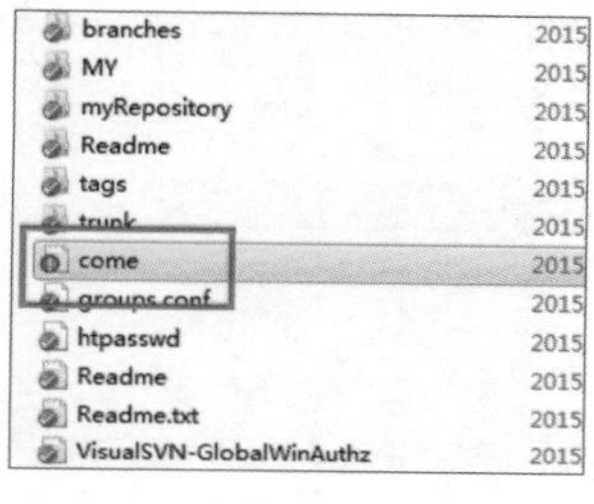

图 7–68

图 7–69

重命名文件与添加新文件的操作一样，需要将新的文件添加到版本库中，受版本库控制。

04 选中 come.txt 文件，单击鼠标右键，在弹出的菜单中选择“TortoiseSVN> 加入”命令，如图 7–70 所示。将文件提交后，单击鼠标右键，在弹出的菜单中选择“刷新”命令，将文件夹刷新，效果如图 7–71 所示。

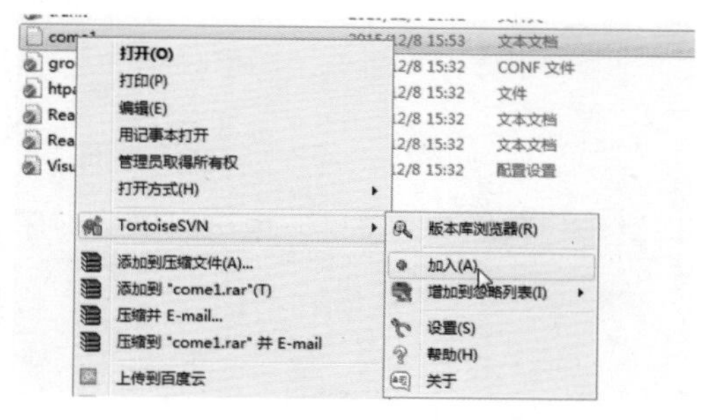

图 7–70

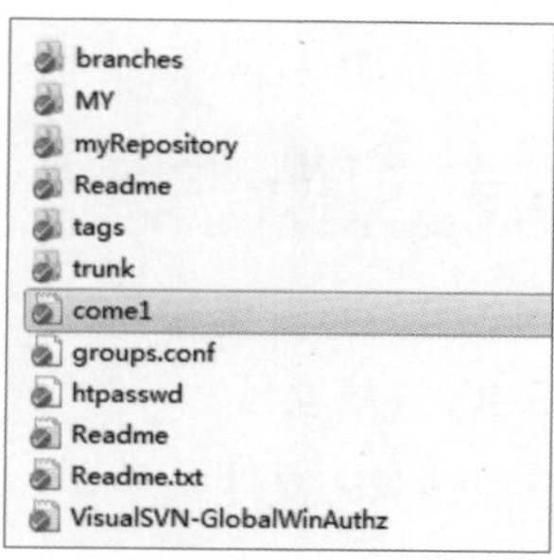

图 7–71

05 删除文件。选择需要删除的文件，单击鼠标右键，在弹出的菜单中选择“TortoiseSVN> 删除”命令，如图 7–72 所示。将文件删除后，单击鼠标右键，在弹出的菜单中选择“SVN 提交”命令，弹出“提示”对话框，用户可以根据提示选择删除，如图 7–73 所示。

06 单击“确定”按钮后，弹出“认证”对话框，输入用户名和密码，如图 7–74 所示。单击“确认”按钮，弹出“提交完成”对话框，如图 7–75 所示，即可将想要删除的文件删除。

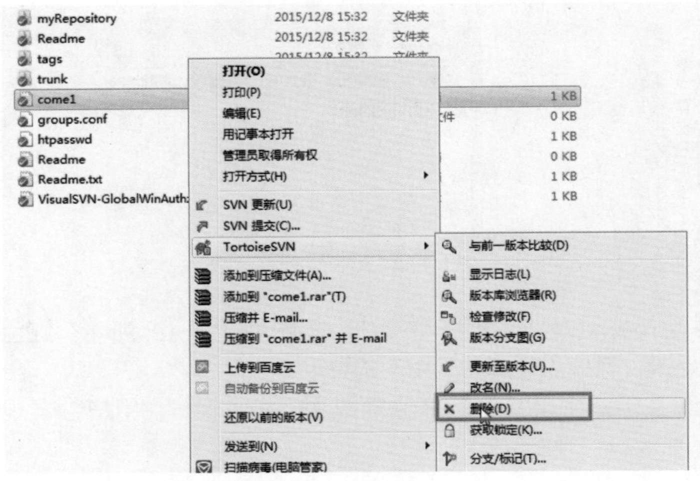

图 7-72

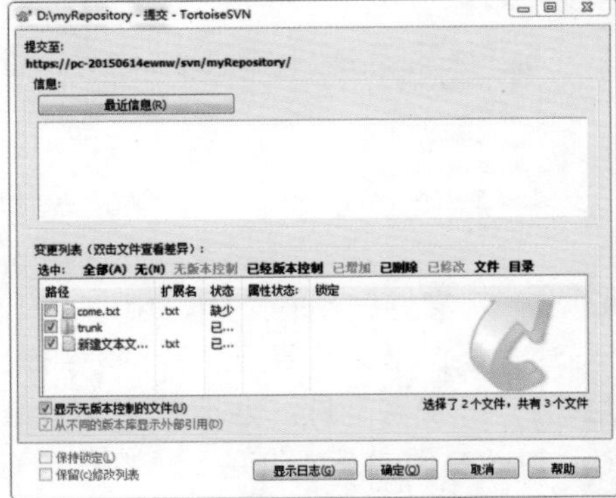

图 7-73

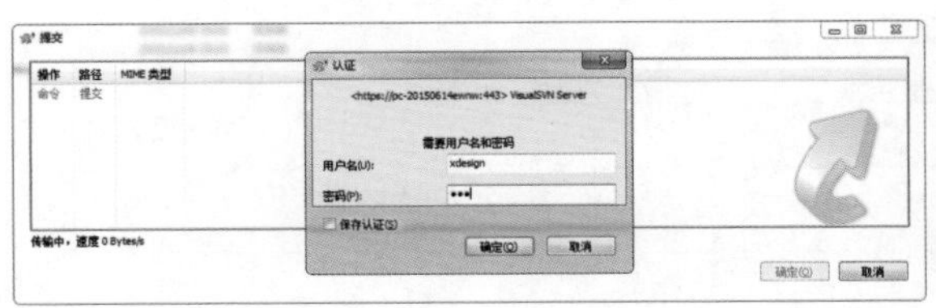

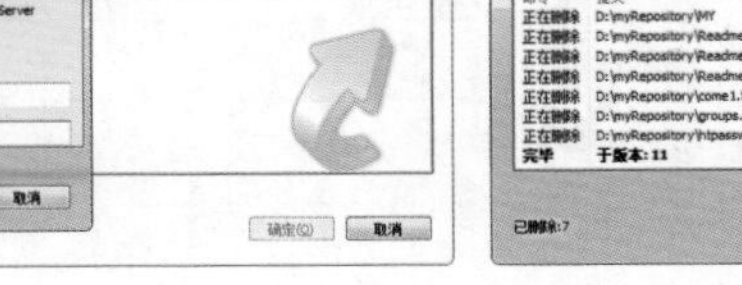

图 7-74

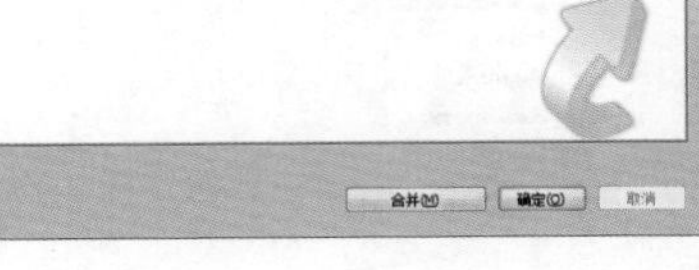

图 7-75

7.2 团队项目

Axure RP 默认的保存格式是 Axure RP 标准文件格式，这种格式在同一时间只能有一个人进行访问和编辑，而 Axure RP 团队项目是为了支持团队合作可以多人进行访问，团队项目文件格式为 RPPRJ 格式，文件图标如图 7-76 所示。

图 7-76

7.2.1 了解团队项目

要创建一个团队项目文件（RPPRJG 文件），可以基于已有的 RP 文件，也可以是从头开始创建一个 RPPRJG 共享项目。

1. 基于已有的 RP 文件

选择“团队 > 从当前文件创建团队项目”命令，根据向导完成创建。

2. 从头开始创建

在创建一个团队项目之前，用户必须先要有 SVN 服务器或云盘，如图 7-77 所示。

Axure RP 团队文件会放在 SVN 服务器上或者共享目录上。在 Axure 团队项目中，多个 UX 设计师可以同时访问远程服务器端的 Axure 共享项目文件，共同进行原型设计和注释。此时，为不同人员分配和协调好工作非常重要，尤其对大型企业项目而言。

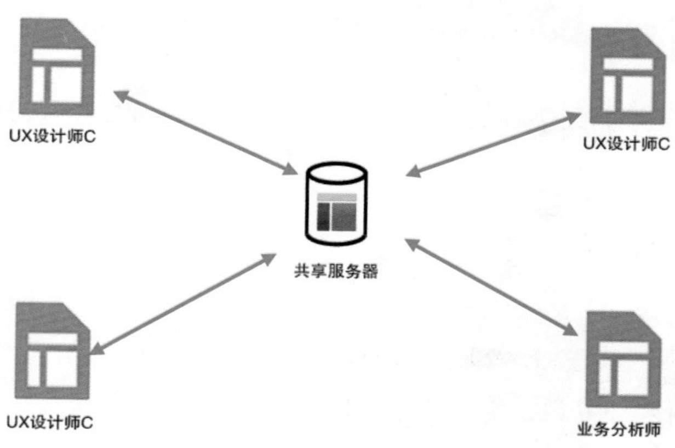

图 7-77

7.2.2　团队合作项目的环境

Axure RP 团队文件一般会放在 SVN 服务器上或者共享目录上。团队成员可以使用安装了 Axure RP 8.0 的电脑来访问它，每个团队成员都可以签出项目文档中的以下内容：即页面、母版、说明字段、全局变量、页面风格样式、元件样式、生成器。

在团队项目中编辑文件，团队成员要签出所有需要的内容元素。如果其他团队成员也想要签出同一部分，系统会自动提示成员该部分已经被签出。当签出部分完成设计后，团队成员可以签入内容元素，同时其他的团队成员也可以对想要签出的内容元素进行编辑设计，如图 7-78 所示。

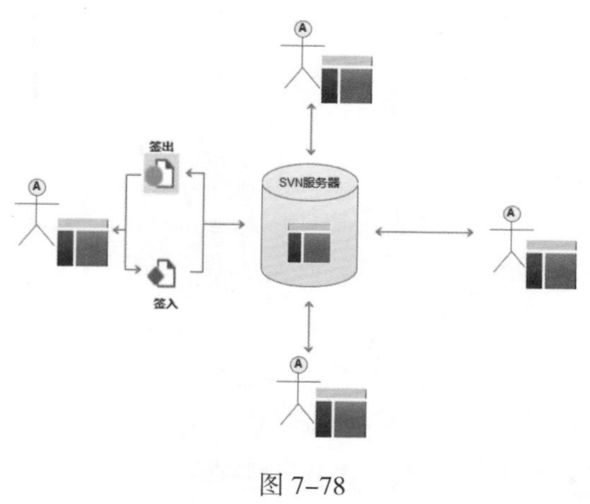

图 7-78

7.2.3　签出及签入状态

签入：在签入状态下，元素可以被团队合作中的任何人签出，但是这种状态只标注副本原件的状态，当签出时 Axure RP 才会知道是否可以签出。

签出：这种状态的元素表示已经被团队成员签出，在团队合作中的其他成员的本地，该内容元素副本仍然显示为签入状态。

新增：当团队成员在本地 Axure RP 项目中新建一个元素时，会显示此状态，一旦签入元素，团队合作中的其他成员就可以看到或使用该元素。

冲突：本地 Axure RP 项目中的元素与服务器上的文件中的相同元素发生冲突。

不安全签出：签出一个已被团队其他成员签出的元素（签出时被警告提示，但还是选择签出），团队中的其他成员签入这个元素时，可能会丢失某些修改。

7.3 创建团队项目

本节将向用户讲解如何创建团队项目，任何 Axure RP 文件都是可以转换成团队项目文件。

7.3.1 创建团队项目

执行“文件 > 新建”命令，新建一个项目文件，如图 7–79 所示。执行“团队 > 从当前文件创建团队项目”命令，如图 7–80 所示。

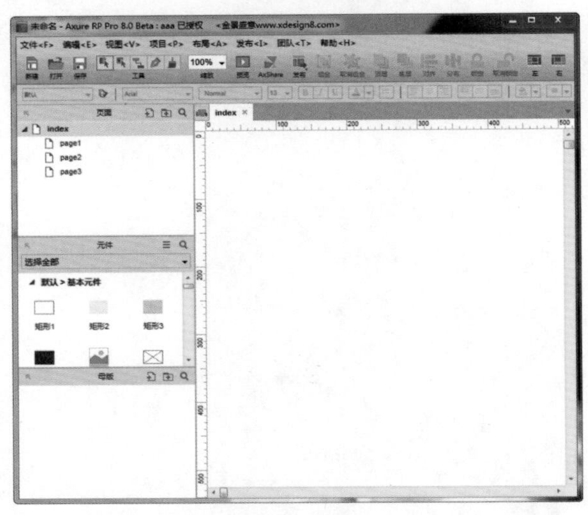

图 7–79

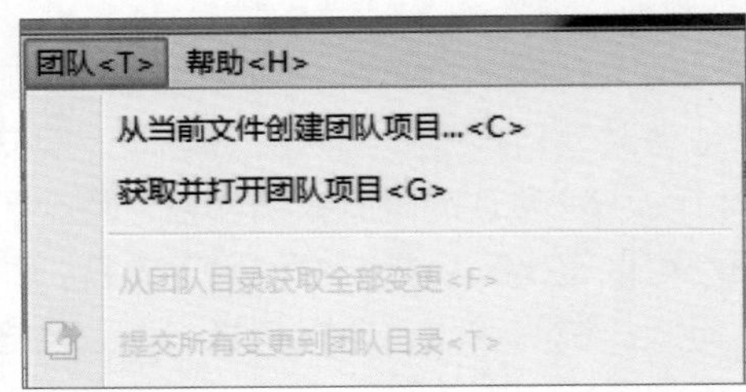

图 7–80

在弹出的“创建团队项目”对话框中创建项目，如图 7–81 所示。

用户也可以执行“文件 > 新建团队项目”命令，如图 7–82 所示。在弹出的“创建团队项目”对话框中创建项目，如图 7–83 所示。

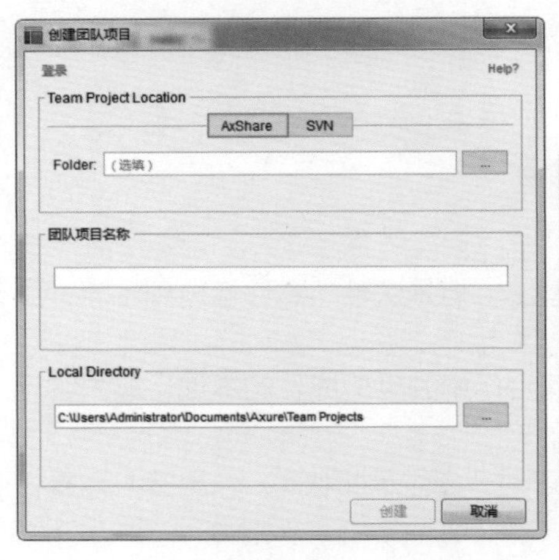

图 7–81

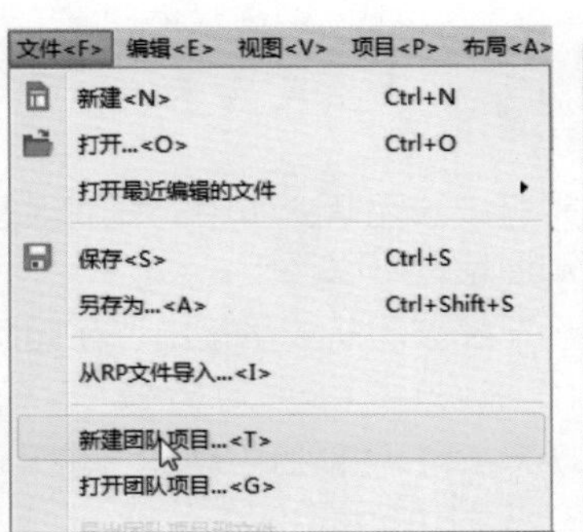

图 7–82

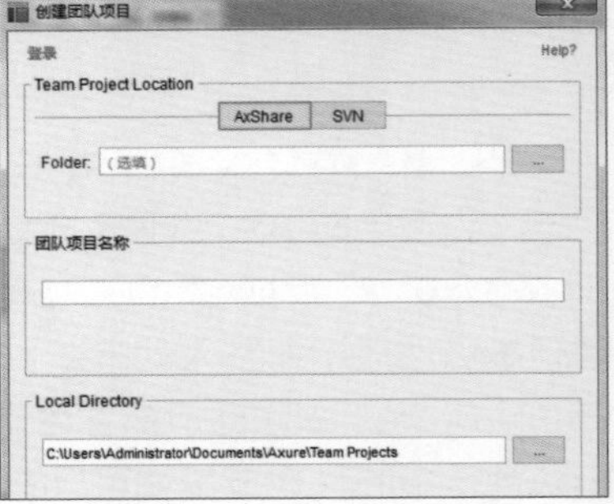

图 7–83

不管用户使用其中的任何方法，都可以创建团队项目。接下来继续创建团队项目，单击“创建团队项目”对话框中的 SVN 按钮，如图 7–84 所示。

单击团队目录后的按钮，选择工作项目文件夹位置（绿色对勾标识的文件夹），如图 7–85 所示。

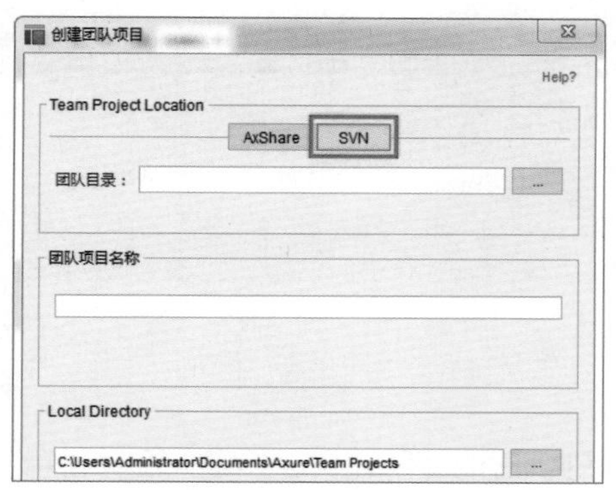

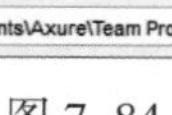

图 7-84

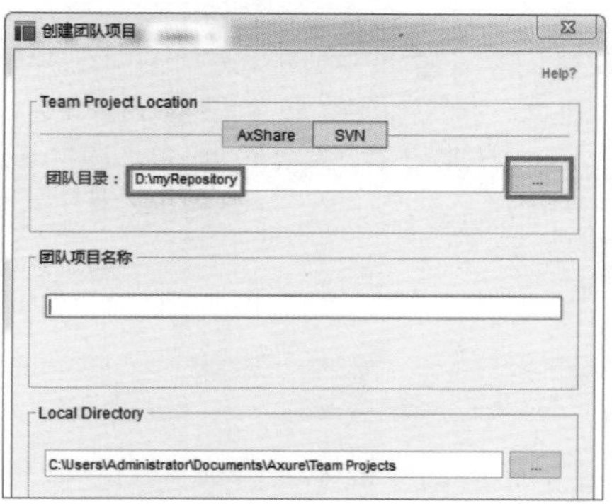

图 7-85

在选择团队目录位置时，可以直接复制粘贴 URL 或 SVN 的地址，用户可以看图 7-40，也可以在工作项目文件夹（绿色对勾文件夹）中直接新建文件，将文件添加到版本控制中（前面讲解的添加文件操作），在选择团队目录时直接选择该文件位置，创建团队项目。

在“团队项目名称”文本框中输入项目的名称，如图 7-86 所示。在 Local Diretory 选项下单击...按钮，选择本地项目保存的位置，如图 7-87 所示。

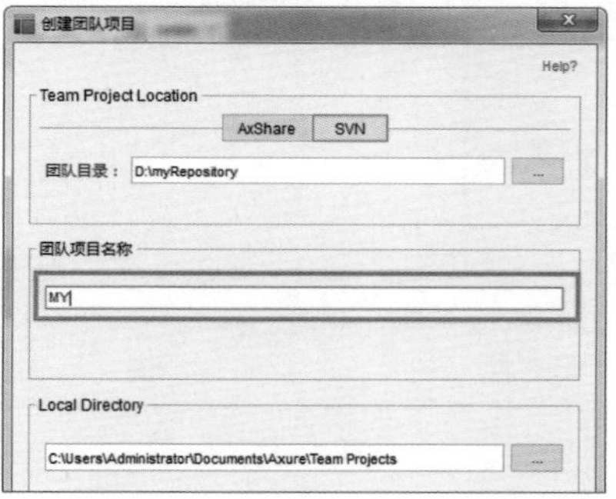

图 7-86

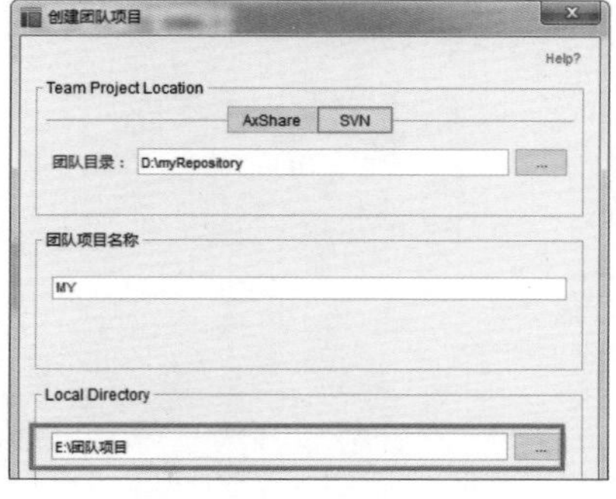

图 7-87

在给团队项目命名时，要保持简短的项目名称，在名称中如果包含多个独立的单词，要使用连字符或者首字母大写，不要出现空格，因为项目名称会在 URL 使用，所以要避免空格。

单击“创建”按钮，弹出创建进度窗口，如图 7-88 所示。当创建成功后，弹出提示对话框，如图 7-89 所示。

图 7-88

图 7-89

Local Diretory 选项是本地项目保存的位置，打开该位置，会看到 Axure 团队项目创建了两个内容，如图 7-90 所示。用户不要编辑 DO_NOT_EDIT 文件，后面将详细讲解。

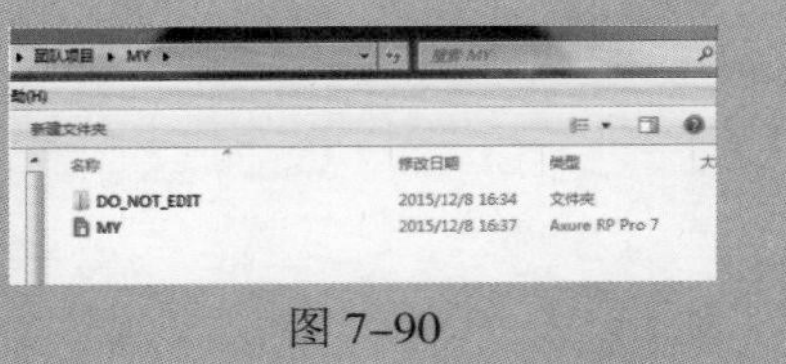

图 7-90

7.3.2 将文件添加到版本控制的状态

打开工作项目文件夹（绿色对勾文件夹），用户会看到创建的团队项目，但是并没有显示“受控状态”，如图 7-91 所示。选择该项目，将文件添加到版本控制的状态。方法与前面讲解的添加文件的方法相同，这里不再详细讲解，如图 7-92 所示。

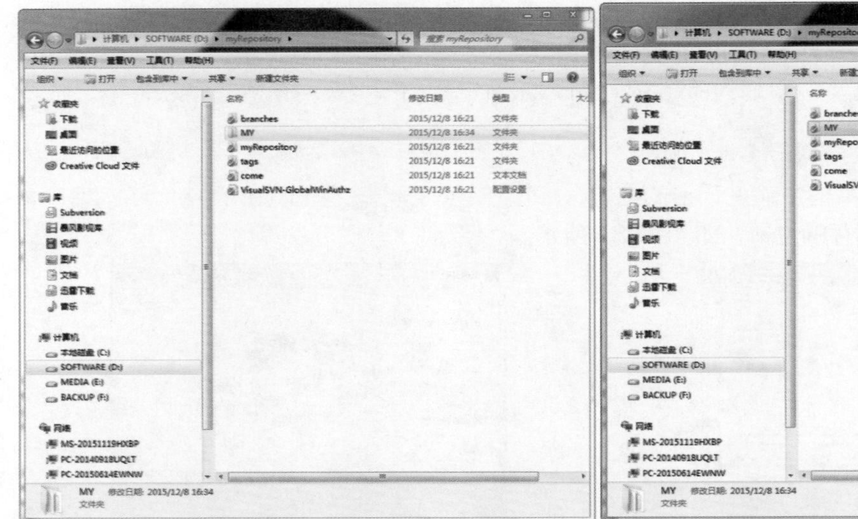

图 7-91

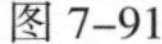

图 7-92

用户如果想在项目文件夹（绿色对勾文件夹）中新建文件，并将文件添加到版本控制状态，可以在选择团队目录时选择新建文件，不用再添加文件，只需要执行更新命令即可。

7.3.3 完成团队项目后的准备工作

- 完成团队项目的创建后，需要将共享目录的地址告诉团队合作中的其他成员。
- 同时把 SVN 服务器的用户名和密码准备好，团队合作中的其他成员在第一次连接下载时需要使用。

7.3.4 DO_NOT_EDIT

在 DO_NOT_EDIT 文件夹下有两个文件夹，分别是 LocalStore 和 SVN，如图 7-93 所示。

LocalStore：包含一系列被 Axure 团队项目中用到的文件。

SVN：包含所有用来与 SVN 服务器连接的项目文件，随着项目的进行这些文件所占的空间将越来越大。

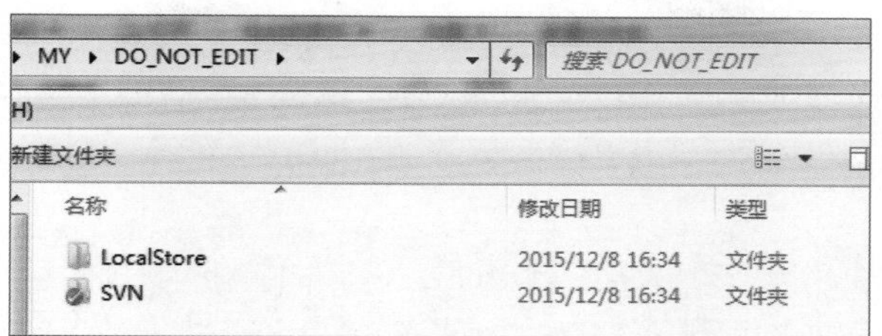

图 7-93

用户切忌不能手动编辑这些文件，如果更改这些文件，就会导致团队合作项目文件被破坏。

7.4　获取打开团队项目

执行“文件 > 打开团队项目”命令，或者执行“团队 > 获取并打开团队项目”命令，如图 7-94 所示。弹出“获取团队项目”对话框，如图 7-95 所示。

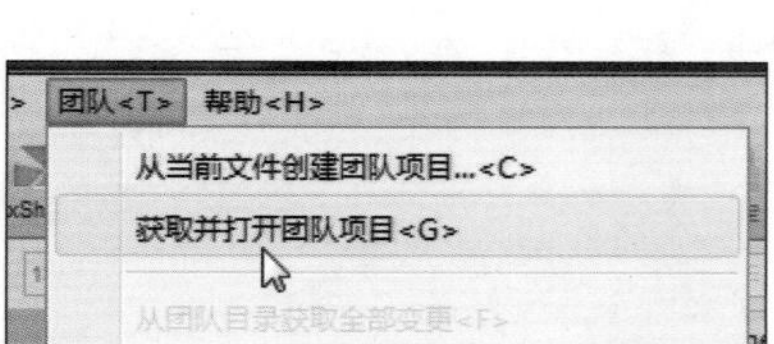

图 7-94

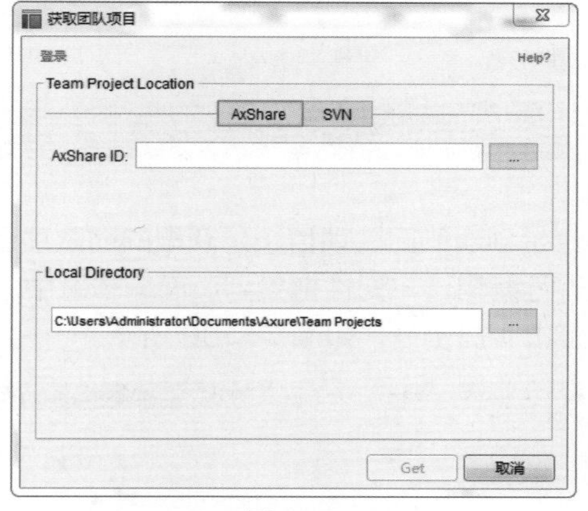

图 7-95

选择 SVN 选项，“获取团队项目”对话框如图 7-96 所示。单击团队目录后的 ... 按钮，选择项目检出的文件夹位置（绿色对勾标识的文件夹），如图 7-97 所示。

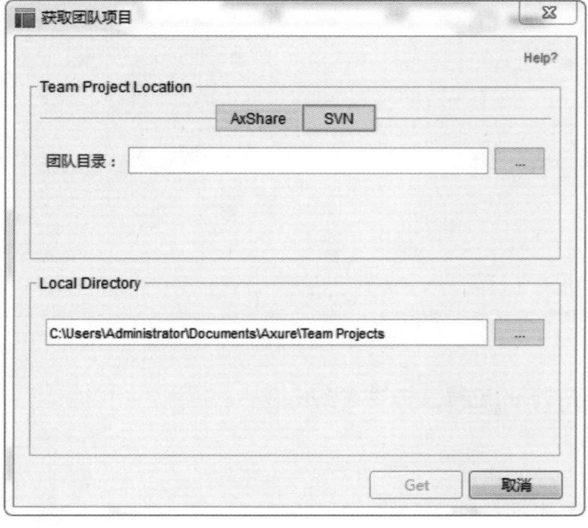

图 7-96

图 7-97

用户可以复制粘贴 URL 或 SVN 的地址，读者可以看图 7-40。

想要打开团队项目必须要将项目文件处于版本控制的状态，否则显示团队目录错误。如果团队目录或者项目文件名称中包含特殊字符，将无法正常打开文件。

用户在选择文件时会看到在 MY 团队项目文件夹中有 db、dav 及 conf 子目录，说明在此台计算机上已经获取过该团队项目文件，不需要重复获取，直接执行“文件 > 打开”命令，即可打开项目文件。

在 Local Diretory（本地目录）选项中，默认的位置为 C:\Users\Administrator\Documents\Axure\Team Projects，用户可以更改项目下载后存放的位置。单击 Get 按钮，Axure RP 会从服务器或者网络目录中下载项目文件，项目成功获取后会弹出如图 7-98 所示的对话框。将项目成功获取后，可以进行编辑。

图 7-98

7.5 编辑团队项目

不管是创建的团队项目还是获取的团队项目，Axure RP 的工作界面如图 7-99 所示。选择其中的页面进行编辑，将元件拖曳到页面编辑区中，用户会发现页面是不能被编辑的，在页面的右上角会弹出“签出”提示框，如图 7-100 所示。

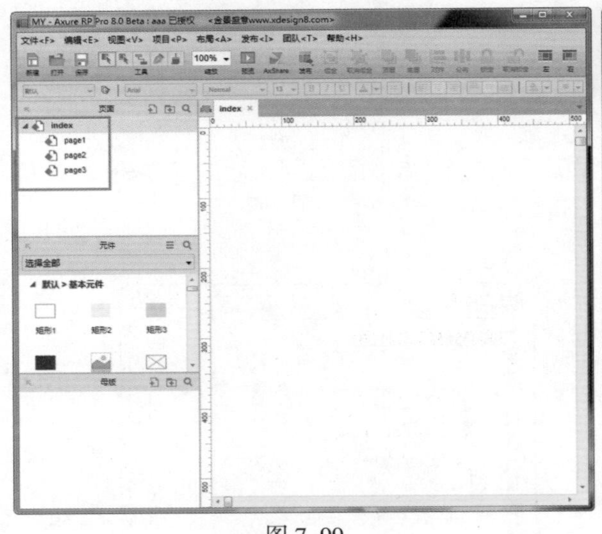

图 7-99

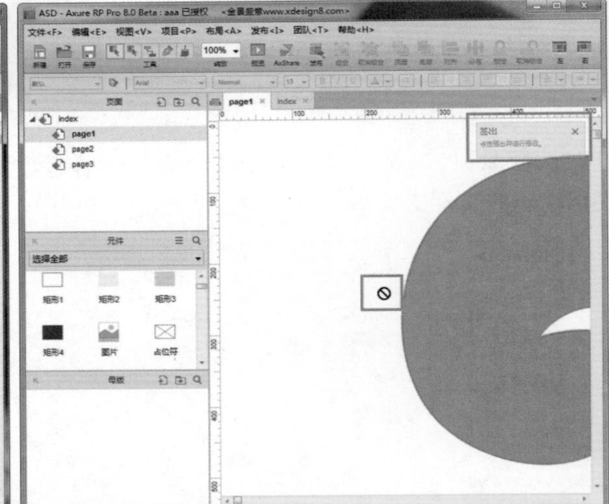

图 7-100

也就是说团队项目文件只能将页面签出后才能对页面进行编辑，单击提示框，如图 7-101 所示。弹出进度框，如图 7-102 所示。

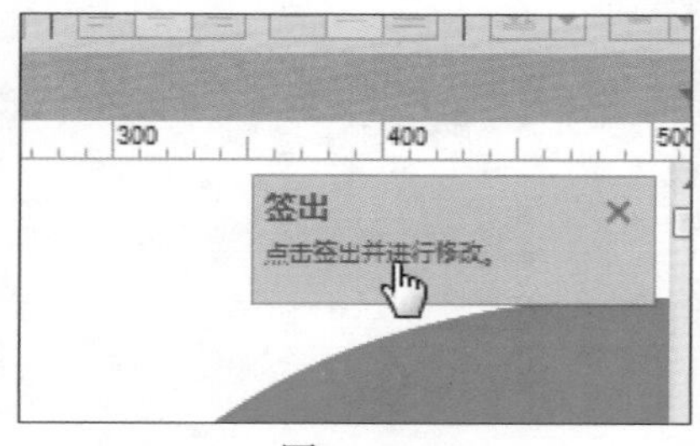

图 7-101

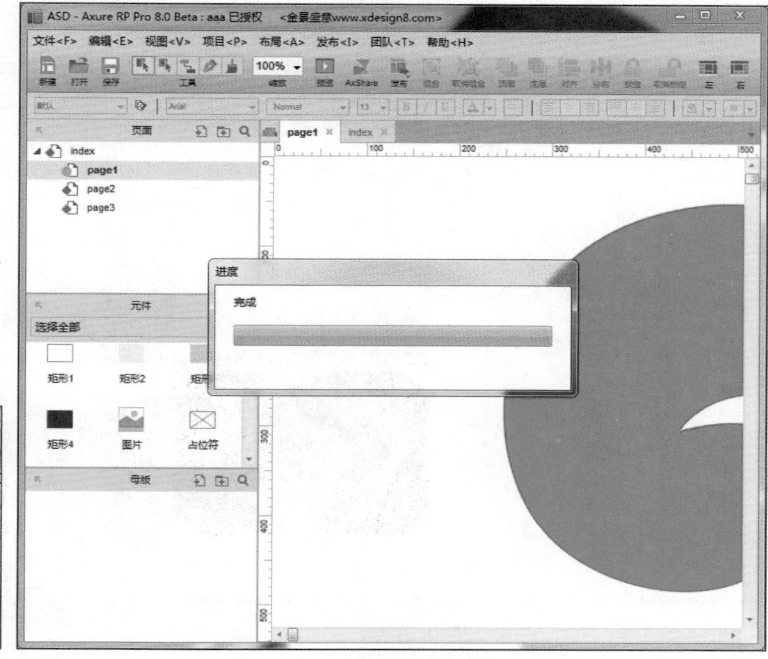

图 7-102

完成签出后，页面管理面板中的页面如图 7-103 所示。用户也可以在要编辑的页面上单击鼠标右键，在弹出的菜单中选择“签出”命令，将页面签出，如图 7-104 所示。

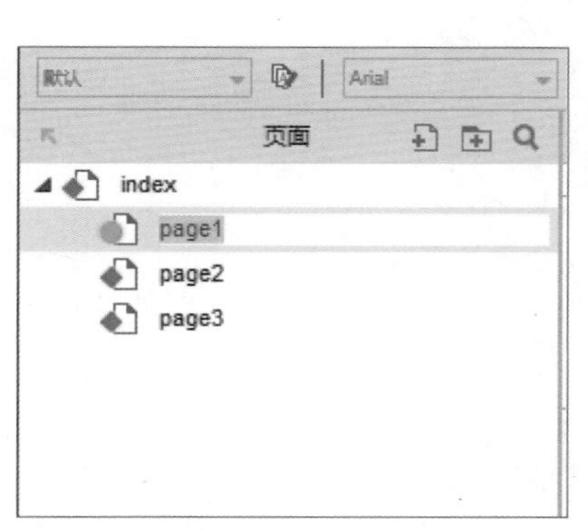

图 7-103

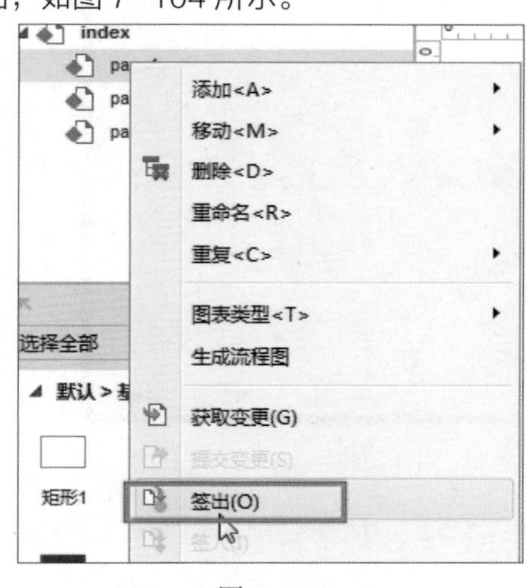

图 7-104

当页面图标变成绿色的圆圈图标时，就可以对该页面内容进行编辑了，如图 7-105 所示。完成团队项目文件的编辑后，需要用户将编辑的内容再签入，选择签入的页面，单击鼠标右键，在弹出的菜单中选择“签入”命令，将页面签入，如图 7-106 所示。

选择“签入”命令后，弹出“签入”对话框，可以在“签入说明”文本框中输入说明，以备查看，如图 7-107 所示。单击“确定”按钮，将页面签入，如图 7-108 所示。

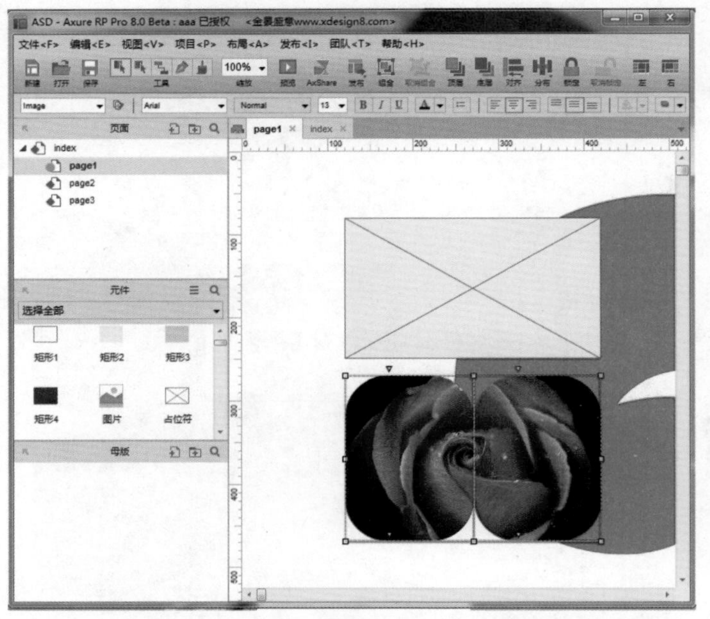
图 7-105

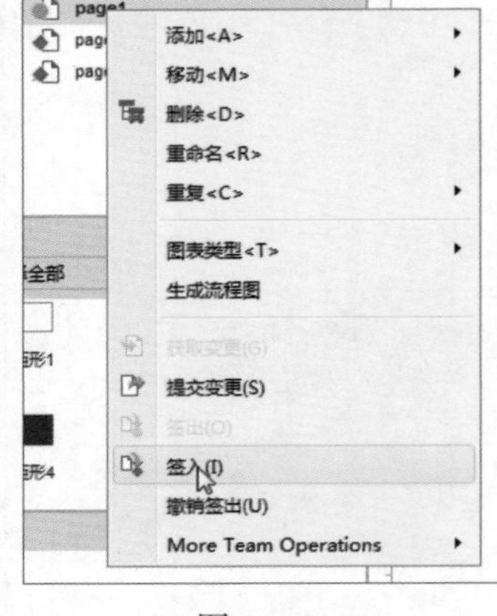

图 7-106

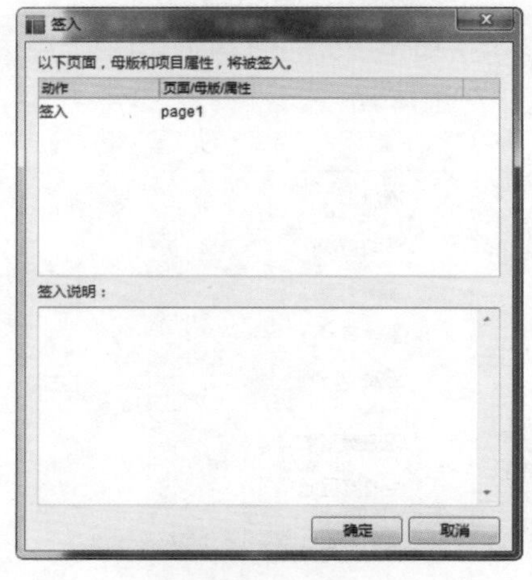

图 7-107

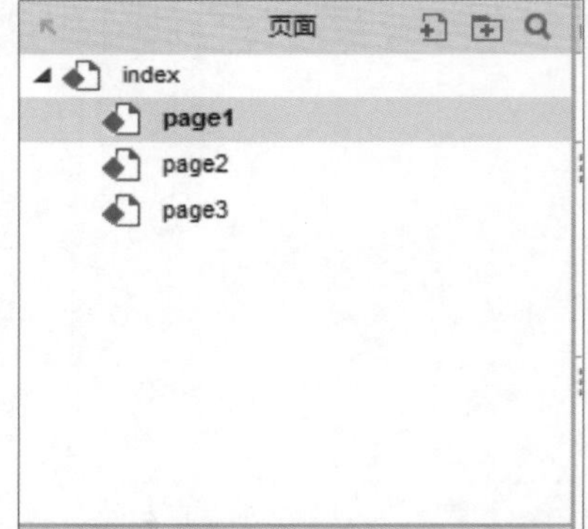

图 7-108

如果团队项目中的成员同时签出项目中的元素，就会被提示为不安全签出，会导致项目元素的丢失。

当团队项目被团队成员获取并进行编辑后，需要将项目文件再次上传到服务器中，以便其他成员对更改后的项目文件进行获取和使用。

7.6 “团队”菜单命令

在创建或者获取团队项目时，常常会用到“团队”菜单命令，如图 7-109 所示。

从当前文件创建项目：如果想在当前打开的项目文件中创建团队项目，可以使用该选项。只有当前 RP 文件打开时此选项才可用。

获取并打开团队项目：使用该选项可以基于一个已有团队项目创建本地项目副本。

从团队目录获取全部变更：由于实际工作中可能每天都要重复更新多次，所以在开始团队项目工作之前，首先需要获取更新的习惯。

提交所有变更到团队目录：类似保存工作，可以将所有的修改存到本地项目中。

要注意的是选择该选项后，正在编辑的文件仍然处于签出状态。但是，发送所有修改到共享项目位置后，无法撤销签出操作对修改进行撤销。

签出全部：签出整个项目的全部元素，这是一种不明智的操作，Axure RP 会弹出警告对话框，如图 7-110 所示。

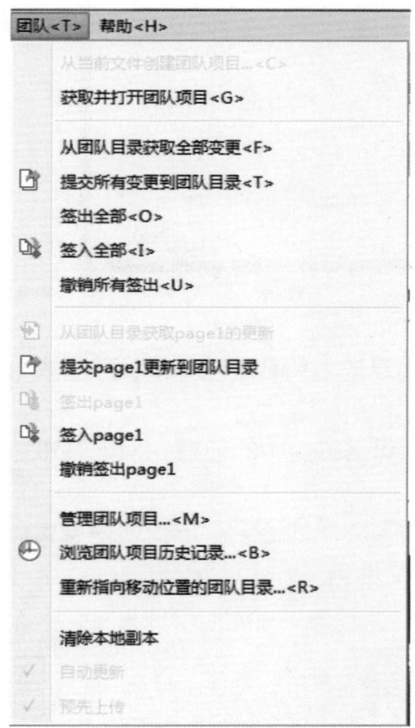

图 7-109

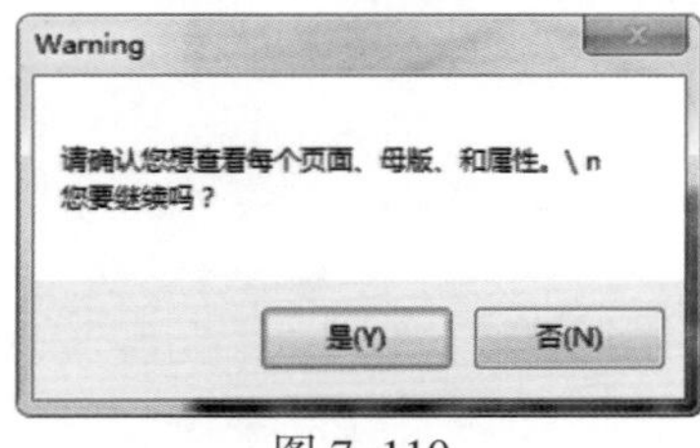

图 7-110

如果需要签出所有元素，需要尽快将元素签入，以免其他成员能够安全签出。

签入全部：将签出的元素全部签入。

撤销所有签出：撤销不想要的项目工作，将受影响的内容恢复到签出前的状态。

从团队项目中获取 page1 的更新：从共享目录中获取修改，适用于所选定的一个页面或母版。

提交 page1 更新到团队目录：发送修改到共享目录中，适用于所选定的一个页面或母版。

签出 page1：适用于所选定的一个页面或母版。

签入 page1：适用于所选定的一个页面或母版。

撤销签出 page1：适用于所选定的一个页面或母版。

管理团队项目：在团队项目环境中，团队中的每个成员在自己的本地计算机上都有一个项目副本，在一天的工作中每个人都会创建一些新的内容，对项目进行修改。选择此命令可以查看团队项目的状态，如图 7-111 所示。

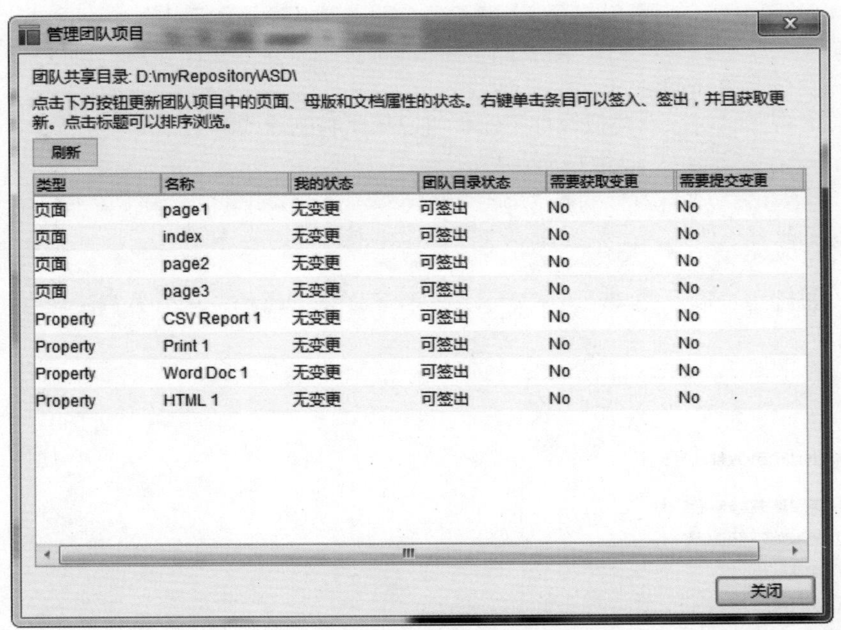

图 7-111

浏览团队项目历史记录：降低丢失工作的风险，只要共享项目所在的 SVN 服务器或者网络共享目录是可靠的，就可以恢复到成员在修改项目之前的任何版本。

重新指向移动位置的团队目录：有时会移动共享目录在网络磁盘中的位置，只要共享位置被完全移动，这样的操作对于团队项目是安全的。

清除本地副本：在 Axure RP 中极少出现未知错误，如果出现的话会弹出错误消息，此时可以尝试对问题进行修复，清除 SVN 特定文件或者获取所修改的文件。

7.7 创建 Axure Share 账号

Axure Share 就是第 2 章向用户介绍的 Ax Share，它用于存放 HTML 原型的 Axure 云主机服务。

Axure Share 目前托管在 Amazon 网络服务平台，是一个相当可靠和安全的云环境。用户可以登录 https://share.axure.com/ 查看。

7.7.1 创建 Axure Share 账号

使用 Axure RP 需要创建一个账号，从 2014 年 5 月开始，Axure Share 就全部免费。每个账号可以创建 100 个项目，每个项目的大小限制为 100MB。用户可以执行“发布 > 登录 Axure 账号”命令，弹出“登录”对话框，如图 7-112 所示。在“登录”对话框中单击“创建账号”按钮，如图 7-113 所示。

用户可以在“创建账号”对话框中创建账号，也可以登录 https://share.axure.com，在网页中创建，如图 7-114 所示。

图 7-112

图 7-113

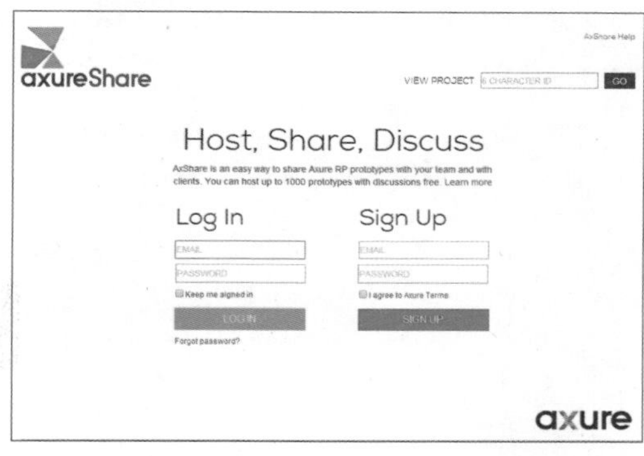

图 7-114

7.7.2 Axure Share 的协作功能

用户可以将原型托管在 Axure Share 上并与利益相关者分享。

- 使用 HTML 原型的讨论功能能让利益相关者与设计团队进行离线讨论。
- 用户可以在 Axure 网站中链接 Axure Share，也可以直接访问 https://share.axure.com。如图 7-115 所示是 Axure Share 的登录页面，如图 7-116 所示是登录后的状态页面。

图 7-115

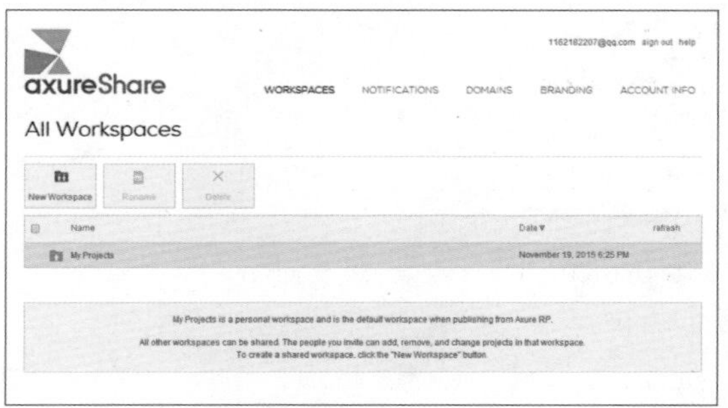

图 7-116

7.7.3 将原型上传到 Axure Share 上

将原型文件存储于 Axure Share 上很简单，需要用户登录账号后进入登录后界面，单击“创建新项目”按钮，如图 7-117 所示。弹出“创建新项目”对话框，如图 7-118 所示。

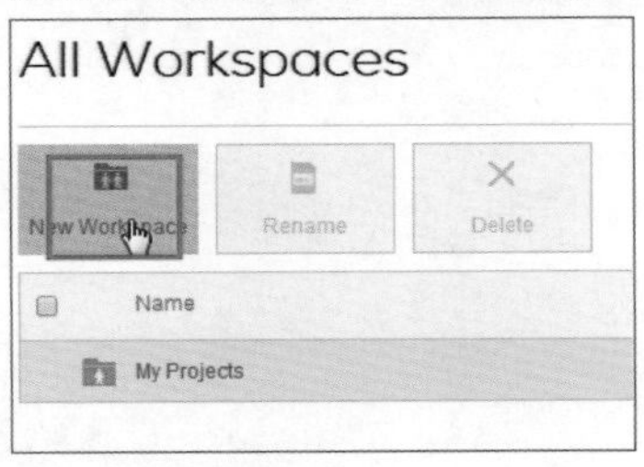

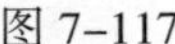
图 7-117

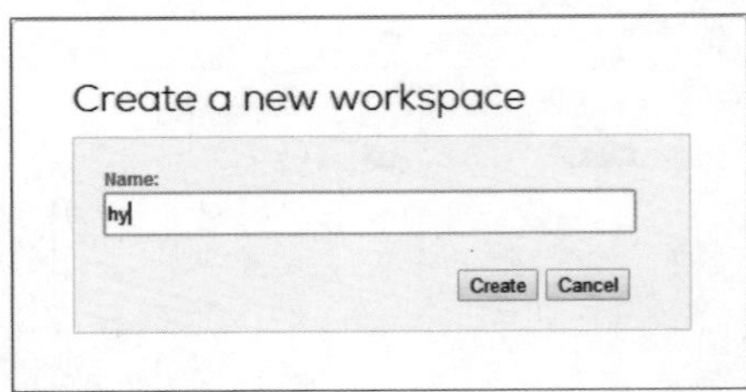

图 7-118

在对话框中输入项目文件夹名称，单击 Create 按钮进行创建，如图 7-119 所示。选中新建的项目文件夹，可以对该项目文件夹进行上传或者编辑项目文件等操作，如图 7-120 所示。

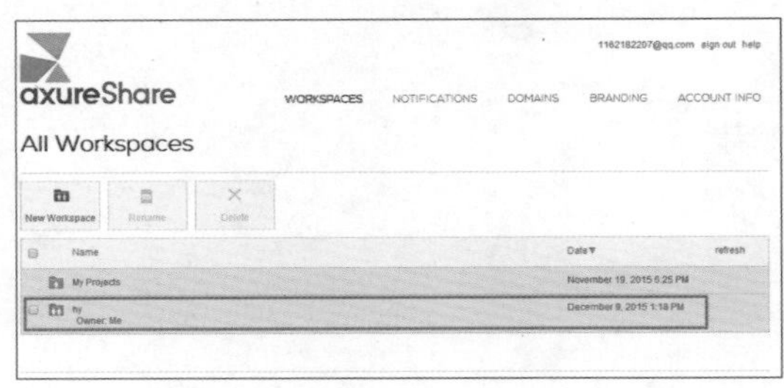

图 7-119

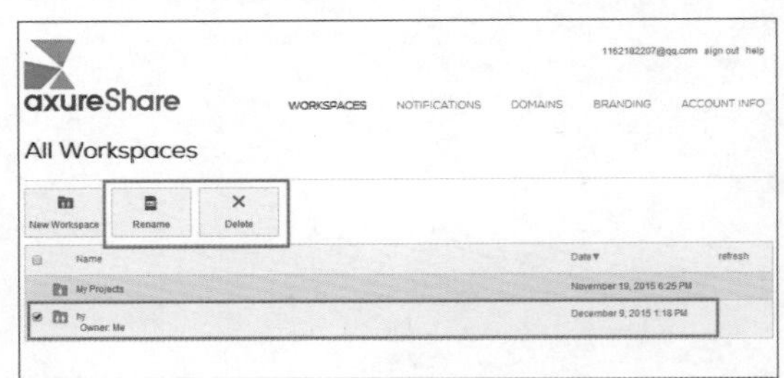

图 7-120

7.7.4 发布到 Axure Share

用户可以在网页中直接创建项目文件夹，也可以将项目上传到 Axure Share 中，执行“发布 > 发布到 Axure Share”命令，弹出“发布到 Axure Share”对话框，如图 7-121 所示。

配置：用于 HTML 输出设置，单击“编辑”按钮即可弹出“生成 HTML”对话框，用户可以对其进行设置，如图 7-122 所示。

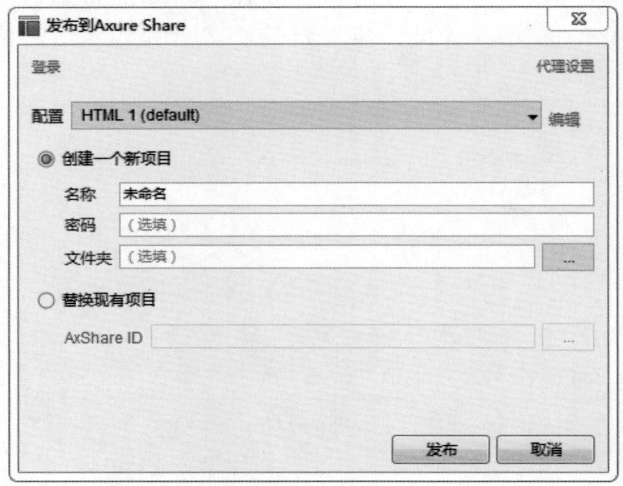

图 7-121

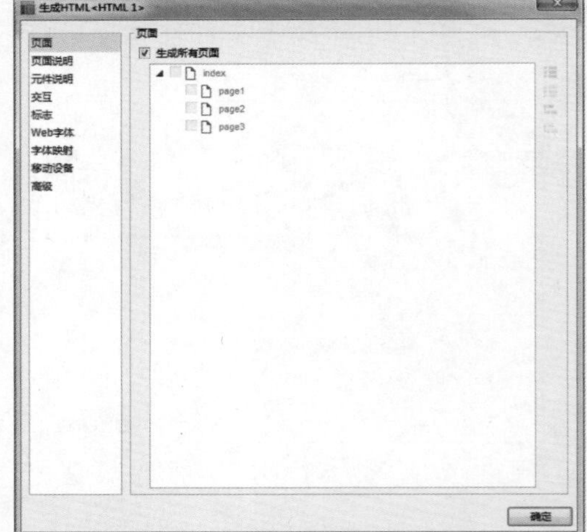

图 7-122

创建一个新项目：需要输入新项目的名称、密码和文件夹，选择文件夹时弹出“登录”对话框，需要用户登录 Axure Share 账号，如图 7-123 所示。如果用户已经登录了账号，可以选择前面一节中创建的项目文件夹，如图 7-124 所示。

图 7-123

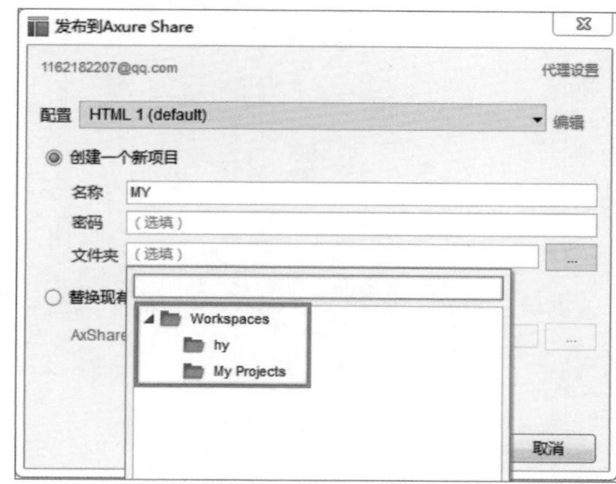

图 7-124

替换现有项目：用新的原型替换原来的原型，但是需要输入原来原型的项目 ID。

7.8 本章小结

本章主要向用户介绍团队项目合作的内容，首先讲解团队项目合作原型存储的公共位置，其次讲解团队项目的制作、获取及发布到 Axure Share 中。重点是团队项目中的签入和签出，只有将绘制完的内容全部签入后，才能使团队合作中的其他成员看到，需要团队成员的合作完成。

7.9 课后练习——单击按钮展开下拉菜单

通过学习团队合作项目，用户应该基本掌握团队合作制作一个大型原型产品时的要点了。接下来完成一个下拉菜单的实例，充分体会 Axure RP 的强大功能。

实战

单击按钮展开下拉菜单

教学视频：视频 \ 第 7 章 \ 单击按钮展开下拉菜单 .mp4
源文件：源文件 \ 第 7 章 \ 单击按钮展开下拉菜单 .rp

下拉菜单很容易被使用到网页中，本实例将制作由按钮控制的下拉菜单，当单击按钮时，弹出下拉菜单效果。实例中主要使用了提交按钮及树状菜单，操作很简单，希望用户可以掌握其中的技巧。

01 新建一个项目文件，在页面中拖曳提交按钮元件及一个树状菜单元件，并为元件重命名。

02 为树状菜单添加子菜单内容。

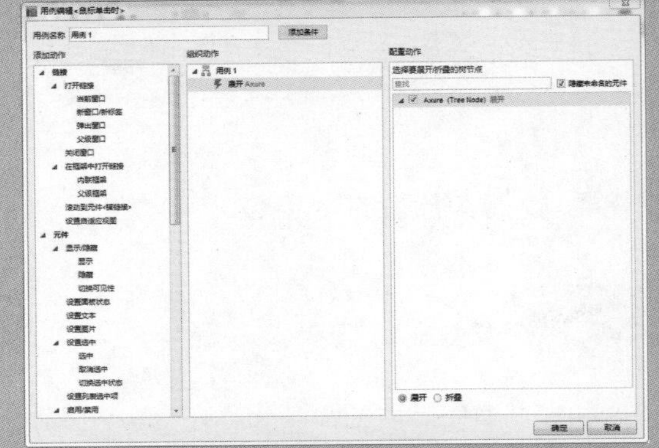

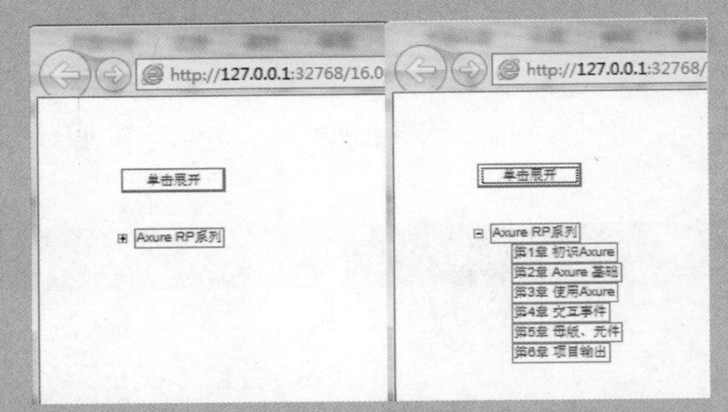

03 为提交按钮元件添加鼠标单击时事件，在“用例编辑”对话框中添加并配置动作。

04 执行“文件 > 保存”命令，将文件保存，执行“预览”命令，查看效果。

第 8 章　综合实例

本章知识点

- 进入百度网站
- 微信 APP

本章演示了使用 Axure RP 制作百度网站的高保真原型，实现网站注册、登录和查看新闻等交互效果。另外还制作了手机微信 APP 原型，让用户可以更深入地了解 Axure RP。

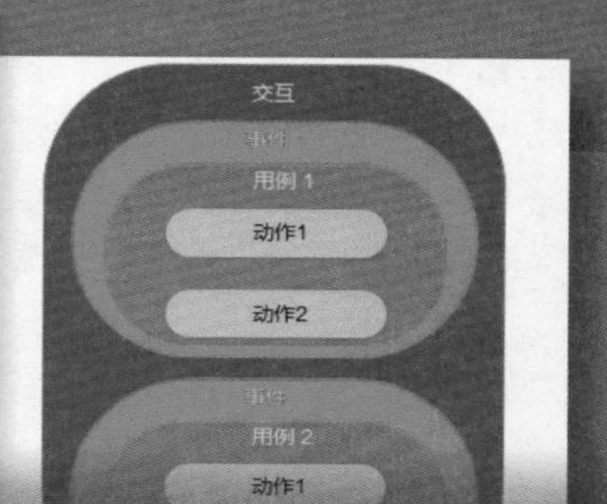

8.1 进入百度

百度的首页内容不多，但功能却非常丰富。首先可以使用 Axure RP 模拟制作整个页面的结构和功能，将一个还不存在的产品逼真地展示出来。多次讨论调整，得到最满意的设计方案后，再安排程序人员开始整个网站的开发工作。

实例 31 百度首页

教学视频：视频 \ 第 8 章 \ 百度首页 .mp4　源文件：源文件 \ 第 8 章 \ 百度首页 .rp

实例分析：

本实例主要通过 Photoshop 和 Axure RP 两个软件制作百度主页的原型，主要应用矩形元件和文本标签元件。制作时需要保持 Axure RP 中的图片尺寸和坐标与在 Photoshop 中一致。

制作步骤：

01 启动 Axure RP 8.0，执行“文件 > 新建”命令，新建一个项目文件，如图 8-1 所示。将 index 页面重命名为主页。启动 Photoshop 软件，打开“素材 \ 第 8 章 \001.jpg”，如图 8-2 所示。

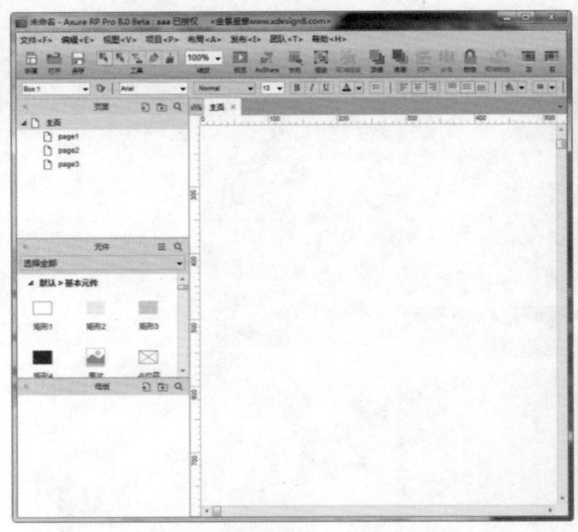

图 8-1

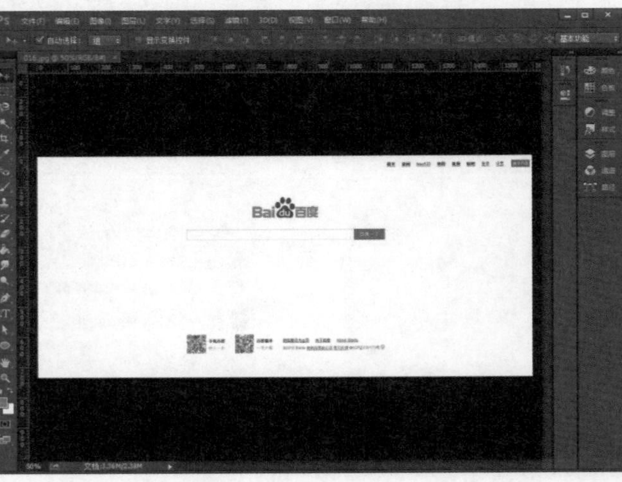

图 8-2

02 执行“图像 > 图像大小”命令，弹出“图像大小”对话框，查看图片的大小，如图 8-3 所示。返回 Axure RP 中，选择主页页面，进入编辑状态，拖入一个矩形元件，调整矩形的坐标为 X0、Y0，尺寸为 W1596、H735，填充颜色为白色，设置边框为无，取消保持宽高比例，如图 8-4 所示。

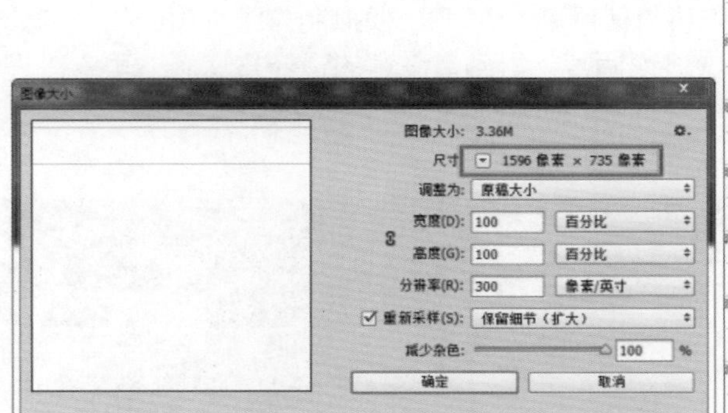

图 8-3

图 8-4

本例使用了 Photoshop 和 Axure RP 两个软件相结合制作网页原型，相关知识点在第 3 章中已详细讲解。PSD 格式的文件只是为了便于测量，不参与制作。

03 返回 Photoshop 中，打开“信息”面板，如图 8-5 所示。拖出辅助线测量百度 Logo 和搜索栏的尺寸，如图 8-6 所示。

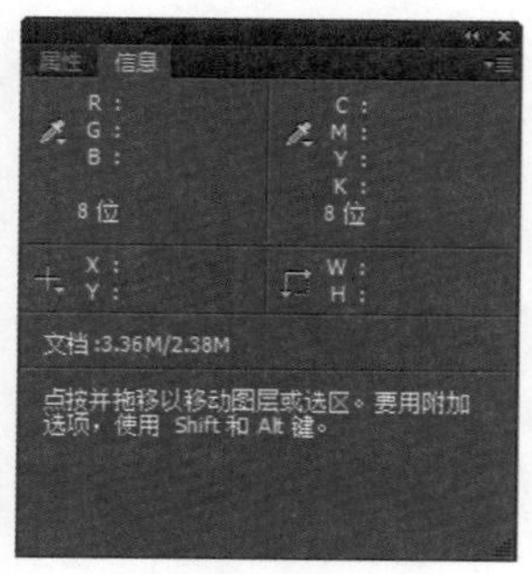

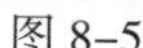

图 8-5

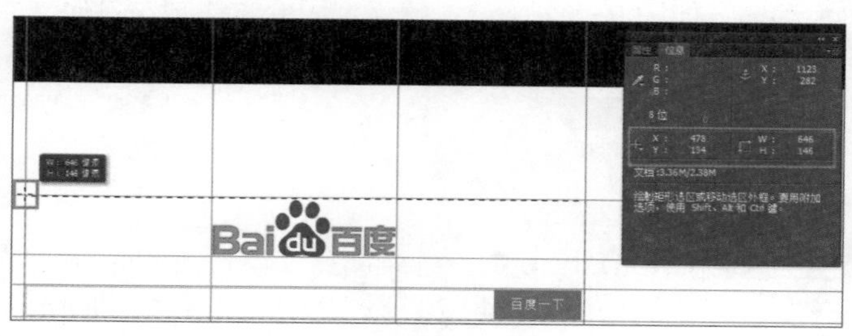

图 8-6

04 用户可以在信息面板上查看百度 Logo 的坐标为 X478、Y134，尺寸为 W646、H146。返回 Axure RP 中，拖入一个图片元件，设置图片坐标为 X478、Y134，尺寸为 W646、H146，如图 8-7 所示。使用相同的方法再次拖入一个图片元件，效果如图 8-8 所示。

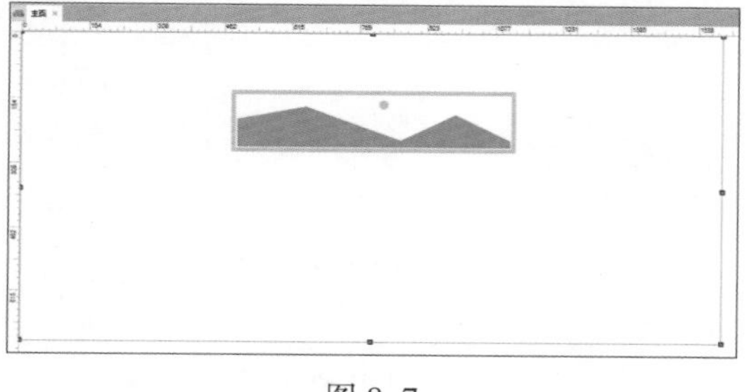

图 8-7

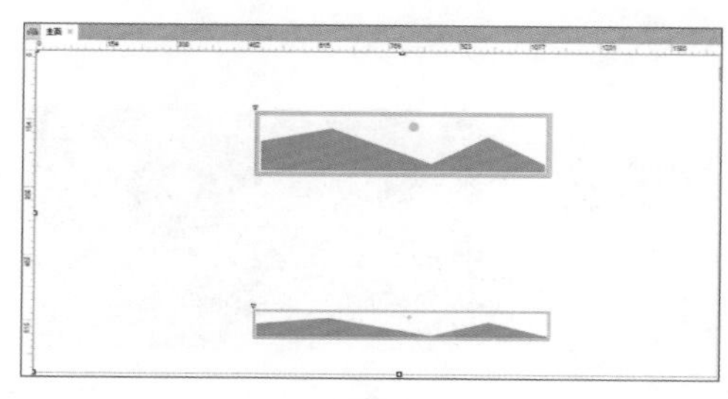

图 8-8

提示 测量的是图片的起始坐标，不是结束坐标，如果记录的是结束坐标，在 Axure RP 中将不能作为坐标使用。

05 选中第一个图片元件，导入“素材 \ 第 8 章 \002.jpg”图片，将该图片重命名为百度 Logo，如图 8-9 所示。继续导入“素材 \ 第 8 章 \003.jpg”图片，将该图片重命名为底栏，如图 8-10 所示。

图 8-9

图 8-10

06 将拖入的元件全部锁定，继续拖入一个文本标签元件，设置字体为 Arial，字号为 14，显示文本为糯米，如图 8-11 所示。使用相同的方法制作其他文本标签元件，如图 8-12 所示。

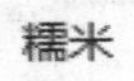

糯米

图 8-11

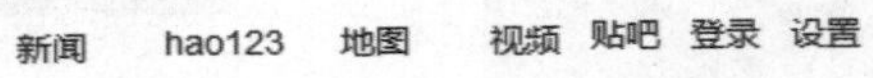

新闻　hao123　地图　视频　贴吧　登录　设置

图 8-12

07 返回 Photoshop 中，继续测量文本标签的坐标，如图 8-13 所示。返回 Axure RP 中，调整糯米文本标签的坐标为 X1126、Y22，如图 8-14 所示。

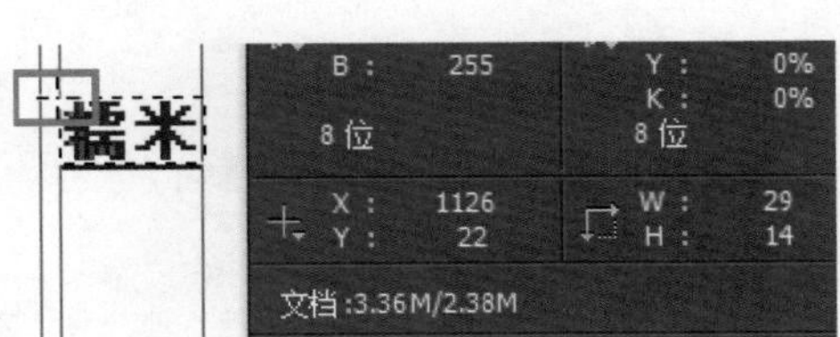

图 8-13

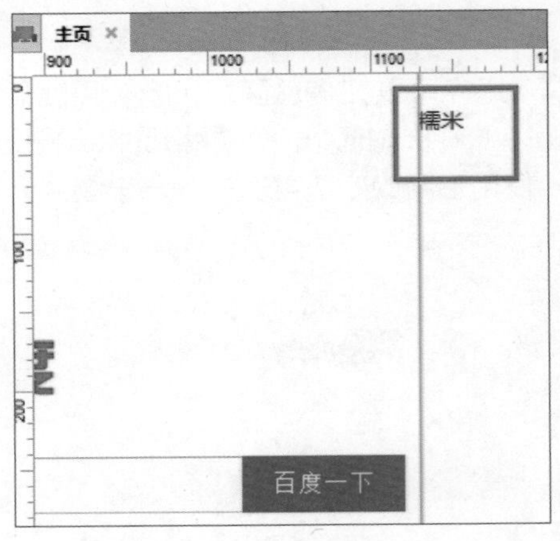

图 8-14

08 使用相同的方法调整其他文本标签的坐标，如图 8-15 所示。选中糯米文本标签，单击“属性”标签下的“交互样式设置”中的“鼠标悬停”选项，如图 8-16 所示。

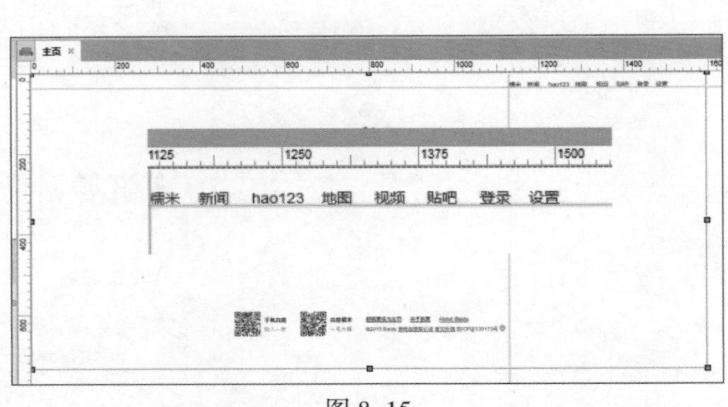

图 8-15

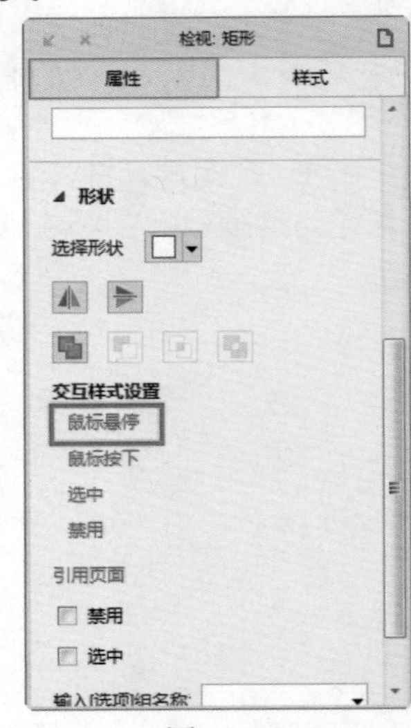

图 8-16

09 弹出“设置交互样式”对话框，设置参数如图 8-17 所示。使用相同的方法将其他的文本标签设置相同的交互样式，属性标签如图 8-18 所示。

10 继续拖入一个矩形元件，设置填充颜色为 #66666，边框颜色为无，坐标为 X1128、Y36，尺寸为 W29、H4，如图 8-19 所示。使用相同的方法制作其他矩形元件，将制作的小矩形元件进行编组，如图 8-20 所示。

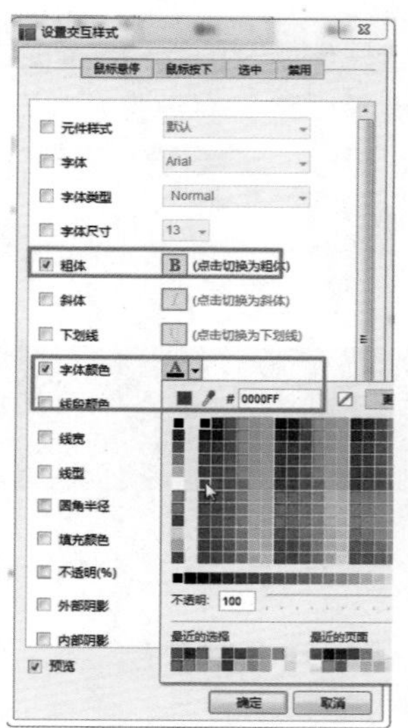

图 8-17

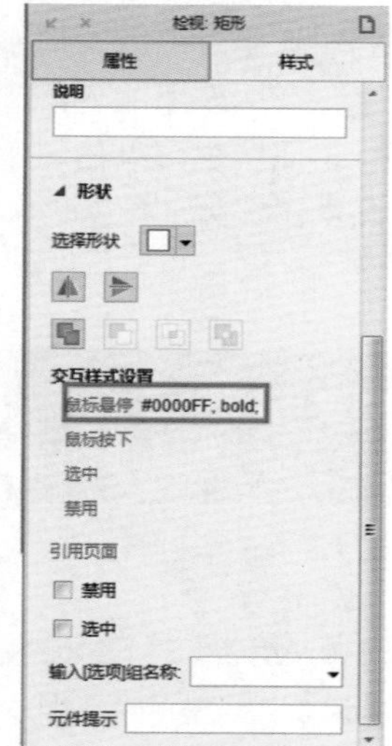

图 8-18

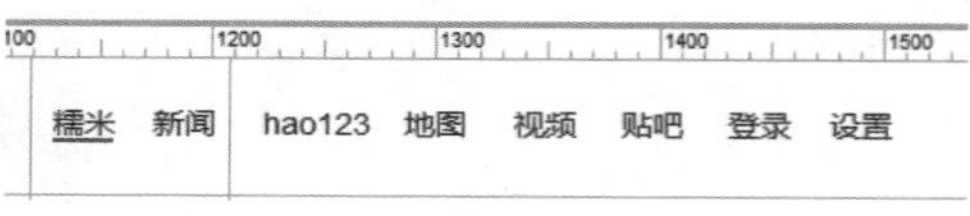

图 8-19

图 8-20

11 继续拖入一个矩形元件，设置其坐标为 X1528、Y17，尺寸为 W60、H24，填充颜色为 #3287FF，边框为无，如图 8-21 所示。设置字体颜色为白色，字号为 13，输入文本，效果如图 8-22 所示。

设置 

图 8-21

设置 更多产品

图 8-22

12 完成百度主页的制作，概要面板如图 8-23 所示。最终效果如图 8-24 所示。

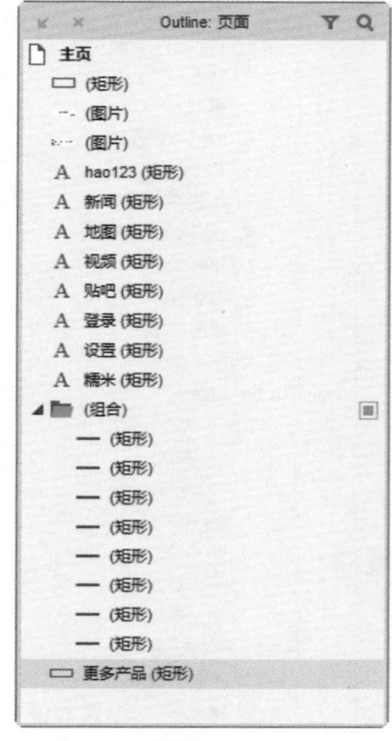

图 8-23

图 8-24

为了让用户可以清楚、详细地知道制作的内容，这里将所有的元件名称以中文名称命名，在后面添加变量动作时会影响配置，可以在配置时将名称更改为字母或数字的名称。用户也可以在制作时直接以字母或数字命名，但是一定要记住元件的内容，以免后面不能完成配置。

实例 32 登录百度账号

教学视频：视频 \ 第 8 章 \ 登录百度账号 .mp4　源文件：源文件 \ 第 8 章 \ 登录百度账号 .rp

实例分析：

本实例主要使用了动态面板元件制作弹出对话框效果，在其中运用了很多热区元件，使用热区元件可以减少原型制作的时间。本例的重点在于通过动态面板的嵌套实现页面的切换效果，需要用户用心制作。

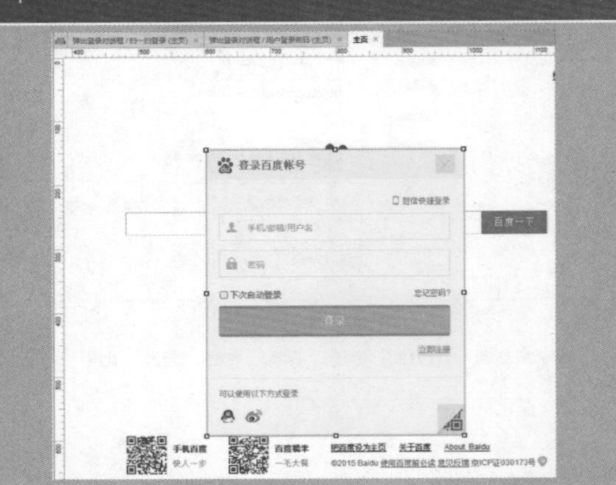

制作步骤：

01 继续实例 31 的制作，打开百度首页项目文件，在主页中拖入一个动态面板，调整面板的坐标为 X602、Y145，尺寸为 W392、H449，如图 8-25 所示。将该动态面板重命名为弹出登录对话框，如图 8-26 所示。

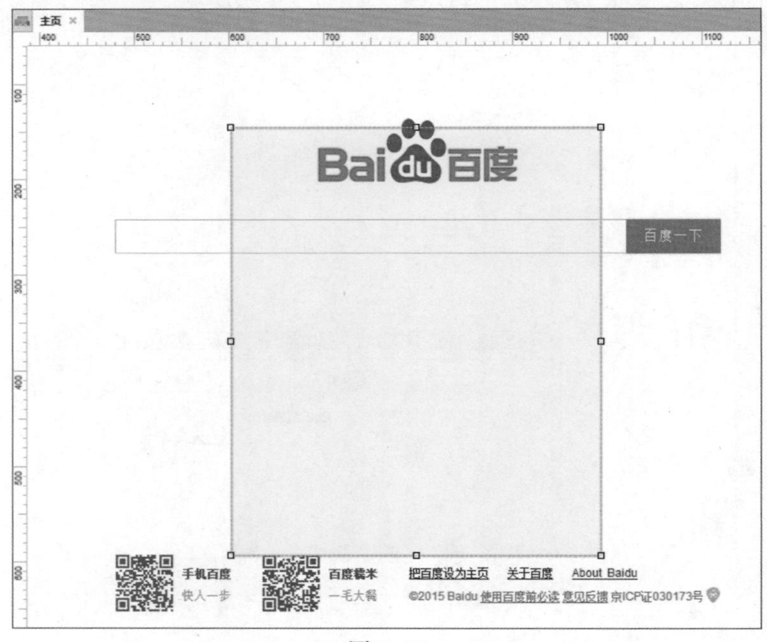

图 8-25

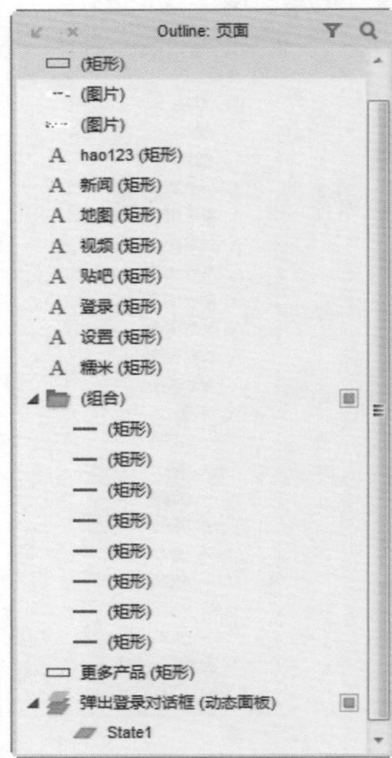

图 8-26

02 双击该动态面板，弹出“动态面板状态管理”对话框，设置页面名称，如图 8-27 所示。进入用户登录密码状态页，如图 8-28 所示。

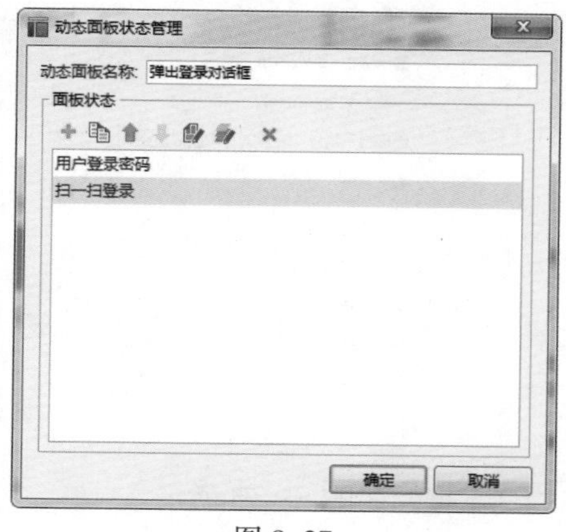

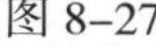
图 8-27

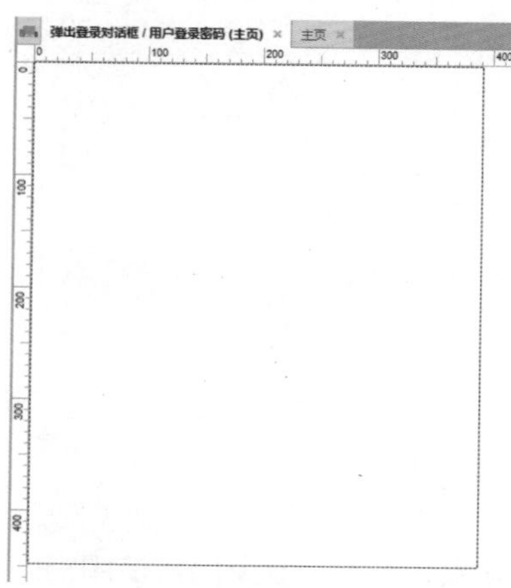
图 8-28

03 在该页面中拖入一个图片元件，导入“素材 \ 第 8 章 \004.jpg”图片，调整图片的坐标为 X0、Y0，尺寸 W392、H449，如图 8-29 所示。继续拖入一个热区元件，调整热区的坐标为 X348、Y9，尺寸 W30、H30，如图 8-30 所示。

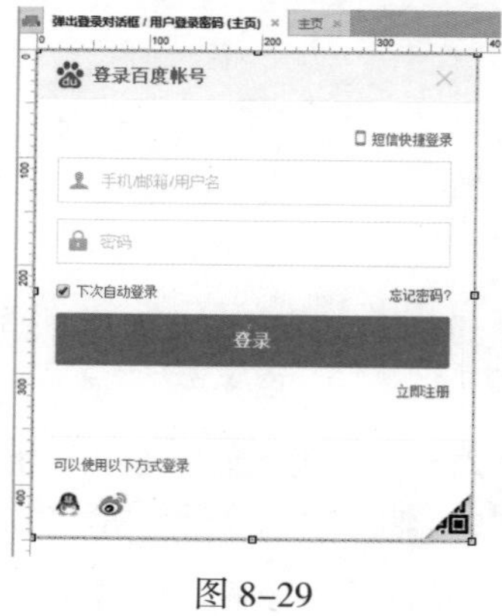

图 8-29

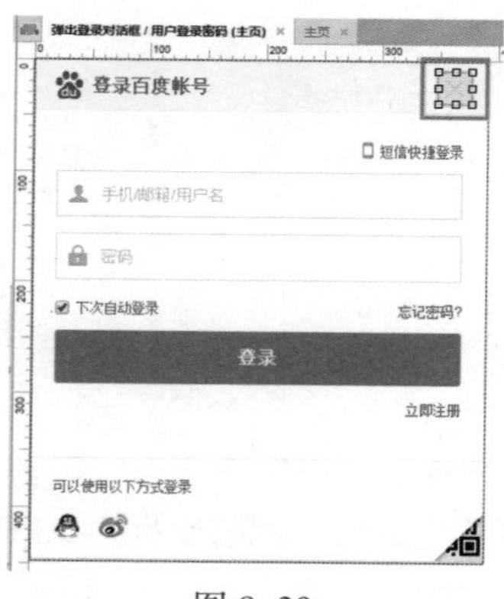

图 8-30

04 使用相同的方法继续拖入一个热区元件，调整坐标及尺寸，如图 8-31 所示。使用相同的方法继续拖入一个热区元件，如图 8-32 所示。

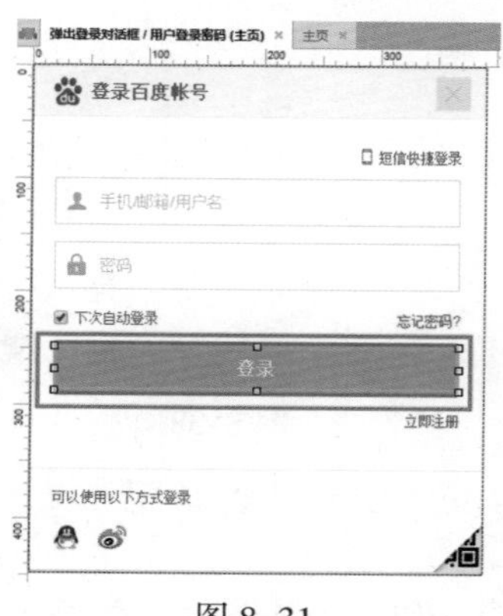

图 8-31

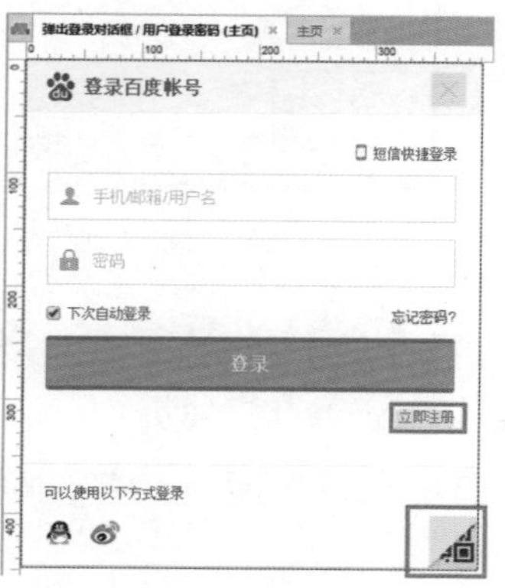

图 8-32

05 继续拖入一个文本框元件，调整文本框的坐标为 X60、Y104，尺寸 W300、H35，如图 8-33

所示。选中该文本框，重命名为输入手机邮箱，调整文本框中的属性，如图 8-34 所示。

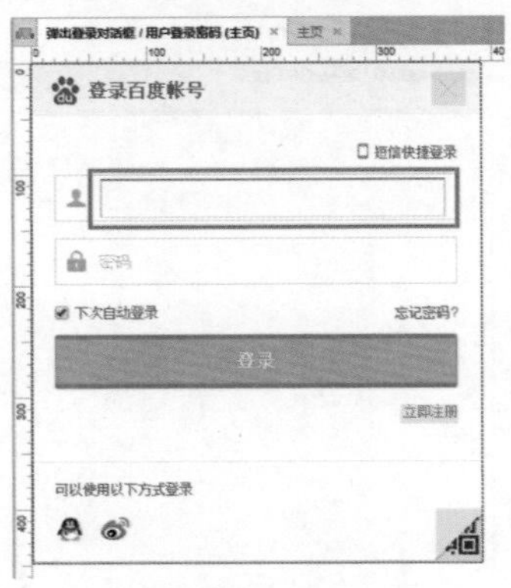

图 8-33

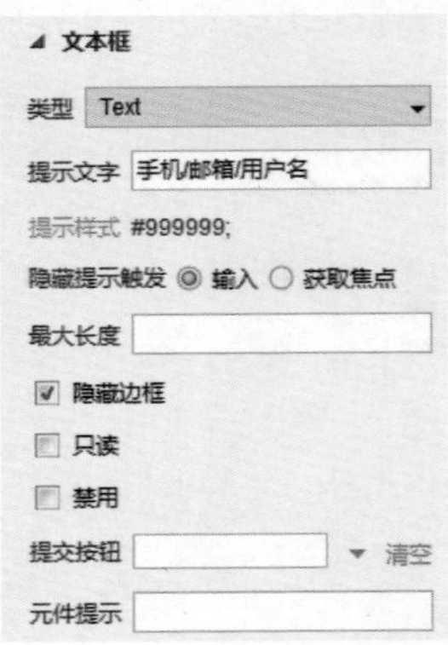

图 8-34

06 效果如图 8-35 所示。使用相同的方法制作相似的文本框，如图 8-36 所示。

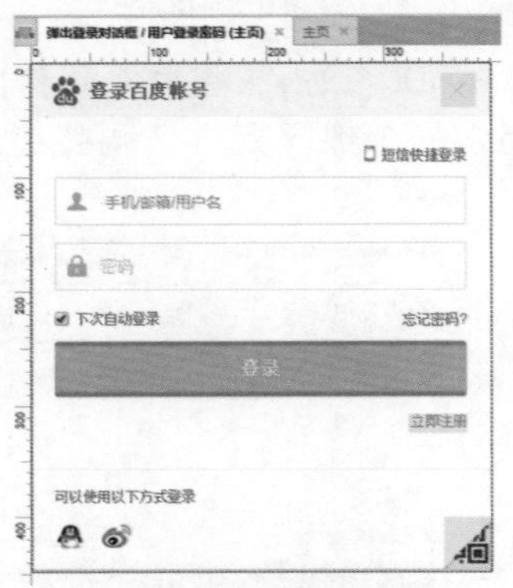

图 8-35

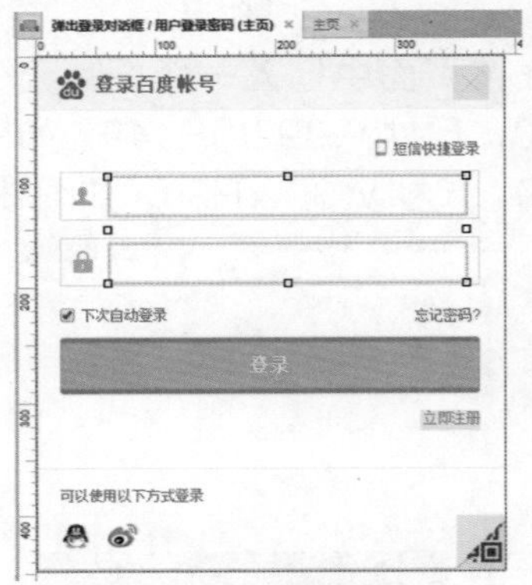

图 8-36

07 继续拖入一个矩形元件，设置填充颜色为白色，边框为无，覆盖在如图 8-37 所示的位置。拖入一个复选框元件，调整坐标为 X20、Y219，尺寸为 W116，输入如图 8-38 所示的文本内容。

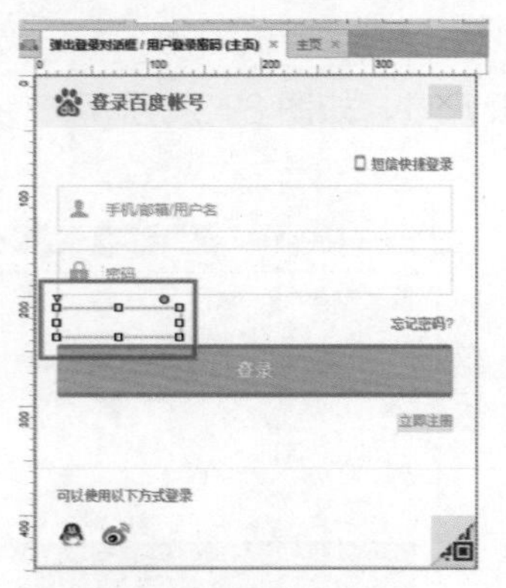

图 8-37

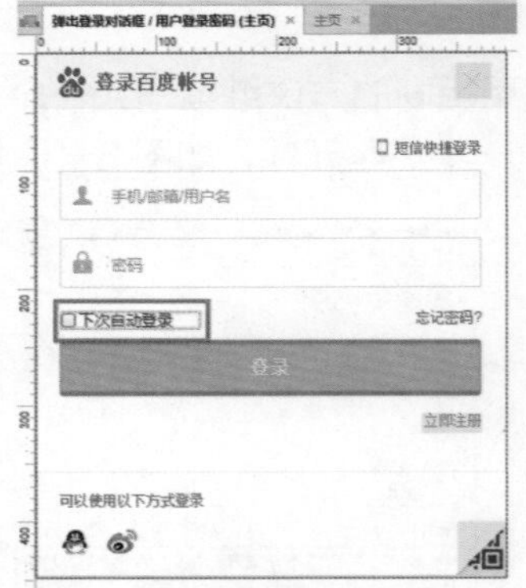

图 8-38

08 将拖入的元件分别重命名，概要面板如图 8-39 所示。进入扫一扫登录状态页面，如图 8-40 所示。

09 在该页面中拖入一个图片元件，导入“素材 \ 第 8 章 \005.jpg”图片，调整图片的坐标为 X0、Y0，尺寸为 W392、H449，如图 8-41 所示。继续拖入多个热区元件，分别调整坐标及尺寸，如图 8–42 所示。

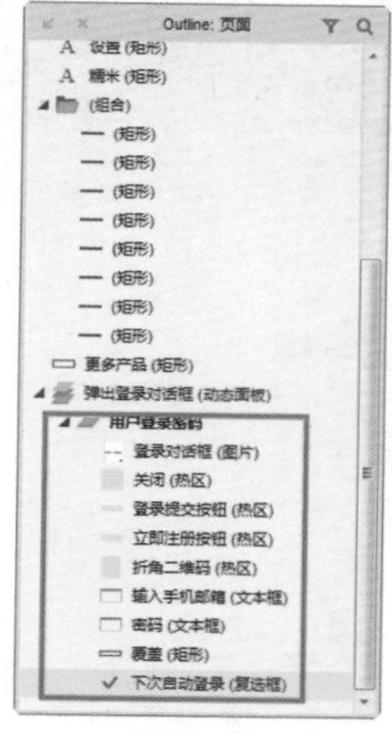
图 8–39

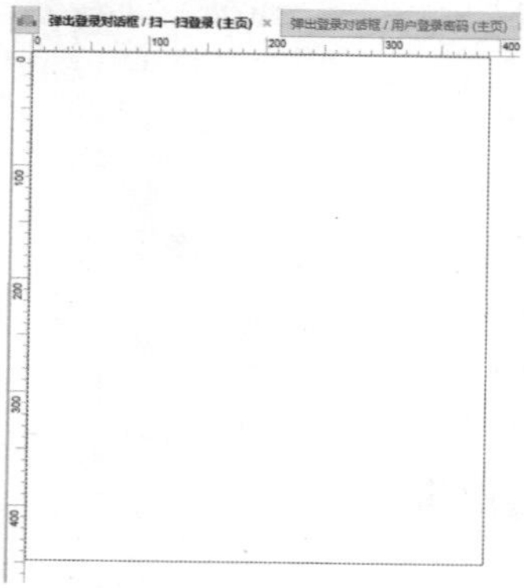

图 8–40

图 8–41

图 8–42

10 将拖入的全部元件重命名，如图 8–43 所示。返回主页页面，如图 8–44 所示。将制作的文件保存，完成实例的制作。

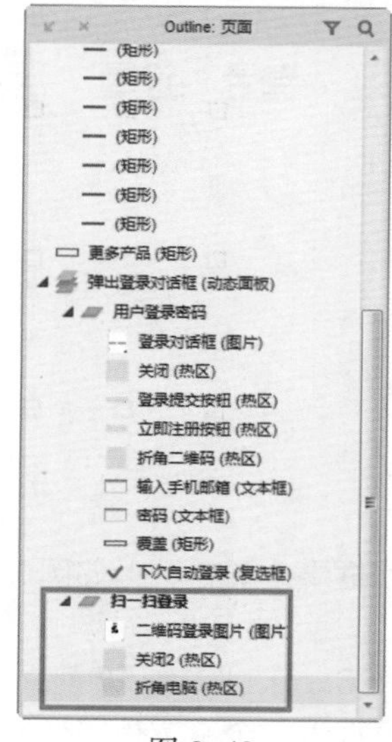
图 8–43

图 8–44

实例 33 设置下拉菜单和更多产品下拉菜单

教学视频：视频 \ 第 8 章 \ 设置下拉菜单和更多产品下拉菜单 .mp4
源文件：源文件 \ 第 8 章 \ 设置下拉菜单和更多产品下拉菜单 .rp

实例分析：

本实例主要使用了动态面板元件制作滑动效果，通过设置交互样式实现鼠标移动上去后改变颜色的效果。添加交互效果的页面，需要保存并输出后才能查看效果。

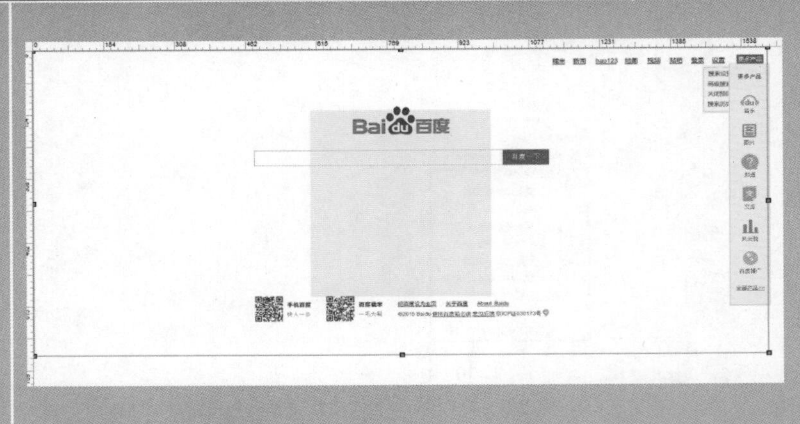

制作步骤：

01 继续实例 32 的制作，打开登录百度账号项目文件，进入主页页面的编辑区，页面效果如图 8-45 所示。在该页面中继续拖入一个动态面板元件，调整面板的坐标为 X1454、Y42，尺寸为 W77、H115，如图 8-46 所示。

图 8-45

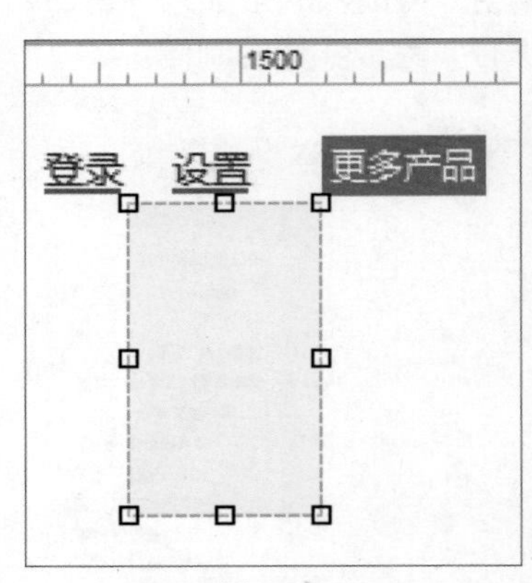

图 8-46

02 双击该动态面板，在弹出的“动态面板状态管理”对话框中设置参数，如图 8-47 所示。进入子菜单 1 状态页面，如图 8-48 所示。

03 在该页面中拖入一个图片元件，导入“素材 \ 第 8 章 \006.jpg”图片，调整坐标为 X1454、Y42，尺寸为 W77、H115，如图 8-49 所示。在该页面中继续拖入一个文本标签元件，设置为字体 Arial，字号为 13，颜色为 333333，样式为 Box 1*，覆盖在图片上，效果如图 8-50 所示。

图 8-47

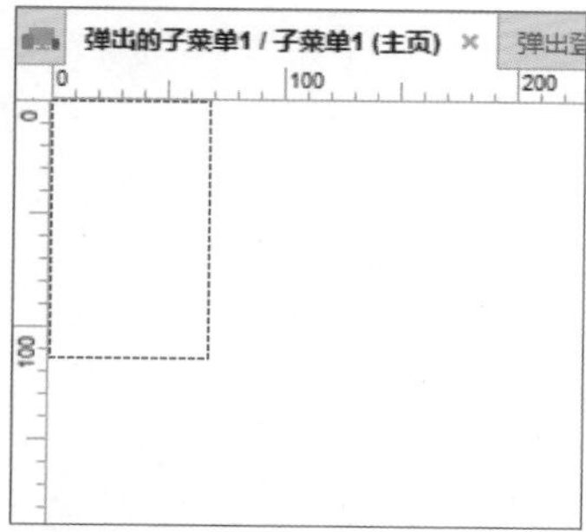

图 8-48

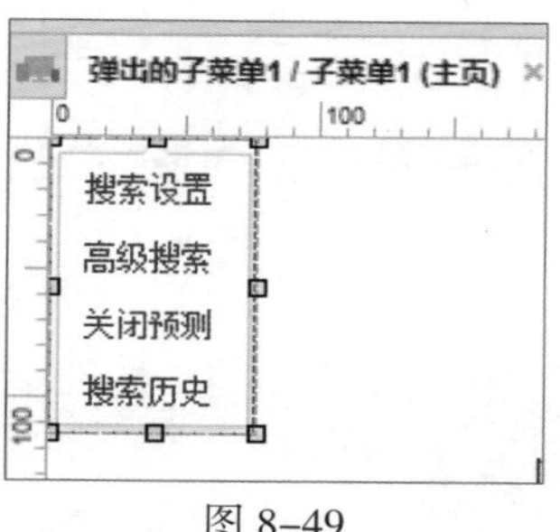

图 8-49

图 8-50

用户也可以针对该步骤创建样式，以便在后面制作相同效果时，直接对元件应用样式即可。

04 选中文本标签，单击“属性”标签下的“交互样式设置”中的“鼠标悬停”选项，设置各项参数，如图 8-51 所示，效果如图 8-52 所示。

图 8-51

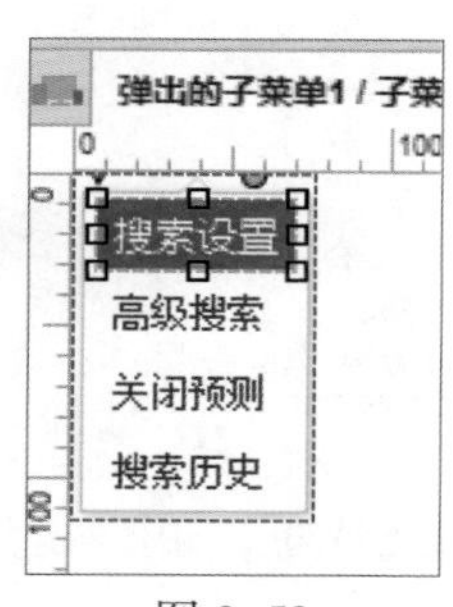

图 8-52

05 使用相同的方法制作其他文字标签，并覆盖在文字上，如图 8–53 所示。概要面板如图 8–54 所示。

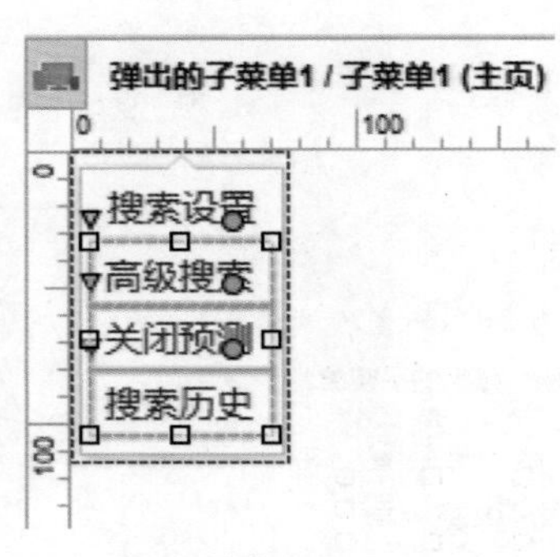

图 8–53

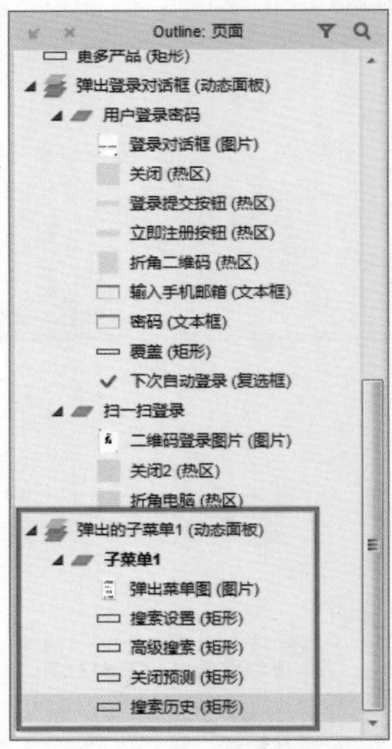

图 8–54

提示

再次提示用户在制作元件时一定要为元件重命名，以免在后面应用交互时找不到元件。

06 返回主页页面中，效果如图 8–55 所示。选中制作的“弹出登录对话框”动态面板，将该面板隐藏，在该页面中继续拖入一个动态面板，调整其坐标为 X1511、Y39，尺寸 W90、H582，如图 8–56 所示。

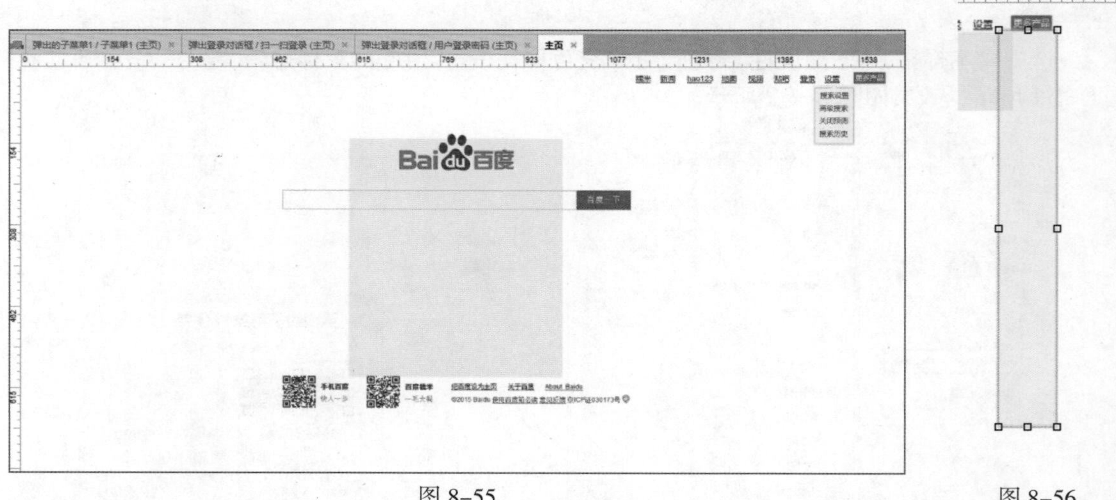

图 8–55

图 8–56

07 双击该动态面板，弹出“动态面板状态管理”对话框，如图 8–57 所示。进入子菜单 2 状态页面，如图 8–58 所示。

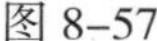

图 8-57

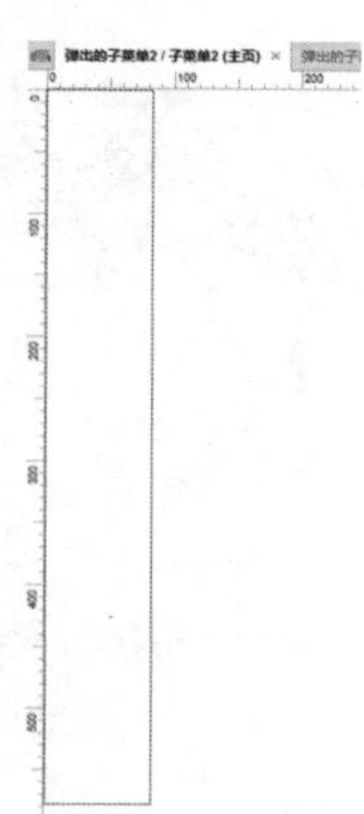

图 8-58

08 在该页面中拖入一个图片元件，导入“素材 \ 第 8 章 \006.jpg”图片，如图 8-59 所示。将制作的元件重命名，概要面板如图 8-60 所示。

图 8-59

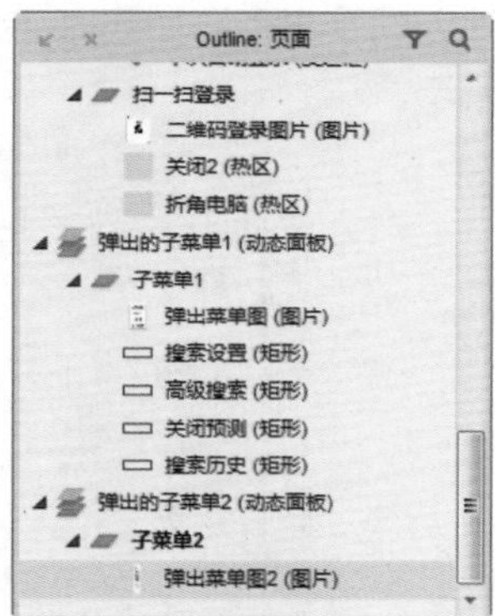

图 8-60

09 返回主页页面，效果如图 8-61 所示。将制作的“弹出的子菜单 2”动态面板隐藏，将制作的文件保存，完成实例的制作，如图 8-62 所示。

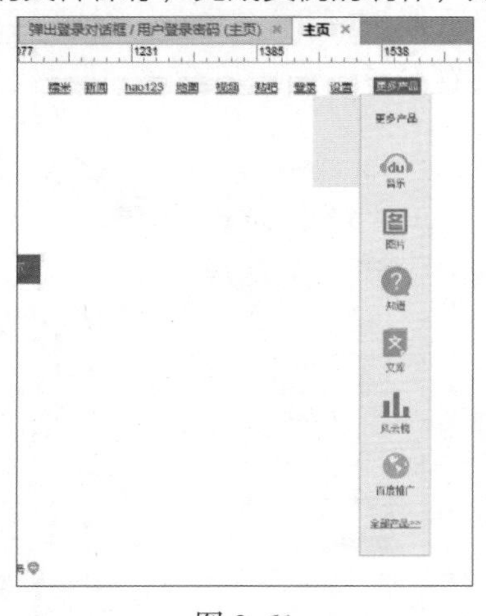

图 8-61

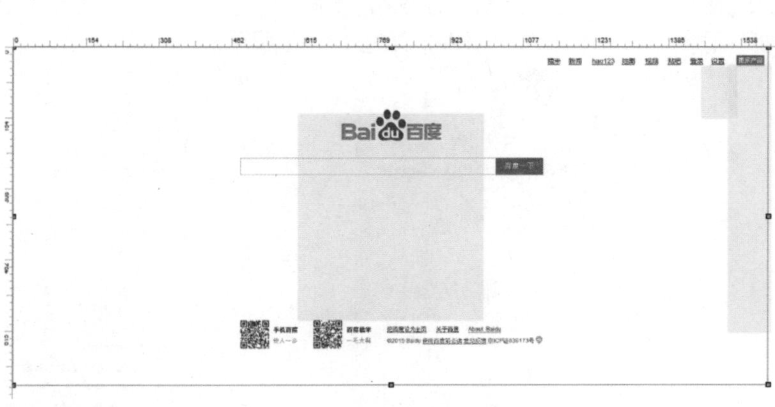

图 8-62

实例 34 为百度主页添加交互事件

教学视频：视频 \ 第 8 章 \ 为百度主页添加交互事件 .mp4

源文件：源文件 \ 第 8 章 \ 为百度主页添加交互事件 .rp

实例分析：

本实例中，将为前面制作的所有内容添加交互事件，用户需要注意的是，在交互事件中配置动作时，需要选择正确的元件才能实现。因为实例中的元件较多，需要用户仔细配置动作。

制作步骤：

01 继续实例 33 的制作，打开项目文件，在概要面板中选择“更多产品”元件，在交互事件中选择“鼠标移入时”事件，如图 8-63 所示。弹出“用例编辑”对话框，添加显示动作并配置动作，如图 8-64 所示。

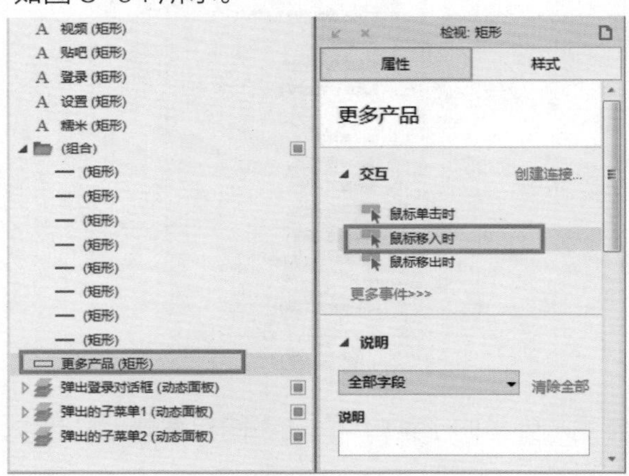

图 8-63

图 8-64

02 单击“确定”按钮，回到主页页面，检视面板如图 8-65 所示。在概要面板中选择“登录”元件，为其添加“鼠标单击时”事件，如图 8-66 所示。

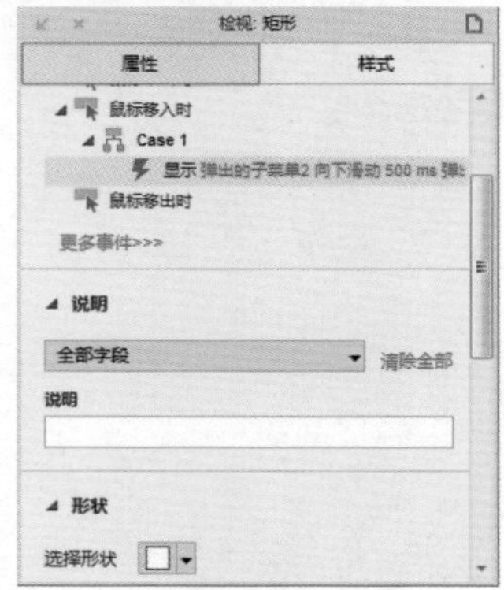

图 8-65

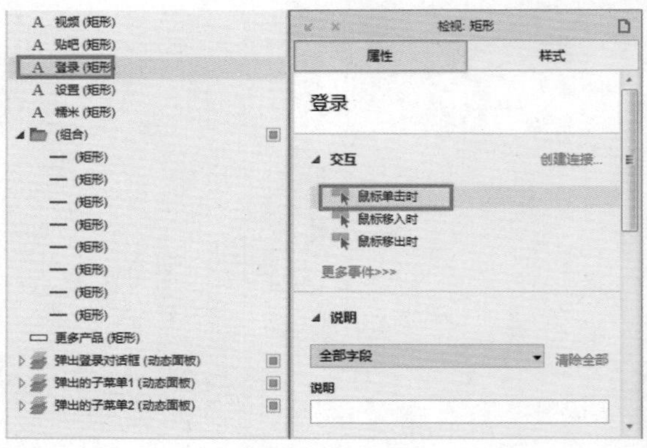

图 8-66

03 弹出“用例编辑”对话框，添加显示动作并配置动作，如图 8-67 所示。单击“确定”按钮，回到主页页面，检视面板如图 8-68 所示。

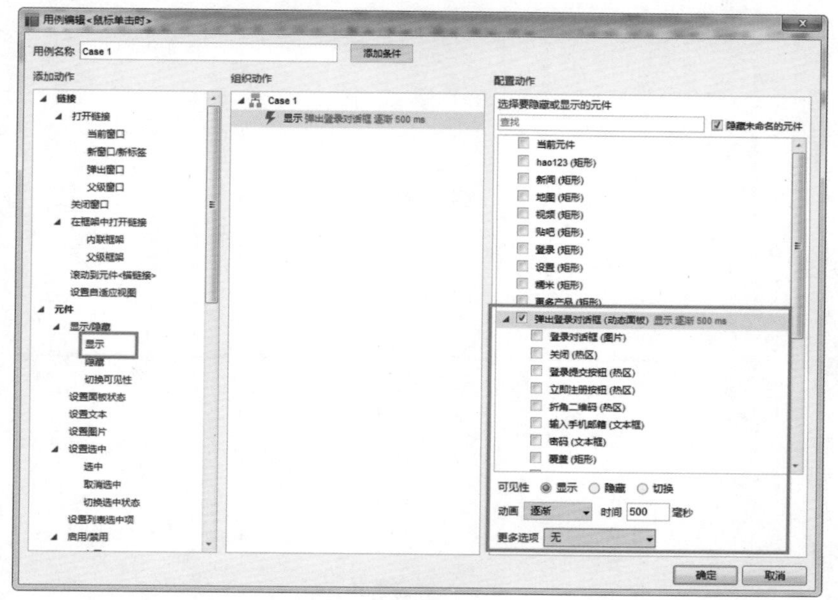

图 8-67

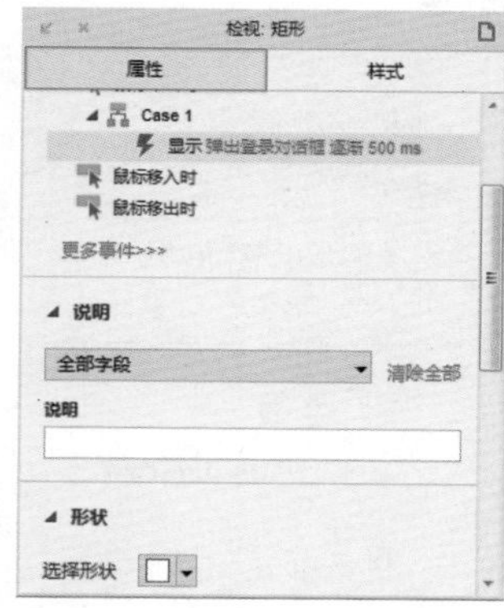

图 8-68

04 在概要面板中选择“设置”元件，在交互事件中选择“鼠标移入时”事件，如图 8-69 所示。弹出“用例编辑”对话框，添加显示动作并配置动作，如图 8-70 所示。

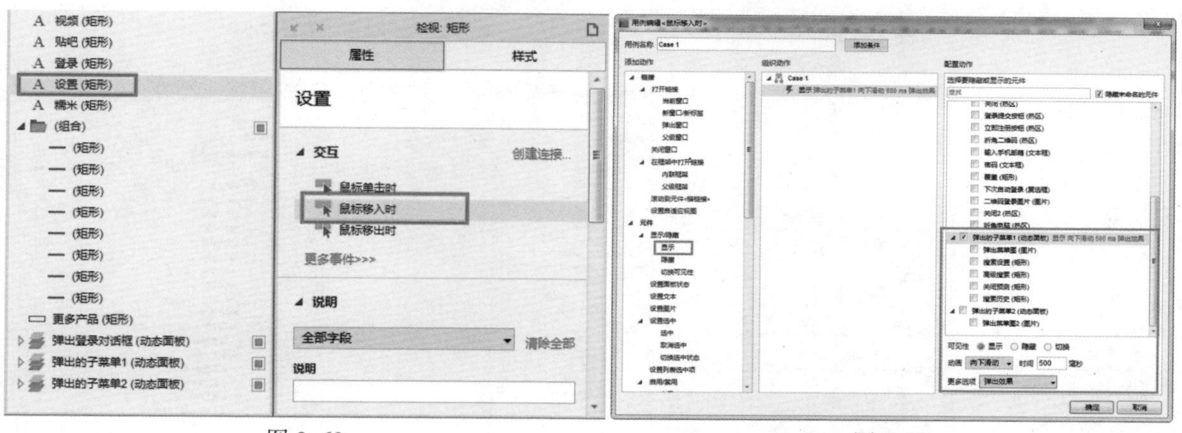

图 8-69 图 8-70

05 单击“确定”按钮，返回主页页面，检视面板如图 8-71 所示。执行“发布 > 预览”命令，效果如图 8-72 所示。

06 将光标移动到更多产品标签或者设置标签上，看到如图 8-73 所示的效果。单击“登录”标签，弹出“登录百度账号”对话框，如图 8-74 所示。

07 返回 Axure RP 项目文件中继续操作，在概要面板中选择“弹出登录对话框”动态面板中的“关闭”元件，在交互事件中选择“鼠标单击时”事件，如图 8-75 所示。在弹出的“用例编辑”对话框中添加隐藏动作并配置动作，如图 8-76 所示。

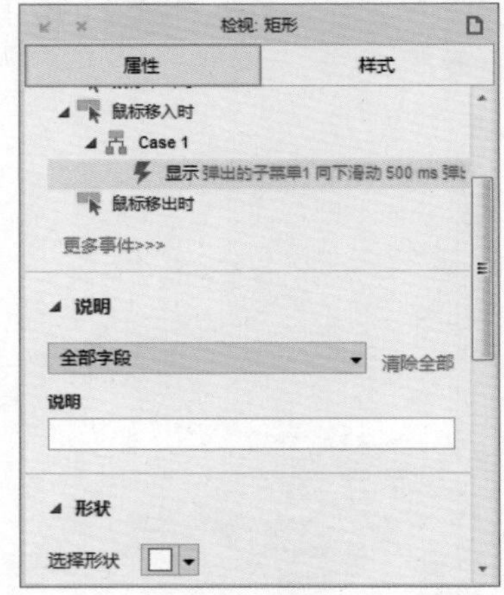

图 8–71

图 8–72

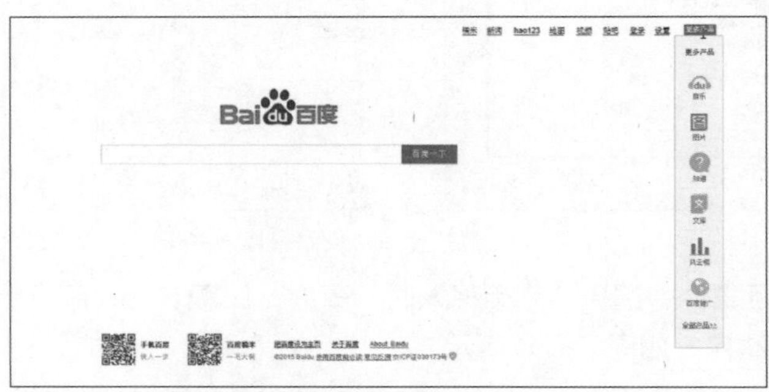

图 8–73

图 8–74

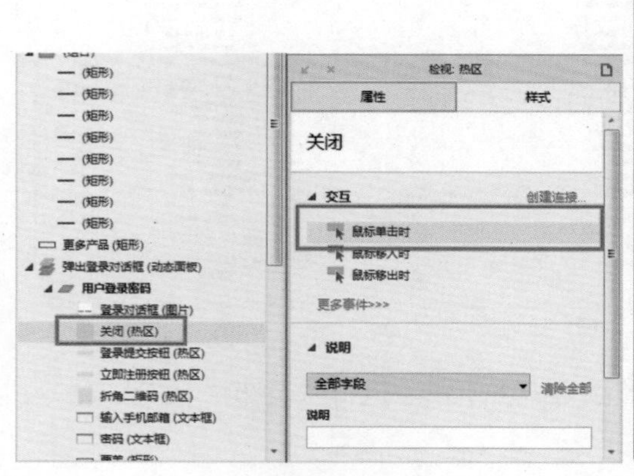

图 8–75

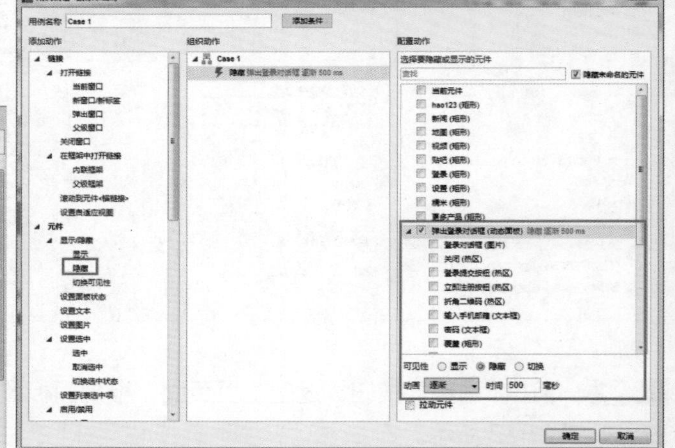

图 8–76

08 单击“确定”按钮，回到页面中，检视面板如图 8–77 所示。继续选择“折角二维码”元件，在交互事件中选择“鼠标单击时”事件，如图 8–78 所示。

09 在弹出的“用例编辑”对话框中，添加设置动态面板动作并配置动作，如图 8–79 所示。单击“确定”按钮，返回页面中，检视面板如图 8–80 所示。

10 在概要面板中继续选择“扫一扫登录”动态面板中的“关闭 2”元件，在交互事件中选择“鼠标单击时”事件，如图 8–81 所示。在弹出的“用例编辑”对话框中添加隐藏动作并配置动作，如图 8–82 所示。

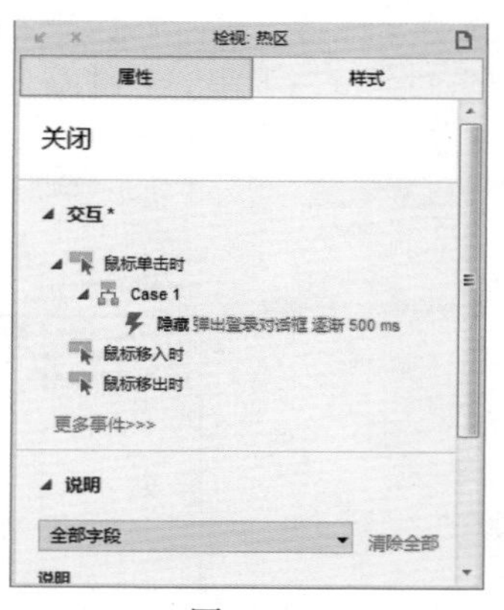

图 8–77

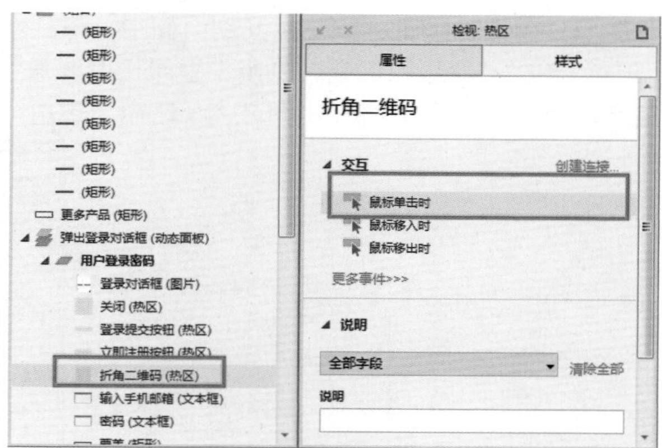

图 8–78

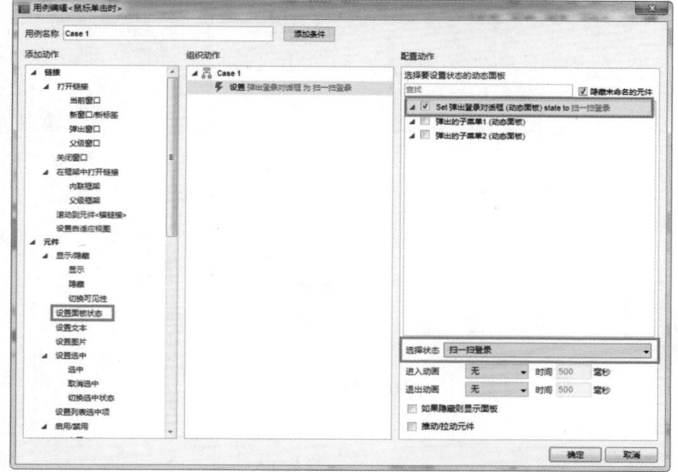

图 8–79

图 8–80

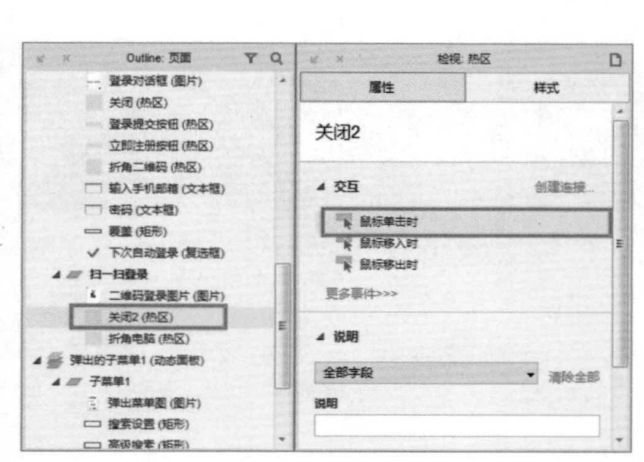

图 8–81

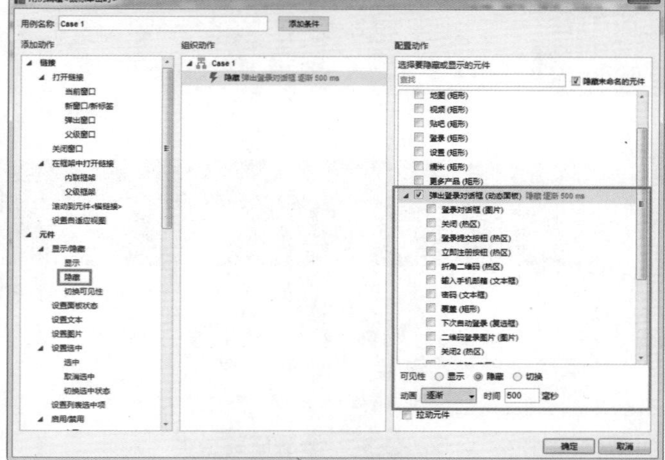

图 8–82

11 单击“确定”按钮，回到页面中。在概要面板中继续选择“折角电脑”元件，在交互事件中选择“鼠标单击时”事件，如图 8–83 所示。在弹出的“用例编辑”对话框中添加隐藏动作并配置动作，如图 8–84 所示。

12 单击“确定”按钮，回到页面中，将制作的项目文件保存。执行“发布 > 预览”命令，查看效果，单击“登录”标签，弹出“登录百度账号”对话框，单击对话框右下角的二维码，即可切换到二维码登录，如图 8-85 和图 8-86 所示。单击“关闭”按钮，即可将对话框关闭。

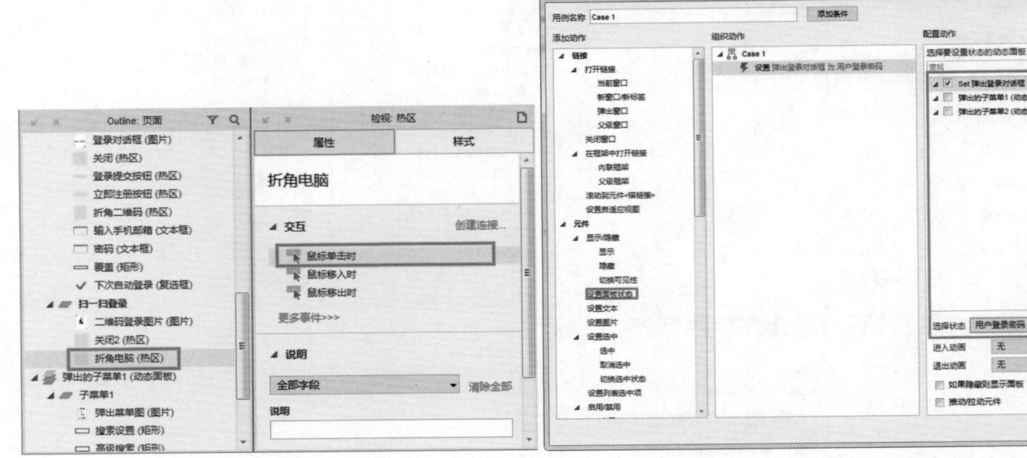

图 8-83　　图 8-84

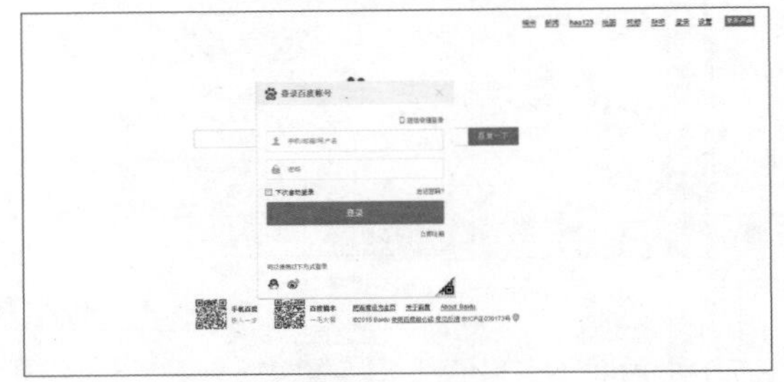

图 8-85

图 8-86

在此实例中添加了多个交互动作，也进行了多次预览查看操作。用户在制作较大的原型时，也需要边做边进行查看，查看效果是否是自己需要的，以避免在全部制作完成后再测试，出现无法弥补的错误。

实例 35 登录后的页面内容 1

教学视频：视频 \ 第 8 章 \ 登录后的页面内容 1.mp4

源文件：源文件 \ 第 8 章 \ 登录后的页面内容 1.rp

实例分析：

本实例主要是制作一个包含多个页面的原型。使用交互事件将两个页面前后链接，实现弹出效果。通常在制作这种较为复杂的原型时，要先把所有元素制作完成后，再添加交互事件，以确保原型效果的正确性。

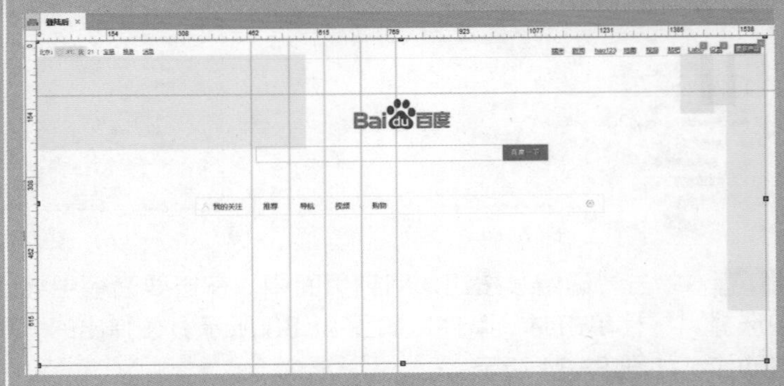

制作步骤：

01 继续实例 34 的制作，打开项目文件，在页面管理面板中添加“登录后”页面，如图 8-87 所示。返回“主页”页面，打开概要面板，按住 Ctrl 键的同时选择多个元件，如图 8-88 所示。

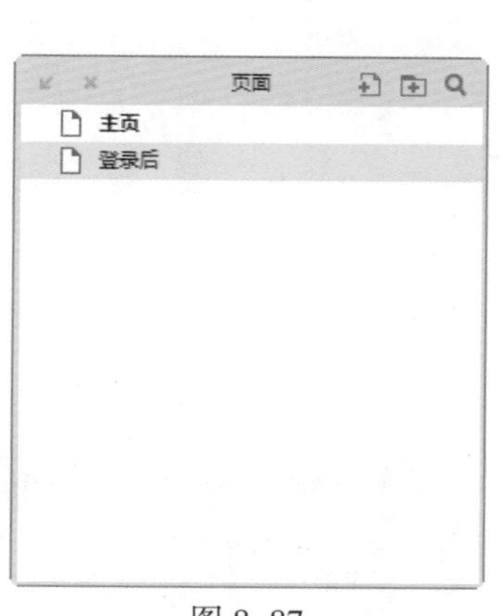

图 8-87

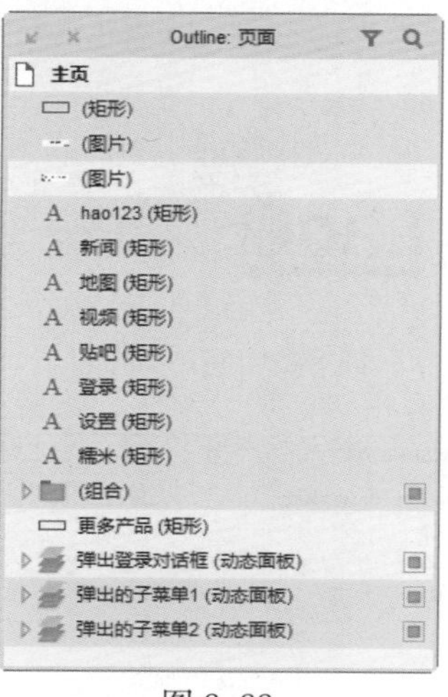

图 8-88

02 单击鼠标右键，在弹出的菜单中选择“复制”命令，如图 8-89 所示。返回“登录后”页面，按快捷键 Ctrl+V，如图 8-90 所示。

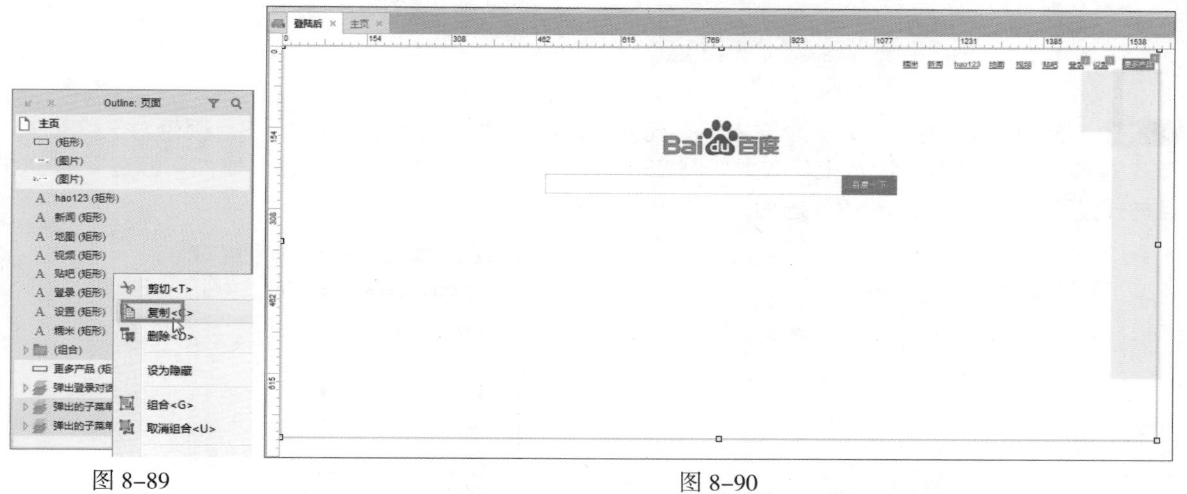

图 8-89　　图 8-90

> **提示** 将对象粘贴到页面中后，需要调整其坐标位置为 X0、Y0。

03 选中“登录”文本标签，将该文本标签显示文本修改为 Label，调整下面的矩形长度，效果如图 8-91 所示。在该页面中拖入一个动态面板元件，设置动态面板的坐标为 X1410、Y40，尺寸为 W74、H135，如图 8-92 所示。

04 双击该动态面板，弹出 “动态面板状态管理”对话框，设置页面名称如图 8-93 所示。进入“子菜单 3”状态页面，拖入一个图片元件，如图 8-94 所示。

图 8-91

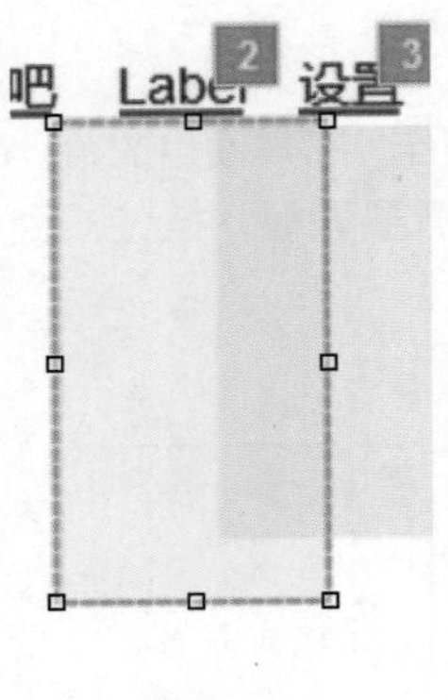

图 8-92

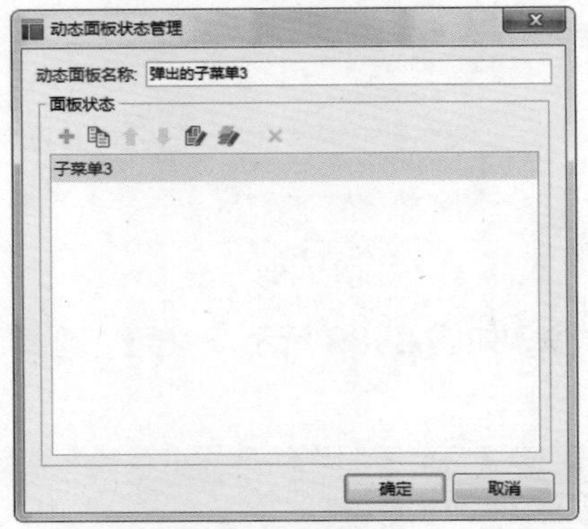

图 8-93

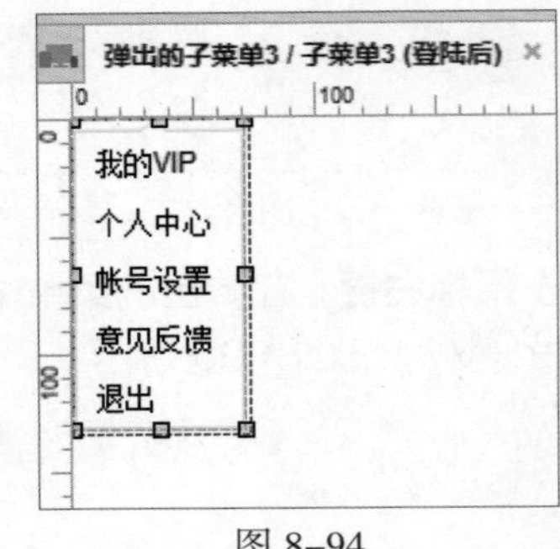

图 8-94

05 在该页面中继续拖入一个文本标签元件，设置字体为 Arial，字号为 13，颜色为 333333，样式为 Box 1*，覆盖在图片上，效果如图 8-95 所示。选中文本标签，设置“属性”标签下的“交互样式设置”下的“鼠标悬停”选项，如图 8-96 所示。

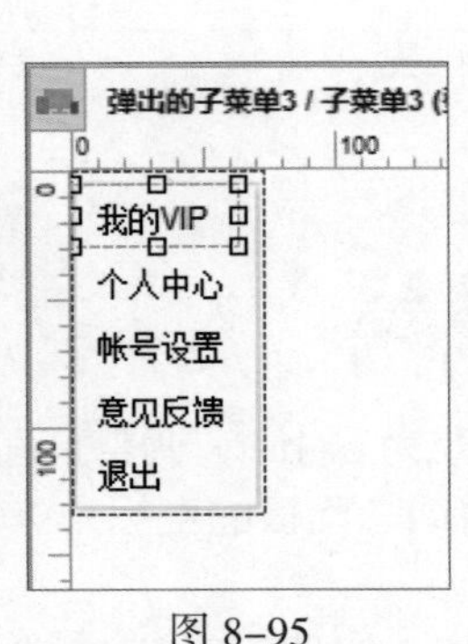

图 8-95

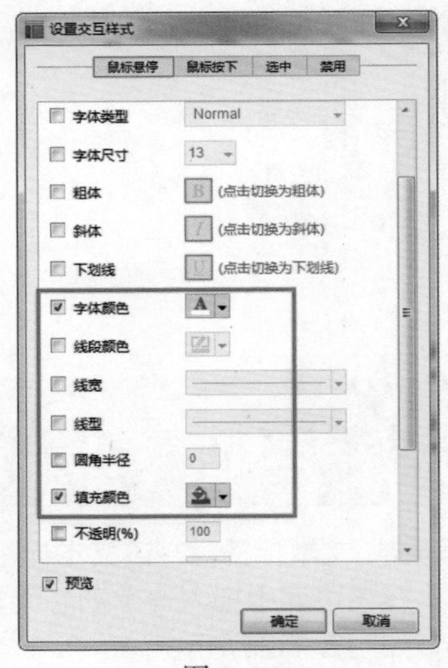

图 8-96

06 效果如图 8-97 所示。返回“登录后”页面，将制作的“子菜单 3”动态面板隐藏，继续添加图片元件，导入“素材 \ 第 8 章 \009.jpg”图片，调整图片的坐标 X0、Y10，尺寸为 W267、H29，如图 8-98 所示。

图 8-97

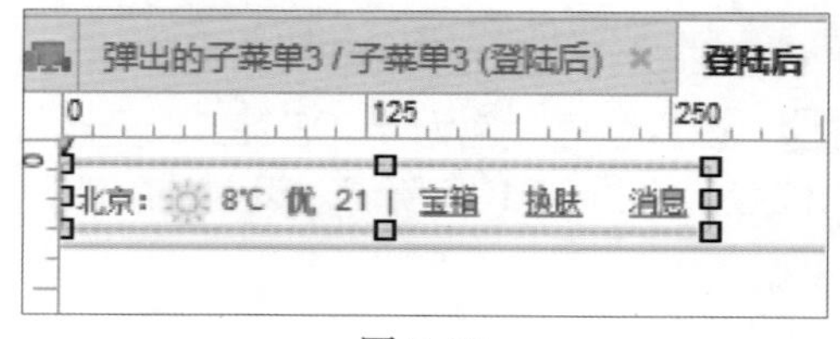

图 8-98

07 继续拖入一个热区元件，调整坐标为 X40、Y13，尺寸为 W70、H25，如图 8-99 所示。继续拖入一个水平线元件，调整坐标为 X0、Y43，尺寸为 W15、H95，透明度为 25%，如图 8-100 所示。

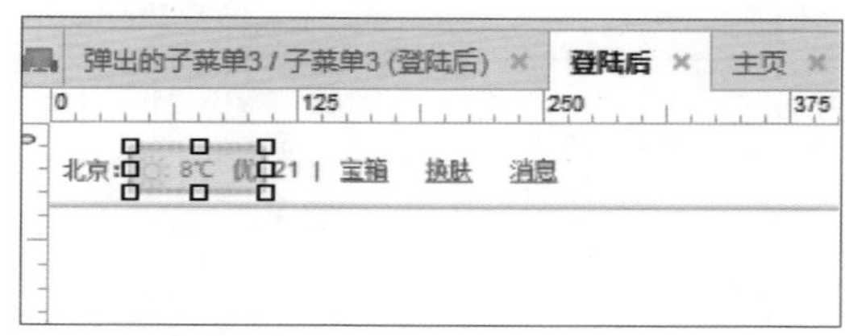

图 8-99

图 8-100

08 继续拖入一个图片元件，导入“素材 \ 第 8 章 \010.jpg”图片，调整图片的坐标为 X0、Y36，尺寸为 W589、H211，如图 8-101 所示。将该图片元件隐藏，如图 8-102 所示。

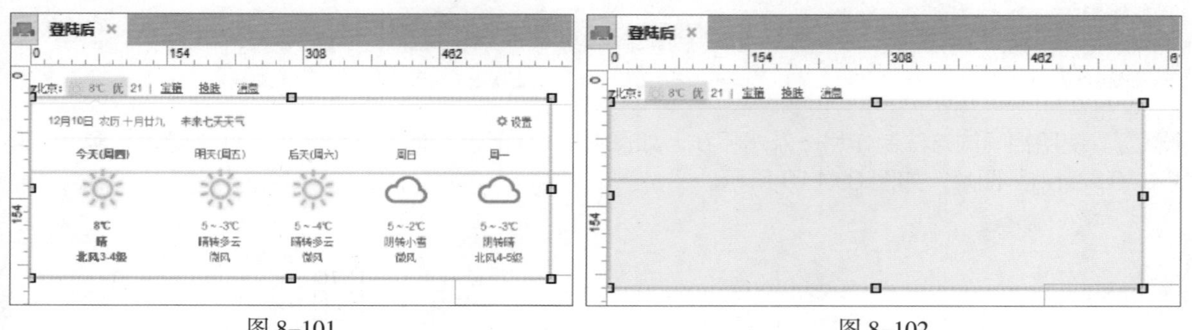

图 8-101　　　　图 8-102

09 继续拖入一个图片元件，导入“素材 \ 第 8 章 \011.jpg”图片，调整图片的坐标为 X342、Y351，尺寸为 W907、H50，如图 8-103 所示。继续拖入一个文本标签元件，设置坐标为 X346、Y356，尺寸为 W124、H40，如图 8-104 所示。

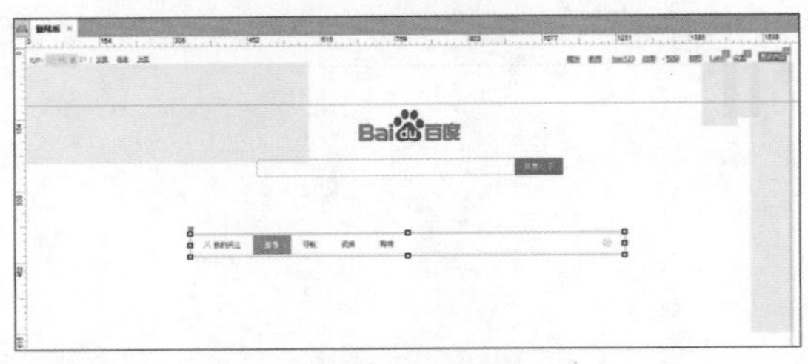

图 8-103

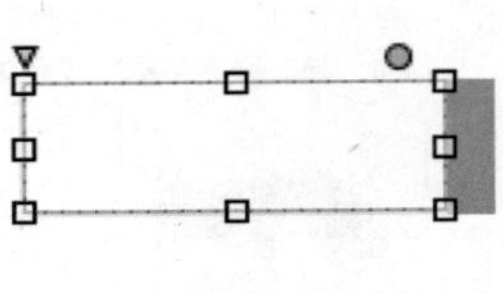

图 8-104

10 设置边框颜色为 #E9E9E9，显示 3 条边框，字体为 Arial，字号为 16，输入文本并调整文本的位置，如图 8-105 所示。设置“属性”标签下的“交互样式设置”，如图 8-106 所示。

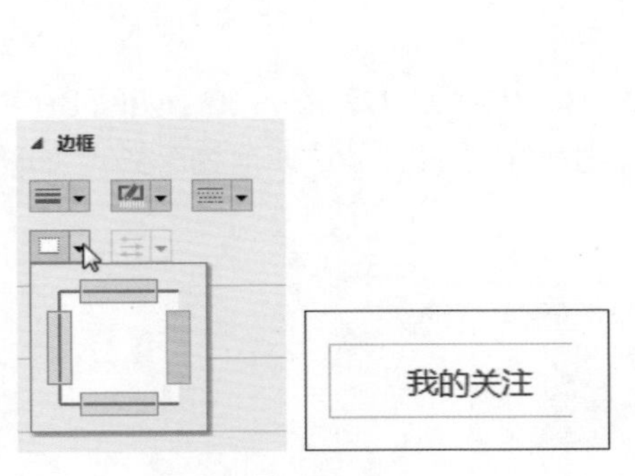

图 8-105

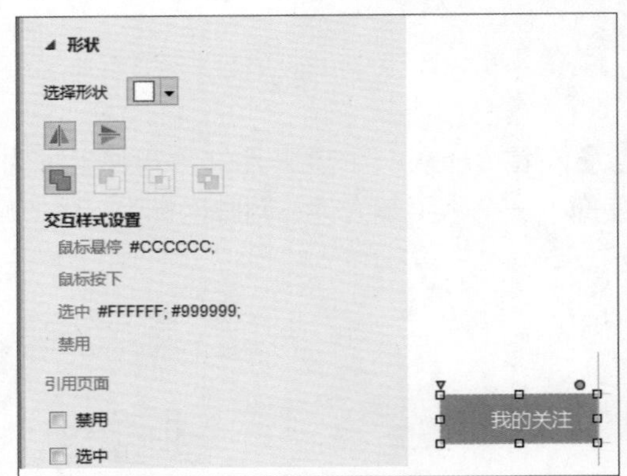

图 8-106

11 使用相同的方法继续拖入一个文本标签元件，设置文本标签的边框为无，制作其他文本标签，如图 8-107 所示。拖入一个水平线元件，调整坐标为 X470、Y356，尺寸为 W330，颜色为 #E9E9E9，如图 8-108 所示。

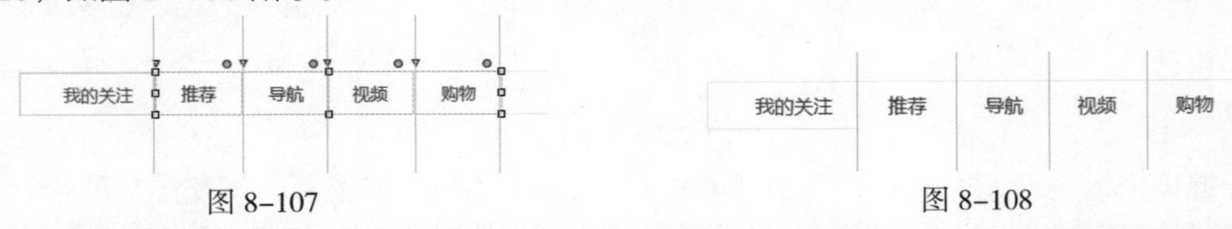

图 8-107　　图 8-108

制作完所有的文本标签后，导航栏图片会被覆盖，使用水平直线补充制作。

12 使用相同的方法制作另一条水平线，如图 8-109 所示。拖入一个图片元件，导入“素材 \ 第 8 章 \012.jpg”图片，如图 8-110 所示。

图 8-109　　图 8-110

13 将制作的元件编组，重命名为导航，完成页面制作，将文件保存。概要面板如图 8-111 所示，页面效果如图 8-112 所示。

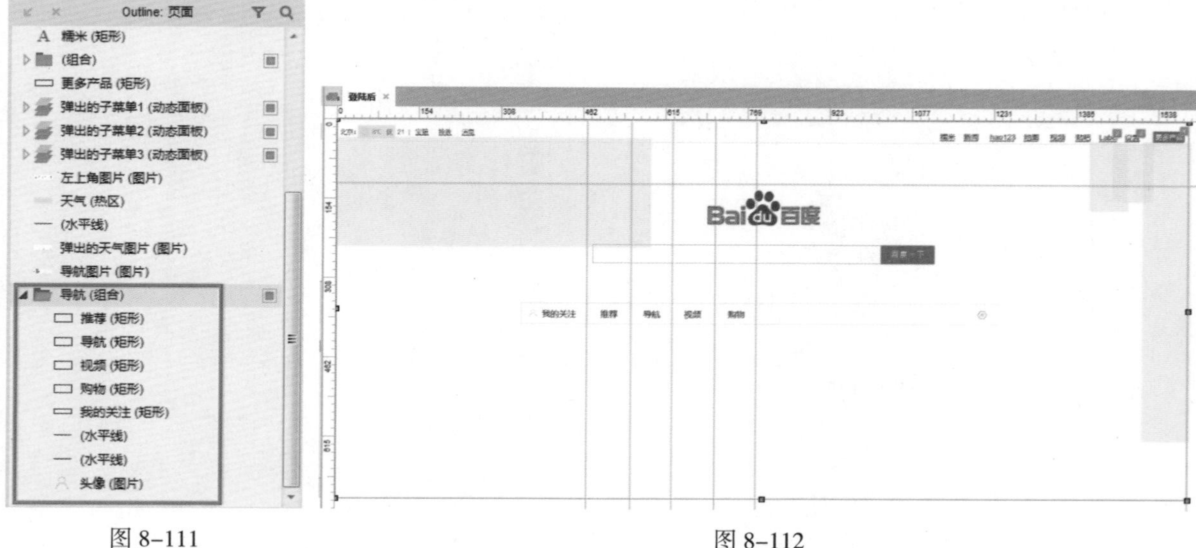

图 8-111　　　　图 8-112

实例 36　登录后的页面内容 2

教学视频：视频 \ 第 8 章 \ 登录后的页面内容 2.mp4
源文件：源文件 \ 第 8 章 \ 登录后的页面内容 2.rp

实例分析：

本实例使用多个动态面板元件制作百度登录后的页面。页面包括导航栏、不同标签下交替显示的内容和回到顶端等百度页面内容。内容比较多也比较烦琐，用户可以进入百度页面查看实际效果。

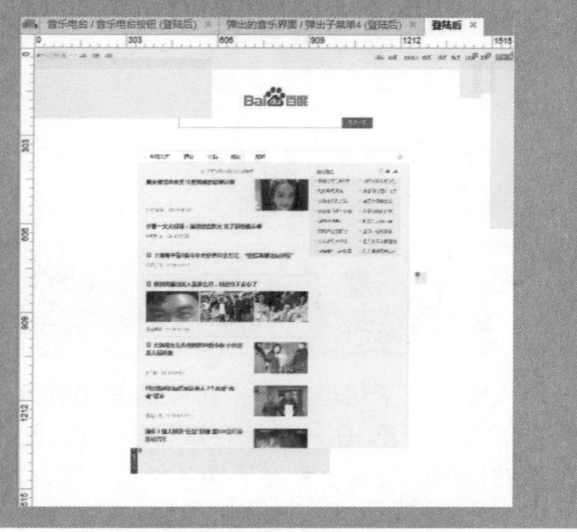

制作步骤：

01 继续实例 35 的制作，打开项目文件，在“登录后”页面中继续拖入一个动态面板，调整其坐标为 X347、Y397，尺寸为 W896、H978，如图 8-113 所示。双击动态面板，弹出“动态面板状态管理”对话框，在该对话框中设置名称及添加子状态页面，如图 8-114 所示。

02 进入“我的关注”子状态页面，拖入一个图片元件，导入“素材 \ 第 8 章 \011.jpg”图片，调整坐标为 X-5、Y0，尺寸为 W904、H405，如图 8-115 所示。使用相同的方法为其他子状态页面添加图片，并将图片重命名，概要面板如图 8-116 所示。

图 8–113

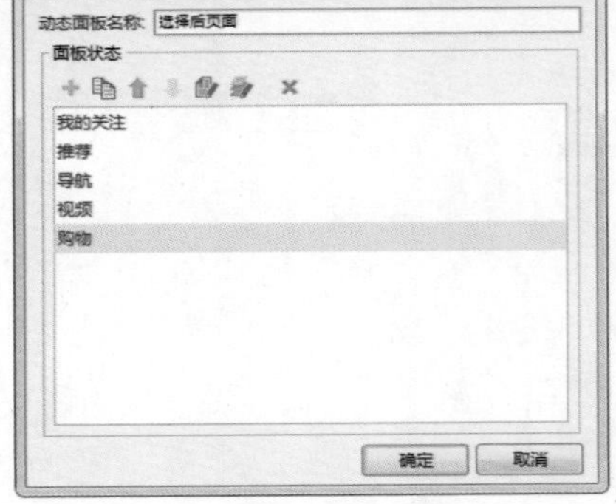

图 8–114

图 8–115

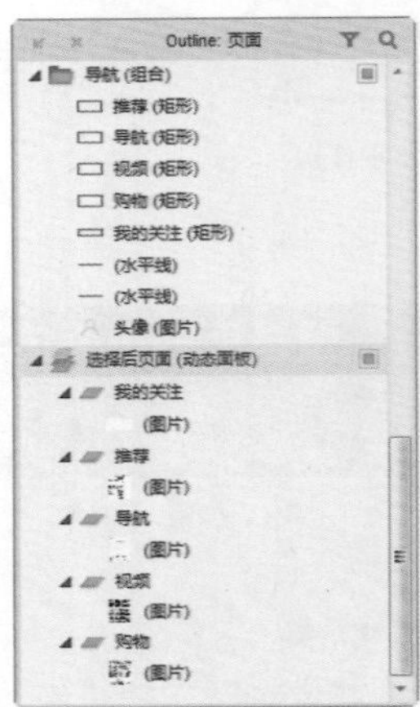

图 8–116

为了效果美观，每个子状态页面中的图片坐标及尺寸都不一样，对齐的标准是图片两侧的灰色线要与导航栏的灰色线连接上。

03 进入“推荐”子状态页面，在该页面中继续拖入动态面板元件，调整该动态面板的坐标为 X570、Y50，尺寸为 W300、H270，如图 8–117 所示。双击该动态面板，弹出“动态面板状态管理”对话框，在该对话框中设置名称及添加子状态页面，如图 8–118 所示。

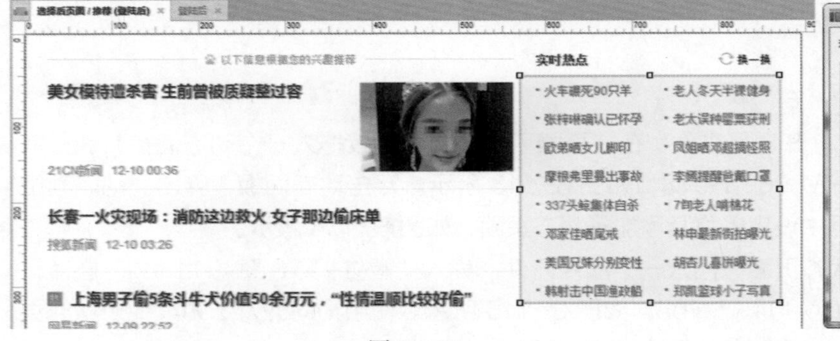

图 8–117

图 8–118

04 分别在子状态页面中导入图片，概要面板如图 8-119 所示。调整概要面板中元件的顺序，返回“登录后”主页查看效果，如图 8-120 所示。

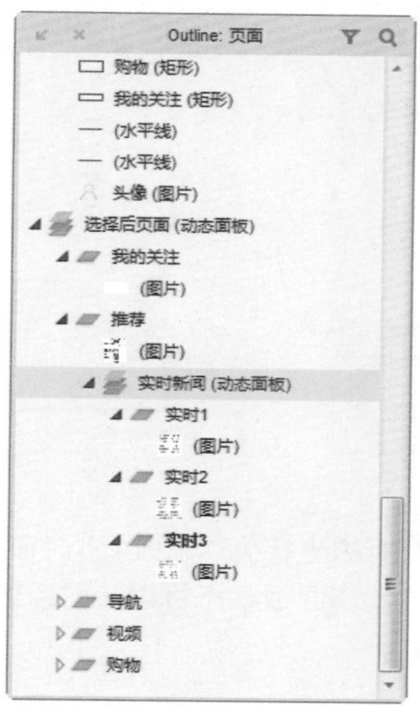

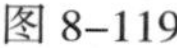
图 8-119

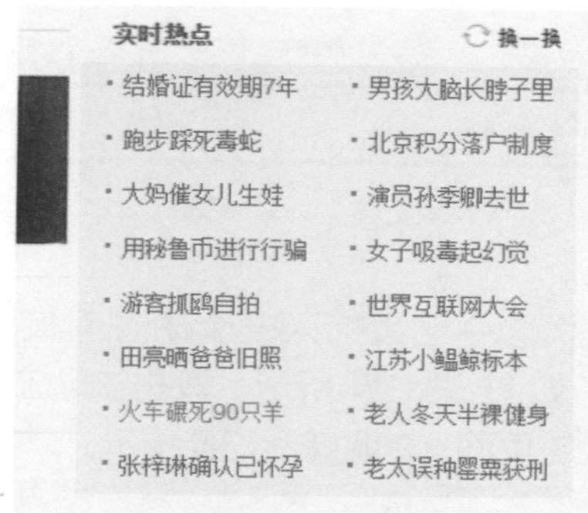

图 8-120

提示

如果在一个动态面板中含有多个子状态页面，将子页面制作完成后，返回动态面板查看时只会看到第一个状态页，需要用户调整子状态页面在动态面板中的顺序。

05 在概要面板中选择“推荐”子状态页面，在该页面中拖入一个图片元件，导入“素材 \ 第 8 章 \011.jpg”图片，如图 8-121 所示。选择该图片，重命名为换一换，调整该图片的交互动作设置，如图 8-122 所示。

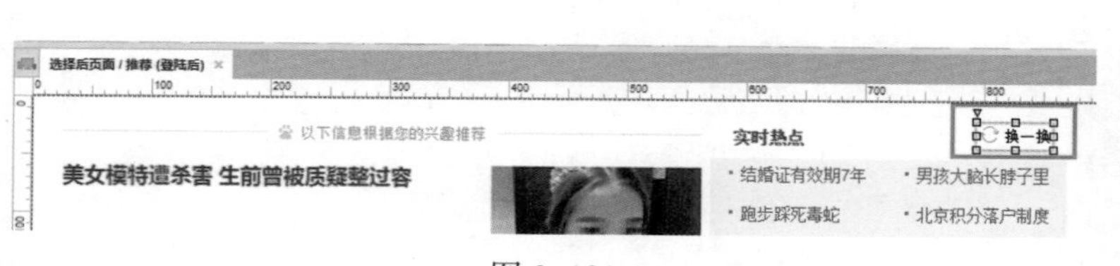

图 8-121

图 8-122

06 返回“登录后”主页，在该页面中拖入一个图片元件，导入“素材 \ 第 8 章 \024.jpg”图片，调整该图片的坐标为 X0、Y0，尺寸为 W1596、H74，如图 8-123 所示。将图片隐藏，并且重命名为置顶搜索栏，概要面板如图 8-124 所示。

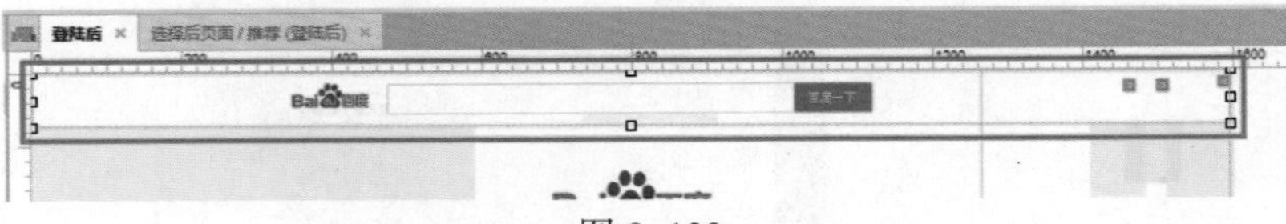

图 8-123

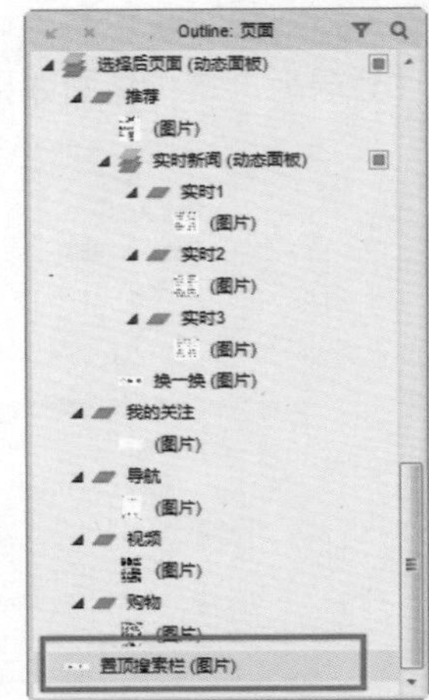

图 8-124

07 在该页面中继续拖入一个动态面板元件，调整动态面板的坐标为 X1264、Y769，尺寸为 W40、H40，如图 8-125 所示。双击该动态面板，在弹出的“动态面板状态管理”对话框中设置名称及添加子状态页面，如图 8-126 所示。

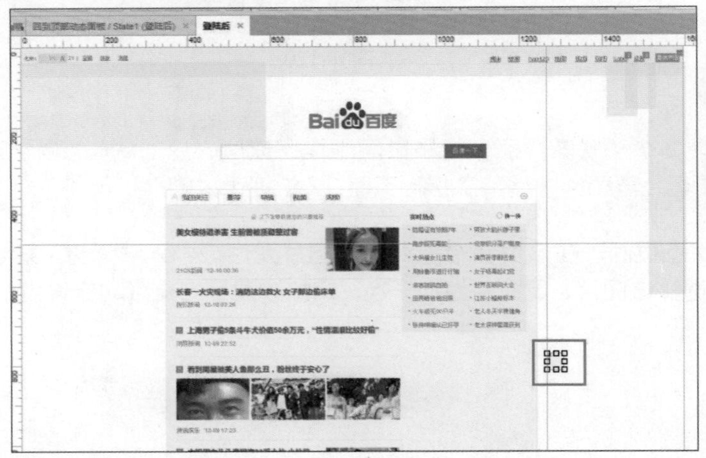

图 8-125

图 8-126

08 进入“箭头”子状态页面，拖入一个图片元件，导入“素材\第 8 章\025.jpg”图片，如图 8-127 所示。选中该图片，调整“属性”标签下的“交互样式设置”选项，如图 8-128 所示。

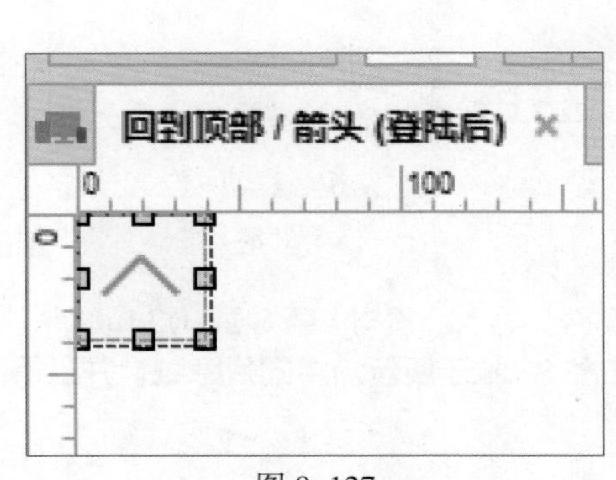

图 8-127

图 8-128

09 返回“登录后”页面，查看效果，如图 8-129 所示。选中动态面板，调整“属性”标签下的“固定到浏览器”选项，如图 8-130 所示。

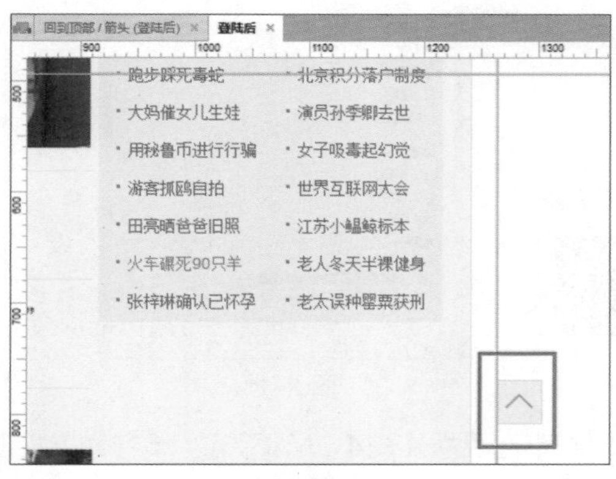

图 8-129

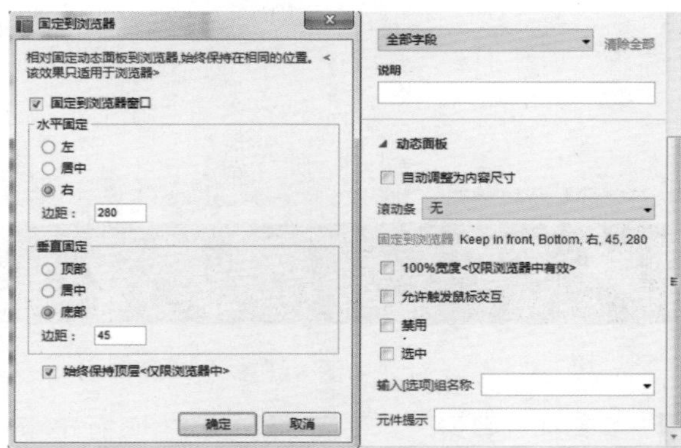

图 8-130

10 单击“确定”按钮，用户会发现动态面板左上角添加了图标，如图 8-131 所示。继续在“登录后”页面中添加一个动态面板元件，调整其坐标为 X346、Y1375，尺寸为 W639、H88，如图 8-132 所示。

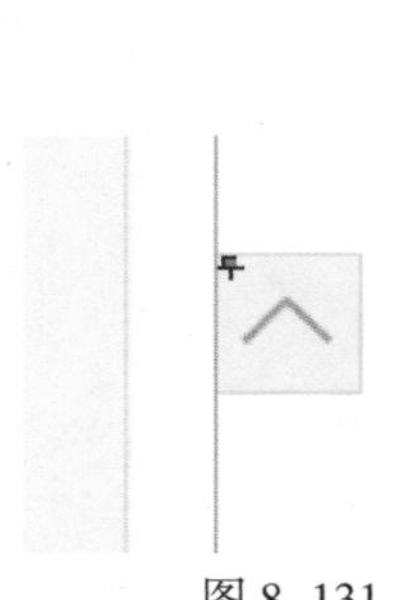

图 8-131

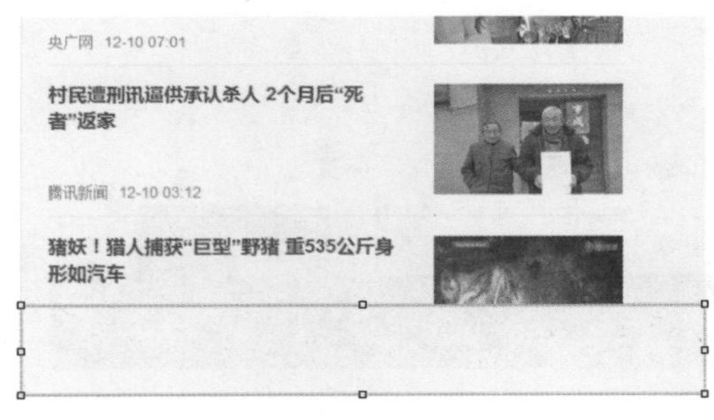

图 8-132

11 双击该动态面板，在弹出的“动态面板状态管理”对话框中设置名称及添加子状态页面，如图 8-133 所示。进入“弹出子菜单 4”状态页面，拖入一个图片元件，导入“素材 \ 第 8 章 \025.jpg”图片，如图 8-134 所示。

图 8-133

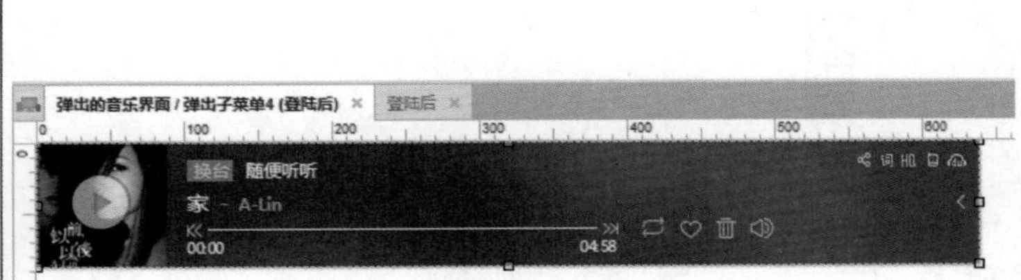

图 8-134

12 在该页面中拖入一个热区元件，设置热区的坐标为 X610、Y30，尺寸为 W30、H30，如图 8-135 所示。返回“登录后”页面，选中该元件，调整“属性”标签下的“固定到浏览器”选项，如图 8-136 所示。

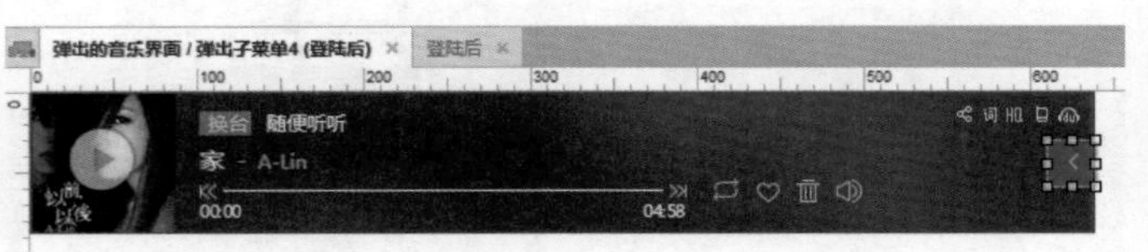

图 8-135

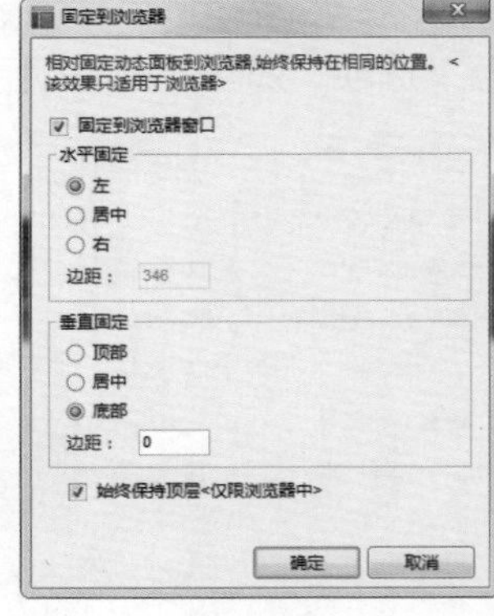

图 8-136

13 继续在“登录后”页面中添加动态面板元件，调整其坐标为 X324、Y1375，尺寸为 W22、H88，如图 8-137 所示。在弹出的“动态面板状态管理”对话框中设置名称及添加子状态页面，如图 8-138 所示。

图 8-137

图 8-138

14 进入“音乐电台按钮”子状态页面，使用相同的方法添加图片，如图 8-139 所示。返回“登录后”页面，选中该动态面板，调整“属性”标签下的“固定到浏览器”选项，如图 8-140 所示。

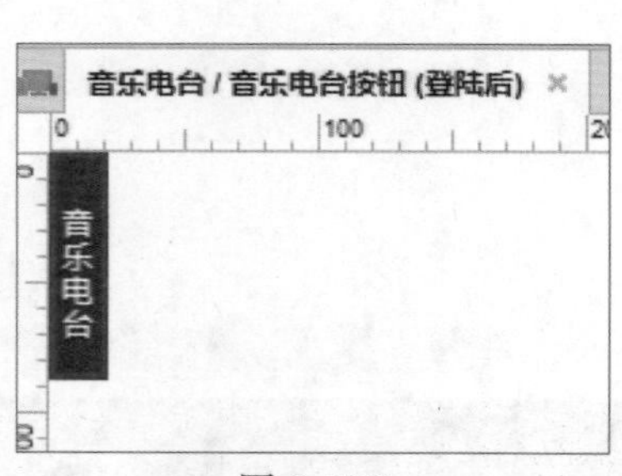

图 8-139

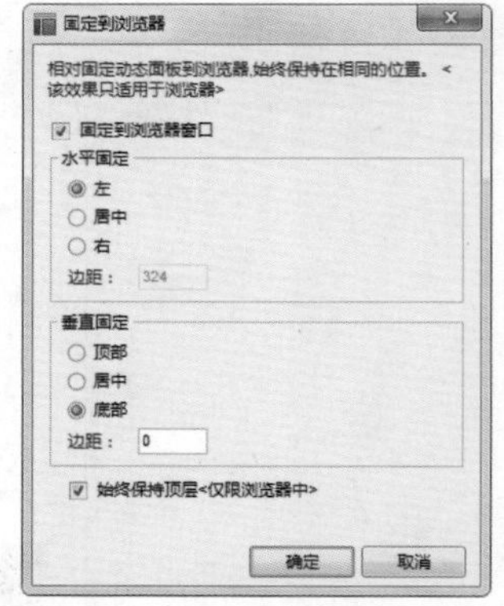

图 8-140

15 单击“确定”按钮，将制作的文件保存。回到“登录后”页面，将“音乐电台”和“回到顶部”动态面板隐藏，效果如图 8-141 所示。在左上角背景的位置添加一个热区元件，重命名为 head，概要面板如图 8-142 所示。

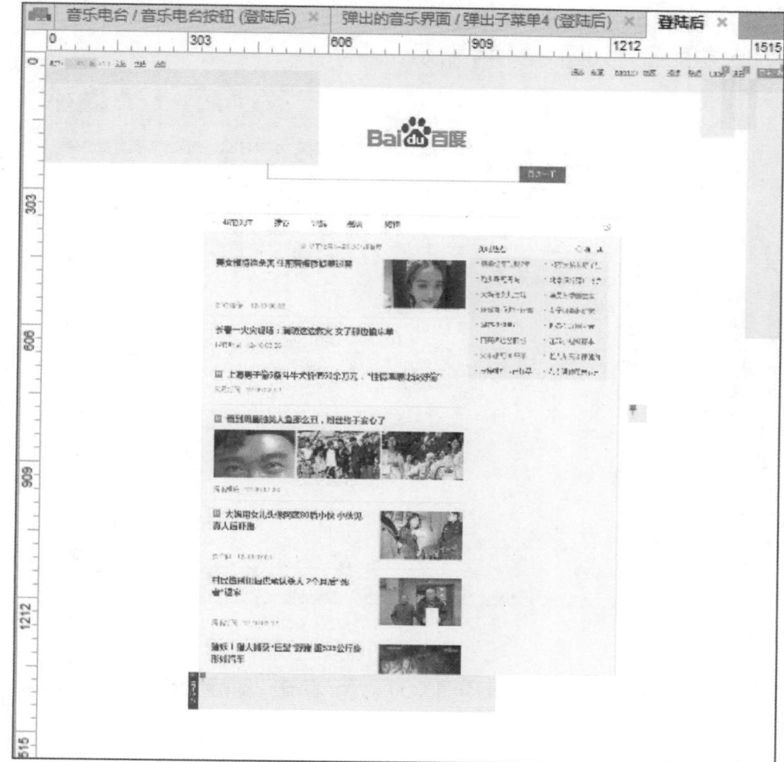

图 8-141

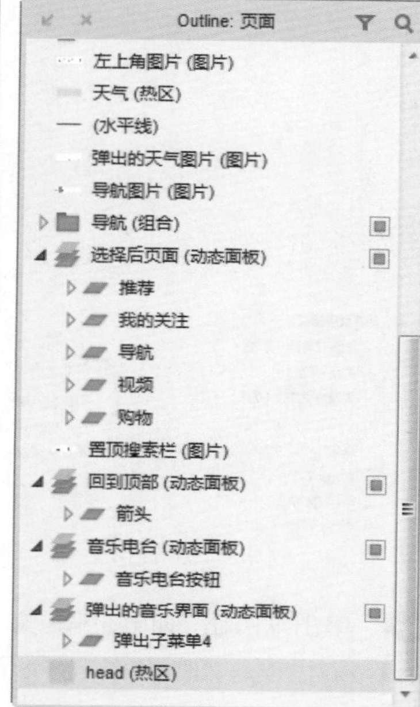

图 8-142

实例 37　为登录后的页面添加交互事件

教学视频：视频 \ 第 8 章 \ 为登录后的页面添加交互事件 .mp4

源文件：源文件 \ 第 8 章 \ 为登录后的页面添加交互事件 .rp

实例分析：

本实例将为前面制作的页面添加交互事件。在较大的原型设计中，需要将所有需要的内容制作完成后，再添加交互事件。一定要注意不要一边制作页面内容元素一边添加交互事件，这样很难保证可以正确地完成整个模型的制作。

制作步骤：

01 继续实例 36 的制作，打开项目文件，在页面管理面板中选择“主页”页面，进入编辑状态，在概要面板中选择“输入手机邮箱”元件，将该元件重命名为 srsjyx，选择“登录提交按钮”元件，在交互事件中选择“鼠标移入时”事件，如图 8-143 所示。在弹出的“用例编辑”对话框中添加设置变量值动作，在配置动作中单击添加全局变量，如图 8-144 所示。

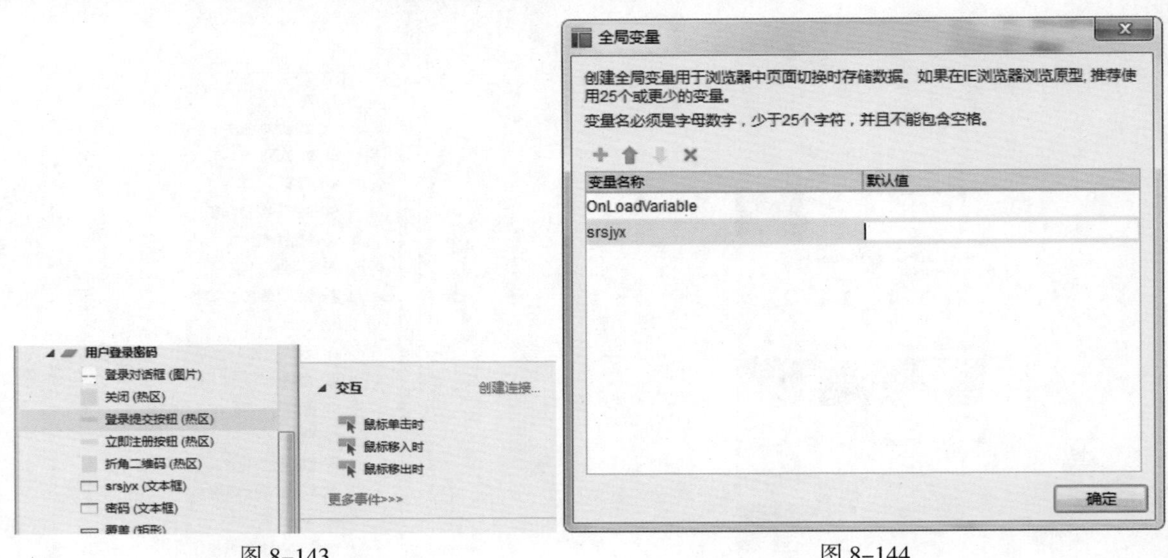

图 8-143　　图 8-144

02 单击 fx 按钮，弹出“编辑文本”对话框，设置参数如图 8-145 所示。单击“确定”按钮，返回“用例编辑”对话框，如图 8-146 所示。

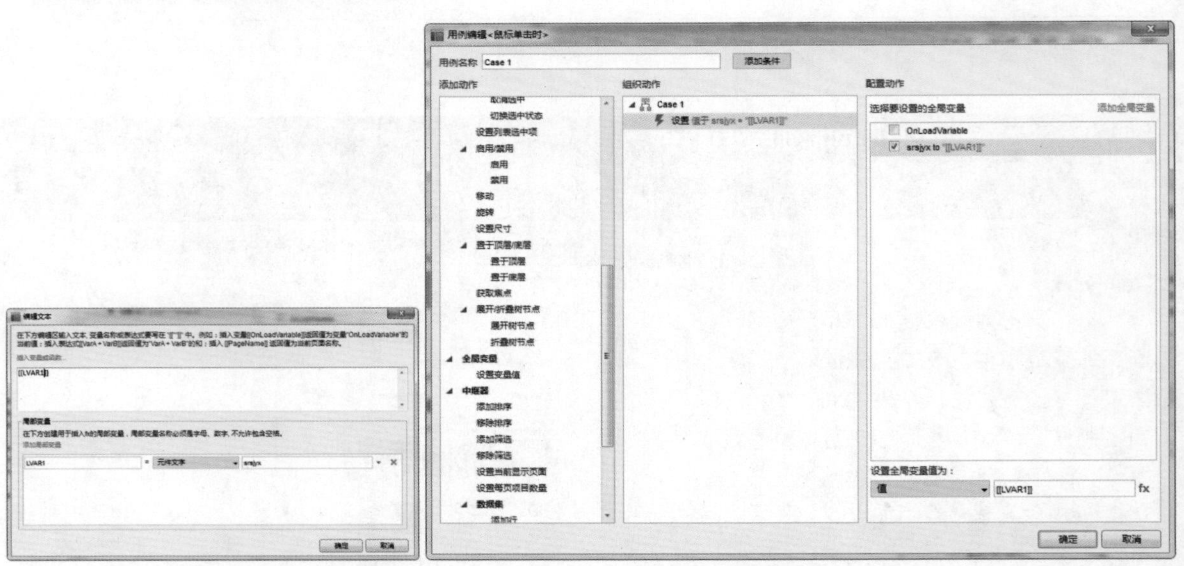

图 8-145　　图 8-146

提示

配置变量名时，名称必须是字母或者数字，所以要将中文名称改为英文名称。

03 继续添加当前窗口动作并配置动作，如图 8-147 所示。单击“确定”按钮，回到页面中，执行“发布 > 预览”命令，查看效果，用户可以输入账号及密码，单击“登录”按钮登录，如图 8-148 所示。

图 8–147　　　　图 8–148

04 返回项目文件中，进入“登录后”页面，在概要面板中选择“登录”元件，在交互事件中选择 Case1，如图 8–149 所示。弹出“用例编辑”对话框，调整并配置动作，如图 8–150 所示。

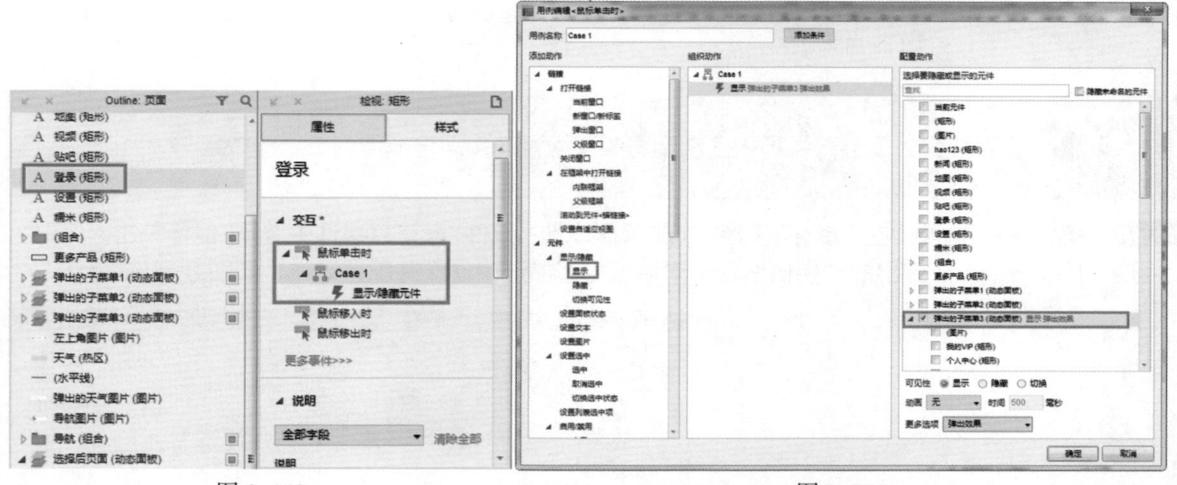

图 8–149　　　　图 8–150

05 在概要面板中选择“天气”元件，在交互事件中选择“鼠标移入时”事件，如图 8–151 所示。在弹出的“用例编辑”对话框中添加显示动作并配置动作，如图 8–152 所示。

06 单击“确定”按钮，返回页面中，执行“发布 > 预览”命令，查看效果，如图 8–153 和图 8–154 所示。

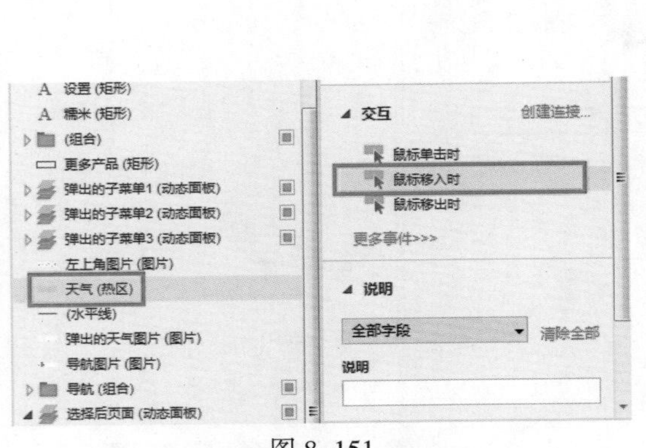
图 8-151

图 8-152

图 8-153

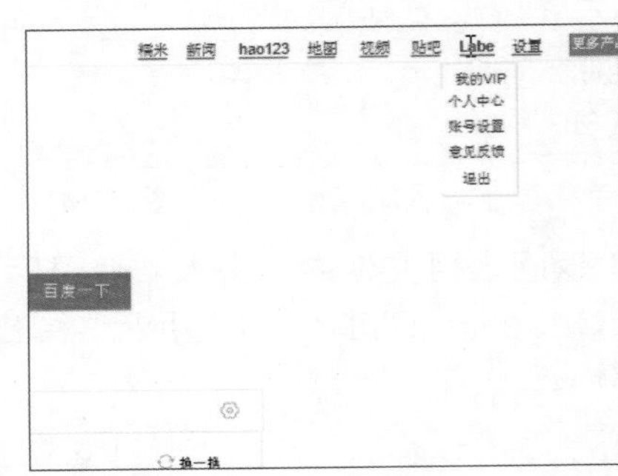
图 8-154

提示 在添加交互事件时，需要多次预览调整配置动作，才能得到想要的效果。

07 继续在概要面板中选择导航组合中的“我的关注”元件，在交互事件中选择“鼠标单击时”事件，如图 8-155 所示。在弹出的“用例编辑”对话框中添加选中动作并配置动作，如图 8-156 所示。

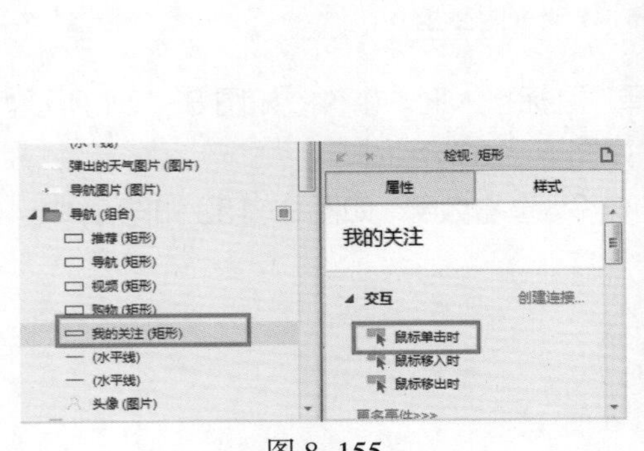
图 8-155

图 8-156

08 继续添加设置动态面板动作并配置动作，如图 8-157 所示。单击“确定”按钮，返回页面中，检视面板如图 8-158 所示。

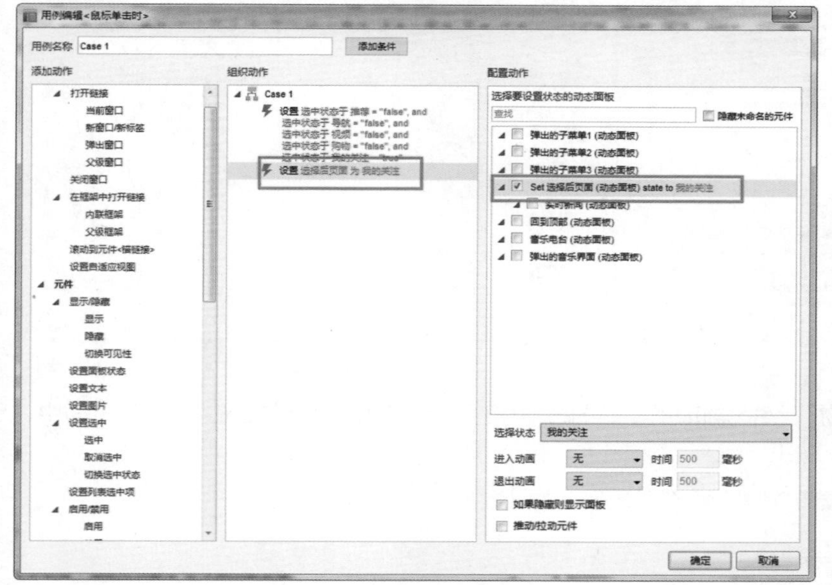

图 8-157

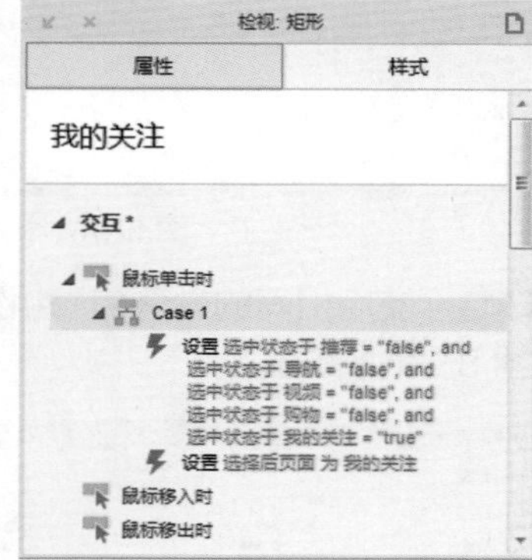

图 8-158

09 选中“推荐”元件，添加“鼠标单击时”事件，在弹出的“用例编辑”对话框中，添加选中和设置动态面板动作并配置动作，如图 8-159 所示。选中“导航”元件，添加“鼠标单击时”事件，在弹出的“用例编辑”对话框中添加选中和设置动态面板动作并配置动作，如图 8-160 所示。

图 8-159　　　　图 8-160

10 选中“导航”元件，添加“鼠标单击时”事件，在弹出的“用例编辑”对话框中添加选中和设置动态面板动作并配置动作，如图 8-161 所示。使用相同的方法为“视频”元件添加动作，如图 8-162 所示。

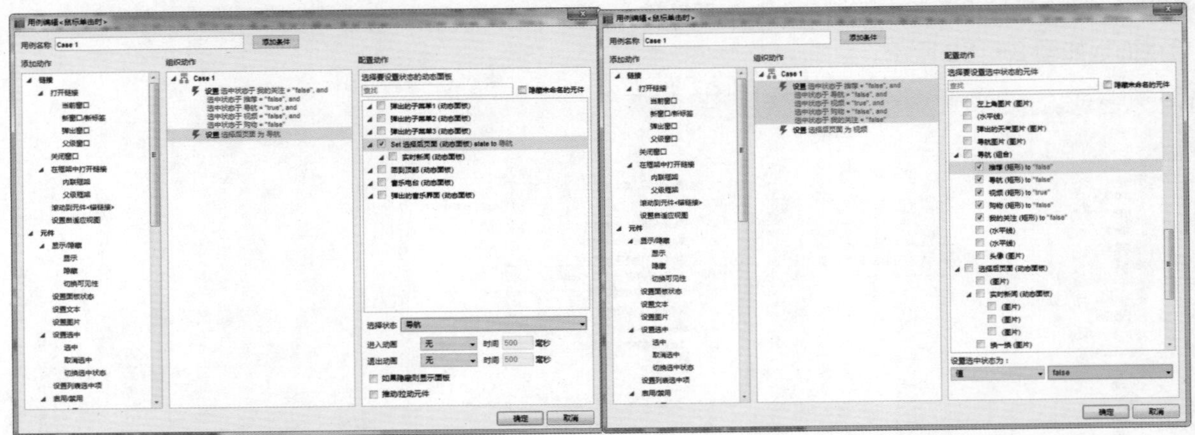

图 8-161　　图 8-162

11 使用相同的方法为“购物”元件添加动作，如图 8-163 所示。单击“确定”按钮，返回到页面中，如图 8-164 所示。

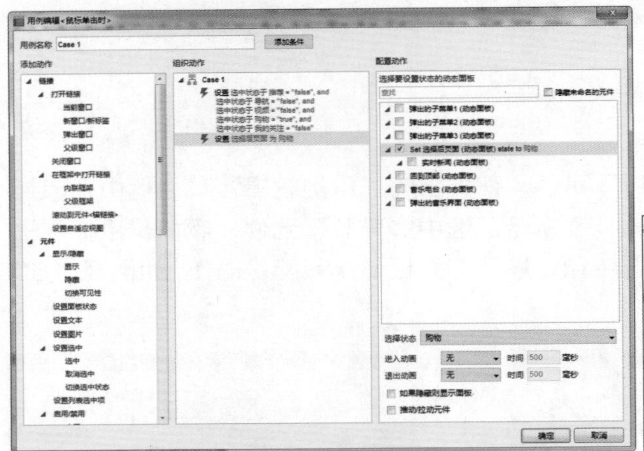

图 8-163　　图 8-164

12 执行“发布 > 预览”命令，查看效果，如图 8-165 和图 8-166 所示。

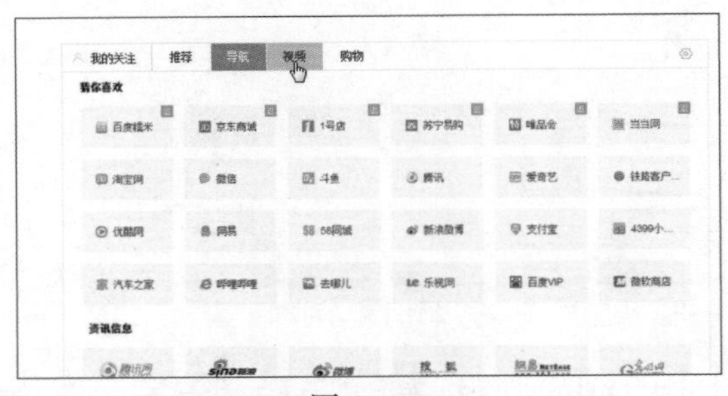

图 8-165

图 8-166

13 继续在概要面板中选择“回到顶部”元件，在交互事件中选择“鼠标单击时”事件，如图 8-167 所示。在弹出的“用例编辑”对话框中添加“滚动到元件 < 锚链接 >”动作并配置动作，如图 8-168 所示。

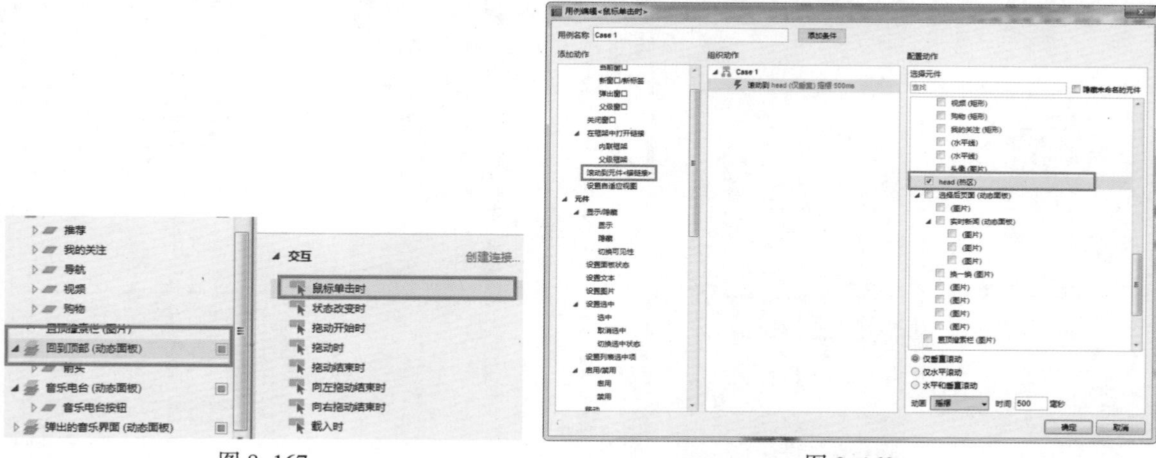

图 8-167　　图 8-168

14 继续在概要面板中选择“音乐电台”元件，在交互事件中选择“鼠标单击时”事件，如图 8-169 所示。在弹出的“用例编辑”对话框中添加“滚动到元件 < 锚链接 >”动作并配置动作，如图 8-170 所示。

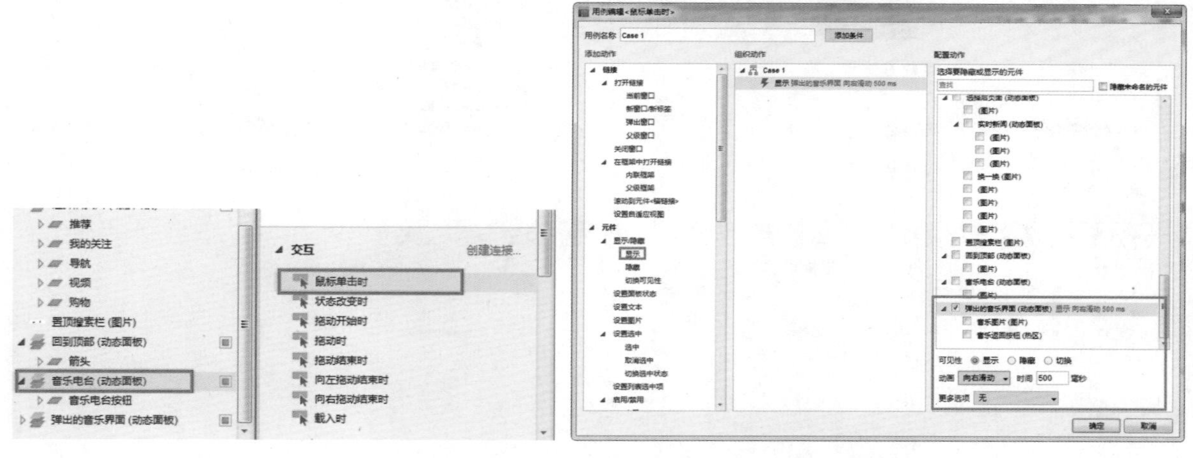

图 8-169　　图 8-170

单击“确定”按钮，返回“登录后”页面中，这时已经把该页面中能动的元件都添加完交互事件，接下来需要用户更加用心地完成页面中各个动态面板中的元件交互事件的配置。

15 进入选择页面后的推荐状态中，在概要面板中选择推荐状态页中的“换一换”元件，在交互事件中选择“鼠标单击时”事件，如图 8-171 所示。在弹出的“用例编辑”对话框中添加设置动态面板动作并配置动作，如图 8-172 所示。

16 单击“确定”按钮，页面如图 8-173 所示。进入“回到顶部”动态面板中的“箭头”子状态页面，选择图片元件，在交互事件中选择“鼠标单击时”事件，如图 8-174 所示。

17 在弹出的“用例编辑”对话框中添加“滚动到元件 < 锚链接 >”动作并配置动作，如图 8-175 所示。单击“确定”按钮，效果如图 8-176 所示。

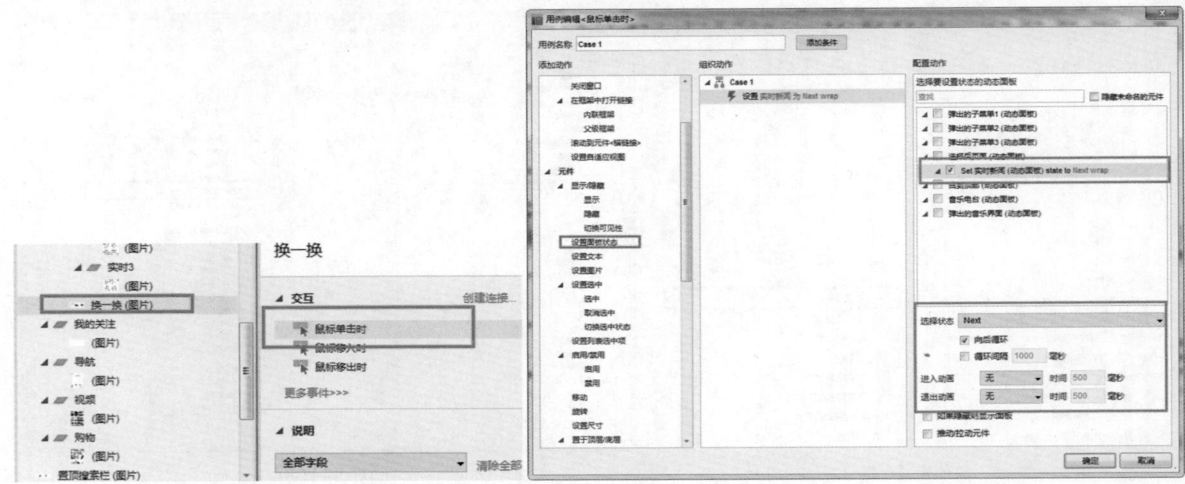

图 8–171　　　　图 8–172

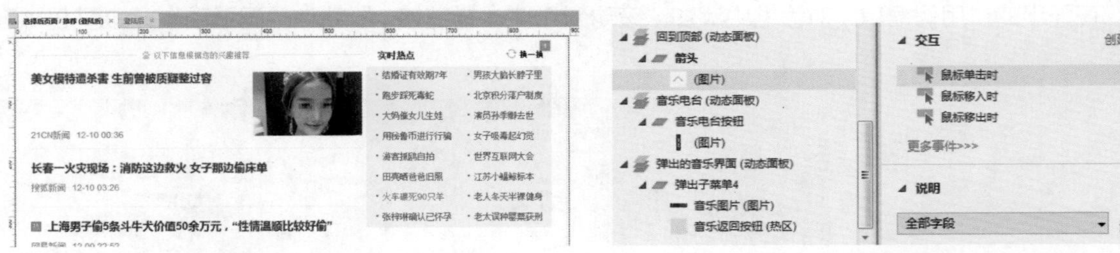

图 8–173　　　　图 8–174

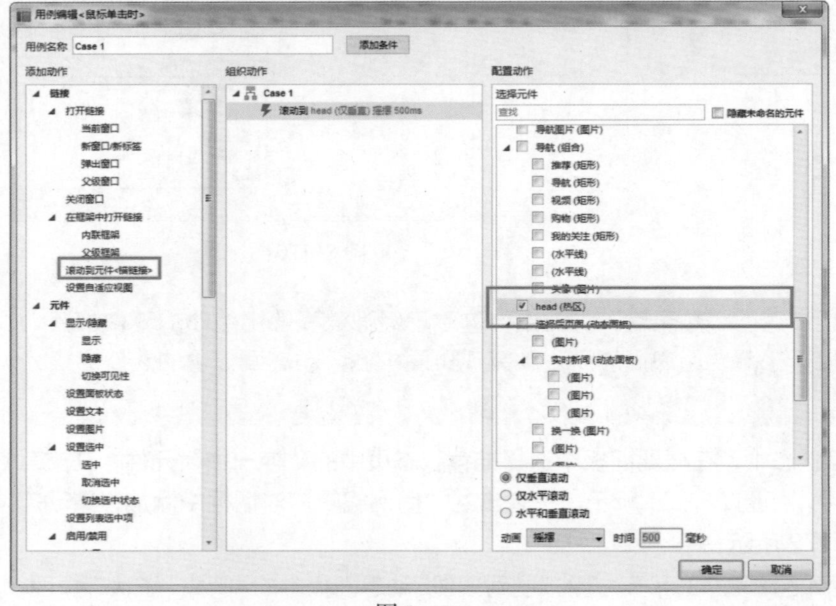

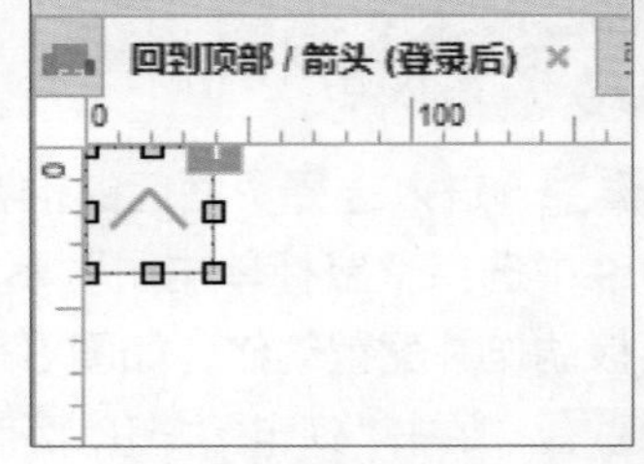

图 8–175　　　　图 8–176

18 进入“弹出子菜单 4”子状态页面中，选择“音乐返回按钮”元件，在交互事件中选择“鼠标单击时”事件，如图 8–177 所示。在弹出的“用例编辑”对话框中添加“滚动到元件 < 锚链接 >”动作并配置动作，如图 8–178 所示。

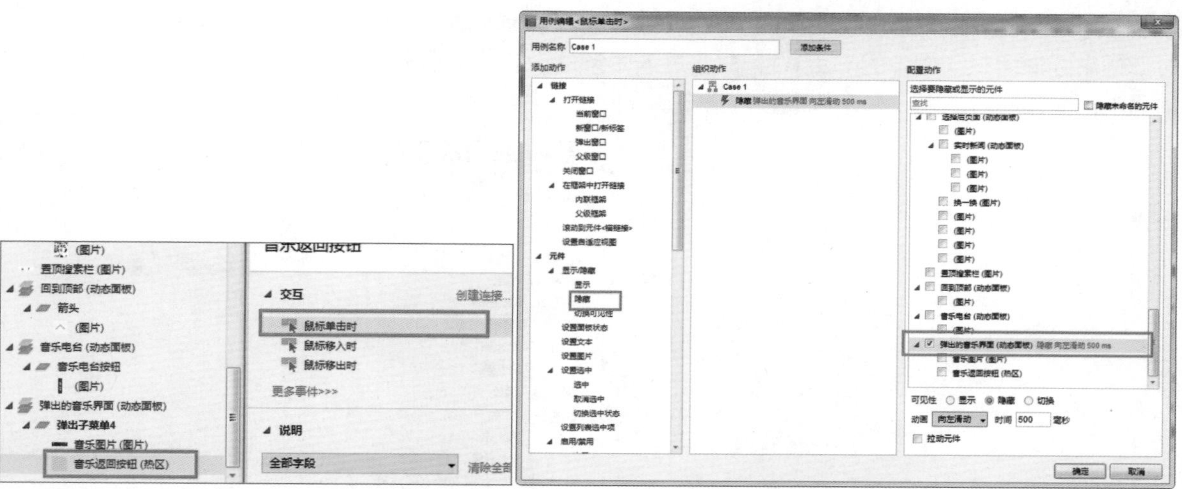

图 8-177　　　　图 8-178

19 单击“确定”按钮，效果如图 8-179 所示。返回“登录后”页面，执行“发布 > 预览”命令，查看效果，如图 8-180 所示。

图 8-179

图 8-180

20 返回“登录后”页面中，在交互事件中选择“页面载入时”事件，在弹出的“用例编辑”对话框中添加设置文本动作并配置动作，如图 8-181 所示。继续添加选中动作并配置动作，如图 8-182 所示。

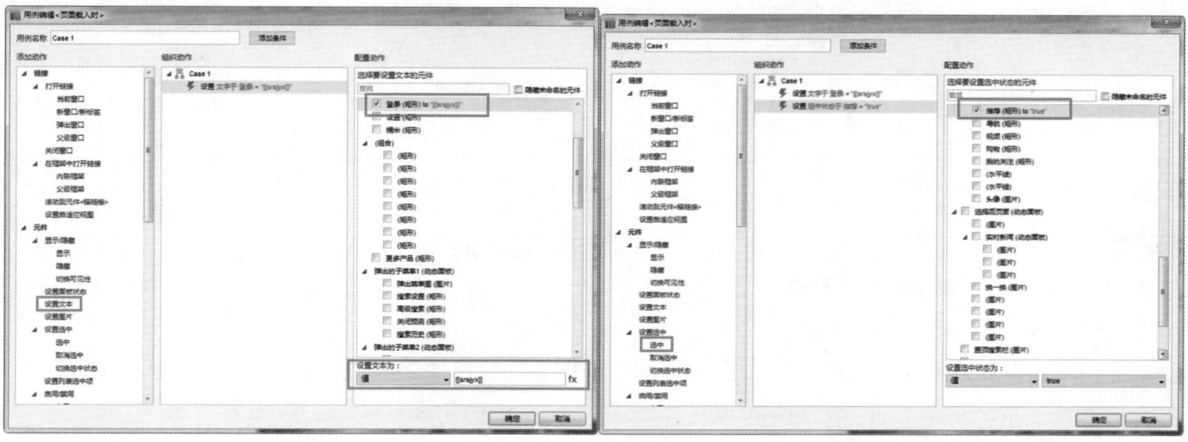

图 8-181　　　　图 8-182

21 单击“确定”按钮，返回页面中，在交互事件中选择“窗口滚动时”事件，在弹出的“用例编辑”对话框中选择组织动作中的 Case1，双击进入“条件设立”对话框，设置参数如图 8-183 所示。返回“用例编辑”对话框，如图 8-184 所示。

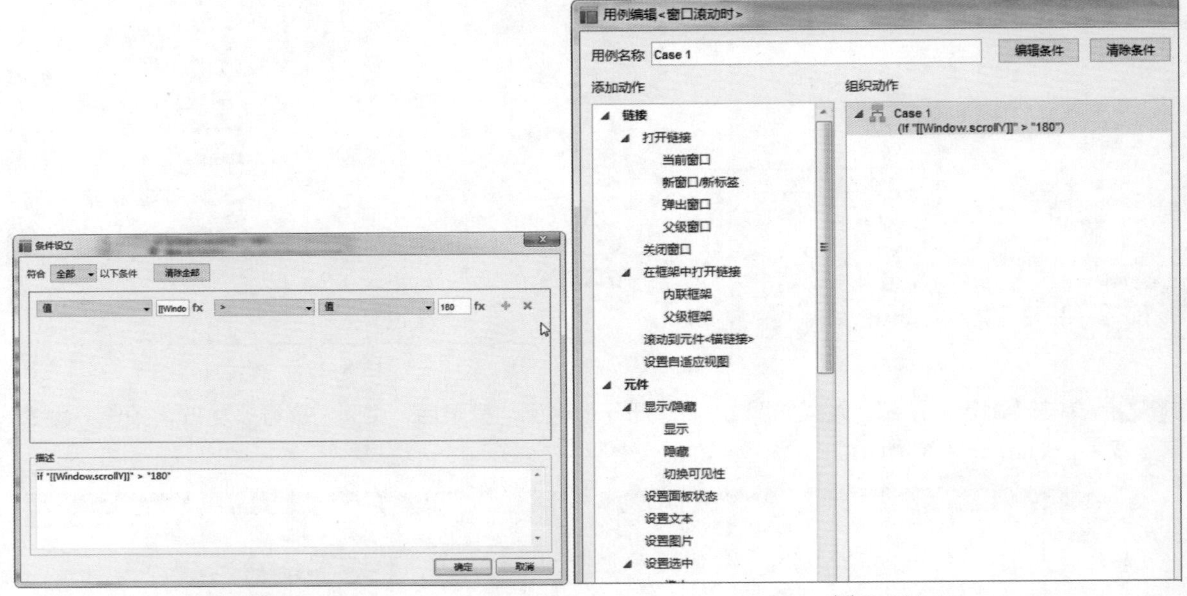

图 8-183　　图 8-184

22 添加移动动作并配置动作，如图 8-185 所示。继续添加移动动作并配置动作，如图 8-186 所示。

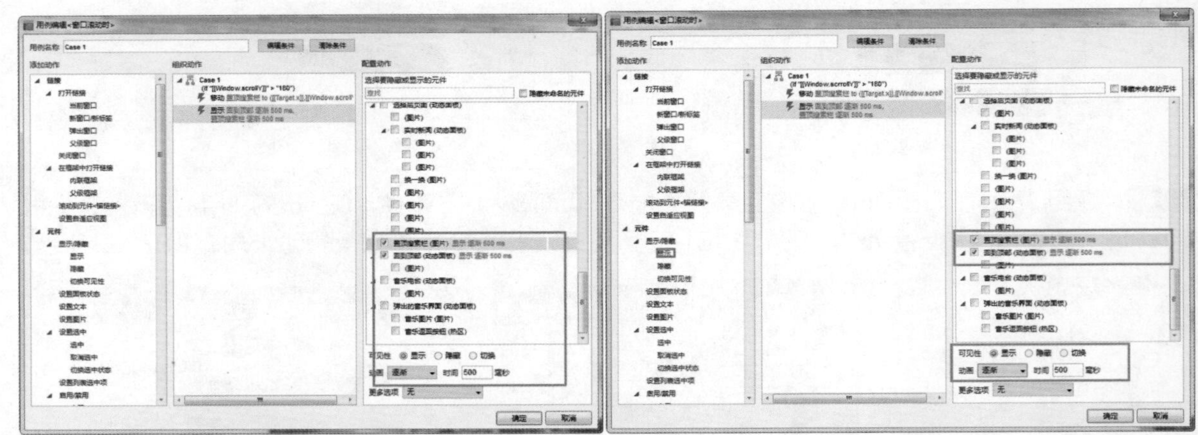

图 8-185　　图 8-186

23 单击“确定”按钮，返回页面中，继续添加窗口滚动时事件 Case2，在弹出的“用例编辑”对话框中添加显示动作并配置动作，如图 8-187 所示。单击“确定”按钮，回到页面中，检视面板如图 8-188 所示。

24 选中“主页”及“登录后”页面，分别在“样式”标签中设置页面居中，如图 8-189 所示。执行“发布 > 预览设置”命令，在弹出的“预览选项”对话框中设置参数，如图 8-190 所示。

图 8-187

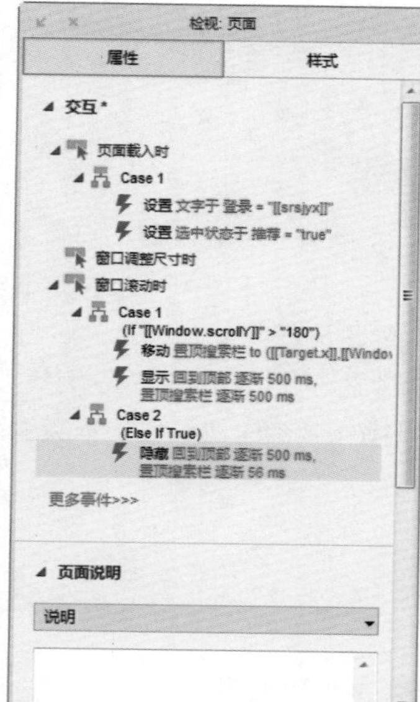

图 8-188

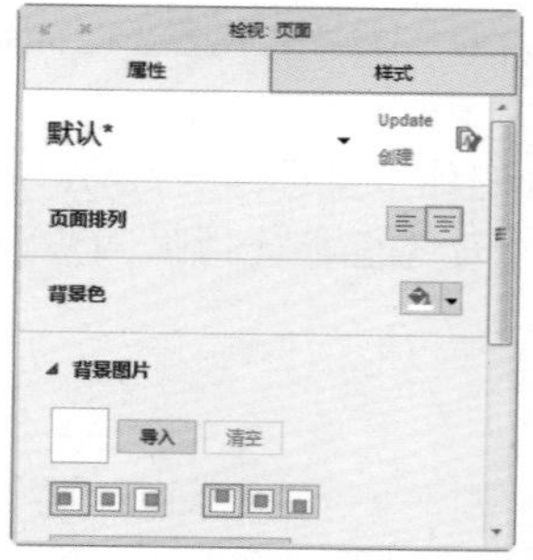

图 8-189

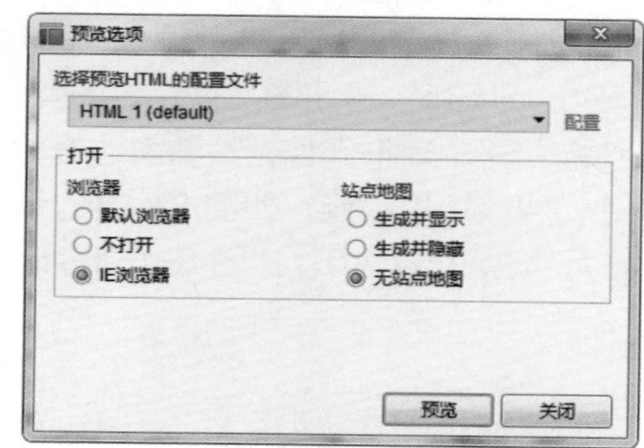

图 8-190

25 执行“发布 > 预览”命令，查看效果，如图 8-191 和图 8-192 所示。

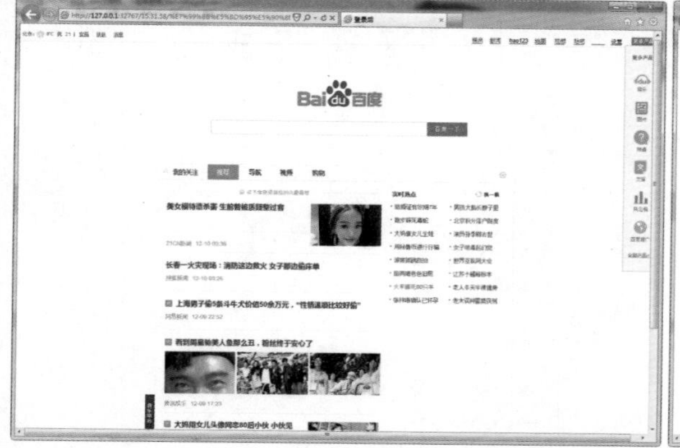

图 8-191

图 8-192

在预览时位置有所变动是因为每个人的计算机分辨率不同，所以位置会发生变化。

实例 38 制作注册页面

教学视频：视频 \ 第 8 章 \ 制作注册页面 .mp4
源文件：源文件 \ 第 8 章 \ 制作注册页面 .rp

实例分析：

网站原型中通常会有很多个页面附带多个子页面，继续前面的实例制作，在整个原型设计中需要制作 3 个主要页面，本实例制作的是注册页面。

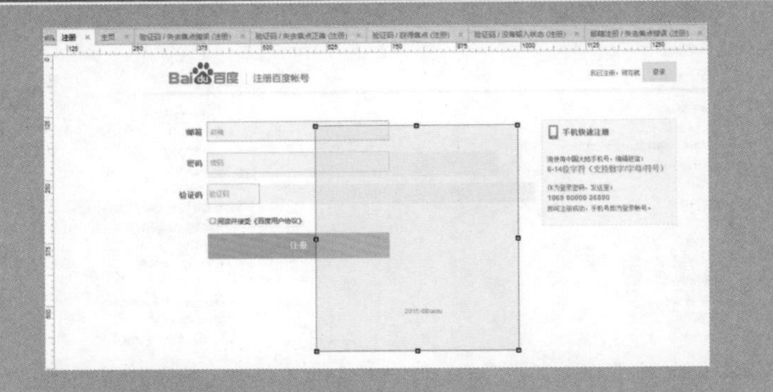

制作步骤：

01 继续实例 37 的制作，打开项目文件，在页面管理面板中添加“注册”页面，如图 8-193 所示。在该页面中拖入一个图片元件，导入“素材 \ 第 8 章 \029.jpg”图片，调整其坐标为 X0、Y0，尺寸为 W1596、H735，将该图片锁定，如图 8-194 所示。

02 继续拖入一个矩形元件，设置其边框为无，填充颜色为白色，坐标为 X750、Y140，尺寸为 W240、H30，将该矩形锁定，如图 8-195 所示。继续拖入一个动态面板元件，调整坐标为 X394、Y135，尺寸为 W351、H40，如图 8-196 所示。

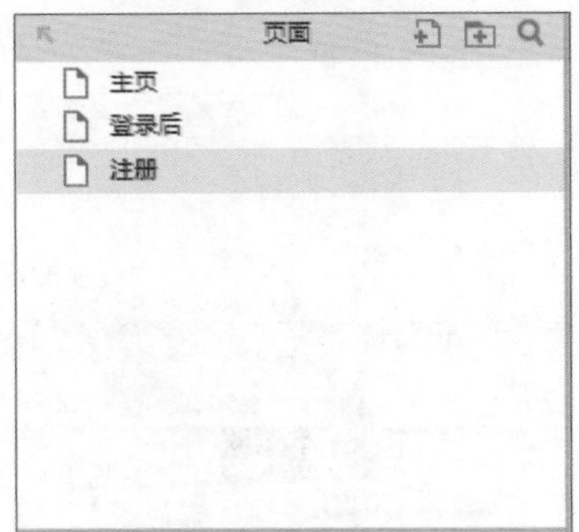

图 8-193

图 8-194

图 8-195

图 8-196

03 双击该动态面板，在弹出的“动态面板状态管理”对话框中设置名称及子状态页面，如图 8-197 所示。进入“没有输入状态”子状态页面，在该页面中拖入一个矩形元件，设置其边框为无，填充颜色为白色，如图 8-198 所示。

图 8-197

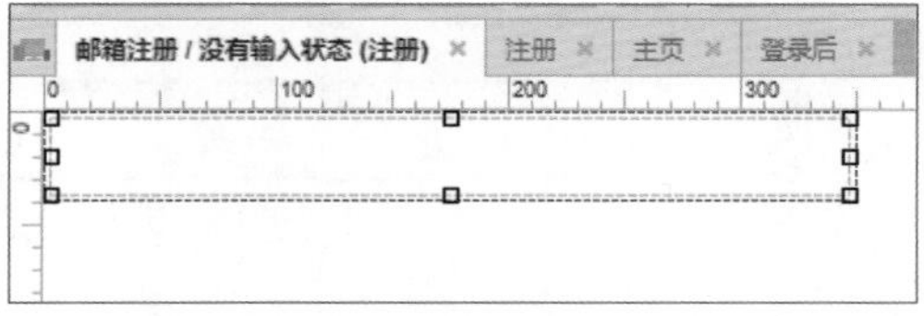

图 8-198

04 继续拖入一个文本框元件，调整坐标为 X3、Y3，尺寸为 W345、H35，如图 8-199 所示。设置文本框的属性如图 8-200 所示。

05 效果如图 8-201 所示。将制作的元件重命名，概要面板如图 8-202 所示。

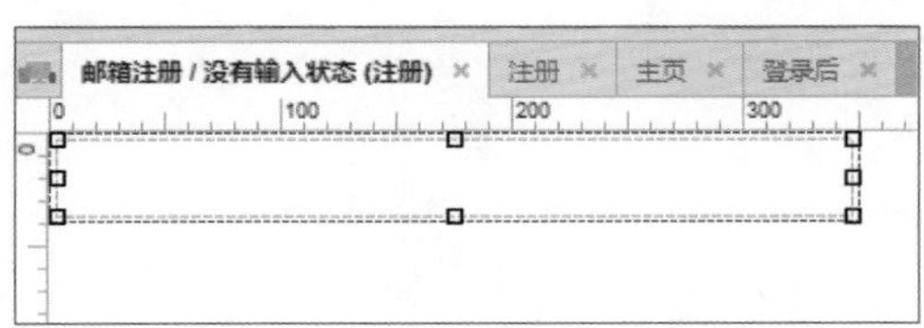

图 8-199

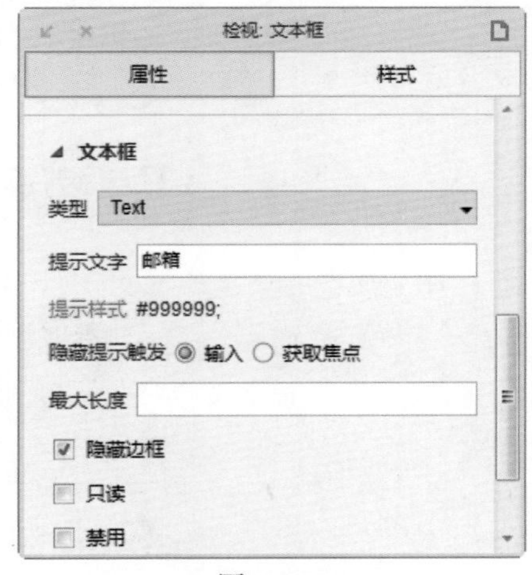

图 8-200

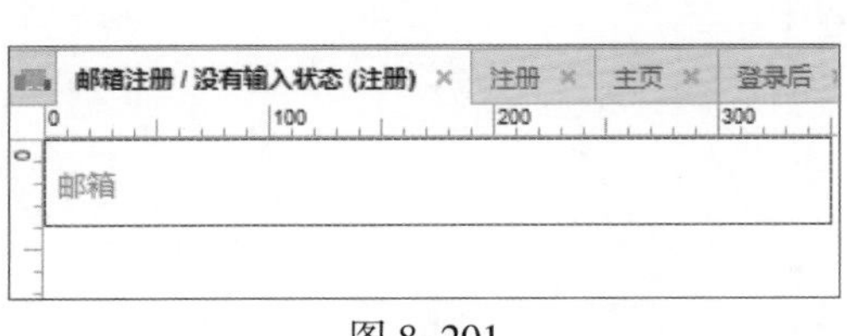

图 8-201

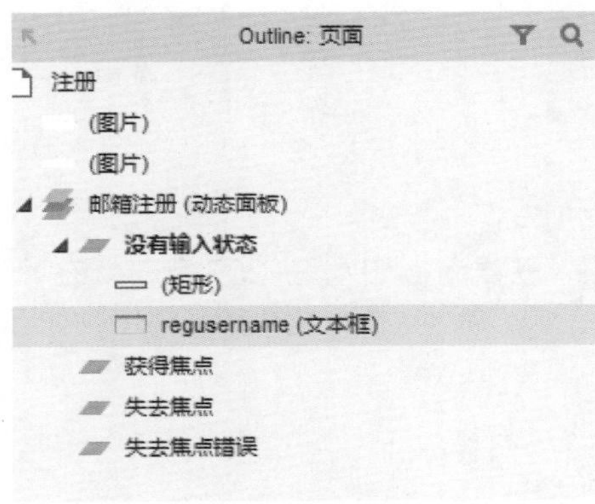

图 8-202

06 使用相同的方法继续制作其他状态页面，如图 8-203 所示。概要面板如图 8-204 所示。

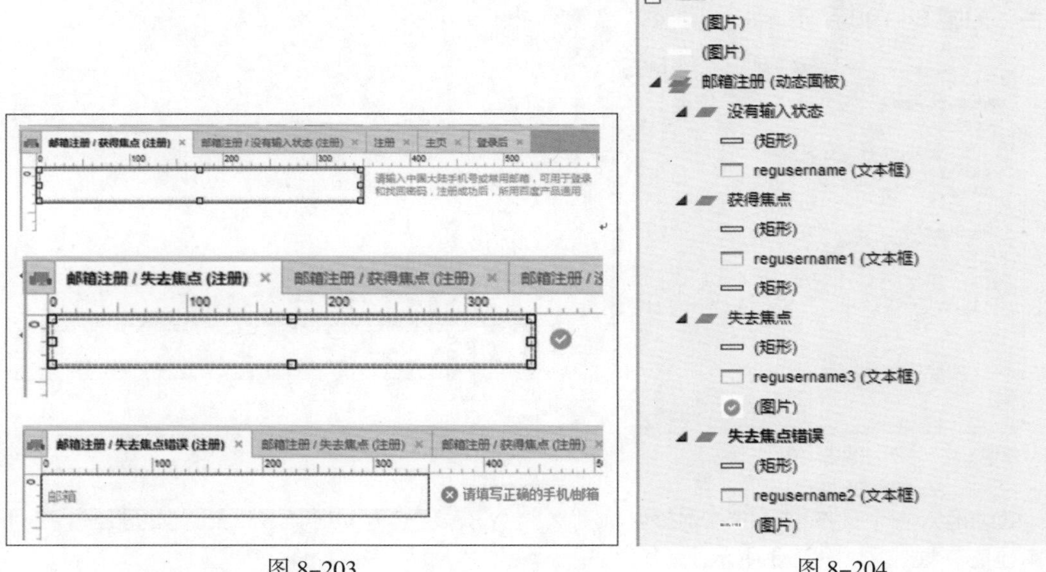

图 8-203　　　　图 8-204

07 返回“注册”页面，如图 8-205 所示。使用相同的方法继续制作“输入密码”动态面板元件，如图 8-206 所示。

图 8-205

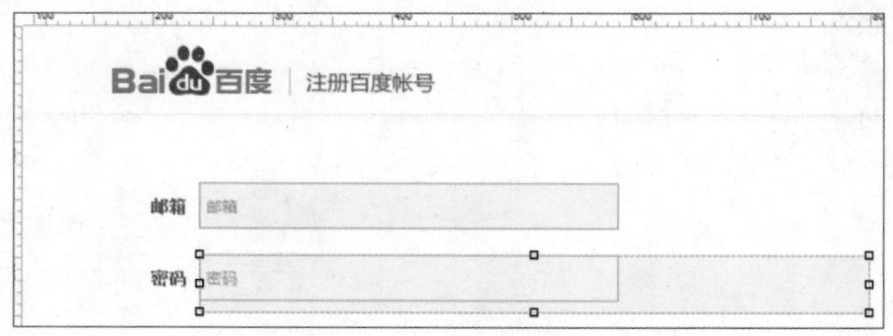

图 8-206

08 概要面板如图 8-207 所示。在“注册”页面中继续拖入一个动态面板元件，调整坐标为 X394、Y259，尺寸为 W631、H40，如图 8-208 所示。

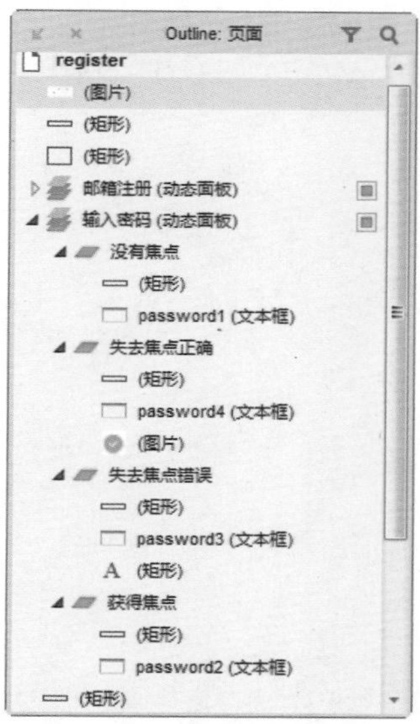

图 8-207

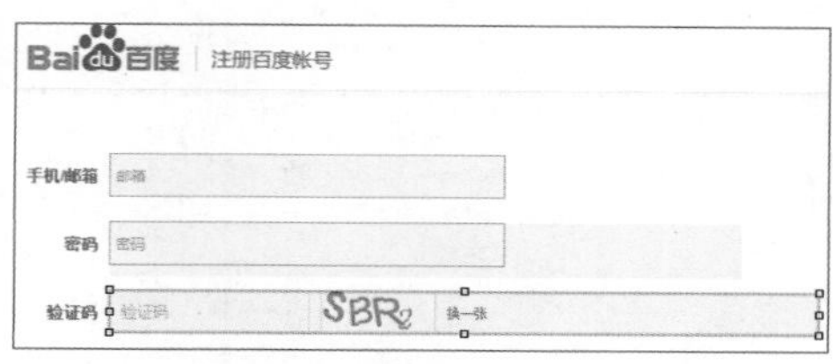

图 8-208

09 在弹出的“动态面板状态管理”对话框中设置名称及子状态页面，如图 8-209 所示。进入“没有输入状态”子状态页面，在该页面中添加矩形元件，设置其边框为无，填充颜色为白色，如图 8-210 所示。

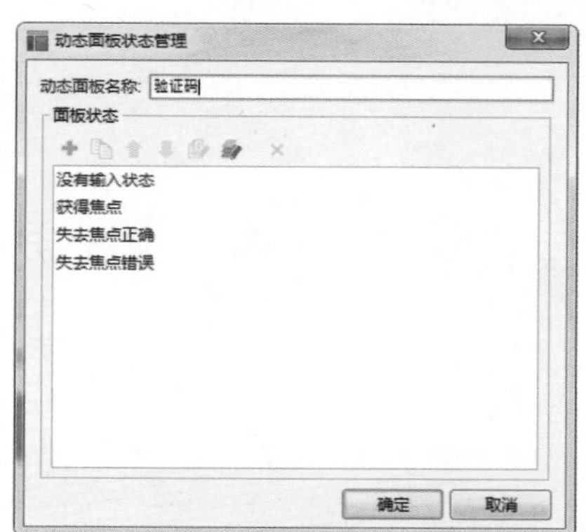

图 8-209

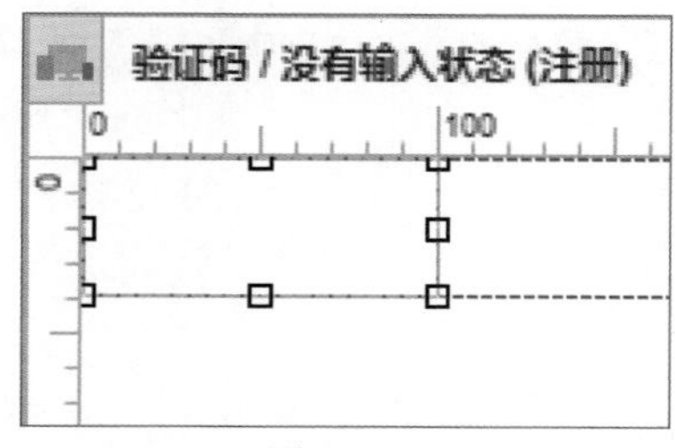

图 8-210

10 继续拖入一个文本框元件，设置文本框属性如图 8-211 所示，效果如图 8-212 所示。

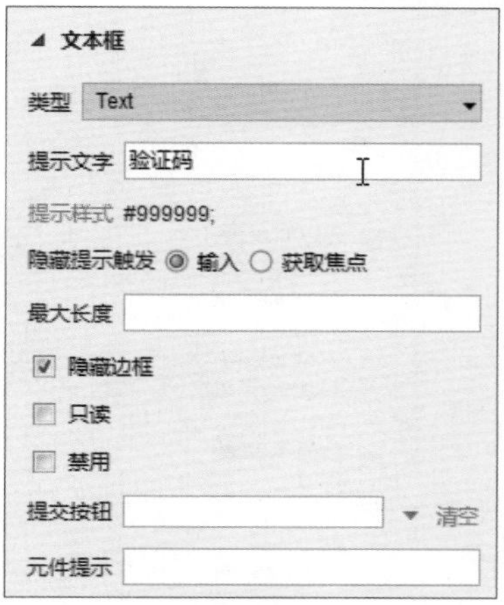

文本框
类型 Text
提示文字 验证码
提示样式 #999999;
隐藏提示触发 ◉ 输入 ○ 获取焦点
最大长度
☑ 隐藏边框
☐ 只读
☐ 禁用
提交按钮 清空
元件提示

图 8-211

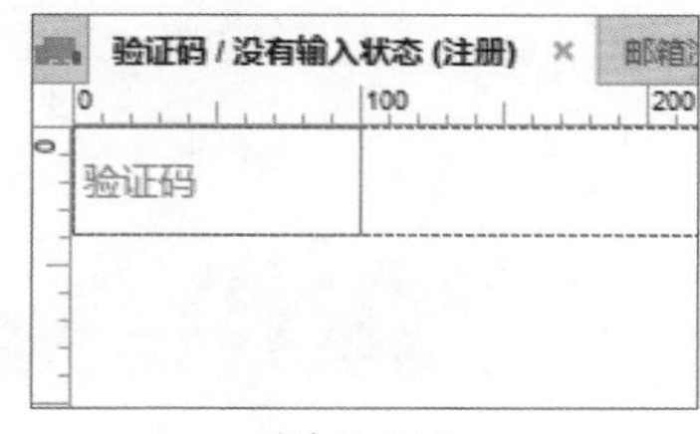

图 8-212

11 使用相同的方法继续制作其他几个子状态页面，概要面板如图 8-213 所示。返回“注册”页面中，拖入一个热区元件，调整坐标为 X394、Y357，尺寸为 W351、H50，如图 8-214 所示。

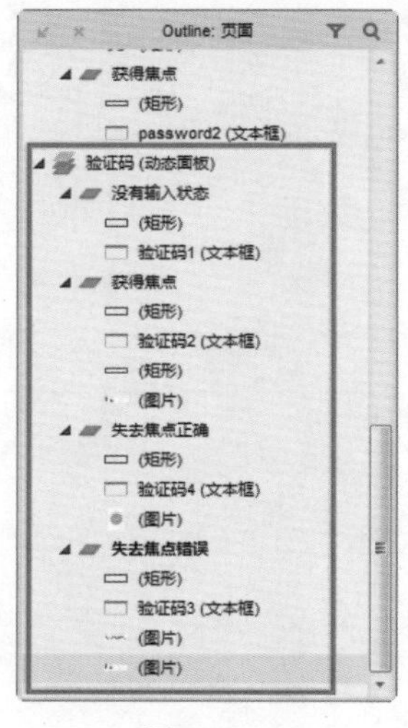

图 8-213

图 8-214

12 继续拖入一个热区元件，调整坐标为 X1233、Y21，尺寸为 W67、H40，如图 8-215 所示。继续拖入一个矩形元件，设置其填充颜色为白色，边框为无，覆盖在如图 8-216 所示的位置。

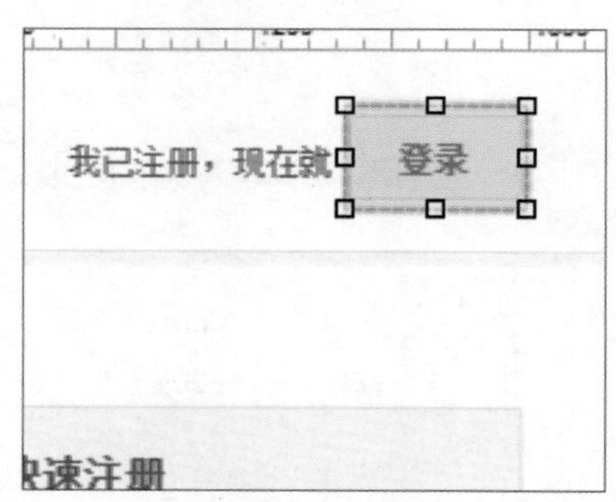

图 8-215

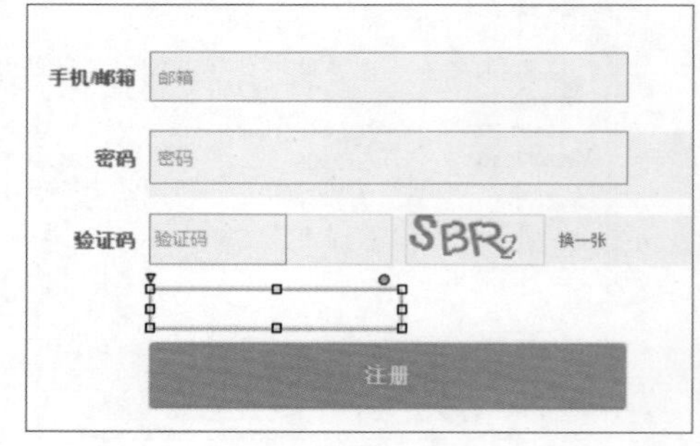

图 8-216

13 使用相同的方法制作其他矩形元件，覆盖不需要的内容，如图 8-217 所示。调整概要面板中元件的顺序，如图 8-218 所示。

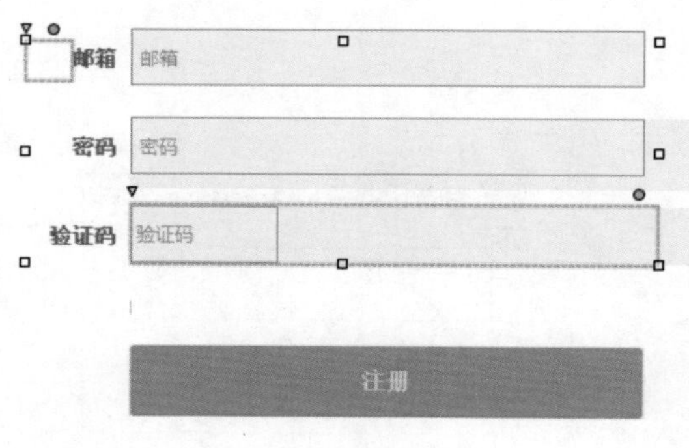

图 8-217

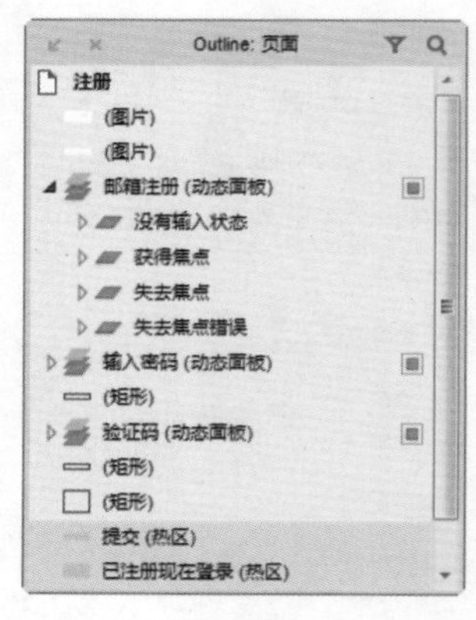

图 8-218

14 继续拖入一个复选框元件，显示文字如图 8-219 所示。返回“主页”页面中，打开概要面板，选择“弹出登录对话”框元件，复制到“注册”页面中，如图 8-220 所示。

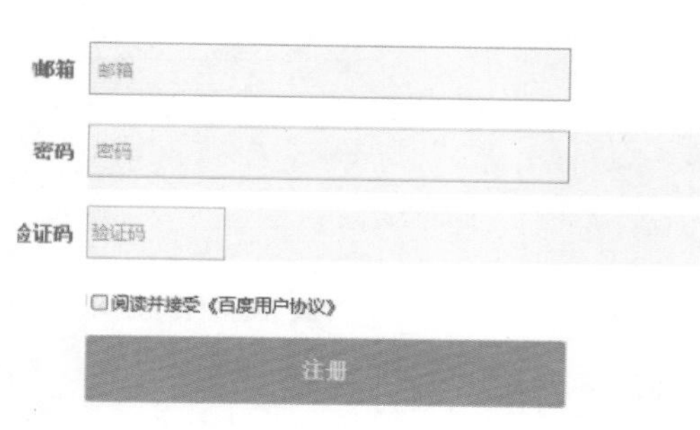

图 8-219

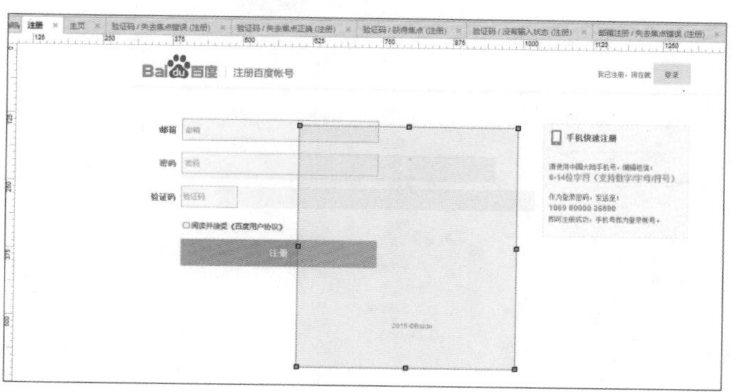

图 8-220

实例 39 为注册页面添加交互事件

教学视频：视频 \ 第 8 章 \ 为注册页面添加交互事件 .mp4
源文件：源文件 \ 第 8 章 \ 为注册页面添加交互事件 .rp

实例分析：

本实例是整个原型设计中的收尾，继续为注册页面添加交互事件，将主页、登录后和注册 3 个页面连接，实现百度账号的登录、注册及查看新闻等效果。

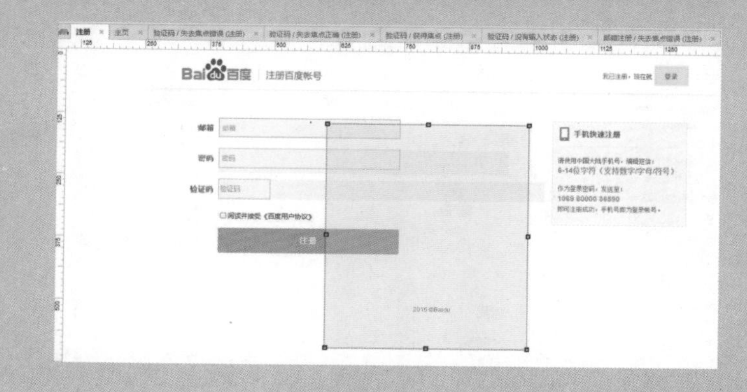

制作步骤：

01 继续实例 38 的制作，打开项目文件，在概要面板中选择“弹出登录对话框”中的“立即注册按钮”，在“属性”标签下选择交互事件中的“鼠标单击时”事件，如图 8-221 所示。打开“用例编辑”对话框，添加当前窗口动作并配置动作，如图 8-222 所示。

02 进入“注册”页面，在概要面板中选择“提交”元件，在“属性”标签下选择交互事件中的“鼠标单击时”事件，如图 8-223 所示。打开“用例编辑”对话框，添加当前窗口动作并配置动作，如图 8-224 所示。

03 单击“确定”按钮，返回页面中，继续选择“已注册现在登录”元件，在“属性”标签下选择交互事件中的“鼠标单击时”事件，如图 8-225 所示。打开“用例编辑”对话框，添加当前窗口动作并配置动作，如图 8-226 所示。

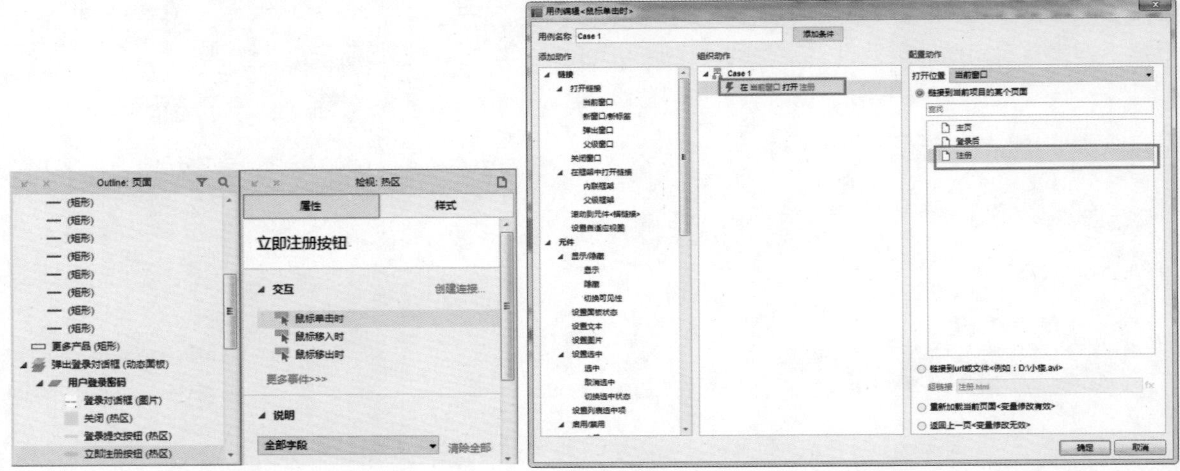

图 8-221　　图 8-222

图 8-223　　图 8-224

图 8-225　　图 8-226

提示 这里已经将页面中大的交互动作配置完成，接下来将配置动作面板中的各个动作。

04 选中“没有输入状态”中的 regusername 文本框，在“属性”标签下选择交互事件中的“鼠标单击时”事件，如图 8-227 所示。打开“用例编辑”对话框，添加设置动态面板动作并配置动作，如图 8-228 所示。

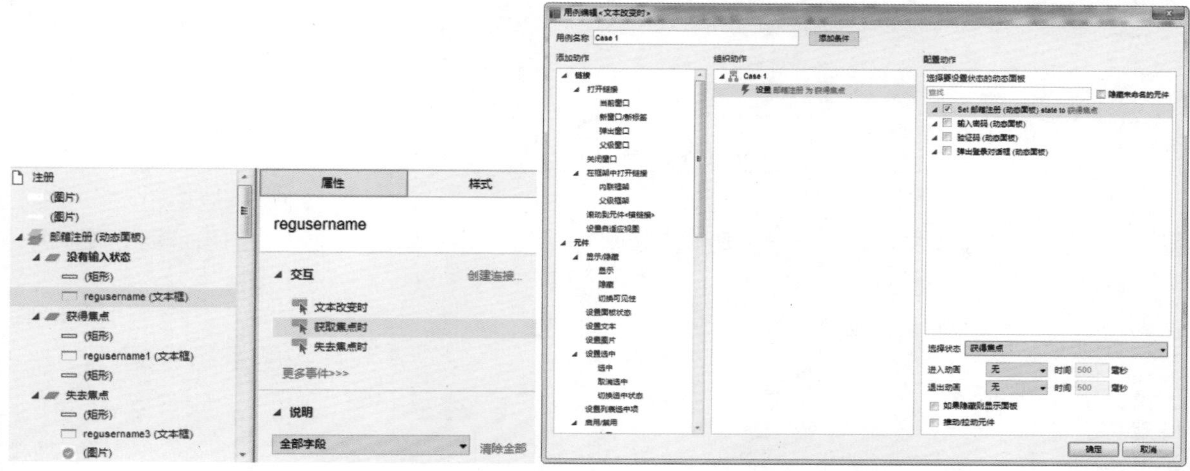

图 8-227　　　　图 8-228

05 继续选择 regusername1 文本框，在“属性”标签下选择交互事件中的“鼠标单击时”事件，如图 8-229 所示。打开“用例编辑”对话框，选择 Case1，进入“条件设立”对话框，设置参数如图 8-230 所示。

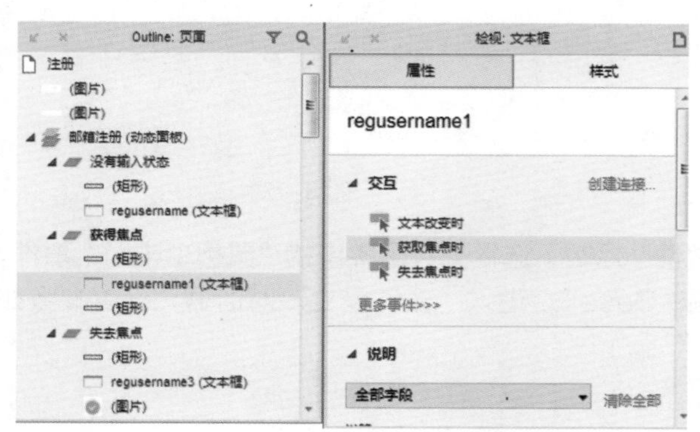

图 8-229

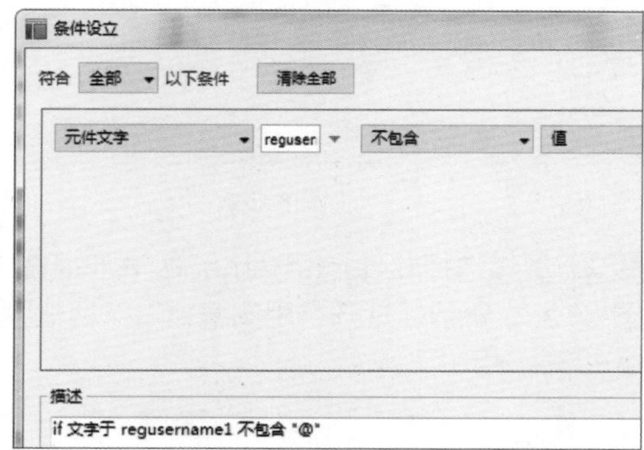

图 8-230

06 返回“用例编辑”对话框，继续添加设置动态面板动作并配置动作，如图 8-231 所示。单击“确定”按钮，返回页面中，继续为该事件添加 Case2，打开“用例编辑”对话框，添加设置动态面板动作并配置动作，如图 8-232 所示。

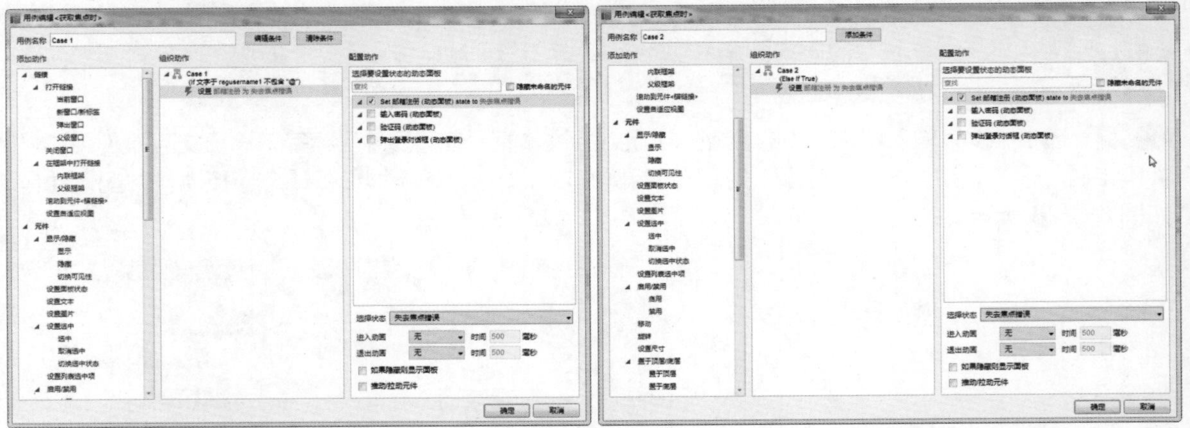

图 8-231　　图 8-232

07 继续添加设置文字动作并配置动作，如图 8-233 所示。单击“确定”按钮，回到页面中，检视面板如图 8-234 所示。

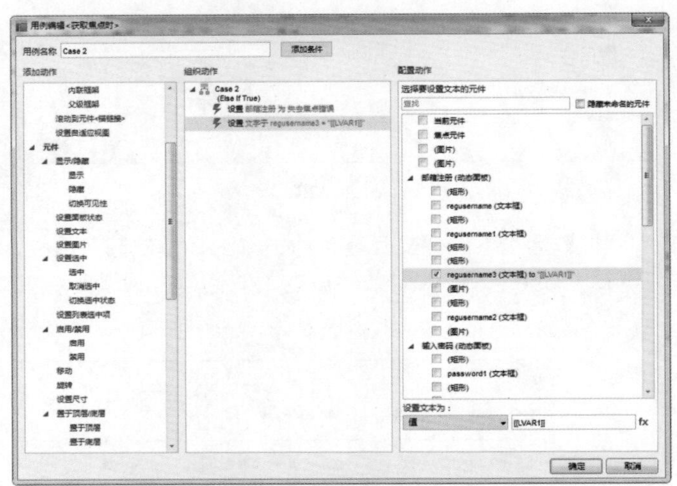

图 8-233

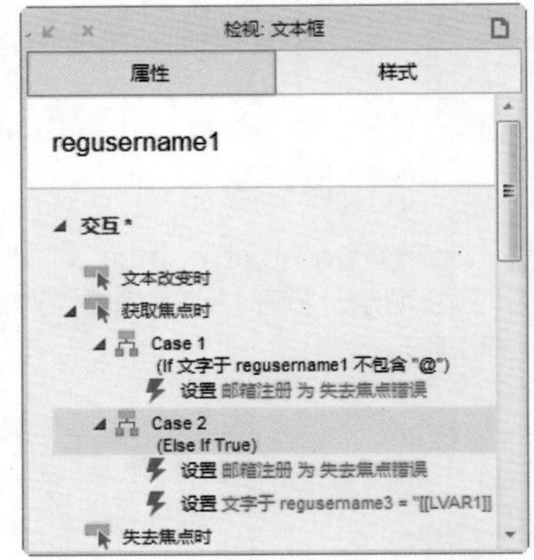

图 8-234

08 继续选择 regusername3 文本框，在“属性”标签下选择交互事件中的“鼠标单击时”事件，如图 8-235 所示。打开“用例编辑”对话框，选择 Case1，进入“条件设立”对话框，设置参数如图 8-236 所示。

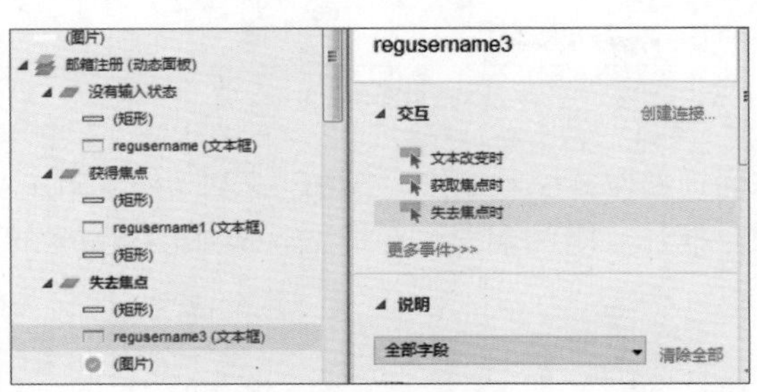

图 8-235

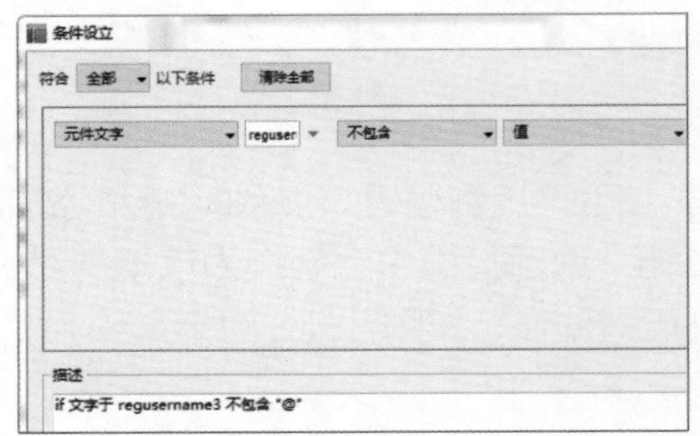

图 8-236

09 添加其他动作并配置动作，如图 8-237 所示。继续选择 regusername3 文本框，在“属性”标签下选择交互事件中的“失去焦点时”事件，如图 8-238 所示。

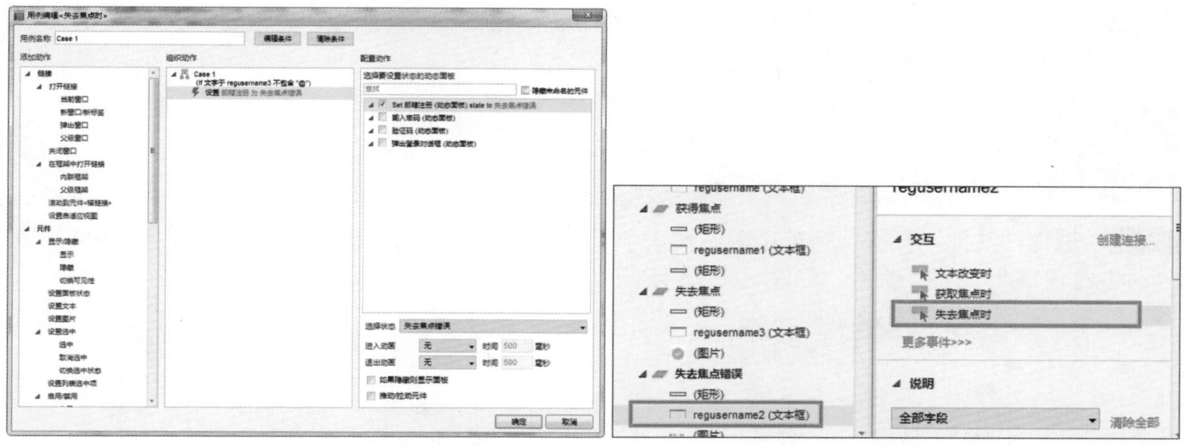

图 8-237　　　　图 8-238

10 打开“用例编辑”对话框，选择 Case1，进入“条件设立”对话框，如图 8-239 所示。返回“用例编辑”对话框，继续添加动作，如图 8-240 所示。

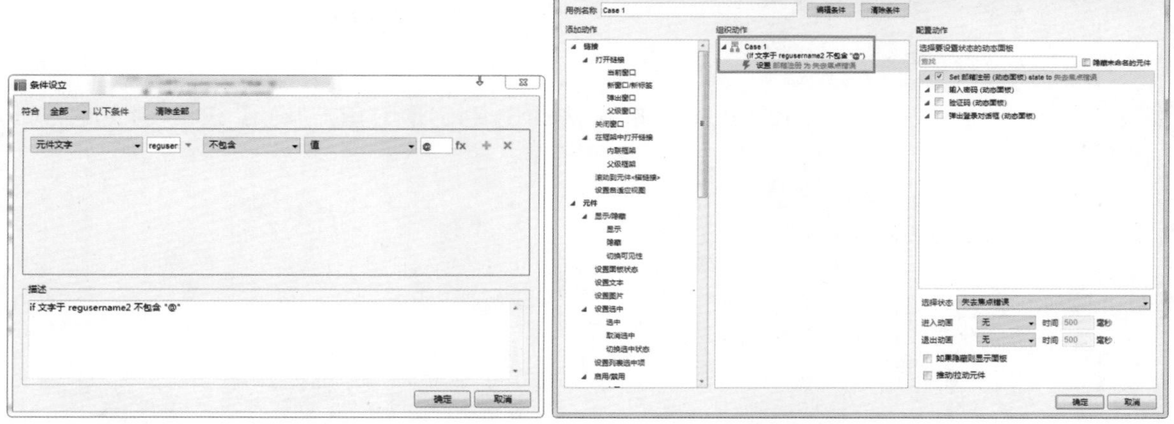

图 8-239　　　　图 8-240

11 单击“确定”按钮，返回页面中，继续为该事件添加 Case2，打开“用例编辑”对话框，添加设置动态面板动作并配置动作，如图 8-241 所示。继续添加设置文字动作并配置动作，如图 8-242 所示。

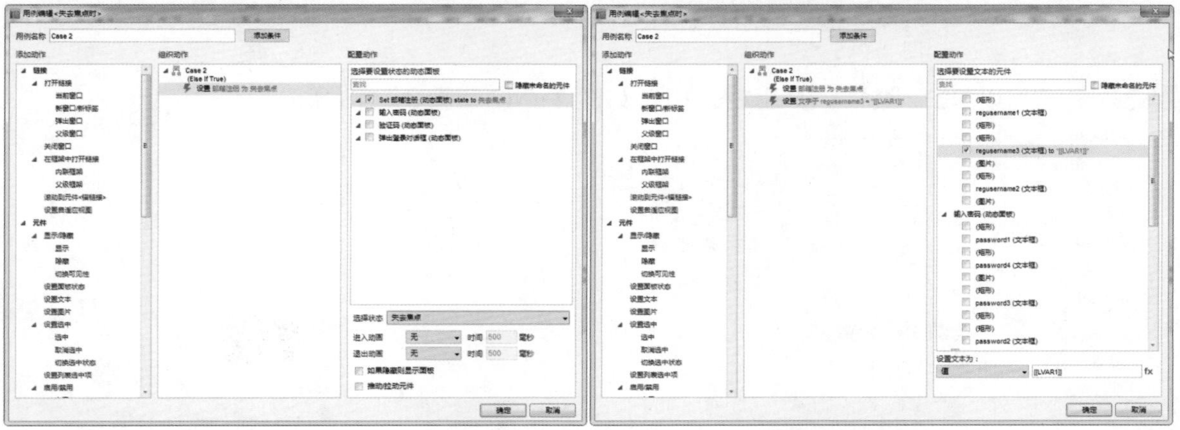

图 8-241　　　　图 8-242

12 返回页面中，使用相同的方法为页面中的“输入密码”动态面板、“验证码”动态面元件中的文本框添加相同的交互事件及配置动作。

配置过程前面已经详细讲解，这里不再详细配置，用户可以参看源文件。

13 选择“注册”页面，将该页面设置居中，如图 8-243 所示。将制作的文件保存，执行“发布 > 生成 HTML 文件”命令，如图 8-244 所示。

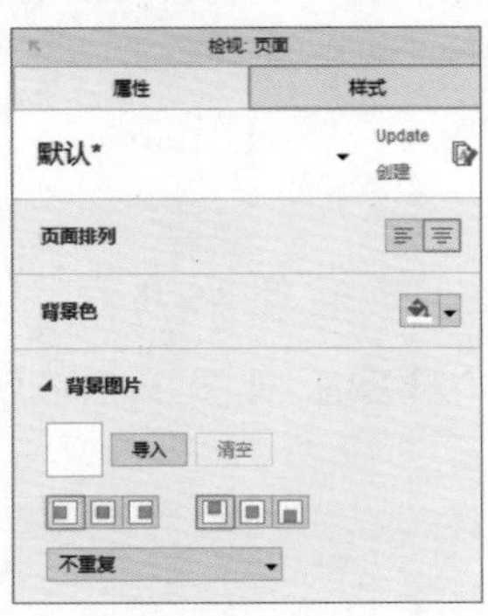

图 8-243

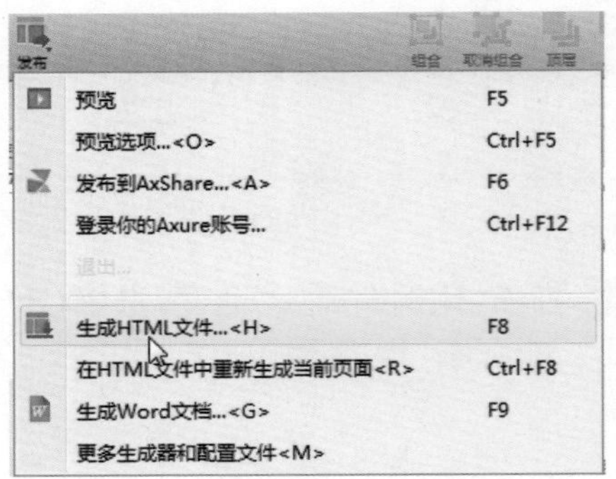

图 8-244

14 在弹出的“生成 HTML”对话框中设置参数，如图 8-245 所示。单击“确定”按钮，将文件生成，效果如图 8-246 所示。

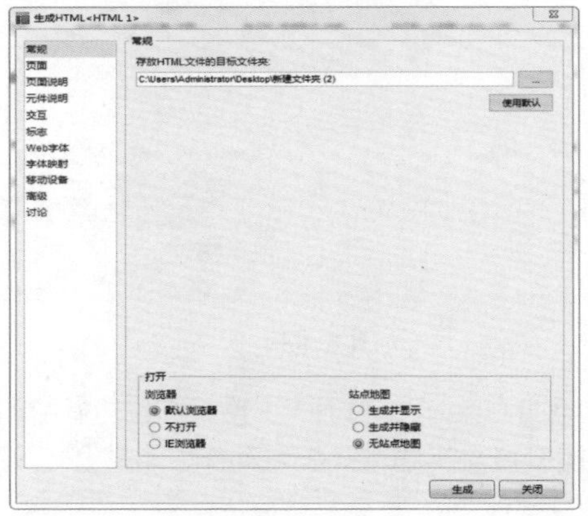

图 8-245

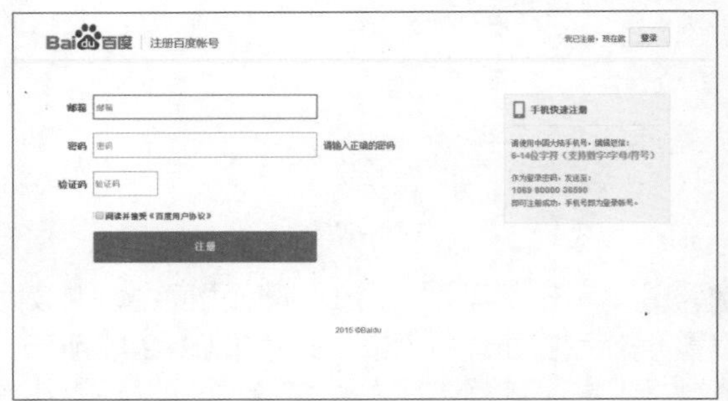

图 8-246

15 用户可以单击“登录”按钮查看效果，如图 8-247 和图 8-248 所示。

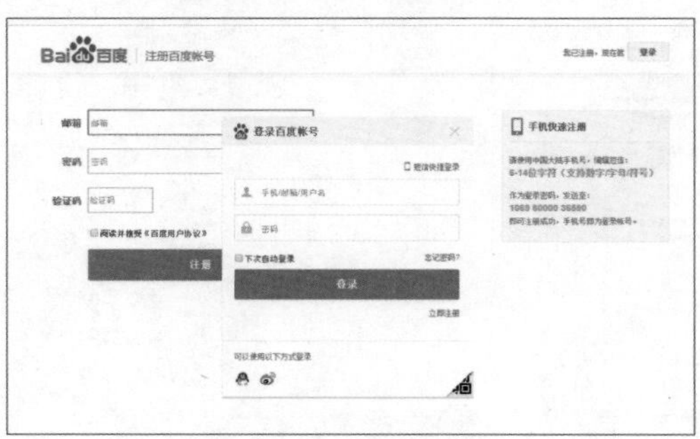

图 8-247

图 8-248

8.2 微信 APP

在手机 APP 应用日益普及的今天，使用 Axure RP 制作移动设备中的产品原型逐渐成为主流，本节将制作聊天 APP 微信的产品原型，通过学习，用户会对 Axure RP 的功能有全新的认识。

实例 40　进入手机微信界面

教学视频：视频\第 8 章\进入手机微信界面.mp4　源文件：源文件\第 8 章\进入手机微信界面.rp

实例分析：

本实例主要制作的是移动设备原型，实现单击微信 APP 进入手机微信界面的效果。该原型并没有在移动设备上查看效果，用户需要将后面的实例一同完成后，再同时查看。

制作步骤：

01 执行“文件 > 新建”命令，新建一个项目文档，如图 8-249 所示。单击元件面板中的“选项”按钮，在下拉菜单中选择“载入元件库”命令，如图 8-250 所示。

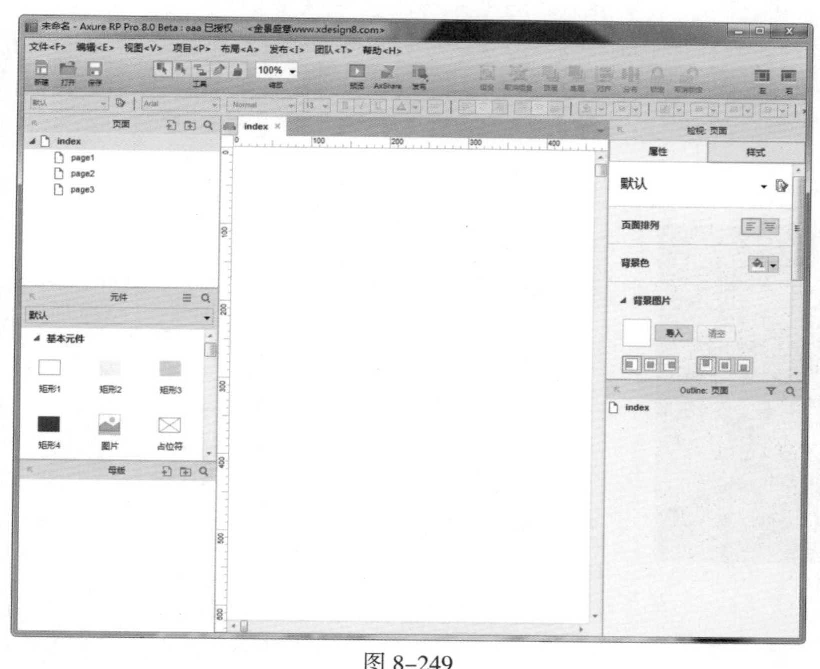

图 8-249

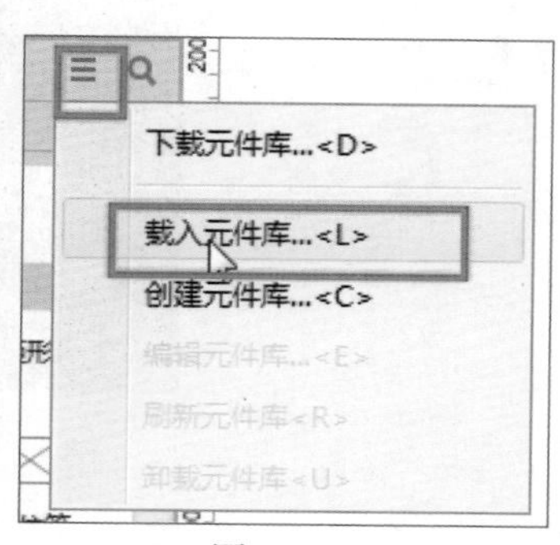

图 8-250

02 载入第三方元件库，如图 8-251 所示。继续载入微信元件库，如图 8-252 所示。

图 8-251

图 8-252

03 将 index 页面重命名为“主页”，如图 8-253 所示。拖入一个 iPhone 6 的手机壳元件到编辑区中，将元件重命名为“手机壳”，如图 8-254 所示。

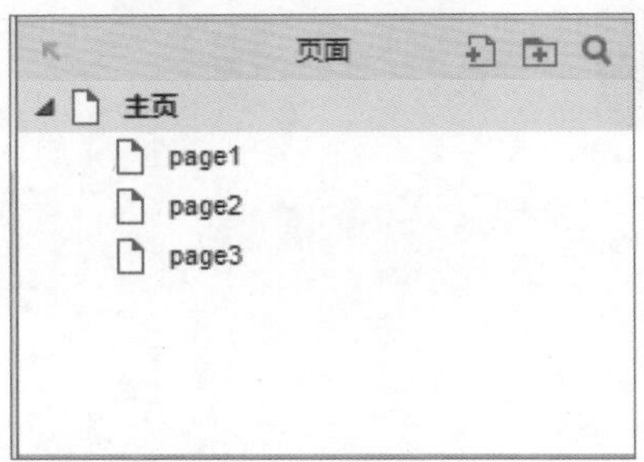

图 8-253

图 8-254

04 效果如图 8-255 所示。元件的尺寸为 W430、H880，如图 8-256 所示。

图 8-255

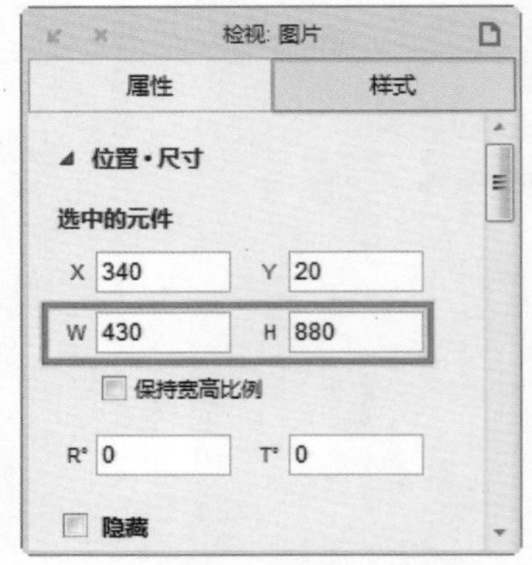

图 8-256

05 将页面的比例调整为 80%，如图 8-257 所示。选中“手机壳”元件并将其锁定，拖出辅助线测量出手机屏幕的尺寸，如图 8-258 所示。

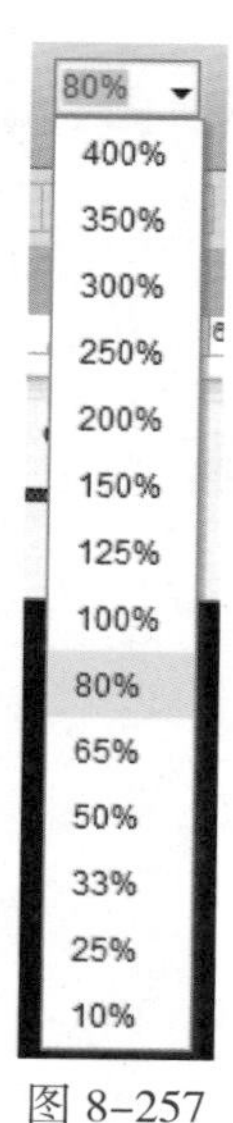

图 8-257

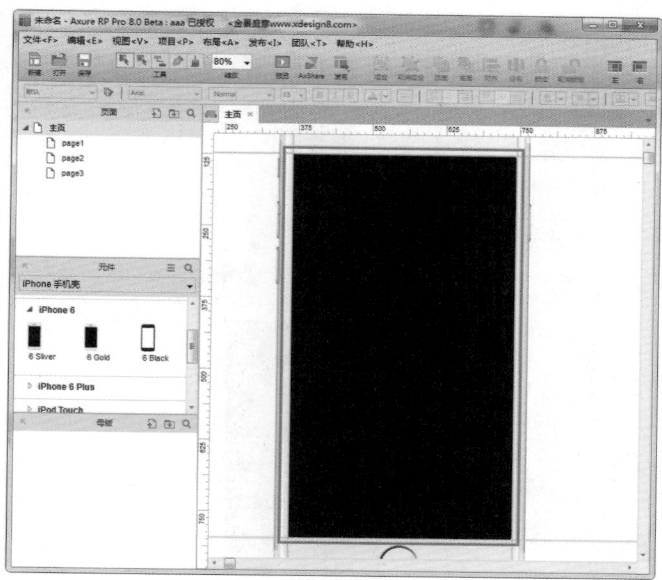
图 8-258

提示　调整页面的缩放比例是为了方便后面的制作，当制作移动设备的原型时，会在设备的默认尺寸基础上等比例成倍地放大，以便在移动设备上查看。

06 继续拖入一个图片元件，导入“素材\第 8 章\032.jpg”图片，调整图片的坐标为 X365、Y123，尺寸为 W382、H676，如图 8-259 所示。将该图片重命名为“手机主页”，选中该元件并将其锁定，继续拖入一个微信图标元件，覆盖在手机主页的微信图标上，如图 8-260 所示。

图 8-259

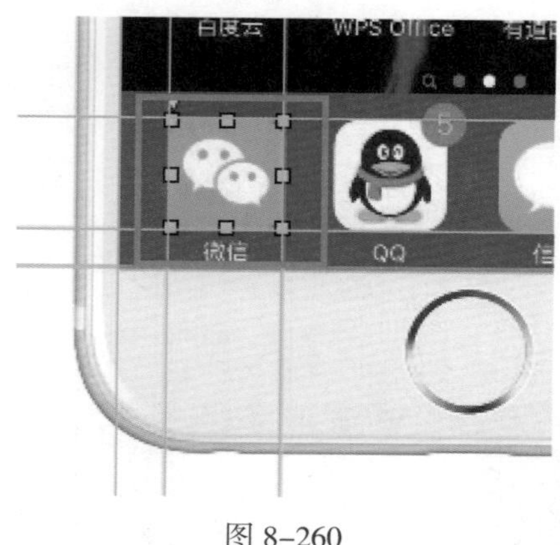

图 8-260

用户也可以先在 Photoshop 中将图片调整为宽 382 像素、高 676 像素的图片，然后再在 Axure RP 中导入图片。

导入微信图标也可以使用第 3 章向用户讲解的背景覆盖法。

07 将该元件重命名为“微信图标”，并锁定元件，继续拖入一个图片元件，导入“素材\第 8 章\033.jpg”图片，调整图片的坐标为 X365、Y123，尺寸为 W382、H676，将该元件重命名为“进入微信”，并将元件隐藏，如图 8-261 所示。概要面板如图 8-262 所示。

图 8-261

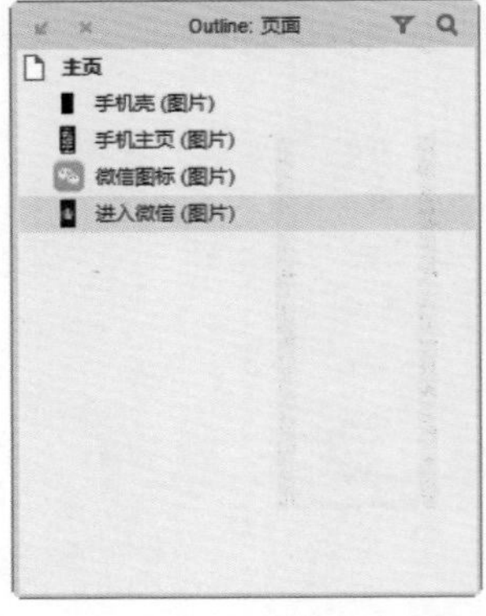

图 8-262

将元件隐藏后，元件处于淡黄色遮罩样式。

08 继续拖入一个动态面板元件，将动态面板的尺寸调整为手机屏幕的尺寸，重命名为“进入”，如图 8-263 所示。双击动态面板，弹出“动态面板状态管理”对话框，如图 8-264 所示。

图 8-263

图 8-264

动态面板处于浅蓝色状态，由于隐藏后的元件为淡黄色，所以这里的动态面板不容易看出，用户知道即可。

09 在“动态面板状态管理”对话框中添加 4 个子状态页面，如图 8-265 所示。概要面板如图 8-266 所示。

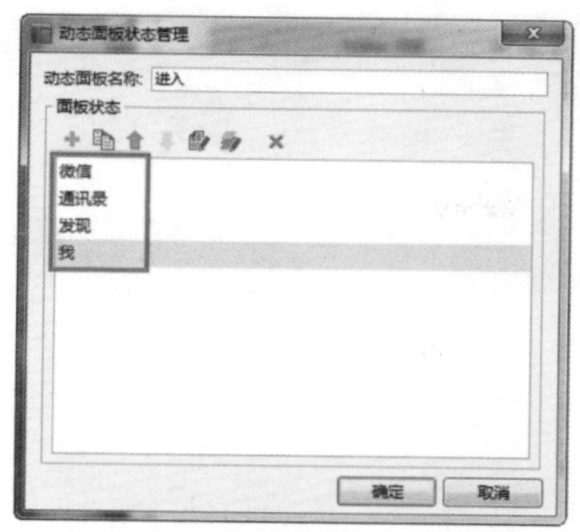

图 8-265

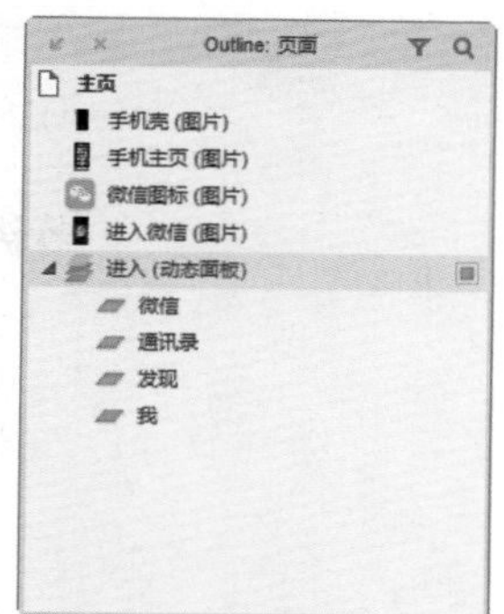

图 8-266

10 双击“微信”子状态页面，进入子状态编辑页，拖入一个图片元件，导入“素材 \ 第 8 章 \034.jpg”图片，调整图片的坐标为 X0、Y0，尺寸为 W382、H676，如图 8-267 所示。概要面板如图 8-268 所示。

图 8-267

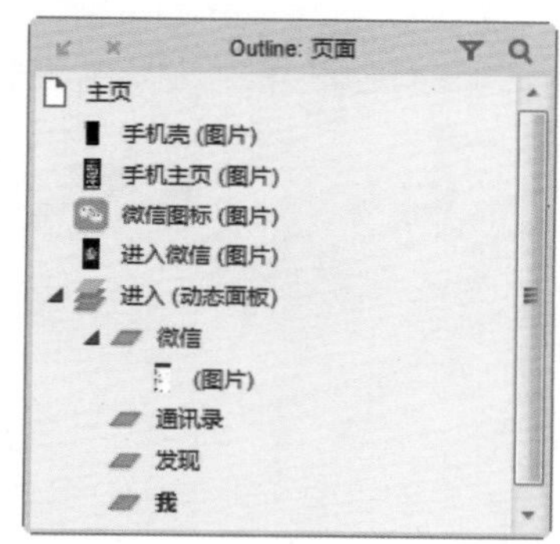

图 8-268

11 选中“进入”动态面板元件，将该元件隐藏，效果如图 8-269 所示。在概要面板中选中“微信图标”元件，双击检视面板中“属性”标签下的“鼠标单击时”事件，如图 8-270 所示。

图 8-269

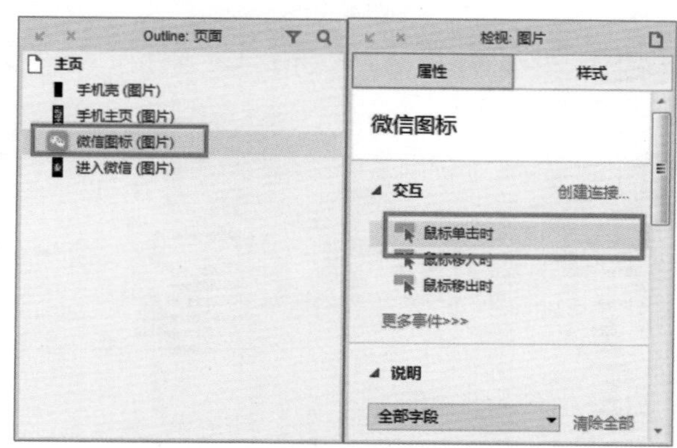

图 8-270

12 弹出“用例编辑”对话框，如图 8-271 所示。添加“显示”动作并配置动作，如图 8-272 所示。

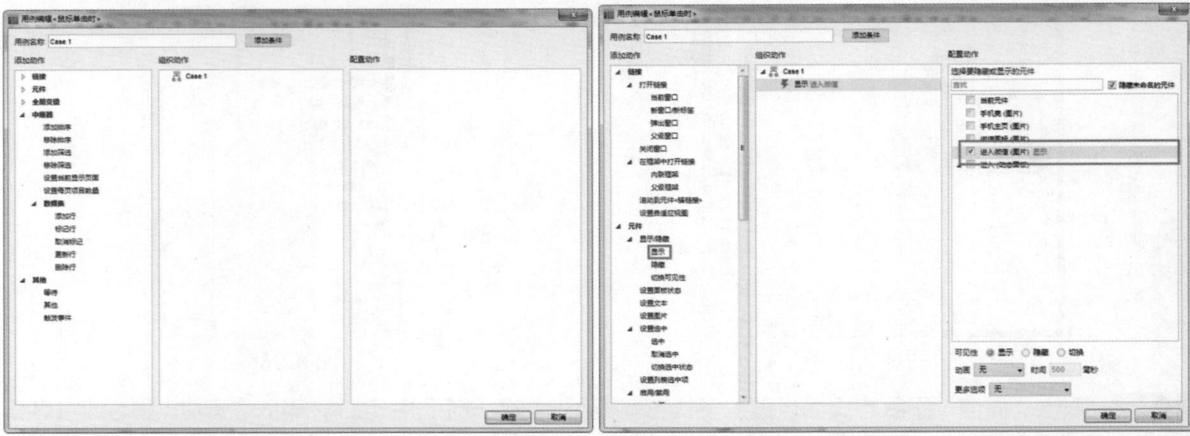

图 8-271　　　　图 8-272

13 继续添加“等待”动作并配置动作，如图 8-273 所示。继续添加“显示”动作并配置动作，如图 8-274 所示。

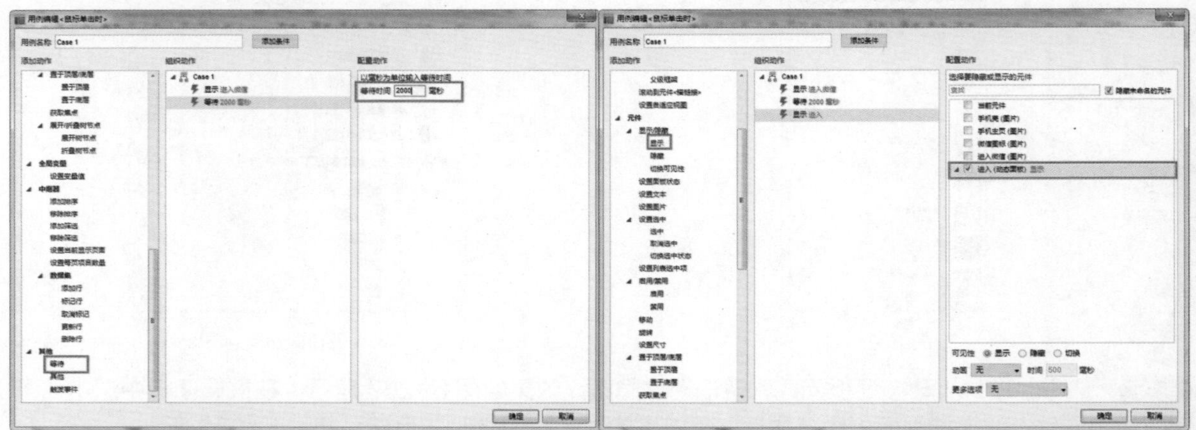

图 8-273　　　　图 8-274

14 继续添加“隐藏”动作并配置动作，如图 8-275 所示。单击“确定”按钮，返回“主页”页面，如图 8-276 所示。

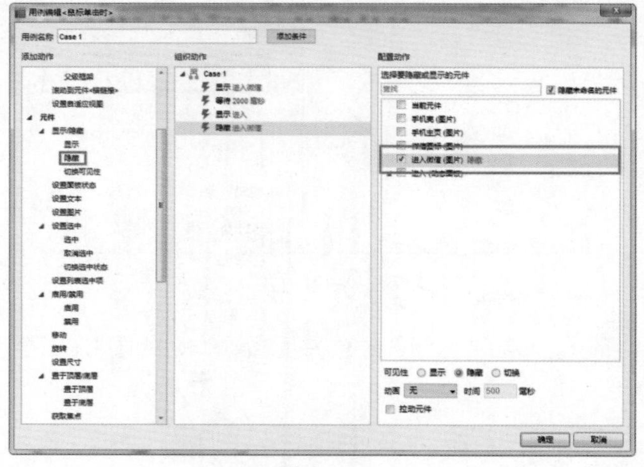

图 8-275

图 8-276

15 执行“发布 > 预览”命令，查看效果如图 8-277 所示。单击“微信”图标，即可进入微信界面，如图 8-278 所示。

图 8-277

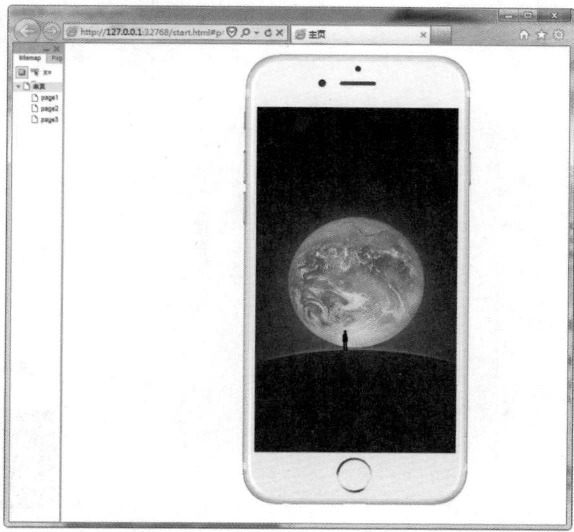

图 8-278

实例 41　多种界面进行切换

教学视频：视频 \ 第 8 章 \ 多种界面进行切换 .mp4　源文件：源文件 \ 第 8 章 \ 多种界面进行切换 .rp

实例分析：

本实例主要制作手机微信右上角的添加操作。单击“添加”按钮即可弹出添加选项，实现 4 种选项的不同切换。

制作步骤：

01 继续实例 40 的操作，选择“进入”动态面板中的“微信”子状态页，进入编辑状态，将页面中的图片元件删除，拖入一个矩形元件，将该矩形填充为白色，边框为无，调整其坐标为 X0、Y0，尺寸为 W382、H676，如图 8-279 所示。在该页面中拖入一个图片元件，导入“素材 \ 第 8 章 \038.jpg”图片，调整其坐标为 X0、Y0，尺寸为 W382、H64，如图 8-280 所示。

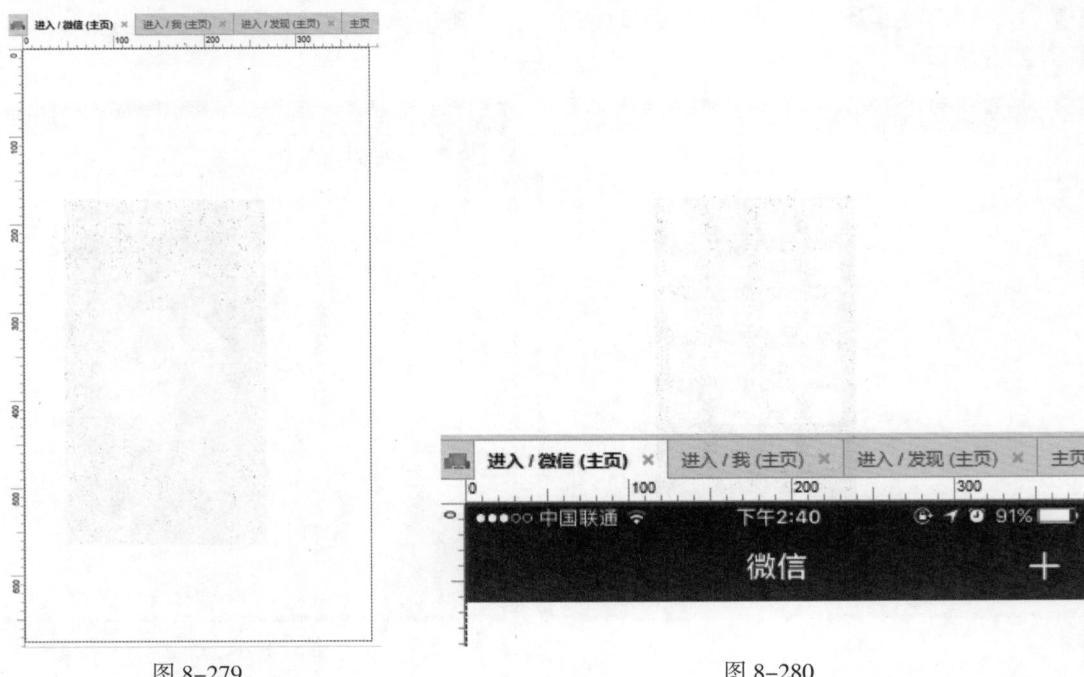

图 8-279　　　　图 8-280

02 继续拖入一个图片元件，导入图片，并将图片重命名，概要面板如图 8-281 所示。将导入的内容全部锁定，如图 8-282 所示。

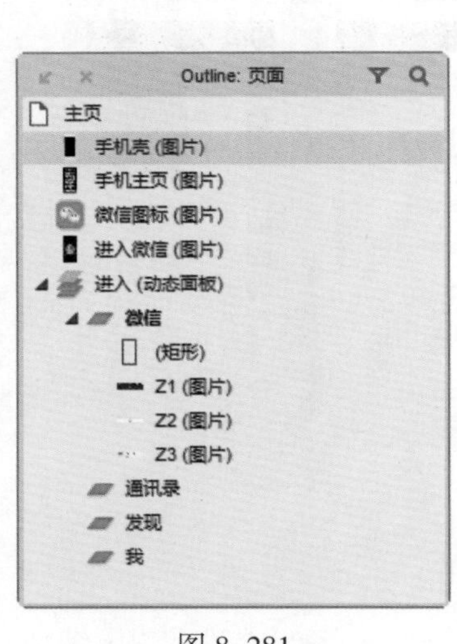

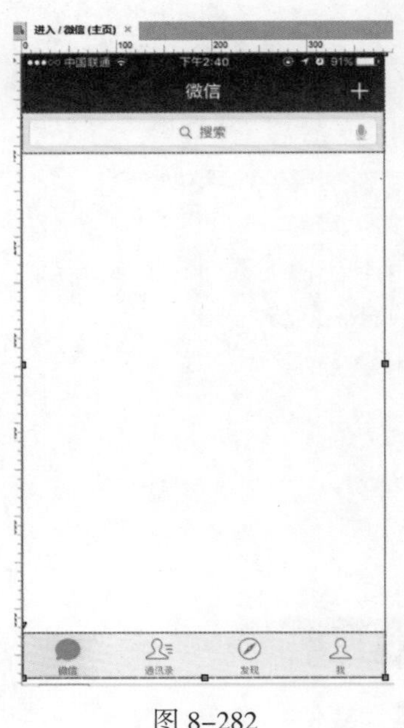

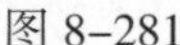
图 8-281　　　　图 8-282

03 在“微信”元件库中拖入各种元件，如图 8-283 所示。将各个元件移动到图片中相应的位置，如图 8-284 所示。

为了方便显示，在拖入的元件后面添加了灰色矩形。此步骤应用了背景覆盖法。为了方便查看后面的图，只截了与屏幕大小相同的图像。

图 8–283

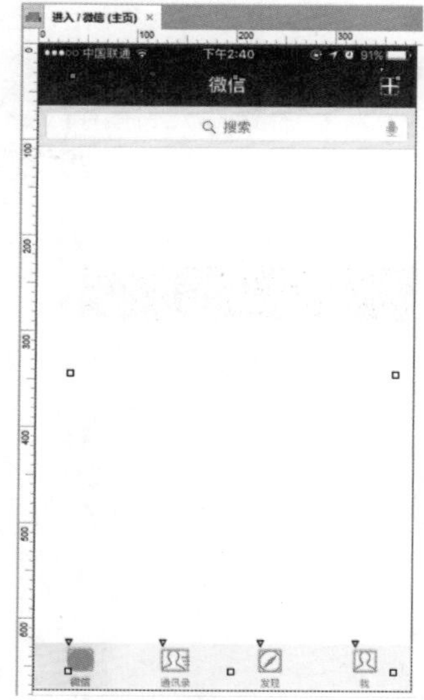

图 8–284

04 将拖入的元件重命名，概要面板如图 8–285 所示。拖入一个热区元件到编辑区内，调整热区元件的坐标为 X10、Y626，尺寸为 W83、H49，如图 8–286 所示。

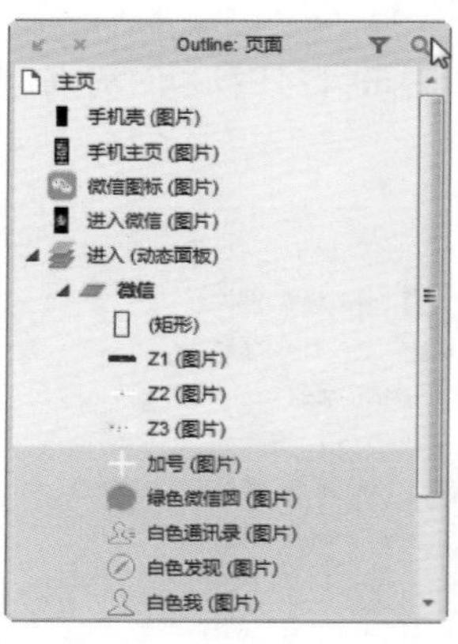

图 8–285

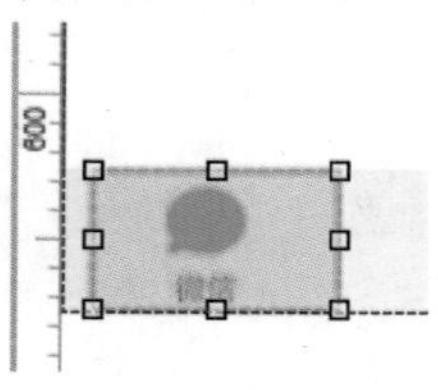

图 8–286

05 使用相同的方法拖入其他热区元件，如图 8–287 所示。将 4 个热区元件分别重命名为 R1~R4，概要面板如图 8–288 所示。

图 8–287

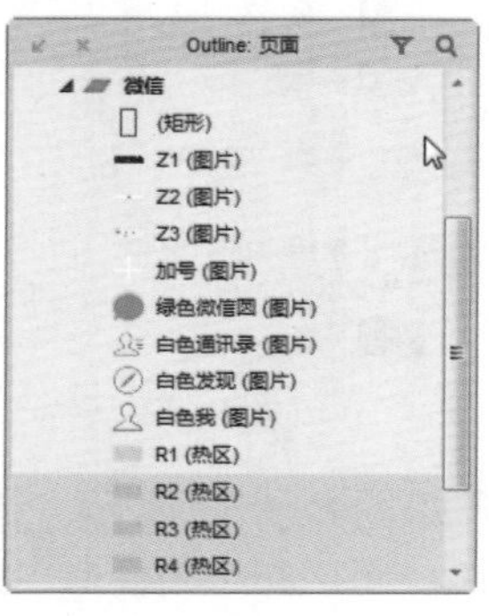

图 8–288

06 拖入一个动态面板元件，调整元件的坐标为 X0、Y109，尺寸为 W382、H1085，将该动态面板重命名为“微信内容”，如图 8-289 所示。进入“微信内容”动态面板的 State1 子状态页面，在该页面中拖入一个图片元件，导入“素材 \ 第 8 章 \040.jpg”图片，将该图片元件重命名为 Z4，如图 8-290 所示。

图 8-289

图 8-290

07 返回进入动态面板的“微信”子状态页面中，如图 8-291 所示。打开概要面板，调整元件的位置，如图 8-292 所示。

图 8-291

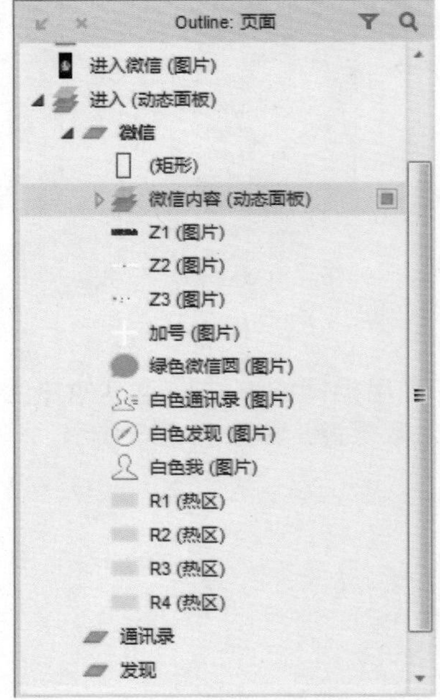

图 8-292

08 效果如图 8-293 所示。继续拖入一个动态面板，调整其坐标为 X160、Y62，尺寸为 W220、H278，将该动态面板重命名为“弹出层”，如图 8-294 所示。

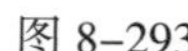

图 8–293

图 8–294

09 双击该动态面板，进入“动态面板状态管理”对话框，将子状态页面重命名为TCC，如图8–295所示。进入 TCC 子状态页面，拖入一个图片元件，导入“素材\第 8 章\042.jpg”图片，调整动态面板坐标为 X18、Y10，尺寸为 W199、H261，将该图片元件重命名为“弹出选项”，如图 8–296 所示。

图 8–295

图 8–296

10 继续拖入一个热区元件，设置坐标为 X40、Y29，尺寸为 W160、H50，如图 8–297 所示。使用相同的方法继续拖入热区元件，如图 8–298 所示。

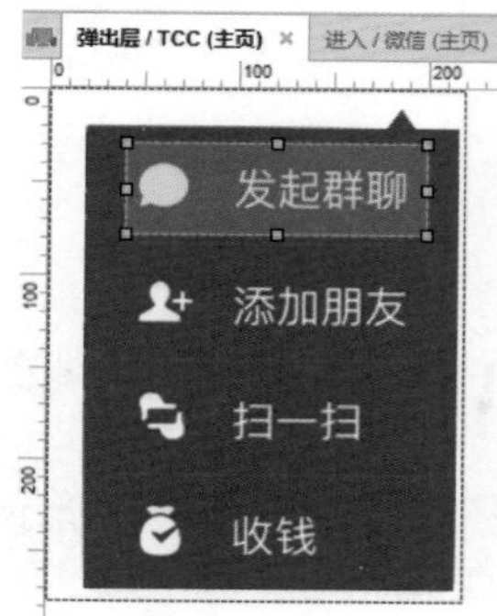

图 8–297

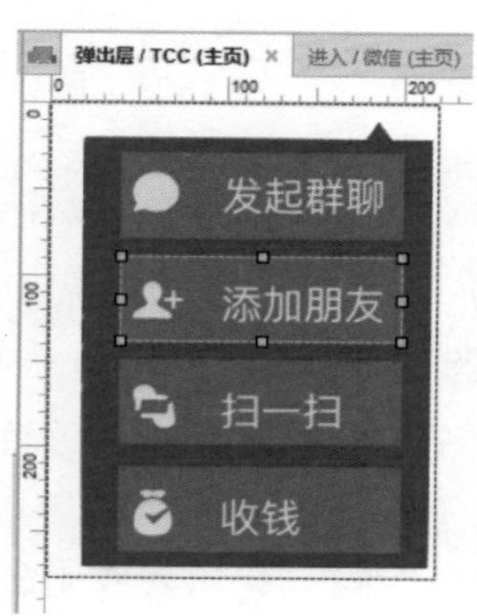

图 8–298

提示　此步操作中用户可以不选择热区元件，可以选择“微信”元件库中相似的元件，以便在后面进行交互事件的操作。这里选择的热区，只将移动设备中用户手机单击的范围将扩大，不用只单击小图标，在制作移动原型时要考虑用户的操作行为。

11 将 4 个热区元件分别重新命名，概要面板如图 8-299 所示。返回“微信”子状态页面，效果如图 8-300 所示。

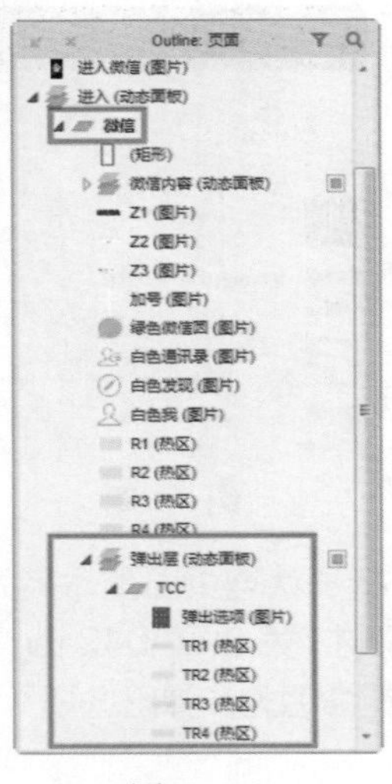

图 8-299

图 8-300

12 将“弹出层”动态面板隐藏，效果如图 8-301 所示。在该页面继续拖入一个动态面板元件，调整其坐标为 X0、Y1193，尺寸为 W382、H680，如图 8-302 所示。

图 8-301

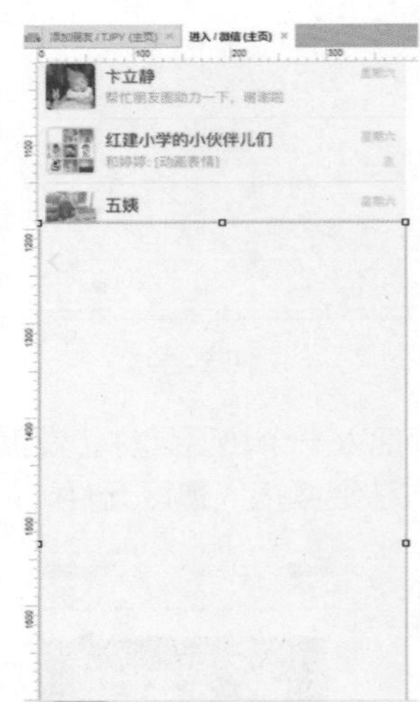

图 8-302

13 双击该动态面板，在弹出的“动态面板状态管理”对话框中添加子状态页面，如图 8-303 所示。在 4 个页面中分别添加图片，概要面板如图 8-304 所示。

14 进入 TJPY 子状态页面继续拖入“微信”元件库中的标签，如图 8-305 所示。使用背景覆盖法调整元件的位置，将该元件重命名为“返回 1”，如图 8-306 所示。

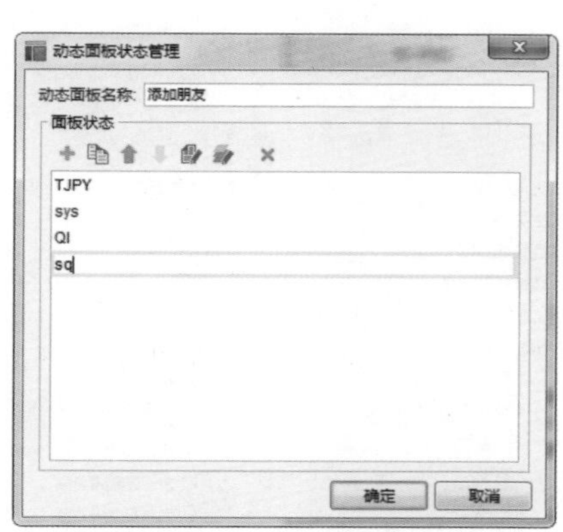

图 8-303

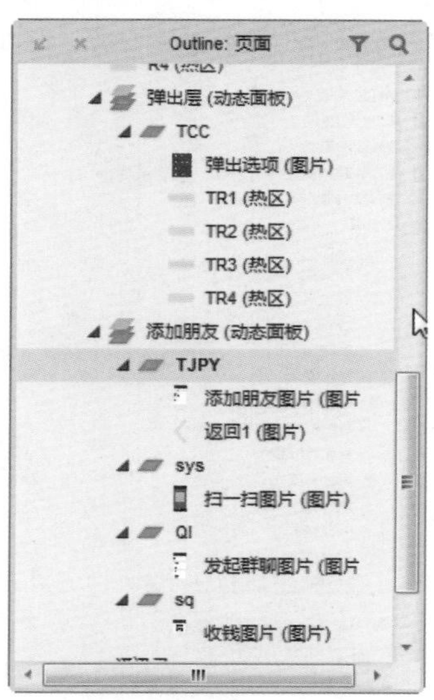

图 8-304

图 8-305

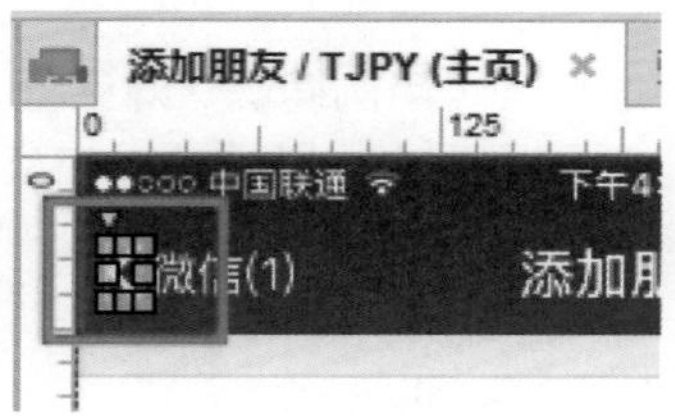

图 8-306

15 使用相同的方法为 sye 和 sq 子状态页面添加相同的元件，并添加相同的事件，如图 8-307 所示。进入 QI 子状态页面，拖入一个热区元件，将该元件重命名为“取消”，如图 8-308 所示。

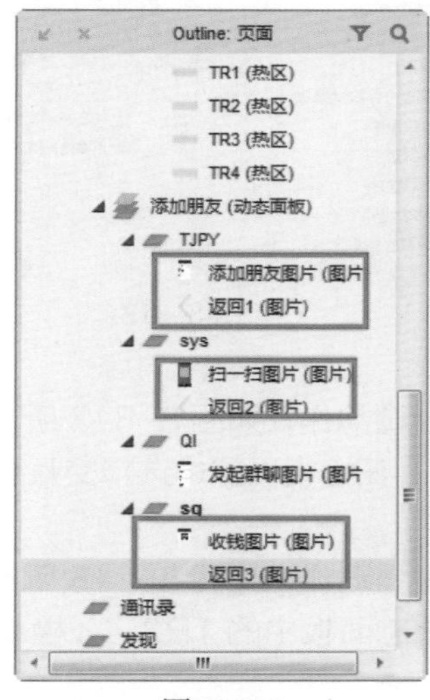

图 8-307

图 8-308

16 进入动态面板中，如图 8-309 所示。在概要面板中选择“微信内容”动态面板元件，在检视面板中选择交互事件中的“拖动时”事件，如图 8-310 所示。

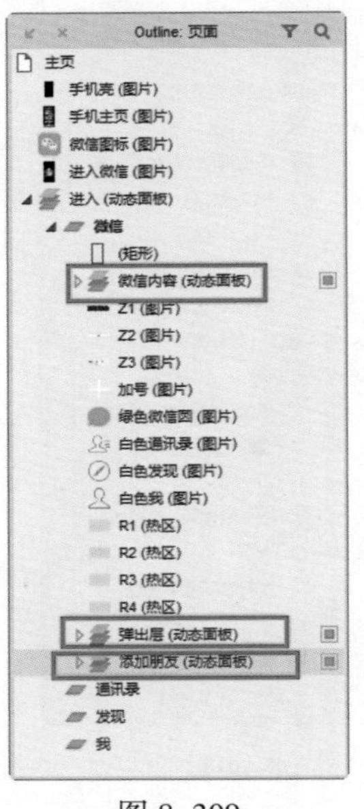

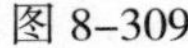

图 8-309

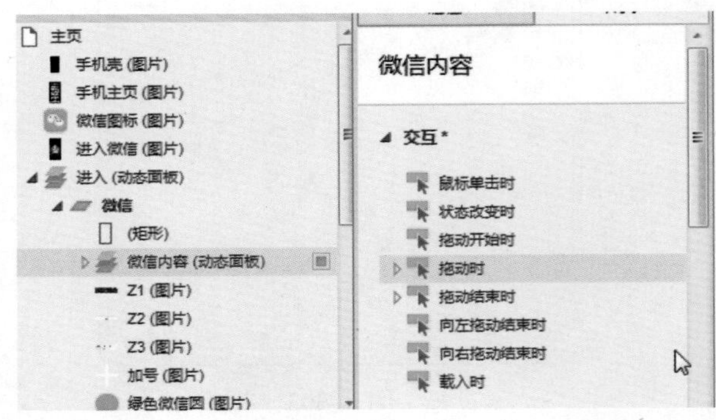

图 8-310

17 双击打开“用例编辑”对话框，添加“移动”动作并配置动作，如图 8-311 所示。单击“确定”按钮，返回页面中，继续选择交互事件中的“拖动结束时”事件，如图 8-312 所示。

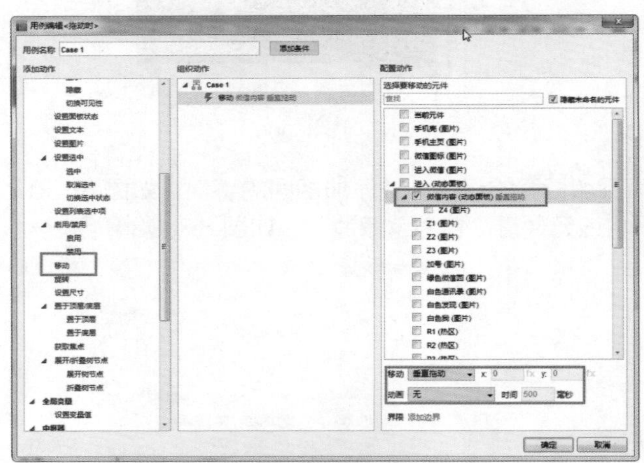

图 8-311

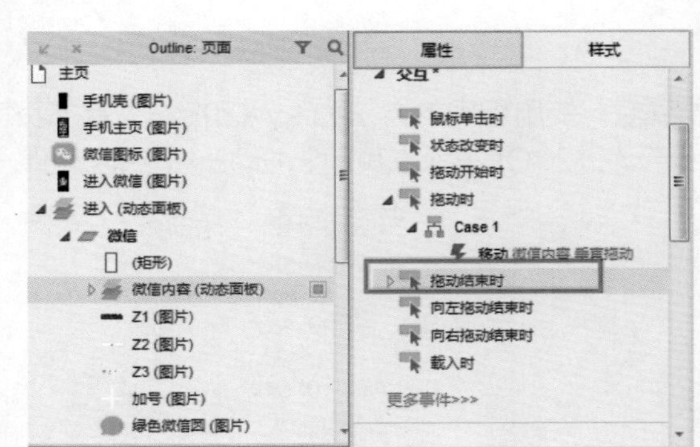

图 8-312

18 双击打开“用例编辑”对话框，添加“移动”动作并配置动作，如图 8-313 所示。单击“确定”按钮，回到页面中，继续在概要面板中选择“加号”元件，在检视面板中选择交互事件中的“鼠标单击时”事件，如图 8-314 所示。

19 双击打开“用例编辑”对话框，添加“显示”动作并配置动作，如图 8-315 所示。单击“确定”按钮，回到页面中，继续在概要面板中选择“弹出层”动态面板中的 TR2，在检视面板中选择交互事件中的“鼠标单击时”事件，如图 8-316 所示。

20 双击打开“用例编辑”对话框，添加“隐藏”动作并配置动作，如图 8-317 所示。继续添加“设置动态面板”动作并配置动作，如图 8-318 所示。

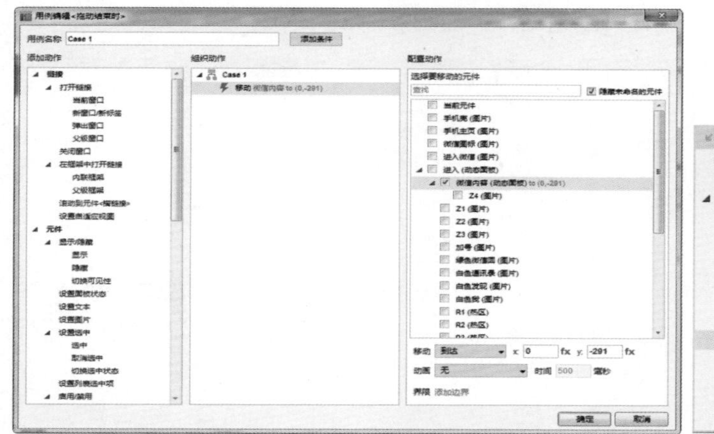

图 8-313

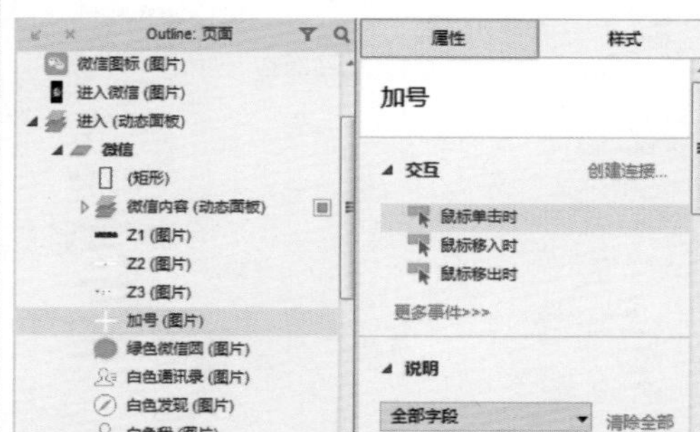

图 8-314

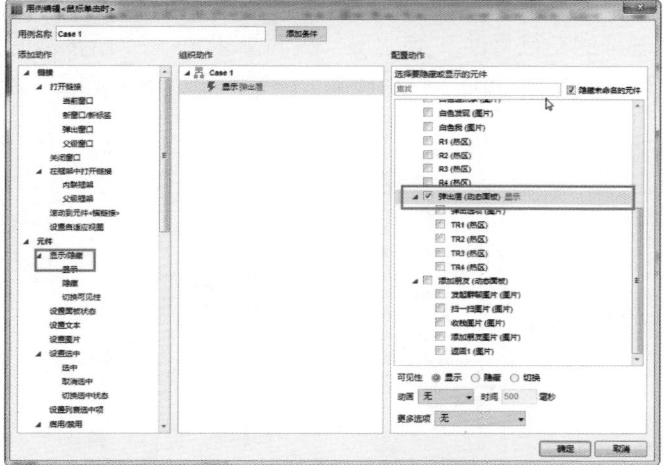

图 8-315

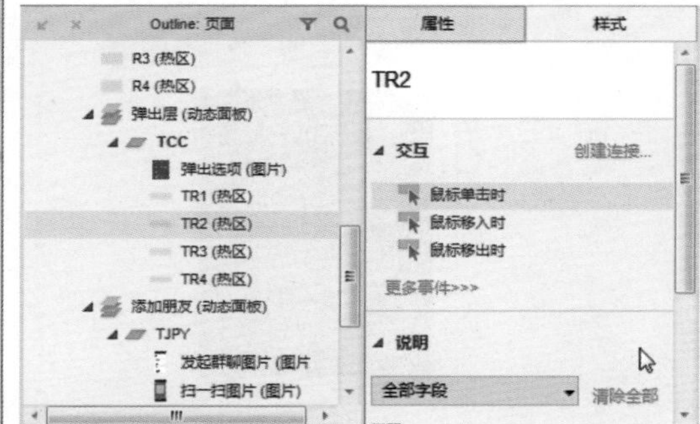

图 8-316

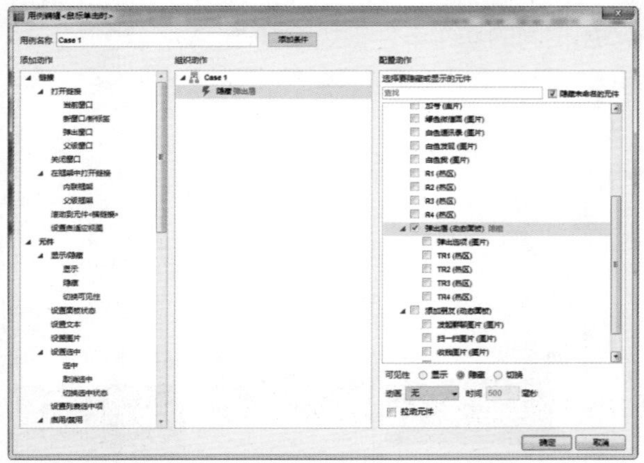

图 8-317

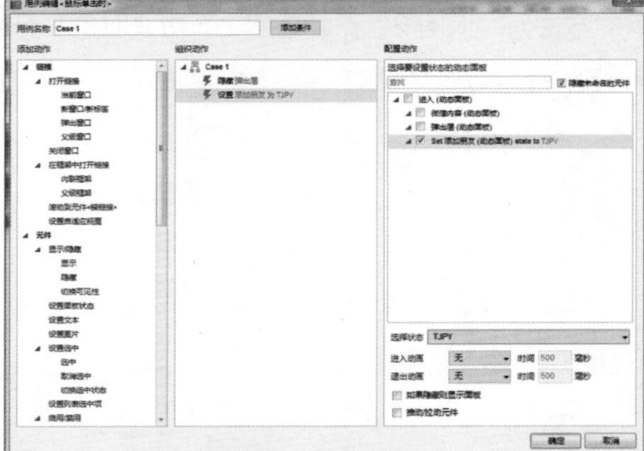

图 8-318

21 继续添加“移动”动作并配置动作，如图 8-319 所示。单击“确定”按钮，继续在概要面板中选择“弹出层”动态面板中的 TR1，在检视面板中选择交互事件中的“鼠标单击时”事件，双击打开“用例编辑”对话框，添加“显示”动作并配置动作，如图 8-320 所示。

图 8-319　　　　图 8-320

22 使用相同的方法为 TP2 和 TP3 添加同样的交互事件，“弹出层”页面如图 8-321 所示。继续在概要面板中选择“添加朋友”动态面板中的“返回 1”元件，在检视面板中选择交互事件中的“鼠标单击时”事件，如图 8-322 所示。

图 8-321

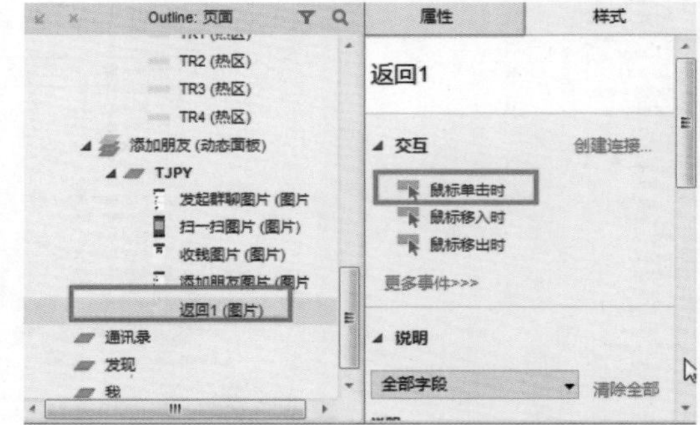

图 8-322

23 双击打开“用例编辑”对话框，添加“移动”动作并配置动作，如图 8-323 所示。使用相同的方法为“返回 2”、“返回 3”和“取消”元件添加相同的动作事件，如图 8-324 所示。

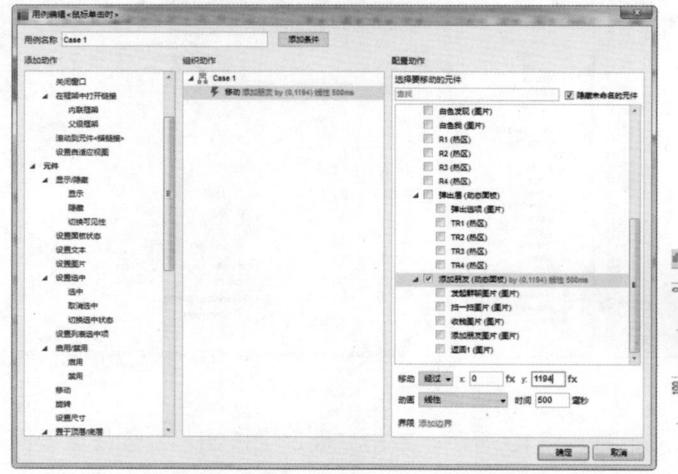

图 8-323

图 8-324

24 返回页面中，将制作的原型保存，执行“发布 > 预览”命令，查看效果，如图 8-325 和图 8-326 所示。

图 8-325

图 8-326

实例 42　微信的 4 个状态页

教学视频：视频 \ 第 8 章 \ 微信的 4 个状态页 .mp4　源文件：源文件 \ 第 8 章 \ 微信的 4 个状态页 .rp

实例分析：

本实例将接着实例 41 制作，继续为元件添加效果，完成交互事件的配置，实现在移动设备中进入 APP 的效果。最后需要用户将自己制作的原型上传到 Axure Share 中，使用移动设备查看效果。

制作步骤：

01 继续实例 41 的操作，在概要面板中选择 Z1、Z2 和 Z3 元件，复制粘贴到“通讯录”状态页中，如图 8-327 所示。将 Z3 的图片更改为“素材 \ 第 8 章 \047.jpg”图片，如图 8-328 所示。

02 继续拖入一个图片元件，导入“素材 \ 第 8 章 \048.jpg”图片，如图 8-329 所示。使用相同的方法继续在“发现”状态页和“我”状态页中制作内容，如图 8-330 所示。

03 在概要面板中选择 R1、R2、R3 和 R4 元件，复制粘贴到各个其他的 3 个状态页中，如图 8-331 所示。

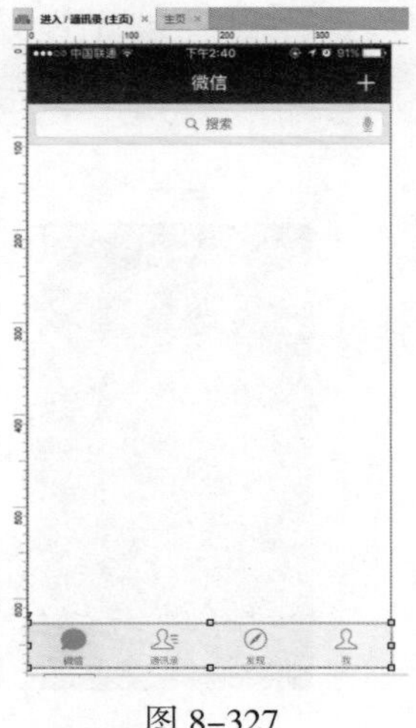

图 8-327

图 8-328

图 8-329

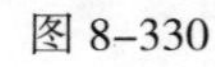

图 8-330

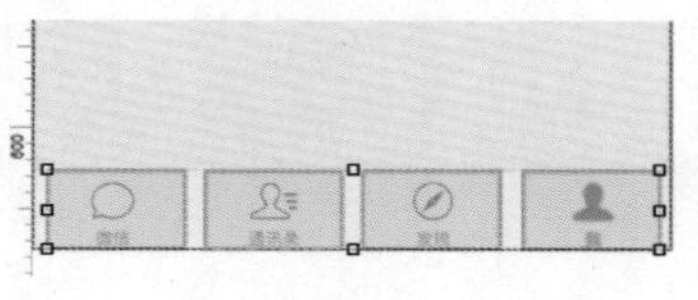

图 8-331

04 打开概要面板，为各个子状态页面中的元件重命名，如图 8-332 所示。

我	发现	通讯录
Z1 (图片)	Z1 (图片)	Z1 (图片)
(图片)	Z3 (图片)	Z2 (图片)
(图片)	(图片)	Z3 (图片)
WR1 (热区)	FR1 (热区)	(图片)
WR2 (热区)	FR2 (热区)	TR1 (热区)
WR3 (热区)	FR3 (热区)	TR2 (热区)
WR4 (热区)	FR4 (热区)	TR3 (热区)
		TR4 (热区)

图 8-332

05 选择“微信”状态页中的 R2 元件，选择交互事件中的“鼠标单击时”事件，如图 8-333 所示。在“用例编辑”对话框中添加“隐藏”动作并配置动作，如图 8-334 所示。

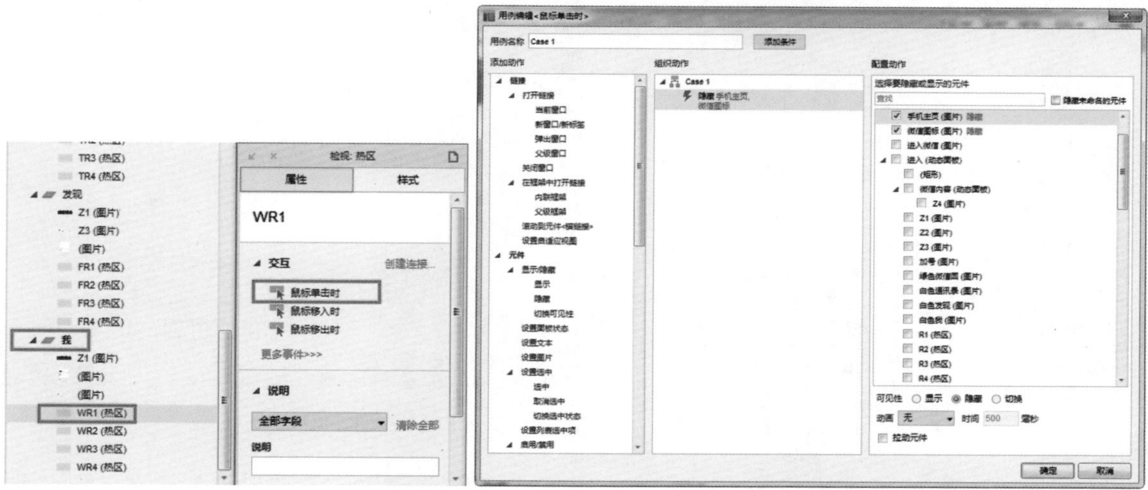

图 8-333

图 8-334

06 继续添加“设置动态面板”动作并配置动作，如图 8-335 所示。检视面板如图 8-336 所示。

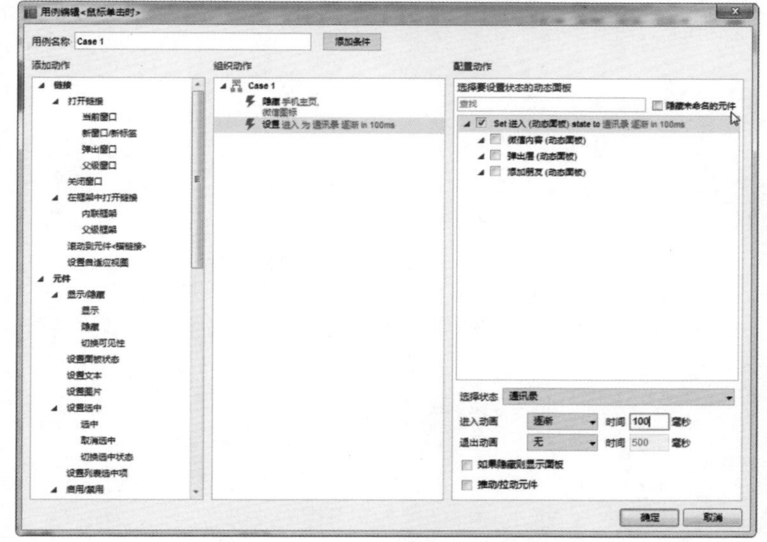

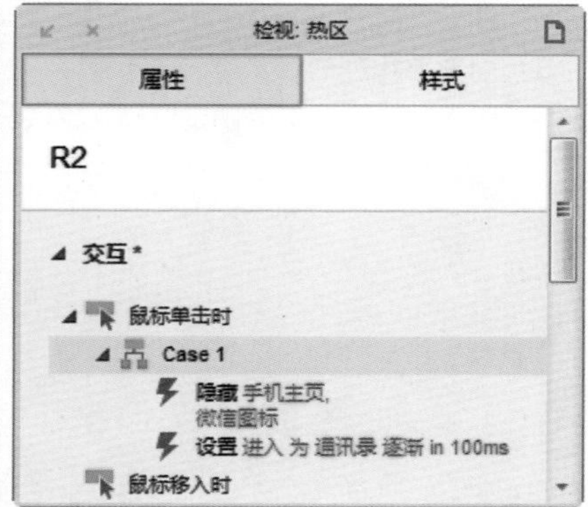

图 8-335

图 8-336

07 选择“微信”状态页中的 R3 元件，选择交互事件中的“鼠标单击时”事件，如图 8-337 所示。在“用例编辑”对话框中添加动作并配置动作，如图 8-338 所示。

08 选择“微信”状态页中的 R4 元件，选择交互事件中的“鼠标单击时”事件，如图 8-339 所示。在“用例编辑”对话框中添加动作并配置动作，如图 8-340 所示。

09 选择“通讯录”状态页中的 TR1 元件，选择交互事件中的“鼠标单击时”事件，如图 8-341 所示。在“用例编辑”对话框中添加动作并配置动作，如图 8-342 所示。

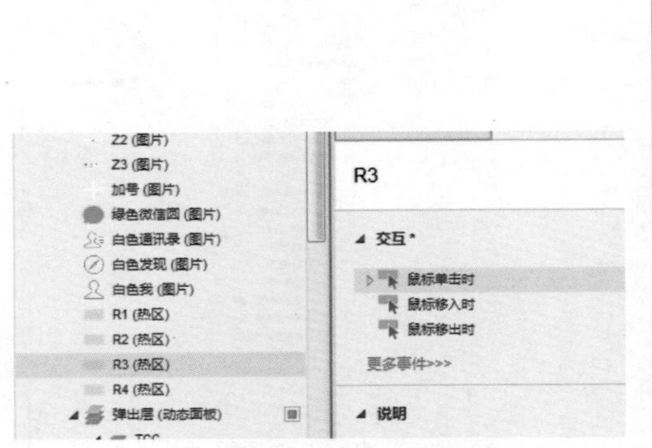
图 8-337

图 8-338

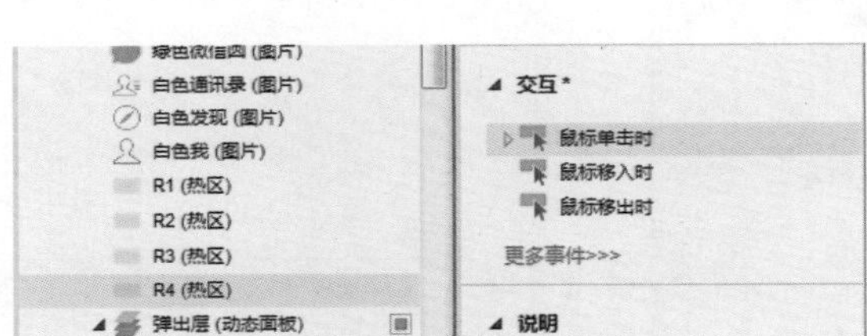
图 8-339

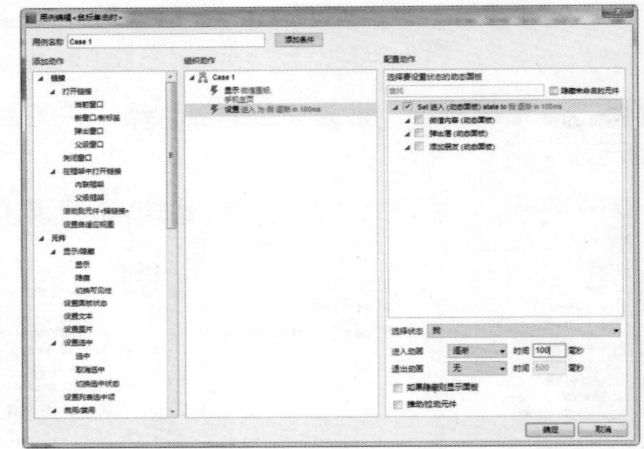
图 8-340

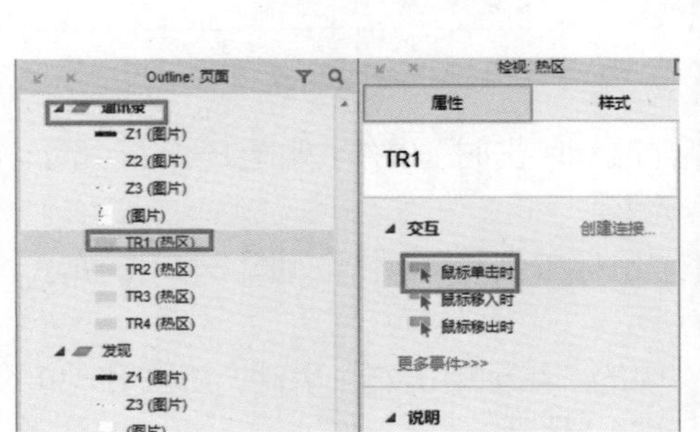
图 8-341

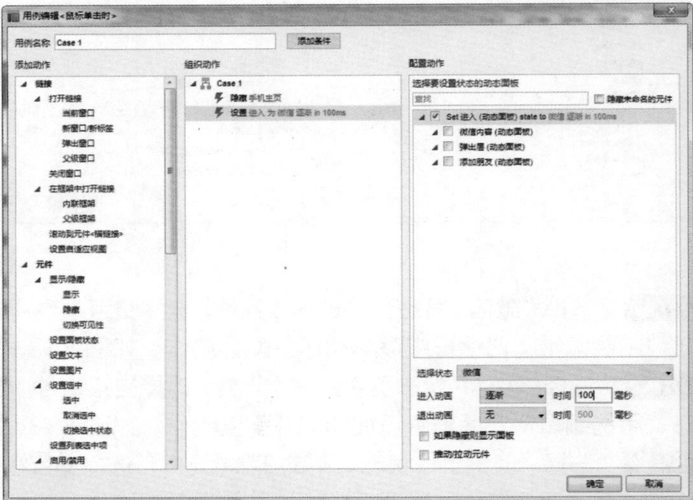
图 8-342

10 选择“通讯录”状态页中的 TR3 元件，选择交互事件中的“鼠标单击时”事件，如图 8-343 所示。在“用例编辑”对话框中添加动作并配置动作，如图 8-344 所示。

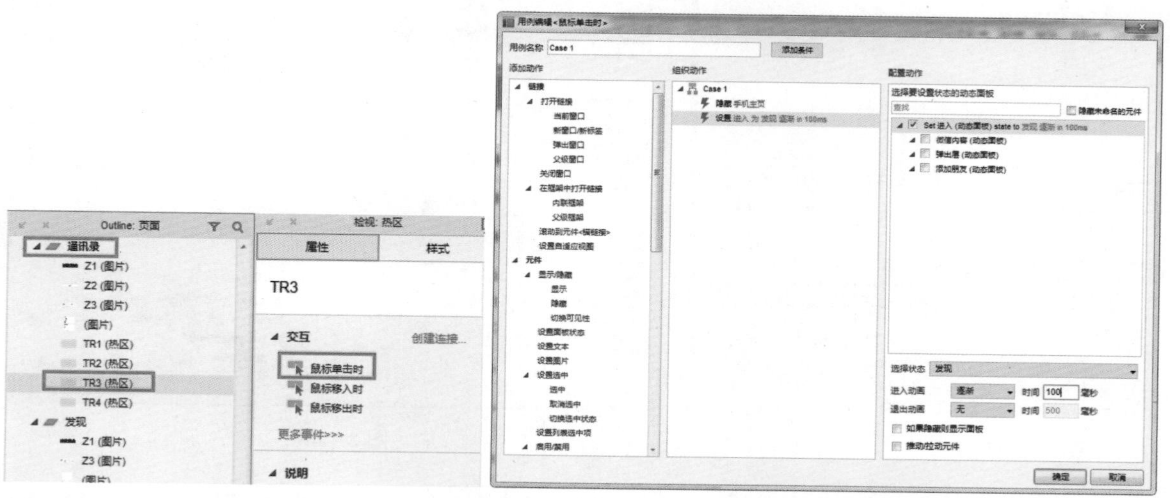

图 8-343

图 8-344

11 选择“通讯录”状态页中的 TR4 元件，选择交互事件中的“鼠标单击时”事件，如图 8-345 所示。在“用例编辑”对话框中添加动作并配置动作，如图 8-346 所示。

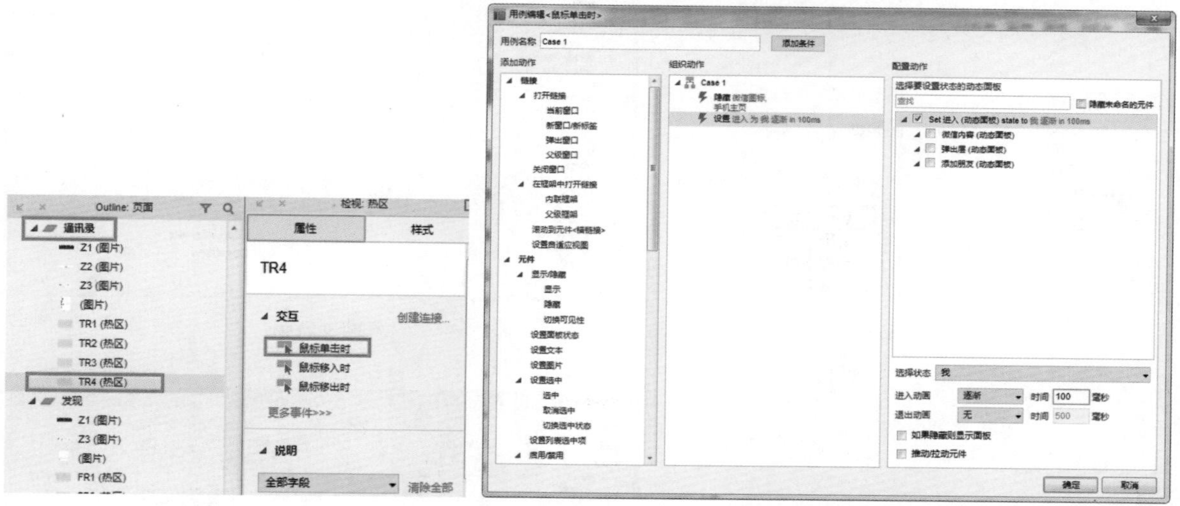

图 8-345

图 8-346

12 选择“发现”状态页中的 FR1 元件，选择交互事件中的“鼠标单击时”事件，如图 8-347 所示。在“用例编辑”对话框中添加动作并配置动作，如图 8-348 所示。

13 选择“发现”状态页中的 FR2 元件，选择交互事件中的“鼠标单击时”事件，如图 8-349 所示。在“用例编辑”对话框中添加动作并配置动作，如图 8-350 所示。

14 选择“发现”状态页中的 FR4 元件，选择交互事件中的“鼠标单击时”事件，如图 8-351 所示。在“用例编辑”对话框中添加动作并配置动作，如图 8-352 所示。

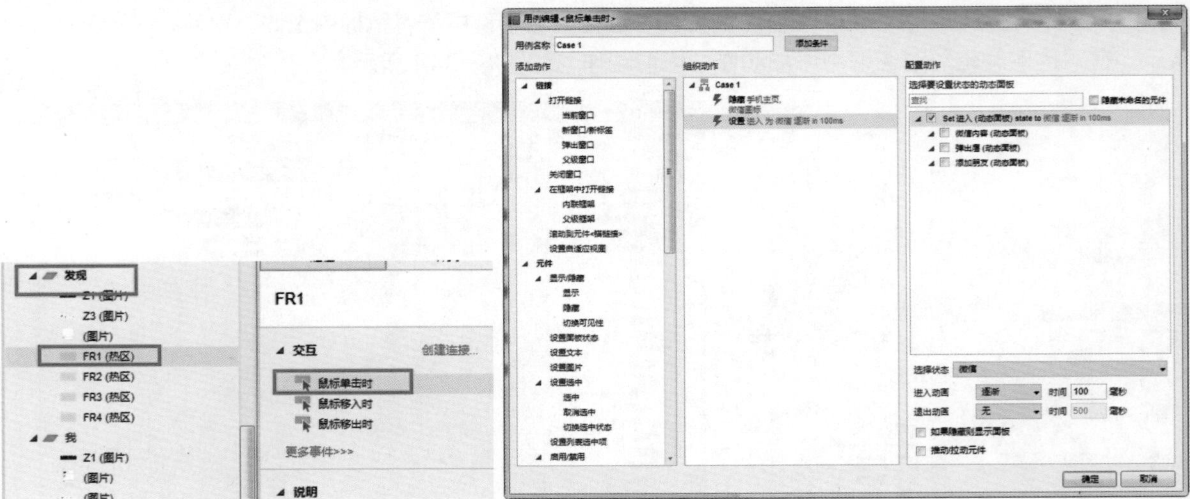

图 8-347　　　　图 8-348

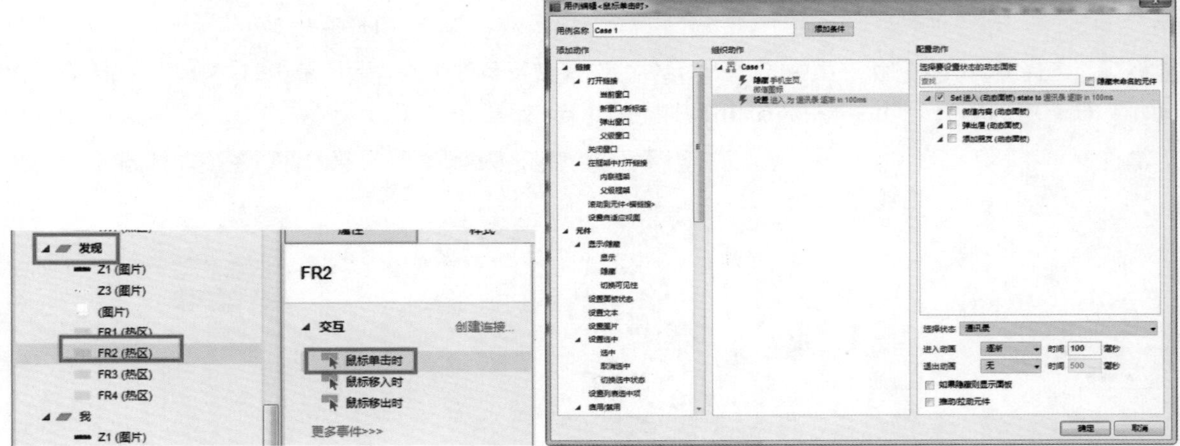

图 8-349　　　　图 8-350

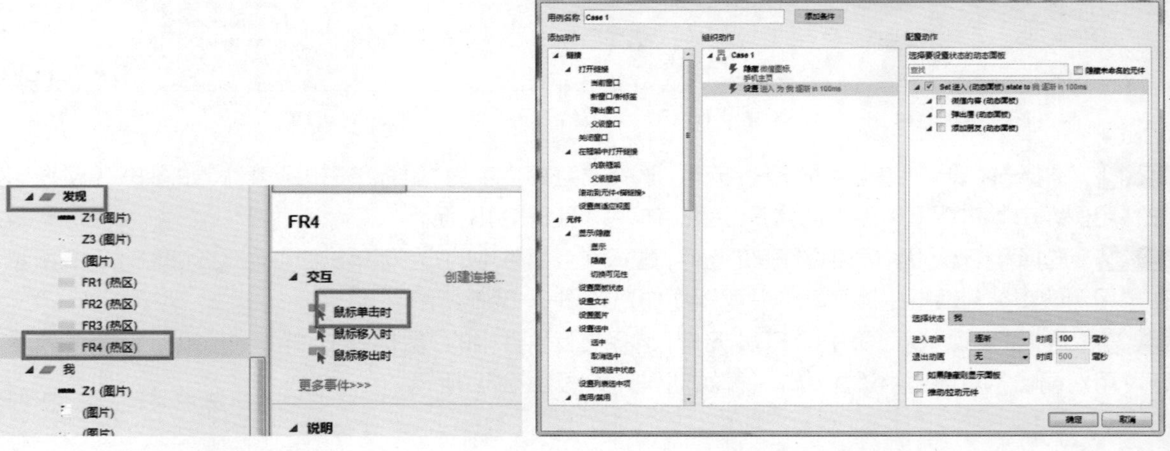

图 8-351　　　　图 8-352

15 选择“我”状态页中的 WR1 元件，选择交互事件中的“鼠标单击时”事件，如图 8-353 所示。在“用例编辑”对话框中添加动作并配置动作，如图 8-354 所示。

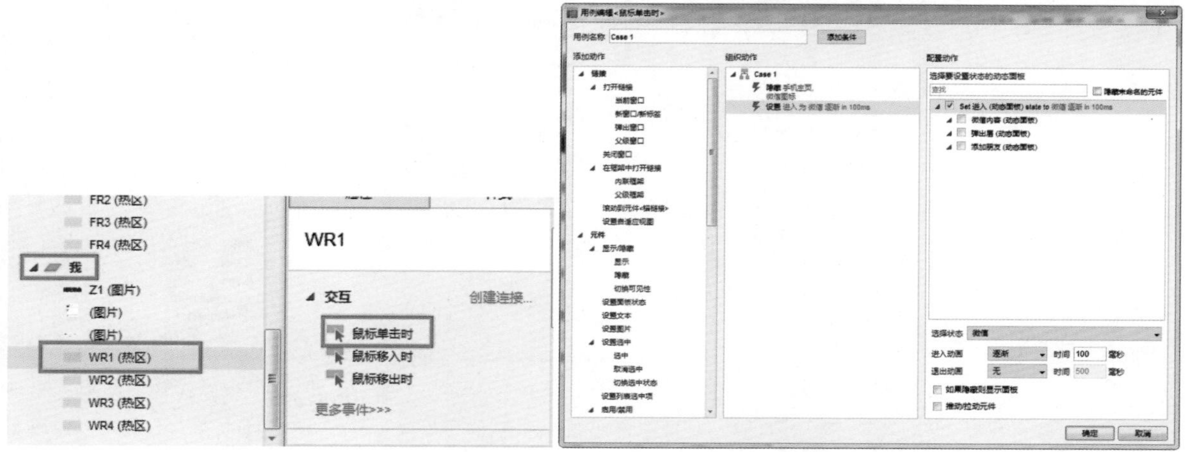

图 8-353　　图 8-354

16 选择“我”状态页中的 WR2 元件，选择交互事件中的“鼠标单击时”事件，如图 8-355 所示。在“用例编辑”对话框中添加动作并配置动作，如图 8-356 所示。

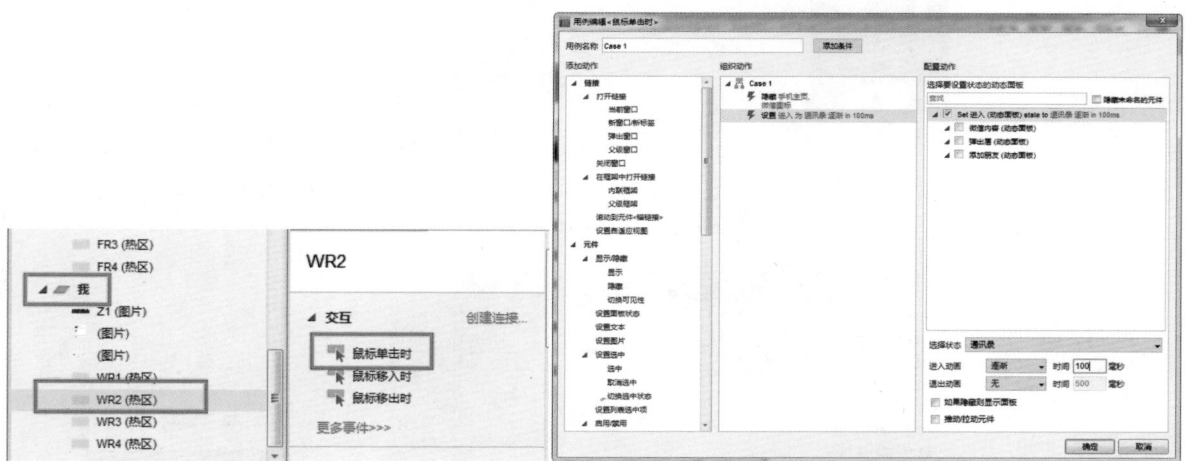

图 8-355　　图 8-356

17 选择“我”状态页中的 WR3 元件，选择交互事件中的“鼠标单击时”事件，如图 8-357 所示。在“用例编辑”对话框中添加动作并配置动作，如图 8-358 所示。

18 返回到主页中，将文件保存，如图 8-359 所示。执行“发布 > 生成 HTML 文件”命令，如图 8-360 所示。

19 在弹出的“生成 HTML”对话框中选择移动设备选项，设置参数如图 8-361 所示。单击“生成”按钮，将项目输出，最终效果如图 8-362 所示。

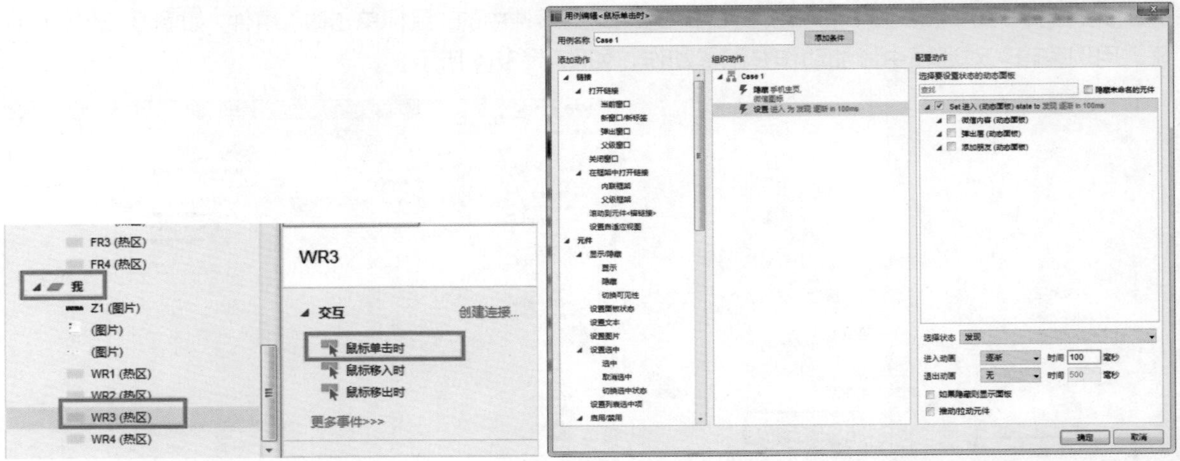

图 8-357

图 8-358

图 8-359

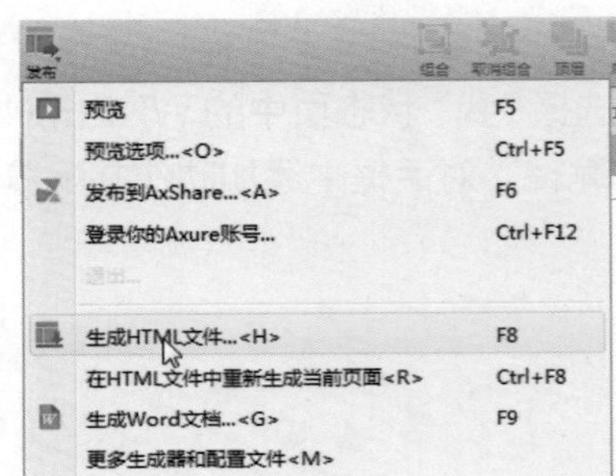

图 8-360

图 8-361

图 8-362

此实例最后输出到了 PC 端，是为了给用户查看效果的。用户应该将原型上传到 Axure Share 中，如图 8-363 所示。在移动设备中登录 Axure Share 进行查看。

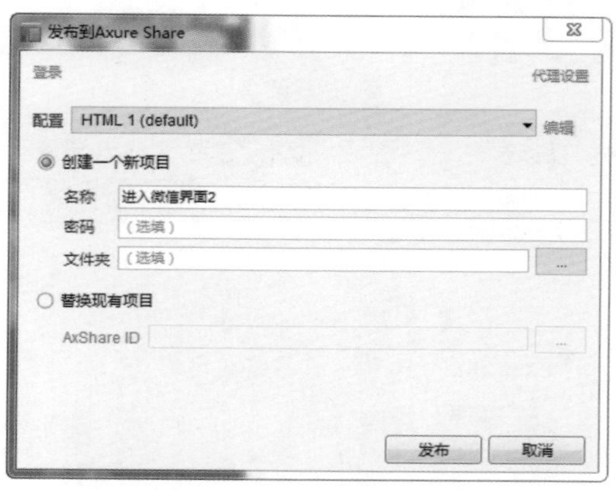

图 8-363

8.3 本章小结

本章主要是运用 Axure RP 制作大型的产品原型实例，通过实例的制作，巩固 Axure RP 的基础知识，更多地了解 Axure RP 软件在制作产品原型时的用途和使用技巧。用户要灵活使用实例中所用到的知识，制作出更加丰富的原型作品。

8.4 课后练习——使用搜索栏进行搜索后弹出的提示效果

学习了各种综合实例后，接下来用户要完成一个使用搜索栏搜索后弹出的提示效果的页面，制作时要综合运用本书所需的各种知识点。

实战 使用搜索栏进行搜索后弹出的提示效果

教学视频：视频 \ 第 8 章 \ 使用搜索栏进行搜索后弹出的提示效果 .mp4
源文件：源文件 \ 第 8 章 \ 使用搜索栏进行搜索后弹出的提示效果 .rp

本实例主要用文本框及动态面板，实现在网页的搜索栏中输入内容后弹出搜索提示效果。本实例的重点是要在一个元件上添加多个用例事件，并且需要将用例设置条件，用户需要细心设置条件，对元件进行赋值。

01 将主页重命名为 home。在该页中拖入图片元件，导入图片。

02 继续拖入图片元件及文本框元件，在“属性”标签下设置文本框的样式。

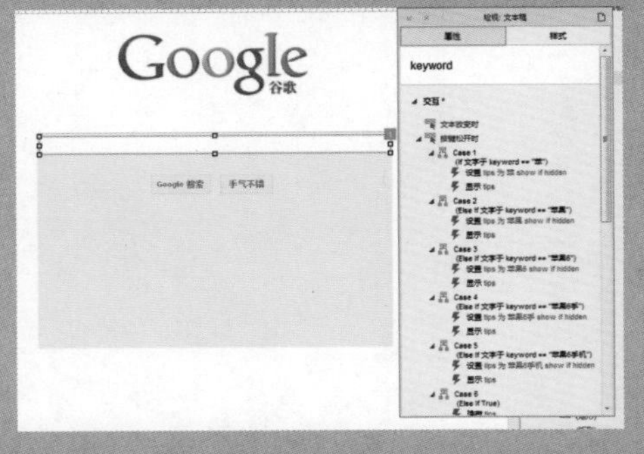

03 添加动态面板，并设置子状态页面，将动态面板隐藏，为其添加交互事件。

04 执行“发布 > 预览”命令，查看效果。